Agrippa von Nettesheim

Über die Fragwürdigkeit, ja Nichtigkeit der Wissenschaften, Künste und Gewerbe

Agrippa von Nettesheim

Über die Fragwürdigkeit, ja Nichtigkeit der Wissenschaften, Künste und Gewerbe

Mit einem Nachwort
herausgegeben von Siegfried Wollgast

Übersetzt und mit Anmerkungen
versehen von Gerhard Güpner

THEORIA CUM PRAXI

Akademie Verlag

Die Deutsche Bibliothek – CIP-Einheitsaufnahme

Agrippa von Nettesheim, Heinrich Cornelius:
Über die Fragwürdigkeit, ja Nichtigkeit der Wissenschaften, Künste und Gewerbe / Heinrich Cornelius Agrippa von Nettesheim. Mit einem Nachw. hrsg. von Siegfried Wollgast. Übers. und mit Anm. vers. von Gerhard Güpner. – Berlin : Akad. Verl., 1993
Einheitssacht.: De incertitudine et vanitate scientiarum <dt.>
ISBN 3-05-001930-1
NE: Wollgast, Siegfried [Hrsg.]

Der Akademie Verlag ist ein Unternehmen der VCH-Verlagsgruppe.

Gedruckt auf chlorfrei gebleichtem Papier
Das eingesetzte Papier entspricht der amerikanischen Norm ANSI Z.39.48 – 1984 bzw. der europäischen Norm ISO TC 46.

Lektorat: Helmar Kreysig

Satz: deutsch-türkischer fotosatz, Berlin
Druck: GAM Media GmbH, Berlin
Bindung: Dieter Mikolai, Berlin

Printed in the Federal Republic of Germany

Inhalt

Heinrich Cornelius Agrippa von Nettesheim nennt er sich selber,
gebe zur Antwort ich dir, wenn nach dem Bilde du fragst.
Groß an Geist ist er wohl, nicht minder groß seine Stilkunst,
deutlich wirst du das seh'n, liest du das folgende Buch.

Agrippa über sich selbst

Niemand, selbst bei den Göttern, gibt es, den M o m o s nicht tadelt.
H e r k u l e s bei den Heroen erjagt mit Lust jedes Untier.
P l u t o bei den Dämonen herrscht grausig über die Schatten.
Wo Philosoph D e m o k r i t nur lacht, da weint H e r a k l e i t o s.[1]
P y r r h o n kennt Zweifel allein, A r i s t o t e l e s schwört auf sein Wissen.
Alles verachtet D i o g e n e s. – Niemand und nichts schont A g r i p p a.
Vielerlei zeigt er: Verachtung, viel Wissen, mitunter auch Zweifel,
Weinen und Lachen zumal, große Lust zu Angriff und Tadel.
Alles A g r i p p a zugleich: Philosoph, Held, Dämon und Gottheit!

Dem
hochedlen Herrn
D. Agostino Fornari,
Bürger zu Genua,
wünscht alles Heil
Agrippa von Nettesheim

Verehrter Agostino,
als ich darüber nachsann, wie ich Dir, der Du mich durch zahlreiche Wohltaten zu immerwährender Dankbarkeit verpflichtet hast, ein Zeichen und Unterpfand meiner Achtung, ja Verehrung geben könnte, dachte ich zunächst, da nur solches Dir angemessen wäre, an etwas Schönes und Erhabenes, an etwas, das stilistisch besonders glanzvoll, inhaltlich tiefgründig und gewichtig ist, und wollte Dir eine Schrift über die tiefsten Geheimnisse menschlichen Wissens über Gott und die Welt darbringen. Da ich aber an Geist und Bildung einer solchen Aufgabe leider nicht gewachsen bin und es mir außerdem noch an der erforderlichen sprachlichen und stilistischen Brillanz gebricht, stünde mir für solch ein Vorhaben kein Rüstzeug zu Gebote, wenn man nicht meine (allerdings recht große) Unwissenheit als solches gelten lassen will. Vor allem aber liegen meine Geisteskräfte, durch die Ungunst meines Schicksals gebeutelt, völlig darnieder: Ich bin aufs tiefste gekränkt und empört, fühle mich in einen Hund verwandelt (wie einst die Trojanerin Hekuba), völlig kraftlos, vermag kein gutes Wort mehr hervorzubringen und will nur noch beißen, kläffen, schmähen und lästern! In dieser Stimmung habe ich nun ein ziemlich umfangreiches Werk mit dem Titel „Über die Fragwürdigkeit, ja Nichtigkeit der Wissenschaften …“ verfaßt, worin ich die gigantische Übermacht der Wissenschaften und Künste angekläfft und diesen gewaltigen Jägern, den Wissenschaften und Künsten, tüchtige Bisse versetzt habe. –

Betrachte ich mein Werk, dann wundere ich mich immer wieder, wieviel doch vom Hunde in mir als Mensch steckt, wenn man von der kriecherischen Unterwürfigkeit absehen will, die ein Höfling allerdings besitzen muß.

Um aber nicht den Eindruck zu erwecken, ich ließe es jetzt Dir gegenüber an der Dir gebührenden Verehrung fehlen, weil ich aus den Schatzkammern der Wissenschaften keine Gabe, die Deiner würdig wäre, zu bieten vermag, bringe ich Dir als Beweis meiner Verehrung wenigstens aus der Werkstätte meiner Unwissenheit und meines Unmuts diese zynische Streitschrift als Geschenk dar und widme sie Dir. Damit möchte ich zeigen, daß Du in mir einen aufmerksamen Wächter, einen geschickten Späher, einen tapferen Kämpfer und mutigen Feldherrn erworben hast: Ich kündige vom hohen Wachtturm das Nahen der Feinde rechtzeitig an, damit die gottgelahrten Bürger sich in Sicherheit bringen können, und werfe mich, um sie zu schützen, den Feinden in vorderster Front opfermütig als Vorkämpfer entgegen. So brauche ich keinerlei Neid zu fürchten und glaube sogar jedermanns Dank zu verdienen, kämpfe ich doch zum allgemeinen Wohl als Wächter und Soldat zugleich gegen alles, was das Heil der Menschen bedroht, und biete mich zudem noch denen als Führer an, die das Labyrinth irdischer Wissenschaften verlassen und zum Thron der Wahrheit eilen wollen.

Nimm also, hochedler Agostino, diese Schrift so hin, wie sie ist, und verfahre mit ihr nach Gutdünken; denn ich weiß ja, daß sie Dir nicht gefallen kann, weil Du ein begeisterter Jäger und Liebhaber von Hunden bist. – Ich aber werde mich aus einem Hund in ein Krokodil, in einen Drachen oder in irgendein anderes feuerspeiendes Untier verwandeln und weiter an meiner „Pyrographie" arbeiten. Das ist ein Werk, wie es die Welt noch nicht gesehen hat, das aber leider nur jemandem nützen wird, der die Welt verheeren will. Danach werde ich mich mit Taufwasser benetzen und mich in diesem lebenspendenden Quell waschen. So werde ich, von diesen schrecklichen Verwandlungen erlöst, wieder zum Menschen, leide nicht länger an der pythagoreischen Seelenwanderung durch solch unterschiedliche Tiergestalten und verwandle mich zu guter Letzt (wie bei Lukian und Apuleius) in einen philosophierenden Esel.

Nun lebe recht wohl! Das eine aber wirst Du nach dem Lesen meines Buches erkennen:

Nichts zu wissen ist das glücklichste Leben!

Heinrich Cornelius Agrippa an den Leser

Scheint meine Tat Dir, geneigter Leser, nicht ehrenwert, tollkühn, ja geradezu eines Herkules würdig, wenn ich gegen die gigantische Übermacht aller Wissenschaften und Künste den Kampf aufnehme, wenn ich die gewaltigen Jäger Wissenschaften und Künste in die Schranken fordere? Der Dünkel der Doctores, die Lehrweisheit der Licentiaten, die Autorität der Magister, die Beflissenheit der Baccalaurei, das Strebertum aller Studenten und die Hetze der Handwerker werden mir entgegenbrausen. Sollte ich all das bezwingen, wäre das nicht eine weit größere Heldentat, als den nemeischen Löwen mit der Keule niederzustrecken, die lernäische Hydra zu verbrennen, den erymanthischen Eber zu erlegen, die Hindin mit den goldenen Hörnern im arkadischen Gebirge zu fangen, die stymphalischen Vögel aus den Wolken zu schießen, den Riesen Antäus in der Luft zu erwürgen, Berge im Ozean wie Säulen aufzutürmen, den dreiköpfigen Geryon zu bezwingen und seine Rinder wegzutreiben, den kretischen Stier zu bändigen, Acheloos im Zweikampf zu besiegen, die menschenfressenden Rosse des Diomedes zu zähmen, den Kerberos gebunden aus dem Hades zu holen, die goldenen Äpfel der Hesperiden zu rauben und dergleichen Großtaten mehr, die Herkules unter gewaltiger Anstrengung und Gefahr vollbrachte?[2] Ist es doch nicht weniger anstrengend und gefahrvoll, diese Ungeheuer der Universitäten und Hohen Schulen zu bezwingen! Ich weiß recht gut, daß ich einen gefährlichen Krieg, ja einen mörderischen Kampf zu bestehen habe, belagert von einem ganzen Heer hochmächtiger Feinde: Weh mir, wie sie gegen mich rüsten, schanzen, mit Schimpf und Schande auf mich schießen! Als erste erheben verlauste Grammatiker das Kriegsgeschrei und verschandeln durch bösartige Etymologien den ehrlichen Namen Agrippa. Donnernde Dichter verwandeln mich in ihren Liedern in Momos oder den dummen Bock in der äsopischen Fabel.[3] Historiographen, die nur Histörchen schreiben, verfemen mich mehr als Pausanias und Herostratos.[4] Röhrende Rhetoren beschuldigen mich mit zornigem Blick, grimmigem Antlitz, donnernder Stimme und wilden Gesten des Hochverrats. Grausige Gedächtniskünstler füllen mit ihren Gespinsten mein Hirn an. Streitsüchtige Dialektiker schießen zahllose Syllogismen wie Geschosse auf mich ab.[5] Wortwendige sophistische Alleswisser wollen mich in unlösbaren Wortschlingen fangen und an die Kandare nehmen. Ein ungebildeter Lullist[6] nimmt mir mit seinem ungereimten Zeug den Verstand. Mitleidlose Mathematiker ächten mich auf Erden wie im Himmel. Arithmetiker, die jede Winzigkeit aufrechnen, zwingen mich mit Wucherrechnung zum Begleichen meiner Schulden. Ein unverbesserlicher Glücksspieler treibt mich zum Selbstmord durch den Strick. Ein Pythagoreer[7] rechnet mir nur Unglückszahlen für mein Schicksal aus. Nur Kerker, Leid und Unglück zirkelt mir der Geomant[8] aus den Sternen. Mißtönende Musikanten schreien mich überall aus; der Kopf brummt mir von ihrer Katzenmusik auf Töpfen, Pfannen und Schüsseln, schlimmer als bei einer Bauernhochzeit. Vornehme Damen verweigern mir den Tanz, hübsche Mädchen einen Kuß; selbst die maulenden Mägde höhnen: „Der tanzt wie ein Kamel." Der Pantomime macht aus mir ein schäbiges Trauerspiel. Von rechts und links, als hätt' er hundert Hände, fällt mich ein Fechter tückisch an. Raffinierte Geometer versuchen, mich mit Drei- und Viereckszirkeln wie in einem Netz aus lauter gordischen Knoten[9] einzufangen. So häßlich wie Thersites[10] oder gar als Affen wird der Künstler mich optisch gestalten. Bis hin zu den Sarmaten[11] und zum Eismeer verbannen mich die nomadenhaften Weltvermesser. Der Architekt wühlt – wie einst Dädalus[12] – mit Hilfe von Maschinen heimlich in der Erdentiefe ein Labyrinth, ganz undurchschaubar, und sperrt mich dort gefangen ein. Der stygische[13] Bergmann verdammt mich in die unterste Sohle des Schachts. Astrologen drohen mir als Schicksal den Galgen an, doch meinen Aufstieg in den Himmel verhindern sie durch schnelles Drehen der Weltenkugel. Alle Übel dieser Welt verkünden mir drohend die Wahrsager. Als lendenlahm, ja impotent verleumdet mich der widerliche Physiognomist, als Esel mit Riesenhirn der Gesichtsdeuter, der selbst im Wahne ist. Nur Unheil sagt mir der Chiromant voraus, der Haruspex[14] sieht für mich nur Trauriges. Das strafende Feuer Jupiters, den zukunftkündenden Blitz, schickt mir der Spiegelspezialist.[15] Mit nächtlichen Alpträumen schreckt mich der finstere Traumdeuter. Der Seher, selbst dem Irrsinn nahe, täuscht mich durch zweideutigen Orakelspruch. Bösartige Zauberer verwandeln mich wie einen zweiten Lucius in einen Esel, doch nicht in einen goldenen, sondern in einen einfachen, mistigen Esel.[16] Mit Gesichten und Geistererscheinungen verfolgt mich der schwarze Teufelsbeschwörer. Der frevlerische Theurg[17] verflucht mein Haupt: „Zum Henker mit dir!" oder: „In den Kanal!" Kastrierte Kabbalisten wünschen mir den gleichen Verlust, der ihnen widerfahren ist. Ein greiser Gaukler läßt mir einen Mann ohne Kopf erscheinen. Streitsüchtige Philosophen behaupten beharrlich stets das Gegenteil von allem, was ich sage. Marktschreierische Pythagoreer zwingen mich zum Balancieren zwischen Hund und Krokodil. In ein Faß oder lieber noch ins Grab stecken mich die ebenso schmutzigen wie bissigen Kyniker.[18] Daß ich mein Weib mit ihnen teile, verlangen die argen Akademiker.[19] Trunksüchtige Epikureer[20] wollen, daß ich mich zu Tode trinke. Gottlose Peripatetiker[21] töten meine Seele und verschließen mir damit das Paradies. Strenge Stoiker[22] verwandeln mich in fühllosen Stein, indem sie mir alle menschlichen Regungen nehmen. Metaphysische Maulhelden verwirren mich mit ihren Paradoxa und mit ihrem erschröcklichen Chaos von Dingen, die es nirgendwo gibt noch geben wird. Sittenrichter stellen hundert Tafeln mit Moralgesetzen vor mir auf; der Gesetzgeber verbietet mir die Übernahme jeden Amtes, der genußsüchtige Fürst verbannt mich vom Hofe, der Adel von seinen Gelagen. Die dummen Leute überhäufen mich in den Gassen mit Beschimpfungen. Im Stier des Phalaris bringt mich der grausame Tyrann durch Folter um.[23] Die Oligarchenclique treibt mich ins Exil. Der brutale Bürgerstand, dieses Ungetüm mit tausend Köpfen, verdammt mich ungehört zum Tode, und jeder ohnehin schon zerrüttete Staat wittert bei mir Hochverrat. Auf Geld erpichte Priester verbieten mir den Zugang zum Altar, von den Kanzeln keifen Kuttenträger, diese schändlichen Heuchler. Allmächtige Päpste überantworten mich den ewigen Flammen, indem sie meine Sünden nicht vergeben. Hübsche Hürchen vererben mir die Krankheit der Franzosen.[24] Ein raffgieriger Zuhälter und eine betrunkene Kuppelmutter entbinden mich von meinem Geldbeutel. Bettler voller Schwären versperren mir sogar das Armenhaus. Das ewige Feuer und Gewissensqualen haben wandernde Ablaßkrämer für mich bereit, ihr Sündenerlaß ist der reine Betrug. Der ungetreue Verwalter stürzt mich durch falsche Abrechnung beim Kauf in tiefe Schulden. Schurkisch stößt mich der Schiffer in den Schlund der Skylla.[25] Der Wucherkaufmann rafft als letztes Pfand mich selbst dahin. Diebisch greift der Einnehmer in den Steuersäckel. Hartherzig halten mich die Bauern von ihren schönen Gärten fern. Müßige Hirten weihen mich statt der Schafe den Wölfen als Opfer. Der Fischer will mich heimlich ködern, der Jäger hetzt mit großem Halali die Hunde und den Habicht auf mich. Der schwerbewaffnete Landsknecht raubt mich aus. Die Adligen in ihren Purpurroben entfernen mich aus ihrem Stand, Heraldiker[26] im Festgewande entkleiden mich des Adelstitels, und bei Turnieren schelten sie mich einen hergelaufenen Bauern. Die kotfressenden Ärzte überschütten mich mit Urin und Exkrementen. Der Theoretiker der Medizin versäumt durch langes Reden über Krankheit den rechten Zeitpunkt der Behandlung; leichtfertig bringt der Praktiker im Risikoexperiment mein Leben in Gefahr; der Systematiker verzögert methodisch um seines Vorteils willen die Heilung meiner Krankheit. Quacksalbernde Apotheker bedrohen mich mit widerwärtigen Klistieren. Mit scharfen Messern lauern schon die Kastrationschirurgen. Aufschneiden wollen mich die blutbeschmierten Anatomen. Der Kutscher läßt mich nicht einsteigen und schleudert mir vorüberfahrend sogar noch Staub in die Augen. Zu Tode hungern läßt mich der bestochene Diätetiker. Der stets betrunkene Koch stopft mir gewaltsam fades Essen in den Mund. Der Alchemist, sonst sehr verschwenderisch, gibt mir von seinem Reichtum nichts, statt dessen verheizt er mich in seinem Ofen. Mit Riesenbänden voller Kommentare erschlagen mich die unbezwinglichen Juristen; zum Kapitalverbrecher stempeln mich die Winkeladvokaten. Anmaßende Kirchenrechtler exkommunizieren mich mit feierlichem Fluche. Unzählige Prozesse strengen streitsüchtige Anwälte gegen mich an; mein Rechtsvertreter konspiriert mit meinen Prozeßgegnern; der unehrliche Protokollant fälscht meine Unterschrift; der erbarmungslose Richter verdammt mich zu einer schweren Strafe und duldet keine Appellation; der herrische Kanzleivorsteher verweigert mir die Einsicht in die Akten. Die Orthodoxen zeihen mich der Ketzerei und zwingen mir ihre Glaubensansicht auf. Hochfahrende Magister schreien laut nach meinem Widerruf, und große Siegel beweisen meine Ächtung durch die Titanen der Sorbonne[27].

Du kennst nun die Gefahren, in die ich mich begebe, lieber Leser, und dennoch hoffe ich, die Kämpfe zu bestehen, wenn Du, nur mit dem Drang nach Wahrheit, ganz aufgeschlossen und unvoreingenommen, an die Lektüre meines Buches gehst. Ich habe auch noch GOTTES Wort zu meinem Schutz, als Schirm und Schild will ich es den Feinden kühn entgegenhalten. Und wenn es denn so sein soll, dann will ich, der ich freiwillig um des Wortes Gottes willen mir eine Welt von Feinden zugezogen habe, viel lieber unterliegen, denn auf den Kampf verzichten. Ich habe das nicht aus Haß, Ehrgeiz, Bosheit oder Dummheit geschrieben, das sollst Du wissen, lieber Leser; nicht Arglist, nicht hochfahrender Sinn hat mich getrieben, sondern die gerechteste und wahrhaftigste Sache der Welt: Viele Leute sind durch Menschenlehre und Menschenwissen so hoffärtig geworden, daß sie die Worte der Heiligen Schrift und die vom Heiligen Geist inspirierten kirchlichen Schriften als bäurisch, ja als dumm betrachten und nicht nur verwerfen, sondern sogar verachten und verfolgen, weil diese auf Rhetorik, Logik, Psychologie und hohe Philosophie verzichten und nur in schlichtem Glauben und Ausübung der Tugend ihre Kraft gewinnen. Es gibt auch andere Leute, die sich zwar sehr fromm dünken, doch Christi Gebote nur so anerkennen und vertreten wollen, als ob es Lehrsätze von Philosophen wären. Diesen schenken sie eher Glauben als den heiligen Propheten Gottes, als den Evangelisten und Aposteln, von denen sie doch himmelweit entfernt sind.

Außerdem hat sich bei allen Hohen Schulen der üble Brauch und die verdammenswerte Gewohnheit eingeschlichen, daß man die angehenden Studiosi schwören läßt[28], niemals Aristoteles, Boethius, Thomas, Albertus oder einem anderen scholastischen Gott zu widersprechen. Wer aber auch nur einen Fingerbreit in seinem Denken davon abweicht, den erklärt man zum Häretiker, der Ärgernis erregt, fromme Ohren beleidigt und auf den Scheiterhaufen gehört.

Mit solchen Riesen, solchen Feinden der heiligen Schriften muß ich also kämpfen, ihre Burgen und Festungen erstürmen und beweisen, wie blind die Menschen sind, daß sie (samt allen Wissenschaften, Künsten, dazu Magistern und Schriftautoritäten) sich immer weiter von der Erkenntnis der Wahrheit entfernen. Wie töricht und wie hoffärtig ist doch das Bestreben, der Kirche Christi Philosophenschulen vorzuziehen und Menschenmeinung über Gottes Wort oder auch nur ihm gleichzustellen!

Schließlich ist es tyrannische Bevormundung, die Studenten ausnahmslos auf vorher festgelegte Autoren zu verweisen und ihnen damit die Freiheit des Suchens und des Strebens nach der Wahrheit ganz zu nehmen.

All das ist so offensichtlich und ganz unleugbar, daß man es mir verzeihen muß, wenn ich sehr frei, gelegentlich auch recht harsch mit manchen Disziplinen und ihren Hauptvertretern umgehe.

Wohlan denn, lieber Leser!

DES EDLEN
HEINRICH CORNELIUS AGRIPPA,
RITTERS VOM GOLDENEN VLIES,
DOKTORS BEIDER RECHTE,
KAISERLICHER MAJESTÄT
GEHEIMEN RATES UND ARCHIVARS

ESSAY

ÜBER
DIE FRAGWÜRDIGKEIT, JA NICHTIGKEIT
DER
WISSENSCHAFTEN, KÜNSTE
UND GEWERBE

Kapitel I
Die Wissenschaften allgemein

Es gibt die alte und von allen Philosophierenden einmütig anerkannte Meinung, jede Wissenschaft verleihe durch geistigen Gewinn und Wert dem Menschen etwas Göttliches. Man dürfe also Menschen dieser Art häufig ungeachtet ihrer menschlichen Abkunft zum Reigen der unsterblichen Götter zählen. Daraus erklären sich zahllose Lobeshymnen auf die Wissenschaften mit unterschiedlichen Begründungen: Jeder preist jeweils die Disziplinen und Künste, an denen er seine Geisteskräfte übt, mit prunkvoller und umfangreicher Rede vor allen anderen und hebt sie geradezu in den Himmel. Ich aber bin vom Gegenteil überzeugt: Nichts Schlimmeres, nichts Unheilvolleres kann dem Wohl der Menschheit wie auch dem Heil unserer Seelen widerfahren als eben diese Künste, diese Wissenschaften! Deshalb bin ich vielmehr der Meinung, man darf die Wissenschaften nicht so hoch preisen, sondern muß sie eher kritisieren, denn es gibt keine, die nicht mit Recht zu tadeln wäre; wenn eine wirklich etwas Lob verdienen sollte, dann dankt sie es allein der Redlichkeit ihres Vertreters.

In aller Bescheidenheit hoffe ich, daß man meine Ansicht zunächst akzeptiert und nicht glaubt, ich wolle Andersdenkende nur kritisieren oder mir etwas anmaßen, was mir nicht zukommt.

So übe man mit mir, wenn ich anderer Meinung bin, so lange Nachsicht, bis ich der Reihe nach über alle wissenschaftlichen Disziplinen Vogelschau gehalten habe. Natürlich bediene ich mich dabei nicht der üblichen oberflächlichen Argumente, sondern nur solcher, die vernünftigen Überlegungen und dem wahren Sachverhalt entstammen. Ich stütze mich nicht auf eine raffinierte Rhetorik wie Demosthenes oder Chrysipp, denn das wäre für mich, einen Bekenner der heiligen Schriften, eine Schande, wie es Schmeicheleien für einen wahrhaft Liebenden wären. Ein Bekenner der heiligen Schriften soll auf angemessenen, nicht hochtrabenden Ausdruck bedacht sein, auf Wahrheit in der Sache, nicht Schmuck in der Rede, denn die Wahrheit sitzt im Herzen, nicht auf der Zunge. Verkündet man die Wahrheit, dann ist es unwichtig, welchen Ausdruck man wählt. Nur die Lüge bedarf der Rhetorik und schmückender Worte, um sich bei den Menschen angenehm zu machen, die Wahrheit aber ist, um mit Euripides zu reden, einfach und braucht weder Schmuck noch Schminke.[29]

Wenn ich mein Vorhaben jetzt ohne blumige Rhetorik – die ich übrigens nicht allzu glimpflich zu behandeln gedenke – dem verwöhnten Leser darbiete, dann möge er es mit der gleichen Geduld hinnehmen, wie sie einst ein römischer Kaiser aufbrachte, der sein gesamtes Heer halten ließ, um einem armen Weiblein Gehör zu schenken, oder wie König Archelaos, der zuweilen rauhe und ungekünstelte Männerstimmen hören wollte, um danach noch größeres Vergnügen an rhetorischen Darbietungen zu empfinden. Man denke auch an Theophrasts Wort, daß auch unter Großen und Vornehmen einfache Menschen etwas zu sagen haben, wenn es ehrlich und vernünftig ist.

Ich möchte den Leser nicht damit langweilen, aufgrund welcher Spuren und Hinweise ich mich fast wie ein Jäger an diese Erkenntnis herangepirscht habe, sondern werde sie sogleich vortragen. Doch zuvor muß ich noch betonen, daß alle Wissenschaften sowohl gut als auch schlecht sein können und uns keine göttliche, also über menschliches Maß hinausgehende Seligkeit bringen, vielleicht von der abgesehen, die von der alten Schlange den ersten Menschen versprochen wurde: „Ihr werdet sein wie Gott und wissen, was gut und böse ist."[30] So mag sich denn mit der Schlange rühmen, wer sich rühmt, er wisse um die Wissenschaft. Und das haben auch wirklich, wie man liest, die häretischen Ophiten[31] getan: Sie verehrten in ihren Tempeln eine Schlange, weil sie im Paradies die Kenntnis der Tugend eingeführt hätte. Dem läßt sich noch Platons Aussage anfügen, ein menschenfeindlicher Dämon namens Thot sei der Schöpfer der Wissenschaften, der schädlichen wie auch der nützlichen, und diese interessante Nachricht stamme von dem ägyptischen König Tammuz[32]. Deshalb stellen auch die meisten Autoren Dämonen als Wissende und Kundige dar.

Nun gut, überlassen wir diese Histörchen den Poeten und Philosophen! Wahrscheinlich gibt es gar keine anderen Schöpfer von Wissenschaften als Menschen, diese waren allerdings, wie allgemein bekannt ist, Kinder schlimmster Herkunft, nämlich Kinder Kains, von denen mit Recht gesagt wird: „Die Kinder dieser Welt sind unter ihresgleichen klüger als die Kinder des Lichts."[33] Wenn nun die Schöpfer der Wissenschaften Menschen sind, so ist jeder Mensch ein Lügner, und es gibt keinen, der Gutes tut, auch nicht einen.[34] Zugegeben, es mag einige gute Menschen geben, doch die Wissenschaften werden nur das an Gutem und Wahrem besitzen, was sie von ihren Schöpfern oder Trägern entlehnen oder erwerben. In der Hand eines Bösewichts richten die Wissenschaften Schaden an, und aus Bösem entwickelt sich noch Schlimmeres, beispielsweise ein fehlbarer Grammatiker, ein prahlerischer Poet, ein heuchlerischer Historiker, ein kriecherischer Redner, ein großsprechnerischer Gedächtniskünstler, ein streitsüchtiger Dialektiker, ein rabulistischer Sophist, ein zungenfertiger Lullist, ein orakelnder Mathematiker, ein laszsiver Musiker, ein schamloser Tänzer, ein vermessener Geometer, ein vagabundierender Kosmograph, ein ruinöser Architekt, ein räuberischer Seemann, ein arglistiger Astronom, ein mogelnder Magier, ein unehrlicher Kabbalist, ein versponnener Naturphilosoph, ein mißgestalteter Metaphysiker, ein mürrischer Morallehrer, ein parteiischer Politiker, ein tyrannischer Fürst, ein bedrückender Beamter, ein unbotmäßiger Untertan, ein schismatischer Priester, ein abergläubischer Mönch, ein verschwenderischer Verwalter, ein gekaufter Kaufmann, ein räuberischer Steuereinnehmer, ein fauler Bauer, ein viehstehlender Hirt, ein fluchender Fischer, ein wildernder Weidmann, ein marodierender Militär, ein erpresserischer Edelmann, ein mörderischer Mediziner, ein giftmischender Apotheker, ein verfressener Koch, ein allesversprechender Alchemist, ein Rechtsbeistand, der es mit der Gegenpartei hält, ein Rechtsanwalt, der tausend Rechtsbrüche deckt, ein Gerichtsschreiber, der Urkunden und Protokolle fälscht, ein käuflicher Richter, ein Theologe beim Inquisitionstribunal, der Geld von seinen Opfern erpreßt und selbst ein Ketzer und Demagoge ist.

Es gibt kein größeres Unheil als eine Kunst und eine Wissenschaft, die auf Gottlosigkeit gegründet ist; besonders gefährlich sind jedoch alle großen Künstler und gelehrten Autoren. Ist die Wissenschaft erst in der Hand eines bösen und außerdem dummen Menschen, dann entwickelt er ein Höchstmaß von Anmaßung und Rücksichtslosigkeit, denn außer dem Rest von Verstand, den ihm die angeborene Dummheit belassen hat, schützt ihn die Autorität seiner Wissenschaft, und er besitzt zur Verschleierung seiner Dummheit das Instrumentarium seiner Wissenschaft, ohne das die anderen Dummköpfe es nicht ganz so toll wie er treiben können. So sagt Platon vom Redner: „Je törichter und ungebildeter er ist, desto mehr redet er, ahmt alles nach, und nichts gilt ihm als würdelos."[35] Es gibt also nichts Verderblicheres, als mit dem Verstand Unsinn zu betreiben.

In der Hand eines guten und weisen Mannes können die Wissenschaften gut und dem Gemeinwesen nützlich sein, doch ihrem Träger vermitteln sie auch dann nicht die Glückseligkeit, denn nach Ansicht von Porphyrios und Jamblichos bedeuten eine Anhäufung von Worten und eine Masse von Wissen keine Glückseligkeit, und sie wird auch nicht durch die Art der Gedanken und Worte erhöht. Sonst wären nämlich Leute, die alle Wissenschaften in sich hineingestopft haben, zwangsläufig glückselig und andere keinesfalls. Philosophen wären dann eher zur Glückseligkeit prädestiniert als Priester. Wahre Seligkeit besteht ja nicht in der Kenntnis des Guten, sondern im Leben des Guten; nicht einzusehen gilt es, sondern der Einsicht gemäß zu leben. Nicht gute Einsicht, sondern guter Wille verbindet die Menschen mit Gott, und die nach außen orientierten Wissenschaften schaffen uns nur eine gewisse Aufgeschlossenheit, die zwar der Glückseligkeit förderlich sein kann, doch nicht die Voraussetzung für deren vollständiges Erreichen schafft, falls nicht auch eine Lebensform hinzukommt, die auf die eigentliche Natur des Guten gerichtet ist. Es ist doch eine alte Erfahrung (so Cicero in der Rede für Archias), daß im Blick auf vorbildliches Verhalten die natürliche Anlage ohne theoretische Belehrung wichtiger ist als diese ohne natürliche Anlage.[36] Der Geist bedarf also nicht (wie die Anhänger von Averroës meinen) einer langwierigen Ausbildung in allen Wissenschaften. Aristoteles hält sie allerdings für höchst wünschenswert und von allen Schülern durch Unterricht und Fleiß erreichbar; er bezeichnet sie als Möglichkeit, das Allerhöchste, nämlich Gott, zu betrachten. Diese allen Menschen mögliche Handlung des Betrachtens wird nicht durch logische Schlüsse und Beweise vollzogen, sondern durch Glauben und Verehrung. Worin liegt nun eigentlich die Glückseligkeit der Wissenschaften? Worin besteht denn die weithin gepriesene Seligkeit der Weisen und Philosophen, von der alle Schulen widerhallen, wenn doch allgemein bekannt ist, daß ihre Seelen in der Hölle entsetzliche Qualen leiden? Dies sah und befürchtete auch Augustinus, wenn er mit Paulus ausruft: „Die Ungelehrten stehen auf und greifen nach dem Himmel, und wir mit unserem Wissen versinken in der Hölle."[37]

Geben wir doch der Wahrheit die Ehre: Der Inhalt aller Wissenschaften ist so gefährlich und ungewiß, daß Nicht-Wissen weit sicherer ist als Wissen. Adam wäre nie aus der Seligkeit des Paradieses vertrieben worden, hätte ihn nicht die Schlange das Wissen um Gut und Böse gelehrt. Auch Paulus ist der Ansicht, man müsse die aus der Gemeinde entfernen, die mehr als nötig wissen möchten[38]. – Als Sokrates fast alle Wissensgebiete durchforscht hatte, nannte ihn das Orakel den Weisesten von allen, weil er offen bekannte, daß er nichts wisse.[39]

Die Erkenntnis und Durchdringung aller Wissenschaften ist so schwierig, ja völlig unmöglich, daß ein Menschenleben nicht ausreicht, um dem kleinsten Gedanken auch nur einer einzigen Disziplin völlig auf den Grund zu gehen. Das scheint mir auch der Prediger Salomo zu bestätigen, wenn er sagt: „Ich sah alles Tun Gottes und daß ein Mensch nicht ergründen kann, was unter der Sonne geschieht. Und je mehr der Mensch sich müht zu suchen, desto weniger findet er. Und auch wenn der Weise meint, er wüßte es, so kann er es doch nicht finden."[40]

Nichts Ärgeres konnte der Menschheit widerfahren als die Wissenschaft: Sie ist eine wahre Seuche, sie hat das Menschengeschlecht mit einem Schlage ins Unglück gestürzt, alle Unschuld verjagt, uns alle durch vielfältige Sünde dem Tode überantwortet, das Licht des Glaubens gelöscht, dadurch unsere Seelen in die Finsternis gestoßen, die Wahrheit unterdrückt und Irrlehren auf den höchsten Thron gehoben. Deshalb darf man meiner Ansicht nach weder Kaiser Valentinian schelten, der als erbitterter Gegner der Wissenschaften galt, noch Kaiser Licinius, der die Wissenschaften häufig als Gift und Volksseuche bezeichnete.[41] Valerius berichtet, daß sogar Cicero, der reichste Springquell aller Bildung, letztlich die Bildung doch geringschätzte.[42]

Die Freiheit und Erhabenheit der Wahrheit ist so groß, daß sie nicht durch wissenschaftliche Spekulation, überzeugende Sinneswahrnehmungen, rhetorische Argumente, Evidenzbeweise, logische Beweise und überhaupt nicht durch menschliches Denken erfaßbar ist, sondern allein durch den Glauben.

Wer diesen nämlich besitzt, der ist nach Aristoteles (in den ersten „Analytica") besser daran, als wenn er Wissen besäße.[43] Das meint auch Philoponos, wenn er sagt, es sei besser, auf diese Weise zur Erkenntnis zu gelangen als durch den Nachweis von Kausalitäten. Auch Theophrast äußert in seinen „Metaphysica": „Bis zu einem bestimmten Punkt kann man zwar die Kausalitäten erforschen, indem man von den Sinneswahrnehmungen ausgeht; will man aber zu den wesentlichen Prinzipien fortschreiten, dann kann man weiteres Wissen nicht mehr gewinnen, weil man entweder keine Kausalität sieht oder sie nur unzureichend versteht."[44] Platon erklärt im Timaios, es übersteige die menschlichen Möglichkeiten, diese grundlegenden Dinge zu erklären, und verlangt, man solle den Autoritäten glauben, auch wenn diese ihre Aussagen nicht bewiesen hätten.[45] Die Akademiker standen in hohem Ansehen, weil sie die Ansicht vertraten, man könne keine zuverlässigen Aussagen treffen, ebenso die Pyrrhoniker und viele andere, die nichts unbezweifelt hinnahmen. Die Wissenschaft hat auch dann dem Glauben nichts voraus, wenn die Rechtschaffenheit ihres Verkünders die Bereitwilligkeit seiner Schüler fördert, ihm zu glauben. So erklärt sich auch die Antwort der Pythagoreer mit dem Hinweis auf ihren Meister: „*Er* hat es gesagt."[46] Ebenso verhält es sich mit dem bekannten Ausspruch der Peripatetiker. „Jedem Fachmann soll man auf seinem Gebiet Glauben schenken." Deshalb glaubt man dem Grammatiker bei den Wortbedeutungen. So übernimmt der Dialektiker vom Grammatiker die Satzteile, der Rhetoriker vom Dialektiker die Gedankenführung, der Poet vom Musiker die Versmaße, der Geometer vom Mathematiker die Berechnungen. Der Astrologe stützt sich auf beide. Die Philosophen nutzen Gedanken der Naturphilosophen, und jeder Künstler berücksichtigt die Grundsätze anderer Kunstgebiete. Jede Wissenschaft hat nämlich bestimmte Axiome, d. h. Prinzipien, die nicht beweisbar sind und an die man glauben muß. Wenn jemand diese Axiome absolut bestreitet, dann haben die Philosophen keine Grundlage, gegen ihn zu disputieren, und sagen sogleich: „Wer Axiome bestreitet, mit dem kann man nicht disputieren." Oder sie verweisen ihn an ein Gebiet außerhalb ihrer „Wissenschaft" mit den Worten: „Wenn jemand bestreitet, daß Feuer heiß ist, dann werfe man ihn eben hinein und frage, was er dort empfindet." Auf diese Weise werden Philosophen zu Folterknechten und Henkern und wollen uns gewaltsam zu Aussagen bewegen, von deren Richtigkeit sie uns lieber hätten überzeugen sollen.

Für das Gemeinwesen gibt es nichts Schändlicheres als Bildung und Wissenschaften, denn wenn es in ihm Leute von Wissenschaft und Bildung gibt, dann muß alles nur nach ihrem Willen geschehen, als wären sie allein weise: Sie nutzen die Einfalt und Unerfahrenheit des Volkes, um sich in den Besitz der Macht zu bringen, und so wandelt sich das Gemeinwesen von der Demokratie zur Oligarchie und dann durch Schaffung von Parteigruppierungen leicht zur Diktatur. Eine solche Diktatur hat bekanntlich niemand irgendwo in der Welt ohne Wissenschaft, ohne Doktrin und ohne theoretische Begründung für längere Zeit aufrechterhalten können, wenn man von dem Diktator Sulla absieht. Er übernahm als einziger „Ungebildeter" die Macht, und seiner „Unbildung" ist es wiederum zu danken, daß er schließlich freiwillig auf die Alleinherrschaft verzichtete[47].

Alle Wissenschaften sind letztendlich nichts anderes als Festlegungen und Vorstellungen von Menschen, ebenso schädlich wie nützlich, so verderblich wie heilsam, so schlecht wie gut, überall unzulänglich, nie eindeutig, voll von Irrtum und Rechthaberei. Daß sich dies wirklich so verhält, will ich beweisen, indem ich die einzelnen Wissenschaftsdisziplinen durchmustere.

Kapitel II
Die Anfänge der Schrift

Jedermann weiß natürlich, daß die Grundlagen der Redekunst, nämlich Grammatik, Logik und Rhetorik, zwar die Eingangspforte zu den Wissenschaften, nicht aber die Wissenschaften selbst darstellen und daß sie oft nicht weniger Unheil als Vergnügen bringen. Für sie gibt es als Maßstab für die Richtigkeit nur das, was ihre jeweiligen Schöpfer willkürlich festlegten. Über die eigentliche Entwicklung der Schrift, die ja Grundvoraussetzung für die Wissenschaften ist, weiß man sehr genau Bescheid: Babylonisch war nach Philon die erste, von Abraham erfundene Schrift, benutzt von Babyloniern, Assyrern und Phöniziern; manche behaupten allerdings auch, Rhadamanthys habe den Assyrern die Schrift gegeben. Später vermittelte Moses den Juden diese Schrift, aber nicht mit den heutigen Buchstaben, denn diese wurden erst von Esra[48], der als Schreiber nahezu aller Bücher des Alten Testaments gilt, geschaffen. Ein Mann namens Linos aus Chalkis brachte den Griechen eine Schrift aus Phönizien[49]; danach gab ihnen aber Kadmos, der Sohn des Agenor, eine andere mit sechzehn Buchstaben, denen zur Zeit des trojanischen Krieges durch Palamedes[50] vier und später durch den Lyriker Simonides vier weitere hinzugefügt wurden. In Ägypten führte ein gewisser Memnon[51] das Schreiben ein, und zwar mit bilderähnlichen Zeichen, wie man sie auf Obelisken sieht; die ersten Buchstaben schuf ihnen Hermes, wobei natürlich der gemeint ist, den Laktanz den fünften Hermes nennt.[52] Dessen Nachfolger in der Herrschaft war Hephaistos[53], der Sohn des Nils.[54] Nikostrate mit dem Beinamen Carmenta erfand die lateinische Schrift.[55]

Seit alters gab es sieben Schriftarten von Bedeutung: Hebräisch, Griechisch, Lateinisch, Syrisch, Babylonisch, Ägyptisch und Gotisch. Über sie will Crinitus[56] in einem uralten Pergament folgende Verse gefunden haben:

> Der erste Mensch, der in Hebräisch schrieb, war Moses.
> Phöniziergeist erschuf das Alphabet den Griechen.
> Latein zu schreiben lehrte einst Nikostrate.
> Die Schrift in Babylon und Syrien stammt von Abraham.
> Ägyptisch schrieb mit hoher Kunst als erste Isis.
> Zuletzt der Goten Schrift erfunden ward von Wulfila.

Aber auch andere, weniger gebildete Völker haben in der jüngeren Vergangenheit neue Schriftarten entwickelt: Den Goten gab Bischof Jordanes[57] eine Schrift. Die alten Franken, die unter Markomer und Pharamund die gallischen Reiche besiegten, besaßen eigene, vom Griechischen nicht allzu stark abweichende Schriftzeichen, deren Schöpfer nicht namentlich bekannt ist. Vastaldus benutzt diese bei seiner Geschichte in fränkischer Sprache. Es gibt jedoch eine weitere fränkische Schrift, geschaffen von einem gewissen Doracus, aber anders als die von Vastaldus benutzte; sie soll von dem Franken Eticho erfunden worden sein, der mit Markomer von Skythien zur Rheinmündung gekommen war. Beda[58] erwähnt sogar, ohne den Schöpfer zu nennen, eine normannische Schrift.

In ähnlicher Weise haben sich zahlreiche andere Völker entweder neue Buchstabenformen geschaffen oder die aus der Antike übernommenen teils verändert, teils umgedeutet, z. B. die Dalmatiner griechische und die Armenier babylonische. Die Goten und Langobarden haben allerdings die lateinischen Buchstaben verunstaltet.

Viele alte Schriften sind vergangen, z. B. die etruskische[59], die nach Livius und Plinius bei den Römern in hohem Ansehen stand und die man heute noch auf alten Grabmälern sehen kann. Sie ist jedoch völlig unverständlich, weil die Römer bei ihrer zerstörerischen Welteroberung überall den Völkern ihre eigene Schrift aufzwangen, so daß deren angestammte Schrift außer Gebrauch kam. Ebenso ging die hebräische während der babylonischen Gefangenschaft zugrunde, weil sie durch die babylonische verfälscht wurde. Infolge der Einführung der römischen Schrift gingen die ursprünglichen Schriften der Germanen, Spanier und anderer Völker unter. Auch deren Sprachen wurden stark beeinflußt, ja geschädigt. Andererseits wurden sowohl die lateinische Schrift wie auch die lateinische Sprache durch die Goten, Langobarden, Franken und andere Barbarenvölker beeinflußt und in Mitleidenschaft gezogen, und das Latein von heute ist nicht das, was es einst war! Große Meinungsunterschiede über die hebräische Schrift und Sprache gibt es sogar unter den Talmudisten[60]: Rabbi Jehuda sagt, der ersterschaffene Adam[61] habe die aramäische Sprache gesprochen; Marsutra[62] hingegen meint, das Gesetz sei von Moses in Hebräisch, der eigentlich heiligen Sprache und Schrift, gegeben und dann erst von Esra in die aramäische Sprache und assyrische Schrift übertragen worden. Bald danach habe es jedoch unter Beibehaltung der assyrischen Schrift wieder die alte heilige hebräische Sprache angenommen. Die Kuthäer[63] haben zugleich mit der hebräischen Schrift auch die aramäische Sprache aufgegeben, die sie mit dem Pentateuch[64] zugleich übernommen hatten. Allerdings verehren sie Götzen wie die Samaritaner. Andere behaupten, das Gesetz sei von Anfang an mit den noch heute benutzten Schriftzeichen niedergeschrieben worden; infolge einer Verirrung habe man sie zwar eine Zeitlang verändert, doch dann sei man reumütig wieder auf sie zurückgekommen. Rabbi Simon, Eleazars Sohn, glaubt, Sprache und Schrift seien nie verändert worden.

Über das Hebräische kann man also nichts Genaues in Erfahrung bringen, nicht einmal von den Juden selbst. Der Lauf der Zeiten führt dazu, daß man bei keiner Sprache und bei keiner Schrift in der heutigen Form ihre frühere zu erkennen vermag.

Kapitel III
Grammatik

Aus diesen unüberschaubaren und ständigem Wandel unterliegenden Anfängen der Schriften und Sprachen entwickelte sich die Grammatik, dann die anderen von mir genannten Disziplinen der Redekunst. Doch es genügte nicht, die Buchstaben zu kennen, sie mußten in bestimmter Weise miteinander verbunden und zu Silben, dann zu Worten und Sätzen gefügt werden, um das Verständnis des Gesagten zu ermöglichen. Und so sind findige Köpfe darauf verfallen, Sprachregeln (z. B. Konstruktionen, Rektion und Bedeutungen) aufzustellen und damit der Sprache Zaumzeug anzulegen; alles, was nach diesen Regeln ausgedrückt wird, sollte als gut, als Redekunst gelten, und so nannte man diese Kunst Grammatik oder Sprachkunst.

Ihr Erfinder bei den Griechen sei Prometheus gewesen, so wird berichtet. Nach Rom brachte sie zwischen dem Zweiten und Dritten Punischen Krieg Krates von Mallos, der von Attalos zum römischen Senat gesandt worden war[65]. Remmius Palaemon hat später dann diese Kunst auf anmaßende, doch immerhin so eindrucksvolle Art gelehrt, daß er ihr sogar seinen Namen gab, Palämonische Kunst. Dieser Mann war so eingebildet, daß er sich rühmte, mit ihm erst sei alle Grammatik entstanden, mit ihm werde sie auch untergehen, und voller Hochmut alle zeitgenössischen Gelehrten verachtete. Er unterstand sich sogar, M. Varro ein Schwein zu nennen![66]

Die lateinische Grammatik ist jedoch so wenig entwickelt und von der griechischen so stark beeinflußt, daß jeder, der kein Kenner der griechischen Grammatik ist, von vornherein nicht als „Grammatiker“ gelten kann. Alles, was mit Literatur und Grammatik zu tun hat, beruht ja eigentlich nur auf der Praxis und Autorität früherer Geschlechter: Was diesen als Bezeichnung, Schreibweise und Satzbau richtig schien, das bezeichnet man eben heute als richtig. Wenn die Grammatik sich der Kunst richtigen Redens rühmt, dann ist das falsch, weil wir gerade das weit eher von der Mutter oder Amme als von den Grammatikern lernen. Die Gracchen, die als die besten Redner galten, wurden von ihrer Mutter Cornelia sprachlich ausgebildet. Skyles, Sohn des Skythenkönigs Ariapeithes, erlernte Griechisch von seiner Mutter, die aus Histria stammte[67]. Bekanntlich haben in Kolonien, die in anderssprachiger Umgebung gegründet wurden, die dort Geborenen stets ihre Muttersprache beibehalten. Deshalb fordern Platon und Quintilian größte Sorgfalt bei der Auswahl der Ammen für die Knaben[68]. Man darf also keinesfalls die Erziehung zum richtigen Sprechen von den Ammen auf die Grammatikfuchser übertragen, denn diese haben ja nichts außer ein wenig Grammatik zu bieten.

Selbst Priscian hat die Grammatik zeitlebens nie vollständig beherrscht, und Didymos soll viertausend, nach anderen Berichten sechstausend Bücher über sie geschrieben haben. Kaiser Claudius war, wie zu lesen ist, ein solcher Verehrer des Griechischen, daß er dafür eigens drei neue Buchstaben erfunden und, nachdem er

Kaiser geworden war, auch amtlich eingeführt hat. Karl der Große hat den Grundstein zu einer Grammatik der deutschen Sprache gelegt und den Monaten und Winden neue Namen gegeben.

Bis heute wird Tag und Nacht gearbeitet, es häufen sich Titel wie Kommentar zu ..., Zu Fragen des Stils bei ..., Probleme bei ..., Anmerkungen zu ..., Scholien zu ..., „Beobachtungen bei ..., Widerlegung von ..., Einhundert Beispiele für ..., Miszellen, Antikes, Paradoxa, Gesammeltes aus ..., Nachträge zu ..., Aus nächtlicher Studierstube, ... erneute, vermehrte und verbesserte Auflage. Unablässig erblicken ebenso viele Grammatiken das Licht der Welt, wie es Grammatiker gibt, und dennoch vermag kein einziger von ihnen, sei er nun griechisch oder lateinisch, die folgenden Fragen genau zu beantworten: Wie unterscheidet man die Satzteile, und wie verwendet man sie richtig? Gibt es nur fünfzehn Pronomina, wie Priscian meint, oder mehr, wie Diomedes und Phocas behaupten? Behält ein absolutes Partizip stets partizipialen Charakter? Ist das Gerundium nominaler oder verbaler Natur? Warum werden im Griechischen Substantive im Neutrum Plural mit dem Verb im Singular verbunden? Wieso wandeln sich manche Substantive auf -a oder -us zu -um (z. B. margarita zu margaritum und punctus zu punctum)? Warum bildet der Nominativ Jupiter den Genitiv Jovis? Gibt es verba neutralia? Warum schreibt man zahlreiche lateinische Wörter manchmal mit, manchmal ohne Diphthong (z. B. foelix – felix; quaestio – questio)? Werden im Latein ae und oe zwar als Diphthonge geschrieben, aber nicht als solche gesprochen, oder werden in einer Silbe beide Vokale nacheinander einzeln ausgesprochen? Wieso schreiben einige Leute bestimmte lateinische Wörter mit dem griechischen y, während andere nur das lateinische i benutzen (consydero – considero)? Wieso verdoppeln manche die Buchstaben (caussa, relligio)? Warum wird caccubus trotz Positionslängung der ersten Silbe durch das doppelte c von den meisten Dichtern als kurz betrachtet? Muß der aristotelische Begriff Entelechie oder Endelechie geschrieben werden? Beiseite lassen will ich die zahllosen und niemals endenden Streitereien über Akzentsetzung, Orthographie, Aussprache, Redefiguren, Etymologien, Analogien und andere Regeln, über Konjugationen und deren Benennung, über Deklinationen, über Unterschiede im Gebrauch der Tempora, Modi, Personen, Numeri, über die verschiedenen Syntaxregeln, über die Anzahl und Herausbildung der lateinischen Buchstaben, darüber, ob h, wenn es nicht gesprochen wird, überhaupt ein richtiger Buchstabe ist, und über mehr dergleichen.

So widersprechen die Grammatiker einander nicht nur bei Wörtern und Silben, sondern auch in den Grundlagen der Sprache völlig unnötigerweise. Einen solchen Streit um die Konsonanten t und s hat Lukian von Samosata mit einem sehr hübschen Büchlein glossiert (als Beispiel diene thalatta – thalassa). Darüber hat auch ein gewisser Andreas von Salerno einen geistreichen „Grammatikkrieg" verfaßt[69].

All das sind eigentlich nur wenige und nicht eben wichtige Dinge, ich könnte jedoch sehr viele, auch bedeutende Fälle von absichtlich falscher Übersetzung und Deutung von Begriffen aufzählen, die weltweite Folgen haben und einem Gemeinwesen größten Schaden zufügen können, wenn beispielsweise erklärt wird: „Sich den Gesetzen unterzuordnen bedeutet Sklaverei. Freiheit für die Bürger besteht darin, daß jeder frei ist zu tun, was ihm beliebt. Isonomie, das heißt Gleichheit des Rechts, herrscht dort, wo es unterschiedslos für alle gleiches Recht und gleiche Möglichkeiten gibt. Ruhig ist ein Reich zu nennen, wenn alles so geschieht, wie es der Herrscher anzuordnen geruht. Ideal ist ein Reich, in dem die Untertanen in angenehmem Wohlstand und in Muße leben."

Von zahlreichen ebenso fragwürdigen Definitionen und Deutungen sind die Medizin, das weltliche und das kanonische Recht betroffen; die heiligen Schriften und sogar Christus werden in Widerspruch zu sich selbst gebracht, indem man sie nicht im Sinne des Heiligen Geistes und des Heils für die Menschen deutet, sondern um des eigenen Vorteils willen verfälscht. Daraus erwachsen große Gefahren, denn oft führt ein Irrtum im Wort auch zu einem Irrtum in der Sache. Einer solchen Täuschung unterlag auch Saul, der erste König der Juden, bei dem Worte zkr, das „Mann" und zugleich „Erinnerung an jemand" bedeuten kann. Als nämlich Gott zu ihm gesagt hatte: „Ich will die Erinnerung an Amalek austilgen", da meinte Saul, er habe Gottes Auftrag erfüllt, wenn er die (amalekitischen) Männer vernichtet hätte.[70] Einen ähnlichen Irrtum gab es in Griechenland und Italien bei dem Wort phos, das „Licht" und zugleich „Mensch" bedeutet, denn bei den Saturnalien brachte man infolge dieses Mißverständnisses alljährlich dem Gott Saturn einen Menschen als Opfer dar, obwohl man ihn durch das Anzünden von Lichtern ebenso hätte zufriedenstellen können. Erst Herkules klärte dieses törichte Volk über den Irrtum auf.

Schließlich mischen sich sogar die Theologen und die Kuttenbrüder unter die Grammatiker. Sie führen ihren Kampf um die Bedeutungen der Wörter mit Hilfe von Verzeichnissen aller Ketzereien und sind dadurch, daß sie die heiligen Schriften mittels der Grammatik verfälschen, zu schlechten Interpreten von guten Texten geworden. Sie sind töricht und wahrlich zu bemitleiden, da sie sich mit ihrer Kunst selbst blind machen und das Licht der Wahrheit fliehen. Weil sie aus Neugier der Bedeutung der Wörter allzu tief nachgrübeln, können sie den wahren Sinn der Schriften nicht erfassen; sie halten sich nur an nackte Worte, und damit verderben und verlieren sie das Wort der Wahrheit.

Man berichtet auch, ob wahr oder erfunden, von einem Priester, er habe, als er mehrere Hostien konsekrierte, um nicht gegen die Grammatik zu verstoßen, gesagt: „Dies sind meine Leiber" statt „Dies ist mein Leib".[71] Die verdammungswürdige Sekte der Antidikomarianiten und der Helvidianer[72], die die immerwährende Jungfräulichkeit der heiligen Mutter Christi bestreiten, ist nur durch das Wort donec (bis – d. Ü.) enstanden, da es in den Evangelien heißt: „Und (Joseph) erkannte sie nicht, bis sie ihren erstgeborenen Sohn gebar."

Wieviel Streit zwischen der lateinischen und griechischen Kirche haben die beiden Wörter ex (aus – d. Ü.) und per (durch – d. Ü.) hervorgerufen, weil die lateinische Kirche behauptet, der Heilige Geist gehe aus dem Vater *und* dem Sohn hervor, während die griechische betont, nicht aus dem Sohne, sondern aus dem Vater *durch* den Sohn.[73]

Welche Tragödien hatte das Wort nisi (wenn nicht – d. Ü.) für die Böhmen zur Folge, die auf dem Konzil zu Basel das Abendmahl in beiderlei Gestalt forderten, weil doch geschrieben stehe: „*Wenn* ihr *nicht* das Fleisch des Menschensohnes eßt und sein Blut trinkt, so habt ihr kein Leben in euch."[74]

Auch die Häresie der Waldenser und ihrer Nachfolger beim Verständnis der Eucharistie kommt allein aus dem Wörtchen est (ist), das diese als nur symbolisch und bildhaft gesagt auffassen, während die römische Kirche es als die Realität bezeichnend erklärt.[75]

Es gibt weitere schlimme Ketzereien der Grammatiker, die jedoch so verborgen und raffiniert sind, daß man sich kaum vor ihnen schützen könnte, hätten nicht die hellsten Theologenköpfe im englischen Oxford und an der Pariser Sorbonne sie mit ihren Luchsaugen erspäht und ihre Verdammung feierlich besiegelt.

Ketzerei ist es auch, wenn jemand für gleichwertig hält Christus praedicas und Christus praedicat; Ego credis und Tu credit; Credens est ego[76]. Eine weitere ist die Behauptung, ein Verb könne alle Akzidenzien einbüßen und bleibe doch ein Verb. Ferner, daß es kein Pronomen der dritten Person gäbe und ähnliches.

Wenn das allerdings schon Ketzerei sein soll, dann gehören der Prophet Jesaja und Maleachi zu den ersten Ketzern, denn bei Jesaja sagt Gott zu Hiskia: „Ecce ego addet super dies tuos …"[77], nicht addam, sondern addet. Und Maleachi läßt Gott im Plural sprechen: „Et si domini ego, ubi est timor meus?"[78] Weit eher sind doch alle diejenigen Häretiker, die jetzt in der römischen Welt als Theologen gelten, weil sie durch neue Aussagen – wider alle Grammatik und den Sprachgebrauch – mittels monströser Wortschöpfungen und komplizierter Sophismen die gesamte Lehre der rechtgläubigen Kirche schädlich beeinflußt haben. Außerdem besaßen sie die Frechheit zu behaupten, die Sprache sei so verderbt, daß man in ihr die eigentliche Theologie nicht weitergeben könne. Zahllose ähnliche Fälle sind in der Gegenwart zu beklagen: Wieviel Streit und Irrtümer verursachen doch starrsinnige Grammatiker und eingebildete Philosophen durch falsche Deutung von Wörtern und Begriffen, wobei die einen den Sinn aus den Wörtern und die anderen die Wörter aus dem Sinn erschließen. So kommt es in der Medizin, in beiderlei Rechten, in Philosophie, Theologie und den übrigen Disziplinen ständig zu endlosen Streitereien und Irrtümern. Die Grammatiker beweisen nämlich nichts, sondern berufen sich nur auf Autoritäten, die ihrerseits meist so Unterschiedliches, ja Widersprüchliches aussagen, daß logischerweise das meiste davon falsch sein muß. Wer sehr viel auf die Lehren dieser Autoritäten gibt, der versteht von Sprache sehr wenig, denn entscheidend für die Entwicklung der Sprache ist das Volk, nicht die Grammatiker, und der Sprachgebrauch entspringt der Alltagssprache. Die Kraft und Schönheit der lateinischen Sprache sind, seit sie nicht mehr vom Volk getragen werden, unter dem Einfluß von Nichtrömern geringer geworden; ihr Wesen sollte man nicht bei den Grammatikern suchen, sondern bei guten Autoren wie Cicero,

Cato, Varro, Plinius dem Älteren und dem Jüngeren, Quintilian, Seneca, Sueton, Curtius, Livius, Sallust und ähnlichen; nur bei diesen finden sich noch die alte Schönheit und der gute Stil des Lateins, und nicht bei diesen grammatischen Kampfhähnen! Diese muten der lateinischen Sprache mit ihren Regeln über Deklination, Konjugation, Deponentien und Syntax sehr viel zu, und sie konstruieren Wörter, die ein anständiger Lateiner nie verwenden dürfte, es sei denn in Artikeln der Pariser Sorbonne. Obwohl das Mißtrauen gegenüber den Lateinregeln der Grammatiker durchaus berechtigt ist, werfen sich diese grammatischen Kampfhähne doch zu alleinigen Zensoren, Richtern und Interpreten aller Autoren auf und maßen sich an, eine Rangordnung von Autoren und Werken aufzustellen und sogar manche aus dem Kanon[79] zu entfernen. Kein Autor, und sei er noch so begabt, ist ihrem böswilligen Urteil bisher entgangen, an jeden haben sie ihre Elle angelegt, bei jedem eine Menge auszusetzen! So vermissen sie bei Platon Klarheit und Übersichtlichkeit (Über Platons „Schwächen“ hat Georgios von Trapezunt geschrieben, der deshalb Conotimos und Etynis genannt wurde, wie Crinitus berichtet).[80] Bei Aristoteles wünschen sie sich mehr Durchsichtigkeit, werfen ihm dunkle Ausdrucksweise vor und nennen ihn Sepia[81]. Vergil ordnen sie als mäßig begabt, Kompilator und Plagiator ein. Cicero findet manches an Demosthenes auszusetzen, und er, der größte lateinische Redner, wird von den Griechen des geistigen Diebstahls und zahlreicher Schwächen bei Reden bezichtigt: Er sei nicht bissig genug, wiederhole sich oft, es fehle ihm an Esprit, er komme am Anfang nicht recht in Fahrt, sei dann in der Durchführung zu weitschweifig und gelange oft überhaupt nicht oder nur langsam zum Höhepunkt der Rede. Sogar von Lateinern wird Cicero getadelt: Martianus Capella spricht bei ihm von Unordnung, Apollinaris findet ihn schlaff und träge. Pompeius Trogus hält die Reden bei Livius für fingiert; Horaz findet kein Gefallen an Plautus und verdammt auch Lucilius wegen seiner holprigen Verse; man behauptet immer wieder, Livius wälze sich daher wie ein reißender Fluß, der große Brocken mit sich führt; Ovid lasse seinem Talent allzusehr die Zügel schießen; Sallust gilt Asinius Pollio als affektiert. Terenz wird, obwohl Scipio ihn schätzte, von Labeo unter anderem des Plagiats beschuldigt; Seneca wurde als „Sand ohne Kalk“[82] bezeichnet, und Quintilian sagt abwertend über ihn: „Hätte er sich nicht für besser gehalten als seine Zeitgenossen, zuweilen Habgier bewiesen, all seine Werke für gut befunden, gewichtige Aussagen durch allzu kurze Sätze in der Wirkung gemindert, dann hätte er eher Zustimmung bei den Gebildeten als nur Zuneigung bei Unmündigen gefunden.“[83]

M. Varro wurde als Schwein bezeichnet, Ambrosius als Krähe und Fabulierer, Macrobius, ein Mann von höchster Bildung, als unverschämt und undankbar verschrien. Laurentius Valla, der größte Sprachkenner, ließ überhaupt keinen lateinischen Autor gelten und wurde seinerseits von Mancinelli verrissen. Der Grammatiker Servius hatte große Verdienste um die lateinische Sprache, und doch wurde er von Beroaldo attackiert[84], den wiederum spätere Grammatiker als barbarisch völlig ablehnten.

Alle Grammatiker führen ständig einen verbissenen Kampf gegeneinander und haben es sogar dahin gebracht, daß die Übersetzung der Heiligen Schrift, angeblich, um sie zu korrigieren, so oft verändert wurde und nun von der früheren völlig abweicht und daß durch ihr Wirken lange Zeit die Offenbarung des Johannes, der Hebräerbrief, der Judasbrief und weitere Schriften des Neuen Testaments in ihrer Echtheit umstritten waren; sogar die Evangelien versuchten sie in Frage zu stellen[85]. Doch nun zu den Poeten.

Kapitel IV
Poesie

Nach Quintilian ist die Poesie der zweite Bereich der Literatur. Sie ist besonders stolz darauf, daß einst Theater und Amphitheater, die erhabensten Bauten der Menschheit, nicht für Philosophen, Juristen, Mediziner, Rhetoren, Mathematiker oder Theologen, sondern ausschließlich für die Stücke der Poeten unter gewaltigen Kosten errichtet worden sind. Diese Kunst wurde zu keinem anderen Zwecke entwickelt, als mit lasziven Rhythmen und geschmeidigen Wortfügungen sowie inhaltslosem Wortgeklingel törichten Menschen einen Ohrenschmaus zu bereiten und ihnen durch den Genuß von Erdichtetem, d. h. Erlogenem, die Sinne zu betören. Deshalb gilt die Poesie nicht unverdient als Erfinderin von Lügen und als Verfechterin unchristlicher Lehren. Selbst wenn man ihr manches Wahnhafte, Rauschartige, Schamlose und Freche nachsieht, so kann man doch ihre dreiste Verlogenheit nicht gelassen hinnehmen, denn sie hat buchstäblich jeden freien Winkel mit läppischen Gedichtchen und Bühnenstücken angefüllt. Sie läßt ihre Mythen mit dem Chaos beginnen, erzählt über die Trennung von Himmel und Erde, die Geburt Aphrodites, die Titanenschlacht[86], schildert, wie Zeus in der Wiege lag und Rhea statt seiner dem Vater Kronos einen Stein zum Verschlingen gab, beschreibt die Entmachtung des Kronos, die Rebellion der Giganten[87], Diebstahl und Strafe des Prometheus, Letos Leiden und ihre Rettung auf der Insel Delos, Apollons Sieg über den Pythondrachen[88], das leidvolle Schicksal der Tyro[89], die Entstehung von Menschen aus Steinen nach der deukalionischen Flut[90], die Zerfleischung des Jakchos[91], Semeles Verbrennung durch Heras Heimtücke, die zweimalige Geburt des Dionysos[92] und was in den attischen Tragödien über Athene, Hephaistos, Erichthonios, den Raub der Oreithyia durch Boreas, über Theseus, Aigeus, Kastor und Pollux, über den Raub der Helena und über den Tod des Hippolytos berichtet wird. Ferner die Sagen von Demeters Suche nach der entführten Persephone, die von Minos, Kadmos, Niobe, Pentheus, Attis, Ödipus, die Erzählungen über die Arbeiten des Herakles, den Kampf zwischen Helios und Poseidon sowie die Geschichten von dem wahnsinnig gewordenen Athamas, von der in eine Kuh verwandelten Jo und ihrem Bewacher Argus, der von Hermes getötet wurde, vom Goldenen Vlies, von Peleus, Jason und Medea, vom Mord an Agamemnon und der Bestrafung Klytämnestras, von Danae, Perseus, Gorgo, von Kassiopeia, Andromeda, Orpheus, von Orest, von den Irrfahrten des Äneas und des Odysseus, von Kirke, Telegonos, Aiolos, von Palamedes, Nauplios, Ajas, Daphne, Ariadne, Europa, Phädra, Pasiphae, Dädalus und Ikarus, Glaukos, Atalante, Geryon, Tantalos und Pan, von Zentauren, Satyrn, Sirenen und ähnlichen Lügengespinsten.

Da der Poesie Menschen als Thema nicht genügen, bezieht sie sogar die Götter in ihre Fabeleien ein: Ihr Leben und Sterben, ihre Auseinandersetzungen, Haß- und Zornausbrüche, Kämpfe, Verletzungen, Klagen, Gefangenschaft, ihre Liebesabenteuer, Kuppelei, Geilheit, Hurerei, Ehebruch, sexuelle Beziehungen zu Menschen oder Tieren und dergleichen absurde, ja unsägliche Dinge werden mit sprachlichem Liebreiz und dem Zauber der Verse, die wie ein wohlschmeckendes Gift sind, dargestellt und verführen, ja infizieren nicht nur die Zeitgenossen, sondern auch die Nachwelt mit dem Gift dieser schönen Verse und Rhythmen. Die von den Lügengespinsten der Poesie Angesteckten verfallen dem Wahnsinn, als wären sie von Tollwut ergriffen. Diese Lügen sind so kunstvoll ersonnen, daß man sie nicht selten für wahr hält, wie man am Beispiel der Beziehung zwischen Äneas und Dido und der Eroberung Trojas durch die Griechen sehen kann.

Manche versteigen sich zu der Wahnvorstellung, der Poesie wohne etwas Göttliches inne, weil früher die Dämonen[93] ihre Orakel in Versform gaben. Deshalb bezeichnet man die Poeten als Seher oder Propheten, als vom göttlichen Hauch Berührte, und ihre völlig wertlosen Reimereien werden zum Weissagen benutzt. So sprachen die Alten von „homerischen" Orakeln und von „vergilischen", wie Spartianus in seiner Hadrianbiographie erwähnt.[94] Diese abergläubischen Vorstellungen werden heute auch auf die heiligen Schriften, vor allem auf Psalmenverse übertragen, wogegen auch die meisten christlichen Magister nichts einzuwenden haben.

Doch zurück zur Poesie! Augustinus will sie aus dem Gottesstaat verbannen, der Heide Platon aus seinem Staat vertreiben, auch Cicero möchte sie verboten wissen. Sokrates mahnt jedermann, dem an seinem guten Ruf liegt, sich keinesfalls einen Dichter zum Feinde zu machen, denn diese haben nicht nur die Möglichkeit, jemanden zu preisen, sondern ebenso, ihn zu schelten und zu schmähen. König Minos, von Hesiod und von Homer als höchst gerecht gepriesen, brachte, weil er gegen Athen Krieg führte, die Tragödiendichter gegen sich auf, und so verbannten sie ihn in den Hades. Penelope, von Homer als Muster ehelicher Treue geschildert, wird von Lykophron beschuldigt, sie habe es mit einigen Freiern gehalten und sich ihnen hingegeben. Der Dichter Ennius, Sänger von Scipios Heldentaten, hat als erster Dido, der Gründerin Karthagos, einer keuschen Witwe, Liebe zu Äneas angedichtet, obwohl sie ihn, da sie zu anderer Zeit lebte, gar nicht kennen konnte. Diese Sagenversion hat dann Vergil so schön gestaltet, daß sie für wahr gehalten wurde.[95]

Schließlich nahmen die Lügen und Schmähungen ein solches Ausmaß an, daß die Zensoren gesetzlich einschreiten mußten, um die Dreistigkeit und Verlogenheit der Poeten in Grenzen zu halten. Auch bei den alten Römern galt die Poesie offiziell als eine nicht ehrenhafte Beschäftigung und wer sie betrieb als liederlicher Geselle, wie Gellius und Cato bezeugen. Sogar M. Fulvius wurde von Cato kritisiert, weil er, als Prokonsul nach Ätolien geschickt, den Dichter Ennius mit dorthin genommen hatte.[96] Kaiser Justinian würdigte die Lehrer der Poesie nicht einmal eines bescheidenen Privilegs. Homer, den man den Philosophen aller Poeten und den Poeten aller Philosophen nennt, wurde von den Athenern als unzurechnungsfähig angesehen und mit einer Strafe von 50 Drachmen belegt, Tyrtaios von ihnen als geisteskrank verlacht. Die Spartaner verbannten sogar die Werke des Archilochos aus ihrem Staat.[97] Gerade die tüchtigsten Leute verachteten also die Poesie als Schöpferin erlogener Dinge, weil die Poeten gar zu schlimm lügen: Sie wollen ja nichts Vernünftiges aussagen oder schreiben, sondern nur mit zusammengeschusterten Versen und Fabulierkram die Ohren von Narren kitzeln und alles mit den Rauchschwaden der Phantasie überdecken, wie Campanus sang:

> Poeten, nah dem Wahnsinn, leben von Erfindung
> und müssen Hungers sterben, nimmt man ihnen diese.
> Für sie bedeuten Lügen pures Gold und Macht;
> was immer sie nur wollen, das erdichten sie,
> und wer am besten lügt, dem reichen sie die Palme.

Bei den Poeten gibt es ständig Streit, nicht allein um das Genre einer Dichtung, um Versfüße, Betonung, Silbenquantitäten (dabei wollen ja auch die Grammatiker ein Wörtchen mitreden!), sondern um die Inhalte ihrer Spielerei und Phantasterei, z. B. die Keule des Herakles, den heiligen Baum, die Schreibung des Namens Hyakinthos, die Kinder der Niobe oder unter welchem Baum Leto Artemis gebar. Die Grammatiker streiten über Homers Heimatstadt[98], sein Grab, darüber, ob er oder Hesiod, Patroklos oder Achill älter ist, in welchem Gewand der Skythe Anacharsis geschlafen hat, warum Homer Palamedes keinen eigenen Gesang widmete, ob man Lukan zu den Poeten oder Historikern rechnen muß, was Vergil von seinen Vorbildern gestohlen hat, in welchem Monat er gestorben ist und wer der Verfasser der „Kleinen Elegien“ ist[99]. Über alle diese Dinge ist das letzte Wort noch nicht gesprochen. Alle Werke der Poeten hingegen sind voller Fabelei, verfaßt zum Amüsement von Narren, ob die Poeten nun vorgeben, etwas zu verherrlichen oder böse Taten zu geißeln. Was sie auch tun, ob sie schildern, preisen oder beten, es ist nie ohne Schmeichelei; ob sie in ihren Werken schelten, hetzen, wüten oder anklagen, sie sind in jedem Falle von Sinnen. Mit gutem Recht bezeichnet Demokrit die Poesie als Wahn und nicht als Kunst[100]. Wer seines Verstandes mächtig ist, der klopft vergeblich an der Dichtung Pforten, meint Platon.[101] Bedenkt man aber, daß die Poeten trunken und im Wahne sind, dann muß man bewundern, was sie singen.

Die Poesie ist der Wein des Irrtums, der von trunkenen Lehrern kredenzt wird, sagt Augustinus, und Hieronymus bezeichnet sie als eine von Dämonen angerichtete Speise. Außerdem ist sie eine schwache und armselige Kunst, eigentlich völlig ohne Geist und, wenn sie sich nicht mit anderen Disziplinen herausputzt, recht kümmerlich, eine rechte Hungerleiderkunst, sie ist wie eine Maus, die von Brosamen lebt. Und dennoch wagt sie es, mit ihrem Gefasel von der Zikade Tithonos[102], den Lykierfröschen und Myrmidonenameisen[103] dem Dichter Unsterblichkeit zu versprechen:

> Glücklich lebet fortan, es helfen euch meine Lieder,
> daß nimmer komme der Tag, da man euer nicht mehr gedenket.

Solch ein Versprechen ist natürlich völlig wertlos. Jemandem Unsterblichkeit zu verleihen, so meinen die Historiker, sei aber allein ihres Amtes und nicht Sache der Poeten.

Kapitel V
Geschichtsschreibung

Die Geschichtsschreibung ist die mit Lob oder Kritik verbundene Darstellung von Ereignissen; sie stellt große Ideen, Handlungen und deren Ergebnisse, Taten von Königen und großen Männern zeitlich und räumlich geordnet dem Betrachter als lebendiges Bild vor Augen. Deshalb erklärt man sie auch nahezu einhellig zur Lehrmeisterin und zur besten Helferin bei der Gestaltung des eigenen Lebens: Durch vielfältige Beispiele reizt sie einerseits alle tüchtigen Leute, die Ruhm und einen unsterblichen Namen erringen wollen, zu großen Taten an, andererseits hält sie gewissenlose und verworfene Gesellen von den schlimmsten Untaten ab, da sie ewige Schande befürchten müssen. Sehr häufig tritt allerdings auch das Gegenteil ein: Viele Menschen sind (so Livius über Manlius Capitolinus[104]) mehr auf einen bekannten denn auf einen guten Namen erpicht, und deshalb wollen manche, die ihn nicht durch ihre Fähigkeiten und Leistungen erreichen, wenigstens durch ihre Verbrechen bekannt werden und sich so einen Platz in der Geschichte sichern. Justinus berichtet (nach Pompeius Trogus) über die Ermordung König Philipps durch einen jungen Makedonen namens Pausanias[105]; Gellius, Valerius und Solinus berichten über Herostratos[106], der das schönste aller Bauwerke, den Artemistempel in Ephesos, an dem ganz Asien 200 Jahre lang gebaut hatte, in Brand steckte. Obwohl es strengstens verboten war, den Namen dieses Verbrechers schriftlich oder mündlich zu erwähnen, hat dieser doch erreicht, was er mit seiner Untat bezweckte, nämlich seinen Namen durch die Jahrhunderte hindurch bis in unsere Zeit hinein bekanntzumachen.

Doch zurück zur Geschichtsschreibung! Sie müßte vor allem folgerichtig, zuverlässig, widerspruchsfrei und inhaltlich zutreffend sein, erfüllt aber leider diese Anforderungen nicht im geringsten, denn die Geschichtsschreiber weichen so stark voneinander ab und geben von den gleichen Ereignissen völlig verschiedene Berichte, so daß zwangsläufig die meisten von ihnen als grobe Lügner dastehen. Ich will nicht vom Anfang der Welt reden, von der Sintflut und der Gründung Roms (womit ja die Geschichtsschreibung den Anfang zu machen pflegt), weil vom Weltanfang niemand etwas wissen kann, nicht alle von der Sintflut überzeugt sind und auch die „Gründung" Roms umstritten ist. Da diese Dinge so weit zurückliegen und nicht von allen in gleicher Weise gesehen werden, mag man den Geschichtsschreibern in diesen Fällen falsche Aussagen und Irrtümer nachsehen, bei der Berichterstattung über spätere Zeiten darf man ihnen jedoch Lügen nicht durchgehen lassen.

Es gibt zahlreiche Gründe für diese widersprüchlichen und einander widersprechenden Darstellungen: Die meisten Geschichtsschreiber haben, weil sie mit Zeiten, Örtlichkeiten, Personen und Handlungen der von ihnen beschriebenen Ereignisse nicht vertraut sind, aus Berichten anderer Leute einige Gemeinplätze zusammengetragen und können natürlich nichts Zuverlässiges und Unbezweifelbares schreiben. Solche Vorwürfe erhebt Strabon gegen Eratosthenes, gegen Metrodor aus der Stadt Skepsis und gegen den Geographen Patrokles.[107] Andere ziehen, sobald sie die Verhältnisse ein wenig zu kennen glauben, im Eilmarsch durch das jeweilige Land, wie Bettler von Armenhaus zu Armenhaus eilen, und maßen sich dann an, eine „Geschichte" des Landes zu verfassen. Derartige Geschichten Indiens haben Onesikritos und Aristobulos geschrieben.[108] Manche Autoren fügen auch, um ihren Lesern Unterhaltsames zu bieten, zum Wahren noch Erfundenes hinzu oder lassen Wahres weg. Solche Methoden kritisieren der Sizilianer Diodor bei Herodot, Liberianus und Vopiscus bei Trebellius, Tertullian und Orosius bei Tacitus, und Planudes und Philostratos wären hier auch noch zu nennen.[109] Es gibt aber auch Autoren, die aus Wahrem Histörchen machen, wie Ktesias aus Knidos, Hekataios und weitere antike Historiker.[110] Viele Leute schmücken sich unverschämterweise mit der Bezeichnung Historiograph, um sich den Anschein zu geben, als wüßten sie alles und hätten nichts von anderen übernommen; sie erfrechen sich, über ihnen völlig unbekannte Länder mit großen Worten zu berichten, wobei sie nur Allgemeinplätze und faustdicke Lügen verkünden. Von dieser Art sind die Berichte über Arimasper, Pygmäen, Greife, Kraniche, Hundsköpfige, Astromoren, Pferdefüßler, Panotier und Troglodyten.[111] Ähnlich groß sind die Irrtümer hinsichtlich eines erstarrten Meeres im Norden, und doch finden sich immer wieder dumme und urteilsunfähige Leute, die an solche Dinge glauben, als seien es feierlich verkündete Orakel. Zu solchen Geschichtsschreibern zählt auch Ephoros[112], der berichtet, die Iberer hätten nur eine Stadt, obwohl sie doch bekanntlich einen recht großen Teil des Abendlandes bewohnen. Stephanos aus Byzantion[113] erklärt die Franken zu einem Volk Italiens, und Vienne in Gallien verlegt er nach Galiläa. Der Grieche Arrian[114] weist den Germanen Sitze am Jonischen Meer zu. Dionysios[115] macht falsche Angaben über die Pyrenäen. Was Tacitus, Marcellus, Orosius und Blondus an geographischen Dingen über Germanien aussagen, weicht teilweise erheblich von der Wahrheit ab. So läßt Strabon fälschlicherweise die Donau[116] (früher Ister genannt) nicht weit vom Adriatischen Meer entspringen, Herodot aber im Westen (bei den Kelten, die ja am weitesten westlich wohnen) und dann nach Skythien fließen. Auch über Lippe und Weser äußert Strabon Falsches. Ebenso behauptet Plinius, die Maas münde ins Meer, obwohl sie sich doch in den Rhein ergießt.[117]

Ähnliche Irrtümer gibt es bei späteren Historikern und Geographen: Sabellicus leitet fälschlich die Alanen von den Alemannen und die Ungarn von den Hunnen ab, erklärt sogar Goten wie Geten zu Skythen, verwechselt Dänen und Daker und versetzt den Berg der heiligen Ottilie, der doch bei Straßburg liegt, nach Bayern[118]; Volaterranus vermischt Austerania mit Austria[119], Awaren und Savaren, Luzern und Lausanne und behauptet, Plinius habe das schweizerische Bern bereits erwähnt, obwohl es doch erst in späterer Zeit von Berthold aus dem Geschlecht der Zähringer gegründet wurde; Konrad Celtes setzt die Daker mit den Kimbern und die Cherusker mit den Cerusern gleich, verlegt das Rhipäische Gebirge nach Samarien und erklärt Bernstein für herabfließendes Baumharz.[120]

Weiteren Historikern muß man noch schlimmere Vergehen gegen die Wahrheit vorwerfen: Sie geben, auch wenn sie persönlich Zeugen der Ereignisse waren oder die Wahrheit auf andere Weise erfuhren, aus Liebedienerei oder auf Verlangen ihrer Gönner bewußt falsche Darstellungen. Das trifft natürlich ebenfalls auf die Leute zu, die sich bei ihrer Geschichtsschreibung von Parteiinteressen leiten lassen und nur das anführen, was ihren eigenen Wünschen entspricht, während sie alles andere umdeuten, abschwächen oder ganz weglassen und damit einseitige, verstümmelte, ja korrupte Geschichtsschreibung betreiben. So wirft beispielsweise Blondus Orosius vor, er habe den verheerenden Italienzug der Goten, der mit der Plünderung von Ravenna, Cardanum, Aquileja und Ferrara verbunden war, unerwähnt gelassen, um sein Konzept aufrechtzuerhalten[121]. Manche Geschichtsschreiber schmälern die Wahrheit aus Furcht, Rivalitätsgründen oder Haß, andere wollen die Taten der eigenen Leute verherrlichen und verkleinern deshalb die Verdienste anderer, ja würdigen sie herab; sie schreiben nicht, was wirklich ist, sondern was sie sich wünschen und was ihnen lieb wäre. Dabei bauen sie darauf, daß es ihnen nicht an Helfern und Interessenten für ihre verlogenen Geschichten fehlt und daß die Herren, um derentwillen all das geschieht, sich geschmeichelt fühlen. Diese Untugend war seit alters charakteristisch für griechische Autoren, doch heutzutage leiden an ihr die Geschichtsschreiber beinahe aller Völker, beispielsweise Sabellicus und Blondus, die beide eine Geschichte Venedigs, sowie Paulus Aemilius und Gaguin, die beide eine Geschichte Frankreichs verfaßt haben.[122] Fürsten halten sich solche Geschichtsschreiber, wie Plutarch sagt, eigens zu dem Zweck, mit Hilfe von deren Talenten die Leistungen anderer zu schmälern und die eigenen durch erfundene Histörchen zu historischer Größe aufzubauschen. Wenn es aber um irgendwelche Erfindungen und Neuerungen geht, dann sind die griechischen Historiker natürlich darauf bedacht, alle den Griechen zuzuschreiben.

Speichellecker von besonders übler Art bemühen sich, die Herkunft ihrer Fürsten auf uralte Königshäuser zurückzuführen. Wenn sich das nicht machen läßt, greifen sie auf fremde Genealogien und Sagen zurück oder erfinden Namen von Königen und Orten, wobei sie vor keiner Fälschung zurückschrecken. So ist es auch bei Hunibald, der in seine Geschichte der Franken Skythisches, Sugambrisches, einen zweiten Priamos sowie weitere Königs- und Ortsnamen hineinphantasierte, die sonst von keinem der älteren Historiker erwähnt werden.[123] Und doch haben Geschichtsschreiber mit ähnlichen Auffassungen seine Torheiten einfach übernommen, so Gregor von Tours, Regino, Sigisbertus und andere. So macht es auch Widukind, der die Sachsen, die doch die ältesten und ursprünglichen Bewohner Germaniens sind, zu Abkömmlingen der Makedonen erklärt und aus der Nachkommenschaft Alexanders des Großen herleitet, wobei ihm viele in diesem Irrtum folgen.[124]

Zahlreiche Historiker schreiben nicht in erster Linie, um Wahres zu berichten, sondern um dem Leser Vergnügen zu bereiten. So geben sie ganz nach Belieben einer gewöhnlichen Person die Züge eines hervorragenden Fürsten. Zeiht sie dann jemand der Lüge, so erklären sie, es ginge ihnen weniger um Tatsachen als um die Nutzanwendung für spätere Generationen und um ihren eigenen Nachruhm; deshalb schrieben sie auch nicht so, wie sich alles tatsächlich ereignet hat, sondern so, wie es sich erzählerisch gut gestalten läßt; sie wollten ja gar nicht so streng auf die Wahrheit sehen, sondern im wohlverstandenen Interesse der Allgemeinheit auch einmal Fiktives, also Nicht-Wahres bringen. Dabei berufen sie sich auf Fabius mit seinem Ausspruch, daß eine Lüge in ehrenhafter Absicht nicht verwerflich sei.[125] Da sie für die Nachwelt schreiben, sei es außerdem nicht von Belang, anhand welcher Personen und Biographien das Ideal eines guten Fürsten dem Publikum nahegebracht werde. So habe Xenophon Kyros als Idealbild eines Fürsten, wie er hätte sein sollen, nicht wie er wirklich war, in seiner Schrift dargestellt, zwar interessant und geistreich, aber eben unhistorisch.[126]

Viele Autoren, die von ihrem Charakter her oder auch ganz bewußt aus Gewinnsucht die Unwahrheit bevorzugen, verfassen daher Geschichten voller Phantastereien, wie die von Morgane, Magelone, Melusine, Amadis, Kondwiramur, König Artus, Dietrich, Lanzelot und Tristan.[127] All das ist, ich betone das ausdrücklich, nur der Phantasie entsprungenes, wirres und ungebildetes Zeug, noch ärger als die Komödien und Tragödien der Poeten. Unter den gebildeten Autoren sind noch die besten Lukian und Apuleius. Sogar bei Herodot, dem „Vater der Geschichte", bei Diodor und Theopomp gibt es laut Cicero viel Erfundenes und Erlogenes. Dort liest man, das Perserheer habe Flüsse leergetrunken, den Athos zu Schiff durchfahren

> und mancherlei sonst,
> was Hellas verlogen
> dreist behauptet in seiner Geschichte.[128]

Die eigentliche Ursache dafür, daß man in der Geschichte keine wirklich genauen Angaben findet, obwohl man sie von ihr doch vor allem erwartet, liegt darin, daß die zur Bewertung historischer Ereignisse notwendige Urteilsfähigkeit nur sehr schwer erreichbar ist. Da es keine jedermann zugänglichen Aufzeichnungen historischer Dinge gibt, mit deren Hilfe Wahres bewiesen und Fälschungen entlarvt werden könnten, und weil jeder nur seiner eigenen Ansicht überlassen ist, gibt es die Gefahr von Irrtümern und zugleich Möglichkeiten zu Fälschungen. Daher kommt es bei den Historikern ständig zu Auseinandersetzungen. Sie beschuldigen einander (z. B. Josephus in seiner Schrift gegen Apion)[129] der Unwahrheit und geben über dieselben Ereignisse Darstellungen, die einander in hohem Maße widersprechen: So weicht (ebenfalls nach Josephus) Hellanikos in genealogischen Fragen vielfach von Akusilaos ab, der seinerseits in vielen Fällen Herodot korrigiert; Ephoros weist bei Hellanikos sehr viele Irrtümer nach, Timaios wiederum bei Ephoros; Timaios wird von seinen Nachfolgern falscher Darstellung beschuldigt, Herodot aber wird von allen kritisiert.[130] Nicht einmal in einzelnen Punkten hielt Timaios eine Übereinstimmung mit Antiochos, Philistos oder Kallias für erforderlich. Sogar Thukydides wird als Fälscher angeklagt, mag er auch eine wirklich sorgfältige historische Darstellung verfaßt haben! So äußert sich Josephus über andere Historiker, und auch er wird von Hegesipp berichtigt.[131]

Die Geschichtsschreiber berichten vieles, doch nicht alles kann man hinnehmen; manche billigen auch Dinge, die man keinesfalls gutheißen kann; sehr viele stellen jedoch auch die allerärgsten Dinge als nachahmenswerte Beispiele dar: In den höchsten Tönen preisen sie Herakles, Achill, Hektor, Theseus, Epaminondas, Lysander, Themistokles, Xerxes, Kyros, Dareios, Alexander, Pyrrhos, Hannibal, Scipio, Pompeius und Cäsar. Und dabei haben sie eigentlich doch nur größenwahnsinnige Banditen und weltweit bekannt gewordene Freibeuter verherrlicht. Mögen die Genannten auch höchst erfolgreiche Machthaber gewesen sein, so haben sie doch ganz gewiß verwerflich, ja verbrecherisch gehandelt.

Wenn jemand behaupten wollte, aus der Lektüre historischer Schriften könne man besondere Weisheit erlangen, dann würde ich das nicht bestreiten, falls man einräumt, daß aus ihr auch größtes Unheil erwachsen kann. Dazu sagt Martial:

> Gleich viel gibt's an Gutem, Mittelmaß und Schlechtem![132]

Kapitel VI
Rhetorik

Daß die Rhetorik, zu der wir jetzt kommen, eine Kunst sei, wird von ernstzunehmenden Menschen bezweifelt und ist bisher nicht endgültig entschieden. Bei Platon behauptet Sokrates mit guten Gründen, die Rhetorik sei weder eine Kunst noch eine Wissenschaft, sondern bestenfalls eine raffinierte Technik; sie sei nicht ehrenhaft, sondern niedrig, eine kriecherische, ja sklavische Liebedienerei[133]. Auch Lysias, Kleanthes und Menedemos waren der Ansicht, die Fähigkeit zu reden erwachse nicht aus einer Technik, sondern aus einer natürlichen Anlage, die einen jeden befähigt, falls es erforderlich ist, zu schmeicheln und die eigene Interessenlage günstig darzustellen und zu begründen; auch der lebendige Vortrag, das Memorieren und die Gedankensuche für die Rede komme nur von der Natur her. Diese Meinung bestätigt sich auch am Beispiel des M. Antonius, der einer der besten römischen Redner war.[134] Obwohl vor Teisias, Korax und Gorgias niemand durch Schriften oder Vorträge die Rhetorik lehrte, gab es doch zahlreiche vorzügliche Redner.

Die Rhetorik wird definiert als eine Sammlung von Anweisungen und Regeln zum Erreichen eines bestimmten Ziels, wobei unter den Fachleuten immer noch umstritten ist, worin dieses eigentlich bestehen soll, in der überzeugenden oder in der ästhetisch schönen Rede.

Weil ihnen wahre Fälle nicht genügen, ersinnen die Rhetoren neue, rein fiktive. Obwohl sie schier unzählige Termini (z. B. thesis, hypothesis, figura, color, ductus, character, declamatio, suasoria, controversia, prooemium, insinuatio, captatio benevolentiae, narratio) erfunden haben[135], behaupten sie doch, daß die Rhetorik damit noch nicht am Ende ihrer Möglichkeiten angekommen sei.

Die Spartaner lehnten Rhetorik grundsätzlich ab, da sie der Meinung waren, die Rede ehrlicher Menschen solle nicht von einem künstlichen System, sondern vom Herzen bestimmt sein. Auch die alten Römer haben erst sehr spät Rhetoren in ihrer Stadt zugelassen. Cicero hatte sich nach großen Auseinandersetzungen mit seiner Ansicht durchgesetzt, daß für einen guten Redner Bildung wichtiger sei als rhetorische Ausbildung. Diesen Standpunkt vertrat er in seinem Buch „Über den vollendeten Redner"[136]. Doch auch dieser Redner, den er als Ideal hinstellte, fand nicht bei allen Zustimmung; Brutus, dieser höchst integre Mann, fand ihn sogar sehr suspekt!

Rhetorische Fähigkeiten sind dem Zusammenleben von Menschen eher abträglich denn nützlich, das hat sich immer wieder bestätigt. Um es noch deutlicher zu sagen: Die gesamte rhetorische Lehre ist nichts anderes als eine Kunst der Liebedienerei, Kriecherei und, wie manche es drastischer ausdrücken, der Täuschung, die mit aufgeputzter Rede erreichen will, was ihr bei wahrheitsgemäßer Darstellung nicht gelänge. Dafür gibt Eunapios ein Beispiel: Archidamos antwortete auf die Frage, ob er mächtiger als Perikles sei, dieser Mann sei so redegewandt, daß er sogar im Falle einer Niederlage durch seine Darstellung der Ereignisse noch als Sieger und nicht als Besiegter dastünde[137]. Plinius berichtet, daß man bei der Beweisführung des Karneades nur schwer herausfinden konnte, was an ihr der Wahrheit entsprach. Von diesem Karneades wird auch überliefert, er habe öffentlich eine glanzvolle und kluge Rede für die Gerechtigkeit und tags darauf eine nicht minder kunstvolle und gedankenreiche gegen die Gerechtigkeit gehalten.[138] In Syrakus lebte der Rhetor Korax, ein scharfsinniger und schlagfertiger Mann, der Rhetorik gegen Entgelt lehrte. Zu ihm kam Teisias und versprach, weil er nicht bar bezahlen konnte, nach Abschluß der Ausbildung das doppelte Honorar. Korax war damit einverstanden und erteilte ihm Unterricht. Nach dem Ende der rhetorischen Ausbildung wollte Teisias seinen Lehrer um das Honorar betrügen und fragte ihn, was die Redekunst leisten könne. Auf dessen Antwort hin, sie könne Menschen beeinflussen und überreden, argumentierte er folgendermaßen: „Das vereinbarte Honorar brauche ich dir *faktisch* nicht zu zahlen, falls es mir gelingt, dir einzureden, daß ich nicht zur Zahlung verpflichtet bin; gelingt mir das jedoch nicht, dann brauche ich es auch *rechtlich* nicht zu zahlen, weil du mich nicht gelehrt hast, jemandem etwas erfolgreich einzureden." Korax argumentierte aber gegenüber seinem Schüler Teisias umgekehrt: „Das vereinbarte Geld erhalte ich faktisch, wenn ich dich überreden kann, es zu zahlen; gelingt mir das aber nicht, dann muß ich es schon deshalb erhalten, weil ich einen Schüler so gut ausgebildet habe, daß er seinen Lehrer übertrifft." Als die Einwohner von Syrakus die beiden wechselseitig so bei ihrem Streit argumentieren hörten, sagten sie: „Der Apfel fällt nicht weit vom Stamm" und meinten damit, daß hier ein übler Lehrer einen noch übleren Schüler herangebildet habe. Eine ähnliche Geschichte erzählt Gellius über den Sophisten Protagoras und dessen Schüler Euathlos.[139]

Wenn jemand treffend, schmuckreich, stilistisch gut und beeindruckend zu reden vermag, dann ist das zwar schön, erfreulich und stets von Nutzen, zuweilen entartet es aber und kann sich sogar zu einer Gefahr auswachsen, weshalb man stets die Redner im Auge behalten sollte. Deshalb schätzt Sokrates die Rhetoren sehr wenig und versagt ihnen in einem gut verfaßten Staat die Ausübung der Macht. Auch Platon schließt sie aus seinem Staat (gemeinsam mit Schauspielern und Poeten!) aus[140], und zwar mit vollem Recht, denn es gibt nichts, was der Pflichtausübung in einem Gemeinwesen gefährlicher werden könnte als eben diese Rhetorik: Aus ihr erwachsen Amtspflichtverletzungen, juristische Winkelzüge, unberechtigte Anklagen, Verleumdungen und dergleichen mehr, was von Menschen mit verbrecherischer Zunge angerichtet wird. Solche Leute sind es ja meist, die im Staate Verschwörungen anzetteln und Aufstände organisieren, indem sie mit raffinierter Rhetorik die einen irreleiten, gegen andere Hetze betreiben und bei anderen wieder um Gunst buhlen. Mit solchen Methoden maßen sie sich gegenüber Unbeteiligten geradezu tyrannische Macht an. Mit Recht bezeichnet daher Euripides ein großes Redetalent als etwas Tyrannisches, und Aischylos sagt dazu:

> Das ärgste Übel sind, so mein' ich, wohlgesetzte Reden.[141]

Auch Raphael Volaterranus[142], einer der besten Kenner der Geschichts- und Exemplaliteratur, betont, er habe bei allem, was ihm in alter und moderner Literatur zu Gesicht oder zu Ohren gekommen sei, nur sehr wenige gute Menschen unter den Rednern gefunden.

Sind nicht gerade durch Rhetorik selbst große Staaten oft schwer gefährdet, ja von innen heraus zerstört worden? Beispiele dafür sind die beiden Bruti und Crassi, beide Gracchen[143], Cato, Cicero und Demosthenes, die jeweils als größte Redner ihrer Zeit galten, aber ebenso stets den größten Aufruhr verursachten: Cato der Ältere mit dem Beinamen Censorius wurde vierzigmal angeklagt und erhob selbst mehr als 70 Anklagen gegen andere; während seines ganzen Lebens hat er den Staat durch seine starrsinnigen Reden in Aufregung gehalten.[144] Der jüngere Cato, mit dem Beinamen Uticensis, erschütterte die Freiheit Roms zutiefst, indem er sich demonstrativ gegen Cäsar stellte. Ebenso hat Cicero durch seine Reden Antonius zum unheilvollen Angriff auf den römischen Staat provoziert und Demosthenes den Zorn König Philipps auf Athen gelenkt[145]. Schließlich wurde jeder Staat irgendwann im Laufe seiner Geschichte durch diese Kunst in den Ruin getrieben oder zumindest geschädigt, wenn er sich mit dieser Unheilbringerin einließ.

Großen Einfluß hat die Redekunst im Gerichtswesen: Mit ihrer Hilfe werden Unrechtshandlungen verteidigt und Schuldige der gesetzlichen Bestrafung entzogen; auf ihre Anklage hin werden Unschuldige verurteilt; selbst wenn jemand von ihr verteidigt wurde, wird er von ihr im Grunde doch noch geschädigt.

Marcus Porcius Cato, der klügste Römer, ließ das öffentliche Auftreten der drei athenischen Redner Karneades, Kritolaos und Diogenes in Rom untersagen, weil sie so scharfsinnig, gewandt und beeindruckend zu reden vermochten, daß sie die Hörer ebenso leicht zum Guten wie zum Bösen hätten beeinflussen können[146].

Demosthenes hat sich bekanntlich einst im Kreise seiner Freunde gerühmt, er könne durch seine Redekunst Gerichtsurteile nach Belieben beeinflussen, und jeweils, wie er es wollte, hätte Athen mit Philipp Krieg oder Frieden. Er verfügte über solche Redegewalt, die Gemüter aufzustacheln oder zu besänftigen, daß er seine Mitbürger faktisch beherrschte und nach Gutdünken lenkte. Aus ähnlichen Gründen ist Cicero in Rom von vielen als König bezeichnet worden, weil er den Senat durch seine Reden beeinflussen und alles durch seine Rhetorik entscheiden konnte.

Aus all dem wird ersichtlich, daß die Rhetorik nichts anders ist als die Kunst, den Leuten etwas einzureden und ihre Affekte in Wallung zu bringen (sei es nun durch schlichte Ausdrucksweise, gesuchten Redeschmuck oder Halbwahrheiten) und damit harmlose Gemüter durch Verdrehung der Wahrheit in die Fänge des Irrtums zu führen. Was gibt es Unheilvolleres als das Streben nach schwülstiger und bombastischer Rede, bei der nichts mehr mit seinem eigentlichen Wort bezeichnet wird? Die Redeweise der Wahrheit ist schlicht, doch lebendig und eindringlich, sie enthüllt die Absichten des Herzens; sie ist wie eine Axt oder ein zweiseitig geschliffenes Schwert, das leicht alle rhetorischen Kunstgriffe zunichte macht. Deshalb fürchtete Demosthenes, der sich sonst anderen Rednern überlegen fühlte, allein Phokion, weil dieser den Sachverhalt schlicht und kurz darstellte, und bezeichnete ihn deshalb oft als die „Axt“ für seine eigenen Reden[147].

Die alten Römer mögen für diese Dinge ein Gespür gehabt haben, denn sie haben (nach Sueton) zweimal die Rhetoren aus der Stadt Rom verjagt, einmal unter dem Konsulat von C. Fannius Strabo und M. Valerius Messalla und ein weiteres Mal unter den Zensoren Cn. Domitius Ahenobarbus und L. Licinius Crassus durch ein staatliches Edikt. Ein drittes Mal wurden die Rhetoren unter Kaiser Domitian durch Senatsbeschluß sowohl aus Rom wie aus ganz Italien verbannt.[148]

Die Athener sahen in den Rednern Rechtsverdreher und untersagten ihnen deshalb das Auftreten in politischen Angelegenheiten. Sie bestraften sogar Timagoras mit dem Tode, weil er über seine diplomatischen Pflichten hinaus König Dareios nach persischer Art unterwürfig gehuldigt hatte.[149]

Die Spartaner vertrieben Ktesiphon, weil er sich gerühmt hatte, er könne über ein beliebiges Thema einen ganzen Tag lang reden, denn ihnen war nichts so verhaßt wie diese aufdringliche Zungendrescherkunst von Leuten, denen es nicht um die Wahrheit geht, sondern die sich mit verführerischen Reden und gewaltigen Wortergüssen für wenig bedeutsame Dinge einsetzen; mit dem Charme ihrer Rede täuschen sie die Hörer und wollen sie an ihren Ohren einfangen.

Durch diese Kunst ist offensichtlich kein Mensch jemals besser geworden, sehr viele aber schlechter. Mögen sie auch gefällig über Tugenden reden können, so ist doch viel häufiger festzustellen, daß sie ihre Kunst mit größerem Geschick und Erfolg einsetzen, um Fehler und Irrtümer zu rechtfertigen, Streit und Parteienhader zu säen, Beleidigungen und Verleumdungen auszusprechen, statt Frieden, Eintracht und Ruhe zu stiften sowie Nächstenliebe und den christlichen Glauben zu predigen. Weiterhin sind um dieser Kunst willen sehr viele Menschen vom rechten Glauben abgekommen, haben sich Sekten, Kirchenspaltungen, mancherlei Formen des Aberglaubens und der Häresie entwickelt, weil nicht wenige Leute die Heilige Schrift, nur weil sie keinen ciceronianischen Liebreiz besitzt, so gering achten, daß sie, teilweise von aufgeputztem heidnischen Gedankengut beeinflußt, Dinge verkünden, die dem christlichen Glauben widersprechen! Das zeigt sich besonders deutlich bei den häretischen Tatianern[150] und bei denen, die durch den Sophisten Libanios und den Redner Symmachus[151], diese Apologeten des Heidentums, sowie durch C. Kelsos und Julian Apostata[152], diese Hetzer gegen Christi Lehre, verführt worden sind. Aus deren unheilvollen und gottlosen Gedanken haben die Häretiker vieles übernommen, was sie dann harmlosen und naiven Menschen ins Ohr träufeln, um sie damit vom Wort der Wahrheit abzulenken. Doch warum wollen wir bei den Häresien der Alten verharren, werfen wir doch lieber einen Blick in unsere Zeit. Wer sind denn die Häupter der Häresien in Deutschland? Nachdem ein einziger Mann, Luther, den Anfang gemacht hat, gibt es so viele Häresien, daß fast jede Stadt ihre eigene und besondere besitzt. Sind deren Urheber nicht brillante Redner, im Redevortrag wie in schriftlicher Darlegung aufs beste ausgebildet? Vor einigen Jahren waren sie noch als glanzvolle Redner und gewandte Stilisten in Wort und Schrift so berühmt, daß man sie nicht genug preisen konnte, und heute findet man sie als Häupter und Fürsten der Ketzer. Heute werden zahlreiche Jünger der Beredsamkeit, weil sie Ciceronianer werden wollen, zu Heiden und Leute, die

Aristoteles und Platon allzu intensiv studieren, entweder abergläubisch oder ungläubig. Alle diejenigen aber, die außer dem schlichten Wort der Wahrheit anderen Menschen eitles Geschwätz eingetrichtert haben, werden dereinst vor dem Richter stehen und verantworten müssen, was sie an eitlen Gedanken und Lügen gegen Gott geäußert haben!

Kapitel VII
Dialektik

Ähnlich steht es auch mit der Dialektik, die nichts anderes ist als eine Kunst der Auseinandersetzung und der Verdunkelung, durch die alle anderen Wissenschaften dunkler und schwerer durchschaubar gemacht werden. Sie nennt sich selbst Logik, das heißt Wissenschaft vom Diskutieren, Beweisen und Schlußfolgern. Doch wären die Menschen armselige und unfähige Geschöpfe, wenn sie ohne diese Disziplin nicht mit Beweisen und Schlußfolgerungen umgehen könnten. Servius Sulpicius bezeichnete sie jedoch als bedeutendste von allen Künsten: Sie erschließe gewissermaßen die Lehren anderer Künste, da sie selbst (so Cicero) lehre, wie man ein Gesamtthema untergliedert, Unklares durch Definitionen erläutert, Schwerverständliches erklärt sowie Mehrdeutiges erkennt und unterscheidet, und da sie Kriterien für Richtigkeit oder Falschheit von Aussagen biete.[153]

Weiterhin behaupten die Dialektiker, sie könnten die „wesentliche" Definition eines jeden Dinges finden. Leider vermögen sie trotz aller Versprechungen ihre Definition niemals klar zu formulieren, so daß ein Nichtfachmann ebenso klug ist wie zuvor, denn welcher seltsame Kauz weiß weniger, was gemeint ist, wenn man statt „vernunftbegabtes sterbliches Lebewesen" schlicht „Mensch" sagt.

Von den lateinischen Autoren schrieb Boethius zahlreiche Werke über Dialektik, die aber nicht erhalten sind. Doch die wichtigsten Schriften dazu stammen von Aristoteles: Die Kategoriai, Elenchoi, Topika, Peri hermeneias, Analytika und weitere[154]. Seine Schüler, die Peripatetiker, meinten, es könne nichts existieren und erkannt werden, was nicht durch einen Syllogismus bewiesen wird, und zwar durch einen solchen, wie ihn Aristoteles zwar beschreibt, doch selbst nie in seinen Lehrvorträgen benutzt hat, weil er all seine Beweise von den Axiomen her führt. Seine Schüler aber, wissenschaftliche Hochstapler, lieferten bis heute keine oder nur ganz wenige wirkliche Beweise (nicht einmal im Bereich der Natur!), sondern leiten sie von den Vorgaben ihres lieben Aristoteles oder eines anderen Lehrers her, und deren Autorität gilt ihnen schon als prinzipieller Beweis. Ein wirklicher Beweis, der erst die Wissenschaft ausmacht, ergibt sich nach Aristoteles' Lehre jedoch nur aus dem, was die Dialektiker quidditates[155] nennen, also die den Dingen eigenen Unterschiede, die uns verborgen und unbekannt sind.

Außerdem sagt Aristoteles, ein Beweis ergebe sich aus Zusammenhängen in sich, an sich und gemäß ihrer selbst.

Obwohl die Aussagen vertauschbar sind und sich aufeinander beziehen, verbietet er Beweise durch einen Zirkelschluß. Wenn also die Prinzipien der Beweisführung weitestgehend unbekannt sind und der Zirkelschluß unerlaubt ist, dann kann nichts oder nur ganz weniges als Wissen gelten, und selbst das ist noch unzuverlässig! Man muß leider glauben, was durch irgendwelche fragwürdigen Prinzipien „bewiesen" wird, die man entweder um der Autorität der Lehrer willen hinnimmt, als wären sie allgemein anerkannt, oder die man durch die Sinneserfahrung bestätigt findet. Denn jede Kenntnis, so heißt es, kommt von den Sinnen her, der Prüfstein für die Wahrheit von Aussagen ist nach Averroës die Übereinstimmung mit dem sinnlich Wahrgenommenen, und worin mehrere Sinne übereinstimmen, das ist in hohem Maße zutreffend und wahr. Anhand des sinnlich Wahrnehmbaren und der daraus entstandenen Kenntnis werden wir also zu all dem geführt, was wir wissen können. Da nun aber alle unsere Sinne häufig trügen, vermögen sie uns gewiß nichts unverfälscht als Erfahrung zu vermitteln. Wenn ferner die Natur des Verstandes von den Sinnen nicht berührt werden kann und die Zusammenhänge der irdischen Dinge, aus denen ihre Wirkungen, Eigenheiten oder was sonst mit ihnen geschieht, bewiesen werden müßten, nach allgemeiner Ansicht völlig unbekannt sind, so ist damit überzeugend bewiesen, daß der Weg zur Wahrheit nicht über die Sinneswahrnehmungen führt. Deshalb muß jede Schlußfolgerung und alles Wissen, das letztendlich auf Sinneswahrnehmungen beruht, unzuverlässig, mit Fehlern behaftet und irreführend sein.

Welchen Nutzen bringt denn nun die Dialektik, welchen Ertrag die „wissenschaftliche" Beweisführung anhand von Prinzipien und Beweisen, denen man zustimmen soll, als wären sie allgemein anerkannt? Man weiß doch im Grunde nicht mehr über die Prinzipien und Beweise als über das, was durch sie „bewiesen" worden ist. Sehen wir uns nun diese Kunst ein wenig näher an!

Für die Dialektiker gibt es zehn praedicamenta, die sie allgemeinste Gattungsbegriffe nennen: Substanz, Quantität, Qualität, Relation, Zeit, Ort, Lage, Haben, Tun, Erleiden. Sie meinen, aus diesen bestehe alles und sei alles zu begreifen, was im Erdenrund, ja im ganzen Universum enthalten ist. Weiterhin geben sie an, welche Aussagen über sie und über ihre Teile getroffen werden können, nämlich fünf, von ihnen praedicabilia genannt: genus, species, differentia, proprium und accidens. Ferner haben sie vier Grundbeziehungen eines jeden Dinges aufgestellt, die materiale, die formale, die Wirkungs- und die Zweckbeziehung. Aus diesen glauben sie Wahrheit oder Falschheit jeder Sache durch eine vermeintlich unfehlbare Beweisführung herauszufinden, und zwar durch einen Syllogismus, der zur zweiten von drei Ordnungen gehört und 21 Varianten hat.

Der vollständige Syllogismus, d. h. Beweis durch Schlußverfahren, wird aus drei termini gebildet: Subjekt (terminus minor), Prädikat (terminus maior) und Mittelausdruck, der an beiden beteiligt ist. Demgemäß werden zwei Vordersätze (große und kleine Prämisse) gebildet, aus denen sich dann der Folgerungssatz ergibt, wie es beim Rennen von Start zum Ziel geht.

Ihr ganzer großartiger Kunstgriff besteht darin, sich weite Grenzen zu schaffen, in denen sie dann alles zu verbinden, zu unterteilen und zu erschließen glauben durch vermeintlich unwiderlegbare Dinge, die Axiome. Und das sind grausliche Geheimnisse der logischen Kunst, mühsam erarbeitet von Betrugslehrern. Wie es bei Geheimlehren meist der Fall ist, dürfen nicht alle sie lehren und lernen, sondern nur wer viel zahlen kann und sich für viel Geld unter den Schulhäuptern Autorität erkauft hat.

Das also sind ihre Hunde, ihre Fangnetze, mit denen sie die Wahrheit zu erjagen hoffen, die im Gebiet der Natur liegt (Physik), die Wahrheit, die die Natur beschreibt (Mathematik), oder die über die Natur hinausgehende Wahrheit (Metaphysik). Doch dabei verlieren sie, um mit P. Clodius und Varro zu sprechen, durch allzuviel Streit die Wahrheit.[156]

Das ist also das Gebiet der alten Dialektiker.

Kapitel VIII
Sophistik

Weit mehr und dazu noch viel größere Zeichen und Wunder vollbrachte die moderne Schule der Sophisten beim Umgang mit ihren Termini: Sie werfen mit Dutzenden von vollkommen unerträglichen und inhaltlosen Wörtern um sich, die sie den „Parva Logicalia" entnehmen[157] und mit deren Hilfe sie alles, was in Wirklichkeit falsch oder unmöglich ist, mit Leichtigkeit als wahr hinstellen, und umgekehrt machen sie das Wahre zunichte, indem sie es wie eine Festung unterminieren und plötzlich mit einem Feuerwerk von Worten erstürmen, als brächen sie aus einem trojanischen Pferd hervor. Da gibt es Leute, die nur drei praedicamenta, nur zwei Schlußfiguren und acht modi anerkennen und über modale Propositionen sowie konkrete und abstrakte Termini nur lächeln. Manche nehmen ein elftes praedicamentum und eine vierte Schlußfigur an, vermehren die Zahl der praedicabilia sowie der causae und lassen sich so viele unwiderlegbare Spitzfindigkeiten nach Art des Scotus[158] einfallen, daß die Schliche von Kleanthes und Chrysipp sowie die Kniffe von Daphitas, Euthydemos und Dionysodor grobschlächtig und bäurisch wirken, wenn man sie mit den Einfällen unserer modernen Sophisten vergleicht. Fast der gesamte scholastische Haufe ist überall mit großer Anstrengung, um die es schade ist, und mit verdammenswertem Eifer mit nichts anderem beschäftigt, als das Irren zu erlernen und durch ständige Streitgespräche die Wahrheit, die eigentlich erhellt werden sollte, zu verdunkeln oder zu beseitigen. Ihre ganze Wissenschaft besteht in nichts anderem als in schlauem Umgang mit Worten und Begriffen, die in ihrer Bedeutung absichtlich entstellt oder verfälscht und in anderem Sinne verwendet werden, als es sonst üblich ist. Damit tun sie der Sprache Gewalt an und unterwerfen die Wahrheit ihrer eigenen Auslegung. Lästern und Lärmen ist für sie das Höchste; sie wollen zwar den Sieg, doch mehr noch den rhetorischen Krieg, und sie streben nach Streit statt nach Wahrheit. Deshalb gilt bei ihnen als Meister, wer am lautesten, am unverschämtesten und am geschwätzigsten ist; über solche Sophisten sagt Petrarca: „Vielleicht macht sie die Scheu vor dem schriftlichen Ausdruck oder das Eingeständnis eigener Unfähigkeit so aggressiv mit der Zunge; mit der Feder wollen sie jedenfalls nicht streiten, weil sie fürchten, das, worauf sie stolz sind, könnte sich als hohl und wertlos erweisen. Daher machen sie es wie die Parther, die ständig zwischen scheinbarer Flucht und wütender Attacke wechseln, und verschießen ihre Worte wie Pfeile nur in die Luft, wo sie dann rasch verweht sind."

Quintilian bezeichnet diese Leute als besonders raffiniert beim Disputieren. Wenn sie aber mit ihren Wortgefechten am Ende sind, bringen sie bei ernsthaften Dingen nichts zuwege. Wie manche kleine Tiere, die auf engem Raum recht behend, aber in offenem Gelände hilflos und deshalb leicht zu fangen sind, so fürchten auch die Sophisten das freie Feld[159]: Ihre Winkelzüge und Täuschungsmanöver sind in Wahrheit Zeichen von Schwäche; sie müssen Haken schlagen, weil sie langes Laufen nicht durchhalten. So scheuen sie Disputationen mit Protokoll und mit genauer Überprüfung der Zitate und Autorenangaben, denn sie wollen sich nicht auf etwas schriftlich Fixiertes festlegen lassen, sondern vertrauen ihre Worte lieber dem flüchtigen Schall an und hoffen bei ihren Darbietungen auf die Unzulänglichkeit des Erinnerungsvermögens der Hörer. Sie meinen, es gelte, nicht nur sinnvolle, sondern überhaupt Argumente vorzutragen, und man brauche sich nicht um Sinn und Gehalt des Gesagten zu kümmern, sondern müsse nur tüchtig streiten, denn der Wortgewaltigste gilt bei ihnen als Meister. Dieses Possenspiel treiben sie an den Universitäten, in der Öffentlichkeit und sogar bei festlichen Anlässen. Ständig sind sie auf der Suche nach Gegnern für ihre Dispute, laden sie ein, fordern sie auf oder provozieren sie sogar. Stellt sich ihnen dann jemand zur Verfügung und setzt ihnen hart zu, dann suchen sie Zuflucht bei ihren Winkelzügen und greifen zu ihren gewohnten Mitteln, indem sie sich winden und wenden, als müßten sie durch ein Labyrinth gehen. Wenn sich aber der Angesprochene belästigt fühlt und einen Disput mit ihnen ablehnt, dann stellen sie ihm listig irgendeine Frage, die er nicht ohne weiteres richtig beantworten kann, und weisen ihm bei seiner Antwort einen Fehler oder Irrtum nach. Gibt er aber offen zu, daß er sie nicht beantworten kann, dann geben sie ihn der Lächerlichkeit preis. Mit beiden Methoden wollen sie Beifall und Ehre für ihre Wissenschaft einheimsen.

Nun wollen wir untersuchen, was uns die Dialektik und ihre Sophisten in der Kirche Christi gebracht haben und heute noch bringen: Da sie mit dem überlieferten Gotteswort nicht übereinstimmen, vermischen und verwirren sie es durch ihre eigene, falsche Sinnesdeutung und durch eigene Gedanken, die sie hineinschmuggeln. Weil ihr Glaube allzu gering ist, weicht das Licht der Wahrheit von ihnen, und Finsternis greift um sich, die sie umhüllt und blind macht. Deshalb werden sie zu Lehrern und Führern von Blinden und führen viele Menschen durch ihre Argumente und Gedanken mit sich in die Grube. Immer schwimmen sie auf dem tiefen Meer der Unwissenheit und des Irrtums, sie sind schlüpfrig wie Schlangen und benutzen ständig Worte des Trugs und der Verführung, um schlichte Gemüter zum Glauben an ihre Hirngespinste zu verlocken. Sie preisen ihre Wissenschaft und versteigen sich zu der Behauptung, die hochheilige Theologie könne ohne Logik und Dialektik, ohne Disputation und Meinungsstreit sowie ohne Philosophie nicht auskommen. Ich bestreite nicht, daß die Dialektik dem scholastischen Studium förderlich sein kann, doch welchen Nutzen sie für die Theologie haben sollte, vermag ich nicht zu erkennen, denn sie beruht ja hauptsächlich auf der Rede und Redekunst.

Christus hat uns kein leeres Versprechen gegeben, wenn er sagt: „Bittet, so wird euch gegeben." Deshalb empfangen gläubige Christen längst von ihrem Herrn die gesamte Wahrheit, deren sie bedürfen, bevor die streitsüchtigen Scholastiker ihre Dialektik studiert haben. Außerdem vermag die Dialektik trotz ihrer Winkelzüge doch niemals weiter vorzudringen als bis zur Philosophie, während ein gläubiges Gebet auf geradem und sicherem Wege zu höchster Weisheit in göttlichen und menschlichen Dingen führt. Folglich irren alle, die da behaupten, die Dialektik sei das beste Werkzeug zur Bekämpfung von Häretikern, weil sie in Wahrheit eine starke Stütze für sie ist. Dieser Kunst bedienten sich die Häretiker Arius und Nestorius bei ihren unsinnigen und unverschämten Aussagen: Arius behauptete, bei der Trinität seien die Hypostasen graduell und temporell unterschiedlich[160], und Nestorius bestritt, daß die Jungfrau Maria die Gottesgebärerin sei.[161] Zu diesen Ansichten gelangten sie, weil sie Gottes Wirken mit sophistischen Methoden erfassen und verstehen wollten und dabei den dialektischen Gedanken des Aristoteles größeren Wert beimaßen als den Aussagen der Bibel.

Nach Aussage des Hieronymus besitzen alle häretischen Lehren einen bequemen und sicheren Zufluchtsort unter der Dornenhecke des Aristoteles und des Chrysipp. So verkündete Eunomius, was geboren sei, habe zuvor nicht existiert, so führen die Manichäer, um Gott von der Erschaffung der Übel freizusprechen, einen anderen Urheber des Bösen ein, so hebt Novatian die Vergebung auf, wodurch er Reue und Buße unmöglich macht.[162] Aus sophistischen Quellen schöpfen die Häretiker alle Begründungen ihrer Lehren. Es gibt keine Aussage, der nicht widersprochen werden könnte, und keine Beweisführung, die nicht widerlegbar wäre. Deshalb können die Menschen durch dialektische Disputationen nie zu endgültigem Wissen und wirklicher Kenntnis der Wahrheit vordringen, sondern viele gehen von der Wahrheit zur Häresie über, während sie durch sophistisches Denken eine höhere Wahrheit gefunden zu haben wähnen, oder sie verurteilen zwar die Häresien, können sie aber nicht durch etwas Heilbringendes ersetzen. Sogar Platon wollte, daß die Wächter in seinem Staat erst spät mit Dialektik vertraut gemacht werden[163], weil sie nach beiden Seiten argumentiert und dabei schwächere Gründe für das Ehrenhafte und stärkere für das Unehrenhafte ins Feld führt. Soweit über Dialektik.

Kapitel IX
Die Lullische Kunst

Raymundus Lullus hat in der jüngeren Vergangenheit eine wundersame, der Dialektik nicht unähnliche Kunst geschaffen. Mit ihrer Hilfe kann man sich (wie einst Gorgias aus Leontinoi erstmals vor einem gebildeten Publikum über beliebige ihm vorgelegte Themen Vorträge hielt) über jedes Problem ausführlich äußern, durch kunstvolles Verdrehen von Worten und Begriffen nach jeder Richtung über ein beliebiges Thema höchst elegant und wortreich disputieren, dabei den anderen Gesprächsteilnehmern jede Siegeschance nehmen und selbst die kleinsten und unbedeutendsten Dinge maßlos aufbauschen. Doch dazu bedarf es keiner weiteren Ausführungen, weil ich diese „Kunst" schon an anderer Stelle hinreichend kommentiert habe.[164] Mag es auch den Anschein haben, daß ich sie besonders empfohlen hätte, so will ich doch deutlich sagen, daß man von ihr nicht viel Aufhebens machen und um sie keine großen Auseinandersetzungen führen sollte. Auf eines muß ich die Leser allerdings noch hinweisen: Die Lullische Kunst taugt eher zu geistiger Hochstapelei und Vorspiegelung von Wissen als zum Erwerb von Bildung. Sie ist eher frech denn erfolgreich und wirkt ungebildet, ja barbarisch, wenn sie nicht mit sprachlichem Können und literarischer Bildung gepaart ist.

Kapitel X
Die Memorierkunst

Dazu gehört auch die Memorierkunst. Nach Cicero ist sie nichts anderes als eine Anleitung und Lehrmethode, die Gedanken, Bilder und Zeichen enthält, vergleichbar einem Buch[165]. Entwickelt wurde sie von dem Lyriker Simonides und durch Metrodor aus der Stadt Skepsis vollendet. Dabei kann die Memorierkunst, mag sie auch noch so hoch entwickelt sein, keinesfalls ohne das natürliche Gedächtnis auskommen, das allerdings sehr häufig von ihr mit vielen abstrusen Dingen vollgestopft wird. So kommt es manchmal statt der erwünschten hohen Gedächtnisleistung zum geistigen Zusammenbruch und Wahnsinn, weil das natürliche Gedächtnis allzusehr mit Dingen und Worten belastet wird und die Leute, die sich mit den von der Natur gesetzten Grenzen nicht abfinden wollen, durch diese Kunst in den Wahnsinn getrieben werden.

Als Themistokles von Simonides auf die Wichtigkeit des Gedächtnisses hingewiesen wurde, entgegnete er: „Vergessen zu können wäre mir lieber, denn mir haftet vieles im Gedächtnis, was ich nicht behalten möchte, doch leider kann ich nicht vergessen, was ich gern vergäße."[166]

Quintilian äußert über Metrodor: „Eitelkeit und die Sucht zu prahlen ließen ihn von seinem Gedächtnis rühmend behaupten, es beruhe mehr auf einem kunstvollen System als auf natürlicher Anlage."[167]

Über die Memorierkunst schrieben Cicero in seiner „Neuen Rhetorik"[168], Quintilian in den „Institutiones" und der Rhetor Seneca[169]. Von den modernen Autoren sind zu nennen: Franciscus Petrarca, Marcolo von Verona, Petrus von Ravenna, Hermann von dem Busche und zahlreiche andere, obskure Leute, die aufzuzählen nicht lohnt.[170]

Auch heutzutage wird diese Kunst noch gelehrt, doch niemand hat davon einen rechten Nutzen, und ihre Lehrer tragen häufig statt des erhofften Geldes nur Schande davon. An den Universitäten versuchen nämlich oft recht windige Vertreter dieser Kunst, ihre Schüler zu beeindrucken und ihnen wegen der vorgeblichen Neuheit dieser Sache das wenige Geld, das sie besitzen, aus der Tasche zu locken. Es ist kindische Eitelkeit, mit dem Gedächtnis zu prahlen; unverschämt, ja schändlich ist es jedoch, den Erwerb eines guten Gedächtnisses auf den Gassen wie eine Ware feilzubieten, weil gar nichts Wahres an der Sache ist.

Kapitel XI
Mathematik allgemein

Nun ist es an der Zeit, etwas über die mathematischen Disziplinen zu sagen. Sie gelten als die bei weitem zuverlässigsten Wissenschaften, doch eigentlich bestehen sie nur aus den Lehrmeinungen ihrer Vertreter, denen man uneingeschränkt Glauben schenkt. Daß diese Meinungen zuweilen sogar völlig falsch waren, bezeugt selbst einer von ihnen, Albumasar[171], wenn er sagt: „In der Antike hat man noch bis in die Zeit nach Aristoteles recht wenig von Mathematik gewußt. Obwohl sich alle diese Disziplinen mit Kugel, Kreis, geometrischen Figuren, Zahlen und Bewegungen in besonderem Maße beschäftigen, ist doch zuzugeben, daß es einen perfekten Kreis oder eine perfekte Kugel nirgends gibt, weder in ihrer Kunst noch in der natürlichen Welt."

Zugegebenermaßen haben diese Disziplinen kaum Anlässe für Häresien in der Kirche geschaffen; sie sind nach Augustinus[172] heilsindifferent, können allerdings zum Irrtum führen, von Gott ablenken und sind nach Hieronymus keine gottgefälligen Wissenschaften.

Kapitel XII
Arithmetik

Die erste von den mathematischen Disziplinen ist die Arithmetik.[173] Sie beschäftigt sich mit Zahlen und übernimmt für die anderen eine Art Mutterrolle. In ihr steckt viel Falsches und Nichtiges, und wegen ihrer simplen Rechnerei ist sie nur bei Kaufleuten, die ja auf Gewinn bedacht sind, geschätzt, denn sie handelt von den Zahlen und deren Einteilungen:

Eine Zahl kann gerade, ungerade, gerad-gerade, gerad-ungerade, ungerad-ungerade, überschießend, mangelnd, vollkommen, zusammengesetzt, unzusammengesetzt, absolut oder auf eine andere bezogen sein[174]. Ebenso behandelt die Arithmetik Proportionen, Proportionalität und deren Arten, harmonisches und geometrisches Mittel, die Grundrechnungsarten mit ganzen Zahlen sowie die Bruchrechnung.

Kapitel XIII
Geomantie

Letztlich hat uns die Arithmetik die Geomantie beschert, dazu die sechs- und vierseitigen Würfel aus Präneste[175] und all die Dinge, die von den meisten Wahrsagern sonst noch benutzt werden. Nahezu alle Astrologen bedienen sich der Geomantie wegen ihrer Verfahrensweise, die Wirkungen der Kräfte nicht in erster Linie aus Zahlen, sondern aus den Bewegungen der Gestirne zu erforschen, wobei sie von Aristoteles' Ausspruch im ersten Buch der „Meteorologika“ ausgehen: „Die Bewegung des Himmels ist ewig und Anfang und Ursache aller irdischen Bewegungen.“[176]

Über Geomantie schrieben von den Älteren Hali, von den Modernen Gerhard von Cremona, Bartholomaeus von Parma und ein gewisser Tundinus.

Auch ich habe eine Art Geomantie[177] verfaßt, die sich zwar von anderen wesentlich unterscheidet, aber doch ebensoviel Aberglauben und, wenn man so will, Lug und Trug wie diese enthält.

Kapitel XIV
Glücksspiele mit Würfeln

Das Würfeln hat an sich schon etwas Schicksalhaftes: Je mehr man es betreibt, desto leichtfertiger und unglücklicher wird man, da man aus Gier nach fremdem Gut das eigene vertut und nicht einmal davor zurückschreckt, das väterliche Erbe aufs Spiel zu setzen. Würfeln ist die Mutter von Lüge, Meineid, Diebstahl, Streit, Zank und Totschlag, es ist wahrhaftig von bösen Geistern erfunden! Es kam nach der Vernichtung des trojanischen Reiches als Kriegsbeute aus der zerstörten Stadt in mancherlei Gestalt zu den Griechen. Daher stammen die vielen Arten von Würfeln und Spielsteinen sowie Spiele wie Sechser, Monarch, Taliorchus und Fuchs, ferner die Würfel mit acht oder zwölf Flächen, die sogar weissagende Kraft haben sollen. Manche behaupten auch, der asiatische König Attalos sei der Erfinder des Würfelspiels und habe auch die Kunst zu zählen erfunden. Nach römischer Überlieferung hat Kaiser Claudius ein Buch über das Würfeln verfaßt; er selbst und vor ihm Kaiser Augustus betrieben es häufig und sehr leidenschaftlich.[178]

Die ganze Würfelei ist mit ehrenhaftem Verhalten unvereinbar und bei allen Völkern gesetzlich untersagt. Der Spartaner Kobilon wurde als Gesandter nach Korinth geschickt, um einen Bündnisvertrag abzuschließen. Als er aber die führenden Männer Korinths und auch ältere Leute beim Würfelspiel antraf, kehrte er unverrichteterdinge zurück und erklärte, er wolle Spartas Ehre nicht durch einen Vertragsabschluß mit Glücksspielern besudeln.

Auch bei vielen Herrschern galt Glücksspiel als etwas Schändliches; deshalb sandte ein Partherkönig an König Demetrios goldene Würfelchen als Zeichen, daß er dessen würdeloses Verhalten mißbillige.

Doch auch heute wird ja noch das Würfelspiel von Königen und Adligen in größtem Umfang betrieben. Was heißt hier eigentlich Spiel? Geradezu eine Wissenschaft haben diejenigen daraus gemacht, die mit seiner Hilfe verdammenswerterweise auf Betrug ausgehen!

Kapitel XV
Pythagoreische Weissagung

Hierher gehört meiner Ansicht nach auch das, was von den Pythagoreern anmaßend behauptet wurde und von anderen heute noch geglaubt wird (selbst Aristoteles glaubte daran!), nämlich daß die Buchstaben jeweils bestimmte Zahlenwerte darstellen, aus denen man bei den Eigennamen der Menschen weissagen kann, wenn man die Zahlenwerte der Buchstaben summiert. Wessen Summe die höchste war, dem prophezeite man den Sieg, sei es nun im Krieg, in einem Prozeß, in der Ehe, im gesamten Leben oder in irgendeiner anderen Sache, um derentwillen man die Weissagung eingeholt hatte. Nach Ansicht dieser Leute ist aus diesem Grunde Patroklos von Hektor und dieser dann von Achill besiegt worden, was Terentianus in folgende Verse gebracht hat:

> Größer bei manchen Namen, bei anderen wiederum kleiner
> sei der Buchstabenzahlwert, behaupten die Pythagoreer;
> käm' es zu Kampf und Entscheidung, dann siegt', wer die höhere Zahl hat:
> Kaum müsse Tod er befürchten und könne das Höchste erhoffen.
> Deshalb sei ja Patroklos durch Hektors Waffen gefallen,
> deshalb Hektor dann selbst Achill zum Opfer geworden.[179]

Manche behaupten, sie könnten Horoskope mit Hilfe von Berechnungen stellen, wie sie ein sonst unbekannter Philosoph namens Alchandrius überlieferte, der ein Schüler von Aristoteles gewesen sein soll. Bei Plinius ist sogar zu lesen, mit dieser pythagoreischen Methode könne man bei ungerader Zahl der Vokale in Eigennamen Erblindung, Lähmungen und ähnliche Unglücksfälle voraussagen.[180]

Kapitel XVI
Noch zur Arithmetik

Doch kehren wir zur Arithmetik zurück. Sie ist nach Platons Ansicht zusammen mit dem Würfelspiel von einem bösen Geist erfunden worden[181]. Auch Lykurg, der große Gesetzgeber der Spartaner, verbannte die Arithmetik, da sie Unruhe stifte, aus seinem Staat, denn sie erfordert Arbeit, die zwecklos und sinnlos ist, entzieht die Menschen nützlicher und ehrenhafter Tätigkeit und führt häufig zu großem Streit um völlig unwichtige Dinge. Hierhin gehört auch der ewige Streit der Arithmetiker, ob die gerade oder die ungerade Zahl wichtiger sei, welche von den Zahlen drei, sechs und zehn die vollkommenere sei und welche gerad-gerade heißt, wobei sie bei deren Bestimmung sogar Euklid, dem Fürsten der Geometrie, einen schweren Irrtum anlasteten. Ich vermag kaum zu beschreiben, welche pythagoreischen Geheimnisse und magischen Kräfte sie in die Zahlen hineinphantasieren, selbst in die bloßen Zahlen! Und sie unterstehen sich zu behaupten, die Welt habe von Gott nicht ohne diese Hilfsmittel und Modelle geschaffen werden können und die Erkenntnis aller göttlichen Dinge sei in den Zahlen wie in einer absolut zuverlässigen Regel enthalten.

Auch die Häresien des Magiers Markos und des Valentinus[182] beruhen auf Zahlen und sind von Zahlen ausgegangen. Die Häretiker wagen zu behaupten, sie könnten mit Hilfe dürrer Zahlen die heilige Religion und die unendlichen Geheimnisse der göttlichen Wahrheit enträtseln. Ferner gibt es noch die für heilig gehaltene pythagoreische Tetraktys[183] und ähnliches – alles Unsinn, nur der Phantasie entsprungen und falsch! Am Ende bleibt diesen Arithmetikern von der Wahrheit nichts übrig als eine sinn- und seelenlose Zahl, und doch meinen sie, wenn sie mit Zahlen umzugehen verstehen, könnten sie Menschen beeinflussen. Das machen ihnen allerdings die Musiker streitig, die eine solche Leistung lieber ihren Harmonien zuschreiben.

Kapitel XVII
Musik

So will ich nun die Musik behandeln, über die bei den Griechen Aristoxenos ausführlich geschrieben hat. Er sagte, die Seele sei Musik. Boethius vermittelte dessen Lehren der lateinischen Welt.[184] Ich meine aber die Musik, die in der harmonischen Fügung der Stimmen und Töne besteht, nicht die in Versmaßen, Rhythmen und Dichtungen, die zum Bereich der Poesie gehört. Letztere wird nach Ansicht des Alpharabius nicht so sehr von Überlegungen und Vernunft, sondern vom Gefühlsrausch getragen, worüber ich mich bereits geäußert habe. Die Musik, die ich meine, ist die harmonische Fügung, das Zusammenklingen der Saiten oder Stimmen, so daß es dem Ohr nicht widerstrebt; bei der Musik geht es um Töne, Intervalle, Tongeschlechter, Takt, um Variationen und Kompositionen.

Die Alten hatten eine Einteilung in enharmonisch, chromatisch und diatonisch bei den Tonskalen, ließen aber die erste wieder fallen, weil sie ihnen zu schwierig war; die zweite lehnten sie wegen ihrer schändlichen Laszivität ab, ließen aber wenigstens die dritte zu, die ich für recht weltlich halte. Manche von den alten Autoren bezeichneten die Tonskalen mit Völkernamen, z. B. Phrygisch, Lydisch und Dorisch, die nach Polymestos und dem Argiver Sakadas am ältesten sind. Nach Aristoxenos' Aussage fügte Sappho aus Lesbos als viertes Mixolydisch hinzu, für dessen Schöpfer manche Terpandros, andere den Flötenspieler Pythokleides halten, während Lysias als Urheber Lamprokles angibt. Diese vier Tonskalen galten in der Antike als die wichtigsten und die Musik als zur Allgemeinbildung, zum Kreis der Wissenschaften gehörig, weil sie alle Disziplinen umfaßt, wie ja auch Platon im ersten Buch der „Gesetze" betont, man könne Musik nicht ohne eine universelle Ausbildung betreiben.[185] Bei den vier Tonskalen lehnte man die phrygische ab, weil sie den Geist ablenke und verwirre; Porphyrios bezeichnet sie als barbarisch, weil sie nur zur Erregung wilder Leidenschaft und rauher Kämpfe tauge. Andere bezeichnen sie deshalb als bacchisch, nämlich tobend, aufreizend und verworren. Durch sie ließen sich, vor allem im sogenannten anapästischen Maß, Spartaner und Kreter zum Kampf anfeuern. Mit diesem Mittel reizte auch Timotheos den jungen König Alexander zum Kampf an, und ein Jüngling aus Tauromenion steckte (nach

Boethius), von phrygischen Klängen aufgepeitscht, ein Haus in Brand, in dem sich eine Dirne verborgen hielt.[186]

Platon lehnt auch die lydische Tonskala ab, sie sei schrill, besitze nicht das Maßvolle der dorischen und sei daher mehr für Klagegesänge geeignet. Nach anderer Leute Meinung paßt sie aber auch zu Menschen, die von Natur aus fröhlich und lebenslustig sind, weshalb sich die Völkerschaften Lydiens, die ja fröhlich und äußerst lebenslustig sind, mit solchen Weisen vergnügt haben sollen, die übrigens auch von den Etruskern, ihren Abkömmlingen, zum Tanz benutzt wurden.

Man gab der dorischen Skala vor anderen den Vorzug, weil sie durch ernste Würde und Beherrschtheit zu edlen Gefühlen und gemessenen Körperbewegungen passe und zu sittlicher Lebensführung beitrage. So stand sie auch bei Kretern, Spartanern und Arkadern in hohem Ansehen. Der Feldherr Agamemnon beauftragte, als er zum Krieg gegen Troja aufbrach, einen dorischen Musiker, seine Gemahlin Klytämnestra durch spondeische Weisen in Zucht und Anstand zu halten, und Aigisthos vermochte sie erst zu verführen, nachdem er diesen Musiker durch ein Verbrechen aus dem Wege geräumt hatte.[187]

Die mixolydische Skala ist für Tragödien und Rührstücke geeignet, da man ihr sowohl die Erregung wie auch die Dämpfung von Gefühlsausbrüchen und Trauer zuschreibt.

Andere Autoren fügen diesen vier Skalen noch weitere, als Nebenskalen bezeichnete hinzu, Hypodorisch, Hypolydisch und Hypophrygisch, so daß es wie bei den Planeten sieben an der Zahl sind. Ptolemäus fügte, um das System abzurunden, als achte die hypermixolydische hinzu, die schrillste von allen. Lucius Apuleius beschreibt im ersten Buch seiner „Florida" fünf Tonskalen, die äolische, die bunte iastische, die klagende lydische, die kämpferisch-aufreizende phrygische und die würdevolle dorische.[188] Andere fügen zu den genannten noch die liebliche und blumige jonische hinzu. Auch Martianus Capella zählt gemäß der Tradition des Aristoxenos fünf Haupt- und zehn Nebentonskalen auf.

Mag die Musik auch großes Vergnügen bieten, so ist es doch eine allgemein anerkannte Erfahrung, daß sie zumeist eine Beschäftigung für anspruchslose Leute mit schwachem Charakter ist, die bei Anfang und Ende kein Maß kennen. So liest man von dem Flötenspieler Archabios, dem man mehr für das Aufhören als für sein Spielen zahlen mußte. Über solche rücksichtslosen Musiker sagt Horaz:

> Alle Sänger haben diesen Fehler: Niemals
> wollen sie vor Freunden, bittet man sie, singen;
> finden aber dann kein Ende, bis man's fordert.[189]

Die Musik ist stets auf Geld und Lohn ausgegangen und stand in engem Zusammenhang mit dem Bordellbetrieb; kein Mann, der brav, maßvoll, sittenstreng und tüchtig ist, hat jemals Musik beruflich betrieben. Deshalb nennt man im Griechischen die Musiker Künstler von Väterchen Dionysos oder (wie Aristoteles) dionysische Künstler, also Bacchanalkünstler, die zumeist moralisch verkommen waren und ein recht lasterhaftes, teilweise allerdings auch ein sehr armseliges und entbehrungsreiches Leben führten, was natürlich auch Laster entstehen läßt und fördert. Die Könige der Perser und Meder betrachteten Musiker als Schmarotzer und fahrendes Volk; sie verachteten zwar solche Leute, vergnügten sich aber an ihren Darbietungen. Als der Philosoph Antisthenes hörte, daß sich jemand einen ausgezeichneten Flötenspieler namens Ismenias halte, sagte er: „Der Kerl taugt nichts, denn wäre er ein anständiger Mensch, dann könnte er kein Flötenspieler sein; diese Kunst ist nämlich nichts für einen soliden und anständigen Mann, sondern für einen Müßiggänger und Vergnügungssüchtigen."[190] Scipio Aemilianus und Cato verachteten Musik, weil sie nicht zum römischen Wesen passe. So machte man es Augustus und Nero zum Vorwurf, sie zeigten zuviel Interesse für Musik. Während Augustus nach diesem Tadel von ihr abließ, verstärkten sich Neros musikalische Neigungen immer mehr und wurden schließlich zum Gegenstand von Spott und Verachtung.[191] Als König Philipp hörte, daß sein Sohn Alexander bei irgendeiner Gelegenheit recht hübsch gesungen habe, schalt er ihn: „Schämst du dich nicht, daß du so schön singen kannst? Für einen Fürsten ist es eigentlich schon zuviel, wenn er sich einmal Zeit nimmt, dem Gesang anderer zuzuhören."[192]

Bei den griechischen Dichtern singt Zeus nie und spielt auch nie die Kithara, und die kluge Pallas Athene verfluchte die Flöten. Bei Homer singt ein Sänger zur Kithara, und die Halkyonen[193] sowie Odysseus lauschen ihm; bei Vergil singt und spielt Jopas, und Dido hört ihm gemeinsam mit Äneas zu[194]. Als Alexander der Große einmal sang, zerbrach sein Erzieher Antigonos die Kithara und warf sie zu Boden mit den Worten: „In deinem Alter hast du zu herrschen, nicht zu singen." Auch die Ägypter verboten ihrer Jugend, wie Diodor bezeugt, das Musizieren zu erlernen, weil es die Männer verweichliche. Weiterhin meinte Ephoros (nach Polybios), die Musik sei nur dazu erschaffen worden, die Menschen zu Narren zu machen und zu umgarnen.[195]

Es gibt wahrhaftig nichts Nutzloseres, Verächtliches und Gefährlicheres als diese Bläser, Sänger und andere Musiker! Sie übertreffen durch vielstimmiges Vorsingen, Absingen, Dazwischensingen, Gegensingen und Zusammensingen sogar den Gesang der Vögel, und zwar mit einer Lieblichkeit, die wie Gift wirkt, und bezaubern und verführen wie Sirenen mit verführerischen Stimmen, Klängen und Bewegungen die Menschen. Deshalb verfolgten die Mütter und Frauen der Kikonen Orpheus wie Furien, weil er durch seine Gesänge ihre Männer weibisch machte. Wenn man der Sage glauben will, so hatte Argus ein Haupt mit hundert Augenlichtern, doch alle wurden durch den Klang einer einzigen Hirtenpfeife eingeschläfert und ausgelöscht.[196]

Die Musiker sind besonders stolz darauf, daß sie mehr Einfluß auf das menschliche Gemüt ausüben als die Rhetoren, und versteigen sich zu der aberwitzigen Behauptung, auch der Himmel gebe Klänge von sich, allerdings für Menschen unhörbar[197], außer vielleicht für Musiker mit ihrem Jubelgeschrei, ihrer Weinseligkeit und ihren Traumphantasien. Von dieser ganzen Musikergilde ist noch keiner vom Himmel gekommen, der alle Akkorde kennt und alle denkbaren Tonfügungen entdeckt hat, und dennoch erklären sie die Musik zur vollkommensten Kunst, die alle anderen Disziplinen in sich fasse und nicht ohne universelle Ausbildung ausgeübt werden könne; sie schreiben ihr sogar zu, mit ihrer Hilfe sei es möglich, körperliche Zustände, Gefühle, ja Charakterzüge von Menschen zu beurteilen. Sie sei grenzenlos, könne durch Menschengeist nicht ausgeschöpft werden und schaffe tagtäglich auf ihre Art neue Weisen. So sagt Anaxilas sehr treffend:

> Musik, bei allen Göttern, ist wie Afrika,
> gebiert in jedem Jahr ein neues Ungetüm.[198]

Athanasius untersagte den Gemeinden Musik, weil sie weltlichen Charakter trage, doch Ambrosius, mehr auf Zeremonien und Prachtentfaltung bedacht, führte Gesang und musikalische Begleitung ein. Augustinus bezog eine vermittelnde Position und erwähnt in seinen „Bekenntnissen", daß er in diesem Punkt Zweifel hatte[199]. Heutzutage aber herrschen in den Kirchen so greuliche Zustände in der Musik, daß sogar mitten im Meßkanon moderne Melodien auf der Orgel gespielt werden und Gottesdienste und Gebete durch den Einsatz hochentlohnter Musiker nicht zur Belehrung und Erbauung der Gemeinde, sondern zu Darbietungen wollüstiger Genüsse werden: Mit Stimmen, die nicht menschlich, sondern tierisch klingen, wiehern Knaben den Diskant, brüllen die einen den Tenor, bellen andere den Kontrapunkt, blöken weitere den Alt und grunzen wieder andere den Baß; sie alle sorgen dafür, daß man zwar fast alle Klänge hören, aber nichts vom Text verstehen kann, wodurch den Ohren und dem Verstand zugleich die Urteilsfähigkeit genommen wird.

Kapitel XVIII
Tänze und Reigen

Mit Musik hat auch die Kunst der Tänze und Reigen zu tun, besonders beliebt bei Mädchen und Verliebten, die sie eifrig, ja geradezu unersättlich bis tief in die Nacht hinein betreiben. Voller Aufmerksamkeit bewegen sie sich mit gemessenen Schritten und Bewegungen nach dem Rhythmus von Pfeifen, Pauken und Saitenspiel und treiben die albernste Sache der Welt, als wären sie toll, mit größtem Geschick und beachtlicher Gewandtheit. Mag auch der Klang der Pfeifen den Reigen im Zaum halten und damit eine Narretei die andere unterstützen, so gibt es doch kein lächerlicheres und geistloseres Spektakel als solche Reigentänze: Sie fördern die Frivolität, erleichtern das Laster, wecken die Wollust, schwächen das Schamgefühl und stellen ein Vergnügen dar, worauf Menschen von Anstand verzichten. Beim Tanz verlor, wie Petrarca sagt, manche Frau ihre lange gehütete Ehre, erfuhr manches unselige Jüngferlein, was es besser nicht wissen sollte, und manche büßte dort ihren guten Ruf und Anstand ein. Viele verloren auf dem Heimweg vom Tanz ihre Unschuld, mehr noch gerieten in diese Gefahr, doch keuscher als zuvor ist nach dem Tanz keine gewesen!

Man sieht also, daß der Tanz stets Gefahren in sich birgt und oft verheerende Folgen zeitigt. Und doch preisen ihn einige griechische Autoren und behaupten, er komme (wie vieles andere Abscheuliche und Unheilvolle!) aus den Höhen des Himmels; er habe sich aus den Stellungen der Sterne und Sternbilder, aus ihrem Hin- und Herlaufen, Umeinanderkreisen und aus ihrer Ordnung, die einen harmonischen Himmelsreigen bilde, bei der Erschaffung der Welt in wunderbarer Weise entwickelt[200]. Andere meinen, die Satyrn seien die Erfinder des Reigens und Bacchus habe mit dieser Kunst die sonst so kriegstüchtigen Etrusker, Inder und Lyder besiegt.

Der Tanz hielt auch Einzug bei der Religion: Es tanzten die Korybanten in Phrygien und auf Geheiß der göttlichen Rhea die Kureten[201] auf Kreta. Auf Delos gab es nie kultische Handlungen oder Feste ohne Tanz, und die indischen Brahmanen wenden sich morgens und abends der Sonne zu und verehren sie tanzend. Bei Äthiopiern, Ägyptern, Thrakern und Skythen zählt der Tanz ebenfalls zu den geheiligten Zeremonien, da er ja von Orpheus und Musaios, den besten Tänzern, eingeführt worden sei. In Rom gab es die salischen Priester, die Mars zu Ehren Tänze zelebrierten.[202] Die Spartaner, die besten Griechen, pflegten alle wichtigen Handlungen mit Tänzen zu begleiten, nachdem sie diese von Kastor und Pollux erlernt hatten. In Thessalien schätzte man den Tanz so hoch, daß man die Führer des Volkes und die Vorkämpfer mit der Bezeichnung „Vortänzer" ehrte.[203] Selbst Sokrates, vom Orakel zum Weisesten erkoren, scheute sich nicht, noch in höherem Alter tanzen zu lernen[204]; er pries den Tanz sogar aufs höchste und zählte ihn unter die ernstzunehmenden Disziplinen, und zwar deshalb, weil man mit Recht behauptete, er sei als göttliche Schöpfung bei der Erschaffung der Welt entstanden, gemeinsam mit der uralten Gottheit Eros.[205]

Was wunder, daß die Griechen solche Ansichten haben, wenn ihre Dichter von Ehebruch, Vergewaltigung, Totschlag und allen nur erdenklichen Verbrechen ihrer Götter berichten! Viele Bücher wurden über das Thema des Tanzes verfaßt, alle seine Arten, Besonderheiten und Rhythmen behandelt, die Namen und Unterschiede der einzelnen Tänze erklärt und ihre Erfinder genannt, doch ich versage mir hier weitere Ausführungen.

Die alten Römer, Männer voller Klugheit und Würde, lehnten den Tanz grundsätzlich ab; bei ihnen ist nie die Rede davon, daß eine ehrbare Frau habe tanzen können. Deshalb macht Sallust Sempronia zum Vorwurf, sie habe besser singen und tanzen können, als es sich für eine ehrbare Frau schickt.[206] Auch dem ehemaligen Konsul Gabinius und M. Caelius hielt man vor, daß sie zu gut tanzen könnten. Cato der Jüngere klagte L. Murena an, er habe in der Provinz Asia getanzt, und Cicero, der seine Verteidigung übernommen hatte, wagte es nicht, diese Handlungsweise als nicht gesetzwidrig hinzustellen, sondern leugnete sie beharrlich mit dem Argument, daß kein Nüchterner tanze, weder allein noch in ehrenhafter Gesellschaft, es sei denn, er ist von Sinnen[207]; der Tanz stehe immer im Zusammenhang mit Trinkgelagen, anzüglichen Scherzen und schlimmen Ausschweifungen, und deshalb sei er zwangsläufig eines der schlimmsten Laster. Es ist kaum zu sagen, welche üblen Dinge dort zu sehen und zu hören sind, welche schlüpfrigen Gespräche und unzüchtigen Berührungen es dort gibt: Man tanzt dort mit anstößigen Gebärden und lautem Stampfen der Füße zu einschmeichelnden Rhythmen, unanständigen Liedern und zotigen Verschen; die Mädchen und Frauen werden geküßt, eng umschlungen und unzüchtig betastet; was Natur und Anstand sonst verhüllen, wird dort oft geradezu feilgeboten, und die Sünde floriert, als Spiel getarnt. Der Tanz ist wahrlich nicht vom Himmel gekommen, sondern wurde von bösen Geistern zum Schaden Gottes ersonnen, als die Kinder Israel sich in der Wüste ein Kalb machten, ihm Opfer darbrachten, aßen, tranken und feierten, wobei sie sangen und tanzten[208]. Dies mag über Reigentänze genügen.

Kapitel XIX
Fechtkunst

Ich weiß natürlich, daß frühere Autoren zahlreiche andere Arten des Tanzes beschrieben haben, von denen die meisten aber heutzutage veraltet sind. Eine ist jedoch bis heute im Gebrauch, nämlich der Waffentanz, der eine Mischung von Gladiatoren-, Faust- und Soldatenkampf darstellt. Es handelt sich hier um eine wahrhaft grausige Kunst, bei der das Vergnügen darin besteht, einen Menschen umzubringen, der nichts Böses getan hat, und die größte Schmach darin liegt, eine Todeswunde nicht, ohne mit der Wimper zu zucken, empfangen zu haben. Diese Kunst ist die verwerflichste von allen, ihre Torheit ist geradezu eine Sünde. Alle Tänze dieser Art müssen, da sie eitel und schamlos sind, von jedermann abgelehnt, ja eindeutig verurteilt werden, denn sie lehren nichts anderes als seltsame Riten, wie man seinen Wahnsinn austoben kann.

Kapitel XX
Pantomime

Der Pantomimentanz ist die Kunst der Nachahmung und Darbietung von nur im Geist gedachten Dingen, die allein durch Mimik und Gestik ausgedrückt werden. Die Charaktere und alle Gefühle werden deutlich erkennbar dargestellt, so daß jeder Zuschauer den Darsteller ohne Worte, nur durch dessen Bewegungen und Gebärden versteht. Dabei ist die Pantomime so gut, daß sie völlig ohne Erklärung auskommt: Ein Greis, Knabe, Sklave, Trunkener, Zorniger, eine Frau oder Magd sowie deren unterschiedliche Empfindungen werden durch lustige und komische Gesten so treffend dargestellt, daß auch ein Zuschauer, der nichts hört, sogar von weitem, allein aus der pantomimischen Darbietung, die Handlung versteht.

Deshalb genossen, wie man liest, Pantomimendarsteller großes Ansehen. So trat (nach Macrobius) Cicero häufig mit dem Schauspieler Roscius, der auch mit dem Diktator Sulla eng befreundet war, in einen Wettstreit, wer den gleichen Inhalt in mehr Varianten darbieten könne, Roscius pantomimisch oder Cicero rhetorisch. Aus diesem Anlaß verfaßte Roscius ein Buch, in dem er die Redekunst mit der Schauspielerkunst verglich.[209]

Wie Valerius bezeugt, wachte die Stadt Marseille so streng über die guten Sitten, daß sie Schauspielern den Zutritt verwehrte, und das mit Recht, denn deren Darbietungen bestehen größtenteils aus schändlichen Liebesabenteuern. Man wollte verhindern, daß häufiges Anschauen solcher Szenen zur Nachahmung des Dargestellten reize[210].

Aus diesem Grunde ist nicht nur der Beruf eines Pantomimen mit Schmach und Ehrlosigkeit verbunden, sondern es ist auch eine Schande, solche Dinge anzuschauen und sie vergnüglich zu finden, denn sich an Schlüpfrigem zu ergötzen ist auch schon verwerflich. Früher gab es kein ärgeres Schimpfwort als „Schauspieler", und jeder war von der Übernahme eines Amtes gesetzlich ausgeschlossen, wenn er jemals auf einer Bühne aufgetreten war.[211]

Kapitel XXI
Die schauspielerische Gestaltung der Rede

Auch der Vortrag einer Rede war eine Art Tanz, der Pantomime nicht unähnlich, nur etwas gemäßigter. Sokrates, Platon, Cicero, Quintilian und die meisten Stoiker hielten ihn für recht nützlich und einem Redner unentbehrlich, weil er die zweckdienliche Gestik, Mimik und Körperhaltung lehrt: Den Ausdruck der Augen und des Gesichts, den Klang der Stimme, passend zu Wort und Satz, die auf Wirkung berechnete Bewegung des Körpers, die allein schon den Inhalt der Rede unterstreicht.

Diese Tanz- oder Schauspielerrhetorik, die schließlich bei allen Rednern ein solches Ausmaß annahm, daß Augustus an Tiberius die Mahnung richtete, er solle mit dem Munde und nicht mit den Händen seine Rede gestalten, ist heute völlig aus der Mode gekommen und wird höchstens noch von einigen schauspielernden Mönchlein gepflegt, obwohl in früheren Zeiten in der Kirche Schauspieler zum heiligen Sakrament der Kommunion nicht zugelassen waren. Man kann heute beobachten, wie manche von ihnen mit gewaltigem Stimmaufwand, vielfältigen Grimassen, aufdringlichen Blicken, fahrigen Bewegungen aller Glieder, mit wiegenden Hüften, mit Sprüngen, Wendungen, Verbeugungen, Drehungen, ja Verrenkungen, kurz, mit dem gesamten Körper, der lebhafte geistige Bewegung ausdrücken soll, von der Kanzel herab ihre primitiven Reden dem Volk in die Ohren schreien. Dabei denkt man unwillkürlich an Demosthenes, der, nach den drei wichtigsten Dingen beim Reden gefragt, nach dem Bericht des Valerius sagte: „Schauspielerei, Schauspielerei und nochmals Schauspielerei, darin liegt fast die gesamte Macht der Rede."[212]

Doch nun zur Geometrie.

Kapitel XXII
Geometrie

Die Geometrie[213], von dem Juden Philon Fürstin und Mutter aller Wissenschaften genannt, hat vor allen anderen den Vorzug, daß ihre Vertreter überall die gleiche Meinung vertreten, während es bei den Anhängern fast aller anderen Disziplinen ständig zahllose Auseinandersetzungen gibt. Bei den Jüngern der Geometrie gibt es kaum jemals Streit, es sei denn, sie diskutieren Probleme von Punkten, Linien und Flächen oder ob etwas teilbar ist; ansonsten weichen sie in Lehre und Tradition nicht voneinander ab. Dabei ist allerdings jeder bestrebt, den anderen durch neue, kompliziertere Gedanken und Lösungen, auf die noch niemand verfallen ist, zu übertreffen. Doch die Quadratur des Kreises hat bis heute noch keiner gefunden und die Arcufikation der Geraden auch nicht![214] Immerhin glaubte einst Archimedes aus Syrakus, er hätte sie gefunden, und viele andere nach ihm haben sich bis in die Gegenwart hinein daran versucht; mögen sie dabei ihrem Ziel auch sehr nahegekommen sein, am Ende war alles vergeblich.

Die Anhänger der Geometrie begnügen sich in ihrem Ehrgeiz nicht mit dem überlieferten Wissen, sondern wollen auf ihrem Gebiet weiter vorankommen als ihre Lehrer. Deshalb verfallen manche von ihnen in solche Besessenheit, daß alle Nieswurz[215] der Welt nicht ausreicht, sie wieder zu heilen.

Von der Geometrie ist all das abhängig, was mit Linien, Zeichnungen, Formen, Abständen, Größen, Körpern, Maßen und Gewichten zu tun hat, ferner klug erdachte Werkzeuge und Geräte der Handwerker sowie mechanische Vorrichtungen zum Heben von Lasten, zum Wasserschöpfen und solche für den Bau und andere zivile Zwecke. Das gilt gleichermaßen für Militärisches, z. B. Mauerbrecher, Breschhütten, Minen, Salven- und Kugelwerfer, Sturmleitern, Fall- und Schiebebrücken zum Angriff auf die Mauern, Schwingbalken, fahrbare Belagerungstürme, Kriegsschiffe, Enterbrücken, weiterhin Mühlen, zwei-, drei- und vierspännige Wagen, Flaschenzüge, archimedische Schrauben, Räder, Hebel und dergleichen, womit man schwere Lasten mit wenig Kraft fortbewegen oder heben kann; außerdem für alles, was durch Gewichte, Wasser oder Luft oder mittels Riemen oder Seilen angetrieben wird, wie Uhren, die durch Gewichte gehen, und Orgeln, die durch Luft zum Erklingen gebracht werden; dazu kommen noch hydraulisch oder durch Luft betriebene Geräte, die nur zum Vergnügen und zur Unterhaltung dienen, beispielsweise auf Wasserstrahlen tanzende Bälle, Leuchten mit automatischer Dochtnachstellung, feuerspeiende Kürbisse oder solch ein Tier, von dem Politianus berichtet, es hätte, während es bei Tische aufgeschnitten wurde, getrunken, sich bewegt und Laute von sich gegeben. Mit solchen Mechanismen hätten, wie Hermes berichtet, die Ägypter ihre Götterstatuen ausgerüstet, so daß diese sprechen und laufen konnten. So hat auch Archytas von Tarent eine mechanische Taube aus Holz verfertigt, die sich erheben und fliegen konnte.[216] Wie man lesen kann, hat Archimedes als erster ein Himmelsmodell aus Metall so kunstreich konstruiert, daß die Bewegungen aller Planeten und zugleich die Drehungen der einzelnen Himmelssphären daran ganz deutlich zu sehen waren. Übrigens habe ich solch ein Gerät auch zu meiner Zeit gesehen.[217]

Mit Geometrie haben auch die verschiedenen Arten von Geschütz, Donnerbüchsen und die übrigen feuerspeienden Waffen zu tun. Darüber habe ich vor einiger Zeit ein besonderes Werk mit dem Titel Pyrographia veröffentlicht[218], was mich heute reut, weil es nur Wissen vermittelt, das Tod und Vernichtung zum Ziel hat.

Abschließend sei gesagt: Alles, was es an Technischem auf den Gebieten der Malerei, Vermessungskunst, Landwirtschaft, Kriegskunst, Metallgießerei, Plastik, Bildhauerkunst, aller Handwerke, der Baukunst und Metallbearbeitung gibt, beruht ganz oder zum größten Teil auf der Geometrie.

Kapitel XXIII
Optik oder Perspektivkunst

Der Geometrie eng verwandt ist die Optik, auch Perspektivkunst genannt, dann folgen die Vermessungs- und die Baukunst. Die Perspektivkunst bzw. Optik behandelt drei Arten des Sehens: Direktes Sehen, Sehen nach dem Reflexionsprinzip und Sehen nach dem Prinzip der Refraktion. Ferner erklärt sie das Wesen des Lichts, des Schattens und die figürliche Darstellung beider; weiterhin begründet sie, warum Entfernungen optisch anders erscheinen, als sie in Wirklichkeit sind, untersucht Verläufe von Strahlen beim Durchgang durch einen oder mehrere durchsichtige Körper unterschiedlicher Gestalt, stellt dar, wie Abbildungen von

Gegenständen entstehen und wie sie sich durch unterschiedliche optische Mittel verändern.

Wie das Sehen zustande kommt, darüber gibt es zahlreiche einander widersprechende Ansichten[219]: Platon glaubt, der Sehvorgang erfolge durch wechselseitige Einwirkung, indem die von den Augen ausgesandten Sehstrahlen dem von den Gegenständen ausgehenden Licht begegnen; Galen stimmt dem zu, während Hipparchos meint, von den Augen gingen Strahlen aus, die gewissermaßen die Gegenstände genau abtasteten und das von ihnen Aufgenommene danach zum Sehorgan zurückbrächten. Die Epikureer behaupten, von den sichtbaren Dingen gelangten kleine Abbilder in die Augen des Wahrnehmenden, wohingegen Aristoteles meint, nicht durch materielle Abbilder, sondern durch die vom Licht angeregten qualitativen Veränderungen des luftartigen Mediums zwischen den Gegenständen und dem Auge komme das Sehen zustande. Porphyrios betont jedoch, weder Strahlen, Abbilder noch anderes dieser Art bewirke den Sehvorgang, sondern die sich selbst erkennende und von allen Dingen allein existierende Seele erkenne sich selbst in allem, was existiert. Die Vertreter der Geometrie und Optik stehen der Ansicht des Hipparchos nahe, wenn sie schreiben, daß beim Zusammenfall von Strahlen kegelartige Gebilde entstehen, die von den Augen ausgesandt werden und dann gleichzeitig vieles Sichtbare erfassen, und zwar mit besonderer Genauigkeit die Dinge, bei denen sich jeweils die Strahlenkegel konzentrieren. Alchindus hat eine völlig andere Lehre über die Vorgänge beim Sehen, und Augustinus meint, die Kraft der Seele besäße im Auge eine Wirkung, die bisher von keinem Forscher erkannt worden sei. Die Optik trägt sehr viel zum Verständnis der Himmelskörper, ihrer Unterschiede, Entfernungen, Größe, Bewegung und Lichtverhältnisse bei; sie hilft auch beim Festlegen der Maße in der Architektur; ferner ist sie in der Malerei und bei der Herstellung optischer Geräte von höchstem Nutzen, ja geradezu unentbehrlich, weil sie dazu beiträgt, den Gesamtanblick nicht unproportioniert oder gar häßlich erscheinen zu lassen.

Kapitel XXIV
Malerei

Die Malerei ist eine merkwürdige Kunst, denn sie erstrebt eine möglichst genaue Darstellung der natürlichen Gegenstände und arbeitet dabei mit Linien und geeigneter Farbgebung. Früher besaß sie solch hohes Ansehen, daß sie unter den artes liberales den ersten Rang innehatte. Sie genießt keine geringere Freiheit als die Poesie, wie Horaz treffend sagt:

> ... hatten doch Maler und Dichter schon immer
> gleicherweise die Freiheit zu allem, was ihnen beliebte.[220]

Man bezeichnet die Malerei auch als Poesie ohne Worte und die Poesie als Malerei mit Worten[221], so eng sind beide verwandt. Wie die Poeten erfinden auch die Maler Geschichten und Märlein, die sie dann mit Hilfe von Licht- und Schattengebung, durch Glanzlichter und durch die Gestaltung von Vorder- und Hintergrund in ein Bild umsetzen. Von der Optik hat die Malerei die Täuschung des Auges übernommen, denn sie gaukelt auf einer einzigen Fläche, der des Bildes, dem Betrachter scheinbar mehrere unterschiedliche Abstände je nach Abstand der abgebildeten Dinge vor. Sie vermag auch darzustellen, was der Bildhauerkunst nicht möglich ist, nämlich Feuer, Sonnenstrahlen, Lichtschein, Blitz, Donner, Wetterleuchten, Sonnenuntergänge, Morgenröte, Nebel und Dämmerung; weiterhin vermag sie menschliche Empfindungen und Leidenschaften, ja fast Worte zum Ausdruck zu bringen. Durch Vortäuschen räumlicher Entfernungen und Dimensionen spiegelt sie Dinge vor, die nicht vorhanden oder anders sind. So berichten Historiker, daß die beiden Maler Zeuxis und Parrhasios einen Wettstreit um die Meisterschaft in ihrer Kunst austrugen: Zeuxis schuf ein Bild mit so gut gemalten Trauben, daß Vögel von ihnen angelockt wurden; Parrhasios aber zeigte ein Bild mit einem täuschend echt dargestellten Vorhang. Als Zeuxis, stolz auf das Votum der Vögel über sein eigenes Bild, verlangte, man solle doch den Vorhang wegnehmen und Parrhasios' Bild zeigen, mußte er seinen Irrtum zugeben und seinem Konkurrenten die Palme reichen, da er selbst nur Vögel, dieser aber einen Künstler vom Fach genarrt hatte. Plinius berichtet, ein Bild habe große Bewunderung erregt, weil es so lebensnah wirkte, daß sich Raben täuschen ließen und herbeiflogen; ferner habe man zur Zeit des berühmten Triumvirats durch eine gemalte Schlange Vögel am Lärmen gehindert.[222]

Die Malerei hat eine weitere Besonderheit: Bei ihr versteht und denkt man stets mehr, als man eigentlich dargestellt sieht. Dieses Problem hat Plutarch in seinen „Eikones" auf das gründlichste untersucht und abgehandelt: Obwohl die Kunstlehre einen sehr hohen Rang besitzt, steht doch die Naturbegabung noch über ihr.

Kapitel XXV
Bildhauerkunst und formgestaltende Kunst

Die Malerei steht im Zusammenhang mit der Bildhauerkunst, Gießerei und Steinschneidekunst, Künsten niederen Ranges, die man der Baukunst zuordnet. Der Bildhauer arbeitet aus Stein, Holz oder Elfenbein Figuren heraus, der Bildner gestaltet sie aus plastischem Material, der Gießer aus Bronze oder anderen Metallen mit Hilfe von zuvor hergestellten Formen, und der Steinschneider ritzt bildliche Darstellungen in Steine und Halbedelsteine. Von den modernen Autoren schreibt Pomponius Gauricus über dieses Gebiet.[223]

Meiner Ansicht nach sind aber all die genannten Künste samt der Malerei von bösen Geistern geschaffen worden, um Prunksucht, Luxus und Unglauben zu fördern, denn die Vertreter dieser Künste haben als erste, wie es Paulus ausdrückt, die Herrlichkeit des unvergänglichen Gottes verwandelt in ein Bild des vergänglichen Menschen, der Vögel, der vierfüßigen und der kriechenden Tiere[224]. Wider Gottes Gebot, keine Bilder zu machen von dem, was oben am Himmel oder unten auf Erden ist, haben sie die Gott so verhaßte Bilderverehrung eingeführt, über die der Weise sagt: „Das Götzenbild ist verflucht; es selbst und sein Schöpfer werden büßen mit Qualen." Und er fährt fort: „Eitler Wahn der Menschen hat nämlich diese Dinge ersonnen zur Versuchung der Menschenseele und zur Täuschung der Törichten; diese Erfindung wird dem Leben zum Verderben."[225]

Und doch sind wir Christen (mehr noch als die Heiden!) sehr zum Schaden unseres Wesens so auf diese Dinge versessen, daß wir uns nicht schämen, in unseren Sälen, Häusern und Gemächern unsittliche Bilder zu haben, so daß unsere Frauen und Töchter unsittlich beeinflußt werden. Sogar in Kirchen, Kapellen und an den Altären werden von uns Bilder unter großen Ehrenbezeugungen angebracht, was die Gefahr der Götzenverehrung in sich birgt. Doch darüber ausführlicher im Kapitel über Religion!

Daß aber Bilder und Statuen eine nicht zu unterschätzende Bedeutung haben können, wurde mir einmal bei einem Aufenthalt in Italien bewußt: Als nämlich Augustinermönche mit anderen Orden vor dem Papst einen langwierigen Streit ausfochten, welche Kleidung der heilige Augustin getragen habe, ein schwarzes Obergewand über einem weißen Untergewand oder umgekehrt, und als man auch den Schriften nichts zur Schlichtung dieses Streites entnehmen konnte, da beschlossen die päpstlichen Richter, den Fall an Maler und Bildhauer weiterzugeben, und als Entscheidung sollte dann gelten, was anhand der ältesten Bilder und Statuen festgestellt werden könne. Von dieser Methode angeregt, wandte auch ich mich, da ich trotz eifrigen Bemühens die Herkunft der Mönchskapuze nicht ermitteln und auch in den Schriften darüber nichts finden konnte, schließlich an die Maler, indem ich in den Räumen und Kreuzgängen von Klöstern, wo ja meist Szenen aus dem Alten und dem Neuen Testament dargestellt sind, dieser Frage nachging. Im gesamten Alten Testament fand ich nicht einen einzigen Patriarchen, Priester, Leviten und nicht einmal Elia, den doch die Karmeliter als Patron haben, mit einer Kapuze. Dann ging ich zum Neuen Testament über, sah dort Zacharias, Simeon, Johannes den Täufer, Joseph, Christus, die Apostel, Jünger, Schriftgelehrte, Pharisäer, Priester, entdeckte Hannas, Kaiphas, Herodes, Pilatus und viele andere, doch bei keinem fand ich auch nur die Spur einer Kapuze. Noch einmal ging ich alles einzeln sorgfältig durch, und plötzlich, sogar am Anfang einer Bilderfolge, zeigt sich mit einer Mönchskapuze – der Teufel, wie er gerade Christus in der Einsamkeit versucht! Ich war natürlich hocherfreut, auf Bildern entdeckt zu haben, was ich in den Schriften bisher nicht hatte finden können: Erfinder der Mönchskapuze ist der Teufel; von ihm haben dann meiner Ansicht nach die Mönche und

Brüder der Reihe nach diese Kapuze in verschiedenen Farben entliehen oder vielleicht als ihr Erbteil empfangen.

Kapitel XXVI
Spiegel

Wir kehren jetzt zur Optik zurück, denn sie ist auch für die Herstellung von Spiegeln[226] unerläßlich, weil sie die Vorgänge und täuschenden Effekte der verschiedenen Spiegelarten erklärt. Es gibt konkave, konvexe, ebene, zylindrische, pyramidenartige Spiegel, Dreh-, Buckel-, Kreis-, Winkel- und Umkehrspiegel, regelmäßige, unregelmäßige, normale und durchsichtige Spiegel.

Bei Coelius kann man in seinen „Antiquae Lectiones“ lesen, daß zur Zeit des Augustus ein Mann namens Hostius, sonst nur unrühmlich bekannt, Spiegel verfertigt habe, die so stark vergrößerten, daß ein Finger stärker als ein Unterarm erschien.[227] Es gibt auch Spiegel, in denen man nicht das eigene, sondern das Abbild eines anderen sieht. Andere Spiegel zeigen, an bestimmten Stellen aufgestellt, kein Bild, doch anderswo geben sie eines. Manche bieten Gesamtbilder, manche mehrere Bilder von einem Gegenstand; wieder andere spiegeln (anders als die normalen Spiegel!) rechts, was rechts ist, und links, was links ist. Weitere Spiegel zeigen Brennwirkung nach vorn und hinten. Außerdem gibt es welche, die das aufgenommene Bild nicht in sich selbst darstellen, sondern es in gewisser Entfernung als eine Art Luftbild erscheinen lassen, ferner solche, die in sich die Sonnenstrahlen sammeln und sogar über eine gewisse Entfernung hin durch starke Erhitzung Gegenstände in Brand setzen können. Solche und noch weitere Arten von Spiegeln gibt es heute, und man versteht sich auch auf ihre Herstellung.

Durchsichtige Spiegel haben ebenfalls täuschende Effekte: Sie lassen einen großen Gegenstand klein und, dreht man sie um, einen kleinen groß, Entferntes nah und Nahes fern erscheinen; was unten ist, zeigen sie oben, und umgekehrt. Manche bilden einen Gegenstand mehrfach ab, manche zeigen die Gegenstände in Farben wie bei einem Regenbogen oder in veränderten Farben.

Auch ich bin imstande, Spiegel herzustellen, mit deren Hilfe man bei Sonnenschein beleuchtete Gegenstände in weiter Entfernung, beispielsweise drei bis vier Meilen, ganz deutlich erkennen kann.

Merkwürdig ist bei ebenen Spiegeln auch, daß sie, wenn sie klein sind, einen Gegenstand im Verhältnis noch kleiner abbilden, als sie selbst sind, während sie nie einen Gegenstand größer abbilden, als sie selbst sind. Darüber hat Augustinus in seinem Brief an Nebridius nachgesonnen und meinte, damit habe es eine besondere Bewandtnis.[228] Doch letzten Endes sind alle diese Dinge eitel, überflüssig und nur für Vorführungen zum Vergnügen von Müßiggängern ersonnen.

Über Spiegel haben Griechen, mehr noch lateinische Autoren geschrieben, am besten von allen aber Witelo.[229]

Kapitel XXVII
Kosmimetrie

Nunmehr will ich kurz die Kosmimetrie abhandeln. Sie wird in Kosmographie und Geographie untergliedert. Beide vermessen die Welt und gliedern sie. Erstere bestimmt mit astronomischen Methoden wie bei Himmelskörpern, nämlich mit Graden und Minuten, die Lage von Ländern und Orten, erklärt die Klimate[230], die Unterschiede von Tag und Nacht, die Himmelsrichtungen[231], die unterschiedlichen Gestirnaufgänge, die Polhöhen, die Längen- und Breitengrade, die Schattenlänge des Gnomons[232] für unterschiedliche Orte und dergleichen mehr. Letztere, also die Geographie, verzichtet auf solche Methoden, mißt die Welt in Stadien oder Meilen, unterscheidet nach Gebirgen, Wäldern, Seen, Flüssen, Meeren und festem Land, nennt Stämme, Völker, Reiche, Provinzen, Städte, Häfen und was sonst noch erwähnenswert ist und beschreibt,

> welche Götter man ehrt, welche Sitten und Trachten dort üblich,
> was jede Landschaft an Frucht trägt und was sie dem Menschen verweigert.[233]

Durch Abbildung mit Hilfe geometrischer und optischer Methoden[234] stellt sie auf einer Kugel oder auf einer ebenen Fläche die ganze Welt dar,

> malend auf kleinstem Raum die Welt in ihrer Gesamtheit.

Dazu rechnen viele auch die Choreographie[235], die einzelne Gebiete eines Landes gesondert erforscht und ein genaueres, gewissermaßen vollkommenes Bild liefert.

> Unterschiedlichen Schmuck zeigt das Land in all seinen Teilen:
> Weingärten, Wälder und Wiesen, auch reichlich bewässerte Äcker;
> dort tränkt das Wasser von Seen und zahlreichen Flüssen die Landschaft;
> anderen Orts tiefe Täler, umdrängt von hohen Gebirgen,
> die sich hinauf zu den Sternen mit ihren Gipfeln erheben.

All das verspricht uns die Kosmimetrie zu lehren, doch ihre Vertreter liegen häufig im Streit, weil sie stark voneinander abweichende Angaben über Grenzen, Längen- und Breitengrade, Größen, Entfernungen, Klimate und deren Eigenheiten machen. Eratosthenes, Strabon, Marinos, Ptolemäus, Dionysios und spätere Autoren treffen häufig sehr unterschiedliche Aussagen. Sogar über den Nabel der Welt sind sie sich nicht einig: Ptolemäus legt ihn unter den Äquinoktialkreis, Strabon auf den Parnaß in Griechenland, wobei Plutarch und der Grammatiker Laktanz ihm beistimmen und annehmen, der Parnaß[236] sei bei der großen Flut die Scheide zwischen den Wassermassen und dem Himmel gewesen, wovon auch Lukan singt:

Dieser Gipfel allein, als die Flut schon alles verschlungen,
ragte noch auf und trennte das Meer vom sternreichen Himmel.[237]

Wenn diese Begründung nicht hinreichend erscheint, dann liegt der Nabel der Welt eben nicht auf dem griechischen Parnaß, sondern auf dem Berge Ararat in Armenien, auf dem die Arche Noah landete, weil er als erster aus den Fluten auftauchte. Andere Autoren berichten wiederum, wie man den Mittelpunkt der Welt durch den Flug von Adlern gefunden habe. Natürlich wollen in dieser Frage auch die Theologen ein Wörtchen mitreden: Jerusalem sei der Mittelpunkt der Welt, denn beim Propheten stehe geschrieben, daß Gott das Heil gewirkt hat in der Mitte des Landes. Dieser Ansicht treten Lukrez, Laktanz und Augustinus bei, die so beharrlich die Existenz von Antipoden[238] leugneten und auch bestritten, daß es außer Europa, Asien und Afrika einen weiteren bewohnbaren Erdteil gäbe. Durch die Seefahrten der Spanier und Portugiesen, die bewiesen haben, daß die gesamte Zone des Zodiakus[239] entgegen allem Poetengeschwätz und Aristoteles' Ansicht doch bewohnt ist, haben wir Späteren ja erfahren, wie es sich in Wahrheit verhält. Zahlreiche weitere Irrtümer der Geographen habe ich ja schon weiter vorn bei den Historikern aufgeführt.

Wenn die Kosmimetrie uns lehren will, wie unermeßlich die Erde ist, wie unerforschlich die Meere sind, wo Inseln, Länder und Grenzen liegen, woher die zahllosen Völker stammen, welch unterschiedliche Sitten und Bräuche es gibt, dann nutzen wir dieses Wissen doch nur dazu, noch gieriger in fremden Dingen herumzuschnüffeln, statt zur Erkenntnis unser selbst zu gelangen. Dazu sagt Augustinus in seinen Bekenntnissen: „Die Menschen gehen auf Reisen, um die Höhen der Berge, die gewaltigen Fluten des Meeres, die Gezeiten des Ozeans und die Bahnen der Gestirne zu bestaunen und – verlieren dabei sich selbst."[240]

Auch Plinius hält es für eine Torheit, die Welt messen zu wollen: „Indem wir sie vermessen, sind wir selbst vermessen."[241]

Kapitel XXVIII
Baukunst

Unzweifelhaft trägt die Baukunst sehr viel zur Bequemlichkeit und Schönheit sowohl öffentlicher wie privater Gebäude bei. Sie gibt uns Wände, Dächer, Mühlen, Wagen, Brücken, Schiffe, Kirchen, Tempel, Stadtmauern, Türme und Dinge aller Art, die Menschen im öffentlichen wie im privaten Bereich zu Schmuck und Schutz dienen. Diese Disziplin, an sich höchst nützlich und achtbar, verlockt aber leider fast jeden, sofern es seine Mittel erlauben, auch an gut gebaute Gebäude immer noch etwas anzubauen. Diese unheilbare Bauwut führt dazu, daß man beim

Bauen weder Maß noch Ziel kennt: Felshänge werden abgetragen, Täler zugeschüttet, Berge eingeebnet, Felsen durchtunnelt, Klippen beseitigt, Höhlen ins Innere der Erde getrieben, Flüsse umgeleitet, Meere miteinander verbunden, Seen und Sümpfe trockengelegt, Fluten durch Molen gebändigt, die Tiefen des Meeres durchwühlt, neue Inseln werden aufgeschüttet und ehemalige Inseln mit dem Festland verbunden. All das hat, obwohl es eigentlich wider die Natur ist, doch in vielen Fällen der Menschheit nicht geringe Annehmlichkeiten geschenkt, wenn man es mit den Bauten vergleicht, die den Menschen nichts als die Befriedigung ihrer Schaulust und Sensationsgier bringen und die, um mit Plinius zu sprechen, unter riesigen Kosten nur zum Zwecke eitler und törichter Zurschaustellung von Reichtum errichtet worden sind. Das gilt für die heidnischen Wunderbauten der Ägypter, Griechen, Etrusker, Babylonier und einiger anderer Völker, also für die Labyrinthe[242], Pyramiden, Obelisken, Kolosse[243], Mausoleen[244], für die Riesenstatuen des Rampsinit, Sesostris und Amasis sowie für die seltsame Sphinx[245], in der König Amasis beigesetzt sein soll. Nach Plinius war sie aus rötlichem Naturstein herausgearbeitet, und ihr Kopf hatte einen Umfang von 102 und eine Länge von 143 Fuß. Doch es gibt noch Größeres: Die Säulen des Memnon und der Semiramis[246] sowie die 17 Stadien großen Felsbilder bei Bagistana[247] in Medien. Doch sogar diese wollte ein Baumeister, mag er nun Stasikrates (so Plutarch) oder Deinokrates (so Vitruv) heißen, noch weit überbieten, als er versprach, aus dem Berg Athos[248] eine Alexanderstatue herauszuhauen, auf deren Hand eine Stadt für zehntausend Menschen Platz fände. Nehmen wir dazu noch die babylonische Höhle mit einer Grundfläche von einem Stadion im Quadrat (nach Herodot) und jenen Turm[249], von dem berichtet wird, daß er in tiefem Wasser auf gläsernen Stützen stand. Ferner sind zu nennen die Gebäude in Gordion[250], Triumphbögen, Göttertempel, vor allem der Artemistempel zu Ephesos, an dem ganz Asien zweihundert Jahre lang gebaut hat, in Ägypten in der Nähe des Letotempels ein aus einem einzigen Stein gefertigtes und auch mit nur einem Stein überdachtes Heiligtum, eine sechzig Ellen große Goldstatue des Assyrerkönigs Nebukadnezar[251] (die man bei Todesstrafe anbeten mußte!) und eine Statue einer ägyptischen Königin, vier Ellen groß und aus einem Topas riesiger Größe gefertigt.

Hierhin gehören auch unsere mit stolzen Mauern aufragenden heiligen Kirchen und ihre mit wuchtigen Steinmassen in schwindelnde Höhen aufstrebenden Glokkentürme, für die zumeist kirchliche Gelder und sogar die Almosen vergeudet werden. Damit hätte man lieber die vielen Armen unter den Christen (und das sind die wahren Kirchen und Ebenbilder Gottes!), die währenddessen unter Hunger, Durst, Kälte, Krankheit, Mangel und allen erdenklichen Nöten leiden, unterstützen und aufrichten sollen – und müssen!

Welches Unheil aber auch die Baukunst nicht selten über die Menschen bringt, das beweisen die Festungsbauten und Kriegsmaschinen, z. B. Panzerungen, Schleudern, Geschütze sowie weiteres Mordgerät, und davon können auch die von den „Leistungen“ dieser Kunst betroffenen Völker ein Lied singen. Und das nicht nur auf dem festen Lande, denn diese Kunst lehrte die Menschen auch, sogar festungsartige Schiffe zu bauen, auf denen man nicht nur die Meere befahren, sondern auch wohnen kann. Diese Schiffe machen das uns ohnehin schon mit tausend Gefahren bedrohende Meer durch Raubzüge und Kriege (nicht anders als auf dem Lande) noch gefährlicher!

Über Baukunst schrieb als erster der Athener Agatharchos, es folgten Demokrit, Anaxagoras, Silenos, Archimenides, Aristoteles, Theophrast, Cato, Varro, Vitruv und Nigrigentus sowie von den Modernen Leon Battista Alberti, Fra Luca und Albrecht Dürer.[252]

Kapitel XXIX
Metallgewinnung

Der Baukunst untergeordnet ist auch die Technik der Metallgewinnung, die nicht geringes Können erfordert. Sie lehrt, wie man bereits aus der Erd- und Bergoberfläche erkennt, wo Erzadern im Inneren liegen, welcher Art sie sind, welche Ausdehnung sie haben und wie sie bergbaulich gewonnen werden können. Darüber hat bei den Alten Straton aus Lampsakos ein Buch mit dem Titel „Bergwerksvorrichtungen" geschrieben[253]; wie jedoch aus den abgebauten Erzen durch Erhitzen mittels Feuer reine Metalle erschmolzen und wie Metalle, falls sie noch nicht rein sind, voneinander getrennt werden, das hat bisher so gut wie niemand hinreichend genau beschrieben; vermutlich deshalb, weil diese Kunst von gelehrten und freien Geistern als handwerklich und niedrig abgetan wird. Da mir vor einigen Jahren Kaiserliche Majestät die Leitung von Bergwerken übertragen hatte, habe ich, soweit es mir möglich war, alles Einschlägige erforscht und begonnen, ein Buch darüber zu schreiben. Es ist noch in Arbeit, weil ich ständig mit der Suche nach mehr Material und mit Korrekturen beschäftigt bin, in der Hoffnung, nichts Wichtiges zu übersehen, was mit folgenden Bereichen zu tun hat: Entdeckung und Unterscheidung von Erzen, Untersuchung und Ausbeutung von Erzadern, Stollenbau und bisher unbekannte Fördereinrichtungen.[254]

Von dieser Kunst der Metallgewinnung stammt aller Reichtum, nach dessen Besitz die Menschen so gieren, daß sie lebendigen Leibes in die Grube fahren und unter großer Zerstörung der Natur dort unten, wo böse Geister hausen, nach Schätzen wühlen, wie Ovid singt:

> ... man stieg in die Tiefe der Erde.
> Schätze, die dort gelegen, durch stygische[255] Schatten verborgen,
> wurden zutage gebracht, ein Anreiz für böse Gelüste.
> Eisen, verderblich genug, und Gold, noch schlimmer als Eisen,
> kamen ans Licht und aus Goldgier jegliche Art von Verbrechen.

Räumen mußten das Feld der Anstand, die Wahrheit, die Treue;
deren Platz nahmen ein Betrug, Gemeinheit und Tücke,
Arglist, rohe Gewalt sowie die verruchte Besitzgier.[256]

Ein anderer Dichter sagt dazu:

Treu' wird vom Golde besiegt, für Gold sind Rechte auch käuflich.[257]

Den schlimmsten Anschlag auf das menschliche Zusammenleben verübte der Mann, der als erster Lagerstätten von Gold und anderen Metallen entdeckte, und Leute dieses Schlages haben, wie Plinius sagt, auf der Welt großen Schaden angerichtet, denn sie sind von der gleichen blindwütigen Gier getrieben wie Taucher, die aus der Tiefe des Meeres Perlen holen. Wer als erster Bergbau betrieben hat, darüber gibt es bei den Historikern unterschiedliche Ansichten: Blei sei zuerst auf den Kassiteriten, Keltiberien[258] gegenüberliegenden Inseln, gefunden worden, Kupfer auf Zypern, Eisen auf Kreta, Gold und Silber jedoch im thrakischen Pangaion-Gebirge, und damit wurde schließlich die ganze Welt vergiftet.

Einzig die Skythen haben, wie Solinus berichtet, den Gebrauch von Gold und Silber völlig verboten und sich damit für immer von allgemeiner Habgier befreit. Um ein Überangebot an Gold zu vermeiden, gab es bei den Römern erst ein Verbot aus alter Zeit und dann auch ein zensorisches Gesetz, das (laut Plinius) Pächtern von Goldgruben im Gebiet von Vercellae untersagt, jeweils mehr als fünf Menschen gleichzeitig zu beschäftigen[259].

Ach, strebten doch die Menschen mit gleichem Eifer nach den himmlischen Schätzen, mit dem sie die Erde nach irdischen Schätzen durchwühlen! Diese können ja den Menschen doch nicht so glücklich machen, daß es ihn nicht eines Tages reut, soviel Mühe für ihren Erwerb aufgewandt zu haben.

Kapitel XXX
Astronomie

An der höchsten Stelle präsentiert sich die Astrologie, auch Astronomie genannt[260], sie ist voll von Lug und Trug und taugt noch weniger als das Geschwätz der Poeten. Die Vertreter dieser Disziplin sind wirklich unverschämte Gesellen und setzen durch ihre frevelhafte Neugier schaurige Dinge in die Welt. Über die menschliche Sphäre hinaus (so Basileides mit seinem ketzerischen Abraxas)[261] hantieren sie mit Himmelskreisen und -modellen, mit Entfernungen, Bewegungen, Bildern, Konstellationen und Zusammenhängen von Gestirnen, als seien sie persönlich eben vom Himmel herabgekommen, nachdem sie sich dort eine gute Weile aufgehalten hätten![262] Sie beschreiben alle Abläufe und meinen, alles sei erkennbar. Dabei sind sie untereinander völlig verschiedener, meist sogar gegensätzlicher Ansicht und liegen ständig miteinander in Streit, so daß ich mit Plinius sagen möchte: „Das unstete Bild dieser Kunst beweist vor aller Welt, daß es sich um keine wirkliche Kunst handelt.“ Zudem haben die Inder, Chaldäer[263], Ägypter, Mauren, Juden, Araber, Griechen, Lateiner, die Alten und die Modernen jeweils andere Prinzipien der Astronomie.

Platon, Proklos, Aristoteles, Averroës und fast ausnahmslos alle Astronomen und Alfons[264] nahmen bei der Zahl der Sphären nur acht an, während Hermes[265] und einige Babylonier, wie Averroës und Rabbi Isaak berichten, von neun ausgehen. Dieser Ansicht sind auch der Maure Arzachel, Thabit, der Gelehrte Rabbi Isaak und Alpetragius. Zu ihnen gesellt sich noch der Deutsche Albertus, der zu seiner Zeit (aufgrund welcher Leistung weiß ich nicht) der Große genannt wurde[266], und alle, die eine Bewegung der Annäherung und Entfernung der Planeten ansetzen. Die jüngeren Astronomen nehmen jetzt aber zehn Sphären an, wie nach Alberts Ansicht auch zuvor schon Ptolemäus. Averroës meint, Ptolemäus hätte neun, während dieser in Wahrheit nur acht postuliert, Alfons folgte zunächst der Ansicht von Rabbi Isaak, der den Beinamen der Blinde trägt, und ging von neun Sphären aus, doch vier Jahre später, nach dem Erscheinen seiner Tafeln, übernahm er die Ansichten des Mauren Abenragel sowie Albategnis und korrigierte seinen Ansatz auf acht. Auch Abraham ibn Ezra, Rabbi Levi und Rabbi Abraham Zacutus postulieren keine bewegliche Sphäre oberhalb der achten, doch über die Bewegung der achten und der Fixsterne haben sie recht unterschiedliche Ansichten. Die Chaldäer und die Ägypter nehmen bei den Fixsternen nur *eine* Bewegung an, und dem stimmen Alpetragius sowie von den Modernen Alexander Aquilinus zu, während die anderen Astronomen – von Hipparchos bis in unsere Zeit – mehrere und die jüdischen Talmudisten zwei Bewegungen voraussetzen. Arzachel, Thabit und Regiomontanus[267] nehmen eine Trepidation (Vor- und Rücklaufbewegung bei den Epizykeln – d. Ü.) in Widder und Waage an, doch auch hier gibt es Meinungsunterschiede, denn nach Arzachel kann ihre Entfernung nicht mehr als 10°, nach Thabit höchstens 4°19’ und nach Johannes Regiomontanus maximal 8° betragen. Letzterer glaubt, daß deshalb die Fixsterne nicht immer nach der gleichen Richtung wandern, sondern zu irgendeinem Zeitpunkt an ihren Ausgangspunkt zurückkehren. Allerdings behaupten Ptolemäus, Albategni, Rabbi Levi, Abraham ibn Ezra, Zacutus sowie von den Modernen Paulus Florentinus und Augustinus Ritius[268], mit dem mich in Italien tiefe Freundschaft verband, daß sich die Fixsterne immer und gleichmäßig längs der Tierkreiszeichen bewegen.

Die modernen Astronomen schreiben der achten Sphäre eine dreifache Bewegung zu: Eine eigene, Trepidation genannt, mit einem Umlauf von 7000 Jahren, eine weitere, als Gyriation bezeichnete, mit mindestens 49 000 Jahren Umlauf in der neunten Sphäre und eine dritte Bewegung in der zehnten, die sie motus primi mobilis, motus raptus oder Tagesbewegung nennen, weil sie im Verlauf eines natürlichen Tages zu ihrem Ausgangspunkt zurückkehrt.

Auch nicht alle, die der achten Sphäre eine zweifache Bewegung zuordnen, sind gleicher Meinung: Fast alle Modernen und die Verfechter der Trepidation meinen, diese werde von einer höheren Sphäre her vollzogen, während Albategni, Abenragel, Alfraganus, Averroës, Rabbi Levi, Abraham Zacutus und Augustinus Ritius sich die Tagesbewegung (von anderen als motus raptus bezeichnet) nicht als einer eigenen Sphäre angehörend, sondern vom ganzen Himmel vollführt denken. Averroës sagt, Ptolemäus leugne in seinem Almagest[269] die Gyriation, und Rabbi Levi sagt, Ptolemäus und mit ihm Averroës seien der Ansicht, die Tagesbewegung erfolge durch den gesamten Himmel. Doch auch hier sind sie hinsichtlich der Bewegungsgröße der achten Sphäre und der Fixsterne unterschiedlicher Meinung, denn nach Ptolemäus bewegen sich die Fixsterne innerhalb von 100 Jahren um einen Grad, nach Albategni innerhalb von 66 ägyptischen Jahren. Dem pflichten Rabbi Levi, Zacutus und Alfons bei der Korrektur ihrer Tafeln bei. Nach Arzachel sind es 75, nach Hipparchos 78, nach den meisten Juden wie Rabbi Josua, Maimonides, Abraham ibn Ezra, 70 und nach Johannes Regiomontanus 80 Jahre. Augustinus Ritius steht in der Mitte zwischen Albategni und den Juden, mit seiner Ansicht, die Fixsterne bewegten sich am Himmel mit einer Geschwindigkeit, die zwischen 66 und 70 Jahren beträgt, um einen Grad. Demgegenüber sagt Rabbi Abraham Zacutus (nach Angabe von Ritius), nach indischer Überlieferung gebe es noch heutzutage am Himmel zwei Sterne, die zueinander in diametraler Opposition stehen und ihren Umlauf den Tierkreiszeichen entgegen in 144 Jahren vollenden. Auch Alpetragius[270] meint, es gäbe noch Bewegungen am Himmel, die den Menschen unbekannt sind. Trifft das zu, so kann es dort Sterne und Himmelskörper geben, die von den Menschen wegen der gewaltigen Höhe oder fehlender Beobachtungsmöglichkeiten noch nicht erfaßt werden konnten. Dem stimmt auch der Philosoph Favorinus (bei Gellius) in seiner Rede gegen die Horoskopsteller zu[271].

So bleibt uns nur die Feststellung, daß bis jetzt noch kein Astronom vom Himmel herabgekommen ist, der uns die wirkliche Bewegung des Himmels einwandfrei hätte erklären können; nicht einmal die richtige Bewegung des Mars ist geklärt, was auch Johannes Regiomontanus in einem Brief an Blanchinus beklagt[272]. Eine falsche Ansicht über die Marsbewegung hat ein Mann namens Wilhelm von St. Clou[273], ein berühmter Astrologe, vor mehr als 200 Jahren in seinen „Observationes“ in die Welt gesetzt, und keiner von den späteren Astronomen hat ihn bis heute korrigiert. Sogar den genauen Eintritt der Sonne in die Äquinoktialpunkte zu finden ist unmöglich, was Rabbi Levi vielfältig beweist.

Es ließen sich zahlreiche Irrtümer früherer Astronomen aufzählen: Viele haben mit Thabit angenommen, die maximale Deklination der Sonne verändere sich ständig, obwohl sie in Wahrheit konstant bleibt. In diesem Punkte vertraten Ptolemäus, Albategni, Rabbi Levi, Abraham ibn Ezra und Alfons jeweils andere Ansichten. Ebenso hatten sie über die Bewegung der Sonne und die Dauer des Jahres andere Erkenntnisse als die von Ptolemäus und Hipparchos überlieferten. Auch über die Bewegungen der Sonnenflecken haben Ptolemäus einerseits und Albategni nebst weiteren Astronomen andererseits unterschiedliche Vorstellungen. Weiterhin haben die Inder, Ägypter, Chaldäer, Juden und Araber sowie Timocharis, Aristyllos[274], Hipparchos, Ptolemäus und die Modernen jeweils andere Aussagen über die Sternbilder und Fixsterne gemacht. Ich verzichte hier auf die Darstellung dessen, was manche über ein rechts- oder linksorientiertes Himmelsprinzip faseln. Darüber konnten sogar der heilige Thomas von Aquino und der Deutsche Albertus, in abergläubischen Vorstellungen befangene Theologen, trotz ernsthafter Bemühungen nichts finden, und keiner wird es wohl jemals können. Nicht einmal über die Galaxis, also die Milchstraße, wissen die Astronomen bis zum heutigen Tage etwas Zuverlässiges!

Ich verzichte auf einen langen Vortrag über exzentrische und konzentrische Kreise, Epizykel, Rückläufigkeit, Trepidation, Annäherungs-, Entfernungs- und andere Bewegungen, weil all das nicht Werke Gottes oder der Natur sind, sondern monströse Ausgeburten von Mathematikern[275], bei denen korrupte Philosophie und Poetenphantasterei Pate standen. Leider schämen sich jene Magister nicht einmal, diesen Dingen, die sie von Gott geschaffen und naturgegeben wähnen, so hohen Glauben beizumessen, daß sie sich darauf wie auf wirkliche Fakten stützen, alles irdische Geschehen auf sie zurückführen und behaupten, diese (doch nur fiktiven) Bewegungen seien entscheidend für alle irdischen Bewegungen.

Astronomen dieses Schlages wurden von einer Magd des Anaximenes durch einen treffenden Ausspruch der Lächerlichkeit preisgegeben: Sie ging häufig mit ihrem Herrn aus. Als er eines Tages Sternbeobachtungen durchführen wollte und deshalb im Dunkeln das Haus verließ, fiel er in eine Grube, weil er über seinen Beobachtungen völlig die Beschaffenheit des Geländes vergessen hatte. Da sprach die Dienerin: „Herr, wieso bildest du dir ein zu wissen, was am Himmel vor sich geht, wenn du nicht einmal sehen kannst, was vor den Füßen liegt.“ Eine ähnliche Geschichte liest man über Thales von Milet und seine thrakische Magd[276]. Auch Cicero äußert dergleichen über Astronomen: „Während sie die Himmelsräume durchforschen, sehen sie nicht, was vor Augen ist.“[277]

Auch ich habe schon mit der Muttermilch diese Kunst eingesogen, später viel Zeit und Arbeit auf sie verschwendet und schließlich gemerkt, daß sie insgesamt auf nichts anderem als Spielerei und Phantasterei beruht. Mich ärgert und reut, dafür einst solch große Mühe aufgewandt zu haben, und ich wünschte, ich könnte jede Erinnerung daran austilgen[278]. Ich habe sie längst aus meinem Herzen verbannt und würde mich nie wieder mit ihr beschäftigen, wenn nicht unabweisbare Bitten mächtiger Leute, die sich ja zuweilen großer und tüchtiger Männer für ihre unwürdigen und närrischen Spielereien bedienen, mich wieder dazu nötigten und natürlich auch mein eigener Vorteil es geraten erscheinen ließe, ihre Torheit in gewissem Umfang auszunutzen und ihnen bei den närrischen Dingen, auf die sie keinesfalls verzichten möchten, gefällig zu sein. Närrische Dinge, sage ich, denn was hat die Astrologie anderes anzubieten als Narrheiten und Phantastereien von Poeten, unglaubwürdiges Zeug, mit dem sie den Himmel vollstopfen. Nichts paßt so gut zueinander wie Astrologen und Poeten; nur über den Morgenstern und Abendstern sind sie geteilter Meinung, wobei die Poeten behaupten, an dem Tage, an dem der Stern vor der Sonne erscheint, müsse er ihr auch beim Untergang folgen, was nahezu alle Astronomen für den gleichen Tag als unmöglich erklären, jene ausgenommen, die die Venus über die Sonne setzen, weil die weiter entfernten Sterne uns eher aufzugehen und später unterzugehen scheinen. Diesen Streit der Astronomen über die Positionen der Sterne oder Planeten hätte ich beiseite gelassen, wäre er mir nicht eben in den Sinn gekommen, denn eigentlich betrifft er mehr die Philosophen als die Astronomen: Platon setzt die Sonne nämlich nach dem Mond, ebenso die Ägypter, die sie zwischen Mond und Merkur stellen, während die Chaldäer ihr die vierte Position einräumen; Anaximander und Metrodor von Chios wie auch Krates betrachten die Sonne als am höchsten gesetzt, nach ihr den Mond und dann die übrigen Planeten und Fixsterne. Xenokrates nimmt an, daß alle Sterne sich auf ein und derselben Fläche bewegen. Nicht weniger Streit als um Sonne und Mond gibt es um die Größen und Entfernungen der Sterne, kurz, in astronomischen Fragen gibt es keine unumstößliche Meinung oder ewige Wahrheit. Das ist auch gar nicht verwunderlich, wenn der Himmel, den sie durchforschen, das Allerunbeständigste ist und dabei noch eine Menge Phantasie und Narrheit eine Rolle spielt, denn die zwölf Tierkreiszeichen sowie die anderen nördlichen und südlichen Sternbilder sind doch nur durch Sagen an den Himmel gelangt. Und dennoch tun sich die Astronomen viel darauf zugute, ziehen ihren Lebensunterhalt, ja sogar großen Gewinn daraus, während die eigentlichen Erfinder der Sternbilder, die Poeten, tüchtig darben müssen.

Kapitel XXXI
Weissagungsastrologie

Bis jetzt noch nicht behandelt ist eine andere Art der Astrologie, die man weissagende oder prophetische nennt. Bei ihr geht es um Umläufe von Weltjahren, Horoskope und damit zusammenhängende Probleme und Entscheidungen, Vorhaben und Überlegungen, um kosmische Kräfte sowie um deren Wirkungen auf Gegenwärtiges und Zukünftiges, sogar auf Dinge, die den Geheimnissen der göttlichen Vorsehung unterliegen, und wie diese im voraus erkannt und deshalb genutzt oder (zumindest teilweise) aufgehoben werden können. Aus ihr beziehen die Astrologen Kenntnisse über die vom Himmel und von den Sternen seit den frühesten Zeiten, seit Menschengedenken, ja noch vor Prometheus ausgehenden Wirkungskräfte, und zwar anhand von Konjunktionen, die sich noch vor der Sintflut ereignet haben. Die Astrologen behaupten, daß Wirkungen, Kräfte und Bewegungen alles Lebendigen, aller Mineralien, Metalle, Kräuter und was sonst noch auf Erden geschaffen wurde, vom Himmel und von den Sternen herkämen, völlig von dort abhängig und auch erkennbar seien. Ungläubige, ja gottlose Gesellen sind diese Leute, wenn sie nicht einmal anerkennen, daß Gott Gras, Pflanzen und Bäume schon vor dem Himmel und den Sternen erschaffen hat[279]. Alle wirklich ernst zu nehmenden Philosophen wie Pythagoras, Demokrit, Bion, Favorinus, Panaitios, Karneades, Poseidonios, Timaios, Aristoteles, Platon, Plotin, Porphyrios, Avicenna, Averroës, Hippokrates, Galen, Alexander von Aphrodisias, ferner Cicero, Seneca, Plutarch und viele andere, die mit Hilfe aller erdenklichen Wissenschaften und Künste die Ursachen aller Dinge zu erforschen bemüht waren, verweisen uns nirgendwo auf astrologische Zusammenhänge. Selbst wenn es sie gäbe, könnte man über ihre Auswirkungen doch nichts Verläßliches aussagen, da man, wie allen Fachleuten wohlbekannt ist, die Bahnen und Kräfte der Gestirne nicht genau kennt. Solch gewichtige Autoren wie Eudoxos, Archelaos, Kassandros, Skylax von Halikarnaß und viele Moderne, alle tüchtige Mathematiker, gestehen ganz offen, daß man unmöglich etwas Verläßliches durch astrologisches Weissagen erfahren kann, weil erstens neben den himmlischen stets zahllose andere Faktoren beteiligt sind, die man dann mit in Rechnung stellen müßte (was Ptolemäus auch fordert), und weil zweitens sehr viele unwägbare Faktoren dem entgegenstehen, z. B. Gewohnheit, Charakter, Erziehung, Moral, Macht, Ortsverhältnisse, Geburt, Vererbung, Ernährungsgewohnheiten und mehr oder minder große Beherrschung des Geistes. Dabei üben die astronomischen Dinge nach Ansicht der eben Genannten zwar einen gewissen, aber keinen zwingenden Einfluß aus.

Außerdem haben die Schöpfer von Regeln über das Weissagen aus den Gestirnen diese sogar bei gleichem Sachverhalt so verschieden und meist widersprüchlich abgefaßt, daß ein Zukunftsdeuter unmöglich aus so vielen unterschiedlichen, ja einander widersprechenden Empfehlungen etwas Verläßliches künden kann, wenn er nicht in sich selbst einen Sinn für Zukünftiges und Verborgenes und den Trieb zur Weissagung hat, oder besser gesagt, eine zutiefst geheime Inspiration durch einen Dämon, so daß er bestimmte Dinge zu erkennen und jeweils für bestimmte Dinge einzutreten vermag. Wenn jemand diesen Trieb zur Weissagung nicht hat, kann er bei astrologischen Zukunftsdeutungen nicht die Wahrheit treffen, meint Hali.[280] Deshalb beruht die astrologische Weissagung weniger auf einem kunstvollen System als auf einer geheimnisvollen Gunst des Schicksals.

Wie man beim Aufschlagen eines Buches durch Zufall einmal auf einen Vers stößt, der etwas Wahres weissagt, so kommen von den Astrologen wahre Weissagungen nicht durch ihre Kunst, sondern allein durch die Gunst des Zufalls. Das bezeugt auch Ptolemäus, wenn er sagt: „Das Wissen um die Sterne stammt vor allem von dir selbst und dann erst von den Gestirnen."[281] Damit will er sagen, daß die Weissagung weniger von der Beobachtung der Sterne als vielmehr von den menschlichen Affekten beeinflußt wird. Auf diese Kunst ist folglich kein Verlaß, sie ist nach allen Richtungen ausdeutbar und holt ihr Material je nach Bedarf aus Mutmaßungen, willkürlichen Ansichten, unbewußten dämonischen Eingebungen oder heidnischen Losentscheidungen. Diese Kunst ist also nichts anderes als eine auf Betrug ausgerichtete Machination abergläubischer Menschen, die aufgrund jahrhundertelanger Erfahrungen und Traditionen eine „Wissenschaft" über Dinge, die man nicht sicher wissen kann, entwickelt haben. Mit ihrer Hilfe wollen sie Unerfahrene betrügen und ihnen Geld aus der Tasche locken, doch betrügen sie sich dabei selbst. Wäre nämlich ihre Kunst echt und würde sie von ihnen wirklich beherrscht, gäbe es dann bei ihren Voraussagen so viele und schlimme Folgen? Da dies nun einmal der Fall ist, wirkt es dann nicht sinnlos, töricht und gottlos, wenn sie aus Unverstandenem oder nicht Nichtexistentem eine „Wissenschaft" machen? Die Vorsichtigen unter ihnen sagen über die Zukunft nur Undeutliches und Dinge, die auf jede Situation, jedes Volk und jeden Fürsten zutreffen, und sie fabrizieren mit Geschick und Schläue mehrdeutige Prophezeiungen. Wenn aber davon etwas eintrifft, dann tragen sie die Ursachen dafür zusammen und untermauern nach Eintritt des Ereignisses ihre ursprünglichen Voraussetzungen mit neuen Einzelheiten, um den Eindruck zu erwecken, sie hätten alles vorausgesehen. So machen es auch die Traumdeuter: Zunächst wissen sie nichts Genaues über einen Traum zu sagen; erst wenn von dem Geträumten wirklich etwas eingetreten ist, dann fügen sie nachträglich Einzelheiten in ihre Traumdeutung ein. Weil es außerdem unmöglich ist, aus einer so großen Vielfalt von Gestirnen immer solche mit günstiger oder unglückverheißender Position zu unterscheiden, machen sie sich diese Tatsache zunutze und verkünden einfach ihre Prophezeiungen nach Belieben: Wem sie wohlgesonnen sind, dem verheißen sie langes Leben, Wohlergehen, Ehre, Reichtum, Macht, Erfolg, Gesundheit, Kindersegen, Freunde, eine gute Heirat, geistliche Pfründen, Beamtenstellen und dergleichen. Wen sie aber nicht mögen, dem prophezeien sie Tod, Schande, Galgen, Mißerfolg, Vertreibung aus der Heimat, Sterbefälle von Angehörigen, Siechtum und Besitzverlust. Und das tun sie nicht, weil ihre Kunst verbrecherisch ist, sondern weil ihre Affekte es sind: Sie führen Menschen, die sich infolge ihrer gottlosen Neugier auf solche Künste verlassen, ins Unglück, indem sie zwischen Völkern und deren Fürsten häufig Aufstände und Bürgerkriege erregen. Wenn allerdings ein glücklicher Zufall es fügt, daß bei ihren zahlreichen vieldeutigen Voraussagen die eine oder andere sich als wahr erweist, dann schwillt ihnen vor Stolz der Kamm, und sie rühmen ihren Erfolg ganz unmäßig. Sind ihre Vorhersagen aber falsch und werden sie dessen überführt, dann reden sie sich, indem sie eine Lüge mit einer anderen zudecken, frech mit der Behauptung heraus, der Sternkundige gebiete den Sternen. Dabei herrschen doch weder die Sterne über die Astrologen noch umgekehrt, sondern Gott über beide. Eine weitere Ausrede von ihnen besteht in der Behauptung, der Klient sei durch eigene Schuld den vom Himmel kommenden Einflüssen nicht aufgeschlossen. Verlangt man von ihnen gewisse Garantien für ihre Aussagen, dann werden sie unwirsch. Erstaunlicherweise finden diese marktschreierischen Gaukler Fürsten und hochgestellte Persönlichkeiten[282], die ihnen vertrauen und sie außerdem noch auf Staatskosten aushalten, obwohl es für ein Gemeinwesen nichts Gefährlicheres gibt als Leute, die aus den Sternen, durch Handlesen, Traumdeuten oder ähnliche Wahrsagekünste die Zukunft prophezeien zu können behaupten und dann auch entsprechende Prophezeiungen ausstreuen! Außerdem sind sie stets Christus und allen, die an ihn glauben, feind. Über diese Leute klagte bereits Tacitus: „Die Mathematiker (so nannte man sie damals allgemein) sind Menschen, die unzuverlässig gegenüber den Herrschern und betrügerisch gegenüber Leichtgläubigen sind; sie dürfen sich zwar nicht in der Stadt aufhalten, aber man vertreibt sie leider nie aus ihr."[283] Varro, ein wahrhaft gewichtiger Autor, bezeugt, daß jeder abergläubische Unsinn dem Schoße der Astrologie entsprungen ist. In Alexandria mußten Astrologen eine Steuer zahlen, Dummengeld genannt, weil sie aus der Dummheit anderer ihren Nutzen zögen und weil ja nur dumme und unbedachte Leute häufig die Dienste von Astrologen in Anspruch nähmen.

Wenn aber Leben und Schicksal des Menschen von den Sternen bestimmt werden, müssen wir uns dann noch fürchten oder sorgen? Stellen wir das doch Gott und dem Himmel anheim, die weder irren noch böse handeln können. Da wir Menschen sind, sollten wir unser Denken nicht auf Hohes, das uns nicht zukommt und unsere Fähigkeiten überfordert, sondern allein auf Menschliches richten. Und weil wir Christen sind, sollten wir Christus die Stunden und Gottvater jeden Augenblick überlassen, denn er gebietet über alle Zeit.

Wenn nun unser Leben und Schicksal nicht von den Sternen bestimmt ist, tappt dann nicht jeder Astrologe ins Leere? Leider sind die Menschen furchtsam und abergläubisch: Wie Kinder an Gespenster glauben und sich vor ihnen ängstigen, so fürchten sie nichtexistente Dinge mehr als wirkliche; je unmöglicher etwas ist, um so mehr fürchten sie es, und je unwahrscheinlicher etwas ist, desto fester glauben sie daran!

Astrologen und Wahrsager müßten Hungers sterben, gäbe es nicht solche Leute, die in ihrer törichten Leichtgläubigkeit aus der Vergangenheit nichts wissen, die Gegenwart nicht begreifen und sich in Zukunftshoffnungen stürzen. Das begünstigt die Betrüger bei ihren Handlungen, denn so schenken die Leute, wenn diese Lügenmeister durch Zufall ein einziges Mal die Wahrheit treffen, ihnen auch bei offenkundigen Unwahrheiten Glauben, während sonst doch bei anderen Menschen auch bei nur einer einzigen Unwahrheit sogleich deren gesamte Glaubwürdigkeit und damit auch alle wahren Aussagen in Zweifel gezogen werden.

Wer diesen Astrologen zutiefst vertraut, der wird zutiefst ins Unglück gestürzt. Dieser abergläubische Unsinn bringt seinen Anhängern nur Verderben, was die antike Literatur mit folgenden Beispielen belegt: Zarathustra, Pharao, Nebukadnezar, Cäsar, Crassus, Pompeius, Deiotarus, Nero und Julian Apostata waren alle überzeugte Anhänger dieses astrologischen Unsinns und gingen infolgedessen aufs jammervollste zugrunde. Glück und Erfolge hatten ihnen die Astrologen verheißen, und doch ereilte sie alle ein trauriges Schicksal. Pompeius, Crassus und Cäsar sollten, so verhießen die Astrologen, in hohem Alter, zu Hause und in hohen Ehren sterben, und doch starben sie alle eines vorzeitigen und gewaltsamen Todes.

Diese verbohrten und verdrehten Astrologen behaupten, sie könnten Zukünftiges voraussehen, dabei verstehen sie weder Vergangenes noch Gegenwärtiges. Während sie jedermann die tiefsten Geheimnisse zu enthüllen versprechen, wissen sie meist nicht einmal, was im eigenen Hause, ja im Alkoven vorgeht. Einen Astrologen dieser Art hat der Engländer Thomas Morus mit folgendem wunderhübschen Epigramm beschrieben:

Dir, dem himmlischen Seher, eröffnen sich alle Gestirne,
 künden dir, was jetzt geschieht, was die Zukunft noch bringt.
Aber daß deine Frau sich allen Männern leicht hingibt,
 künden sie leider dir nicht, mögen sie alles auch seh'n.
Weit ist nämlich Saturn, fast blind außerdem, wie erzählt wird,
 sieht nicht mal aus der Näh', ob es ein Bild oder Bub.
Keuschen Auges geht Schön-Luna ihres Weges,
 da sie jungfräulich ist, darf sie nur Jungfrauen schau'n.
Jupiter ist mit Europa und Mars mit Venus beschäftigt,
 Helios sieht Daphne allein, niemand als Hyrke Merkur.
Deshalb können die Sterne dir, Astrologe, nicht sagen,
 wann und wie oft deine Frau ihre Verehrer empfängt.[284]

Ferner ist allgemein bekannt, wie stark sich die Regeln dieser Kunst bei Juden, Chaldäern, Ägyptern, Persern, Griechen und Arabern unterscheiden und daß Ptolemäus die ganze Astrologie der Alten ablehnt, wobei ihn Ali ben Rodam unterstützt. Letzterer wird von Albumasar angegriffen, und Abraham ibn Ezra läßt an keinem von ihnen ein gutes Haar. Letztlich haben Dorotheos, Paulus von Alexandria, Hephaistion, Firmicus Maternus, Aomar, Thabit, Alchindus, Zahel, Messahalla[285] und weitere jeweils andere Ansichten, können sie nicht beweisen, stützen sich nur auf ihre eigenen Erfahrungen und kommen nicht einmal darin alle auf einen gemeinsamen Nenner!

Nicht weniger Streit gibt es um die Besonderheiten und Wirkungen der Himmelshäuser, aus denen sie ja die Voraussagen aller Ereignisse erhaschen wollen. Da vertreten alle andere Ansichten, z. B. Ptolemäus, Heliodor, Paulus, Manilius, Maternus, Porphyrios, Abenragel[286], die Ägypter, Araber, Griechen und Lateiner, die Alten und die Modernen.

Sogar die Abgrenzungen der Himmelshäuser sind zwischen den Alten, Ptolemäus, Campanus und Johannes Regiomontanus umstritten. So nehmen die Astrologen ihren eigenen Beobachtungen und Aussagen selbst die Glaubwürdigkeit, wenn sie den gleichen Himmelsgegenden jeweils verschiedene Eigenschaften, Wirkungen und Abgrenzungen zuordnen.

Gottlose Menschen sind es, die das, was allein Gott zukommt, den Sternen zuschreiben und uns, die wir doch als freie Menschen geboren sind, zu Sklaven von Sternbildern machen! Obwohl wir wissen, daß Gott der Schöpfer alles Guten ist, stellen diese Leute irgendwelche „bösen" Sterne als Ursache von Verbrechen und bösen Einflüssen hin und versündigen sich gegen Gott und den Himmel mit der Behauptung, oben im himmlischen Rat beschlösse man, daß auf Erden Böses, ja

Verbrechen geschehen sollten. Was wir Menschen aus Bosheit tun oder was sich in der Natur, bedingt durch ihre Unzulänglichkeit, an Ungewöhnlichem ereignet, all das schreiben sie den Sternen zu. In ihrer heidnischen Verblendung scheuen sie sich nicht einmal, ihre ketzerischen, ja gottlosen Lehren zu verbreiten, daß die Gabe der Prophetie, die Kraft des Glaubens, die Geheimnisse des Gewissens, die Macht über Dämonen, die Kraft, Wunder zu vollbringen, die Wirksamkeit von Gebeten und die Art des künftigen Lebens insgesamt von den Sternen abhängig, von ihnen geschenkt und aus ihnen erkennbar seien. So behaupten die Astrologen, beim Aufgang der Zwillinge in Konjunktion mit Saturn und Merkur unter dem Wassermann werde in der neunten Himmelsregion ein Prophet geboren und Christus, der Herr habe deshalb solche Wunderkräfte besessen, weil er in seinem Hause den Saturn in den Zwillingen gehabt habe.

Die verschiedenen Religionen, denen sie Jupiter als besonderen Schutzherrn zuweisen, bringen sie durch Zuordnung jeweils eines anderen Planeten in ein bestimmtes System: Jupiter bildet mit Saturn die jüdische Religion, mit Mars die chaldäische, mit der Sonne die ägyptische, mit Venus die sarazenische, mit Merkur die christliche und mit dem Mond die kommende, nämlich die des Antichrists.[287]

Moses habe für die Juden auch den Sabbat nach astrologischen Gesichtspunkten als heilig festgelegt, und deshalb seien die Christen im Irrtum, wenn sie nicht nach jüdischem Ritus den Sabbat als arbeitsfreien Tag begehen wollten, weil es der Tag des Saturn ist[288]. Man könne die Treue eines jeden gegenüber Gott und den Menschen, den Glauben, zu dem sich jemand bekennt, und die Geheimnisse des Gewissens von der Sonne, vom dritten, neunten und elften Himmelshaus erschließen.

Fast alle Astrologen geben zahlreiche Regeln, wie man Gedanken und Absichten von Menschen im voraus erkennen kann, und selbst für die wunderbaren Werke der Allmacht Gottes, beispielsweise die Sintflut, die Gesetzgebung durch Moses und die Jungfrauengeburt, führen sie bestimmte Konstellationen am Himmel als Ursachen an und stellen die absolut unsinnige Behauptung auf, der Tod Christi, des Erlösers der Menschheit, sei ein Werk des Mars. So habe sogar Christus bei seinen Wundern die Stunden ausgewählt, in denen ihm die Juden nichts anhaben konnten, und auf dem Weg nach Jerusalem, als ihm seine Jünger abrieten, dorthin zu gehen, gesagt: „Hat nicht der Tag zwölf Stunden?“[289] Außerdem meinen sie, wem Mars im neunten Himmelshaus günstig stehe, der könne allein durch seine Gegenwart Dämonen bei Besessenen austreiben; bei wem es aber eine Konjunktion von Mond und Jupiter mitten am Himmel im Sternbild Schlange gibt, der werde alles empfangen, worum er Gott bittet. Ferner glauben sie, zukünftiges Glück im Leben käme von Jupiter und Saturn. Wenn jemand bei seiner Geburt Saturn im Leben günstig stehen hatte, dann werde seine Seele nach dem irdischen Leben ohne Pein sogleich in den Himmel und in ihren Anfangszustand bei den Seligen übergehen.

Und dennoch gibt es Leute wie Petrus Abanus, Roger Bacon, Guido Bonatus, Arnaldus von Villanova, Petrus de Alliaco, Kardinal und Theologe[290], sowie zahlreiche andere doctores, die sich christlich nennen, aber diesen verdammenswerten

Unsinn und diese dem Seelenheil höchst abträglichen häretischen Ansichten verfechten und sich unterstehen, deren Wahrheit angeblich aus eigener Erfahrung zu bestätigen und zu verteidigen. Dabei kann man ihnen den Vorwurf der Häresie wirklich nicht ersparen.

Gegen die Astrologen hat vor einiger Zeit Giovanni Pico della Mirandola eine Schrift von zwölf Büchern verfaßt, die so umfassend und unwiderlegbar in ihren Argumenten und so wirksam ist, daß bis heute weder Lucius Balantius, der energischste Verfechter der Astrologie, noch irgendein anderer Apologet dieser Kunst sie gegen Picos Vorwürfe erfolgreich verteidigen konnte.[291] Pico beweist nämlich unwiderlegbar, daß die Astrologie nicht die Erfindung von Menschen, sondern von bösen Geistern gewesen ist. Auch Laktanz stimmt dem bei und äußert, die Astrologen seien bestrebt, mit Hilfe ihrer Kunst zum Schaden der Menschheit alle Philosophie, Medizin, Rechtswissenschaft und Religion zu vernichten. Erstens mindert nämlich die Astrologie den Glauben an Religion, Wunder und die göttliche Vorsehung, indem sie lehrt, alles sei durch Konstellationen bedingt und hänge mit schicksalhafter Notwendigkeit von den Gestirnen ab. Zweitens nimmt sie die Laster in Schutz, indem sie sie gewissermaßen als vom gestirnten Himmel gesandt darstellt, und besudelt, ja zerstört alle wertvollen Künste, zunächst die Philosophie, indem sie die Ursachen von Geschehnissen aus dem Bereich der Realität in den der Phantasterei überführt, dann die Medizin, indem sie von natürlichen und wirksamen Heilmitteln zu sinnlosen Sternbeobachtungen und zu widerwärtigen und vom Aberglauben inspirierten Praktiken übergeht, die für Leib und Seele verhängnisvoll sein können. Es würde auch die Gesetze, Moral und alle geistigen Errungenschaften der Menschheit völlig lähmen, wenn jedesmal erst die Astrologie befragt werden müßte, wann, wie und mit welchen Mitteln irgend etwas getan werden solle, und wenn diese Kunst bei allen Fragen des Lebens und Verhaltens im staatlichen und privaten Bereich das Szepter schwänge, als hätte sie ihre Autorität vom Himmel und alles andere, was ihren Vorrang nicht anerkennt, wäre ohne Bedeutung.

Wahrlich, eine höchst ehrenwerte Kunst, von Dämonen einst ersonnen, Menschen zu fangen und Gott zu schaden! Die manichäische Häresie, die menschliche Willensfreiheit absolut aufhebt, floß doch aus keiner anderen Quelle denn aus falschen astrologischen Auffassungen vom Schicksal. Aus der gleichen Quelle kam auch die Häresie des Basileides.[292] Er verkündete, es gäbe 365 Himmel, die nacheinander und einander ähnlich geschaffen worden seien. Sichtbarer Ausdruck dessen sei die Anzahl der Tage im Jahr. Jedem dieser Prinzipien ordnete er Kräfte und Engel zu, denen er wiederum Namen gab. Der höchste von diesen Engeln sei Abraxas, dessen Namen in der griechischen Version den Zahlenwert 365 enthält, womit natürlich die von ihm willkürlich festgelegte Zahl der Bestandteile des Himmels gemeint ist. Diese Dinge habe ich ausführlich dargestellt, damit der Leser erkennt, daß die Astrologie der Mutterschoß allen Ketzertums ist.

Die prophetische Astrologie wird sowohl von allen bedeutenden Philosophen abgelehnt wie auch von Moses, Jesaja, Hiob, Jeremia und den Propheten des alten

Testaments verflucht, und von den Kirchenlehrern erklärt Augustinus sie für unvereinbar mit dem christlichen Glauben. Hieronymus bezeichnet sie als eine Art Götzendienst; Basilius und Cyprian spotten über sie; Chrysostomus, Eusebius und Laktanz lehnen sie scharf ab und widerlegen sie; Gregor, Ambrosius und Severianos schelten sie, und das heilige Konzil von Toledo verbietet und verdammt sie. Auf dem von Martin einberufenen Konzil und von den Päpsten Gregor (dem Jüngeren) und Alexander III. ist die Astrologie mit dem Bann belegt und durch kaiserliche Gesetze unter Strafe gestellt worden.[293] Bei den alten Römern wurde sie unter den Kaisern Tiberius, Vitellius, Diokletian, Konstantin, Gratian, Valentinian und Theodosius in der Hauptstadt verboten und unter Strafe gestellt, durch Justinian sogar mit dem Tode geahndet, wie aus seinem Gesetzeswerk ersichtlich ist.

Kapitel XXXII
Wahrsagen allgemein

Hier sind auch die anderen Künste der Wahrsagerei zu behandeln, bei denen nicht in erster Linie aus den Erscheinungen des Himmels, sondern vielmehr aus irdischen Erscheinungen, einer Art Schattenbild und Entsprechung der himmlischen, Weissagungen abgeleitet werden. Daraus mag der Leser erkennen, daß die Astrologie ein Baum voll übler Früchte ist, ein Ungeheuer mit zahllosen Köpfen wie die lernäische Schlange.[294]

Eine wichtige Stellung nehmen unter den Künsten, die aus der Wahrsagerei ihren Lebensunterhalt beziehen, die Physiognomie, die Metoposkopie, die Chiromantie (oben schon erwähnt), die Haruspicia, die Speculatoria, die Deutung von Träumen und die Orakel von Geisteskranken ein.

Doch all diese Künste beruhen auf keiner soliden Lehre oder zuverlässigen Methode, sondern auf glücklichen Zufällen, auf Eingebungen und Vermutungen, die teils aus täglichen, teils aus langfristigen Beobachtungen stammen. Alle diese wundersamen Wahrsagekünste pflegen sich besonders durch Berufung auf ihre „Erfahrungen“ zu rechtfertigen und sich damit möglichen Einwänden zu entziehen, sooft sie Dinge lehren und verheißen, die Glauben und Vernunft widersprechen. Darüber heißt es in Deuteronomium: „Es möge sich niemand unter euch finden, der seinen Sohn oder seine Tochter durchs Feuer gehen läßt, Wahrsager befragt oder Hellseherei aus Träumen und Vogelstimmen betreibt, auch kein Zauberer oder Beschwörer, weil das dem Herrn ein Greuel ist.“[295]

Kapitel XXXIII
Physiognomie

Unter diesen Künsten läßt sich die Physiognomie[296], wie ihr Name schon sagt, von der Natur leiten und behauptet, aus der Betrachtung des gesamten Körpers anhand bestimmter Merkmale geistige und körperliche Eigenschaften und das Schicksal des betreffenden Menschen erkennen zu können. Dabei werden die verschiedenen Menschen jeweils einem Planeten zugeordnet, also dem Saturn, Jupiter, Mars, der Sonne, Venus, dem Merkur oder dem Mond. Aus der Beschaffenheit des Körpers wird dann ein Horoskop gestellt, das von den körperlichen Gegebenheiten ganz unvermerkt zu den (wie diese Leute behaupten) wirklichen Ursachen, nämlich den astrologischen, überleitet, bei denen man dann Beliebiges zusammenfaseln kann.

Kapitel XXXIV
Metoposkopie

Die Metoposkopie hingegen rühmt sich, mit höchster Kunst und Erfahrung allein aus der Betrachtung des Gesichts oder auch nur der Stirn Anfang, Verlauf und Ende des Lebensweges von Menschen weissagen zu können, womit sie sich selbst zu einer Ziehtochter der Astrologie macht.

Kapitel XXXV
Chiromantie

Die Chiromantie sieht entsprechend der Planetenzahl sieben[297] Hügel in der Innenhandfläche und glaubt aus den dort sichtbaren Linien auf körperliche und charakterliche Eigenschaften, auf den weiteren Lebenslauf und das künftige Schicksal schließen zu können. Dies sei möglich durch die Beziehungen und Zusammenhänge dieser Linien, die uns von Gott und der Natur wie heilige Zeichen eingeprägt sind. Gott hat sie (so Hiob) in die Hände der Menschen gezeichnet, damit alle daran sein Handeln erkennen.[298] Allerdings hat sich an dieser Stelle der Prophet nicht über die nichtswürdige Chiromantie, sondern über die Freiheit des Willens geäußert.

Übrigens behaupten die obengenannten Wahrsager, sie könnten, wenn schon nicht aus den unmittelbaren Ursachen, so doch aus Zeichen, die von diesen oder ähnlichen Ursachen stammen und bei gleichen Fällen stets gleich seien, auf die

Wirkungen schließen und eben dadurch weissagen. Mit Hilfe dieser Künste habe weiland Pythagoras Charakter und Begabungen aus dem Ausdruck des Gesichts und dem Gesamtbau des Körpers erschlossen, junge Leute, die er für geeignet hielt, ausgewählt und in den Kreis seiner Schüler aufgenommen. Gleiches wird von Philostratos über den Inderkönig Phraotes berichtet.

Alle diese Künste kann man nur mit Vernunft bekämpfen, weil sie offensichtlich jeder Vernunft entbehren.

Dennoch gibt es über dieses Gebiet zahlreiche und bei den Alten auch höchst gewichtige Autoren: Hermes[299], Alchindus, Pythagoras, der Inderkönig Phraotes, Zopyros, Helenos, Ptolemäus, Aristoteles, Alpharabius; ferner Galen, Avicenna, Rasis, Julius Firmicus Maternus, Philemon und Constantinus Africanus. Von den römischen Großen waren Lucius Sulla und der Diktator Cäsar begeisterte Anhänger der Chiromantie. Von den späteren Autoren sind zu nennen Petrus Abanus, Albertus Magnus, Michael Scotus, Antiochus, Bartholomaeus Cocles, Michael Savonarola, Antonius Cermisonus, Petrus de Arca, Andreas Corvus, Tricassus Mantuanus, Johannes de Indagine und sehr viele andere berühmte Mediziner[300]. Sie alle haben jedoch nichts anderes zu bieten als Mutmaßungen und vage Beobachtungen.

Daß all dem keinerlei zuverlässiges System zugrunde liegt, zeigt sich daran, daß ihre Aussagen recht willkürlich sind und daß die Meister auf diesem Gebiet sehr unterschiedliche Lehren vertreten. In Narrheit und Irrtum befangen sind folglich alle, die aus Körpermerkmalen (über Körperbau und natürliche Anlagen hinaus) sogar Charakter, Schicksal, seelische Zustände und Verhaltensweise im voraus erkennen wollen. Was davon zu halten ist, wurde ja bei Zopyros' Urteil über Sokrates hinlänglich deutlich.[301]

Man sollte auch nicht glauben, was der Grammatiker Apion schreibt, nämlich daß ein Maler namens Alexander Bilder von solcher Lebensnähe geschaffen habe, daß ein Gesichtsdeuter aus ihnen das Todesjahr der dargestellten Person, liege es nun in der Zukunft oder Vergangenheit, ablesen konnte.[302] Daß Derartiges mit Hilfe solcher Künste erreicht werden kann, ist unglaubhaft, ja völlig unmöglich.

Diese Leute, die ihre aberwitzigen Vorstellungen an den Mann bringen wollen, sind meist durch den Einfluß böser Mächte so in diesen Wahn verstrickt, daß sie aus ihrem Irrtum in Aberglauben und aus diesem allmählich in Unglauben verfallen.

Kapitel XXXVI
Noch zur Geomantie

Die Geomantie, über die ich im Zusammenhang mit Arithmetik schon gesprochen habe, bildet durch Festlegung von Punkten und deren mehr oder minder willkürliche Verbindung durch gerade oder ungerade Zahlen am Himmel irgendwelche Figuren, aus denen dann geweissagt wird. Deshalb wird sie von allen Fachautoren als eine Tochterdisziplin der Astrologie anerkannt. Es gibt noch eine weitere, von dem Araber Almadel eingeführte Art der Geomantie, die grollende Geräusche, Beben, Spaltenbildungen und Hebungen der Erdoberfläche, mögen sie spontan auftreten oder durch Hitze oder Donnerschläge verursacht sein, anhand von ähnlichen Ereignissen deutet und zur Weissagung nutzt. Auch diese gründet sich auf den Aberglauben der Astrologie, weil sie bestimmte Stunden, Mondphasen und Sternaufgänge für bedeutsam hält.

Kapitel XXXVII
Das Haruspizium

Von der Augurenkunst gibt es zahlreiche Spielarten[303]. Sie stand im Altertum in so hohem Ansehen, daß man im staatlichen, aber auch im privaten Bereich nichts unternahm, ohne sie zu Rate zu ziehen. Es handelt sich um eine uralte Kunst, und sie kam, wie Pomponius Laetus[304] berichtet, von den Chaldäern zu den Griechen, bei denen Teiresias, Amphiaraos, Mopsos, Amphilochos und Kalchas als größte Seher galten, dann zu den Etruskern und von diesen zu den Latinern. Auch Romulus war ein Seher und führte den Brauch ein, daß sich die Staatsbeamten vor wichtigen Entscheidungen von den Auguren beraten lassen. Dionysios überliefert, eine Seherkunst habe es auch bei den Aborigines, dem latinischen Urvolk, gegeben und Askanios habe erst nach einer Befragung der Götter durch Auguren seine Truppen gegen Mezentius ins Feld geführt, aber erst nach einem günstigen Orakel den Kampf eröffnet und den Sieg errungen.[305] Auch die Phryger, Pisider, Kilikier, Araber, Umbrer, Etrusker und viele andere Völker richteten sich nach den Weissagungen ihrer Seher. Die Spartaner gaben auch ihren Königen einen Seher bei, wenn sie Beratungen abhielten, und bei den Römern gab es ein Augurenkollegium. Diesem vertraute und glaubte man, denn es herrschte die Auffassung, von den Himmelskörpern kämen wie eine Art von Strahlen über alle irdischen Wesen bestimmte Einflüsse prophetischer Natur, die bei Tieren in Haltung, Bewegung, Verhalten, Gang, Flug, Stimme, Farbe, Tätigkeit, Nahrungsaufnahme und dergleichen erkennbar seien. Durch eine verborgene Kraft stünden die Lebewesen in geheimnisvollem Zusammenhang mit den Himmelskörpern, würden durch deren Kräfte beeinflußt und könnten deshalb alles andeuten, was diese Himmelskörper zu tun beschlossen haben.

Daraus wird ersichtlich, daß sich diese Art der Weissagung nur auf Mutmaßungen gründet, teils auf die angeblichen Einflüsse der Gestirne, teils auf gleichnishafte Vorstellungen, beides höchst trügerisch. Panaitios, Karneades, Cicero, Chrysipp,

Diogenes, Antipater, Josephus und Philon spotten deshalb über diese Dinge, während das mosaische Gesetz und die Kirche jede Art von Weissagung verbieten.

Von solcher Art sind auch die Geheimnisse der Chaldäer und Ägypter, die von den Etruskern, später von den Römern und noch heutzutage von abergläubischen Leuten als Orakel angesehen und verehrt werden.

Kapitel XXXVIII
Speculatoria

Auf dem gleichen Fundament beruht die Speculatoria, die Blitze, Wetterleuchten und dergleichen und außerdem Zeichen, Wunder und monströse Erscheinungen deutet, wobei sie sich aber auch nur auf Vermutungen und Wahrscheinlichkeiten stützt. Daß sie sich dabei zwangsläufig häufig irrt, ist offensichtlich, denn all das sind ja Naturerscheinungen, die mit prophetischer Voraussicht nichts zu tun haben.

Kapitel XXXIX
Traumdeutung

Hinzu kommt die Traumdeutung, das heißt die Auslegung von Geträumtem. Solche Ausleger bezeichnet man als „Deuter“, wie Euripides sagt:

> Der sei der beste Seher, der gut die Zeichen kann deuten.[306]

Diese Kunst achteten auch bedeutende Philosophen nicht gering, beispielsweise Demokrit, Aristoteles, dessen Anhänger Themistios und der Platoniker Synesios. Sie kamen durch Beispiele von zufällig wahr gewordenen Träumen zu der Meinung und suchten auch andere Leute davon zu überzeugen, daß kein Traum dem Menschen grundlos zuteil werde, sondern daß jeder eine ganz bestimmte Bedeutung habe. Denn wie ihrer Ansicht nach überirdische Einflüsse in der körperlichen Materie unterschiedliche Formen bewirken, so gäbe es auch in der menschlichen Vorstellungskraft ähnliche Wirkungen, besonders in Form von Träumen, weil der Geist im Schlaf, unbelastet von körperlichen und äußeren Dingen, diese überirdischen Einflüsse dann leichter aufnehme. So erkläre sich, daß Träumende vieles erführen, was ihnen im Wachzustand verborgen bliebe.[307] Mit diesem Argument vor allem stützen sie ihre Behauptung vom Wahrwerden der Träume.

Über innere und äußere Ursachen von Träumen sind nicht alle der gleichen Meinung: Die Platoniker führen sie auf besondere seelische Vorgänge zurück, Avicenna auf jene äußerste Geisteskraft, die auch die Bewegung des Mondes verursache und aus seiner Mitte heraus die Phantasiekraft der Menschen im Schlaf durch ihre Strahlen beeinflusse, Aristoteles auf gewöhnliche Sinneswahrnehmungen, die sich jedoch mit Phantasien vermischen, Averroës auf reine Einbildungskraft, Demokrit auf winzige Abbilder, die von den Gegenständen ausgehen, Albertus auf bestimmte Einflüsse oder Wirkungen, die beständig vom Sternenhimmel kommen, die Mediziner auf Ausdünstungen oder Körpersäfte, Sorgen und Erregungen, die der Tag mit sich brachte, einige Araber auf die Kraft des Intellekts. Andere sagen, Träume kämen von seelischen Kräften und zugleich vom Einfluß des Himmels. Die Astrologen sehen die Ursachen für Träume natürlich in den Stellungen der Gestirne, andere wiederum sehen sie in der Luft, die den Menschen jeweils umgibt.

Ferner hat Artemidor aus Daldis über die Auslegung von Träumen geschrieben. Es sind auch Bücher unter dem Namen Abrahams in Umlauf, dem Philon in seinen Büchern „Über die Giganten" und „Über das Zivilleben" die erstmalige Erklärung von Träumen zuschreibt.[308] Weiterhin gibt es angeblich von Salomo und David verfaßte Bücher, in denen allerdings nur Träumereien über Träume stehen.

Cicero bietet in seiner Schrift „De divinatione" starke Argumente gegen diese nichtswürdige Kunst und gegen die Dummheit von Traumgläubigen[309]. Ich möchte aber darauf verzichten, sie hier wiederzugeben.

Kapitel XL
Weissagung durch Wahnsinnige

Fast hätte ich vergessen, neben den genannten Träumern noch die zu erwähnen, die an die Wahrheit von Weissagungen Wahnsinniger[310] glauben. Diese wahnsinnigen Menschen, die doch Gegenwärtiges nicht verstehen, sich an Vergangenes nicht erinnern können und jedes normale menschliche Empfinden eingebüßt haben, besäßen ein geheimnisvolles Wissen um die Zukunft und sähen (wie auch die Schlafenden), was Weise und Menschen im Wachzustand nicht sehen könnten, weil Gott ihnen näher sei als geistig Gesunden, Wachen, Verständigen und Vorausdenkenden. Wie unselig sind doch Menschen, die solchen Unsinn für bare Münze nehmen, sich danach richten, derartige „Weissager" ernähren und ihren eigenen Geist und Glauben der puren Leiblichkeit von Geisteskranken unterordnen. Wahnsinn ist meines Erachtens nichts anderes als der vollständige Verlust menschlichen Geistes und Verstandes, verursacht von bösen Geistern, durch Gestirne oder irdische unreine Geisteseinflüsse. Das scheint auch Lukan auszudrücken, wenn er den etruskischen Seher Arruns bei seinem Auftritt beschreibt:

> Kundig, den Lauf der Blitze, den Flug der Vögel am Himmel,
> auch beim Opfer von Tieren die Eingeweide zu deuten.[311]

Nach der feierlichen Entsühnung der Stadt, dem Schlachten des Opfertiers und der Deutung der Eingeweide brach der Sterndeuter Nigidius Figulus in die Worte aus:

> Götter, welch Unheil und welches Verderben werdet ihr wüten
> lassen? Die letzten – so zahlreicher – Tage streben dem Ende
> eilend entgegen. Sofern am Höchstpunkt des Himmels der böse,
> kalte Saturn entbrennen ließe den düsteren Lichtschein,
> würde der Wassermann deukalionische[312] Regen ergießen,
> würde die ganze Welt weithin in den Fluten versinken.
> Aber bedrängtest du jetzt den Nemeischen Löwen, den grausam
> strahlenden, Phöbus[313], ergriffen den ganzen Erdkreis die Flammen,
> finge der Himmel auch Feuer, von deinem Wagen entzündet.
> Doch die Bedingungen fehlen. Du aber, der du mit heißem
> Schweife den Skorpion, den drohenden, anbrennst und seine
> Stacheln versengst, Gradivus,[314] was hast du im Sinne? Der milde
> Jupiter weilt tief unter dem Horizont, und die gute
> Venus leuchtet nur schwach; still steht der schnelle Kyllenier.[315]
> Mars nur beherrscht den Himmel. Warum wichen die andern
> Sterne aus ihrer Bahn und ziehen versteckt durch das Weltall,
> schimmert indessen zu stark der Träger des Schwertes, Orion?
> Wütende Kämpfe stehen bevor! Die Herrschaft der Waffen
> wird mit Gewalt verwirren das Recht, ruchlose Verbrechen
> wird man als Heldentat feiern; der Wahnsinn wird sich auf viele
> Jahre erstrecken.[316]

Alle diese Weissagungskünste haben als Nährboden die Astrologie und sind fest in ihr verwurzelt: Ob nun Körper, Gesicht oder Hände untersucht oder Träume, Zeichen, Tierverhalten oder Äußerungen von Geisteskranken gedeutet werden, stets sucht man diese Dinge mit Konstellation am Himmel in Zusammenhang zu bringen und daraus dann Deutungen für die Zukunft zusammenzuzimmern. So hat jede Art von Wahrsagerei die astrologische Theorie und Praxis als eine Art Schlüssel zur Enträtselung aller Geheimnisse zur Grundlage.

Wie weit alle Weissagungskünste von der Wahrheit entfernt sind, zeigen sie selbst daran, daß sie von Grundgedanken ausgehen, die offenkundig falsch und nur von Dichterphantasie ersonnen sind: Es gibt sie nicht, hat sie nicht gegeben und wird sie nie geben! Und doch werden sie von den Wahrsagern ständig aller Wahrheit zum Trotz als Ursachen und Zeichen von Vorgängen und Ereignissen hingestellt.

Kapitel XLI
Magie allgemein

An dieser Stelle muß ich über Magie sprechen, denn sie ist mit der Astrologie so eng verbunden, ja geradezu verquickt, daß jemand, der das eine ohne das andere betreiben wollte, nichts erreichen könnte und völlig erfolglos bliebe. Die Suda[317] nimmt an, Name und Ursprung der Magie hätte mit den Magusäern zu tun. Allgemein herrscht die Ansicht, und dem stimmen auch Porphyrios und Apuleius[318] bei, der Name entstamme dem Persischen und bezeichne in dieser Sprache einen Priester, Weisen oder Philosophen. Die Magie umfasse demzufolge die gesamte Philosophie, die Lehre von der Natur, die von den Zahlen und alles, was mit religiösen Kräften zusammenhängt, also sogar die Teufelsbeschwörung und die Theurgie. Deshalb untergliedert man die Magie meist in Naturalmagie und Zeremonialmagie.

Kapitel XLII
Naturalmagie

Die Naturalmagie gilt allgemein als höchste Macht der die Natur betreffenden Wissenschaften und wird deshalb die Krone und höchste Vollendung der Naturphilosophie genannt, sie sei der aktive Bereich der Naturphilosophie, der durch geschickte und vereinte Anwendung der natürlichen Kräfte höchst Erstaunliches zustande bringt.

Magie betreiben besonders die Neger und die Inder, bei denen Kräuter, Mineralien und alles weitere für diese Zwecke Erforderliche ausreichend zur Verfügung stehen. Vermutlich hat auch Augustinus an Magie gedacht, als er in einem Brief an Paulinus äußerte, Apollonios aus Tyana sei ein Magier oder Philosoph gewesen ebenso wie die Pythagoreer.[319] Solche seien auch die Magier gewesen, die den eben geborenen Christus beschenkten und anbeteten und von den Kommentatoren der Evangelien als chaldäische Weise bezeichnet werden; solche waren Hiarbas bei den Brahmanen, Tespion bei den Gymnosophisten, Buddha bei den Babyloniern, Numa Pompilius bei den Römern, Zalmoxis bei den Thrakern, Abaris bei den Hyperboreern, Hermes bei den Ägyptern und Zarathustra, der Sohn des Ahura Mazda, bei den Persern.

Die Inder, Neger, Chaldäer und Perser taten sich auf dem Gebiet der Magie besonders hervor. Deshalb werden auch, wie Platon in seinem Alkibiades[320] schreibt, die persischen Prinzen in Magie unterrichtet, damit sie, wie an einem Modell, einen Staat zu verwalten und zu regieren lernen. Auch Cicero erwähnt in seiner Schrift „De divinatione“, daß niemand in Persien die Herrschaft antreten konnte, der sich nicht zuvor mit Magie beschäftigt hatte.[321]

Das Wesen der Magie besteht in der Betrachtung aller natürlichen und himmlischen Kräfte, der tiefgründigen Erforschung ihrer Zusammenhänge und Wirkungen und in der Suche nach Kräften in der Natur, die noch tief in ihr verborgen ruhen. Dabei wird Irdisches mit vom Himmel Gegebenem als Anreiz in so enge Beziehung gebracht, daß daraus oft höchst erstaunliche Phänomene hervorgehen, und zwar nicht so sehr durch die Kunst, sondern vor allem durch die Natur, deren Wirken die Kunst nur dienend unterstützt. Die Magier, die aufs genaueste die Natur erforschen, entlehnen nämlich das, was die Natur bereithält, indem sie ihre Abläufe aktivieren und beschleunigen und so bereits vor dem von der Natur festgelegten Zeitpunkt Effekte erzielen, die beim Volk als Wunder gelten, obwohl es ganz normale Leistungen der Natur sind, allerdings zeitlich nach vorn verlegt, wenn z. B. jemand schon im März Rosen, reife Trauben oder Bohnen vorführt, innerhalb von Stunden Petersilie zu vollentwickelten Pflanzen heranzieht oder noch Erstaunlicheres erzeugt: Wolken, Regen, Donner, Tiere verschiedener Art und zahllose Verwandlungen von Gegenständen. Roger Bacon rühmt sich, durch reine Naturalmagie dergleichen in großem Umfang vollbracht zu haben.[322]

Über Magie geschrieben oder sie betrieben haben der Araberkönig Euantes, Sacharja aus Babylon, der Jude Joseph, Bocus, Aaron, Zenothemis, die Koiraniden, Almadel, Thetel Alchindus, Abel, Ptolemäus, Geber, Zahel, Nazabarub, Thabit, Aerith, Salomo, Astrophon, Hipparchos, Alkmaion, Apollonios, Tryphon und viele andere. Einige ihrer Werke sind vollständig, andere nur fragmentarisch erhalten, und manche habe ich selbst in den Händen gehabt.

Über Naturalmagie gibt es nur wenige moderne Autoren, und sie haben auch nicht viel geschrieben, z. B. Albertus, Arnaldus von Villanova, Raymundus Lullus, Bacon, Petrus Abanus und der Autor des unter der Bezeichnung Picatrix[323] erschienenen und Alfons gewidmeten Buches, der allerdings die Naturalmagie mit einer Fülle abergläubischer Vorstellungen verquickt, was freilich andere ebenso getan haben.

Kapitel XLIII
Magie mit mechanischen Mitteln[324]

Es gibt noch andere Leute, die sehr klug und erfindungsreich sind und mit der Natur wetteifern wollen. Sie behaupten, ohne alle natürlichen Kräfte, allein mit mechanischen Mitteln unter Einbeziehung himmlischer Einflüsse Dinge zu schaffen, die der Natur ähnlich sind, also gehen oder sprechen können, obwohl sie keine Kräfte natürlichen Lebens in sich haben. Von solcher Art waren die fliegende hölzerne Taube des Archytas, die sprechenden Hermesstatuen und der von Albertus Magnus verfertigte Kopf aus Metall, der gesprochen haben soll.

Besondere Leistungen auf diesem Gebiet hat Boethius aufzuweisen, ein höchst begabter und auf vielen Gebieten bewanderter Mann, an den Cassiodor unter Anspielung auf solche Dinge schrieb: „Du vermagst es, das Hohe zu erkennen und Wunderbares zu schaffen. Deine Kunst läßt Metalle ertönen, Diomedes in Erz trompeten, eine eherne Schlange zischen und Vögel, die doch keine natürliche Stimme haben, lieblichen Gesang verbreiten."

Von dieser Kunst, die sich erlaubt, die Schöpfungen des Himmels nachzuahmen, will ich nicht viel Aufhebens machen. Auf dergleichen Kunstwerke ist meines Erachtens gemünzt, was Platon im 11. Buch seiner Gesetze sagt: „Den Menschen ist eine Kunst verliehen, mit deren Hilfe sie bestimmte Dinge herstellen können, die zwar nichts mit dem Wahren und Göttlichen gemein haben, doch als Abbilder davon erscheinen."[325]

Die Menschen, die Magie betreiben, sind wahrhaftig in ihrer schändlichen Verblendung so weit gegangen, mit Hilfe der alten mächtigen Schlange, die ja Wissen und Wissenschaft verheißen hat, alles Erdenkliche ins Werk zu setzen, und so versuchen sie gleich Affen, Gott und der Natur Konkurrenz zu machen.

Kapitel XLIV
Magie mit Drogen und Giften[326]

Eine besondere Art der Naturalmagie wird als Drogen- oder Giftmagie bezeichnet, bei der Liebes-, Zauber- und Gifttränke Verwendung finden. Wie man liest, empfahl Demokrit solche Mittel, damit gesunde und glückliche Kinder gezeugt und geboren werden. Philostratos und Porphyrios berichten über Apollonios von Tyana, der über ein Mittel verfügt habe, die Vogelsprache richtig zu verstehen.[327] Auch Vergil beschreibt die Wirkung einiger Kräuter vom Pontus:

> Oft sah ich Moeris durch diese sich wandeln zum Wolf und im Walde
> tief sich verbergen, oft ihn aus finsteren Grüften die Seelen
> Toter beschwören und Ernten auf andere Äcker versetzen![328]

Plinius berichtet, ein Mann aus Parrhasia namens Demarchos habe bei einem Menschenopfer, das die Arkader dem Zeus Lykaios darbrachten, von den Eingeweiden des geopferten Knaben gegessen und sich daraufhin in einen Wolf verwandelt.[329] Augustinus meint, wegen dieser Verwandlung von Menschen in Wölfe sei es zu der Bezeichnung Pan Lykaios und Zeus Lykaios gekommen, und erzählt auch, bei seinem Aufenthalt in Italien hätten einige Zauberinnen (wie Kirke!) Wanderern im Käse Zaubermittel verabreicht, sie in Tragtiere verwandelt, nach Belieben Lasten schleppen lassen, sie dann aber wieder in Menschen zurückverwandelt. Und das sei einem Geistlichen namens Praestantius widerfahren.[330]

Aber damit niemand glaubt, diese Dinge seien nur der Phantasie entsprungen und völlig unmöglich, will ich daran erinnern, daß nach Aussage der Bibel König Nebukadnezar in einen Ochsen verwandelt wurde, sieben Jahre lang von Heu lebte und schließlich durch Gottes Erbarmen wieder zu einem Menschen wurde.[331] Nach dem Tode wurde Nebukadnezars Körper von seinem Sohn Ewil-Merodak den Geiern überlassen, damit er nicht irgendwann auferstehen könnte, weil er ja schon einmal verwandelt worden war. Mehrere Fälle von Zauberei werden auch über die Magier Pharaos im Exodus[332] erzählt. Von solchen Leuten, also Zauberern und Giftmischern, heißt es in der Weisheit Salomos: Sie sind dir, Herr, ein Greuel, weil sie durch Giftzauber Werke tun, die dir greulich sind.[333]

Ich möchte aber den Leser darauf hinweisen, daß diese Magier nicht nur die Welt des Natürlichen durchforschen, sondern auch alles, was mit der Natur in Zusammenhang steht, z. B. Bewegungen, Zahlen, Figuren, Klänge, Stimmen, Harmonien, Lichterscheinungen, Gemütsregungen und Worte. Mit solchen Mitteln lockten die Marser und Psyller Schlangen an und hetzten sie aufeinander.[334] So hat Orpheus bei der Argonautenfahrt ein Unwetter durch ein Lied besänftigt und Odysseus nach Homers Bericht durch Zauberworte rinnendes Blut gestillt.[335] In den Zwölftafelgesetzen der Römer wurde mit schwerer Strafe bedroht, wer die Ernte behexte.[336]

Dies alles zeigt zweifelsfrei, daß Magier allein schon mit Worten und inneren Kräften nicht nur an sich selbst, sondern auch an äußerlichen Dingen und Gegenständen wundersame Wirkungen erzielen können. Man nimmt an, daß die hineingesandte Kraft auf die Dinge einwirkt, sie anzieht, abstößt oder sonst irgendwelche Wirkungen ausübt, wie ein Magnet Eisen oder Bernstein Spreuteilchen anzieht oder wie Diamant und Knoblauch einen Magneten binden.

So bestätigen auch Jamblichos, Proklos und Synesios, daß infolge einer graduellen gegenseitigen Sympathie der Dinge nicht nur Gaben der Natur und des Himmels, sondern auch solche des Geistes und Gaben Gottes durch magische Lehren übertragbar und anwendbar sind. Deshalb sind Magier, wie Proklos in seinem Werk über Opfer und Magie ganz offen sagt, aufgrund dieses Zusammenhangs aller Dinge in der Lage, sogar göttliche Wesen zu beschwören, und haben es häufig auch getan.

Einige sind sogar auf folgenden völlig närrischen Gedanken verfallen: Wenn man aus bestimmten Sternkonstellationen bei genauer Beobachtung und Einhaltung der Zeitintervalle und sonstigen Proportionen ein Gebilde schüfe, dann erhielte es vom Himmel her Verstandes- und Geisteskraft, könnte ihre Fragen beantworten und damit die tiefsten Geheimnisse verborgener Wahrheit enthüllen. Das zeigt, daß die Naturalmagie nicht selten zur Goetie und Theurgie tendiert und sehr häufig in den Bannkreis der Listen und Verführungen böser Geister gerät.

Kapitel XLV

Beschwörung von Geistern und Toten[337]

Die Zeremonialmagie untergliedert sich in Goetie und Nekromantie. Die Goetie, der Umgang mit unreinen Geistern, besteht aus frevelhaften Riten, verbotenen gebetsartigen Beschwörungen sowie Zaubersprüchen und ist durch alle erdenklichen Gesetze mit Acht und Bann belegt. Dazu gehören die Leute, die man heutzutage als Nekromanten und Hexenmeister bezeichnet:

> Sippschaft, den Göttern verhaßt, imstande, den Himmel zu schänden.
> Unholde sind sie und haben die Macht, auch die festen Gesetze
> umzukehren, die von Natur dem Himmel gegeben:
> Blitze zu schicken versteh'n sie, des Himmels Bewegung zu hemmen,
> zwingen den Himmel noch unter die Erde, entwurzeln Gebirge.[338]

Diese Leute beschwören die Seelen Verstorbener (in der Antike bezeichnete man sie als epodoi, d. h. Beschwörer), versetzen durch Magie Knaben in Trance und entlocken ihnen Orakelsprüche, sie führen ihre persönlichen Dämonen mit sich (dergleichen wird ja auch über Sokrates berichtet[339]) und halten in einer Flasche Geister, mit deren Hilfe sie angeblich weissagen können. Bei diesen Leuten gibt es zwei Methoden: Die einen versuchen, durch die Kraft meist göttlicher Namen böse Dämonen herbeizurufen und sie sich dienstbar zu machen, weil ja jedes Geschöpf vor dem Namen seines Schöpfers Scheu und Furcht empfindet. So ist es denn auch kein Wunder, daß Geisterbeschwörer und alle Ungläubigen, seien es nun Heiden, Juden oder Sarazenen[340], sowie Angehörige aller erdenklichen Gruppen und Sekten durch die Anrufung des göttlichen Namens Dämonen an sich binden. Andere wiederum, und das sind die allerschlimmsten, unterwerfen sich (ein verabscheuungswürdiges und nur mit dem Flammentod zu bestrafendes Verbrechen!) den Dämonen, opfern ihnen und beten sie an, wodurch sie sich des Götzendienstes und damit des schwersten Verbrechens überhaupt schuldig gemacht haben. Dieses Verbrechen haben die Vertreter der zuerst genannten Gruppe zwar nicht auf sich geladen, doch sind auch sie in unübersehbarer Gefahr, denn die von ihnen beherrschten Geister suchen ständig nach einer Gelegenheit, uns irrende Menschen zu hintergehen.

Aus dem Pfuhl dieser Geisterbeschwörung kamen all diese Bücher der Finsternis, die der Rechtsgelehrte Ulpian als unerlaubte Lektüre bezeichnet und zur Vernichtung bestimmt. Ein Mann namens Zabulus[341], der verbotene Künste trieb, soll als erster ein derartiges Buch verfaßt haben, später dann ein Zypriot namens Barnabas, und noch heute sind Bücher mit Phantasietiteln unter dem Namen Adams, Abels, Henochs[342] und Salomos im Umlauf, ebenso Schriften von Paulus[343], Honorius, Cyprian[344], Albertus, Thomas, Hieronymus und von einem Mann aus York. Dieser Richtung schlossen sich törichterweise König Alfons von Kastilien, Robert

Anglicus, Bacon, Abanus und viele andere mit beklagenswerter Geisteshaltung an.[345] Nicht nur Menschen, nämlich Heilige und Patriarchen, auch Engel Gottes wurden als Urheber solcher verabscheuungswürdiger Lehren ausgegeben, und es wurde sogar behauptet, diese Bücher seien Adam und Tobias von den Engeln Raziel und Raphael[346] überliefert worden. Wenn man aber den Inhalt der Vorschriften, die rituellen Anweisungen, die Wahl der Worte und Bilder und die hausbackene Ausdrucksweise bei diesen Schriften genauer untersucht, dann bleibt nicht verborgen, daß sie nichts als Unsinn und Lüge enthalten und daß sie erst in späterer Zeit von verruchten Leuten, die alle Spielarten antiker Magie überhaupt nicht kennen, zusammengebraut worden sind. Dabei wurden einige heidnische Riten mit Zeremonien verschmolzen sowie zahlreiche fremde Namen und Symbole eingefügt, um Ungebildete und Einfältige in Schrecken zu setzen und Leute mit wenig Verstand und ohne Studium zu beeindrucken.

Das bedeutet natürlich nicht, daß solche Künste allein dem Reiche der Phantasie angehören, denn wenn an ihnen überhaupt nichts Wahres wäre und durch sie keine Wunderdinge und Schadensfälle vorkämen, dann brauchte es auch keine strengen menschlichen und göttlichen Gesetze zu geben, um sie vom Antlitz der Erde zu verbannen.

Der Grund dafür, daß sich die Geisterbeschwörer nur mit bösen Dämonen umgeben, liegt darin, daß gute Engel selten erscheinen, weil sie erst auf Gottes Geheiß hin etwas tun und nur mit Menschen zusammentreffen, die reinen Herzens sind und ein frommes Leben führen. Die bösen hingegen erscheinen leicht und geben sich gleisnerisch freundlich, tun so, als besäßen sie göttliches Wesen, sind stets schnell zur Hand, um voller Schläue Betrug zu üben und sich verehren, ja sogar anbeten zu lassen. Und weil Frauen besonders neugierig auf Geheimnisse, unvorsichtig, abergläubisch und leicht hinters Licht zu führen sind, zeigen sich ihnen die bösen Dämonen recht bereitwillig und tun gewaltige Wunder, wie es ja die Poeten von Circe, Medea und anderen Frauen schildern. Zeugnisse dafür bieten Cicero, Plinius, Seneca, Augustinus und viele andere, Philosophen wie Kirchenväter und Historiker, selbst die heiligen Schriften, denn man kann im 1. Buch Samuel lesen, daß eine Wahrsagerin in Endor lebte und die Seele des Propheten Samuel heraufrief[347]. Nun meinen zwar viele Leute, es sei nicht die Seele Samuels gewesen, sondern ein böser Geist in dessen Gestalt. Die Lehrer der Juden behaupten aber, und auch Augustinus erklärt das Simplicianus gegenüber für möglich, daß es wirklich Samuels Geist gewesen sei, den man innerhalb eines Jahres nach der Trennung vom Körper leicht wieder habe heraufrufen können, wie es ja die Geisterbeschwörer behaupten.[348]

Auch die Nekromantie betreibenden Magier sind überzeugt, daß solche Dinge durch bestimmte Kräfte und Zusammenhänge der Natur möglich sind, wie ich in meinem Buch „De occulta Philosophia" ausführlich dargestellt habe. Deshalb hat man in alten Zeiten, als man noch mit Geistern Bescheid wußte, aus triftigen Gründen angeordnet, daß die Toten an geweihtem Ort begraben werden, daß bei der Aufbahrung Lichter brennen, daß sie mit Weihwasser besprengt und mit Weihrauch und Gebeten entsühnt werden, solange sie noch nicht unter der Erde sind. Wie die Lehrer der Juden sagen, wird nämlich unser ganzer Leib, alles Fleischliche, auf der schwachen Materie Beruhende, der Schlange oder, wie sie sich ausdrücken, Azazel[349] zum Fraße überlassen. Dieser ist der Herr des Fleisches und des Blutes, der Fürst dieser Welt und wird im Leviticus Fürst der Wüste genannt, zu dem in der Genesis gesagt wurde: „Erde sollst du fressen dein Leben lang."[350] Und bei Jesaja heißt es: „Aber die Schlange muß Erde fressen."[351] Gemeint ist hier unser aus Erdenstaub geschaffener Leib, solange er noch nicht geheiligt und in Besseres gewandelt ist, so daß er nicht mehr der Schlange, sondern Gott gehört und damit aus einem fleischlichen Leib zum geistlichen wurde nach dem Wort des Paulus: „Gesät wird ein natürlicher Leib, und auferstehen wird ein geistlicher Leib."[352] Und an anderer Stelle: „Es werden zwar alle auferstehen, doch werden nicht alle verwandelt, denn viele bleiben auf ewig Speise der Schlange."[353] So legen wir also im Tode diese widerwärtige und schauderhafte Materie des Fleisches ab, die Speise der Schlange, um sie dereinst, gewandelt ins Bessere, ins Geistliche, wieder zu empfangen, und das wird geschehen bei der Auferstehung der Toten. Und das ist bereits bei denen geschehen, die von der Auferstehung schon die Erstlinge kosten durften: Viele wurden dessen durch die Kraft des Geistes Gottes schon in diesem irdischen Leben gewürdigt, z. B. Henoch, Elia und Moses[354]. Ihre Leiber sind in geistliche Naturen verwandelt worden, deshalb nicht der Verwesung anheimgefallen und nicht wie andere tote Körper der Macht der Schlange übergeben worden. Gerade aus diesem Grunde gab es ja den Streit des Teufels mit dem Erzengel Michael um den Leib des Mose, der im Brief des Judas[355] erwähnt ist. Doch das sei genug über Goetie und Nekromantie.

Kapitel XLVI
Theurgie

Meist hält man die Theurgie nicht für unerlaubt, als ob sie mit guten Engeln und dem göttlichen Wesen zu tun hätte, obwohl sie doch sehr häufig unter dem Namen Gottes und der Engel zu betrügerischen Machenschaften böser Dämonen mißbraucht wird. Denn die Theurgen suchen nicht nur durch natürliche Kräfte, sondern auch durch gewisse Riten und Zeremonien Verbindung zu himmlischen und mit deren Hilfe zu göttlichen Mächten, was die alten Magier in zahlreichen Schriften ausführlich darstellen. Der größte Teil dieser Zeremonien besteht in der Einhaltung von Reinheitsgeboten: Erstens Reinheit des Herzens, zweitens Reinheit des Körpers und seiner Umgebung, also Reinheit von Haut, Kleidung, Wohnung, Gefäßen, Gerätschaften, drittens Reinheit bei der Darbringung von Opfern jeder

Art, eine Voraussetzung für den Umgang mit göttlichen Wesen und für ihr Erscheinen, die stets bei Opfern aufs strengste gefordert wird nach Jesaja: „Wascht euch, reinigt euch, laßt ab von euren bösen Gedanken."[356]

Die Unreinheit, die häufig die Luft und die Menschen infiziert, stört den absolut reinen Einfluß des Himmlischen und Göttlichen und hält die reinen Geister Gottes fern. Doch auch die unreinen Geister und trügerischen Mächte verlangen oft diese Reinheit, um als göttlich verehrt und angebetet zu werden. Deshalb ist hier größte Vorsicht vonnöten, worüber ich in meinem Werk „De occulta philosophia" ausführlich gehandelt habe.

Hinsichtlich dieser Theurgie oder göttlichen Magie ist Porphyrios nach langen Erörterungen endlich zu dem Schluß gekommen, durch theurgische Weihen könne eine Menschenseele zwar zum Kontakt mit Geistern und Engeln und zum Schauen von Gottheiten befähigt werden, doch daß mittels dieser Kunst die Rückkehr zu Gott erreichbar sei, bestreitet er mit aller Entschiedenheit.

Zu dieser Richtung gehören auch folgende „Künste": Ars Almadel, Ars Notoria, Ars Paulina, Ars Revelationum.[357] Dazu kommen noch weitere auf reinem Aberglauben beruhende Künste, die deshalb besonders gefährlich sind, weil sie bei Unkundigen einen frommen, ja heiligen Eindruck erwecken.

Kapitel XLVII
Kabbala

Mir kommen Plinius' Worte in den Sinn: „Es gibt noch eine andere Art von Magie, die sich von den Juden Moses und Latopaea herleitet ...", und das läßt mich an die Kabbala der Juden denken, die nach ihrer Überzeugung von Gott selbst auf dem Berge Sinai Moses gegeben und in der Folge ohne jede schriftliche Überlieferung bis zu Esras Zeit den Nachkommen nur durch mündliche Weitergabe übermittelt wurde. Auch die pythagoreischen Lehren sind anfänglich so von Archippos und Lysis[358], die im griechischen Theben Schulen hatten, überliefert worden: Die Schüler prägten sich die Lehren ihrer Lehrer ein, wobei sie sich nicht auf Bücher, sondern allein auf ihre Gedächtniskraft stützten. Einige Juden verzichteten auch auf alles Schriftliche und gründeten ihre Überlieferung auf Erinnerungsvermögen und genaue Wiedergabe, also auf rein mündliche Tradition. Deshalb bedeutet für die Juden Kabbala etwa: „Überlieferung von einem zum anderen allein durch Hören". Es soll eine uralte Kunst sein, doch ihr Name ist bei Christen erst in jüngerer Zeit bekannt geworden. Es gibt bei ihr zwei Richtungen: Eine wird Bere'shit[359] genannt, eine Art Kosmologie, die die Kräfte der Schöpfung, der natürlichen und der himmlischen, erklärt und die Geheimnisse des Gesetzes und der Bibel philosophisch erläutert. Sie unterscheidet sich deshalb in keiner Weise von der Naturalmagie, in der Salomo[360] ein Meister gewesen sein soll. Man liest ja in den heiligen Erzählungen der Juden, daß er ausgedehnte Gespräche zu führen pflegte. Dabei ging es um die Zeder des Libanon und Ysop[361] ebenso wie um Tiere, Vögel, Kriechtiere und Fische, die alle gewisse magische Naturkräfte in sich haben können. In dieser Hinsicht folgten ihm später Moses der Ägypter[362] in seinen Erklärungen zum Pentateuch und mehrere Talmudisten. Die zweite Richtung der Kabbala wird Märkabah[363] genannt, beschäftigt sich mit den höheren göttlichen Kräften sowie mit denen der Engel, mit Betrachtungen und Meditationen über die heiligen Namen und Zeichen, sie ist eine Art Symboltheologie, in der Buchstaben, Zahlen, Figuren, Gegenstände, Bezeichnungen, groß geschriebene Buchstaben, Linien, Punkte und Akzente die tiefgründigsten Dinge und größte Geheimnisse bedeuten können.[364]

Die letztgenannte Richtung untergliedert sich wiederum in die Arithmantie[365], auch Notaricon[366] genannt, die Kräfte der Engel, Namen und Kennzeichen der Dämonen und Zustände der Seelen behandelt, und in die Theomantie, von der die Geheimnisse der göttlichen Majestät, die heiligen Namen, die Emanationen in Gestalt der Sefirot[367] erforscht werden sollen. Wer diese kennt, der besitzt, so meinen die Kabbalisten, wunderbare Kräfte: Wenn er will, weiß er um Zukünftiges, beherrscht die gesamte Natur, gebietet Dämonen sowie Engeln und vermag Wunder zu tun. Mit der Hilfe dieser Kunst habe Moses die zahlreichen Zeichen und Wunder getan: Einen Stab in eine Schlange und Wasser in Blut verwandelt, den Ägyptern Frösche, Fliegen, Läuse, Heuschrecken sowie anderes Ungeziefer, Gewitter mit Hagel, Blattern sowie andere Seuchen ins Land geschickt, alle Erstgeburt von Mensch und Tier geschlagen, den Seinen beim Auszug aus Ägypten das Meer aufgetan, Wasser aus seinem Felsen und Wachteln vom Himmel kommen lassen, bitteres zu süßem Wasser gemacht, den Seinen Wolken und Blitze bei Tage und eine Feuersäule bei Nacht voranleuchten und die Stimme des lebendigen Gottes zu den Menschen herabrufen lassen, Hochmütige durch Feuer, Murrende durch Aussatz geschlagen, Böse durch plötzlichen Tod dahinraffen, andere durch Erdschlünde verschlingen lassen, das Volk durch himmlisches Brot genährt, die Schlangenplage gebannt, die von Schlangenbissen Betroffenen geheilt, eine große Menschenmenge vor Krankheit und ihre Kleider vor dem Zerfallen bewahrt und die Kinder Israel über ihre Feinde siegen lassen.[368] Mit Hilfe der Fähigkeit, Wunder zu verrichten, habe auch Josua der Sonne stillzustehen befohlen[369], habe Elia Feuer vom Himmel herab gegen seine Feinde gerufen[370], einen toten Knaben wieder ins Leben gebracht[371], sei Daniel den Löwenrachen entkommen, hätten die drei Jünglinge im glühenden Ofen Lieder gesungen[372]. Mittels dieser Kunst, so behaupten diese gottlosen Juden, habe sogar Christus häufig große Wunder getan; auch Salomo habe sie in hohem Maße beherrscht und Lieder zum Schutz vor Dämonen, ihren Fallstricken und Listen sowie Lieder zur Bekämpfung von Krankheiten geschaffen, schreibt Josephus.[373]

Ich selbst bin zwar überzeugt, daß Gott Mose und anderen Propheten geboten hat, viele Geheimnisse, die im Wortlaut des Gesetzes enthalten sind, dem nicht zum Priesterstand gehörenden Teil des Volkes vorzuenthalten, doch sehe ich in dieser, wie die Juden sie hochtrabend bezeichnen, „Kunst" der Kabbala, mit der ich mich früher einmal sehr fleißig und gründlich beschäftigt habe[374], nichts anderes als eine Rhapsodie reinsten Aberglaubens und eine Art theurgischer Magie. Wenn sie, wie die Juden behaupten, von Gott käme und zu einem vollkommeneren Leben und zum Seelenheil der Menschen beitrüge, dann hätte gewiß jener Geist der Wahrheit, der die Synagoge verworfen hat und dann zu uns gekommen ist, um uns die ganze Wahrheit zu schenken, keinesfalls diese Lehre bis in unsere jüngste Gegenwart hinein seiner eigenen Kirche vorenthalten, die doch wahrlich um alles weiß, was mit Gott zusammenhängt, und deren Segen, Taufe und andere Heilssakramente uns in jeder Sprache offenbart und zuteil geworden sind. Jede Sprache besitzt nämlich die gleiche Kraft, sofern gleiche Frömmigkeit vorhanden ist, und es gibt keinen anderen Namen im Himmel und auf Erden, in dem wir das Heil erlangen und Gutes wirken können, als den Namen Jesu. Daher können die Juden, die doch in der Erklärung von Gottes Wort so erfahren sind, nachdem nun Christus erschienen ist, gar nichts mehr oder nur sehr wenig bewirken, ebenso wie ihre Vorväter. Sie glauben, die umwälzenden Inhalte dieser Kunst könnten den heiligen Schriften wunderbare und tiefe Geheimnisse entreißen, während wir doch wissen, daß all das nur ein Spiel von Leuten ist, die ihre Zeit mit einzelnen Buchstaben, Pünktchen und Zahlen verschwenden, ein Spiel mit Allegorien, die sie beliebig erfinden und auch wieder verändern, was ihnen allerdings durch das Wesen des Hebräischen sowohl in der Schreibung als auch in der Aussprache erleichtert wird. Auch wenn manche Geheimnisse bedeutungsvoll klingen, so können sie doch nicht als Beweis oder Widerlegung gelten: Man kann sie, wie Gregor es formuliert, ebensogut zur Kenntnis nehmen wie beiseite lassen, wenn man etwas beweisen will.

Vergleichbare Kunstwerke hat der Mönch Hrabanus geschaffen, allerdings in lateinischer Schrift und in Versen: Indem er mit Linien bildartige Figuren in sein Gedicht einfügt, gibt er dem Text innerhalb dieser Linien dadurch, daß man ihn in mehreren Richtungen lesen kann, einen geheimnisvollen Inhalt, der mit der dargestellten Figur in Zusammenhang steht.[375] Solche Dinge kennt man ja aus der Literatur, wenn man die aus Vergilversen zusammengestellten Christus-Centonen der Valeria Proba gelesen hat[376]. All das sind nur Spielereien von müßigen Geistern.

Was aber das Bewirken von Wundern betrifft, so halte ich keinen meiner Leser für so verbohrt, daß er meint, dies sei eine Art Kunst oder Wissenschaft. Diese Kabbala der Juden ist nichts anderes als eine höchst gefährliche Form des Aberglaubens: sie fügen Wörter, Namen und Buchstaben, die irgendwo in der Bibel stehen, nach Belieben zusammen, teilen sie aufs neue oder stellen sie um. Durch Vertauschung[377] lösen sie die Bestandteile der Wahrheit voneinander und fügen dann Worte, Gedanken und Gleichnisse daraus nach eigenen Vorstellungen wieder zusammen. Sie wollen Gottes Wort ihren eigenen Vorstellungen anpassen und bringen dabei die heiligen Schriften in Verruf. Mit ihrer Behauptung, all diese

Phantastereien entstammten den heiligen Schriften, rücken sie Gottes Gesetz ins Zwielicht. Durch freches Manipulieren mit Wörtern, Silben, Buchstaben und Zahlen versuchen sie, die blasphemischen Gedanken ihres Unglaubens als richtig hinzustellen. Stolz auf dieses eitle Unterfangen, rühmen sie sich außerdem noch, unaussprechliche Geheimnisse Gottes, die noch über denen der Bibel stünden, zu kennen, mit deren Hilfe sie die Zukunft voraussagen und Zeichen und Wunder tun könnten. Das verkünden sie mit größter Frechheit und erröten nicht einmal bei ihren dreisten Lügen! Doch es ergeht ihnen wie dem Hund in der äsopischen Fabel, der den Brotbrocken verlor, weil er nach seinem Schatten schnappte[378]: Dieses perfide und halsstarrige Volk, das sich immer nur mit dem Schatten der Heiligen Schrift beschäftigt und sie aus purer Eitelkeit mittels ihrer zwar kunstreichen, doch heidnischen Kabbala bekämpft, verliert das Brot des ewigen Lebens und büßt, während es sich mit leeren Worten vollstopft, das Wort der Wahrheit ein!

Aus diesem jüdischen Sauerteig kabbalistischen Aberglaubens gingen meiner Ansicht nach die häretischen Ophiten, Gnostiker und Valentinianer hervor. Diese haben ihrerseits mit ihren Schülern eine Art griechischer Kabbala geschaffen, indem sie alle Mysterien christlichen Glaubens verdrehen und in häretischer Verfälschung griechischen Buchstaben und Zahlen zuordnen, daraus einen sogenannten Leib der Wahrheit[379] konstruieren und dann lehren, ohne diese in Buchstaben und Zahlen enthaltenen Mysterien könne man die Wahrheit in den christlichen Schriften nicht finden, denn diese enthielten unterschiedliche und widersprüchliche Aussagen und sprächen in Gleichnissen, damit die Sehenden doch nicht sehen, die Hörenden doch nicht hören und die Verstehenden doch nicht verstehen können[380]. Sie behaupten, diese Schriften seien für die in Blindheit und Irrtum Verharrenden gedacht, während die verborgene reine Wahrheit nur den „Vollkommenen", und zwar nicht durch Schriften, sondern durch ständige Weitergabe des lebendigen Wortes, anvertraut worden sei; dies sei die alphabetarische und arithmantische Theologie, die Christus den Aposteln insgeheim offenbart habe und von der Paulus sagt, er teile sie nur den Vollkommenen mit.[381] Weil es sich aber um die tiefsten Geheimnisse handele, seien sie nicht aufgezeichnet worden und würden auch nicht aufgezeichnet, sondern durch Schweigen bei den Weisen gehütet und verborgen. Als Weiser gilt aber bei ihnen nur, wer die ungeheuerlichsten Häresien auszusinnen vermag.

Kapitel XLVIII
Gauklerkünste

Doch kehren wir zur Magie zurück. Ein Teilgebiet von ihr ist die Gauklerkunst, also die Kunst, nur scheinbar existierende Trugbilder zu erzeugen. Dabei schaffen die „Zauberer" Phantasieerscheinungen, täuschen mit viel Brimborium Wunder vor und verursachen bei vielen Leuten Sinnestäuschungen. Und das erreichen sie nicht so sehr durch magische Beschwörungen, Zaubersprüche und Betrug mit Hilfe dämonischer Geister, sondern eher durch Dämpfe von Räucherwerk, durch Beleuchtungseffekte, Filter, Gleitmittel, Schnüre, Ringe, Wicklungen, Abbildungen, Linsen, Spiegel und andere mechanische Hilfsmittel oder durch Drogen, wobei sie sich natürlicher und himmlischer Kräfte bedienen. Vieles wird auch durch Fingerfertigkeit, Schnelligkeit und fleißiges Üben vollbracht, wie man es täglich bei Schaustellern und Spaßmachern beobachten kann, die man ja deshalb auch Cheirisophen, d. h. Hand-Weise, nennt.

Über diese Kunst handeln die Bücher des Hermes[382] und einiger anderer.

Wie man liest, pflegte ein Gaukler namens Pasetes seinen Gästen ein üppiges Gastmahl vorzuführen und es dann wieder verschwinden zu lassen, so daß die Gäste bei Tisch voller Enttäuschung hungrig und durstig ausharren mußten. Numa Pompilius soll sich solcher Dinge bedient haben, und auch der hochweise Pythagoras habe solche Spielereien getrieben, beispielsweise etwas mit Blut auf eine Linse geschrieben, diese dann auf den Vollmond gerichtet und dem Betrachter durch die Linse das Geschriebene auf der Mondscheibe erscheinen lassen.

Hierher gehört auch alles, was Dichter über Verwandlung von Menschen gesungen, Historiker sowie christliche Theologen behauptet haben, wie man liest, und wovon sogar in der Bibel berichtet wird. So erscheinen den Augen, die durch eine Störung des Mediums oder natürlichen Einfluß verzaubert und verblendet sind, Menschen als Esel, Pferde oder andere Tiere. Zuweilen geschehen solche Dinge auch durch gute oder böse Geister oder auf Bitten frommer Menschen durch Gott selbst, wie es in der Bibel über den Propheten Elisa[383] zu lesen ist, der vom Heer des Syrerkönigs in der Stadt Dothan[384] eingeschlossen und belagert war. Doch reine und von Gott geöffnete Augen kann man nicht täuschen. So erschien eine Frau, die von allen Leuten als Tier angesehen wurde, dem Heiligen Hilarion als Frau, die sie ja auch wirklich war.

Alle Dinge, die nur zum Schein geschehen, werden als Gauklerkunst bezeichnet, aber bei vollständigen Verwandlungen, wie im Falle Nebukadnezars, oder bei Ortsveränderungen, beispielsweise der Überführung der Ernte auf andere Felder[385], handelt es sich um das von mir schon Beschriebene.

Über diese Dinge äußert sich Jamblichos folgendermaßen: Was die durch Gaukelei oder Zauberei beeinflußten Menschen sich vorstellen, ist reine Phantasie und besitzt nicht den Wahrheitsgehalt einer tatsächlichen Handlung. Der Zweck dieser Kunst liegt nämlich nicht einfach darin, etwas zu tun, sondern Scheinbilder zu schaffen, von denen am Ende nichts Wirkliches übrigbleibt.

Aus dem Gesagten wird deutlich, daß die Magie nichts anderes als ein Gemisch aus Götzendienst, Astrologie und abergläubischer Medizin ist. Durch den Einfluß der Magier ist auch innerhalb der Kirche ein großer Haufe von Ketzern entstanden, die sich ebenso der apostolischen Wahrheit widersetzten, wie einst Jannes und Jambres gegen Moses kämpften[386]. Der schlimmste von ihnen war der Samaritaner

Simon[387], der in Rom unter Kaiser Claudius aufgrund dieser Zauberkunst durch eine Statue mit folgender Inschrift geehrt wurde: Simon, der heilige Gott. Von dessen blasphemischen Äußerungen berichten Clemens, Eusebius und Irenäus ausführlich. Von diesem Simon kommen, wie aus einem Treibhaus aller Häresien, in ununterbrochener Folge die monströsen Ophiten, die verruchten Gnostiker, die gottlosen Valentinianer, Kerdonianer, Markioniten, Montanianer und zahlreiche andere Häretiker, die um materiellen Gewinnes und eitlen Ruhmes willen ihre lügenhaften Lehren wider Gott verbreiten[388]. Dabei bringen sie den Menschen keinerlei Nutzen oder Gutes, sondern führen sie erst hinters Licht, dann in den Irrtum und schließlich ins Verderben: Wer ihnen Glauben schenkt, der wird sich vor Gottes Gericht zu verantworten haben!

Als junger Mann habe ich drei Bücher über Magie verfaßt, ziemlich dickleibig, mit dem Titel „De occulta Philosophia“. Die Irrtümer, die ich darin in jugendlichem Überschwang verkündet habe, möchte ich jetzt, vernünftiger geworden, mit diesem Geständnis widerrufen: Ich habe viel Zeit und Kraft für dieses eitle Unterfangen aufgewandt, doch bin ich schließlich zur Erkenntnis gekommen, daß ich anderen dringend von diesem Weg ins Verderben abraten muß. Wer es aber wagt, nicht aus der Wahrheit und Kraft Gottes, sondern mit Hilfe von Dämonen und bösen Geistern zu weissagen und zu prophezeien, wer Trug übt durch magische Künste, Exorzismen, Beschwörungen, Liebeszauber und andere dämonische Kräfte, wer sich rühmt, durch vorgegaukelte Trugbilder (rasch vergängliche) Wunder zu wirken, der wird zusammen mit Jannes, Jambres und dem Magier Simon den Qualen ewigen Feuers überantwortet werden.

Kapitel IL
Naturphilosophie

Gehen wir weiter und untersuchen die Philosophie und die Wissenschaften, die die Natur bis ins tiefste ergründen wollen und deshalb ihre Ursprünge und Ziele mit raffinierten Syllogismen untersuchen. Welche Verläßlichkeit sie allerdings besitzen, wenn man von der Glaubwürdigkeit ihrer Vertreter absieht, das weiß wohl keiner. Dichter haben als erste die Naturphilosophie verkündet: Prometheus, Musaios, Linos, Orpheus und nicht zuletzt Homer zählen zu ihren Vertretern.

Welche Wahrheit vermag uns schon diese Philosophie, selbst geboren aus Geschwätz und Phantasterei von Dichtern, zu geben? Daß es so ist, beweist Plutarch überzeugend mit seiner Aussage, alle Philosophenschulen seien von Homer ausgegangen. Selbst Aristoteles gibt zu, daß alle Philosophen ihrer Natur nach Philomythen, also Liebhaber von Geschichten, sind.[389]

Bei den Philosophen unterschieden manche Leute neun, andere zehn, Varro und zahlreiche andere noch weit mehr Schulen. Selbst wenn man alle Philosophen zum Vergleich nebeneinanderstellte, könnte man doch nicht sagen, welche Schule die bedeutendste ist und welcher Lehre man sich am besten anschließen soll: Alle liegen wegen einzelner Punkte miteinander in Fehde und dies nun schon seit Jahrhunderten! Wie Laktanz sagt, gräbt jede Schule der anderen das Wasser ab, um selbst zu erstarken, und keine konzediert einer anderen die Richtigkeit ihrer Ansichten, um keinesfalls die Unrichtigkeit von eigenen eingestehen zu müssen.

Wenn die Philosophie über einzelne Punkte disputiert und nachdenkt, kommt sie niemals zu einem abschließenden Ergebnis. Deshalb bin ich mir im unklaren, ob ich die Philosophen zu den vernunftlosen Tieren oder zu den Menschen rechnen soll. Über den Tieren scheinen sie allerdings insofern zu stehen, als sie Verstand und Intelligenz besitzen, wie aber können sie Menschen sein, wenn ihre Vernunft nichts Beständiges bieten kann und immer zwischen windigen Ansichten hin und her schwankt, wenn ihr Intellekt in allem unsicher ist und nichts Verläßliches bietet. Daß es so ist, will ich nun ausführlicher darlegen.

Kapitel L
Der Ursprung der natürlichen Dinge

Besonders über den Ursprung der natürlichen Dinge, auf den sich ja das gesamte Gedankengebäude gründet, wird von den bedeutendsten Philosophen aufs heftigste gestritten, doch ist bis heute noch nicht entschieden, wer recht hat, denn es werden durchaus überzeugende, ja unwiderlegbare Argumente vorgetragen – allerdings für gegensätzliche Standpunkte.[390] Denn Thales von Milet, der als erster von einem Orakel zu einem Weisen erklärt wurde, war der Ansicht, alles bestehe aus Wasser; sein Schüler und Nachfolger Anaximander meinte, das Apeiron sei der Ursprung aller Dinge; dessen Schüler Anaximenes wiederum geht von der unbegrenzten Luft als Ursprung aus. Hipparchos und Heraklit von Ephesos nehmen das Feuer an, wobei Archelaos von Athen beiden im wesentlichen beipflichtet; Anaxagoras von Klazomenai denkt sich zahllose Urstoffteilchen, die sich trennen und verbinden und von einer übergeordneten Vernunft geordnet werden. Xenophanes lehrt, es gäbe nur „Eines" und dies sei unveränderlich. Parmenides nennt das Warme und das Kalte, vergleichbar dem Bewegung bringenden Feuer und der die Formen schaffenden Erde, Leukipp, Diodoros und Demokrit das Volle und das Leere, Diogenes die Luft, die an der göttlichen Vernunft teilhat. Pythagoras von Samos stellt die Zahl als Ursprung aller Dinge hin, worin ihm Alkmaion von Kroton folgt. Empedokles aus Agrigent hat „Streit" und „Freundschaft" sowie vier Elemente, Epikur die Atome und das Leere. Platon und Sokrates sehen Gott und die Ideen als Grundlegendes an, Zenon Gott und die Materie. Aristoteles nimmt den Stoff und sein Streben nach der Form durch die privatio[391] an; diese setzt er unter den Grundlagen als drittes, obwohl er an anderer Stelle lehrt, man dürfe synonyme Begriffe inhaltlich nur einmal zählen. Deshalb haben die späteren Peripatetiker statt der privatio eine beides, nämlich Stoff und Form, umfassende Bewegung gesetzt. Wenn die Bewegung aber ein Akzidens ist, wie kann sie dann Substanzprinzip sein, oder was kann dann Beweger dieser Bewegung sein? Aus diesem Grunde haben die jüdischen Philosophen Materie, Form und Geist als Ursprüngliches gesetzt.

Kapitel LI
Die Existenz mehrerer Welten und die Dauer der Weltexistenz

Übrigens gibt es nicht weniger Meinungsunterschiede, wenn über die Welt disputiert wird: Nach Thales gibt es nur eine einzige, von Gott geschaffene Welt, nach Empedokles zwar auch nur eine, aber sie ist nur ein kleiner Teil des Universums, nach Demokrit und Epikur gibt es jedoch zahllose Welten. Ihnen schließt sich ihr Schüler Metrodor mit seiner Aussage an, es gebe zahllose Welten, weil es zahllose Ursachen für sie gebe, und es sei ebenso absurd, eine einzige Welt anzunehmen wie eine einzige Ähre auf einem Acker.

Hinsichtlich der Dauer der Welt äußerten sich Aristoteles, Averroës, Cicero und Xenophanes dahingehend, daß sie ewig sei und keinerlei Vergänglichkeit unterliege. Da man nämlich nicht erkennen könne, wie Censorinus sagt[392], ob zuerst die Eier oder die Vögel erschaffen wurde, und weder das Ei ohne den Vogel noch der Vogel ohne das Ei entstehen könne, gelangten sie zu der Ansicht, diese Welt sei Anfang und Ende alles Erschaffenen und sei ewig in ständiger Umwälzung und Bewegung. Pythagoras und die Stoiker halten sie für gottgeschaffen und dereinst, wie es ihrer Natur entspricht, dem Untergang bestimmt. Dem pflichten Anaxagoras, Thales, Hierokles, Avicenna, Algazel, Alkmaion und der Jude Philon[393] bei. Platon hingegen behauptet, sie sei von Gott nach seinem Plan konstruiert und werde nie vergehen.[394] Nach Epikurs Ansicht wird die Welt durchaus untergehen und nie wieder entstehen. Empedokles und Heraklit aus Ephesos behaupten, bei der Welt gebe es nicht nur einmal, sondern immer Schöpfung und Untergang.

Nunmehr möchte ich eine andere Erscheinung, nämlich das Erdbeben, behandeln, das von den Philosophen überwiegend auf natürliche Ursachen zurückgeführt wird und bis jetzt nicht einheitlich, sondern nur mit vielen Umschweifen erklärt werden konnte: Als Ursache nimmt Anaxagoras den Äther, Empedokles das Feuer, Demokrit und Thales aus Milet das Wasser, Aristoteles, Theophrast und Albertus den Wind[395] und unterirdische Hitze und Dämpfe, Asklepiodotos das

Einstürzen von unterirdischen Hohlräumen, Poseidonios, Metrodoros und Kallisthenes die Parzen. Seneca und andere äußerten höchst unterschiedliche Meinungen und konnten die Erdbebenursachen nicht klären.

Die Römer haben zwar feierliche Sühnetage begangen, wenn sie ein Erdbeben erlebten oder davon erfuhren, doch welchem Gott sie eigentlich geweiht waren, vermochte man nie zu sagen, weil immer ungewiß war, durch welche Kraft und durch welche Gottheit die Erde bebte.

Kapitel LII
Die Seele

Wenn wir aber von diesen Leuten etwas über die Seele in Erfahrung bringen möchten, dann finden wir bei ihnen noch weniger Übereinstimmung: Krates aus Theben sagt, es gäbe keine Seele, die Körper würden auch ohne sie von der Natur in Bewegung gesetzt. Von denen aber, die eine Seele annehmen, stellen sich die meisten diese als ganz winzigen Körper vor, der unserem großen Körper gewissermaßen eingegossen ist. Einige äußerten, die Seele sei von feuerartigem Wesen (so z. B. Hipparchos und Leukippos), womit die Stoiker im wesentlichen übereinstimmen, wenn sie sagen, sie sei erhitzter Geist, und Demokrit auch, wenn er sie als beweglichen und feurigen Geist im Inneren der Atome bezeichnet. Andere sagen, sie sei luftartig (so Anaximenes, Anaxagoras, der Kyniker Diogenes und Kritias), und Varro stimmt ihnen zu mit seiner Aussage, die Seele sei Luft, mit dem Mund aufgenommen, in der Lunge erwärmt, im Herzen angepaßt und dann im ganzen Körper verteilt. Andere halten sie für wasserartig (z. B. Hippias), wieder andere für erdartig (Heliodoros und Oinopides), denen weitgehend Anaximander und Thales folgen, beide Milesier. Weitere (z. B. Boethos und Epikur) halten sie für ein Gebilde aus Feuer und Luft, andere aus Erde und Wasser (Xenophanes), manche aus Erde und Feuer (Parmenides). Andere wiederum halten das Blut für die Seele (z. B. Empedokles), weitere feinen über den gesamten Körper verteilten Geist (so der Arzt Hippokrates), manche das Fleisch mit der Fähigkeit zur Sinneswahrnehmung (Asklepiades). Viele meinen jedoch, die Seele sei kein kleiner Körper, sondern eine bestimmte Qualität des Körpers oder ein Komplex, der in allen seinen Teilen vorhanden ist (Zenon aus Kition). Dikaiarchos definiert die Seele als Komplex der vier Elemente; Kleanthes, Antipatros und Poseidonios bezeichnen sie als Wärme oder warmen Komplex, und Galen aus Pergamon schließt sich dem an. Andere bezeichnen die Seele nicht als Qualität oder Komplex, sondern als einen Punkt in einem bestimmten Teil des Körpers, z. B. im Herzen oder im Gehirn, von dem aus sie den gesamten Körper regiert. Diese Ansicht vertreten neben anderen Chrysipp, Arkesilaos und Herakleides Pontikos, der die Seele als Licht betrachtete.

Manche sehen diese Frage etwas offener, nämlich die Seele als eine Art festen Punkt, nicht einem bestimmten Teil des Körpers zugeordnet, sondern ohne örtliche Bindung in jedem Bereich des Körpers. Mag nun ein Komplex die Seele erzeugt oder Gott sie geschaffen haben, so entstamme sie doch dem Schoß der Materie, meinten Xenophanes aus Kolophon, Aristoxenos und der Arzt Asklepiades. Sie sehen die Seele als Zusammenspiel der Sinne, der Peripatetiker Kritolaos als quinta essentia[396], Thales von Milet als ruhelose und ständig sich bewegende Natur, Xenokrates als sich selbst bewegende Zahl. Dem schließen sich die Ägypter an mit ihrer Aussage von der Seele als einer alle Körper durchdringenden Kraft und die Chaldäer mit ihrer Ansicht, sie sei eine Kraft ohne vorbestimmte Form, die in jeder Gestalt auftreten könne. Alle sind sich jedoch darin einig, daß die Seele eine Bewegung verursachende Kraft, eine bestimmte sublime Harmonie der Bestandteile des Körpers und dabei doch von dessen Natur abhängig ist.

Auf diesen Wegen geht auch dieser dämonische Aristoteles, der mit einem eigens dazu erfundenen Wort die Seele Entelechie nennt, d. h. die Vollendung des natürlichen Körpers mit seinen Organen hin zur Möglichkeit des Lebens mittels der grundlegenden Fähigkeiten des Denkens, Wahrnehmens und Bewegens.[397] So sieht also die windige Definition der Seele durch den von aller Welt anerkannten Philosophen aus: Sie erklärt nicht Wesen, Natur und Ursprung der Seele, sondern allenfalls ihre Wirkungen!

Darüber hinaus sehen andere die Seele als göttliche Substanz, vollständig und ungeteilt, in all und jedem Teil des Körpers präsent, von einem unkörperlichen Schöpfer geschaffen, so daß sie allein von diesem abhängig und nicht irgendeiner materiellen Abkunft verhaftet ist. Diese Meinung vertreten Zarathustra, Hermes Trismegistos, Orpheus, Aglaophamos, Pythagoras, Eunomius, Ammonios, Plutarch, Porphyrios, Timaios aus Lokroi[398] und der göttliche Platon, der da sagt, die Seele sei ein sich selbst bewegendes und mit Einsicht begabtes Wesen[399]. Der Bischof Eunomius folgt teils Aristoteles, teils Platon, wenn er die Seele als zwar unkörperliche, doch im Körper entstandene Substanz definiert. Entsprechend dieser Definition hat er dann seine weiteren Lehren aufgebaut. Cicero, Seneca und Laktanz betonen, man könne nichts über das Wesen der Seele wissen. Ja, lieber Leser, hier zeigt sich, wie stark umstritten das Wesen der Seele bei den Philosophen ist!

Nicht weniger lächerlich sind ihre unterschiedlichen Behauptungen über den Sitz der Seele: Hippokrates und Herophilos lokalisieren sie in den Hirnkammern, Demokrit im gesamten Körper, Erasistratos in der Umgebung der Hirnhaut, Straton in der zwischen den Augenbrauen gelegenen Stirnhöhle, Epikur im gesamten Brustraum, Diogenes in der arteriellen Herzkammer, die Stoiker mit Chrysipp an der Spitze im gesamten Herzen und dem es umgebenden Geist, Empedokles im Blut. Dieser Meinung war auch Moses und verbot deshalb, Blut zu essen, weil die animalische Seele darin enthalten sei[400]. Platon, Aristoteles und andere bedeutendere Philosophen meinen, die Seele sei im gesamten Körper präsent, während

Galen jedem Teil des Körpers eine eigene Seele zuschreibt. Dementsprechend sagt er nämlich in seinem Werk „Über Zweck und Nutzen der Körperteile“[401]: Die Lebewesen haben zahlreiche Körperteile, manche groß, manche klein, manche sind je nach Art der Lebewesen nicht voneinander trennbar. Jeder Teil bedarf unabdingbar einer eigenen Seele, denn der Körper ist nur ein Werkzeug der Seele; die Körperteile der Lebewesen unterscheiden sich deshalb in vielem voneinander, weil sich auch ihre Seelen unterscheiden.

Hier sollte man auch die Ansichten des Theologen Beda anführen, der in einem Kommentar zum Markusevangelium schreibt: Der Hauptsitz der Seele ist nicht, wie Platon meint, im Gehirn, sondern nach Christi Wort im Herzen.[402]

Hinsichtlich der Lebensdauer der Seele meinen Epikur und Demokrit, sie stürbe zugleich mit dem Körper, Pythagoras und Platon halten sie grundsätzlich für unsterblich, sie eile aber nach dem Verlassen des Leibes hin zu ihresgleichen. Die Stoiker wählen den Mittelweg zwischen beiden Richtungen: Die Seele werde den Leib verlassen und, wenn sie im Leben schwach und ohne hervorragende Eigenschaften gewesen ist, zusammen mit ihrem Leib zugrunde gehen; war sie jedoch von heroischen Eigenschaften geprägt, so werde sie sich den bleibenden Naturen zugesellen und zu deren Aufenthaltsorten aufsteigen. Nach Aristoteles können sich die Teile der Seele, die körperlich lokalisiert sind, nicht von ihrem körperlichen Sitz trennen und gehen gemeinsam mit dem Körper zugrunde, während sich der Intellekt, der kein körperliches Organ und damit etwas Unvergängliches ist, vom sterblichen Leibe lösen kann. Doch Aristoteles sagt das nicht sehr deutlich, so daß seine Kommentatoren bis heute noch darüber diskutieren. Alexander von Aphrodisias sagt ausdrücklich, er halte die Seele für sterblich, ebenso denkt Gregor aus Nazianz.[403] Gegen deren Ansichten und für die Ansichten, die Aristoteles von der Seele hat, ziehen Platon und von den christlichen Philosophen Thomas von Aquin zu Felde. Averroës, dieser hervorragende Aristoteleskommentator, meint, jeder Mensch habe eine Seele, die allerdings sterblich sei; der menschliche Geist aber, auch Intellekt genannt, sei in jeder Weise, also von Anfang an wie auch in alle Zukunft, ewig; auch gebe es nur einen einzigen für alle Menschen, also für die gesamte Menschheit, nach dem man sich im Leben allein richten sollte. Themistios sagt, Aristoteles habe einen tätigen und mehrere empfindende Bereiche des Geistes und alle als immerwährend angenommen.

So ist es nun durch das Treiben der Philosophen dazu gekommen, daß sogar unter christlichen Theologen über die Herkunft der Seelen Streit herrscht: Manche nehmen an, die Seelen aller Menschen seien vor der Entstehung der Welt bereits im Himmel erschaffen worden, wobei Origenes der hervorragendste Verfechter dieser Ansicht ist. Augustinus hält ebenfalls die Seele des ersten Menschen für im Himmel geschaffen und für älter als den Leib; sie habe diesen später als für sich geeigneten Wohnsitz angesehen und aus eigenem Antrieb bezogen. Allerdings scheint Augustinus nicht konsequent bei dieser Aussage zu bleiben. Andere meinen, die Seele pflanze sich durch Ableger fort, so daß eine Seele aus der anderen herauswachse, wie ein Leib aus dem anderen. Diese Ansicht vertraten Apollinarios, der Bischof von Laodikaia, Tertulllian, Kyrill und die Luziferianer[404], gegen deren Häresie Hieronymus ankämpft. Wieder andere denken, Seelen würden jeden Tag von Gott geschaffen. Ihnen folgt Thomas mit dem peripatetischen Gedanken, daß die Seele die „Form" des Leibes sei und deshalb nur in ihm und nicht irgendwo außerhalb erschaffen werden könne. Dem schließen sich fast alle Theologen der neueren Zeit an.

Ich lasse hier bestimmte Stufen der Seelen, Aufwärts- und Abwärtsbewegungen, die von den Anhängern des Origenes eingeführt wurden, beiseite, da sie durch die heiligen Schriften keine Bestätigung finden und mit den christlichen Lehren unvereinbar sind.

Weder bei Philosophen noch bei Theologen läßt sich eine zuverlässige Aussage über die Seele finden: Epikur und Aristoteles betrachten sie als sterblich[405], Pythagoras läßt sie einen Kreislauf vollführen, manche (so an einer Stelle auch Petrarca) fassen sie mit dem Leib zusammen, einige gestehen sie großzügig allen lebendigen Leibern zu, andere ordnen sie dem Himmel zu, wieder andere lassen sie auf die Erde verbannt sein, manche in die Unterwelt, was natürlich auch wieder von einigen bestritten wird, etliche glauben an die Erschaffung jeder einzelnen Seele, andere an die aller Seelen zugleich. Averroës vermaß sich sogar, jenen seltsam anmutenden und bereits erwähnten Einheitsintellekt zu postulieren. Die häretischen Manichäer[406] behaupteten, es gebe für alles, also für das Universum, nur eine einzige Seele, die auf alle Körper, belebte oder unbelebte, verteilt sei, wobei die unbelebt erscheinenden einen geringeren, die belebten einen größeren und die himmlischen den größten Anteil an ihr hätten. Am Ende gelangen sie zu dem Schluß, die einzelnen Seelen seien nur Teile dieser Universalseele. Platon nimmt zwar auch eine Seele des Universums an, aber doch auch andere Seelen, die gewissermaßen für die Einzelkörper das sind, was die Universalseele für das Universum ist.

Weiterhin postulieren manche eine einzige Art von Seelen, andere zwei, nämlich eine, die mit Vernunft begabt ist, und eine, die es nicht ist; weitere gehen davon aus, daß es so viele Seelenarten wie Tierarten gibt. Der Arzt Galen meint, es gäbe je nach Tierart unterschiedliche Seelen, und versetzt obendrein noch zahlreiche Seelen in den gleichen Körper. Einige, unter ihnen der Theologe Ockham, sprechen den Menschen zwei Seelen zu, eine vom Körper erzeugte sensitive und eine vom Schöpfer geschaffene intellektuelle Seele.[407] Plotin macht einen Unterschied zwischen Seele und Intellekt, worin ihm Apollinarios folgt. Einige unterscheiden den Intellekt nicht von der Seele, sondern sehen in ihm den wichtigsten Teil der Seele. Aristoteles meint, der Intellekt sei nur potentiell vorhanden, käme von außen aktuell zur Seele und sei nicht für Natur und Wesen des Menschen, sondern für die Vollendung seiner Erkenntnis und geistigen Fähigkeiten bedeutsam, weshalb auch nur wenige Menschen, nämlich allein die Philosophen, aktuell den Intellekt besäßen.

Unter den Theologen erhob sich ein ernster Streit, ob (nach platonischer Auffassung) in den Seelen nach dem Verlassen des Leibes Erinnerungen oder Empfindungen von den Geschehnissen des Lebens zurückbleiben oder ob dann keinerlei Denken mehr stattfindet, wie die Thomisten meinen, die sich von Aristoteles' Gedanken leiten lassen. Das bestätigen ja auch die Kartäuser mit ihrer Geschichte von dem Pariser Theologen, der nach seiner Rückkehr aus dem Jenseits auf die Frage, was ihm dort von seinen Kenntnissen verblieben sei, zur Antwort gab, dort kenne er nichts als Pein, und den Ausspruch Salomos zitierte: „Bei den Toten gibt es kein Denken mehr, kein Wissen und keine Fähigkeit zu handeln."[408] Daraus folgerte man, den Toten sei Denken und Erkenntnis nicht mehr möglich. Das richtet sich offensichtlich nicht in erster Linie gegen die Behauptung der Platonanhänger, sondern gegen die Wahrheit und Autorität der Bibel, in der es dazu heißt: Die Gottlosen werden sehen und erkennen, daß es Gott gibt, denn sie werden sich für alles, nicht nur für ihre Taten, sondern auch für eitle Worte und Gedanken verantworten müssen.[409]

Manche Leute erkühnen sich sogar, über Erscheinungen von Seelen Verstorbener zu schreiben oder zu erzählen, was mit der christlichen Lehre und auch mit den heiligen Gesetzen der Kirche nicht vereinbar ist, zumal der Apostel gebietet, man dürfe nicht einmal himmlischen Engeln glauben, wenn sie etwas anderes als das Überlieferte verkünden.[410] Diese Leute betrachten das Evangelium als so alt und überholt, daß sie eher jemandem, der von den Toten kommt und etwas verkündet, glauben als Moses, den Propheten, Aposteln und Evangelisten! So ist es doch auch in der Erzählung von dem verstorbenen Reichen, der in der Hölle war und meinte, seine noch lebenden Brüder würden seiner Warnung glauben, wenn nur jemand von den Toten hinginge und ihnen davon berichtete. Abraham aber widersprach dieser Ansicht: „Wenn sie Moses und den Propheten nicht glauben, dann glauben sie auch nicht, wenn jemand aus dem Totenreich zu ihnen gesandt wird."[411]

Dennoch möchte ich keinesfalls aus diesem Grunde fromme Erscheinungen, Mahnungen und Offenbarungen Verstorbener prinzipiell bestreiten, doch muß ich darauf hinweisen, daß sie mit größter Vorsicht zu behandeln sind, weil Satan sehr häufig die Gestalt eines Lichtengels oder die eines Menschen annimmt. Deshalb darf man solche Dinge nicht zum Kernpunkt des Glaubens machen, sondern man sollte sie nur zur frommen Erbauung benutzen, wie man es auch mit anderem hält, was nicht zum Kanon, sondern nur zu den Apokryphen gehört. Von solchen fragwürdigen Dingen handeln auch das von derartigen Phantastereien strotzende Buch „Tundalus" und das mit dem Titel „Seelentrost", die jetzt überall verbreitet sind[412].

Einige Prediger verwenden gern den Inhalt solcher Bücher, um das unaufgeklärte Volk in Schrecken zu versetzen und von ihm Gaben zu erpressen. So hat beispielsweise jüngst sogar ein französischer Protonotarius[413], ein Taugenichts und Betrüger, ein Histörchen über das Erscheinen eines „Geistes" in Lyon geschrieben. Von den vielgepriesenen Autoren behandeln Cassianus und der Kartäusermönch Jacobus de Paradiso solche Themen. Leider läßt sich bei dem, was die erschienenen

Seelen enthüllen, niemals auch nur ein Fünkchen von Wahrheit und innerer Weisheit erkennen, die bei uns wahre Gottesliebe und das Seelenheil fördern könnten, sondern die Menschen werden stets nur zu Almosen, Wallfahrten, Fasten, Gebeten und anderen frommen Werken gedrängt, die doch von der Bibel und von der Kirche viel besser und heilswirksamer gelehrt werden. Übrigens habe auch ich über Erscheinungen dieser Art geschrieben, und zwar in meinem „Dialogus de homine" und in meinem Werk „Occulta Philosophia".

Doch kehren wir zu den Philosophen zurück. Alle Heiden, die eine unsterbliche Seele annehmen, setzen einmütig voraus, daß es eine Seelenwanderung gibt und die vernunftbegabten Seelen für bestimmte Zeit in jeweils verschiedene, auch in nicht vernunftbegabte Körper bis hin zu den Pflanzen eingehen. Der Gedanke solcher Seelenwanderungen soll von Pythagoras stammen, den Ovid in seinen „Metamorphosen" sprechen läßt:

> Frei ist die Seele vom Tod, und verließ sie die frühere Stätte,
> wohnt und lebet sie fort im anderen Hause geborgen.
> Mir ist bewußt noch jetzt: Zur Zeit des Trojanischen Krieges
> war ich Panthous' Sohn Euphorbos, welchem gehaftet
> vorn in der Brust der gewichtige Speer vom zweiten Atriden.
> Unlängst hab' ich erkannt im abantischen Argos in Junos
> Tempel den nämlichen Schild, den unsere Linke getragen.[414]

Über diese Seelenwanderung nach pythagoreischer Vorstellung schrieben Timon, Xenophanes, Kratinos, Aristophon, Hermippos, Lukian und Diogenes Laertios, doch Jamblichos und viele andere stimmen mit Hermes Trismegistos darin überein, daß die Seelenwanderungen nicht von Menschen zu nicht vernunftbegabten Wesen und umgekehrt erfolgen, sondern nur von Tier zu Tier und Mensch zu Mensch. Andere Philosophen, wie der Anaxagorasanhänger Euripides, der Naturphilosoph Archelaos und dann später Avicenna, verkünden, die ersten Menschen seien wie Kohlköpfe der Erde entsprossen, was ebenso lächerlich wirkt wie die phantasieentsprungene Behauptung der Poeten, Menschen seien aus einer Saat von Drachenzähnen erwachsen. Manche leugnen die Zeugung überhaupt, z. B. Pyrrhon von Elis, einige die Bewegung, z. B. Zenon.

Kapitel LIII
Metaphysik

Jetzt will ich weitergehen und zeigen, daß die Philosophen nicht nur über die Erscheinungen der Natur, sondern sogar über die ihrer eigenen Phantasie entsprungenen Gedanken in Streit geraten, über Dinge, die durch keinerlei Prinzipien gestützt werden und deren Existenz oder Nicht-Existenz ungewiß ist: Von diesen nehmen sie eine körper- und materielose Existenz an und bezeichnen sie als formae separatae. Da sie nicht im Bereich der Natur angesiedelt sind, sondern als über dem Natürlichen stehend gesehen werden, bezeichnet man sie als transnatural, d. h. metaphysisch. Daraus haben sie zahllose einander häufig stark widersprechende Ansichten über die Götter entwickelt, die ebenso heidnisch wie töricht sind: Diagoras von Melos und Theodoros von Kyrene sagten, es gäbe überhaupt keinen Gott, Epikur hingegen lehrte, es gebe zwar einen Gott, doch dieser kümmere sich nicht um Irdisches, Protagoras schließlich war der Meinung, man könne nicht wissen, ob es einen Gott gebe. Anaximander vertrat die Ansicht, die Götter seien wie Menschen, sie würden geboren und stürben, allerdings in größeren Zeitrelationen. Nach Xenokrates gab es acht Götter, nach Antisthenes zwar zahlreiche Volksgottheiten, aber nur einen höchsten Weltenbaumeister.[415]

In ihrem Wahn haben sie es so weit getrieben, sich mit eigener Hand die Götter zu verfertigen, die sie verehrten, z. B. die Baalstatue bei den Assyrern, die Hermes Trismegistos in seinem „Asklepios“ als von Menschenhand geschaffen seltsamerweise gar noch preist. Thales von Milet dachte sich das göttliche Wesen als Geist, der alles aus dem Wasser schuf, Kleanthes und Anaximenes als Luft, Chrysipp als vernunftbegabte Naturkraft oder göttliche Notwendigkeit, Zenon als göttliches und natürliches Gesetz, Anaxagoras als unendlichen sich selbst bewegenden Geist, Pythagoras als etwas Beseelendes, das im Wesen aller Dinge enthalten ist, alles durchdringt und belebt. Alkmaion aus Kroton erklärte Sonne, Mond und andere Sterne für Götter. Xenophanes meinte, alles Existierende sei Gott. Parmenides erklärte einen Lichtkreis, den er Stephanos (Kranz – d. Ü.) nannte, für Gott. Aristoteles erfindet (so als könnte man schon aus der Bewegung des Himmels hinreichende Kenntnis über Götter gewinnen!) aus der Natur heraus Götter und spricht manchmal dem Geist göttliches Wesen zu, manchmal bezeichnet er den Schöpfer des Himmels oder die ganze Welt als Gott oder setzt noch einen anderen Gott über sie. Bei diesen widersprüchlichen Aussagen folgt ihm Theophrast. Ich übergehe hier die Ansichten und Lehren von Straton, Persaios, Zenons Schüler Ariston, Platon, Xenophon, Speusippos, Demokrit, Heraklit, Diogenes aus Babylon, Hermes Trismegistos, Cicero, Plinius und anderen, deren Ansichten von den zuvor besprochenen nicht sehr abweichen.

Ich könnte auch weitere Begriffsungetüme durchgehen, um die ständiger Streit herrscht, wie Körperloses, Atome, Hyle, Materie, Form, das Leere, das Unbegrenzte, Ewigkeit, Schicksal, Transzendierendes, Einführung der Formen, Himmelsmaterie, das Problem, ob die Gestirne aus den Elementen oder aus der von Aristoteles eingeführten quinta essentia bestehen und dergleichen mehr, was Narren Stoff und Gelegenheit zu Zweifel und Streit gibt. Doch glaube ich schon hinreichend dargetan zu haben, daß die Philosophen in keinem Punkt der Wahrheit nahekommen und daß sich von der Wahrheit entfernt und vom christlichen Glauben abirrt, wer sich diesen Philosophen nähert.

So weiß man auch, daß der römische Papst Johannes XXII. im Irrtum war, wenn er behauptete, die Seelen der Seligen würden Gottes Angesicht nicht vor dem Jüngsten Gericht sehen. Ebenso weiß man, daß Julian Apostata nur deshalb Christus abgelehnt hat, weil er als Anhänger der Philosophie die Schlichtheit christlichen Glaubens lächerlich fand, ja verachtete. Kelsos, Porphyrios, Lukian, Pelagius, Arius, die Manichäer, Averroës und viele andere kläffen aus dem gleichen Grunde wie tolle Hunde gegen Christus und seine Kirche. Deshalb sagt auch der Volksmund: „Große Philosophen – große Ketzer". Hieronymus nennt sie Ketzerpatriarchen, ägyptische Erstgeburt[416] und Werkzeuge des Teufels. Das ist nur allzu wahr, denn alles, was es jemals an Häresien gab, entsprang den Quellen der Philosophie und gedeiht bei ihr wie in einem Treibhaus. Von der Philosophie ist nahezu die ganze Theologie verführt worden: Statt christlicher Lehrer entstanden falsche Propheten, Häretiker und Philosophen, die Gottes Offenbarungen mit Menschengedanken auf eine Stufe stellten, sie mit seltsamen, von Menschen geschaffenen Lehren besudelten und sogar die schlichte Theologie, wie Gerson es ausdrückt, zu sophistischem Wortgeklingel und zu einer mathematischen Chimäre herabwürdigten. In Voraussicht solcher Dinge mahnt der Apostel Paulus so oft und fordert zur Wachsamkeit auf: „Sehet zu, daß euch niemand durch Philosophie dahinraffe oder verführe!"[417] Augustinus schützt und verteidigt den Gottesstaat vor der Philosophie, fast alle anderen Theologen und Kirchenväter sind ebenfalls der Meinung, man müsse die Philosophie von allen christlichen Lehrstätten strikt fernhalten, ja sie völlig ausrotten. Auch bei den Heiden kann man dafür Beispiele lesen: Die Athener haben Sokrates, den Vater der Philosophie, umgebracht; die Römer vertrieben die Philosophen aus ihrer Stadt; Messenier und Spartaner haben Philosophen nie geduldet; unter Domitian wurden sie aus Rom vertrieben und aus ganz Italien verbannt[418]. Es gibt auch ein Dekret von König Antiochos gegen junge Männer, die sich mit Philosophie beschäftigen, und gegen Eltern, die das dulden. Doch nicht nur Kaiser und Könige verurteilten und vertrieben Philosophen, sondern auch die klügsten Geister widerlegten sie in ihren Schriften. Unter ihnen nenne ich Timon aus Phleius mit seinem beißenden Spott gegen Philosophen, Aristophanes, der sie mit seiner Komödie „Die Wolken" der Lächerlichkeit preisgab[419], und Dion aus Prusa, der die beste Rede gegen Philosophen, die es je gab, gehalten hat. Auch Aristeides hat im Auftrag von vier einflußreichen Athenern eine eindrucksvolle Schrift gegen Platon verfaßt[420], und Hortensius, ein Römer aus bestem Hause und vorzüglicher Redner, hat mit eindrucksvollen Argumenten die Philosophie angegriffen. Doch genug davon.

Kapitel LIV
Moralphilosophie

Wenn es überhaupt, wie einige meinen, eine Philosophie oder Lehre vom Verhalten gibt, dann besteht sie meiner Ansicht nach nicht in erster Linie aus philosophischen Gedankenspielereien, die durch Zeitumstände, Gewohnheit und Alltagspraxis beeinflußt werden und sich je nach den Verhältnissen und Anschauungen ändern können, sondern stellt eher eine Belehrung durch Zuckerbrot und Peitsche für Kinder und durch Gesetze und Strafen für die Erwachsenen dar. Einiges, was auf diese Weise nicht übermittelt werden kann, entwickelt sich auch durch das natürliche Streben der Menschen, doch kommt auch manches im Laufe der Zeit und durch stillschweigendes Übereinkommen wieder außer Gebrauch. So gilt manches, was früher als Laster angesehen wurde, heute als Tugend und manches hier als Tugend Angesehene anderswo als Laster. Was dem einen ehrenvoll vorkommt, scheint anderen schändlich, was uns gerecht dünkt, mutet andere ungerecht an, kurz, es hängt von Ort, Zeit, Stand, Ansichten und Gesetzen der Menschen ab.

Bei den Athenern durfte ein Mann eine leibliche Schwester heiraten, was bei den Römern als Frevel galt; früher durften die Juden, noch heute dürfen die Türken mehrere Frauen und dazu noch Kebsweiber haben. Bei Christen ist das nicht nur unerlaubt, sondern ein verdammungswürdiges Verbrechen. In Griechenland pries man Jünglinge, die zahlreiche Liebhaber und Verehrer hatten. Dort galt es auch nicht als Schande, wenn Frauen ebenso wie Männer auf der Bühne auftraten und sich den Leuten zur Schau stellten, während Latiner und Römer das für erniedrigend und mit ehrenhaftem Betragen völlig unvereinbar hielten. Andererseits hatten die Römer keinerlei Bedenken, ihre Ehefrauen zu Gastmählern und Festlichkeiten mitzunehmen, und die Frauen bewohnten bei ihnen die besten Räume im Hause. Bei den Griechen wird im Gegensatz dazu keine Ehefrau bei einem Gastmahl zugelassen, allenfalls einmal eine Verwandte, sonst hält sich die Ehefrau nur im inneren, allein näheren Verwandten zugänglichen Teil des Hauses auf.

„Diebstahl war bei Ägyptern und Spartanern nichts Ehrenrühriges, doch bei uns werden Diebe am Galgen aufgehängt“, schreibt Firmicus Maternus in seinem Lollius gewidmeten astrologischen Werk und fährt fort: „Bestimmte Völker sind von den Gestirnen so beeinflußt und geformt, daß sie typische, jedem erkennbare Charaktereigenschaften besitzen: Die Skythen beispielsweise wilde Grausamkeit, die Italiener Grandezza, die Gallier Albernheit, die Sizilianer Scharfsinn, die Asiaten fortwährendes Streben nach Genuß und Wollust, die Spanier Prahlerei und Stolz.“[421] Jedes Volk hat unterschiedliche Sitten und Verhaltensweisen, die von den Sternen bestimmt werden und an denen die Volkszugehörigkeit leicht erkennbar ist: Stimmlage, Aussprache, Redeweise, Art des Denkens und der Unterhaltung, bestimmte Speisen und typisches Verhalten bei Geschäftsverhandlungen, gewisse Verhaltensweisen bei Liebe, Haß, Zorn oder kriegerischen Auseinandersetzungen lassen mit Gewißheit die Volkszugehörigkeit erkennen. Sieht man einen Mann mit gockelhaftem Gang, soldatischem Gebaren, ungebärdigem Gesichtsausdruck, brüllender Stimme, nüchterner, ja karger Rede, mit rauhen Umgangsformen in schäbiger oder zerrissener Kleidung, wird man ihn dann nicht sogleich für einen Deutschen halten? Erkennt man nicht die Franzosen an trippelndem Gang, verbindlichen Gesten, liebedienerischem Gesichtsausdruck, flüssiger Rede, höflichen Umgangsformen und an legerer Kleidung, die Italiener an gravitätischem Gang, gewichtigen Gesten, ständig wechselndem Gesichtsausdruck, sanfter und einschmeichelnder Stimme, hinreißender Redegabe, großzügigem Verhalten und prächtiger Kleidung oder die Spanier an feierlichem Einherschreiten und Verhalten sowie vornehmen Gesten, bedeutungsvoller Miene, dunkler Stimme, eleganter Rede und gewählter Kleidung? Bekanntermaßen blöken die Italiener beim Singen, die Spanier schluchzen, die Deutschen heulen, und die Franzosen tremolieren. Wenn sie Reden halten, geben sich die Italiener ernsthaft und sind dabei sehr schlau, die Spanier gebildet und doch prahlerisch, die Franzosen schlagfertig, doch arrogant, die Deutschen hart und schlicht. Bei Beratungen ist der Italiener umsichtig, der Spanier verschlagen, der Franzose unbedacht, der Deutsche sachlich. Hinsichtlich der Nahrung ist der Italiener auf Sauberkeit bedacht, der Spanier auf Genüsse, der Franzose auf Fülle, der Deutsche auf Einfachheit. Gegenüber Fremden verhalten sich Italiener beflissen, Spanier friedlich, Franzosen freundlich, Deutsche unhöflich. Bei Unterhaltungen zeigen sich die Italiener klug, die Spanier vorsichtig, die Franzosen charmant, die Deutschen herrisch und unleidlich. In der Liebe sind Italiener eifersüchtig, Spanier ungeduldig, Franzosen leichtfertig, Deutsche anspruchsvoll. Wenn sie hassen, sind Italiener heimtückisch, Spanier unversöhnlich, Franzosen aggressiv, Deutsche rachsüchtig. Geht es um Geschäfte, dann sind Italiener umsichtig, Deutsche fleißig, Spanier wachsam und Franzosen aufmerksam. Als Soldaten sind die Italiener tüchtig, doch grausam, die Spanier schlau und beutegierig, die Deutschen grimmig, doch käuflich, die Franzosen großmütig, doch unvorsichtig. Die Italiener leisten Hervorragendes in der Literatur, die Spanier in der Seefahrt, die Franzosen in der angenehmen Lebensgestaltung, die Deutschen auf religiösem Gebiet und in den mechanischen Künsten. Jedes Volk, ob groß oder klein, zivilisiert oder wild, hat besondere Bräuche und Riten, unterschieden jeweils durch den Einfluß der Gestirne. Sie dürfen nicht irgendeinem philosophischen System zugerechnet werden, sondern entwickeln sich in den Menschen allein aus der Kraft der Natur ohne jede künstliche Lehre.

Doch wenden wir uns denen zu, die ihre Lehren auf diesem Gebiet niedergeschrieben haben und damit gewiß die Aufgabe der Schlange erfüllt haben, indem sie uns die Frucht anboten, durch deren Genuß wir lernen sollen, was gut und was böse ist. Der erste Satz ihrer unheilbringenden Lehren besagt, man müsse Gut und Böse genau kennen, dann würden die Menschen in weit höherem Maße nach Tugend streben und Laster meiden. Doch wäre es nicht sicherer, zweckmäßiger und auch erfolgversprechender, Böses nicht nur zu unterlassen, sondern es überhaupt nicht zu kennen? Bekanntlich sind wir doch gerade dadurch ins Unglück gekommen, daß die Ur-Eltern der Menschen es lernten, Gut und Böse zu erkennen! Man könnte den Philosophen diese irrige Ansicht verzeihen, wenn sie nicht unter dem Deckmantel der Tugenden und des Guten die schlimmsten Übel und die schändlichsten Laster lehrten.

Nicht wenige Philosophenschulen behandeln ethische Fragen, z. B. die Akademiker, Kyrenaiker, Eleer, Megariker, Kyniker, Eristiker, Stoiker, Peripatetiker und andere. Über solche Fragen hat sich neben anderen auch der von einigen Autoren als Theodoros der Atheist bezeichnete Philosoph dahingehend geäußert, daß ein Weiser, sollte es die Situation erfordern, durchaus stehlen, huren oder Tempelraub begehen könne, denn all das sei nichts von Natur aus Schlechtes. Beseitigte man die Vorurteile, die sich bei törichten und unaufgeklärten Leuten festgesetzt haben, dann könne ein Weiser in aller Öffentlichkeit und ohne Anstoß zu erregen mit Dirnen Umgang haben. So sehen also die Lehren dieses herrlichen Philosophen aus![422]

Schlimmeres als das ist wohl kaum denkbar, wenn man davon absehen will, daß von Aristoteles, wie zu lesen ist, Liebe zwischen Männern gebilligt wurde und daß sie auf Kreta auch gesetzlich gestattet war. Auch der Peripatetiker Hieronymos preist sie, weil durch sie viele Tyrannen beseitigt wurden. Aristoteles äußert sich an der Stelle in seinen „Politika", an der er es für den Staat als zweckmäßig bezeichnet, daß das niedere Volk nicht allzuviel Nachkommenschaft hat, folgendermaßen: „Außer der Mäßigung im Essen, die sehr zweckdienlich ist, hat der Gesetzgeber noch zahlreiche kluge und erfolgversprechende Maßnahmen getroffen und, um die Männer von den Frauen fernzuhalten, damit diese nicht allzuviele Kinder gebären, den Verkehr zwischen Männern angeordnet."[423]

Das ist also jener Aristoteles, dessen moralische Auffassungen bei Platon Mißbilligung fanden! Bei Aristoteles entwickelte sich Abneigung und Undank gegen seinen Lehrer, weil er von diesem ein hartes Urteil über seine schändlichen Moralauffassungen fürchtete, und deshalb verließ er überraschend und heimlich Athen[424]. Überhaupt war er höchst undankbar gegenüber Leuten, die ihm einmal Wohltaten erwiesen hatten: so hat er sogar Alexander den Großen, der ihm eine glänzende Stellung gegeben, ihm Leib und Seele, ja sein ganzes Leben anvertraut hatte, der seine Heimatstadt hatte wiederaufbauen lassen, durch einen Gifttrank ums Leben gebracht[425]. Aristoteles hat auch, da er nicht viel von der Seele hielt, bestritten, daß es nach dem Tode eine Stätte der Freude gibt, hat einschlägige Zitate früherer Philosophen zusammengetragen, bewußt fehlinterpretiert und sich durch geistigen Diebstahl und Verleumdung seine Berühmtheit verschafft. Schließlich ist er, alt geworden, infolge seiner unmäßigen Gier nach „Wissen" in Wahnsinn verfallen und hat sich selbst den Tod gegeben. So ist er verdientermaßen ein Opfer der Dämonen geworden, die ihn „Wissen" lehrten. Er ist in der Tat ein höchst würdiger Lehrer für unsere heutigen Lateinschulen, den meine lieben Kölner Theologen sogar zu den Heiligen zählen! Sie veröffentlichten nämlich eine Schrift mit dem

Titel „Über das Seelenheil des Aristoteles“ und ein weiteres in Versen über sein Leben und seinen Tod mit einem theologischen Kommentar, der zu dem Schluß kommt, Aristoteles sei auf dem Gebiet der Natur ein Vorläufer Christi gewesen, wie es Johannes der Täufer in geistlicher Hinsicht war.[426]

Doch wir wollen nicht allzuweit vom Thema abkommen und die Ansichten der Philosophen über die Glückseligkeit und das höchste Gut hören: Die einen sahen es nämlich in der Lust (z. B. Epikur, Aristipp, Eudoxos von Knidos, die Kyrenaiker[427] und andere), manche verbanden mit dem Streben nach Lust auch ehrenhafte Motive (z. B. Deinomachos und Kalliphon), andere sahen Naturgemäßheit als höchstes erstrebenswertes Gut (z. B. Karneades und Hieronymos von Rhodos), einige das Freisein von Schmerz (so Dionysios[428]), viele die Tugenden, z. B. Pythagoras, Sokrates, Ariston, Empedokles, Demokrit, Zenon aus Kition, Kleanthes, Hekaton, Poseidonios, Diogenes aus Babylon, Antisthenes, alle Stoiker und dazu viele von unseren Theologen, die sich im wesentlichen dieser Ansicht angeschlossen haben. Außerdem spricht man vom engen Zusammenhang der Tugenden, der die grundlegende Voraussetzung für die Glückseligkeit bilde und in dem sich alle Tugenden vereinen müßten. Geschähe das nicht, dann könnten die Menschen nicht glücklich werden, selbst wenn nur eine einzige Tugend fehlte. Weil aber nun die Tugenden verschiedenartig sind und zueinander in gewissem Widerspruch stehen (z. B. Großzügigkeit und Sparsamkeit, Stolz und Demut, Barmherzigkeit und Gerechtigkeit, Beschaulichkeit und Betriebsamkeit und dergleichen mehr), so können sie, falls nicht alle sich vereinen, eher als Fehler denn als Tugenden gelten.[429] Der Punkt aber, in dem sie alle zusammentreffen müssen, soll nach Ansicht von Ambrosius, Laktanz und Macrobius, die sich auf Platons Aussage im „Staat“ stützen, die Gerechtigkeit sein[430]. Andere meinen, es sei die Besonnenheit, die alles im Zaum hält, andere die Liebe, ohne die man nach Paulus keine Tugend entwickeln kann. Thomas, Heinrich, Scotus und andere gehen mit ihren Argumenten noch darüber hinaus[431].

Kehren wir zurück zur Glückseligkeit als höchstem Gut: Theophrast sieht es im Schicksal, Aristoteles auch, allerdings ist bei ihm Schicksal die Verbindung von natürlicher Anlage mit den Tugenden (genauer betrachtet in der Verbindung von Lust mit Tugenden, die als Verbrämung dienen sollen, wie es ja auch Epikur sieht), die Peripatetiker sehen es in forschender Beobachtung. Die Philosophen Herillos, Alkidamas und die Sokratiker hielten wissenschaftliche Erkenntnis für das höchste Gut, die von Apollonios und Pomponius als Nachbarn der Chalyber erwähnten Tibarener hingegen Wohlleben und fröhliche Ausgelassenheit[432]! Es gibt allerdings auch Leute, die es im Schweigen und in der Stille sehen.

Die Platoniker samt ihrem Platon und Plotin, bei denen es immer ein wenig nach Göttlichem riecht, sahen die Glückseligkeit im Eins-Sein mit dem höchsten Gut, Bias aus Priene in der Weisheit, Bion von Borysthenes in der Klugheit, Thales aus Milet in der Verbindung beider, Pittakos aus Mytilene in guten Handlungen, Cicero im Frei-Sein von allen Dingen, das allerdings nur in Gott zu finden ist.

Ich lasse jetzt die Popularphilosophen beiseite, die jedes Vorhandensein von Glückseligkeit bestreiten (z. B. Pyrrhon aus Elis, Xenophanes und andere) oder das höchste Glück in Ruhm, Ehre, Macht, Reichtum, Muße oder ähnlichem sehen (z. B. Periander von Korinth, Lykophron), und die, von denen der Psalmist sagt: „... ihr Mund redet Falsches und ihre rechte Hand trügt. Ihre Söhne sind wie Pflanzen, die aufschießen in ihrer Jugendkraft, ihre Töchter wie Säulen als Schmuck für Paläste, ihre Kammern sind gefüllt, daß sie Vorrat beständig geben, ihre Schafe mehren sich auf ihrer Weide, ihre Rinder sind fett und haben weder Krankheiten noch Verluste, auf ihren Plätzen tönt kein Klagegeschrei. Glückselig hat man das Volk genannt, dem es so geht."[433]

Doch auch über das Wesen der Lust, die, wie bereits erwähnt, von Epikur für das höchste Gut gehalten wurde, sind sie völlig unterschiedlicher Ansicht, denn Archytas aus Tarent, Antisthenes und Sokrates erklären sie für das größte Übel, während Speusipp und einige Mitglieder der älteren Akademie[434] Lust und Schmerz als zwei einander entgegengesetzte Übel und die Mitte zwischen ihnen als das Gute bezeichnen. Zenon hielt die Lust weder für gut noch für schlecht, sondern für indifferent. Der Peripatetiker Kritolaos und Platon nennen die Lust ein Übel, und zwar Ursprung und zugleich Köder des Übels. Es würde zu weit führen, wollte ich hier alle Ansichten über Glückseligkeit vortragen und aneinanderreihen, womit andere Leute schon so viele Bücher vollgeschrieben haben; hat doch allein Marcus Varro, wie Augustinus erwähnt, mindestens 288 Meinungen zu diesem Thema zusammengetragen[435], von denen ich die meines Erachtens bedeutenderen dargestellt habe.

Betrachten wir nun, wie all das mit dem christlichen Standpunkt zu vereinbaren ist, dann wird deutlich, daß Glück und Seligkeit nicht durch „Tugend" nach stoischer, nicht durch Reinigung nach akademischer und auch nicht durch forschende Beobachtung nach peripatetischer Art für uns erreichbar sind, sondern durch den Glauben und die Gnade in Gottes Wort.

Wie der Leser vernommen hat, sehen manche Philosophen Glück oder Seligkeit in der Lust, Christus hingegen in Hunger und Durst, manche in Ehrbarkeit, hohem Ansehen und einem großen Namen, Christus in Schmähung und Haß seitens der Menschen, manche in Naturgemäßheit, Gesundheit, Fröhlichkeit und Frei-Sein von Schmerz, Christus in Weinen und Trauern, manche in Klugheit, Wissen und sittlichem Verhalten, Christus in der Unschuld, Einfalt und Reinheit des Herzens, manche im Schicksal, Christus in der Barmherzigkeit, manche in Kriegsruhm und Landeroberung, Christus im Frieden, manche in Ämtern und Würden, Christus in der Demut (indem er die Sanftmütigen selig nennt), manche in Macht und Sieg, Christus im Erleiden von Verfolgung, manche im Reichtum, Christus in der Armut[436]. Christus lehrt, daß wahre Kraft und Tugend allein durch Gottes Gnade erlangt werden kann, die Philosophen verkünden, dies sei aus eigener Kraft und durch Selbsterziehung und Gewöhnung möglich. Christus lehrt, daß jede Begierde Sünde ist, die Philosophen erklären sie für indifferent, also weder Tugend noch

Laster, und es sei schon eine Tugend, wenn man sich von einer Begierde nur in geringem Maße ergreifen lasse. Christus lehrt, man soll seinen Nächsten annehmen, ja sogar seine Feinde lieben, gern anderen etwas leihen, niemals Rache üben und jedem geben, der da bittet; die Philosophen lehren, man solle Gutes nur dem tun, der es einem vergilt, und sie verkünden weiterhin, Zorn, Haß, Streit, Krieg und Wucher seien erlaubt. Außerdem haben uns diese Philosophen durch ihr Gerede vom freien Willen, vom Gebot der Vernunft und von der Erleuchtung durch die Natur mit den häretischen Pelagianern[437] beschenkt.

Die ganze Moralphilosophie ist, wie Laktanz bezeugt, falsch und ohne Sinn: Sie lehrt nicht die Werke der Gerechtigkeit, bestärkt nicht das Pflichtbewußtsein und die Vernunft im Menschen und steht völlig im Widerspruch zu Gottes Gebot und zu Christi Leben, denn ihren Glanz verdankt sie allein dem Teufel.

Kapitel LV
Politik

Zu dieser Philosophie gehört auch die Politik als Kunst, einen Staat zu verwalten. Es gibt drei Staatsformen: Die Monarchie als Herrschaft einer Einzelperson, die Aristokratie als Herrschaft einiger weniger, nämlich der Reichen und Adligen, genannt Optimaten, und die Demokratie als Herrschaft der Menge, d. h. des Volkes. Diesen Formen verwandt sind die Tyrannis, die Oligarchie und die Anarchie.[438] Welche von den genannten den Vorzug verdient, ist bei den Autoren bis zum heutigen Tage umstritten.

Die Verfechter der Monarchie begründen ihre Ansicht mit Beispielen aus dem Reich der Natur: Wie es im Universum nur einen Höchsten gibt, nämlich Gott, bei den Gestirnen die Sonne, bei den Bienen einen König, bei Herden ein Leittier, wie bei den Kranichen alle einem folgen, so müsse es im Staat einen König als Haupt geben, dem sich die Glieder auf keinen Fall widersetzen dürfen. Platon, Aristoteles und Apollonios befürworten die Monarchie als Staatsform, und von den christlichen Autoren pflichten dem Cyprian und Hieronymus bei.

Die Bewunderer der aristokratischen Staatsform verweisen darauf, daß es nichts Geeigneteres zur Verwaltung wichtiger Angelegenheiten gebe als die Beratungen mehrerer, nämlich der besten Leute, die sich dann auf eine Ansicht einigen. Deren Beschlüsse seien dann zwangsläufig ebenfalls die besten. Allein sei keiner klug genug, das sei nur Gott. Dieser Meinung sind Solon, Lykurg, Demosthenes, Cicero und alle antiken Gesetzgeber, sogar Moses. Auch Plato unterstützt sie, wenn er sagt, daß der Staat (bzw. die Stadt) die beste Verfassung zu haben scheint, der von Philosophen regiert wird.[439] „... und von edlen Männern“ möchte ich mir hinzuzufügen erlauben und finde damit gewiß bei vielen Zustimmung.

Die Vertreter einer Volksherrschaft versehen diese mit der wunderschönen Bezeichnung Isonomie, d. h. Gleichheit der Rechte. Dort wird alles auf die Gemeinschaft bezogen, alles vom Volk, dem ja alle angehören, beraten. Es gilt: „Volkes Stimme ist Gottes Stimme."[440] Deshalb wird zwangsläufig das, was von allen beschlossen, was vom Volke einvernehmlich festgelegt wurde, für das beste und gerechteste gehalten, als sei es ein Gebot Gottes. Diese Herrschaftsform sei, so meinen ihre Anwälte, weniger als die Aristokratie gefährdet, weil sie kaum unter Aufständen zu leiden habe, denn das Volk ist nie oder höchst selten in sich zerstritten, während es bei den Adligen recht häufig und dazu noch sehr schwere Auseinandersetzungen gebe. Außerdem gibt es bei der Volksherrschaft völlige Gleichheit und Freiheit, die von niemandes Tyrannei unterdrückt wird, weil für alle gleiche Ehren und Ämter erreichbar sind: Keiner hat vor anderen den Vorrang, jeder einzelne und das gesamte Volk regiert und wird zugleich regiert. Für diese Herrschaftsform traten der Perser Otanes, Eukrates und Dion[441] von Syrakus ein. Und auch wir sehen ja, daß in der heutigen Zeit von allen Staaten der christlichen Welt Venedig und die Schweiz gerade durch diese Demokratie in höchster Blüte stehen, sich durch Klugheit und Macht sowie durch Reichtum und Gerechtigkeit vor allen anderen auszeichnen und damit höchste Anerkennung verdienen. Auch der athenische Staat, einst ausgedehnt und mächtig, wurde nur demokratisch regiert, und alles geschah durch das Volk und öffentlich vor dem Volk.

Auch die Römer haben alle diese drei Herrschaftsformen über sich ergehen lassen: Den größten Teil ihrer Macht und ihres Reiches haben sie unter der Demokratie errungen, sehr schlimm erging es ihnen unter der Herrschaft der Könige und der von Optimaten, am allerschlimmsten aber unter den Kaisern, an denen schließlich die gesamte Macht Roms zugrunde ging. Welche der drei die beste und zweckmäßigste Herrschaftsform ist, läßt sich also nur schwer entscheiden, zumal jede ihre Verfechter und ihre Feinde hat.

Könige, die alles, was ihnen beliebt, ungestraft tun können, führen ihre Herrschaft nur sehr selten gut und kommen fast nie ohne Kriegsgetöse aus. Das Königtum trägt insofern ein Erbübel in sich, als Männer, die früher untadelig und anerkanntermaßen vorbildlich waren, wenn sie zugleich mit dem Königtum auch die Macht zu Unrechtshandlungen empfangen haben, sich plötzlich als hochfahrend und von übelster Gesinnung entpuppen. Beispiele dafür sind Caligula, Nero, Domitian, Mithradates und viele andere, ja sogar Saul, David, Salomo, die von Gott erwählten Könige! Die heiligen Schriften berichten, daß von allen Königen Judas kaum einer und von denen Samarias kein einziger für gut befunden worden ist. Auch die heutigen Könige, Kaiser und Fürsten betrachten sich nicht als geboren und in ihr Amt eingesetzt, um für das Volk, die Bürger, die einfachen Leute und deren Interessen einzutreten, sondern für ihre Adligen und deren Wohlergehen. Deshalb stehen bei ihrem Regiment die Besitztümer aller ihrer Bürger nicht unter ihrem Schutz, sondern sind dem Raub und der Plünderung preisgegeben, wobei allen alles genommen werden kann. Sie verfahren willkürlich mit ihren Untertanen und mißbrauchen die ihnen von Gott verliehene Macht über sie, indem sie von den Bürgern Darlehen erzwingen, die einfachen Leute durch Abgaben und andere Schichten durch zahlreiche unterschiedliche Steuern maßlos belasten. Wenn sie das manchmal in nicht so starkem Maße tun, dann nicht etwa zum allgemeinen Besten, sondern zum eigenen Vorteil: sie lassen den Untertanen ein wenig Besitz, den man ihnen dann bei günstiger Gelegenheit wieder nehmen kann. Um Lob für ihre Gerechtigkeit einzuheimsen, haben sie strenge Gesetze erlassen, die allerdings nur ihre eigene Habgier und Grausamkeit bemänteln sollen. Verstöße gegen diese werden mit grausamen Strafen, Vermögenseinzug oder sehr hohen Geldbußen geahndet. In diesem Punkt sind sie nicht besser als Tyrannen, denn sie wünschen sich ja möglichst viele Gesetzesbrecher. Wie nämlich Verbrechen von Delinquenten die Macht von Tyrannen fördern, so fördert eine große Zahl von Gesetzesübertretungen den Reichtum der Fürsten. Ich war früher in Italien mit einem bedeutenden Fürsten eng befreundet. Er sagte mir auf meine Aufforderung hin, er solle doch die Auseinandersetzungen zwischen den Ghibellinen und Guelfen in seinem Herrschaftsgebiet gütlich beilegen, ganz offen, dieser Streit bringe ihm jährlich zwölftausend Dukaten an Bußgeldern in die Staatskasse. Mehr darüber werde ich in meinem Werk über Adel und Politik bringen.[442]

Wo aber die Vornehmsten die Macht im Staat ausüben, da gibt es Haß und Rivalitäten. Deshalb führen sie äußerst selten das Regiment in Eintracht. Da jeder seine Meinung für die beste hält und eine führende Stellung anstrebt, kommt es zu Privatfehden, die dann häufig zur Bildung von Gruppen, zu Aufständen, Mord und Totschlag sowie Bürgerkrieg bis zum Untergang des Staates führen. Beispiele für solche unheilvollen Geschehnisse finden sich bei griechischen und lateinischen Historikern zur Genüge, und noch heute bieten dafür einige Staaten Italiens beklagenswerte Schauspiele.

Eine Verwaltung des Staates durch das Volk halten allerdings nahezu alle Autoren für das schlimmste. Apollonios rät Vespasian mit vielen Gründen von ihr ab; auch Cicero meint, beim einfachen Volk finde man keine Vernunft, keine Planung und Umsicht und kein Unterscheidungsvermögen, wie es auch ein Dichter ausdrückt:

> Unsicher, teilt sich das Volk und kämpft für beide Parteien.[443]

Der Perser Megabyzos[444] sagt, es gebe nichts Anmaßenderes und Törichteres als die Volksmasse und es sei für das Volk geradezu kennzeichnend, daß es sich, auch wenn es nichts davon versteht, völlig planlos auf Dinge stürzt, die es sich vorgenommen hat. Demosthenes nennt das Volk eine bösartige Bestie, Platon ein vielköpfiges Ungeheuer, ähnlich denkt auch Horaz, und Phalaris[445] schreibt an Hegesipp: Das Volk ist insgesamt unbesonnen, töricht, träge, doch sofort bereit, seine Meinung zu ändern; es ist treulos, unzuverlässig, voreilig, verräterisch, betrügerisch, großsprecherisch, ebenso leicht zu Zorn wie Begeisterung verführbar. Deshalb muß auch ein ehrlicher Mann schmählich scheitern, wenn er sich bei der

Führung des Staates um die Gunst des Volkes bemüht. Der spartanische Gesetzgeber Lykurg gab einem, der ihn fragte, warum er nicht die Volksherrschaft im Staat eingeführt habe, zur Antwort: „Führe du sie doch erst einmal zu Hause ein!"[446] Auch Aristoteles erklärt in seinen „Ethika" die demokratische Herrschaftsform zur schlechtesten und die monarchische zur besten.[447] Das Volk ist nämlich ein Meister allen Irrtums, ein Lehrer üblen Verhaltens, eine einzige Ansammlung von Unheil. Es läßt sich weder durch Vernunft noch Autorität noch Belehrung beeinflussen, denn Vernunft kennt es nicht, Autorität mißachtet es, Belehrungen gegenüber ist es störrisch und abweisend. Ständig wechselt sein Verhalten, stets will es etwas Neues und ist nie mit dem Gegenwärtigen zufrieden. Nicht Lehren von Weisen, nicht väterliche Zucht, nicht die Autorität der Obrigkeit, ja nicht einmal die fürstliche Majestät können das Volk im Zaume halten; denn die Lehren der Weisen vermitteln zu wollen ist nicht ungefährlich und vergeblich dazu – angesichts der beim Volk fast immer dominierenden Dummheit. Das zeigte sich, als Sokrates den Athenern seine Ansicht über die Götter darstellte, als Kapys die Trojaner hindern wollte, das Pferd in die Stadt zu bringen, als Magius der Stadt Capua empfahl, Hannibal nicht einzulassen, als Aemilius Paullus bei Cannae von der Schlacht abriet.[448] Schließlich zeigte es sich auch darin, daß das jüdische Volk auf die Worte so vieler Propheten in keiner Weise hörte. Und wie könnten denn die Gesetze und Beschlüsse des Volkes gut sein, wenn das Volk fast niemals weiß, was wahrhaft das beste ist? Die meisten von ihnen sind Handarbeiter: Bei ihnen gelten keine Überlegungen von Recht und Billigkeit, sondern nur ihre Quantität zählt; deshalb gibt es auch stets mehr Schlechte als Gute. Als guter Führer gilt bei ihnen nicht, wer Urteilsvermögen besitzt, sondern wer bei der Masse in Gunst steht. So sagt Plinius der Jüngere: Die Zahl, nicht das Gewicht der Stimmen entscheidet.[449] Bei einer Beratung des Volkes setzt sich nämlich nicht die Meinung der Klügeren, sondern die der Mehrheit durch. Obwohl bei ihnen alle als gleich gelten, gibt es doch nichts so Ungleiches wie ebendiese Gleichheit. Denn durch dieses Wilddrauflos-Handeln wird nichts Sinnvolles geschaffen, nichts Schlimmes zum Besseren gewandt, ja vieles, das vorher aufs beste geordnet war, wird durch die Hemmungslosigkeit des Volkes erst erschüttert und schließlich vernichtet.

Aus diesen so unterschiedlichen Formen der Herrschaft im Staat haben allerdings die meisten eine aus zwei Formen zusammengesetzte Herrschaft im Staat bevorzugt, wie sie beispielsweise Solon aus den Vornehmsten und dem Volk bildete, indem er allen die ihnen gemäßen Ämter und Ehren zuwies.[450] Häufig findet sich aber auch der aus allen Formen gemischte Staat, z. B. bei den Spartanern: Einen König hatten sie ständig, aber er übte seine Macht nur zu Kriegszeiten aus; es gab auch einen Rat der Vornehmen und Reichen, und aus dem Volk wurden zehn ständige Ephoren gewählt, die Gewalt über Leben und Tod besaßen und den Stand des Volkes repräsentierten.[451]

Bei den Römern war früher der Demokratie ein aristokratisches Element in Gestalt des Senats beigefügt, denn viele Dinge wurden vom Volk, einige aber auch vom Senat entschieden. Heutzutage herrschen vielerorts Könige und Fürsten absolut, und doch werden von ihnen die Vornehmsten im Lande zur Beratung und zu Verwaltungsaufgaben hinzugezogen.

Hier erhebt sich die Frage, was für den Fortbestand eines Staates günstiger ist, ein schlechter Fürst mit guten Beratern oder ein guter und tüchtiger Fürst mit schlechten Ratgebern. Marius Maximus und Julius Capitolinus sowie viele andere geben ersterem den Vorzug.[452] Dem widersprechen allerdings viele andere gewichtige Autoren, zumal man im Alltagsleben häufiger die Besserung schlechter Menschen durch einen guten Fürsten als die eines schlechten Fürsten durch gute Menschen erlebt.

Letztlich hat aber für die ideale Regierung eines Staates die Rechtschaffenheit und Befähigung der Regenten größeres Gewicht als irgendeine Philosophie, ein kunstreiches System oder theoretisches Wissen. Vorbildlich die Herrschaft führen können einer, einige wenige oder das gesamte Volk – wenn sie rechtschaffen und fähig dazu sind; sind sie das nicht, dann ist jede Herrschaftsform übel. Es mildert zwar ein wenig ihre Unzulänglichkeit, wenn viele Leute offen zugeben, daß sie nichts davon verstehen, ja völlig außerstande sind, Ackerbau oder Viehzucht zu treiben, ein Schiff zu führen, einer Familie vorzustehen oder Kinder zu erziehen. Leider ist aber niemand der Ansicht, daß ihm die Natur die Fähigkeit versagt hat, Städte zu verwalten, als König oder Fürst zu agieren und, was am schwersten ist, Völkern und Nationen zu gebieten.

Auf die Wissenschaft von den bürgerlichen Gesetzen, kraft deren alle Staaten und Städte bestehen, regiert, gefördert und erhalten werden, will ich später noch zu sprechen kommen.

Kapitel LVI
Religion allgemein

Zu einem vollständigen Staat gehört auch die Religion, ein Bereich äußerlich sichtbarer heiliger Dinge und Zeremonien, durch den man symbolisch an innere, geistliche Dinge gemahnt wird. Cicero definiert sie als eine Disziplin, in der gottesdienstliche Zeremonien in ehrfürchtiger Weise stattfinden, und bezeugt sie als höchst nützlich und notwendig für das Gemeinwesen.[453] So auch Aristoteles in seinen „Politika“: „Ein Fürst muß vor allem als gottesfürchtig erscheinen. Die Untertanen glauben dann, sie hätten von ihm weniger Unrecht zu erwarten, und planen gegen ihn, als stünde er unter göttlichem Schutz, weniger Anschläge.“[454]

Die Religion ist uns Menschen von der Natur so tief eingepflanzt, daß wir uns mehr durch sie als durch die Gabe der Vernunft von den anderen Lebewesen unterscheiden. Daß uns aber die Religion natürlicherweise eingepflanzt ist, so sagt selbst Aristoteles, wird daraus ersichtlich, daß wir bei plötzlich auftretender

Gefahr, Angst oder Verwirrung sofort, ohne zuvor sonst eine Maßregel oder Entscheidung zu treffen, zu einem Anruf einer Gottheit unsere Zuflucht nehmen, weil uns ganz offenkundig die Natur ohne jeden anderen Lehrer nahegelegt, göttliche Hilfe zu erflehen.

Sogleich nach der Erschaffung der Welt brachten Kain und Abel Gott Opfer religiöser Art dar, und Enosch legte als erster den Ritus fest, nach dem Gott angerufen werden soll. Deshalb heißt es in der Schrift über ihn: Von da an begann man, den Namen des Herrn anzurufen[455]. Nach der Sintflut sind vielen Völkern zahlreiche Gesetze über Religion gegeben worden: Den Ägyptern von Hermes und König Menes, den Kretern von Melisseus, dem Ziehvater des Zeus, den Latinern von Faunus und vor diesem von Janus, den Römern von Numa Pompilius, den Juden von Moses und Aaron, den Griechen von Orpheus. Wie zu lesen ist, hat einst Kadmos, Agenors Sohn, aus Phönizien Mysterien und Götterkulte sowie Weihung von Götterbildern, Hymnen, Prozessionen und Feste zu Ehren von Göttern in Griechenland eingeführt.

Es hat sogar, wie berichtet wird, besondere Gottheiten für Diebstahl und andere Verbrechen gegeben. Und diese Götter sind nicht nur namentlich bekannt, man gab ihnen sogar Tempel und opferte ihnen! Die Römer verehrten den Ehebrecher und Schürzenjäger Zeus, sie errichteten der Fiebergöttin Febris auf dem Palatium ein staatliches Heiligtum und der Unglücksgöttin Mala Fortuna einen Altar auf dem Esquilin.[456] Sogar in der Unterwelt entdeckten sie Götter, die man verehren mußte, und natürlich den Höllenfürsten, den Finstersten und Verworfensten, Satanas, den sie unter den Namen Dis, Pluto oder Neptun verehren und dem sie als Wächter den dreiköpfigen Zerberus (d. h. Fleischfresser) beigeben. Er streicht stets umher und sucht, wen er verschlinge.[457] Dabei schont er keinen, schadet jedem und klagt alle fälschlich an, weshalb er Diabolos, d. h. Verleumder, genannt wird und der Dichter über ihn sagt:

> Strafe für alle Vergehen, im Leben der Menschen begangen,
> fordert der Unterweltsfürst, er wütet ohne Erbarmen
> selbst gegen seine Schergen, damit sie wiederum quälen
> ihre gefesselten Opfer mit hundertfältiger Marter.

In alten Zeiten verehrten die Ägypter sogar vernunftlose Tiere und Mischwesen, und noch heute gibt es Leute, die Götzen und ihre Abbilder anbeten. Die Türken, Sarazenen, Araber, Mauren und ein großer Teil der Weltbewohner verehren sogar Mohammed, den Gründer einer höchst absurden Religion. Die Juden verharren immer noch in ihrem falschen Glauben und erwarten verstockt die Ankunft ihres Messias. Doch auch uns Christen haben unsere Päpste zu unterschiedlichen Zeiten und an unterschiedlichen Orten religiösen Bräuche vorgeschrieben. Kein Wunder also, daß es große Diskrepanzen gibt hinsichtlich der Anordnungen für Zeremonien, Gottesdienst, Speisen, Fasten, Einkünfte, Prachtentfaltung, Tragen von Mitren sowie von Purpurgewändern usw.

Doch eines übertrifft all das Wunderbare bei weitem, nämlich die Zuversicht dieser Leute, mit solch hoffärtigem Gebaren den Himmel erklimmen zu können, während Luzifer doch gerade deshalb aus dem Himmel verstoßen wurde! Letztlich beruhen alle diese religiösen Satzungen doch nur auf den Entscheidungen ihrer Urheber; außerdem gibt es für ihre Durchsetzung nichts Zuverlässigeres als die Bereitschaft der Menschen, an sie zu glauben. Man bedenke, wie viele religiöse Bewegungen, Zeremonien, Kulte, Riten, Häresien, Beschlüsse, Urteile und Gesetze es seit Erschaffung der Welt gibt und gegeben hat, und doch kann seit so langer Zeit die Religion die Menschen noch immer nicht ohne Gottes Wort zum rechten Glauben führen! Nachdem es Fleisch geworden ist und am Kreuz über seine Feinde triumphierte, sind die heidnischen Tempel und Götzen zerstört, die alten Göttermächte beseitigt und ihre Orakel zum Schweigen gebracht:

> Längst verhallte der Pythia Stimme, ist nie mehr zu hören,
> denn seit sehr langer Zeit verharrt Apollo in Schweigen,
> steht sein Tempel verschlossen. Du aber diene dem Herren,
> folgend dem Brauch, im Gotteshaus, dann aber eile nach Hause!

Seit Gottes Wort durch die Botschaft des Evangeliums die Welt zu erleuchten begann, sind alle heidnischen Götter wie vom Blitz getroffen niedergestürzt, wie Christus bei Lukas sagt: Ich sah den Satan vom Himmel fallen wie einen Blitz.[458]

Fragen des Glaubens, der Theologie und des Kirchenrechts werde ich später noch behandeln. Ich bespreche Fragen der Religion hier nur im Hinblick darauf, daß die Priester aus ihr Einkünfte beziehen und daß es im Staat bildliche Darstellungen, Statuen, Heiligenbilder sowie Kirchen, Kapellen, Feste, Prozessionen und kirchliche Behörden gibt. Darüber habe ich mit Erlaubnis der Theologischen Fakultät im Jahre 1510 zu Köln einen großen Vortrag nebst Disputation gehalten.[459] Deshalb will ich hier nur kurz darauf hinweisen, daß man auch bei Dingen, die zu Ehren der Religion und zur Förderung des Seelenheils der Menschen geschehen, allzuoft nicht geringe Bosheit und Eitelkeit findet. Daß dem so ist, will ich nun im einzelnen beweisen.

Kapitel LVII
Bilder

Bilderverehrung war schon in alter Zeit nicht bei allen Völkern erlaubt. Für die Juden gibt es nämlich nach der Darstellung des Josephus keinen ärgeren Greuel als bildliche Darstellungen; sie schufen weder Bilder zu Kultzwecken noch zur Erinnerung, denn Gottes Gesetz verbot durch Moses das Schaffen von Abbildern, ihre Aufstellung im Tempel und die Anbetung vor ihnen.[460] Bei den Chinesen war die

Verehrung von bildlichen Darstellungen, wie Eusebius bezeugt, gesetzlich verboten. Auch in den Tempeln der Römer war, wie bei Clemens und Plutarch zu lesen ist, seit dem Erlaß König Numas im Jahre 170 nach der Stadtgründung keine plastische oder bildartige Darstellung mehr zu sehen, was auch von Augustinus unter Berufung auf Varro bestätigt wird: Varros Worte beweisen ganz klar, daß es in Rom 160 Jahre lang keine Götterbilder gegeben hat und daß danach infolge der Aufstellung zahlreicher Bilder und Statuen die Religion immer weniger galt und schließlich sogar verachtet wurde.[461] Die Perser errichteten nach Herodots und Strabons Angaben ebenfalls keine Götterstatuen.[462] Die Ägypter hingegen bewiesen ein Höchstmaß an Verruchtheit und Torheit auf diesem Gebiet, und von ihnen aus breitete sich das Unheil auf alle Völker aus. Dieser schlimme Brauch der Heiden hat nämlich, als sie zum Glauben an Christus bekehrt wurden, auch unsere Religion infiziert und bildliche Darstellungen und zahlreiche pomphafte, aber inhaltsleere Zeremonien in unsere Kirche hineingebracht, die es bei den ersten und wahren Christen überhaupt nicht gegeben hatte.[463]

[So brachten wir nach und nach stumme Bilder unserer Heiligen in die Kirchen und stellten sie feierlich auf die Altäre. Wo der Mensch, der doch ein lebendes Ebenbild Gottes ist, nicht stehen darf, dorthin stellen wir tote Bilder, verneigen uns vor ihnen, küssen sie, bringen ihnen Kerzen und Geschenke dar, schreiben ihnen Wunder zu, kaufen Ablässe bei ihnen, machen Wallfahrten zu ihnen, legen Gelübde ab, verehren sie, ja beten sie gar an!]

Es läßt sich kaum in Worte fassen, welcher Aberglaube, um nicht zu sagen Götzendienst, durch diese Bilder beim einfachen und ungebildeten Volk genährt wird, während die Priester davor bewußt die Augen verschließen, weil sie daraus nicht geringen Vorteil ziehen. Dabei berufen sie sich auf Gregors Wort: „Bilder sind die Bücher des Volkes, mit denen es sich etwas einprägen kann. In ihnen sollen die Ungebildeten lesen und durch ihre Betrachtung zum Nachdenken über Gott geführt werden."[464] Diese Gedanken Gregors wirken fast wie eine Entschuldigung, wobei der heilige Mann zwar Bilder, aber nicht deren kultische Verehrung gestattet. Uns Christen kommt es nämlich nicht zu, aus einem verbotenen Buch der Bilder etwas zu lernen, sondern aus dem Buche Gottes, der Heiligen Schrift. Deshalb muß, wer Gott erkennen will, nicht die Schöpfungen von Malern und Bildhauern befragen, sondern, wie Johannes sagt, in den heiligen Schriften suchen, die von ihm Zeugnis ablegen. Wer aber nicht lesen kann, der soll das Wort der Schrift hören, denn nach Paulus kommt der Glaube durch das Hören[465]. Und Christus sagt bei Johannes: Meine Schafe hören meine Stimme[466]. Und wenn schon (nach Christi Wort) „niemand zu ihm kommen kann, es sei denn, ihn ziehe der Vater" und „niemand zum Vater kommt denn durch Christus selbst"[467], warum sollten wir dann Gott die Ehre dadurch vorenthalten, daß wir sie Bildern und Statuen erweisen, als könnten uns diese zum Nachdenken über Gott führen?

Zu diesem Thema gehört auch die übertriebene Reliquienverehrung. Ich sage es ganz deutlich, und niemand wird es bestreiten können, daß Reliquien von Heiligen verehrungswürdig und heilig sind und dereinst in ewigem Glanz erstrahlen werden. Wir müssen auch die Heiligen selbst aufs höchste verehren, denn sie können fromme Beter zwar überall erhören, vielleicht aber vor allem dort, wo sich etwas von ihren Reliquien als eine Art Unterpfand befindet. Doch leider besteht nicht in allen Fällen die gleiche Gewißheit, weil man an verschiedenen Orten die gleichen Reliquien derselben Heiligen zu besitzen meint, so daß notwendigerweise in manchen Fällen an ihre Echtheit zu glauben töricht wäre.

Damit wir nicht in Götzendienst oder Aberglauben verfallen, ist es besser, wenn wir unseren Glauben nicht an sichtbare Dinge knüpfen, sondern die Heiligen im Geist und in der Wahrheit durch unseren Herrn Jesus Christus verehren, indem wir ihre Hilfe erbitten. Aber deshalb halten wir sie keinesfalls für gewisser und wertvoller als das Sakrament des Leibes Christi, das als einziges Allerheiligstes in allen unseren Kirchen bewahrt wird, weil wir in ihm Christus verehren und als gegenwärtig anbeten, der, zwar überall gegenwärtig, hier sogar leibhaftig gegenwärtig ist.

Aber diese habgierigen Priester, diese raffgierigen Leute, ziehen nicht nur aus Stein- oder Holzstatuen, sondern auch noch aus dem Gebein Toter und aus den Reliquien heiliger Märtyrer Gewinn und würdigen sie zu Werkzeugen ihrer Räubereien herab: Sie verherrlichen die Grabstätten von Bekennern, stellen die Reliquien von Märtyrern zur Schau, lassen sie für Geld berühren und küssen, schmükken ihre Bilder, feiern ihre Feste mit großem Prunk, erklären sie in Predigten für heilig und heben sie mit großen Reden schier in den Himmel. Doch ein Leben nach dem Vorbild der so von ihnen Gepriesenen wollen sie um keinen Preis führen. Hat nicht zu solchen Leuten der Heiland gesagt: „Wehe euch, die ihr den Propheten Grabmäler baut, ihr seid gleich denen, die sie getötet haben.“[468]

Wie einst die Heiden ihren Göttern, so teilen sie den Heiligen bestimmte Aufgaben zu: Einer hilft wie Neptun aus Gefahren des Meeres, einer ist wie Jupiter für den Blitz zuständig, einer wie Vulcanus für Feuer, ein anderer sorgt wie Ceres für eine gute Ernte oder wie Bacchus für ein gutes Weinjahr.

Auch die Frauen haben ihre besonderen weiblichen Heiligen, die sie wie Lucina oder Venus um Kindersegen anflehen, die sie wie Juno anrufen, wenn es Streit in der Ehe gibt oder wenn ihre Männer gestraft werden sollen.

Manche Heilige beschaffen auch Gestohlenes, Verlorenes oder Zerstörtes wieder, und es gibt keine Krankheit, für die sich nicht unter den Heiligen ein Arzt fände, weshalb die Ärzte weniger verdienen als die Rechtsanwälte. Dabei ist keine Streitsache so unbedeutend oder so berechtigt, daß sie nicht einen Heiligen als Patron brauchen könnte.

Wie unsere Seele mit Hilfe unterschiedlicher Organe unterschiedliche Tätigkeiten ausführt und diese Organe je nach ihren Anlagen Unterschiedliches leisten, z. B. die Augen sehen und die Ohren hören, so verwaltet und verteilt unser Herr Jesus Christus in seinem mystischen Leib, dessen Seele er selbst ist, durch seine Heiligen als dazu geeignete Organe auch bei den weniger wichtigen irdischen Dingen die unterschiedlichen Gaben seiner Gnade: Die einzelnen Heiligen bekommen bei ihrer Mitarbeit besondere Aufgaben und dürfen bestimmte Gnaden erweisen. Um dieser vielfältigen Gnadenerweise willen, die teils den Menschen offenbart, teils aus frommen Überlegungen gefolgert wurden, flehen wir mit verschiedenen Gebeten und Anrufungen zu den Heiligen.

Wie durch Christi Tod unser Tod aufgehoben, in seinem Tod auch der Tod der Heiligen und aller Gläubigen geheiligt wurde, so können nach unserem Glauben die Märtyrer, die durch eine bestimmte Krankheit oder Folter umgekommen sind, uns gerade davon befreien, als hätten sie diese für uns auf sich genommen und erlitten. Eine derartige Überlegung hat etwas für sich.

Völlig lächerlich ist es aber, wenn Heilige infolge der Ähnlichkeit ihres Namens mit bestimmten Worten oder durch irgendwelche törichte Einfälle mit bestimmten Dingen in Zusammenhang gebracht werden, z. B. Valentin mit Fallsucht und im Französischen Eutropius mit Hydropsie, nur weil es etwas ähnlich klingt.[469]

Ich möchte hier in keiner Weise der göttlichen Allmacht oder den Verdiensten der Heiligen Abbruch tun, denn über christliche Frömmigkeit und Wunder von Heiligen eine falsche Meinung zu haben ist gottlos. Doch abergläubisch und gottlos dazu ist es, Erlogenes und Erfundenes als wirklich geschehen hinzustellen, einfachen Menschen als Wunder zu verkaufen, an die man wahrhaft glauben müsse, und sie ihnen mit viel Geschrei einzutrichtern. Sehr töricht ist es allerdings auch, an solche Märchen und Phantastereien zu glauben.

An dieser Stelle möchte ich die Leser darauf hinweisen, daß sowohl übertriebene Bilderverehrung Götzendienst ist, als auch hartnäckiger Kampf gegen sie Häresie darstellt, die früher bei den Kaisern Philipp und Leo III. verdammt worden ist.[470] Der Mißbrauch von Reliquien ist ein fluchwürdiges Verbrechen, aber auch ihre Nichtachtung stellt eine verabscheuungswürdige Häresie dar. Sie wurde von dem Gallier Vigilantius in die Welt gesetzt, doch von Hieronymus scharf kritisiert, beginnt aber jetzt bei den Deutschen im Laufe der letzten Jahre in Gestalt der Bilderstürmerei wieder aufzuleben und zu blühen.[471]

Kapitel LVIII
Gotteshäuser

Wir wissen heute, daß es früher bei den Heiden ein abergläubischer Brauch war, für all ihre Götter eigene Tempel zu bauen. Die Christen ahmten das nach und gaben ihren Heiligen eigene Kirchen. Doch hatten auch viele Völker überhaupt keine Tempel. So soll Xerxes einst auf Anraten der Magier in ganz Griechenland alle Tempel in Schutt und Asche gelegt haben, weil man es in Persien für gottlos und frevelhaft hielt, Götter in Gebäude einzusperren. Zenon aus Kition äußerte einst seine philosophische Meinung über Tempel in folgenden Worten: Heiligtümer und

Tempel zu bauen ist in keiner Weise notwendig, denn nichts von Menschen Errichtetes darf man wirklich für verehrungswürdig und heilig halten.[472]

Während die alten Perser keine Tempel bauten, gab es bei den Juden für das gesamte Volk nur einen einzigen heiligen Tempel, der von Salomo in Jerusalem erbaut worden war und über den es bei Jesaja heißt: „Der Himmel ist mein Sitz und die Erde der Schemel meiner Füße! Was ist denn das für ein Haus, das du mir erbauen könntest?"[473] Und Stephanus, der erste Märtyrer, sagt: „Salomo baute ihm ein Haus, aber der Allerhöchste wohnt nicht in von Menschenhand Geschaffenem."[474] Und der Apostel Paulus sagt in seiner Rede an die Athener: „Gott wohnt nicht in von Menschenhand Geschaffenem. Da er Herr über Himmel und Erde ist, läßt er sich nicht durch von Menschenhand Geschaffenes verehren, als bedürfe er irgendeines Dinges."[475] Dennoch lehrt Paulus zugleich, daß die menschliche Natur und die Menschen selbst, wenn sie rein, fromm, gottesfürchtig, gläubig und Gott ergeben sind, ihm willkommene Tempel sind. So schreibt er im Korintherbrief: „Ihr seid Gottes Tempel, und der Geist Gottes wohnt in euch. Der Tempel Gottes, der ihr seid, muß heilig sein."[476]

Als unsere Religion entstand und in der Frühzeit christlichen Glaubens, ja sogar noch lange Zeit nach Christi Passion, seien keine Gotteshäuser errichtet worden, sagt Origenes in seiner Schrift gegen Kelsos und beweist mit zahlreichen Argumenten, daß Christen der Gotteshäuser zum rechten Gottesdienst und zum wahren Glauben nicht bedürfen und sie auch nicht haben sollten.[477] Auch Laktanz meint, man solle Gott nicht große Kirchen aus Stein errichten, sondern jeder Mensch solle Gott im Herzen haben, damit er sich immer im Gebet an ihn wenden könne:[478]

> Nicht in gewaltigen Bauten von Menschenhand wohnt der Allmächt'ge,
> nein, Gottes goldenes Haus ist jeder gläubige Mensch.

Auch Christus hat seine Anbeter nicht in den Tempel oder in die Synagoge geschickt, sondern ins stille Kämmerlein, um dort zu beten. Er selbst ging, wie bei Lukas zu lesen ist, nie unter die Menge, in die Städte, zum Tempel oder in die Synagogen, um zu beten, sondern hinaus auf einen Berg und verbrachte dort die Nacht im Gebet.[479]

Als das Christenvolk stark zunahm und zugleich mit den Gläubigen auch Sünder sowie mit den Starken auch Schwache in die Gemeinden gekommen waren (wie ja in die Arche Noah mit den reinen Tieren zugleich auch unreine hineinkamen), da erst schuf die Kirche, die ja nur Gottes Geist folgt, heilige Bauten, wie Kirchen, Basiliken und sonstige geheiligte Stätten, die von weltlichen Dingen frei und unberührt bleiben sollten. Der christlichen Bevölkerung sollte dort das Wort Gottes öffentlich gepredigt und die anderen Glaubenssakramente in angemessener und frommer Form erteilt werden. Diese heiligen Stätten, vom Christenvolk stets in hohen Ehren gehalten und von den Fürsten sogar mit Freiheiten und Privilegien ausgestattet, haben jetzt, die höchst zahlreichen Mönchs- und Privatkapellen mit dazugerechnet, so stark an Zahl zugenommen, daß viele von ihnen beseitigt werden müßten, wie man ja auch überflüssige und unnütze Zweige abschneidet.

Darunter fallen auch die stolzen Prachtbauten, für die täglich viel Geld, sogar kirchliches und Almosen vergeudet werden. Damit hätte man, wie schon gesagt, die zahlreichen Armen Christi, wahre Kirchen und Bilder Christi, die unter Hunger, Durst, Hitze, Kälte, schwerster Arbeitslast, Krankheit, Mangel und Not leiden, unterstützen können.[480]

Kapitel LIX
Feste

Festtage sind bei Heiden wie bei Juden stets mit Ehrfurcht und Feierlichkeit begangen worden. Man verehrte Gott an bestimmten, feststehenden Tagen, die über das ganze Jahr verteilt waren, als dürfe man zuweilen vom gewöhnlichen Gottesdienst abgehen oder als wolle Gott zu bestimmter Zeit mehr als sonst verehrt werden. Dies etwa wirft Paulus den Galatern vor, wenn er schreibt: „Ihr haltet bestimmte Tage ein und Monate, Zeiten und Jahre; ich fürchte, mein Wirken bei euch war völlig vergeblich".[481] Deshalb schreibt er auch an die Kolosser: „Laßt euch von niemandem ein schlechtes Gewissen machen wegen Speise und Trank oder wegen eines bestimmten Feiertags, Neumondsfestes oder Sabbats. Das ist alles nur ein Schatten des Zukünftigen".[482] Bei wahren und vollendeten Christen gibt es keinen Unterschied der Tage, sie feiern ein immerwährendes Fest, weil sie stets in Gott ihre Ruhe finden und ohne Unterlaß den wahren Sabbat feiern, wie Jesaja den Vorvätern der Juden geweissagt hatte, daß dereinst ihr Sabbat aufgehoben werde und daß es, wenn der Messias gekommen sei, immerfort Sabbat und Neumondsfest gebe.[483]

Doch für das einfache Volk und für den Teil der Gemeinde, der weniger glaubensstark ist, sind von den heiligen Kirchenvätern solche Tage festgelegt worden, um die Predigt des heiligen Wortes Gottes zu hören, Gottesdienst zu feiern und die Sakramente zu empfangen, wobei allerdings nicht die Gemeinde für den Gottesdienst da ist, sondern die Festtage der Gemeinde dienen sollen. Festtage sind also von den Kirchenvätern in die Kirche eingeführt worden, damit das Volk, befreit von allem Weltlichen und den alltäglichen Sorgen um die leibliche Existenz, Gott unbeschwerter dienen kann, also Zeit für Gebet und fromme Gedanken findet, seinen religiösen Pflichten nachgeht, Predigten hört und weiteres für sein Seelenheil tut.

Doch der Teufel, der alles Rechte verkehrt, alles Geordnete und Schöne verwirrt und alles Böse verursacht hat, ist ständig voller Eifer bemüht, das vom Heiligen Geist Aufgebaute niederzureißen, und so hat er auch diese Einrichtung beinahe zerstört: Der überwiegende Teil des Christenvolkes nutzt nämlich die Muße der heiligen Feste nicht zu Gebet und Predigthören und anderem, wozu sie eigentlich gegeben ist, sondern vergnügt sich, wiewohl das auf vielfältige Weise die Sitten verdirbt und der christlichen Lehre schadet, mit Tänzen, bei Komödien, Gauklerdarbietungen, weltlichen Liedern, Spielen und Trinkgelagen, Festumzügen, mit Zerrspiegeln und anderen höchst irdischen Belustigungen, die dem Sinn und der Heiligkeit der Feste völlig zuwider sind. Ganz ähnlich beschreibt Tertullian die Festlichkeiten römischer Kaiser, bei denen man großen Aufwand trieb, Opferaltäre und Tänzer im Festzug mitführte, überall in den Straßen Gelage stattfanden, wobei die ganze Stadt wie eine Kneipe roch, maßlos getrunken wurde und die Leute einander in Raufereien, Zoten und Lüsternheit überbieten wollten.[484] So kommt die öffentliche Lustbarkeit durch öffentliche Schandbarkeit zum Ausdruck. Sind wir nicht wahrhaft verdammungswürdig, wenn wir auf diese Weise die Feste zu Ehren Christi und seiner Heiligen begehen?

Was Feste betrifft, so sind (abgesehen von den blasphemischen Ansichten der Manichäer und den verderbenbringenden Lehren der Kataphryger darüber) kaum Häresien bekannt geworden.[485] Und doch haben gerade die Feste den Anlaß zur größten Spaltung in der Kirche gegeben: Der römische Papst Victor hat fast alle Kirchen des Ostens und Südens aus der Gemeinschaft aller Christen nur aus dem einen Grunde abgetrennt und ausgeschlossen, weil sie das Osterfest anders als nach römischem Ritus begingen. Dabei ist ihm neben anderen trefflichen Männern der Bischof von Ephesos in Asia, Polykrates, entgegengetreten. Außerdem wagte es Irenäus, der Bischof von Lyon, obwohl er selbst Ostern nach römischem Ritus feierte, Papst Victor offen zu kritisieren, weil dieser als Friedensstörer in einer bei seinen Vorgängern nie dagewesenen Weise aus der Gemeinschaft der Christen Gemeinden ausgeschlossen hatte, die sich nicht in Glaubensfragen Irrtümer hatten zuschulden kommen lassen, sondern sich nur in einigen Riten von der römischen Kirche unterschieden.[486]

In späteren Zeiten wurden über das Osterfest immer wieder Beschlüsse von Konzilien und Päpsten gefaßt, und Kirchenväter stellten darüber Berechnungen an, die man Computus nennt. Dennoch ist es bis zum heutigen Tage nicht gelungen, den wahren und für die ganze Welt gültigen Ostertermin festzulegen, bis heute wird unter Hinzuziehung von Astrologen um eine Kalenderreform[487] gestritten, leider ergebnislos! War es die Sache wirklich wert, um derentwillen die Kirche nur durch den starrsinnigen Glaubenseifer eines Papstes eine solche Katastrophe wie die Spaltung erdulden mußte?

Kapitel LX
Zeremonien

Ein nicht unwichtiger Bestandteil der Religion ist die zeremonielle und rituelle Prachtentfaltung mit Gewändern, Gefäßen, Lichtern, Glocken, Orgeln, Gesängen, Weihrauch, feierlichen Gesten, kostbaren Bildern, mit bestimmten Speisen und Fastenbestimmungen sowie weiteren Dingen, die vom ungebildeten Volk und von Leuten, die nur das unmittelbar Sichtbare verstehen, mit großer Bewunderung und Verehrung aufgenommen werden.

Numa Pompilius hat bei den Römern erstmals bestimmte Zeremonien geschaffen, mit deren Hilfe er sein bis dahin noch recht rohes und unbändiges, nur durch Unrecht und Gewalt zu gewisser Macht gekommenes Volk zu gesittetem, gerechtem und frommem Verhalten bringen wollte, um dadurch leichter regieren zu können. Von Numas Tätigkeit zeugen die Ancilien und das Palladium[488], jene heiligen Symbole des Römerreiches, Janus, der doppelgesichtige Herr über Krieg und Frieden, das Vesta-Feuer, das ununterbrochen gehütet wird, der Jahresablauf durch zwölf Monate und seine Einteilung in heilige und normale Tage, die Unterscheidung der Priester nach ihren Aufgaben in Pontifices und Augures[489], manche Riten bei Opfern, Buß- oder Dankprozessionen, Schauspielen, Umzügen und Tempelfeiern, wovon nach der Ansicht des Eusebius manches auch in unsere religiösen Bräuche übernommen wurde.

Doch Gott, der an Opferfleisch, Brandopferduft und sinnfälligen Zeichen keine Freude hat, verschmäht, ja verachtet solche äußerlichen und irdischen Zeremonien, denn er will nicht durch körperliche Handlungen, sichtbare Werke und äußerlichen Dienst, sondern im Geist und in der Wahrheit durch Jesus Christus verehrt werden. Er prüft den Glauben und schaut in das Innere der Menschen und in ihre tiefsten Geheimnisse, er, der Herzenserforscher, sieht alle verborgenen Gedanken. Deshalb können all diese äußerlichen Zeremonien die Menschen nicht Gott näherbringen, vor dem nichts gilt als der Glaube an Jesus Christus, verbunden mit inbrünstiger Nachfolge Christi in der Liebe und gewisser Heilszuversicht als Lohn. Wahrer und von äußerlichen und irdischen Riten nicht entweihter Gottesdienst ist das, was Johannes mit den Worten lehrt: „Gott ist Geist, und die ihn anbeten, die müssen ihn im Geist und in der Wahrheit anbeten.“[490]

Das haben auch manche heidnischen Philosophen erkannt. Deshalb verlangt Platon, bei der Verehrung der höchsten Gottheit müsse man auf alle äußerlichen Zeremonien verzichten. Gott nämlich, der selbst alles ist, gebricht es an nichts, man kann ihn nur dankbar anbeten; für ihn ist es das schönste Opfer, wenn die Menschen ihm Dankbarkeit entgegenbringen. Und wir vermögen ja auch nichts zu geben, was Gott mehr willkommen wäre als Lobpreis, Danksagung und Verehrung. Möge hier niemand die Opferriten und -zeremonien nach dem mosaischen Gesetz ins Feld führen, als ob Gott sich an diesen erfreut hätte! Die Kinder Israel wurden doch nicht deshalb aus Ägypten geführt, damit sie Gott Schlacht- und Brandopfer darbringen, sondern damit sie den Götzendienst der Ägypter vergessen, die Stimme des Herrn hören und ihm um ihres Heils willen in Glauben und Gerechtigkeit gehorchen. Wenn aber Moses Opferzeremonien geboten hat, dann tat er es wegen ihrer Schwachheit und Verstocktheit der Herzen. Er trat ihrem Irrtum entgegen und wollte sie von Verbotenem abhalten: Sie sollten nämlich nicht, wie es die Heiden tun, irgendwelchen Dämonen statt Gott Opfer darbringen. Diese vom mosaischen Gesetz auferlegten Riten sind nicht ursprünglicher Natur, sondern haben sich eher als Folge herausgebildet und sind deshalb erlaubt worden; sie konnten nur deshalb verbindlich werden, weil sie die Zustimmung des ganzen Volkes fanden. Moses hat sogar, als er die Gesetze über diese Zeremonien gab, die Ältesten und das Volk abstimmen lassen, um sie desto stärker zu verpflichten. Deshalb konnte dieses Gesetz auch im Laufe der Zeit geändert und später völlig abgeschafft werden. Das Gesetz Gottes aber, das auf Tafeln aus Stein geschrieben war, besteht in Ewigkeit! Durch den Mund Jeremias spricht der Herr: „Wozu bringt ihr mir Weihrauch aus Saba und köstliche Gewürze aus fernem Land? Eure Brand- und Schlachtopfer gefallen mir nicht." Und weiter spricht der Herr, ebenfalls bei Jeremia: „Nehmt eure Brandopfer mitsamt den Schlachtopfern und eßt das Fleisch; denn ich habe zu euren Vätern nichts von Brand- und Schlachtopfern gesagt und sie ihnen auch nicht geboten, als ich euch aus Ägypten führte, sondern habe ihnen dies geboten: Gehorcht meinem Wort, so will ich euer Gott sein, und ihr sollt mein Volk sein. Wandelt stets auf dem Wege, den ich euch gebiete, auf daß es euch wohlgehe."[491] Und bei Jesaja sagt der Herr. „Du hast mir keine Schafe zum Brandopfer gebracht, mich nicht mit deinen Schlachtopfern geehrt, mir nicht mit anderen Opfern gedient, dich nicht um Weihrauch für mich gesorgt, mir kein Räucherwerk gekauft. Mich verlangte nicht nach dem Fett deiner Opfer, doch du standest vor mir in deinen Sünden." Und an anderer Stelle bei Jesaja spricht der Herr: „Wen werde ich anschauen außer dem, der demütig, still und in der Furcht meines Wortes ist? Fett und Fleisch von Opfern werden dein Unrecht vor mir nicht aufheben" und an einer weiteren Stelle: „Das ist nämlich das Fasten, das ich dir erwählt habe: Löse alle Bande des Unrechts, hebe alle erzwungenen Verpflichtungen auf, gönne den Geschundenen Ruhe, zerreiße alles Geschriebene, das Unrecht enthält. Teile gern mit dem Hungrigen dein Brot und führe den obdachlosen Fremden in dein Haus. Wenn du einen nackt siehst, so kleide ihn. Verachte nicht die Leute deines Stammes, die zu deinem Gesinde gehören. Dann wird für dich das Morgenlicht hervorbrechen und deine Lage sich rasch bessern, Gerechtigkeit wird dir vorangehen und die Herrlichkeit Gottes dich umgeben. Wenn du mich anrufst, werde ich stets sagen: Hier bin ich!"[492]

Wie anfangs bei den Juden Moses, Aaron und danach andere Priester, Richter und Propheten bis hin zu den Pharisäern und Schriftgelehrten, so haben auch später bei den Christen Apostel, Evangelisten, Priester und Kirchenlehrer ihre Religion wie eine Braut für den Bräutigam mit frommen Zeremonien, schönen Riten und

Traditionen geschmückt. Auch danach wurden angesichts der menschlichen Schwachheit noch zahlreiche Statuten und Dekrete erlassen. All das möchte ich nicht in Frage stellen, doch leider kommt es immer wieder vor, daß zum Schaden ausschlägt, was als Heilmittel gedacht war: So wuchs die Zahl der Zeremonialbestimmungen stark an, und die Christen sind heutzutage weit mehr mit solchen Satzungen belastet als früher die Juden. Noch schmerzlicher ist es aber, daß die einfachen Leute diesen Satzungen, die an sich weder gut noch schlecht sind, vertrauen und sie strenger als Gottes Gebote befolgen. Diese Tatsache wird leider von unseren Bischöfen, Priestern, Äbten und Mönchen übersehen, weil sie währenddessen vor allem damit beschäftigt sind, für ihr leibliches Wohl zu sorgen.

Zeremonien haben zwar keine Häresien auf dem Gebiet des Glaubens, aber doch zahllose Sekten innerhalb der Kirche hervorgerufen und wurden damit zu Keimen folgenschwerer Kirchenspaltungen. So wurde erst die griechische Kirche von der unsrigen abgespalten, weil sie die Hostien nicht aus ungesäuertem, sondern aus Sauerteig konsekrierte, worin wir ihr eigentlich recht geben müßten. Dann ist die Kirche der Böhmen abgetrennt worden, weil sie das Abendmahl in beiderlei Gestalt feierte. Denn wie nach dem Apostelwort Beschneidung oder Nicht-Beschneidung nichts entscheidet, alles aber die Einhaltung von Gottes Geboten[493], so sind auch die Zeremonien nichts wert ohne Einhaltung der Gesetze der Kirche. Deshalb haben beide Parteien Unrecht getan, daß sie um unwichtiger Dinge willen, die dem christlichen Glauben nicht schaden, die Einheit der Kirche zerstören, damit den Leib Christi zerteilen und, was der Heiland den Pharisäern zum Vorwurf macht, die Mücke aussieben, aber ein Kamel verschlucken[494], d. h. den Frieden der Kirche durch Zank und Streit stören, wodurch mehr Unheil infolge des Schismas als Besserung durch die Strafe bewirkt wird.

Die römischen Päpste hätten viel Unheil verhindern und die Kirche in Frieden und Unversehrtheit erhalten können, wenn sie den Sauerteig der Griechen und den Laienkelch der Böhmen geduldet hätten. Es wäre auch nichts Bedeutenderes gewesen als das, was Innozenz VII. (nach dem Zeugnis von Volaterranus) den Norwegern gestattete, nämlich den Kelch ohne Wein zu konsekrieren.

Kapitel LXI
Die Kirchenobrigkeit

Auch in der Kirche gibt es Obrigkeiten und unterschiedliche Gruppen von Menschen zur Zierde der Religion wie zur Erhaltung der geheiligten Ordnung, damit keine Unordnung entsteht. Doch alles, was in der Kirche zu Ehren oder zu Förderung der Religion, zur Wahl der Oberen und Einsetzung von Priestern geschieht, ist eitel und gottlos, wenn es nicht vom Heiligen Geist, gewissermaßen der Seele der

Kirche, inspiriert ist. Denn wer zum großen Werke Gottes und zur Würde des Apostelamts nicht vom Geist Gottes berufen wurde wie Aaron und nicht durch die Tür, die Christus darstellt, eingetreten, sondern gewissermaßen durch ein Fenster eingestiegen ist, nämlich durch Menschengunst, Stimmenkauf oder Fürstenmacht, der ist gewiß kein Stellvertreter Christi und der Apostel, sondern ein Dieb und Räuber, ein Stellvertreter des Judas Ischariot und Simons des Samaritaners. Deshalb ist von den Kirchenvätern im Blick auf die Wahl der höheren Geistlichkeit, die der heilige Dionysius als Sakrament der Ernennung bezeichnet, auf das strikteste festgelegt worden, daß zu hohen geistlichen Würdenträgern in den Bistümern nur Männer mit untadeligem Charakter und Lebenswandel sowie der Fähigkeit zur Verbreitung und verantwortungsvollen Auslegung der Lehre ernannt werden. Weil aber die Festlegungen der Väter im Laufe der Zeit ihre uneingeschränkte Gültigkeit eingebüßt haben und das jüngere, päpstliche Recht sich mit seiner verdammenswerten Handhabung durchgesetzt hat, gelangen meist ebenso Päpste und Apostel auf den Stuhl Christi, wie einst Pharisäer und Schriftgelehrte den Stuhl von Moses besetzten, nämlich Leute, die nur reden, nicht handeln und alle schweren Lasten dem Volk aufbürden, selbst aber keinen Finger rühren wollen. Heuchler sind sie, all ihre Handlungen dienen nur dem schönen Schein vor den Menschen, ständig stellen sie ihre Religion zur Schau, als stünden sie auf der Bühne: In Kirche, Schule oder Synagoge, überall in der Öffentlichkeit wollen sie die erste Rolle spielen und auf der Straße als Rabbi, Magister oder Doctor angeredet werden[495].Sie versperren den Weg zum Himmel; da sie selbst nicht hineinkommen, schließen sie auch die anderen aus und lassen sie nicht hineingehen. Sie verzehren die Häuser der Witwen, verharren öffentlich lange im Gebet, ziehen über Land und Meer, verführen und stehlen Kinder, um sie als Anhänger zu gewinnen und die Zahl der Verlorenen zu mehren, und sei es nur um einen einzigen; selbst verloren und dem Höllenfeuer bestimmt, wollen sie andere erst recht ins Verderben mitreißen. Mit ihren selbsterfundenen Traditionen bringen sie die heiligsten Gesetze Christi ins Wanken, weil sie den wahren Tempel Gottes, die lebendigen Ebenbilder Christi und die Altäre der Seelen des Volkes mißachten. Gold und Gaben bedeuten für diese Habgierigen mehr als Gottes Wort, und deshalb machen sie leichtfertige und böse Gesetze. Sie schaffen höchst sorgfältig neue Gesetze über den Zehnten, Kollekten, freiwillige Gaben und Almosen, verschärfen die Zeremonialbestimmungen, besteuern Feldfrucht, Vieh, Geldeinkünfte und sogar ganz Unwichtiges, wie Krauseminze, Dill und Kümmel, und um solcher Dinge willen kläffen sie von der Kanzel wie Hunde gegen das Gemeindevolk. Das Wichtigere aber und Richtigere, nämlich die Werke des Evangeliums, des Gesetzes und der christlichen Gerechtigkeit, das Gericht und die Barmherzigkeit sowie den Glauben, verachten sie völlig, womit sie eine Mücke aussieben, aber ein Kamel verschlucken, über ein Steinchen stolpern, aber einen Riesenstein überspringen. Blinde Führer sind sie, falsch und tückisch, Schlangenbrut, nur außen blankgeputzte Kelche, weißgetünchte Gräber![496] Nach außen tragen sie durch Mitren, Barette, Gewänder und Kutten ihre Heiligkeit zur

Schau, doch innen strotzen sie von Unflat, Heuchelei und Sünde: Sie tanzen, huren, schauspielern, kuppeln, morden durch Gift, ergeben sich jeder Art von Schwelgerei, besonders dem Trunke. Diese Leute sind, wie Bischof Johannes Camotensis anmerkte[497], nicht um ihrer guten Eigenschaften und Fähigkeiten willen, sondern durch Erbötigkeit, Bestechung, Fürstengunst oder gar mit Waffengewalt zu ihren geistlichen Ämtern, Pfründen und Bistümern gekommen, oder sie haben sich scheinheilig in deren Besitz gebracht, indem sie dem Gut der Kirche, das eigentlich den Armen zukommen sollte, Besitz für sich selbst entnahmen, und zwar durch Schaffung von Monopolen und Verkauf der Almosenerhebung bei unseren Vorfahren. Deren Erlöse verjubeln sie dann mit Huren, im Glücksspiel, bei der Jagd und mit jeglicher Art von Laster und Luxus:

> Pferde und Hunde auf sonnigen Auen, das sind ihre Freuden.

Sie pressen die Völker aus, quälen die Länder, lösen Kriege aus und zerstören Kirchen, die frommer Eifer der Vorfahren aufgebaut hat. Sie bauen Paläste und schreiten in Gold- und Purpurgewändern einher, dem Volke zum Schaden, der Religion zur Schande, dem Staate zur unerträglichen Last. Von diesen Leuten sagte der heilige Bernhard von Clairvaux in einer Predigt auf der Generalsynode von Reims in Gegenwart des Papstes, sie seien statt Hirten nicht einmal Mietlinge, vielmehr Wölfe, ja die reinen Teufel.[498]

Gerade der Papst in Rom ist, so klagt der erwähnte Bischof Johannes Camotensis, der allerschlimmste und völlig unerträglich, denn an Pomp und Hochmut hat ihn kein Tyrann je erreicht. Die Päpste rühmen sich, auf ihnen ruhe die Existenz von Religion und Kirche, obwohl sie doch die Lasten der Religion und der Verkündigung des Evangeliums auf andere abwälzen. Sie selbst sind vollauf damit beschäftigt, Gesetze zu ihren Gunsten zu machen, ziehen den Gewinn für die Kirche ein, gönnen sich ansonsten Muße und widmen sich ihren schändlichen Plänen.

Weil nach ihrer Aussage der Päpstliche Stuhl nur heilige Männer aufnimmt oder die heiligt, die er aufnimmt, glauben die Päpste, ihnen sei alles erlaubt. Deshalb mißbrauchen sie sogar die geheiligten kirchlichen Zeremonien, die von den heiligen Vätern zur Erbauung der Seelen und zur Erlangung von Gottes Gnade für uns mit größter Sorgfalt eingesetzt wurden, nach Belieben für ihre schändlichen Zwecke. Als Beispiel dafür ist bei Crinitus zu lesen, wie sich Bonifatius VIII. gegenüber dem Kardinal Porchetto verhielt.[499]

Er heißt Bonifatius „der Große“, weil er drei ganz große Dinge vollbracht hat: Erstens hat er durch einen gefälschten Orakelspruch Clemens getäuscht und bewogen, zu seinen Gunsten auf die Papstwürde zu verzichten; zweitens hat er das „Sechste Buch der Dekretalen“ erlassen und darin den Papst zum Herrn über alle und alles erklärt[500]; drittens hat er das Jubeljahr[501] sowie den Ablaßhandel eingeführt und ihn als erster auf das Fegefeuer ausgedehnt.

Ich übergehe hier päpstliche Ungeheuer, z. B. Papst Formosus[502] und neun Nachfolger, die einst die Kirche so schändlich leiteten, und will gar nicht reden von den späteren Päpsten[503] Paul, Sixtus, Alexander, Julius, diesem berüchtigten Störenfried der christlichen Welt, und von Eugen[504], der durch den Bruch eines Eides gegenüber den Türken die Christenheit in zahllose verheerende Kriege gestürzt hat, weil er meinte, gegenüber dem Feind brauche man einen Eid nicht zu halten. Jeder weiß, welches Unheil Alexander VI. der Christenheit dadurch zugefügt hat, daß er Dschem, den Bruder des Türkenherrschers Bayazid, für viel Geld vergiften ließ.[505]

Selbst die päpstlichen Legaten (das sagt Johannes Camotensis, und die alltägliche Erfahrung bestätigt es) führen sich unterdessen so in den Ländern und Provinzen auf, als sei Satan selbst vom Antlitz Gottes ausgegangen, um die Kirche zu züchtigen. Sie bringen das jeweilige Land in Aufruhr, damit es den Anschein gewinnt, es bedürfe der Heilung durch sie; sie freuen sich, wenn es schlecht steht, jauchzen, wenn eine Katastrophe droht, und sind tief traurig, wenn es nichts Trauriges gibt. Sie leben geradezu von den Sünden des Volkes und beziehen daraus Nahrung, Kleidung und ihren Luxus. Sie wissen allerdings ihre Laster auf das geschickteste zu tarnen, und es gibt keinen Vorwurf, den sie nicht mit dem Beispiel irgendeines Heiligen entschieden zurückweisen oder zumindest abschwächen: Sagt man ihnen Unfähigkeit und Unbildung nach, so antworten sie, Christus habe Leute zu Aposteln gemacht, die weder Gesetzeslehrer oder Schriftgelehrte waren noch jemals Synagogen oder Schulen besucht hatten; bemängelt man ihre primitive Sprache, dann führen sie Moses mit seiner Sprachhemmung[506], Jeremia, der auch nicht gut öffentlich reden konnte[507], und sogar Zacharias an, der doch auch nicht vom Priesteramt ausgeschlossen worden sei, als er stumm war[508]. Werden ihnen Unkenntnis der heiligen Schriften, Unglaube, Glaubensirrtum oder Häresie vorgeworfen, dann verweisen sie auf Ambrosius, der zum Bischof gewählt wurde, als er Katechumene[509] und noch nicht Christ war, auf Augustinus, der früher Manichäer gewesen war, und auf Marcellinus, den päpstlichen Märtyrer, der auch früher den Götzen Weihrauch geopfert hatte[510]. Geht es um Ehrgeiz, ist das Beispiel der Zebedäus-Söhne[511] zur Hand; gilt es furchtsames Verhalten zu entschuldigen, dann müssen Jona und Thomas als Exempel dienen, denn Jona wollte nicht zu den Einwohnern von Ninive[512], Thomas nicht zu den Indern gehen[513]. Bei Treulosigkeit wird Petrus ins Feld geführt, der seiner Treulosigkeit noch den Meineid hinzufügte[514], bei Hurerei nennt man Hosea[515], der mit einer Dirne, und Samson[516], der mit mehreren Umgang hatte. Bei Mord, Totschlag und Kriegsdienst heißt es: Auch Petrus hieb Malchus ein Ohr ab[517], der heilige Martin zog unter Julian ins Feld[518], Moses erschlug einen Ägypter und verscharrte ihn in einem Stall.[519] Bei diesen Leuten ist es gar nicht von Bedeutung, was für ein Mensch in das Priesteramt gelangt, vielmehr muß jedermann seinen Nacken dem Schwert dieser „Magister" aussetzen, ich betone: Nicht dem Schwert des Gotteswortes, dessen Hüter und Diener sie sein sollten, sondern dem Schwert des Ehrgeizes, der Habgier, der Bestrafung und der Erpressung, dem Schwert des bösen Beispiels, dem Schwert des Blutes und des Mordes, mit dem sie sich bewaffnen in ihrem Kampf gegen Wahrheit, Gerechtigkeit, Ehre und Anstand.

Bringt sie ins Wanken das Recht, geht die Macht jedes Szepters verloren,
umgestürzt werden Altäre und Achtung vor allem Erhab'nen.
Frei ist dann das Verbrechen, zu schützen verhaßte Regentschaft,
freie Bahn hat das Schwert, zu wüten in grausiger Weise.

Niemand kann ungestraft ihren Verfügungen widersprechen, sich ihrer Willkür widersetzen, es sei denn, er ist willens, um Christi willen das Martyrium auf sich zu nehmen und beispielsweise als Ketzer den Feuertod zu erleiden wie Girolamo Savonarola, der wie ein Prophet wirkte und damals in der Nähe von Florenz verbrannt wurde.[520]

Weil aber alle Macht gut ist, da sie von Gott ist, von dem alles ist und alles gut ist, ist sie für das Ganze stets gut, mag es auch denen, die Macht üben oder erleiden, zuweilen anders scheinen; denn so hat es Gott vorgesehen, der sich auch des Unglücks zu unserem Heil bedient. Wegen der großen Zahl der Sünder hat er harte Herren eingesetzt, und die Sünden des Volks führen dazu, daß Heuchler regieren. Wer vom Herrn als Bischof in der Kirche eingesetzt wird, dem ist folglich mit Recht und Billigkeit zu gehorchen und in keiner Weise zu widersprechen. Wer nämlich einem Bischof oder Priester den Gehorsam verweigert, tut das nicht gegenüber dem Priester, sondern gegenüber Gott, der ja über die Verächter Samuels gesagt hat: „Nicht dich, sondern mich haben sie verachtet."[521] Auch Moses sprach zu seinem Volk, als es murrte: „Nicht gegen mich habt ihr gemurrt, sondern gegen Gott den Herrn."[522] Also wird von Gott nicht ungestraft bleiben, wer sich gegen seinen Bischof oder Prälaten gestellt hat. Datan und Abiram standen gegen Moses auf und wurden lebendig von der Erde verschlungen. Viele verschworen sich mit Korach gegen Aaron und wurden vom Feuer vertilgt[523], Ahab und Isebel verfolgten Propheten und wurden von den Hunden gefressen. Knaben zogen aus, um Elisa zu verhöhnen, und wurden von Bären zerrissen[524]. König Usia maßte sich gegen den Willen der Priester die Aufgabe eines Priesters an und wurde mit Aussatz geschlagen[525]. Weil Saul ohne den Hohenpriester Samuel ein Opfer darbringen wollte, nahm ihm Gott das Königtum sowie den prophetischen Geist und überließ ihn seinem bösen Dämon.

Unglaube ist es, den heiligen Schriften nicht zu glauben, Frevel ist es, Priester zu mißachten: Gut sind die Priester, besser ist ein Bischof, am heiligsten von allen der Papst und Oberste der Priester, dem die Schlüssel zum Himmelreich übergeben und dem Gottes Geheimnisse anvertraut sind, er ist der Herr, natürlich nächst Gott, der Priester nächst Christus. Wer ihn ehrt, der wird von Gott geehrt; wer ihn entehrt, den wird Gott entehren, und er wird seiner Strafe nicht entgehen.

Kapitel LXII
Mönchsorden

Es gibt heute in der Kirche Angehörige verschiedener Orden, nämlich Mönche und Eremiten, die im Alten Testament überhaupt nicht vorkommen. Es gab sie auch nicht in der besten Zeit der Kirche, als sie noch nicht in die Netze so vieler Zeremonien verstrickt war. Diese Mönche beanspruchen für sich allein die Bezeichnung fromm, geben sich wirklich harte Regeln für ihre Lebensführung, betrachten ihre Aufgaben als hochheilig und geben sich Namen nach verdienstvollen Männern und heiligen Vätern wie Basilius, Benedictus, Bernhard, Augustinus, Franziskus und anderen. Doch leider gibt es heutzutage unter ihnen eine riesige Menge von Bösewichtern, denn bei ihnen sammeln sich wie in einem Asyl Leute, die von ihrem Gewissen wegen irgendwelcher Untaten gepeinigt werden, die sich wegen Gesetzesübertretungen sonst nirgendwo vor Strafe sicher fühlen können, die ihr Vermögen mit Huren, Glücksspiel und Prassen vertan haben, in Schulden gerieten und aus selbstverschuldeter Not betteln gehen mußten, die arbeitsscheu sind und hier auf Nichtstun hoffen, die in der Liebe Enttäuschungen erlebten und sie nicht überwinden konnten, und Menschen, die eine schlimme Jugend hatten oder von einer bösartigen Stiefmutter oder einem betrügerischen Vormund ins Kloster getrieben wurden. Dieser ganze Haufe ist verbunden durch heuchlerische Heiligkeit, Kutten und beständige Bettelei. Das Mönchtum ist das große Meer, in dem neben anderen Fischen Leviathan, Behemoth und weitere Ungeheuer in großer Zahl leben[526], und aus ihm kommen so viele stoische Affen[527], so viele unverschämte Groschengrapscher, so viele Bettler im Bischofsornat, so viele Kuttenungeheuer: Bartträger, Seilträger, Strickträger, Hinkebeine, Holzbeine, Barfußbeine, Leute mit dunklen, schwarzen, grauen, weißen, bunten, gescheckten Gewändern, mit Leinenstola, mit Pallium, Chlamys, mit einfachen Kitteln und weitere Schauspieler dieser Art.

Obwohl man diesen Leuten in irdischen Dingen nicht traut, verläßt man sich wegen ihrer monströsen Kleidung in geistlichen Angelegenheiten auf sie, und deshalb meinen sie heute voller Anmaßung, sie hätten die Religion in Erbpacht und seien Tischgenossen Christi und Gefährten der Apostel. Dabei führen sie häufig ein verruchtes Leben voller Habgier, Lüsternheit, Prasserei, Ehrgeiz, Unbeherrschtheit, Frechheit und jeder Art von Verbrechen, doch unter dem Deckmantel der Religion bleiben sie ungestraft, denn durch die Privilegien der römischen Kirche sind sie geschützt und von der Jurisdiktion aller Kirchen ausgenommen, damit sie sich ungestraft noch mehr erlauben können. Während sie andere Menschen an jedem Ort anklagen, können sie nur in Rom oder Jerusalem vor Gericht gestellt werden. Wollte ich all ihre Torheiten und Irrtümer aufschreiben, dann reichten nicht einmal alle Kuhhäute von Midian[528] aus!

Ich sage ausdrücklich, daß es sich hier um Leute handelt, die sich nicht aus Frömmigkeit zur Religion bekennen, sondern die um ihres Bauches willen die

Kutte angezogen haben. Mein Verdikt soll nicht die Guten beleidigen, sondern nur jene Unwürdigen treffen, die reißende Wölfe im Gewande von Lämmern sind, ihre füchsische Schlauheit hinter einem Schafspelz verbergen und so ihre Gefährlichkeit mit bühnenreifer Scheinheiligkeit und ihre nackte Gewinnsucht mit Frömmigkeit tarnen. Sie täuschen mit ihren bleichen Gesichtern Fasten vor, arbeiten mit Seufzern aus tiefstem Herzen und mit Tränen, scheinen stets mit flinken Lippen Gebete zu murmeln, schreiten würdevoll einher, sind maßvoll in jeder Gebärde und

> richten gesenkten Hauptes ständig die Augen zur Erde.[529]

Sie geben sich bescheiden und demütig, doch wenn man unter ihre Kutten schaut, dann zeigt sich statt der nach außen zur Schau gestellten Heiligkeit ihr verabscheuungswürdiger Lebenswandel. Werden sie aber bei Verbrechen, die sie ja manchmal begehen, ertappt, dann tragen sie mit Hilfe der Religion doch noch den Sieg davon, indem sie die Kutte wie einen Schild benutzen, von dem alle Anklagen abprallen. Geschützt vor allen weltlichen Angriffen und frei von der Mühsal bürgerlichen Lebens, verzehren sie ihr nicht erarbeitetes, sondern erbetteltes Brot, das lieber der essen sollte, der sich dafür geplagt hat, und sie können ruhig und sorglos schlafen. Und sie halten es dann noch für christliche Armut, wenn sie nur durch Bettelei anderer Leute Brot essen, ohne selbst zu arbeiten! Obwohl sie Demut gelobt haben, schlecht gekleidet gehen, barfüßig wie Bauern, nur mit Netzen wie Gaukler bekleidet, mit Strick gegürtet wie gefangene Straßenräuber, mit kahlgeschorenem Kopf, wie Geistesgestörte mit Kappen, denen nur Glöckchen und Spitzen fehlen, um ihre Träger als Fastnachtsnarren erscheinen zu lassen, und mit vielen anderen schändlichen und widerwärtigen Dingen, die sie angeblich um Christi und der Religion willen auf sich nehmen, sind sie doch von Ehrgeiz besessen und nutzen jede Möglichkeit, sich mit hochtrabenden Titeln zu brüsten (z. B. Paranymphus, Rektor, Guardian, Präses, Prior, Vicarius, Provinzial, Archimandrit[530]), so daß keine andere Gruppe von Menschen derartig auf einflußreiche Stellung erpicht ist wie sie.

Es fehlt keinesfalls an weiteren schlimmen Dingen, die man von ihnen berichten könnte, doch haben schon vor mir Leute mit solch harten Worten gegen sie gewettert, daß nicht nur viele gute, unbescholten lebende und wirklich gläubige Mönche, sondern auch die Traditionen und Regeln der Kirchenväter über christlichen Lebenswandel dem Gespött preisgegeben wurden. Deshalb möchte ich hier keineswegs etwas zur Verhöhnung derjenigen gesagt haben, die ihrem Bekenntnis gemäß leben und in der Nachfolge der Kirchenväter nach Vollendung im Glauben streben. Ich bekenne, daß ihre Regeln und Gelübde heilig sind, bekenne, daß es bis zum heutigen Tage heilige Mönche gibt, heilige Bettelmönche, heilige Eremiten und heilige regulierte Kanoniker[531]; und doch gibt es auch unter den Mönchen sehr viele Ungläubige, Verworfene und Abtrünnige, die ihr Gelübde mißachten.

Es war meine Absicht zu zeigen, daß kaum ein religiöses Bekenntnis im Laufe der Zeit vom Makel des Irrtums und des Bösen völlig unberührt bleibt. Wie man liest, fielen sogar Engel ab, gab es Mord bei den ersten Brüdern, wurden Propheten verworfen, Apostel zum Verräter, Jünger ungetreu. Weiterhin gab es unter den römischen Päpsten Schismatiker[532], Verworfene und sogar Häretiker. Einst erklomm eine Frau unter dem Namen Johannes VIII. den Apostolischen Stuhl[533], bekleidete ihr Amt zur allgemeinen Zufriedenheit etwas mehr als zwei Jahre, gründete heilige Orden, ernannte Bischöfe, verwaltete die Sakramente und vollzog alle Amtshandlungen römischer Päpste, wohlgemerkt alles Dinge, die in der Kirche Frauen verwehrt sind! Dennoch wurden ihre Handlungen nicht für ungültig erklärt, weil bekanntlich allgemeiner Irrtum Recht setzt. Und weil das so war, mußte damals die Kirche meiner Meinung nach diese Angelegenheit vertuschen, was sie sonst aus religiösem Rigorismus nicht geduldet hätte. Folglich gibt es auch im religiösen Bereich nichts, was unveränderlich, beständig oder ewig wäre.

Wer aber innerhalb von Gottes Kirche Sekten gründet und sich aus einer Laune heraus, aus Gewinnsucht oder aus dem Streben nach einem Heiligenschein von der römischen Großkirche trennen will, der möge wie einst Nadab und Abihu, die fremdes Feuer an den Altar Gottes brachten, verbrannt werden; wer voller Hochmut häretische Gedanken ersinnt und sich gegen Gottes Kirche zu erheben wagt, der möge zusammen mit Datan und Abiram, die lebendig von der Erde verschlungen wurden[534], in die Hölle fahren; wer die Einheit des Glaubens spaltet, damit Christi Glieder trennt und die Kirche angreift, der möge durch die gleiche Strafe wie Jerobeam ausgerottet werden![535]

Kapitel LXIII
Das Hurengewerbe

Die Religionsstifter bei den alten Ägyptern ließen niemand Priester werden, der nicht zuvor in die Mysterien des Priapos[536] eingeführt worden war. Deshalb ist auch in unserer Kirche festgelegt worden, daß niemand ohne Hoden Papst sein kann, also Verschnittene, d. h. Eunuchen und Kastraten, nicht als Priester ordiniert werden dürfen. Folglich findet man auch, für jedermann sichtbar, überall dort, wo es prächtige und große Kirchen sowie Priester- und Mönchskollegien gibt, meist in der nächsten Umgebung Hurenhäuser, und sehr viele Häuser von Nonnen und Beginen[537] sind eine Art privater Absteige für Dirnen. Diese werden, wie man weiß, von Mönchen und Geistlichen, damit der Ruf ihrer Keuschheit nicht gefährdet wird, in Kutten und Männerkleidung in den Klöstern gehalten. So ist es gewiß nicht unpassend, an dieser Stelle eine Darstellung des Hurengewerbes einzuflechten, das nach Ansicht sehr kluger Leute nicht nur zweckmäßig, sondern notwendig ist.

Der große athenische Gesetzgeber Solon, vom apollinischen Orakel nach Philemons und Menanders Zeugnis zu einem der sieben Weisen erklärt, ließ für die jungen Männer auf Staatskosten Dirnen kommen, aus deren Einkünften der Aphrodite Pandemos einen Tempel bauen, Hurenhäuser einrichten und durch Gesetz mit bestimmten Rechten ausstatten. Dirnen waren in Griechenland so geachtet, daß die korinthischen im Aphroditetempel um die Rettung Griechenlands flehen durften, als die Perser in Griechenland eindrangen. In Korinth pflegte man es den Dirnen zu übertragen, , wenn man von Aphrodite etwas Wichtiges erflehen wollte. In Ephesos wurden viele Dirnenheiligtümer geschaffen, und einen sehr berühmten Tempel errichteten die Einwohner von Abydos, weil sie durch die Hilfe einer Dirne ihre Freiheit wiedererlangten, die sie zuvor eingebüßt hatten[538]. Selbst der weise Aristoteles hatte keine Bedenken, auch Dirnen göttliche Verehrung zu erweisen, als er seinem Kebsweib Hermia ebenso Opfer darbrachte wie der eleusinischen Demeter.[539]

Als Schöpferin dieses Gewerbes gilt Aphrodite, die deshalb auch unter die Götter aufgenommen wurde. Schamlos und in allen erotischen Künsten bewandert, hat sie die Frauen auf Zypern erstmals gelehrt, durch Preisgabe des Körpers Geld zu verdienen. Deshalb ist nach dem Bericht des Justinus auf Zypern der Brauch entstanden, daß junge Mädchen sich um Lohn am Meeresgestade feilbieten, um sich die Aussteuer zu verdienen und danach für ein künftiges züchtiges Leben Aphrodite ein Opfer darzubringen. Nach Herodot war es auch in Babylon üblich, daß Leute, die verarmt waren, ihre Töchter zur Prostitution zwangen[540]. Aspasia, eine Hetäre, zu der auch Sokrates Beziehungen pflegte, hat nach Athenaios ganz Griechenland mit Dirnen erfüllt. Aus Liebe zu ihr und wegen der Verschleppung einiger von ihren Dienerinnen durch die Einwohner Megaras habe Perikles den Peloponnesischen Krieg begonnen, wie es Aristophanes darstellt.[541]

Besondere Förderung erfuhr das Hurengewerbe durch Kaiser Elagabal[542], der nach Lampridius[543] im Palast Bordelle für Freunde, Klienten und Dienerschaft einrichten ließ und gewaltige Gastereien mit bis zu 22 Gängen gab. Zwischen jedem vergnügten sich die Gäste mit Huren und wuschen sich dann, wobei sie schwören mußten, daß sie es jedesmal richtig mit den Huren getrieben hätten. Oft kaufte er auch Huren von ihren Zuhältern und ließ sie dann frei; eine besonders berühmte und sehr schöne soll er für 30 Pfund Silber freigekauft haben. Ferner erzählt man, er habe eines Tages alle Huren vom Zirkus, Theater, Amphitheater und von sonstigen Vergnügungsstätten der Stadt besucht und jeder ein Goldstück reichen lassen. Einmal ließ er alle Huren von Zirkus, Theater, Stadion, Bädern und ähnlichen Orten zusammenrufen und richtete an sie wie an Soldaten eine Ansprache, in der er sie als seine Mitstreiterinnen bezeichnete. Anschließend diskutierte er mit ihnen über die verschiedenen Stellungen in der Liebe und das Vergnügen, das sie jeweils bieten. Nach dieser Versammlung gab er ihnen, seinen Liebessoldaten, gewissermaßen als Ehrensold jeweils drei Goldstücke. Verheirateten Römerinnen, die sich als Dirnen betätigen wollten, gewährte er nicht nur Straffreiheit, sondern ausdrücklich die Erlaubnis dazu, und außerdem besoldete er Huren aus der Staatskasse. Er ließ auch den Senat spezielle Beschlüsse über freie und bezahlte Liebe verabschieden und sie nach seiner Mutter oder Frau „Semiramidische Beschlüsse" nennen[544]. Außerdem hat er viele neue Arten des Liebesgenusses erfunden,[545] wobei er sogar die Zahl der Liebestechniken einer Dirne in Kyrene übertrifft, die Dodekamechana („Zwölftechnikerin" – d. Ü.) genannt wurde, weil sie bei ihrer Liebespraxis zwölf Arten der vollständigen Befriedigung ihrer Liebhaber beherrschte. Damit übertraf er alle im Altertum vom Liebesgewerbe angebotenen erotischen Spezialitäten.[546]

Ich übergehe hier den Patriarchen Juda, der Hurerei trieb[547], Samson, einen Richter des Gottesvolkes, der nur Dirnen zum Weibe hatte, Salomo, den weisesten König der Juden, der fast unübersehbare Herden von Kebsweibern besessen haben soll[548], erst recht Cäsar, diesen kraftvollen Diktator, der mit gutem Grund als Weiberheld galt, den babylonischen König Sardanapal und unzählige weitere Hurenpatrone. Auch Kaiser Proculus hat sich auf diesem Gebiet hervorgetan und, wie er in seinem Brief an Maecianus schreibt, von einhundert gefangenen sarmatischen Mädchen zehn in der ersten Nacht und die übrigen im Laufe von fünfzehn Tagen geschändet[549]. Noch größer ist allerdings die Leistung des Herakles, der nach den Berichten der Poeten in einer einzigen Nacht fünfzig Mädchen zu Frauen gemacht haben soll. Theophrast, ein ernst zu nehmender Gewährsmann, nennt ein indisches Kräutlein von solcher Wirkung, daß jemand nach dessen Genuß siebzigmal den Koitus ausgeübt habe.

Eine Zierde dieser Zunft waren übrigens auch Sappho[550], die Liebhaberin Phaons, und die mit Metrodor verbundene Hetäre Leontion; philosophisch hochgebildet, trat sie im Gegensatz zu Theophrast für freie Buhlschaft und gegen die Ehe auf. Hier ist auch Sempronia zu nennen, eine Meisterin der lateinischen und griechischen Sprache, ferner Leaina, die Geliebte des Atheners Aristogeiton. Sie bewährte höchste Treue, als sie unter der Folter der Tyrannen ihren Freund preisgeben sollte und trotz aller Qualen beharrlich schwieg. Zum Adel dieses Standes gehört ferner die Dirne Rhodopis[551], erst Mitsklavin, dann Lebensgefährtin des Fabelschreibers Äsop, die durch ihr Gewerbe zu solchem Reichtum gelangte, daß sie eine der drei zu den Weltwundern zählenden Pyramiden bauen lassen konnte. Dann folgt die Korintherin Thais, die von so einzigartiger Schönheit war, daß nur Könige und Fürsten ihrer Liebe gewürdigt wurden. Das Meisterstück in diesem Gewerbe vollbrachte jedoch Messalina, die Frau von Kaiser Claudius: Sie zog durch die Hurenhäuser Roms, wobei sie die leistungsfähigste Hure im Laufe eines Tages und einer Nacht um fünfundzwanzig Männer übertraf und dann noch nicht einmal genug hatte.[552]

Näher zur Gegenwart hin könnte man noch die erlauchte neapolitanische Königin Johanna[553], andere Huren fürstlichen Standes und die palatinischen Mätressen nennen, die ja in aller Welt bekannt und berühmt sind, doch das wäre im Hinblick auf die eigene Sicherheit nicht ratsam. Diese Damen unterscheiden sich von anderen Huren dadurch, daß sie nicht, wie Elagabal angeordnet hatte, in öffentlichen Häusern (wie ja auch die Kaiserin Messalina), sondern in privater Sphäre und möglichst heimlich ihrem Gewerbe nachgehen. Dazu gehören auch die beiden Damen namens Julia, Tochter und Enkelin des Kaisers Augustus, außerdem Poppaea, die ägyptische Königin Kleopatra und andere berühmte Huren, vor allem die Königinnen Semiramis und Pasiphae, wahre Musterbeispiele von Liebesgier. Erstere war so brünstig, daß sie nicht nur ihren eigenen Sohn verführte, sondern auch einen Hengst benutzte, während letztere, die Frau des Königs Minos, mit einem Stier Unzucht trieb.

Ich möchte hier keinen Katalog berühmter Huren aufstellen, aber immerhin darauf aufmerksam machen, daß als Ergebnis von Hurerei und Ehebruch ganz bedeutende Helden erwachsen sind: Herakles, Alexander, Ismael, Abimelech, Salomo, Konstantin, der Frankenkönig Chlodwig, der Gote Theoderich, Wilhelm von der Normandie und Ramiro von Aragón.

Doch auch von den heute regierenden Königen stammen nur sehr wenige von rechtmäßig geehelichten Müttern, denn in diesen Kreisen achtet man eheliche Bindungen so gering, daß man nach Belieben eine Verlobte oder die rechtmäßige Ehefrau verstößt oder vertauscht und dann wieder eine neue nimmt. In ähnlicher Weise werden so viele Ehen und Verbindungen von adligen Söhnen und Töchtern gestiftet und wieder aufgelöst, daß man nie genau wissen kann, ob es sich um eine legitime Ehe handelt. Obwohl es dafür sehr viele Beispiele gibt, sollen uns einige typische Fälle aus letzter Zeit genügen: Hat nicht der Polenkönig Ladislaus nach seiner Heirat mit Beatrix, die ihm die Herrschaft über Ungarn eingebracht hatte, diese verstoßen und ein Kebsweib aus Frankreich genommen?[554] Hat nicht der französische König Karl VIII. nach seiner Trennung von Kaiser Maximilians Tochter Margaretha diesem die Braut weggenommen und sie geheiratet? Mit ebendieser Frau hat sich danach Ludwig XII. verbunden, nachdem er seine Ehefrau verstoßen hatte, was die hohe Geistlichkeit seines Reiches nicht nur gestattete, sondern sogar unterstützte, weil sie das Recht auf die Herrschaft über die Bretagne für wertvoller hielt als das Recht einer legitimen Ehe[555]. Wie ich eben höre, hat sich auch jetzt ein König willig davon überzeugen lassen, daß er sich nach mehr als zwanzigjähriger Ehe von seiner Frau trennen und ein Kebsweib nehmen dürfe.[556]

Doch zurück zum Thema Huren. Wer ihre Künste näher kennenlernen will, der kann bei den Komödiendichtern nachlesen: Das Feilbieten ihrer Gunst, die lasterverheißenden Blicke, ihre herausfordernden Mienen, Körperbewegungen und Worte, ihre schamlosen Berührungen, ihre aufreizende Art, sich zu kleiden und sich durch kosmetische Künste für Verehrer attraktiv zu machen, und die anderen Raffinessen, Fallen und Lockmittel, kurz, alle Kriegslisten dieses Gewerbes.

In den Büchern der Mediziner kann dann jeder genau nachlesen, wie das buhlerische Spielchen abläuft: Schmachtende Blicke, geseufzte Worte, demonstratives Schreiben des geliebten Namens, Kußhändchen, Küsse, unauffällige Berührungen, Tätscheln, unmerkliches Anschmiegen, Liebkosen, zärtliche Balgereien, enges Beieinandersitzen, Ineinanderverschlungensein, das ganze erotische Hin und Her, das Flehen um die Gewährung der höchsten Gunst und die geheuchelte Bitte um Aufschub.

Dirnen kommen in den Schriften von Antiphanes, Aristophanes, Apollodor und Kallistratos vor, die Hetäre Lais wurde besonders von dem Rhetor Kephalos und Nais von Alkidamas verherrlicht. Über buhlerische Beziehungen schrieben Griechen wie Römer: Kallimachos, Philetas, Anakreon, Orpheus, Alkaios, Pindar, Sappho, Tibull, Catull, Properz, Vergil, Juvenal, Martial, Cornelius Gallus und andere, die damit nicht so sehr die Aufgabe eines Dichters als vielmehr die eines Kupplers übernommen haben. Sie alle werden jedoch von Ovid übertroffen, und zwar mit seinen an Corinna gerichteten Heroinenbriefen und besonders mit seinem Werk „Liebeskunst", das er ehrlicher „Huren- und Zuhälterkunst" hätte betiteln sollen. Weil er solch ungünstigen Einfluß auf die jungen Leute ausübe und sie durch unzüchtige Schriften verdorben habe, wurde er mit Recht in das Gebiet der Geten verbannt.[557]

Der Spartaner Archilochos verlangte einst, alle Bücher über die Liebe müßten verbrannt werden, und doch wird dergleichen bis in die Gegenwart hinein gelesen, die Schulmeister studieren es mit ihren Schülern, veröffentlichen solche Werke aufs neue oder kommentieren sie in höchst unverantwortlicher Weise. Vor kurzem sah und las ich sogar ein Buch mit dem Titel „Die Kurtisane"[558] in italienischer Sprache, gedruckt in Venedig, einen Dialog über die schändlichsten Dinge bei der käuflichen Liebe beider Geschlechter. Dieses Buch gehört zusammen mit seinem Verfasser auf den Scheiterhaufen!

Ich verzichte hier darauf, die Praktiken bei der Liebe zwischen Männern darzustellen, die widerwärtig sind, obwohl der große Aristoteles sie billigt und Kaiser Nero sie offiziell anerkannte, während der Apostel Paulus in seinem Brief an die Römer solchen Leuten den Zorn des allmächtigen Gottes ankündigt: „Der Herr wird Netze über sie werfen, damit sie nicht entfliehen. Feuer und Schwefel und der Geist der Stürme sind in ihrem Kelch."[559]

Gegen solche Menschen befiehlt der Kaiser Gesetze zu schaffen und die einschlägigen Bestimmungen zu verschärfen, so daß sie mit dem Tode durch das Schwert bestraft werden; heutzutage werden sie aber verbrannt für das, was Moses schon in seinen Gesetzen durch härteste Strafen ausrotten wollte und was Platon aus seinem „Staat" verbannt und in seinen „Gesetzen" verurteilt.[560] Auch die alten Römer verhängten dafür nach dem Zeugnis des Valerius und anderer härteste Strafen. Beispiele dafür sind Quinctius Flamininus und ein Tribun, der von Caelius erschlagen wurde.

Jetzt will ich den Leser aber mit solchen widernatürlichen und viehischen Gelüsten verschonen und zum Hurengewerbe zurückkehren. Die Liebesgier packt bekanntlich alle, und jeder spürt irgendwann einmal ihre Glut, Frauen, Männer, Junge, Alte, Schlichte, Vornehme, Arme und Reiche. Noch bemerkenswerter sind die Unterschiede nach Völkern und Ländern, denn Italiener, Spanier, Franzosen und Deutsche sind jeweils ganz anders. Auch die Hitzigkeit der Liebe ist je nach Geschlecht, Alter, Stand, Besitz und Volkszugehörigkeit der Menschen verschieden und bedingt, daß die Tollheit unterschiedlich in die Tat umgesetzt wird: Männer lieben glühender, Frauen ausdauernder, junge Leute lustbetont, alte lächerlich; der Arme will durch Dienstbarkeit Gefallen erringen, der Reiche durch Geschenke, der Schlichte durch Einladungen zu Gelagen, der Vornehme durch Luxus und Amüsement. Der Italiener, auf diesem Gebiet talentiert, verehrt seine Angebetete mit geheucheltem Feuer, tarnt vorerst seine unzüchtigen Absichten, bringt ihr Ständchen und hebt sie in den Himmel; hat er sie erst gewonnen, dann ist er schrecklich eifersüchtig, sperrt sie stets ein und hält sie wie eine Gefangene; mußte er aber nach einem Mißerfolg seine Hoffnungen aufgeben, dann geht er rasch zu Schmähungen, endlosen Beschimpfungen und Verwünschungen über. Der Spanier, unfähig, Liebesqualen auch nur für kurze Zeit zu ertragen, stürzt sich kopflos wie im Wahn in jedes Liebesabenteuer und beteuert seiner Angebeteten unter lauten Klagen die Tiefe seiner Leidenschaft; hat er sie gewonnen, so bringt er sie vor Eifersucht fast um oder läßt sie, ihrer überdrüssig, als Dirne Geld verdienen. Hat aber seine Werbung keinen Erfolg, dann zermartert er sich und wünscht sich den Tod. Der Franzose, stets auf Liebesgenuß erpicht, widmet sich seiner Angebeteten mit Hingabe und erfreut sie mit Chansons und Bonmots; ist er eifersüchtig, dann wird er sehr traurig; wird er nicht erhört, dann schmäht er die Geliebte und droht ihr Gewalt und Rache an; hat er sie erobert, dann kümmert sie ihn nicht mehr, und er verliebt sich in eine andere. Der kühle Deutsche fängt nur langsam Feuer; erst in Flammen, ist er hartnäckig und versucht mit Geschenken sein Glück. Eifersucht schränkt seine frühere Freigebigkeit wieder ein. Wird er verschmäht, dann zeigt er seinerseits Verachtung, und seine Zuneigung erkaltet schnell. Der Franzose tut, als liebte er, der Deutsche verbirgt seine Liebe, der Spanier redet sich ein, er würde geliebt, für den Italiener gibt es keine Liebe ohne Eifersucht. Der Franzose liebt eine charmante Frau, auch wenn sie nicht so hübsch ist; der Spanier bevorzugt eine Schönheit, auch wenn sie fad ist; der Italiener wünscht sich eine zurückhaltende Frau; der Deutsche möchte eine, die auch ein wenig keck ist. Den Franzosen macht anhaltende Liebe zum Narren; der Deutsche verschwendet aus Liebe sein ganzes Vermögen, wird aber endlich, leider zu spät, noch klug; der Spanier verspricht, für seine Liebe die Sterne vom Himmel zu holen; der Italiener verzichtet auf alles Großartige und will nur die Liebe genießen.[561]

Wenn große Männer in Liebeslust und Liebesleid verstrickt sind, verzichten sie sehr häufig auf weitere große Taten, ja entziehen sich ihnen geradezu: So war es mit Mithradates in Pontus, Hannibal in Capua, Cäsar in Alexandria, Demetrios in Griechenland und Antonius in Ägypten; so läßt Herakles um Joles willen seine Aufgaben ruhen, zieht sich Achill wegen Briseis vom Kampf zurück, verweilt Odysseus recht lange bei Kirke, stirbt Claudius im Kerker Vergineas wegen[562], läßt sich Cäsar von Kleopatra aufhalten und Antonius sich durch die gleiche Frau ins Verderben ziehen.

Wie die heiligen Schriften berichten, ist wegen der Hurerei der Söhne Sets mit den Töchtern Kains fast das ganze Menschengeschlecht durch die Sintflut umgekommen. Wegen Hurerei sind Sichem, das Haus Hamor[563] und fast der ganze Stamm Benjamin vernichtet worden[564]. Wie oft wurde das Volk Israel wegen Hurerei mit fremden Frauen geschlagen und in Knechtschaft gestürzt! Welches Unglück durch Seuchen, Hungersnot und Krieg erwuchs schon aus dem Ehebruch eines einzigen, nämlich König Davids![565] Als Folge von Buhlerei oder Frauenraub wurden Theben, Phokis und Cercei angegriffen und erobert; selbst der Peloponnesische Krieg wurde deshalb, wie schon gesagt, von Perikles begonnen, Troja nach zehn Jahren unter größten Verlusten für ganz Griechenland und Asien zerstört. Tarquinius, Claudius, Dionysios, Hannibal, Ptolemäus, Marcus Antonius, der Gote Theoderich, der Langobarde Rodoaldus, der Franke Childerich, der Böhme Wenzeslaus und der Neapolitaner Manfred haben aus ähnlichen Gründen ihren eigenen Tod und den Ruin ihres Vaterlandes verschuldet. Weil König Roderich Cava, die Tochter des Machthabers von Tanger, Julian, geschändet hatte, besetzten die Sarazenen nach ihrem Sieg über die Goten ganz Spanien[566]. Der englische König Heinrich II. wurde von seinem eigenen Sohn der Herrschaft entkleidet und vertrieben, weil er seiner Schwiegertochter, der Schwester des französischen Königs Philipp, Gewalt angetan hatte[567]. Weil ihre Ehemänner buhlerische Beziehungen zu anderen Frauen hatten, haben die erzürnten Ehefrauen Klytämnestra, Olympias, Laodike, Berenike, Fredegunde und Blanche (beide waren französische Königinnen), Johanna von Neapel und viele andere Frauen ihre Männer umgebracht. Der gleiche Grund wandelte bei Medea, Prokne, Ariadne, Althaia und Heristilla die Mutterliebe in Haß und trieb sie zum grausigen Mord an ihren eigenen Kindern. Auch noch in späteren Zeiten haben Frauen die Vergehen ihrer Ehemänner an ihren Kindern gerächt und sind so aus liebenden Müttern zu Bestien wie Medea, zu Furien wie Althaia und zu Frevlerinnen wie Heristilla geworden.

Kapitel LXIV
Kuppelei

Weil Huren und Hurer unter Anleitung und mit Hilfe von Zuhältern und Kupplerinnen ihren Tätigkeiten (meist handelt es sich ja eher um Verbrechen) nachgehen, will ich auf die Kunst der Kuppelei genauer eingehen. Wenn Hurerei die Kunst ist, die eigene Keuschheit feilzubieten, dann besteht die Kunst der Kuppelei darin, die Keuschheit anderer erst ins Wanken zu bringen und dann feilzubieten. Kuppelei ist allerdings mächtiger als Hurerei, denn sie ist verbrecherischer. Mächtiger ist sie, weil sie mit einer Leibgarde von vielen Künsten umgeben ist, und gefährlicher, weil sie fast alle anderen Künste in ihr Treiben einbezieht, indem sie in alle hineinkriecht, sie alle durchdringt, alles in ihnen enthaltene Gift wie eine Spinne aufsaugt und es dann für ihr eigenes Gewebe benutzt. Dieses Netz ist nicht so harmlos wie ein Spinnennetz, das ja nur Fliegen fängt und Vögeln ungefährlich ist, und wie die Großwildjagdnetze, bei denen die kleinen und schlauen Tiere durchschlüpfen können, während die großen sich verfangen; nein, dieses ist aus so starken und unlösbaren Stricken geknüpft, daß jedes Mädchen, jede Frau, ob einfältig oder klug, standhaft und hartnäckig oder scheu, ängstlich oder selbstbewußt, sogleich darin gefangen wird und nicht mehr herausfindet, sobald sie auch nur ein einziges Mal auf eine Kupplerin hört. Deren Schlauheit ist so groß, daß keine Frauenklugheit ihr standhalten kann; ihren Schlingen kann kein Mädchen, keine verheiratete Frau, keine Witwe oder Nonne entkommen, ohne Schaden genommen zu haben; ihr (ohne Eisenwaffen geführter) Kriegszug kostet die Keuschheit von mehr Frauen als der größte Feldzug des größten Heeres, das es je gab; ihre Schliche, Listen, Ränke und Betrügereien sind unbeschreiblich, ja unvorstellbar!

Obwohl diese Kunst sehr viele Vertreter beider Geschlechter aufzuweisen hat, gibt es doch nur wenige, die es darin zur absoluten Meisterschaft gebracht haben, was nicht verwunderlich ist, denn es gibt ebenso viele Arten von Kuppelei wie Künste und Wissenschaften, und deshalb ist ohne deren Kenntnis eine Meisterschaft in allen Arten von Kuppelei nicht erreichbar. Ein perfekter und idealer Kuppler (bzw. eine Kupplerin) muß folglich ein Doktor Allwissend sein und sollte sich nicht nur nach einer einzigen Disziplin wie nach dem Polarstern ausrichten, sondern sich um alle bemühen, denn dieser einen Kunst, der sich die Kuppler verschrieben haben, müssen alle anderen Künste dienen und helfen, weil sie unter der Knechtschaft der Kuppelei stehen.

Zuerst stellt die Grammatik als Kunst des Schreibens und des Redens Liebesbriefe zur Verfügung und lehrt, wie man sie mit Liebesgrüßen, Liebesworten, Liebesbitten, Liebesklagen und Liebeslockungen füllt. Zahlreiche Beispiele dafür hinterließen von den Modernen Aeneas Sylvius, Jacobus Caviceus und viele andere. Mit Grammatik hat auch eine Art Geheimschrift zu tun, wie sie von Archimedes aus Syrakus nach einem Bericht von Aulus Gellius benutzt wurde. Über dieses Gebiet schrieb vor einigen Jahren der Abt Trithemius von Sponheim zwei gelehrte Bücher, das eine „Polygraphia", das andere „Steganographia" betitelt[568]. In dem letztgenannten gibt er Methoden des Nachrichtenaustauschs über beliebige Entfernungen hinweg an, denen weder die alles erahnende Eifersucht Heras noch der alles durchschauende hundertäugige Argus auf die Spur käme. Wahrhaft eine Kunst, die Königen nützen kann, für Kuppler und alle Liebenden aber geradezu ideal wäre!

Hier folgt unmittelbar die Poesie mit ihren lasziven Rhythmen und Reimen, mit Hirtendichtung, Epigrammen, Briefen und Komödien, wo sich alles um Liebe dreht. Mit lockeren Liedern aus Aphrodites Rüstkammer dient die Poesie als Kupplerin, zerstört alle Keuschheit und schädigt bei der Jugend den guten Kern und das sittsame Verhalten. Deshalb nehmen die Poeten auch unbestritten den ersten Platz unter den Kupplern ein. Die Vertreter der Alten habe ich bereits vorn bei der Behandlung des Hurenwesens genannt: Kallimachos, Philetas, Anakreon, Orpheus, Pindar, Alkaios, Sappho, Tibull, Catull, Properz, Vergil, Ovid, Juvenal und Martial. Auch heute gibt es noch Poeten, die pestilenzialische Gedichte schreiben.

Unmittelbar nach den Poeten beanspruchen die Rhetoren als Meister der trügerischen Schmeichelei und Überredungskunst den nächsten Rang, denn von allen Kupplerinnen ist diejenige am erfolgreichsten, der die Göttin Suadela hold ist.[569]

Einen hohen Rang nehmen auch die Historiker ein, besonders die Verfasser von Liebesgeschichten wie die über Lanzelot, Tristan, Euryalus, Peregrinus, Calisto und dergleichen[570], durch die Mädchen schon in jungen Jahren mit Hurerei und Ehebruch bekannt und vertraut gemacht werden. Kein Mittel wirkt so zuverlässig, um die Keuschheit von verheirateten Frauen, Mädchen oder Witwen ins Wanken zu bringen, wie die Lektüre erotischer Geschichten. Jede Frau, selbst wenn sie von ihrer Natur her Anstand besitzt, wird dadurch verdorben, und ich hielte es geradezu für ein Wunder, wenn sich doch eine fände, die durch derartige Geschichten von anderer Leute Liebeslust nicht selbst davon bis hin zum Wahnsinn ergriffen wird. Und dennoch wird ein Mädchen, das viel aus solchen Büchern gelernt hat, mit einschlägigen Redewendungen um sich werfen kann und infolgedessen stundenlang elegant mit Heiratskandidaten zu parlieren weiß, am Ende gar als eine Art Hofdame angesehen.

Zahlreiche wenig bekannte Historiker haben sich als Kuppler betätigt, doch auch berühmte haben dieses Geschäft betrieben, von den Modernen z. B. Aeneas Sylvius, Dante, Petrarca, Boccaccio, Pontanus, Baptista de Campofregoso, der Florentiner Baptista Alberti, ebenso Petrus Hoedus, Petrus Bembus, Jacobus Caviceus, Jacobus Calandra aus Mantua und viele andere. Unter all den Genannten hat Giovanni Boccaccio verdientermaßen die Kupplersiegespalme errungen, besonders mit seinen „Hundert Novellen", deren Personen und Handlungen wahre Meisterstücke der Kuppelei verkörpern.[571]

Geht es darum, eine ehrbare und zurückhaltende Frau auf Abwege zu bringen, dann kommen der Kuppelei die Spitzfindigkeiten der Dialektik zustatten, wie die Geschichte von Myrrha bei Ovid zeigt.[572]

Von den mathematischen Disziplinen sind die arithmetischen Spielereien für die Kuppelei nutzbar. Auch die Musik gilt durchaus nicht wenig als Helfershelfer, weil sie mittels Gesang, verführerischer Melodien und Instrumentenklanges Gelüste und Sehnsüchte weckt, den Sinn für Schlüpfriges und Frivoles anfällig macht, die Sittsamkeit untergräbt und an ihrer Stelle in höchstem Maße Vergnügungssucht einflößt. Weitere Gelegenheiten bieten Reigen und Tänze, bei denen man sich mit der Angebeteten ungestört unterhalten, sie streicheln, auf jede Art küssen, unzüchtig betasten und sich nicht selten sogar mit ihr in einen versteckten Winkel zurückziehen kann.

Auch die verschiedenen Handwerker leisten zur Kuppelei willig ihren Beitrag: Der Architekt steigt nachts mit Hilfe einer Leiter durch Dach und Fenster bei dem

Liebchen ein, der Schlosser fertigt (wie einst Dädalus für Pasiphae[573]) Nachschlüssel an, auch Hurenschlüssel genannt, und geht seinen buhlerischen Absichten nach.

Auf Bildern können auch leseunkundige Frauen viel Verwerfliches sehen und begreifen davon mehr als andere aus Büchern, denn in den Schlafgemächern hängen überall Bilder, die zur Nachahmung der dargestellten Szenen anregen. Der Sinn wird ja durch das Auge nicht weniger als durch das Ohr verdorben. Die Menschen werden ebenso durch lüsterne Lieder wie durch Sichtbares zur Lust animiert, das beweisen die Schändung der knidischen Aphrodite im Tempel und des vom gleichen Künstler geschaffenen Eros durch den rhodischen Jüngling Alkidas und ein Bericht Älians über einen jungen Athener, der eine Statue der Tyche so heiß liebte, daß er tot vor ihr niedersank, weil er sie nicht kaufen konnte. Auch Terenz läßt in seinem Stück „Der Eunuch" einen Jüngling in Liebesgier entbrennen, nachdem er ein Bild gesehen hat, auf dem Zeus in Gestalt des Goldregens Danae verführt.[574] So hat Aristoteles nicht zu Unrecht Maler mit offizieller Strafe bedroht, wenn sie Bilder schaffen, die in der Öffentlichkeit Lüsternheit erregen.[575] Und der Weise Salomo sagt nicht ohne Grund, daß Malerei und Bildhauerkunst zur Versuchung der Seele der Menschen, zur Täuschung der Törichten und zum Verderben des Lebens erfunden wurden.[576]

Dazu gesellen sich noch Astrologen, Chiromanten, Geomanten, Traumdeuter, Orakelausleger, Tierorakeldeuter, Auguren und Scharen von anderen Wahrsagern, die alle mit ihren Betrügereien als Kuppler fungieren, indem sie mit Trug und raffinierten Schlichen unerlaubte Liebesbeziehungen erst verheißen, dann fördern und häufig nicht zueinander passende Partner in eine Ehe hineinmanövrieren, wobei sie andererseits legitime Ehen durch ihre Machenschaften zerstören. Bei diesen Leuten erkundigen sich nicht nur Frauen, sondern schändlicherweise auch Männer nach den Auspizien ihrer Liebe und Ehe sowie nach den Chancen, den geliebten Menschen zu erringen, und richten sich dann sogar nach deren ebenso törichten wie unverantwortlichen Empfehlungen, indem sie diese Ehe eingehen oder nicht. Übrigens sind viele Menschen geistig so tief gesunken, daß sie glauben, durch astrologische Beobachtungen und Auswahl der geeigneten Stunden könne man jemandes Zuneigung erzwingen, was Theokrit, Vergil, Catull, Ovid, Horaz, Lukan und viele andere geschwätzige Poeten in ihren Werken schildern und was die Astrologen selbst, nicht weniger verlogen als die Poeten, in ihren kanonischen Büchern verkündeten. So ziehen tatsächlich alle Astrologen und Wahrsager aus ihren Hilfsdiensten zur Kuppelei keinen geringen Gewinn. Als weiterer Helfer bietet sich die Magie nachdrücklich an:

> Sie verheißt, zu befrei'n von der Last das Gemüt und die Sinne,
> ganz wie gewünscht, doch vermag sie auch, and're in Schwermut zu stürzen.[577]

Dazu äußert sich Lukan:

> Zauber thessalischer Hexen erweckt auch in harten Herzen
> Liebe, die nicht sein darf.[578]

Bei Horaz zieht die Hexe Canidia[579], bei Apuleius Pamphila[580] junge Männer durch Zauber an sich, und in einer Tragikomödie versetzt die Kupplerin Celestina das Mädchen Melibea in heiße Liebe zu dem Jüngling Calisto.[581] Dazu kommen noch Drogen, Liebes- und Animiertränke, die aber sehr gefährlich sind und manchmal statt der erwünschten Liebe eine Krankheit oder einen schrecklichen Tod zur Folge haben. Durch solch einen Trank kam Lukullus ums Leben, verlor Lukrez stufenweise Sinn und Verstand. Wie man liest, wurde eine Frau, die einen Mann durch einen Liebestrank getötet hatte, vom Areopag[582] freigesprochen, weil sie aus Liebe gehandelt habe.

Nichts kommt jedoch der Kuppelei mehr zustatten als die Medizin: Sie erreicht von jedem verehrten Mädchen leicht den Liebesgenuß, weil sie verspricht, durch Hymenreparatur die verlorene Jungfräulichkeit wiederherzustellen, die Brust nicht anschwellen zu lassen und eine Schwangerschaft zu vermeiden, indem sie empfängnisverhindernde Mittel für langen und sorglosen Liebesgenuß zur Verfügung stellt oder lehrt, den empfangenen Samen durch Beckenbewegungen wieder auszustoßen, wie Lukrez es beschreibt:

> Solche Bewegungen üben die Dirnen zum eigenen Vorteil,
> um nicht zu oft zu empfangen und schwanger darnieder zu liegen,
> und zugleich, um den Männern die Liebe bequemer zu machen.[583]

So können durch diese eine Wohltat der Mediziner viele verheiratete Frauen, junge Mädchen bei Hofe, aber auch vornehme Damen unbesorgt darauflos huren. Sie wenden dabei gewisse Mittelchen an, die sie von alten erfahrenen Weibern erhalten, und weitere, die von Huren benutzt werden und in Medizinbüchern unter der Bezeichnung „Körperpflege" überall beschrieben werden. In diesen Büchern wird auch dargestellt, wie die Huren ihre sündigen Leiber anziehender machen können, weshalb man solche Dinge schon im Alten Testament Hurensalben nennt. Es gibt aber noch viele andere Mittel zur Steigerung der Liebeskraft. Ovid rühmt sich, er habe durch solch ein Mittel neunmal den Koitus vollzogen, und Theophrast berichtet von einer Pflanze, die das bis zu siebzigmal ermögliche.

Kein Kuppler kann solche günstigen, ja idealen Gelegenheiten herbeiführen, wie sie unter dem Vorwand ärztlicher Behandlung geschaffen werden. Kein Haus ist so verschlossen, kein Kloster so unzugänglich, kein Gefängnis so gut bewacht, daß man nicht einem Arzt (der ja zugleich ein Kuppler ist!) Zutritt gewähren müßte. Durch Ärzte sind, wie Livius bezeugt, auch in fürstlichen Häusern Ehebrüche begünstigt und ins Werk gesetzt worden, z. B. durch Eudemus für Livilla, die Gattin des Drusus, und durch Vettius Valens für Messalina, die Gattin von Kaiser Claudius.[584]

Niemand möge aber die Philosophen für unfähig zur Kuppelei halten, denn Aristipp, das Oberhaupt der Kyrenaiker, der zusammen mit Philosophen anderer Schulrichtungen recht häufig bei der Edelkokotte Lais verkehrte, rühmte sich, er besäße Lais, während andere von ihr besessen seien[585], und er hätte sein Vergnügen gratis, während die anderen tüchtig zahlen müßten. Also hatte die Hure einen Philosophen als Zuhälter, durch dessen Vorbild und Autorität die jungen Männer zu ihr hingezogen wurden.

Aristipp ließ es allerdings nicht dabei bewenden, für Lais den Zuhälter zu spielen, sondern lehrte auch öffentlich die Befriedigung der Begierden und übertrug damit den Lehrstoff aus dem Bordell in seine Philosophenschule.

Übrigens leisten auch alle handwerklichen Tätigkeiten ihren Beitrag zur Kuppelei, vor allem das Anfertigen kostbarer Stickereien, das Spinnen, Weben, Nähen und Flicken und andere weibliche Handarbeiten. Angeblich für diese Zwecke tragen die Kupplerinnen (aus jungen Huren werden ja später einmal alte Kupplerinnen!) Flachs, Nähgarn, Bänder, Hauben, Kränzchen, Tücher, Beutel und Handschuhe zu den Angebeteten der Bewerber, verwickeln sie in Gespräche und bringen dann allmählich die Rede auf den Bewerber. Auch die Wäscherinnen spielen dabei eine Rolle, da sie freien Zutritt zu den Häusern haben und die Mägde und Töchter zur Wäsche aus dem Hause holen, ohne daß die Mütter dabei sind, ebenso die Bettler, die vor den Türen stehen, betteln, Kuppelbotschaften sowie Liebesbriefe hin- und hertragen und

> bringen der jungen Frau Geschenke, gesandt von dem Buhlen.[586]

Doch auch die männlichen Beschäftigungen des Adels sind für kupplerische Zwecke sehr geeignet, z. B. die sogenannten Turniere, Paraden und andere militärische Vorführungen, wie sie Romulus listig zur Entführung der Sabinerinnen benutzte. Und wie oft hat die Jagd Gelegenheit für die Adligen und Reichen zum Ehebruch in der Heimlichkeit der Wälder geboten! Darauf spielt Vergil hübsch bei Äneas und Dido an, die bei der Jagd ihre Gesellschaft verloren haben und sich diese Gelegenheit nicht entgehen lassen[587]. Selbst Zeus bedient sich der Hirten als Kuppler. Und wieviel Zuhälterei es dort gibt, wo viele Matrosen sind, das zeigt Venedig.

Selbstverständlich tun auch eine gute Küche und üppige Gastmähler das Ihre für die Kuppelei, wie es Vergil in seiner „Äneis“ so elegant ausdrückt:

> Aber sobald man ruht von dem Mahl und die Tafeln entfernt sind,
> stellt Mischkrüge man, tüchtige, auf und kränzet die Becher.
> Siehe, die Königin heischt die von Gold und edlem Gesteine
> wuchtige Schale und füllt sie mit Wein. „Laßt festlich den Tag sein!“
> Sprach's und goß auf den Tisch die verehrende Spende des Trankes,
> und nach der Spende berührt sie zuerst ihn, nur mit den Lippen.
> Dann mit ermunterndem Ruf dem Bitias reicht sie ihn. Dieser
> schlürft nicht müßig den Schaum und spület das sprudelnde Gold leer.
> Nach ihm die anderen Großen, es folgen ihnen die Troer.
> Mit vielfachem Gespräch verkürzet die Nacht sich die arme
> Dido alsdann und trinkt in das Herz langdauernde Liebe.[588]

Es gibt noch viele Arten der Kuppelei, auf die ich jetzt nicht eingehen will, doch der größte und unübertroffene Kuppelmeister ist das Gold. Wenn die Alchemisten, wie sie ja verheißen, genug davon beschaffen könnten, dann wären sie als Kuppler unübertrefflich, denn das Kupplerunwesen entfaltet seine größte Macht durch Gold und Geld.

> Alles schenket König Geld dir: Frau nebst Mitgift,
> Adel, Schönheit, Freunde, sogar den rechten Glauben.[589]

Gold versöhnt den eifersüchtigen Ehegatten, Gold besänftigt den unversöhnlichen Rivalen, Gold macht die schärfsten Wächter blind, Gold läßt jede Tür sich öffnen, Gold dringt auch ins eheliche Schlafgemach ein. Gold sprengt Riegel und bricht Mauern und sogar die unlösbaren Bande der Ehe. Ist es ein Wunder, wenn sich Jungfrauen, Mädchen, Ehefrauen, Witwen und Nonnen um Gold verkaufen, wenn selbst Christus für Gold verschachert wurde? Schließlich sind doch viele Leute durch Kupplerdienste von der untersten Stufe der Gesellschaft fast bis zum höchsten Adel aufgestiegen: Einer verkuppelte seine Frau und – wurde Senator, ein anderer seine Tochter und wurde zum Grafen ernannt; ein dritter schickte seine Ehefrau in das Bett seines Fürsten und war auf der Stelle königlicher Kammerherr mit großem Ehrensold. Manche erlangten Ansehen und Staatsämter, weil sie ehemalige Mätressen des Königs heirateten. Auf die gleiche Art bemühen sich viele bei Kardinälen und Päpsten um einträgliche Pfründen, weil es keinen kürzeren Weg dahin gibt.

Daß sogar die Religion zur Kuppelei beitragen kann, beweist die von Hegesipp geschilderte Geschichte von der absolut keuschen und unbeugsamen Paulina, die von den Isispriestern einem jungen Mann aus dem Ritterstand, der bei den Mysterien den Gott Anubis darstellte, preisgegeben werden sollte. Welche Rolle bei der Kuppelei auch die bei uns übliche Ohrenbeichte spielen kann, zeigt die „Historia Tripartita".[590] Wenn ich wollte, könnte ich durchaus auch bekannte Fälle aus der jüngeren Vergangenheit anführen.

Priester, Mönche, Laienbrüder, Nonnen und die sogenannten Schwestern haben bei der Kuppelei einen besonderen Vorteil: Sie dürfen unter dem Deckmantel der Religion überallhin gehen und mit jedermann, so lange und so oft sie wollen, unter dem Vorwand einer geistlichen Visite, einer Tröstung oder Beichte ohne Zeugen und im verborgenen sprechen, so fromm ist ihre Kuppelei getarnt! Manchen von ihnen gilt es als Sünde, Geld dafür anzurühren, doch Paulus' Wort „Es ist gut, keine Frau zu berühren ..."[591] beeindruckt sie in keiner Weise: Sie betasten Frauen oft mit lüsternen Händen, sind heimlich, aber regelmäßig zu Gast in Hurenhäusern, schänden fromme Jungfrauen, verführen Witwen und treiben mit den Ehefrauen ihrer Hauswirte Ehebruch, entführen zuweilen sogar, wie ich aus persönlicher Kenntnis sagen kann, dem trojanischen Räuber Paris vergleichbar, Frauen und mißbrauchen sie dann nach Platons „Gesetzen" gemeinsam mit ihren Spießgesellen, wobei sie die Körper derjenigen, deren Seelen sie für Gott hätten gewinnen sollen, dem Teufel darbringen. In ihrer krankhaften Geilheit treiben sie weitere, noch scheußlichere Dinge, die ich nicht einmal anzudeuten wage. Dabei glauben sie, ihrem Keuschheitsgelübde schon Genüge zu tun, wenn sie Sinnenlust, Geilheit, Hurerei, Ehebruch und Inzest in ihren Predigten aufs schärfste anprangern und verurteilen. Erst predigen sie die Tugend, dann – schwingen sie den Steiß.[592]

Die schändlichsten Kuppler und die schlimmsten Kupplerinnen verbergen sich häufig unter dem Schutzmantel der Religionen. Hofdamen haben häufig solche Vertraute für ihre Geheimnisse und solche Berater, wenn sie Ehen oder Buhlschaften am Hofe anbahnen wollen.[593]

[Das weltliche wie das kanonische Recht gehören auch zum Arsenal der Waffen für die Kuppelei. Sie ermöglichen bei hohen Herren Heiraten, die eigentlich unerlaubt und sündhaft sind, und machen rechtmäßige Ehen unmöglich; sie treiben die Priester in die Hurenhäuser, indem sie ihnen legitime Ehen untersagen; sie sehen es lieber, daß Priester schändlich mit Konkubinen als mit legitimen Ehefrauen leben. Vielleicht ist das so, weil sich die Verfasser solcher Gesetze daraus größeren Gewinn versprechen, denn ein gewisser Bischof hat sich, wie zu lesen ist, beim Wein gerühmt, in seiner Diözese gebe es elftausend im Konkubinat lebende Priester und jeder von ihnen zahle ihm jährlich ein Goldstück.]

Einst gab es in Rom im Venustempel auf zwei steinernen Tafeln einen Senatsbeschluß über das Liebesgewerbe, der Kupplern und Zuhältern sehr zustatten kam. Nach Petrus Crinitus[594] war auf der ersten Tafel zu lesen, daß allen, die es nach Liebe gelüstet, auf ewig die folgenden Rechte vergönnt sind:

> Zum einen
> ist es verstattet, daß bei Tage jedermann sein Liebchen grüße, besuche, ihm nachgehe, ihm etwas zuflüstere, ihm Zeichen mache, ihm schöntue, mit ihm plaudere und schäkere, es anflehe, bedränge und erpresse.
>
> Zum anderen
> geschehe all das, von jedermann ungehindert, im Haus, vor der Tür, im Garten, auf dem Hof oder an beliebigem Orte. An besagten Orten dürfen Beratungen abgehalten, Verabredungen getroffen und Versprechungen gemacht werden.
>
> Zum dritten
> ist jedermann gehalten, Obengenanntes zu unterstützen oder zumindest wohlwollend zu dulden.

(Auf der zweiten Tafel waren die Rechte für die Nachtzeit verzeichnet.)

> Zum vierten
> ist es statthaft, Liebesschwüre zu leisten, erforderlichenfalls auch falsche.
>
> Zum fünften
> ist es gleicherweise statthaft, wegen Bruches von Liebesschwüren Beschwerde einzulegen und tatkräftig dagegen einzuschreiten.

Zum sechsten
sind alle Scheu, Zurückhaltung oder Furcht abzulegen, und aller Liebeshunger ist zu stillen.
Zum siebten
sind jede Zeit, jeder Ort und jede erdenkliche Gelegenheit zu nutzen.
Zum achten
ist unter gegebenen Umständen auch brieflicher Verkehr in Betracht zu ziehen, um Hoffnung, Erwartung, Bereitwilligkeit, Bedrängnis oder Mitleid zu bewirken oder zu verstärken, wobei Klugheit oder Einfalt der jeweiligen Person zu berücksichtigen ist.
Zum neunten
ist es erforderlich, von dem Liebchen ein Liebespfand zu besitzen und dieses ständig mit sich zu führen. Ferner sind fortlaufend neue Pfänder zu verlangen.
Zum letzten
ist geraten, das Liebchen durch prächtiges und stolzes Auftreten und finanzielle Großzügigkeit zu beeindrucken und auch Anzeichen von Untreue stillschweigend zur Kenntnis zu nehmen.

Es gab auch ein von Lykurg stammendes Gesetz, daß eine sehr junge Frau, die mit einem ziemlich alten und eigentlich nicht mehr recht zur Ehe taugenden Mann verheiratet wird, sich einen jungen liebestüchtigen Mann aussuchen darf, um auf diese Weise Kinder zu empfangen, die dann als legitime Kinder des angetrauten Ehemannes gelten.[595] Auch Solon schuf ein Gesetz, daß sich Frauen von liebesfaulen Ehemännern in ähnlicher Weise einen aus der Verwandtschaft des Mannes zum Liebesdienst auswählen durften, damit ein so gezeugtes Kind dann nicht als der Familie fremd gelten müßte.

Es gibt (und man kennt das ja!) auch im Adelsstande Frauen, die alljährlich von fremden Männern schwanger werden, ihre Hurenkinder ihrem Ehemann unterschieben und dann gleich wieder eine neue Buhlschaft eingehen. Sie treiben es damit noch schlimmer als Agrippas Frau Julia, die sich wenigstens nur dann mit Liebhabern einließ, wenn sie schon schwanger war.[596]

In unserer Zeit hat sich aus der Zunft der Theologen ein bisher unbesiegter Ketzer, Martin Luther[597], erhoben und behauptet, Lykurgs und Solons Regelungen würden auch in der Kirche praktiziert. Das soll der Leser erfahren, damit er weiß, daß auch Theologen Kuppler sind.

Selbst in biblischen Erzählungen gibt es, mit Verlaub zu sagen, einige Fälle von kupplerischem Verhalten, z. B. bei Ruths Schwiegermutter[598]. Bei Jonadab, der in den heiligen Schriften als Weiser bezeichnet wird, und bei Ahitophel, dem einflußreichen Ratgeber Davids, ist das ganz offenkundig.[599] Sogar Abraham hat, als er mit seiner damals noch jungen und schönen Frau Sara in Ägypten weilte, zu ihr gesagt:

„Ich weiß, du bist ein schönes Weib. Wenn dich die Ägypter sehen, so werden sie sagen, daß du meine Frau bist, und mich umbringen, dich aber leben lassen. Sage also, du seist meine Schwester, damit ich nicht deinetwegen umkomme, sondern lebe um deinetwillen."[600] Und so ist Sara schließlich in den Palast des Pharao aufgenommen worden, und um ihretwillen ging es auch Abraham gut. Die gleiche Methode wandte er auch bei dem Palästinenserkönig Abimelech an und bei zwei weiteren Königen, allerdings in anderer Zeit, ja er gestattete ihnen sogar das Beilager mit Sara![601] Das gleiche tat Abrahams Sohn Isaak, womit Kuppelei sogar am Beispiel der Patriarchen nachweisbar ist.[602]

Weiterhin ist die Kuppelei bei Göttern, Heroen, Gesetzgebern, Philosophen, Weisen, Theologen, Fürsten, ja selbst von Religionsstiftern geübt und in Ehren gehalten worden. Als Kuppler betätigten sich Pan und Hermes, der Erosknabe, der Held Odysseus, der Gesetzgeber Lykurg und der weise Solon, der zuerst Häuser mit Huren für die jungen Männer einrichten ließ.[603] Doch auch in der jüngeren Vergangenheit hat Papst Sixtus für Rom ein höchst vornehmes Bordell errichten lassen. Von Kaiser Elagabal wurden ganze Regimenter von Huren im Palast gehalten und Freunden und Dienern zur Verfügung gestellt. Noch heutzutage betreiben sogar Königinnen, Fürstinnen und Damen von Adel zuweilen dieses Geschäft, und selbst Mütter von Königen verkuppeln ihre eigenen Söhne. Doch auch Vornehme und Beamte scheuen diese Tätigkeit keineswegs: Kuppelei betrieben die Einwohner von Korinth, Ephesos, Abydos, Zypern, Babylon und viele städtische Behörden, die in ihren Gemeinwesen Hurenhäuser errichteten und betrieben, woraus nicht selten beachtlicher Gewinn für die Staatskasse floß. In Italien ist dergleichen jedenfalls gar nicht so selten. Hier muß nämlich jede stadtrömische Hure pro Woche dem Papst einen Julier zahlen[604]. Diese Abgabe bringt im Jahr über 20 000 Dukaten ein, weshalb es auch hohen Kirchenbeamten obliegt, neben anderen Einnahmen der Kirche auch diesen Hurenzoll zu berechnen und zu erfassen. So habe ich mit eigenen Ohren gehört, wie es bei einer solchen Veranschlagung des Vermögens eines Mannes hieß: Er hat zwei Benefizien[605]. Erstens eine Kuratie von 20 Gulden, zweitens ein Priorat von 40 Dukaten und außerdem 3 Huren im Bordell, die pro Woche 20 Julier bringen.

Um keinen Deut weniger befassen sich die Bischöfe und Provinzialen[606] mit diesem Geschäft; sie pressen alljährlich aus ihren Priestern eine Konkubinatssteuer heraus, und zwar ganz offiziell, so daß diese Steuer oder, genauer gesagt, dieser Kupplerlohn im Volk schon sprichwörtlich geworden ist:

> „Ein' Gulden fürs Konkubinat,
> auch wenn man keine Hure hat."

Hat der Priester diese Steuer bezahlt, dann darf er eine Konkubine haben, falls er das will, denn wo die Habgier regiert, gilt nichts, was Gewinn abwirft, als Schande.

Ich will mir eine Bemerkung über die Großzügigkeit ersparen, mit der Bischöfe nach Empfang einer bestimmten Summe gestatten, daß Frauen in Abwesenheit ihrer Ehemänner mit anderen Männern zusammenleben, ohne daß man ihnen Ehebruch vorwerfen dürfte. Diese Fälle sind allgemein bekannt und gleichzeitig so häufig, daß man nicht sagen kann, was größer ist, die Unverfrorenheit der Bischöfe oder die Langmut des einfachen Volkes. Schließlich haben es sogar die deutschen Fürsten für notwendig befunden, abgesehen von zahlreichen anderen Belastungen und Mißständen, unter denen ihr Volk seitens der römischen Kirche zu leiden hat, auch gegen die genannten Mißbräuche Klage zu erheben. Was ich hier verschweigen muß, darüber können sich die Leser selbst unterrichten.[607]

Solch mächtige Anwälte hat also die Kupplerkunst, solche Helfer die Hurenkunst, für die es, Gott sei's geklagt, bis zum heutigen Tage in einem christlichen Staat noch Raum gibt, für die es sogar öffentliche Theater, bestimmte Rechte und Gelder gibt, entgegen allen göttlichen Gesetzen und in Widerspruch zu Gottes Wort. Man beruft sich nur auf die allzumenschliche Überlegung (oder sagen wir lieber auf das kupplerische Argument!), die da lautet: Die Jugend soll dadurch, daß sie dort ihre Triebe austobt, von Schlimmerem abgehalten werden. Verjagt man die Huren aus dem Staat, dann wüten überall Vergewaltigung, Inzest und Ehebruch. Keine verheiratete Frau bleibt keusch, keiner Witwe Tugend unverletzt, kaum eine Jungfrau oder Nonne bleibt verschont – und hieraus ziehen sie den Schluß, ohne Huren könne es im Gemeinwesen keine Ruhe geben. Dabei hat das Volk Israel ohne sie jahrhundertelang in größter Keuschheit gelebt, wie Gott ihm geboten hatte. „Es soll keine Hure und keinen Hurer geben bei den Kindern Israel."[608]

Nun ist in früheren Zeiten dieser Unflat unter religiösen Verbrämungen auch in die Kirche eingedrungen und hat die Sekte der Nikolaiten geschaffen, die zur Vermeidung von Eifersucht die Frauen gemeinsam haben (wie bei Platon vorgeschlagen) und das auch in ihre Lehre aufgenommen haben.[609]

Jene Fürsten, Richter oder Amtspersonen aber, die Hurenhäuser unterhalten oder zumindest dulden, müssen sich, auch wenn sie selbst nicht unzüchtig leben, vom Herrn vorhalten lassen, was der Psalmist sagt: „Wenn du einen Dieb siehst, so läufst du mit ihm; und du hast Gemeinschaft mit den Ehebrechern. Das tust du und ich schweige; da meinst du fälschlich, ich sei so wie du. Aber ich will dich zurechtweisen und dir dein Tun vor Augen stellen."[610]

Kapitel LXV
Das Bettlerwesen

Es ist auch Aufgabe des Gemeinwesens und der Religion, sich um Arme und Kranke zu kümmern, damit niemand aus Armut zum Verbrecher wird, stehlen muß oder dadurch, daß er bettelnd umherzieht, die Bürger mit Krankheiten ansteckt oder gar zur Schande der Menschheit Hungers sterben muß. Zu diesem Zwecke sind für die Unbemittelten auf Gemeinkosten und durch fromme Gaben vielerorts Armenhäuser eingerichtet und durch besondere Almosen reicher Leute ständig unterhalten worden, denn öffentlich zu betteln und im Lande umherzuziehen war von Anfang an in den Gesetzen aller Länder und Völker immer verboten. Bereits im Alten Testament hat Moses den Juden geboten: „Es soll überhaupt keinen Armen oder Bettler unter euch geben."[611] Auch in der römischen Gesetzgebung über kranke Bettler hat Kaiser Justinian strikt festgelegt, daß jemand, der arbeitsfähig ist und sich dennoch unter die Bettler mischt, festgenommen und zu Zwangsarbeit verurteilt wird.

Im Gesetz des Evangeliums verlangt Christus, man solle den Armen geben, was man an Überfluß hat, damit es keine Bettler und Arme in der Gemeinde gibt, sondern ein Ausgleich stattfindet, wie Paulus im Korintherbrief schreibt: „Euer Überfluß helfe ihrem Mangel ab, damit danach auch ihr Überfluß eurem Mangel abhelfe und so ein Ausgleich geschehe, wie geschrieben steht: Wer viel sammelte, hatte keinen Überfluß, und wer wenig sammelte, hatte keinen Mangel."[612] Und im Epheserbrief schreibt er: „Wer gestohlen hat, der stehle nicht mehr, sondern arbeite und schaffe mit eigenen Händen das nötige Gut, damit er dem Bedürftigen abgeben kann."[613] Paulus fordert die Thessalonicher auch auf, sich durch ihrer Hände Arbeit um Wohlstand zu bemühen, und stellt ihnen als Grundsatz vor Augen: „Wer nicht arbeiten will, der soll auch nicht essen." Wer sich anders verhalte, von dem sollten sich die Gläubigen zurückziehen.[614] Im Brief an Timotheus verurteilt er diejenigen, die Betteln für fromm halten.

Die päpstlichen Dekretalen[615] legen fest, daß nur Arbeitsunfähige um Almosen bitten dürfen; nehmen auch andere Leute Almosen, dann sind sie als Freibeuter, Diebe, Räuber und Kirchenschänder zu betrachten. Aus der gleichen Quelle wird man belehrt, daß man zwar ein gewisses Mitleid mit Armen haben, Bettler aber hart behandeln solle.

Die Methoden, die zum Zwecke des Erwerbs des Lebensunterhalts durch Bettelei erdacht wurden, muß man verurteilen: Diese Leute wollen lieber an den Kirchentüren (wider göttliches Recht und die Natur des Menschen!) todbringende Kälte, eisige Winde oder glühende Hitze und sonstige Qualen fast bis zum Tode hin freiwillig ertragen, als in den Armenhäusern bescheiden von Almosen zu leben und ihre Krankheiten auszukurieren. Noch ärger ist jedoch, daß sie infolge der geschilderten Leiden obendrein noch zum Fluchen, Schwören, Trinken, zur Gotteslästerung und jeder Art von Schändlichkeit gebracht werden, Gebete oft nur heucheln, nichts als heilig anerkennen und nicht einmal mehr Christus verehren. So bieten sie sich dem Auge nicht als Märtyrer um Christi willen dar, sondern als Gestalten der Hölle und als Abbilder der Qualen der Verdammten.

Es gibt noch eine weitere, ganz üble Art von Bettlern, mit denen man keinesfalls Mitleid haben darf, nämlich diejenigen, die durch Leim, Mehl, Blut,

Schmutz, aufgemalte Wunden und Stiche Geschwüre oder Aussatz imitieren. Andere täuschen durch alle möglichen Kunstgriffe üble Krankheiten vor.

Manche ziehen auch bettelnd von Tür zu Tür und geben vor, sie hätten ein Gelübde getan oder befänden sich auf einer Pilgerfahrt, während sie in Wahrheit nur arbeitsscheu sind. Diese Leute würden übrigens mit keinem König tauschen, denn ihnen steht es frei, zu gehen und zu kommen, wann und wohin sie wollen, in Kriegs- und Friedenszeiten zu tun, was ihnen beliebt; sie sind frei von Kontributionen, Beiträgen und Abgaben für das Gemeinwesen, sie sind frei von allen Bürgerpflichten, werden nicht wegen Betrugs, Täuschung, Diebstahls oder sonstiger Vergehen vor Gericht gestellt, kurz, sie bleiben von alledem ungeschoren, als wären sie Heilige Gottes. Dennoch können derartige Leute riesiges Unheil anrichten und schwere Verbrechen begehen, wenn sie unter dem Deckmantel der Bettelei Geheimnisse der Städte oder Länder ausspähen oder, in allen Listen und Ränken erfahren, Nachrichten für die Feinde befördern, weil sie zu jedem Verrat bereit sind. Nicht selten steckten sie auch Städte in Brand, wie es in den letzten Jahren in Frankreich geschah und auch der Stadt Trier widerfuhr. Manchmal verdarben sie Brunnen, verseuchten Feldfrüchte, vergifteten Viehfutter, schleppten absichtlich Epidemien ein und verursachten dadurch große Verluste an Menschen.

Darunter fallen auch die als Zigeuner bezeichneten Sippen:

> Nur alles Fremde erfreut sie, in Eig'nem zu wohnen ist lästig;
> heimische Erde allein wäre für sie eine Qual.

Ihre Urheimat liegt zwischen Ägypten und Äthiopien, ihr Stammvater ist Kusch, ein Sohn Hams und Enkel Noahs. Bis heute büßen sie die Verfluchung ihres Ahns Ham und ziehen mit ihren Zelten durch die ganze Welt. Durch kleinere Räubereien, Diebstähle, Betrügereien bei Tausch und Handel, durch Lesen aus der Hand und Wahrsagerei schädigen sie die Leute und erbetteln sich so ihren Unterhalt. Sie seien persischer Herkunft und gehörten zu den Uxiern, meint Volaterranus, wobei er sich Skylitzes[616], dem Verfasser einer Geschichte Konstantinopels, anschließt. Dieser sagt nämlich, Kaiser Michael Traulos habe seine Macht gemäß einer Prophezeiung der Uxier empfangen. Das ist ein Volk, das sich damals über den Balkan und später über ganz Europa ausbreitete und überall Wahrsagerei betrieb. Polydorus hält sie für Assyrer und Kiliker.[617]

Nun breitet sich diese verheerende Bettlerepidemie nicht nur im weltlichen Bereich und bei den untersten Schichten aus, sondern ist auch in die Geistlichkeit, also in die Mönchsorden und in das Priestertum, eingedrungen. So entwickelten sich besondere Sekten von Brüdern, Mönchen und sonstigen auf Erwerb bedachten Leuten. Hierzu muß man auch diejenigen zählen, die unter religiösen Vorwänden Betrug üben: Sie tragen vorgebliche Reliquien umher, geben sich wunder wie heilig, kündigen durch Berichte von erfundenen Mirakeln Gottes Zorn an, versprechen Ablaß und Dispens und jagen unter dem Vorwand von Almosen nach Reichtümern; sie ziehen durchs Land und erschnorren von einfältigen Bäuerlein und religiös immer leicht beeinflußbaren Weiblein bald hier ein Schaf, bald dort ein Lamm, Böckchen, Kalb oder Schwein, ein paar Schinken, Wein, Öl, Butter, Weizen, Hülsenfrüchte, Milch, Käse, Eier, Hühner, Wolle, Leinen und natürlich auch Geld. So plündern sie ganze Landstriche aus und kehren dann, mit reicher Beute beladen, zurück in ihr Kloster. Dort werden sie von den Ihren mit großem Beifall empfangen und belobigt, weil sie auf das einfache Volk und die frommen Weiblein soviel geistlichen Einfluß haben. Sie glauben, durch solche Bettelkunst und betrügerische Schläue Gott und den Heiligen willkommene Opfer zu bringen, wenn sie (zu Lasten des Volks und zum Schaden des Gemeinwesens) ihre Spießgesellen auf fette Beute Jagd machen lassen und damit dann die nichtarbeitenden Glieder ihrer Gemeinschaft mästen. Die Werke der Barmherzigkeit, um derentwillen ihnen ja die Gaben in solcher Fülle zufließen, achten sie in ihrem Herzen wenig oder gar nicht, ja verachten sie sogar. Über ähnliches Verhalten von Priestern der syrischen Göttin spottet Apuleius in seinem Roman „Der goldene Esel".[618]

Ferner gibt es die Bettelmönche und die sogenannten Begarden[619], die unter Aufgabe der ihnen eigentlich gebotenen Heiligkeit Frömmigkeit durch Erwerbsstreben ersetzen und die Religion nur nutzen, um im Gewande der Armut überall mit unverfrorener Bettelei frech und heuchlerisch Geld zusammenzuscharren, wobei ihnen kein Mittel zu schäbig ist. Mit schamlosem Betrug verkünden sie dem Volke ihren Ablaßverkauf in aller Öffentlichkeit, also in Kirchen, Schulen, bei Hofe, in Palästen, bei öffentlichen und privaten Gesprächen, während der Beichte, bei Disputationen, Predigten und Vorträgen, vor Gericht, von den Kathedern, Kanzeln und Rednertribünen, die überhaupt Hochburgen ihres frechen Treibens sind. Dabei putzen sie ihre vorgeblichen Wohltaten mit gewaltigem Pomp und vielen Zeremonien auf, erpressen von Kaufleuten, die doch selbst Wucherer, und von Adligen, die ja selbst Räuber sind, einen tüchtigen Anteil von deren Beute und schwatzen naiven Bürgern, dem ungebildeten Volk und vor allem abergläubischen alten Weiblein das Geld aus dem Beutel. Zuerst machen sie sich (wie einst die Schlange!) an die einfältigen Frauen heran, um mit deren Hilfe an die Männer heranzukommen und sie dann tüchtig zur Ader zu lassen.

Die Mönche, die durch ihre ärmliche Kleidung Armut zur Schau stellen und mit großem Wortschwall die Verachtung des Geldes predigen, haben in Wahrheit nur das eine im Sinn, soviel davon als irgend möglich in ihren Besitz zu bringen. Und dafür gehen sie durch dick und dünn, verschaffen sich Einlaß in Häuser, Katen und Schenken, übernehmen gottesdienstliche Handlungen nur gegen Bezahlung, fordern in herrischer Weise Almosen wie einen Tribut, mischen sich in Geschäfte aller Art ein, stiften Ehen, die dann unglücklich verlaufen, ändern Testamente, schlichten Streitigkeiten und reformieren Nonnen, all das natürlich zu ihren Gunsten.

So sehen also die Künste aus, durch die sich zahlreiche Mönche soviel Macht und Einfluß geschaffen haben, daß sie selbst von Päpsten und Monarchen gefürchtet werden, daß sie mehr Geld als die Kaufleute und größere Schätze als die Fürsten angehäuft haben. Davon kaufen sie für Tausende und aber Tausende von Goldstücken Bischofsmützen und Kardinalshüte, und für ungeheure Summen greifen sie sogar nach der Papstkrone. Und all das vermag Bettelei im geistlichen Gewande!

Obwohl sie gewaltige Mengen an Geld besitzen, behaupten sie doch, strenge Armut sei besser als die Vollendung im christlichen Glauben, und rühren deshalb ihr Geld nicht mit eigenen Händen an, sondern halten sich eigens dafür einen Judas[620], der das Geld verwaltet und genau Rechenschaft geben muß. Dabei wagen sie es, wie Petrus und Johannes zu sagen: „Silber und Gold habe ich nicht."[621] Wenn sie hier nicht lögen und ihr Wort wahr wäre, dann könnten auch sie sagen: „Steh auf, du vermagst zu gehen."[622] Dann könnten sie auch wie der Heilige Bruder Franziskus, der ebenso ohne Geld wie ohne Sünden war, den Tieren gebieten, und diese würden gehorchen; sie könnten Wasser zu Wein wandeln, Flüsse trockenen Fußes überschreiten, reißende Wölfe zähmen, den Schwalben das Zwitschern verbieten, einen Falken zum Aufwecken benutzen, dem Feuer gebieten und noch mehr solche Wunder vollbringen wie dieser Heilige.[623] Das aber tun ja alle nicht, die da ständig rufen: „Herr, Herr!" und wie die stoischen Affen nur äußerlich die Zeichen und Kleider von Christus und Franziskus tragen, aber sich nach deren Willen und Vermächtnis in keiner Weise richten.

Gegen die Bettelmönche[624] schrieben Bischof Richard von Armagh, Propst Malleolus aus Zürich, Bischof Johannes Camotensis und viele andere, deren Schriften zu billigen wären, wenn sie nicht in erster Linie die Bettelei der Kleriker, sondern vor allem deren Mißbrauch verurteilt hätten. Doch das sei genug, damit wir noch anderes behandeln können.

Kapitel LXVI
Ökonomie allgemein

Zur Verwaltung jedes Gemeinwesens gehört auch die Ökonomie, eine Art von Haushaltungskunst im Staat und zugleich eine Art hauswirtschaftlicher Monarchie. Es gibt mehrere Arten der Ökonomie[625]: Die königliche oder höfische, die militärische oder Kriegsökonomie, die von Gemeinwesen, seien es klösterliche oder andere Gemeinschaften, und schließlich die Privat- oder Familienökonomie. Letztere lehrt, wie man Frau, Kinder, Verwandte und Gesinde regieren muß, wie Haus und Besitz zu erhalten und zu vergrößern, wie die Kosten dafür aufzubringen sind, wie man am klügsten mit Einnahmen, Geldern, Zöllen, Steuern, Zehnten, Zinsen, Erträgen und Monopolrechten umgeht, wie man neue Techniken und Erfindungen gewinnbringend nutzen kann und welche juristischen Fragen es bei Gemeinschaften, Verträgen, in Prozessen und im Kriegsfalle gibt. Da all diese Dinge nicht klar abgrenzbar und ohne feste Regeln sind, bezeichnet man sie als anomal, das heißt, nicht durch Gesetze oder Regeln erfaßbar. Infolgedessen ist die

Ökonomie nicht eigentlich als Kunst oder Wissenschaft anzusehen, sondern eher als eine für die Haushaltung notwendige Lehre, die aus bestimmten Anschauungen, Erfahrungen, Gewohnheiten, Praktiken und Kunstgriffen besteht. Dazu gehören auch alle Handwerkstätigkeiten und andere Gewerbe, bei denen Flachs, Wolle, Stoff, Holz, Eisen oder andere Metalle verarbeitet werden; ferner die Dienstleistungsgewerbe der Barbiere, Bader, Schankwirte und weitere Arten des Unterhaltserwerbs, die den Leuten zwar das Leben erleichtern und verschönern, aber für das Gemeinwesen und seine Regierung nicht von Belang sind, denn sie verfolgen keine erhabenen, freiheitlichen oder gar heroischen Ziele. Von diesen Gewerben gibt es sehr viele, und alle haben dienenden Charakter. Die meisten Gewerbe sind mit bestimmten Lastern verbunden, ja verquickt, z. B. die Fuhrleute, Schiffer, Schankwirte, vor allem aber Barbiere, Bader und Hirten sind äußerst geschwätzig; sie lieben Geschichten, Klatsch und Gerüchte und verbreiten sie weiter.

Die Barbiere sind durch die Geschichte von Midas[626] und die von Sulla, als er Athen belagerte, die Hirten durch die des Battos[627] in Verruf gekommen. Übel beleumdet sind auch Sänger, Pfeifer und sonstige Musikanten, die um Lohn bei Festen und Gelagen zum Vergnügen anderer Leute aufspielen.

Am allerschlimmsten ist jedoch das Leben der Schiffer: Ihre Unterkunft ist wie ein Gefängnis, ihre Nahrung widerwärtig, immer gleich und sehr unsauber, ihre Kleidung schmutzig, es fehlt ihnen an allem, ständig sind sie unterwegs, immer gehetzt und ruhelos wie auf der Flucht, stets rauhem Wetter und dem Ungestüm der Wogen ausgeliefert und Hitze, Kälte, Regen, Unwettern, Blitzen, Hunger, Durst und Schmutz ausgesetzt. Zu all dem gesellen sich noch Gefahren des Meeres wie Skylla, Charybdis, die Syrten und Symplegaden[628], weiterhin entsetzliche Stürme und, von weiteren Plagen abgesehen, ständige Gefahr für Leib und Leben. Die Schiffer sind mit ihrem Los die unglücklichsten, andererseits sind sie die verruchtesten von allen Menschen.

Unter den zahlreichen Erwerbsarten sind Handel, Landwirtschaft, Militärwesen, Medizin und Rechtswesen am vornehmsten. Ich werde sie der Reihe nach behandeln, doch zuvor noch die allgemeinen Grundlagen der Ökonomie darstellen.

Kapitel LXVII
Die private Haushaltung

Die Stärke der privaten Haushaltung beruht hauptsächlich auf dem Ehestand. Deshalb setzte sich der Zensor Metellus Numidicus vor der römischen Volksversammlung mit folgenden Worten für die Ehe ein: „Wenn wir, die Männer, ohne Frau auskommen könnten, dann würden wir alle uns diese Last ersparen. Da es aber von der Natur so gefügt ist, daß wir mit den Frauen zwar unter Schwierigkeiten, ohne sie jedoch überhaupt nicht auskommen, sollte man lieber einen gesunden Dauerzustand als ein kurzlebiges Vergnügen erstreben." So bei Gellius[629].

Kein Haus oder Haushalt kann nämlich ohne die Haus- und Ehefrau auskommen und fortbestehen: Ohne sie gibt es keine weitere Nachkommenschaft, keine Erben, keine künftige Verwandtschaft und Familie, und von einem Familienvater kann dann natürlich auch nicht die Rede sein. Wer keine Frau hat, der hat auch kein Haus, weil er es nicht sichert. Und selbst wenn er eines hat, dann wohnt er darin wie in einer Fremdenherberge. Wer keine Frau hat, der besitzt, und mag er noch so reich sein, eigentlich so gut wie nichts, denn er hat keinen, dem er etwas hinterlassen und auf den er sich verlassen kann. Sein Besitz ist ständig gefährdet: Die Diener stehlen, Geschäftspartner betrügen, die Nachbarn lauern, Freunde halten nicht viel von ihm, die Verwandten sähen ihn am liebsten tot, Kinder (falls er uneheliche hat) bedeuten für ihn nur Schande, denn die Gesetze erlauben es nicht, daß er ihnen seinen Familiennamen, die Bilder seiner Ahnen oder sein Vermögen hinterläßt. Auch von allen Ämtern und Ehren ist er nach einhelliger Meinung aller Gesetzgeber ausgeschlossen, denn zur Regierung einer Stadt ist unwürdig, wer sein Haus zu regieren nicht gelernt hat, und zur Lenkung des Staates ist unfähig, wer den eigenen Haus- und Besitzstand nicht zu lenken weiß, weil der Hausstand ja das wahre Ur- und Vorbild des Staates ist.

Dessen waren sich schon die alten Griechen bewußt: Als Philipp von Makedonien ihre Streitigkeiten schlichten wollte und Gorgias aus Leontinoi in Olympia eine Rede über die Eintracht der Griechen vortrug, da wurden beide von den Griechen voller Schadenfreude ausgelacht, weil sie andere zu versöhnen suchten und doch zu Hause selbst nicht den Frieden bewahren könnten, denn bei Philipp herrschte Streit zwischen Sohn und Frau[630] und bei Gorgias zwischen Frau und Magd. Die Griechen meinten, wessen Klugheit nicht einmal ausreicht, häuslichen Zwist beizulegen, der vermag kaum außenpolitische Händel zu schlichten. Steht also jemand an der Spitze einer Stadt oder eines Staates und kann sich selbst und seinen Hausstand nicht beherrschen, dann steht es schlimm um das Regiment. Letztendlich ist der Hausstand doch die einzige Form, die ein glückliches Leben ermöglicht: Man liebt seine Frau, zieht Kinder auf, führt die Familie, hält den Besitz zusammen, bewältigt den Ablauf der Hauswirtschaft und sorgt für den Fortbestand des Geschlechts. Und gibt es dann Last und Mühsal (und davon gibt es mehr als genug, weil jede Art zu leben ihr Kreuz hat!), so sind sie gewiß in der Ehe leichter zu tragen. Die Ehe ist ein sanftes Joch, wenn die Ehegatten nicht durch Habsucht, Stolz, List, Betrug oder aus unsinniger Liebesgier, sondern durch Gott zusammengeführt wurden, so daß der Mann Vater, Mutter, Geschwister und Verwandte verläßt, um seiner Frau anzugehören, die er über alles liebt. So wurde Hektor, als er Trojas Untergang ahnte, nicht so sehr von Sorge um Eltern, Brüder oder um sich selbst, sondern viel stärker von der um seine heißgeliebte Gattin gequält, wie es bei Homer heißt:

Niemals hab' ich gezweifelt: Das herrliche Troja wird fallen,
Priamos auch und das Volk dieses waffengewaltigen Königs.
Doch nicht dem Volk, nicht der Mutter, der lieben, gilt so meine Sorge,
nicht König Priamos' Los und auch nicht das Schicksal der Brüder,
die, zwar zahlreich und tapfer, doch endlich ihr Leben verlieren,
niedergestreckt in den Staub, getroffen vom feindlichen Schwerte,
schmerzt mich so sehr, wie die Sorge um dich, liebste Gattin, mich peinigt.[631]

Ich gebe zu, daß unglückliche Ehen viele Leiden und Qualen im Gefolge haben, wie sie von Sokrates einst aufgezählt wurden: Ständiger Ärger, quälende Eifersucht, ununterbrochenes Nörgeln, Verwünschen der Mitgift, Verstimmung bei Verwandten, Auseinandersetzungen um Preise und Kosten, ungewisse Zukunftsaussichten der Kinder, zuweilen Todesfälle oder gar der Untergang der gesamten Familie, fremde Erben und endlose weitere Beschwernisse. Man bedenke auch folgendes: Hat man eine Frau, dann gibt es keine Wahl mehr; man muß sie so nehmen, wie sie ist! Ob sie aber liebenswürdig oder dumm, von üblem Betragen, hochmütig, liederlich, häßlich, schamlos oder mit weiteren Fehlern behaftet ist, das merkt man erst nach der Hochzeit, doch dann läßt sich kaum noch etwas ändern.

Für unglückliche Ehen gibt es bekannte Beispiele: Marcus Porcius Cato der Zensor, zu seiner Zeit wohl der erste Mann im Staate, der in Kriegs- und Friedenszeiten kaum seinesgleichen hatte, heiratete als ziemlich alter Mann die sehr junge Tochter des Salonius, eines wenig begüterten und auch sonst unbedeutenden Mannes, und büßte in seinem eigenen Hause alle Autorität ein, weil seine Frau sich schändlich aufführte. Als Tiberius Julia, die wegen häufigen Ehebruchs berüchtigte Tochter von Kaiser Augustus, geheiratet hatte, wagte er nicht, sie zu strafen, anzuklagen oder zu verstoßen, aber auch nicht, sie zu behalten. So mußte er sich unter Lebensgefahr nach Rhodos zurückziehen, was seinem Ansehen natürlich abträglich war. Der spätere Philosophenkaiser Marcus Aurelius, der Faustina, die Tochter von Antoninus Pius geehelicht hatte, mußte sie, obwohl sie fortwährend Ehebruch trieb, behalten, um nicht ihre Mitgift und seine Aussicht auf die Nachfolge als Kaiser zu gefährden.

Doch all diese Widerwärtigkeiten entstehen nicht so sehr durch die Schuld der Frauen, sondern eher der Männer, denn nur Männer, die selbst nichts taugen, suchen sich meist auch zu ihnen passende Frauen. Darüber machte sich Varro Gedanken, die Gellius wiedergibt: Wenn eine Frau einen Fehler hat, so muß man ihn beseitigen oder ertragen. Wer ihn beseitigt, der bessert sie zu seinem Nutzen, wer ihn erträgt, bessert sich[632].

Solche Probleme habe ich in meiner Schrift über das Sakrament der Ehe ausführlich behandelt[633].

Nicht jedem gelingt die Erziehung der Kinder in der rechten Weise: Viele Kinder gehorchen nicht, sind den Eltern gegenüber widerspenstig oder gar feindselig, manche sind wahnsinnig, manche schwachsinnig, manche stumpfsinnig oder träge, andere stürzen sich in ein Leben voller Laster, vergeuden den väterlichen Besitz durch Wein, Weiber und Würfelspiel, andere werden gar zu Mördern, wie Alkmaion[634], Orest und Publius Malleolus[635], die ihre Mütter umbrachten. So hat Artaxerxes Mnemon einen großen Teil seiner 115 Kinder umbringen lassen, weil sie ihm nach dem Leben trachteten[636].

Euripides weiß recht gut und unser heiliger Bernhard hat das übernommen, daß keine Kinder zu haben ein (weithin unbekanntes!) Glück sein kann. Selbst Augustus, der vom Glück begnadete Kaiser, zitierte häufig im Blick auf seine Tochter und seine Enkelin den homerischen Vers:

> Hätt' ich kein Weib doch genommen und wär' ohne Kinder geblieben![637]

Euripides sagt, es gäbe keine schlimmeren Feinde im Haus und zugleich nichts Unnützeres dort als Sklaven. Demokrit bezeichnet den Sklaven als einen notwendigen, aber nicht angenehmen Besitz. Und Petrarca schreibt an irgendeiner Stelle: Daß ich mit Hunden lebte, wußte ich, doch ihr Jäger zu sein, das mußte ich erst lernen. – Plautus sagt im „Pseudolus" über Sklaven:

> Ein Menschenschlag, der nichts ins Haus als Unheil bringt,
> dem niemals in den Sinn kommt, Richtiges zu tun.
> Und bietet sich Gelegenheit, dann heißt es gleich:
> Sieh' zu, was du behalten, stehlen, raffen kannst!
> Man sollte eher Schafe Wölfen anvertrau'n,
> als daß man Sklaven zu des Hauses Hütern macht.[638]

Und Lukian in seinem „Palinuros": Gegenüber ihren Herren neigen Sklaven stets zu Flüchen, Diebstahl, Betrug, Flucht, Unverschämtheit, Liederlichkeit, Trunksucht, Eßgier, Faulheit, Bummelei und jeder Schändlichkeit. Deshalb kam es auch zu dem Sprichwort: So viele Sklaven man im Hause hat, so viele Feinde hat man.[639] – Oft sind sie aber nicht von Anfang an unsere Feinde, sondern wir machen sie erst dazu, wenn wir ihnen gegenüber hochmütig, geizig, niederträchtig und grausam sind, wenn wir uns wie Tyrannen gebärden und nicht mit ihnen umgehen, wie wir sollen, sondern wie wir wollen. Darüber sagt der Sklave Strobilus in der „Topfkomödie" des Plautus:

> Sehr schlecht mit ihren Sklaven geh'n die Herren um,
> und schlecht gehorchen auch die Sklaven ihren Herrn;
> auf keiner Seite tut man das, was billig wär'.
> Mit tausend Schlössern sperren Greise, krank vor Geiz,
> den Vorratsraum, den Keller, selbst die Küche ab;
> sogar den eig'nen Kindern gönnen sie fast nichts!
> Die Sklaven aber, diebisch und erfinderisch,
> mit tausend Schlüsseln dringen überall sie ein
> und stehlen, was sie wollen, schlecken, was beliebt,
> obwohl für Diebstahl hundertfältig Strafe droht.
> So rächen sie sich für ihr Sklavenlos am Herrn

durch böse Streiche, Hohn und Spott. Ich zieh' den Schluß:
Behandelt Sklaven man nicht kleinlich, sind sie treu.[640]

Viele Staaten haben in der Vergangenheit durch Sklaven ungeheures Leid erfahren. Beispiele dafür sind die von zahlreichen Historikern behandelten Sklavenkriege und die überaus reiche und ehedem wohlgeordnete Stadt Volsinii, in der sich durch eine Rebellion von Sklaven eine beklagenswerte Tragödie ereignete: Man war dort mit den Sklaven milder als anderswo, fast familiär umgegangen, hatte sie zuweilen bei Beratungen hinzugezogen, schließlich sogar einige von ihnen in den Senat aufgenommen, da rissen sie plötzlich alle Macht im Gemeinwesen an sich, ließen Testamente zu ihren Gunsten ändern, untersagten Gastmähler und andere Zusammenkünfte von Freien, nahmen die Kinder ihrer Herren zur Ehe und legten gesetzlich fest, daß ihre Vergewaltigungen von Witwen und unverheirateten Frauen straflos bleiben sollten und daß keine Jungfrau einen Freien heiraten dürfe, wenn sie nicht zuvor ihre Unschuld einem Sklaven geopfert hätte. So ist diese blühende und wohlhabende Stadt, die als bedeutendste in Etrurien galt, wegen ihrer allzugroßen Milde und Nachgiebigkeit gegenüber Sklaven in tiefstes Ungemach und schlimmste Schande geraten.[641] Denn wenn der Zwang zum Gehorsam der Sklaven beseitigt wird, geraten die Herren in Gefahr, wie das Beispiel der Heloten[642] in Sparta und das der Penesten[643] in Thessalien gezeigt hat.

Kapitel LXVIII
Die königliche Haus- oder Hofhaltung

Nun ist noch die Haushaltung des Königs, also die Hofhaltung, kurz zu beschreiben. Der Hof ist im Grunde nur eine Versammlung von Giganten, genauer gesagt, eine Vereinigung übelbeleumdeter adliger Windbeutel, eine Bühne übelster Subjekte, eine Schule der verruchtesten Sitten, ein Asyl für abscheulichste Verbrecher. Hier ist die Heimstatt und ein wahres Dorado für Hochmut, Stolz, Einbildung, Raffgier, Unzucht, Luxus, Neid, Zorn, Völlerei, Gewalt, Gottlosigkeit, Bosheit, Verrat, List, Tücke, Grausamkeit und was sonst noch an Lastern und verderbten Sitten denkbar ist. Hier gelten Vergewaltigung, Entführung, Ehebruch und Hurerei als Gesellschaftsspiel für Fürsten und Adlige; hier sind nicht selten Mütter von Königen und Fürsten die Kupplerinnen für die eigenen Kinder. Hier toben alle Verbrechen wie Stürme, und deshalb leiden hier auch alle Tugenden entsetzlich Schiffbruch: Der Anständige geht zugrunde, der Schurke wird emporgespült, der Schlichte wird verlacht, der Gerechte verfolgt, der Freche und Unverschämte steigt auf; Erfolg haben kann hier nur, wer kriecht, schmeichelt, hetzt, verleumdet, denunziert, wer lügt, spioniert, andere zu Fall bringt, Rufmord betreibt, wer sich ständig neue Bosheiten einfallen läßt und zu jedem Verbrechen bereit ist.

Die schändlichsten Menschen und die schlimmsten Eigenschaften bösartiger Tiere scheinen bei der Hofgesellschaft wie in einem einzigen Leib vereint zu sein: Die Unbändigkeit des Löwen, die Wildheit des Tigers, die Rauheit des Bären, das Ungestüm des Wildschweins, der Stolz des Pferdes, die Raubgier des Wolfes, der Eigensinn des Kalbes, die Listigkeit des Fuchses, die Verschlagenheit des Chamäleons, die Anpassungsfähigkeit des Panthers, die Bissigkeit des Hundes, die Teilnahmslosigkeit des Elefanten, die Rachsucht des Kamels, die Furchtsamkeit des Hasen, die Geilheit des Ziegenbocks, die Unsauberkeit des Schweins, die Dummheit des Schafs, die Ungeschicklichkeit des Esels und der Nachahmungstrieb des Affen. Bei Hofe tummeln sich (und man kann sie auch besichtigen) tobende Zentauren, verderbenbringende Chimären, rasende Satyrn, häßliche Harpyien, ruchlose Sirenen und doppelgestaltige Skyllen, schreckliche Strauße, gefräßige Greife, gierige Drachen und was die vergewaltigte Natur sonst an entsetzlichen Monstren[644] und unheilverkündenden Wesen hervorbringt. Bei Hofe wird jede Art von Tugend besiegt, gefoltert und hingerichtet; kurz, man muß sich dort der Leichtfertigkeit, Bosheit und Lasterhaftigkeit anpassen oder – den Aufenthalt bei Hofe meiden:

> Ungestraft weilt nicht bei Hofe, wer Ehre und Anstand will wahren.
> Geb' ihm ein gnädig Geschick, fernzubleiben dem Hof.

Kein größeres Verhängnis kann ein Stadt treffen, als daß sie zur Residenz eines Potentaten wird, denn wo Hof gehalten wird oder wohin er verlegt wird, dahin bringt er wie ein unheilverkündender Komet und wie eine ansteckende Seuche größtes Unglück; zieht der Hof aber weg, dann hinterläßt er wie ein tollwütiger Hund durch sein Gift unheilbare Schäden. Durch den Hof entsteht ein ständiger Bedarf an Gütern und Waren und, da jeder daran verdienen möchte, ein Ansteigen der Preise, woraus sich später beachtliche Schäden ergeben können. Mit dem Hof ist auch erhöhter Tafelluxus verbunden, und das Volk begnügt sich, sind erst ausländische Gaumenfreuden eingeführt, nicht mehr mit den althergebrachten Speisen, sondern verfällt in Schwelgerei und verschwendet dafür sein Geld. Durch den Hof erhöhen sich infolge des Nachahmungstriebs auch die Ansprüche der Bürger und besonders der Bürgersfrauen auf Pracht und Wohlleben in ihren Häusern, und sie verschwenden viel Geld für Kleidung und Prunk. Die unheilvollste Folge der Lasterhaftigkeit des Hofes ist jedoch der Sittenverfall bei der Bevölkerung.

Wenn aber der Hof eine Stadt verläßt, o Jammer, welch widerwärtiges Erbe hinterläßt er dann: Frauen werden zu Ehebrecherinnen, Töchter verführt oder als Huren mitgenommen, Kinder untergeschoben, die Dienerschaft ist verdorben. Kurz, es gibt sehr viel Leid, und das ganze Gesicht der Stadt ist gewandelt, zum Gesicht einer Hure geworden. So erging es auch einer mir bekannten Stadt in Frankreich, die so verdorben wurde, daß dort kaum noch eine Ehefrau keusch ist und fast kein Mädchen jungfräulich in die Ehe eintritt; Palasthure gewesen zu sein gilt als höchst ehrenvoll, und die älteren Frauen verkuppeln die jungen. Die Schande hat so überhandgenommen, daß jeder Anstand zugrunde geht und die Männer sich nicht um die Hurerei ihrer Ehefrauen kümmern, sofern es ihnen dadurch (wie ja Abraham auch zu Sara sagte!) nur gutgeht und sie ihr Leben davon fristen.

Kapitel LXIX
Adlige Höflinge

Es gibt zwei Arten von Hofleuten. Die höheren sind das eigentliche Herrschergefolge, die adligen Prahlhänse, die vor Hochmut, Luxus und Prunk fast den Verstand verloren haben und Purpur- und Seidenroben sowie goldbestickte Gewänder nebst Federhüten tragen. Bei ihnen sind

> Huren das größte Vergnügen, die Schritte graziös und gezirkelt,
> lang und lockig das Haar und täglich neu die Gewänder.

All ihre Energie verschwenden sie auf Liebesabenteuer, aus Essen und Trinken machen sie geradezu einen Kult, sie tafeln mit allem Luxus und veranstalten ständig miteinander Gelage. Als besondere Leistung gilt bei ihnen, einmal eine prächtige Gasterei unter großem Aufwand auszurichten und dann drei Monate lang bei anderen als Gast zu schmarotzen.

Bei solchen Leuten strömen natürlich Pfeifer und Musikanten aller Art zusammen, dazu Schauspieler, Spaßmacher, Schmarotzer, Huren, Kuppler, Tänzer, Jäger und dergleichen Gelichter. Die Höflinge halten sich Hunde, Pferde, Beizvögel und andere abgerichtete Vögel, außerdem Affen, Papageien und was es an Monstrositäten in der Natur gibt, dazu noch Bären, Löwen, Tiger und Leoparden.

Die Unterhaltung und Gespräche in diesen Kreisen sind völlig belanglos und ohne jeden sinnvollen Inhalt, nichts als reines Geschwätz: Man schmäht, hinterbringt, klatscht, lügt und vermischt Wahres mit Erlogenem. Die einen reden von Hunden, Jagd und Jagdgründen, Wildverstecken und fabrizieren tolles Jägerlatein, andere erzählen von Pferden, Feldzügen und eigenen (natürlich erfundenen!) Heldentaten. Wenn sich ein Neider findet, der solche Prahlereien in Frage stellt, zugleich aber Rühmliches von sich selbst verkündet, dann überführt ihn häufig ein anderer der Lüge, und es kommt zu scharfen Auseinandersetzungen. So endet denn häufig die Unterhaltung bei solchen Gelagen mit Verärgerung und Beleidigungen, und die Bacchusgaben strömen so reichlich, bis schließlich Blut fließt, wie es bei den Gelagen der Zentauren geschah[645]. Teilnehmer an den Gelagen der Höflinge tragen dort oft Wunden davon, als wären sie mit folgenden Worten zur Tafel gebeten worden:

Gönnet jetzt fröhlich dem Leib all das Gute, das hier man euch bietet;
seid aber auch zugleich zu plötzlichem Streite gerüstet[646].

Besonders wichtig ist es für Höflinge, bei ihren Fürsten die rechte Zeit und Gelegenheit zu erahnen und dann zu nutzen, um nicht zum ungeeigneten Zeitpunkt mit einem Anliegen lästig zu fallen. Und dieser Zeitpunkt hängt nicht vom Himmel, von den Gestirnen oder vom astrologischen Kalender ab, sondern davon, ob dem Fürsten jeweils der Wein, das Frühstück, das Gelage, die Jagd oder seine gegenwärtige Mätresse zusagt. Ist der Fürst gut gelaunt und gerade mit einer Vergnügung beschäftigt, dann ist die Gelegenheit günstig: Die Höflinge amüsieren ihn erst mit einigen pikanten Histörchen und bringen die Rede dann ganz sacht auf ihr eigentliches Anliegen. Dabei machen sie sich instinktiv den Rat zunutze, den Aristoteles seinem Schüler Kallisthenes erteilte, daß man nämlich bei einem König überhaupt nicht oder nur in der diesem genehmen Weise das Gespräch suchen solle; dabei schade es kaum, wenn man nicht mit ihm ins Gespräch kommt, doch könne man rasch seine Gunst gewinnen, wenn man den rechten Ton zu finden weiß.[647]

Hat nun der Fürst oder König einen dieser Höflinge durch ein Lächeln ausgezeichnet und dessen Worten zugenickt, hat ihm gefallen, was dieser Höfling äußerte oder tat, hat er ihn seines Vertrauens gewürdigt oder ihm gar eine Privataudienz gewährt, dann gilt dieser natürlich bei allen Höflingen als einflußreicher Mann und erlaubt sich sogleich alles: Kränkt, verlacht, mißachtet alles, hetzt heimlich und tadelt offen, führt stets das große Wort. Er führt sich so auf, daß alle ihn fürchten: Er tritt die unter ihm Stehenden mit Füßen, verachtet Gleichrangige, versagt Höherstehenden den schuldigen Respekt, beansprucht Ehrung, ja Anbetung, sogar in demütigender Weise, führt sich höchst arrogant und dünkelhaft auf und nutzt seinen Einfluß aufs äußerste:

Seine Tugend und Macht ist – Freiheit zu jedem Verbrechen.

Wer dem Günstling nicht Sympathie oder Beifall bezeugt, selbst bei üblen Handlungen, der wird sogleich verdächtigt und beschuldigt, er neide dem Günstling die Stellung oder er sei seinem eigenen Amt nicht gewachsen.

Diese Günstlinge fügen nicht nur Gleichrangigen und Abhängigen großen Schaden zu, sondern üben auch häufig auf ihre Fürsten einen sehr verhängnisvollen Einfluß aus, indem sie ihnen in ganz raffinierter Weise, sogar in Form von Mahnung, Ratschlag und Warnung, völlig gewissenlos schmeicheln und sie dadurch nicht selten zu unsäglichen Verbrechen veranlassen. So stachelt ein Zenturio in Lukans Epos Cäsar an:

Eines beklagen wir: daß geduldige Langmut die Hände
derart dir fesselte! War das Vertrauen zu uns dir geschwunden?
Während noch heißes Blut die atmenden Körper uns anspornt,
kräftige Arme noch Lanzen zu schleudern vermögen, erträgst du,
deiner unwürdig, die Toga und kriechst dem Senate zu Kreuze?[648]

Ähnliche Scharfmacher gab es auch bei Alexander dem Großen. Sie trieben ihn, dessen Natur ohnehin schon zum Größenwahn neigte, immer weiter zu Kriegen und Blutvergießen. Solche Ratgeber hatte auch Salomos Sohn Rehabeam, solche gibt es noch heutzutage: Durch Willfährigkeit gegenüber allen Launen und Lüsten ihres Fürsten leisten sie Beihilfe zu jedem Verbrechen, ja ermuntern ihn sogar dazu. Oder ihr Abraten wirkt eher als Anreiz, wenn sie ihre Gegenargumente absichtlich schwach und leicht widerlegbar formulieren, um sich dann von dem naiven Fürsten, der sich dabei in seiner falschen Absicht bestärkt sieht, mit „Argumenten“ besiegen zu lassen. Dabei üben sie in doppelter Weise Betrug: Sie entziehen sich der Verantwortung für ihre Ratschläge und erwerben sich durch ihre Perfidie obendrein noch den Dank ihres fürstlichen Herren. Solche Ratgeber, die mit üblem Rat stets rasch zur Hand sind, hat auch der Franzosenkönig Franz[649]: Sie haben ihn wissentlich und absichtlich zu jedem seiner Vertragsbrüche und Übergriffe bewogen und gelten dennoch als vorzügliche und treue Berater! Soviel über adlige Höflinge. Hat man einen von ihnen gekränkt, dann zieht man sich die Feindschaft aller zu.

Kapitel LXX
Niedere Höflinge

Außerdem gibt es die niederen Höflinge, Menschen niedriger Gesinnung, die sich niemals in eine höhere Position haben bringen können und mit ihrer Untertanensituation zufrieden, ja geradezu glücklich sind. Sie belagern die Häuser der Vornehmen, schmarotzen dort, leben auf anderer Leute Kosten und

> höchstes Ziel ist für sie, zu leben von anderer Brote.[650]

So sind sie allen gegenüber unterwürfig, liebedienerisch und auf das Schmarotzen bedacht. Sie wollen jedem in jeder Weise gefällig sein und verwandeln sich deshalb in mehr Gestalten als Proteus[651]. Sie nutzen jede Gelegenheit, sich bei den Mächtigen in Gunst zu setzen: Bei den Tischgesprächen versuchen sie, die Gäste auszuhorchen und etwas Verwertbares in Erfahrung zu bringen; bei Leuten, die miteinander verfeindet sind, suchen sie mit füchsischer Schläue nach den leisesten Andeutungen und Äußerungen über die jeweilige Gegenpartei und hinterbringen diese dann wechselseitig, um sich beiderseits beliebt zu machen, während sie ja beide zugleich verraten. Diese Art des Vertrauensbruchs gelingt ihnen vorzüglich, weil sie sich naiv geben und deshalb kaum Argwohn erregen.

Obwohl Verrat zu den übelsten Handlungen zählt, gibt es doch nichts Zweckmäßigeres und Erfolgversprechenderes, wenn man sich am Hofe in den Besitz von Reichtümern und Würden bringen will. Bei Höflingen, sogar bei Königen, ist der Verrat als Mittel geschätzt und beliebt. Deshalb hängen sich die niederen wie

Kletten an die adligen Höflinge und versuchen, deren Geheimnisse zu erschnüffeln, um dann von ihnen gefürchtet zu werden.[652] Sind sie nämlich erst Mitwisser von jemandes Schandtaten oder Verräterei, dann kann ihnen nichts mehr widerfahren, und sie können immer den Kopf aus der Schlinge ziehen, denn:

> Gut stellt sich Verres mit dem, der genug von ihm weiß, daß er täglich
> ihn vor die Richter kann bringen.[653]

So kommt es zur Vertrautheit, ja sogar zu einer gewissen Abhängigkeit der adligen Höfline von ihnen, durch die sie dann bestimmte Dinge, an denen ihnen gelegen ist, erreichen.

Ihr erstes Ziel besteht darin, in die Matrikel der Höflinge aufgenommen zu werden, denn das ist wichtig, auch wenn es noch nicht mit einer Besoldung verbunden ist. Diese Einschreibung auch ohne Besoldung ist entscheidend und verheißt Beute für spätere Zeiten. Als nächstes pirschen sie sich an Leute heran, die Einfluß besitzen: Belästigen sie durch Schmeicheleien, drängen ihre Dienste auf, biedern sich ständig auf jede erdenkliche Art an, übernehmen mit größtem Eifer Aufträge, die sonst niemand ausführen will, weil sie gefährlich, mühselig und wenig einträglich sind, stehen Tag und Nacht zur Verfügung, machen weite Reisen zur Übermittlung von Aufträgen und Briefschaften. Bei alledem scheuen sie weder Mühen noch Strapazen und

> wagen sogar, was ihnen Verbannung und Kerker kann bringen,[654]

bis man ihnen schließlich aufgrund solcher „Verdienste" irgendeine Aufgabe, ein Amt mit der Führung eines Siegels, die Verwaltung staatlicher Gelder, die Festsetzung von Steuern oder dergleichen überträgt. Nun haben sie die Mühen und Plagen früherer Tage hinter sich und brauchen anderen nicht mehr unentgeltlich zu dienen, sondern können ihrerseits Geld für alles Erdenkliche verlangen. In dieser neuen, nunmehr honorigen Stellung müssen sie ihr früheres Verhalten vergessen, ein völlig anderes Gebaren an den Tag legen und nach „Höherem" streben: Allein von Habsucht beherrscht, sehen sie als einzige Richtschnur Vorteil und Gewinn, sind stets argwöhnisch, dabei verschwenderisch mit Worten, leutselig, dabei hinterhältig, bedeutsam in der Rede, dabei vieldeutig wie ein Orakelspruch; kurz, sie legen alles Gesehene, Gehörte oder Geschehene negativ aus. Sie vertrauen nur sich selbst, lieben nur sich selbst und sind nur mit sich selbst zufrieden; sie halten nichts von Treue und Freundschaft, schließen sich nur Gemeinschaften an, die ihnen Vorteile verheißen, und stellen den eigenen Gewinn über alles. Freunde, Verwandte und Gefährten, die ihnen keinen Vorteil bringen, betrachten sie wie Bäume, die keine Früchte mehr tragen. Begegnen sie einem früheren Gefährten, dann übersehen sie ihn absichtlich, bittet er sie um Hilfe, dann speisen sie ihn mit meist leeren Versprechungen ab. Läßt ihnen solch ein Bittsteller nichts zukommen, dann helfen sie ihm in keiner Weise oder verschlechtern seine Situation sogar noch. Ihre Gunst und Gnade bieten sie jedermann für Geld an, von Anstand halten sie nichts, dulden kein Lob, das anderen gilt, schmähen alle Leute hinterrücks und finden für niemand auch nur ein einziges lobendes Wort, wie jener antike Redner, der da sagte: „Dieser Julius, das muß ich zugeben, ist schon ein tüchtiger Mann und hat auch vieles geleistet. Daß er aber von gerechten Richtern nicht wegen räuberischer Erpressung verurteilt worden ist, würde mich wundern, wenn ich nicht wüßte, wie gut er reden kann.“

Und noch ein Beispiel:

> Glück hatte mit seinem Sohne Proteus und auch mit der Gattin;
> Glück hatte er überall, sieht man ab vom Morde an Phokos.

Außerdem gieren sie immer wie Geier nach Geschenken bei Hofe, sind auf Vorteile erpicht und entreißen sie möglichst allen anderen, wie einst die Harpyien Phineus alle Speisen vom Munde raubten. Sie weiden sich am Unglück anderer, empfinden keinerlei Mitleid und halten Versprechen nur, wenn es ihnen genehm ist. Hat ihnen jemand geholfen, dann sind sie keineswegs dankbar, geschweige denn, daß sie die Wohltat vergelten, sondern strafen ihren Wohltäter durch Nichtachtung oder gar Zorn und Haß, die sie allerdings hinter Leutseligkeit verbergen. Nur auf ihren König oder Fürsten nehmen sie Rücksicht und erweisen ihm Respekt, doch selbst das nur aus Furcht oder Berechnung.

Wenn diese Höflinge dann ihr ganzes Leben in Verrat, Betrug, Erniedrigung und Dienstbarkeit verbracht und durch all diese Gemeinheiten großen Besitz und hohe Ämter erjagt haben, dann besitzen sie kein Gefühl mehr für Recht oder Unrecht und hinterlassen ihren Kindern als Erbe nicht in erster Linie Ehre, sondern hauptsächlich den erraffte Besitz und das bei dessen Erwerb begangene Unrecht.

> So nährt der Storch seine Brut mit
> Eidechsen, Schlangen und anderem, was kreucht in feuchtem Gelände.
> Hat erst Federn der Nachwuchs, erjagt er ähnliche Beute. –
> Hasen und manchmal ein Zicklein, des Urmutter Zeus einst ernährte,
> sind des Raubvogels Beute im Feld, er schleppt sie zum Horst den
> Jungen zum Fraß, die sich deshalb, kaum flügge geworden, schon schwingen
> hoch in die Lüfte, von Hunger getrieben, und jagen nach solcher
> Beute, die ihre Atzung, als sie den Eiern entschlüpften.[655]

Das sind also die Künste der niederen Höflinge, mit deren Hilfe viele von ihnen aus den untersten Schichten zu hohen Ämtern und Würden aufsteigen, weil sie bei ihren Fürsten oder Königen Einfluß erlangt haben. Sie häufen Schätze an, die denen von Fürsten nicht nachstehen, und bauen sich wahre Königspaläste, während die adligen Höflinge ihren Besitz für Huren, Glücksspiele, Jagd, Pferde, Gelage, Kleidung, Prunk und Luxus verschwenden. Wenn die adligen Höflinge ihre Ländereien, Schlösser und sonstigen Besitz, ja sogar ihr Erbe verjubeln, dann kaufen die niederen Höflinge alles auf und treten auf diese Weise durch ihre verbrecherischen Machenschaften in deren Stellung ein.

Kapitel LXXI
Hofdamen

Auch an den Hofdamen gibt es vieles auszusetzen. Die meisten von ihnen sind von schöner Gestalt, wirken elegant, prächtig, sehr hübsch, oft geradezu liebreizend; sie tragen purpurne und goldbestickte Gewänder und kostbaren Schmuck. Leider vermag nicht jeder gleich zu erkennen, welche gefährlichen Ungeheuer sich häufig hinter diesen schönen Fassaden verbergen. Lukian vergleicht sie recht treffend mit ägyptischen Tempeln, die von außen gesehen prachtvoll wirken, weil sie groß und aus kostbaren Steinen errichtet sind. Geht man aber hinein und sucht nach einer Gottheit, dann findet man einen Affen, einen Ibis, einen Ziegenbock oder eine Katze. So ist es auch mit den Hoffräulein und Hofdamen, die von Geburt an und während ihrer gesamten Jugend zu angenehmem Zeitvertreib, zu Tanz und jeder Art von Lebensgenuß erzogen werden, die aus jenen am Hofe kursierenden Liebesromanen, aus Büchern voll von Lust, Begierde, Leidenschaft, ehebrecherischen Verhältnissen und Kuppelei, aus Komödien, Novellen, schlüpfrigen Scherzen und Liedern sozusagen mit der Muttermilch die verderblichsten Einflüsse aufnehmen: Leichtfertiges, überhebliches und anmaßendes Wesen, mürrisches, anstoßerregendes oder gar unverschämtes Verhalten, Streitsucht, Widerspruchsgeist, Starrsinn, Rachsucht, Verschlagenheit, Mutwilligkeit, Geschwätzigkeit, Aufdringlichkeit und Begehrlichkeit.

Ihre Zungen empfinden wahre Qualen, wenn sie einmal schweigen müssen, ihre Lippen sind zu jedem Geschwätz gerüstet und produzieren höchst nutzlose, törichte und für den, der zuhören muß, oft auch sehr lästige Gespräche. Worüber sollen sie denn auch während so vieler Stunden miteinander reden, wenn nicht über müßiges und dummes Zeug, beispielsweise, wie man das Haar kämmt, legt oder färbt, wie man das Gesicht frottiert, welcher Faltenwurf beim Kleid jetzt modern ist, wie man zu gehen, sich zu erheben oder sich niederzulassen hat, wie man sich kleiden, wem man den Vortritt lassen muß, wie viele Verbeugungen und Knickse man macht, wer bei der Begrüßung Küsse geben oder empfangen darf, wem die Beförderung durch Esel, Pferd, Tragstuhl, Kutsche oder Sänfte zukommt und wer Gold, Edelsteine, Perlen, Halsketten, Ohrgehänge, Armbänder, Ringe oder Halsbänder tragen darf und dergleichen unwichtige Probleme mehr aus dem Reich der Semiramis.[656]

Ältere verheiratete Hofdamen berichten, wieviel Liebhaber sie hatten, welche Geschenke sie erhielten und wie sie umworben wurden. Eine erzählt von dem, den sie liebt, eine andere verschweigt, wen sie haßt, und alle glauben der Bewunderung der anderen gewiß zu sein, wenn sie mit ihren angeblichen Erfolgen prahlen. Natürlich fehlt es bei ihnen auch nicht an Ausbrüchen von Haß, Zank und Streit, an Schmähungen, Verleumdungen und sonstigen Sünden, die mit der Zunge begangen werden.

Die Augen und Gesichter der Hofdamen strahlen Verlockung aus, ihre Bewegungen und Gebärden sind sinnlich, ihre Redeweise zielt darauf ab, Verehrer einzufangen und Geschenke von ihnen zu erhalten, z. B. einen Ring oder einen Edelstein, einen Halsschmuck oder eine Kette. Solche Dinge erschmeicheln oder erbitten sie von ihren Verehrern und bieten ihrerseits dafür Küsse aller Art, Liebesgeplauder, Umarmungen und weitergehende Beweise ihrer Gunst, die gängige Münze und Grundlage für alle Liebeleien am Hofe sind. Die Feder sträubt sich zu beschreiben, welch lasterhafte Szenen sich erst in ihren Schlafgemächern abspielen, wenn sie in widernatürlicher Weise der Liebe pflegen! Wenn sie sich elegant gekleidet haben, meinen sie, all ihre Schande sei verhüllt und verborgen.

Man kann sich vorstellen, welch getreue und keusche Gattinnen solche Damen ihren künftigen Ehegatten sein und was für Qualen sie ihnen zufügen werden: Sie halten ihrem Ehemann dann ständig ihre Herkunft, Mitgift, Schönheit und andere Ehechancen vor, auf die sie um seinetwillen verzichtet hätten, überschütten ihn fortwährend mit Zank, Streit und Klagen, die bescheidene häusliche Tafel ist ihnen nicht gut genug, weil sie vom Hofe her Tafelluxus und köstliche Speisen gewohnt sind; sie verschwenden durch ihre Putz- und Prunksucht das Vermögen und sogar den häuslichen Besitz und treiben den Armen oft zu fragwürdigen, ja verbrecherischen Methoden der Geldbeschaffung, indem sie ihm Tag und Nacht mit tausend Listen, Winkelzügen, Betrügereien und Schauspielereien zusetzen. Von stadtbekannten Amouren, heimlichem Ehebruch, untergeschobenen Kindern anderer Männer will ich gar nicht reden. Hassen diese Damen aber erst ihre Ehegatten, dann ist ihnen jedes Mittel recht, diese loszuwerden, sogar Gift! Böse Frauen verfügen nämlich, wie Hieronymus (in seiner Schrift gegen Jovinianus) schreibt, über böse Mittel: List, Trug, Zaubermittel, Gift sowie magische Einflüsse und Kräfte. – So hat Livia aus Haß ihren Gatten umgebracht[657] und Lucilia aus Eifersucht den ihren, indem sie ihm einen Gifttrank aus Eisenhut bereitete und statt eines Liebestranks kredenzte. Deshalb sagt auch der Prediger Salomo, daß er lieber bei einem Löwen oder Drachen hausen wolle als bei einem bösen Weibe.[658] Wer also eine sittsame Frau haben möchte, sollte keine Hofdame ehelichen. Und wenn eine Frau einen braven Mann haben will, dann soll sie keinen Höfling nehmen.

Leider habe ich meine Zunge nicht im Zaume halten können. Was ich gesagt habe, kann ich aber nicht ungesagt machen. So will ich mir denn die Hand auf den Mund pressen, nichts weiter sagen und vom Hofleben zur Behandlung der anderen Gebiete der Ökonomie, nämlich der mehr praktisch ausgerichteten Zweige Handel, Landwirtschaft und Militärwesen kommen.

Kapitel LXXII
Handel

Der Handel spürt wie ein guter Jagdhund auch den bescheidensten Gewinn auf, verschlingt mit gierigem Rachen jede Beute, die er erspäht, ist nie zufrieden mit dem, was er hat, und stets besessen von dem Trieb, noch mehr zu erjagen. Die meisten glauben, der Handel sei dennoch recht förderlich für das Gemeinwesen, eigne sich dazu, mit fremden Herrschern und Völkern in Berührung zu kommen, und sei auch für den Privatmann sehr nützlich und in gewissem Sinne sogar notwendig. Plinius nimmt an, der Handel habe sich entwickelt, damit die Menschen mit Dingen, die sie brauchen, versorgt werden. Deshalb haben sich ja auch berühmte und kluge Männer nicht gescheut, Handel zu treiben. Thales, Solon und Hippokrates werden von Plutarch als Beweis angeführt.

Einige Wissenschaften und Künste duldet man um des Vergnügens willen, manche schätzt man der Beschäftigung wegen, die sie bieten; die einen betreibt man aus Ehrgeiz, andere achtet man besonders hoch, weil sie dem Streben nach Wahrheit und Gerechtigkeit dienen. Mögen die Wissenschaften und Künste auch zwangsläufig mit Gewinn, Vergnügen oder Aufwand verbunden sein, so sind doch keineswegs alle von ihnen mit Ehre, Anstand und Gerechtigkeit in Einklang zu bringen. Beispielsweise sind die Tätigkeiten der Kaufleute, Krämer, Geldverleiher, Wechsler und Hausierer zwar notwendig, nützlich und mit Mühe verbunden, doch gelten sie als unfrei, niedrig und unredlich. Diese Leute wenden nämlich bei ihren Geschäften nicht ihre Fähigkeiten und Künste, sondern ihre mühsam eingefädelten Betrügereien an, denn bei ihnen handelt es sich nicht um fähige, ehrliche, gerechte anständige und gute Leute, sondern um zwielichtige, verschlagene und betrügerische Gesellen. Alle Kaufleute und Krämer kaufen ja irgendwo billig ein, um an anderer Stelle die Waren wesentlich teurer wieder zu verkaufen, und bei ihnen gilt als Meister, wer dabei den größten Gewinn macht. Lüge, Meineid und jede Art von Betrug gehören einfach zu ihrem Gewerbe, und keine Art, Gewinn zu erzielen, ist ihnen zu schäbig. Sie behaupten nämlich, ein Gewinn bis zu fünfzig Prozent über den wirklichen Wert der Ware hinaus sei im Handel gesetzlich erlaubt und könne nicht als Betrug bezeichnet werden. Zweifellos ist ihr ganzes Leben auf Erwerb, Gewinn und Reichtum ausgerichtet, und um dieser Ziele willen sind sie stets bereit, alles Erdenkliche auf sich zu nehmen und sogar Verbrechen zu begehen. Augustinus bestätigt auch, daß niemand zu Gewinn und Reichtum kommt, ohne dabei zu betrügen.

> Weit über Wert preist der Kaufmann die Ware, will er sie verkaufen.

Und ein anderer Dichter dazu:

> Stets hinter seinen Gewinn stellt der Kaufmann das Heil seiner Seele,
> denn wegen Meineids und Trugs wartet die Styx[659] nur auf sie.

Ob jemand von ihnen nun kauft oder verkauft, Waren holt oder bringt, Kredite gibt oder aufnimmt, Geld zahlt oder nimmt oder Rechnungen ausschreibt, ständig schwören sie alle falsch, lügen, betrügen und riskieren Leib, Seele und Vermögen, sobald sie von irgendeiner Sache Gewinn erhoffen. Verwandtschaftliche und freundschaftliche Beziehungen sehen sie nur unter dem Gesichtspunkt der Zweckmäßigkeit, jagen während ihres ganzen Lebens nach Gewinn und Reichtum und sehen nur darin Erholung von ihren Anstrengungen und den Trost ihres Lebens.

> Emsig durchreist der Kaufmann die Welt bis hin zu den Indern,
> flieht, weil Armut er fürchtet, durch Wüsten, Gebirge und Meere.[660]

Betrug üben die Kauflaute bei allem, womit sie Handel treiben: Bei Wolle, Leinen, Seide, Tuch, Purpurstoffen, Edelsteinen, Gewürzen, Wachs, Öl, Wein, Getreide, Pferden und anderen Tieren, also bei Waren aller Art, wie jedermann weiß, täglich sehen kann und sogar am eigenen Leibe erfährt, es sei denn, er will die Betrügereien der Kaufleute nicht wahrhaben.

Dabei sind das noch die geringeren Übel, und es gibt weit schlimmere: Diese Kaufleute holen als Lockmittel buchstäblich vom Ende der Welt Waren, die von Frauen und Kindern zwar wegen ihrer Seltenheit, Schönheit und Kostbarkeit begehrt sind, aber eigentlich im gewöhnlichen Leben nicht gebraucht werden und nur dem Luxus, Prunk und Spiel, der Verweichlichung und Vergnügungssucht dienen. Dadurch entziehen sie den Ländern und Königreichen jährlich riesige Summen und richten die Moral durch Einführung fremder Laster zugrunde, indem sie die althergebrachten Bräuche untergraben und ständig Neuerungen aus fremden Ländern einführen.

Die Kaufleute gründen Gesellschaften, verschaffen sich wider Recht, Gesetz und Billigkeit Monopole und versuchen mit allen erdenklichen Mitteln, das Geld des Volkes in ihren Besitz zu bringen. Durch Vereinigung ihrer finanziellen Kräfte schlagen sie jede Konkurrenz aus dem Felde und bestimmen dann die Preise: Sie allein kaufen alles auf und verkaufen dann allein wieder, wenn sie es für günstig halten, und zwar zu Höchstpreisen.

Andererseits häufen diese Kaufleute nicht selten auch riesige Berge von Schulden auf, machen dann Bankrott, werden flüchtig, lassen sich irgendwo an anderem Ort nieder und kehren sehr spät oder nie zu ihrem vorigen Wohnsitz zurück, wo sie ihre Gläubiger ruiniert und zur Verzweiflung oder gar zum Selbstmord getrieben haben.

Die Kaufleute verstricken die Bürger durch Wechsel und Schuldverschreibungen in unüberschaubare Abhängigkeiten und manövrieren sie so tief in Schulden hinein, daß sie keinerlei Aussicht haben, sich jemals wieder davon zu befreien. Wie in einem Teufelskreis erzeugen die Schulden neue Schulden, ersticken die Gemeinwesen und stürzen sie um. Die Kaufleute sind indessen nur auf Wucher und Zins erpicht, saugen dem Volk das Mark aus, beschneiden nicht selten die Münzen und verändern den Geldwert zum Schaden des Gemeinwesens nach oben oder unten, wie es ihnen zu ihrem Vorteil günstig erscheint. Die Kaufleute forschen die Geheimnisse der Fürsten aus, unterrichten die Feinde des Landes über Beschlüsse des eigenen Staates sowie über die Stimmung im Lande und unternehmen in manchen Fällen für Geld sogar Anschläge auf das Leben der Fürsten; kurz, für Geld tun sie alles, nehmen sie alles auf sich, ist ihnen alles feil. Bei ihnen beruht jede Handlung offenkundig auf Lüge, Beschönigung, Halbwahrheiten, Schnüffelei, Hinterhältigkeit, Betrug und Verstellung. Deshalb wies man in Karthago Kaufleuten abgesonderte Quartiere zu, damit sie nicht mit den eigenen Bürgern zusammenwohnen. Sie hatten zwar Zugang zum Markt, doch die Flottenstützpunkte und andere strategisch wichtige Orte der Stadt durften sie nicht einmal sehen. Die Griechen ließen Kaufleute überhaupt nicht in ihre Städte, sondern legten, um ihre Bürger vor jeder Gefahr zu schützen, dicht vor den Stadtmauern einen Handelsplatz an. Auch zahlreiche andere Völker untersagten Kaufleuten den Zutritt, weil sie die Sitten verdürben. Nach Plutarchs Bericht wählten die Bewohner von Epidauros, nachdem sie festgestellt hatten, daß ihre Mitbürger infolge der Handelsbeziehungen mit den Illyrern zur Unehrlichkeit neigten, und befürchteten, durch den Kontakt mit den Fremden könne es zu Sittenverfall und Umsturz bei ihnen kommen, alljährlich einen geachteten und erfahrenen Mann aus ihrer Mitte, der zu den Illyrern ging und dort alle Aufträge, Geschäfte und Verträge seiner Mitbürger erledigte.

Platon macht den Kaufleuten zum Vorwurf, sie verdürben selbst die besten Sitten, und meint, in einem Staat mit guter Verfassung müsse die Übernahme von Lebensart und Luxus fremder Völker gesetzlich untersagt sein. Bürger unter vierzig Jahren dürften nicht ins Ausland reisen, und Fremde sollten nicht eingelassen werden, weil die Bürger durch den Kontakt mit diesen ihre ursprüngliche Anspruchslosigkeit und Sittenstrenge aufgeben und später sogar verachten könnten.[661]

Allein durch diesen moralischen Niedergang sind zahlreiche Städte ins Unglück geraten und mit jeder Art von Hurerei, Ehebruch, Luxus und Laster besudelt worden. Als Beispiele seien Lyon und Antwerpen genannt, heutzutage weltbekannte Handelsstädte.

Aristoteles empfiehlt ebenfalls, dafür zu sorgen, daß der Staat keinesfalls durch den Einfluß von Zugewanderten Schaden nehme und daß Kaufleute, wenn man schon nicht auf sie verzichten kann, nicht in die Bürgerschaft aufgenommen werden. Er wirft ihnen vor, sie sagten stets die Unwahrheit und seien bestrebt, den Markt im Staat zu beherrschen, Unruhe zu stiften und Zwietracht zu säen. In vielen Staaten war von alters her gesetzlich verankert, daß ein Kaufmann weder ein Amt bekleiden noch dem Senat oder sonst einem Ratsgremium angehören durfte.

Außerdem ist die Handelstätigkeit durch theologische Lehrmeinungen und Festlegungen eindeutig verurteilt worden und durch kirchliche Dekrete, die sich auf Gregor, Chrysostomus, Augustinus, Cassiodor und Leo gründen, allen wahren Christen untersagt. Dabei sagt Chrysostomus: „Ein Kaufmann kann vor Gott kein Gefallen finden. Deshalb soll kein Christ Kaufmann sein. Will er es doch, dann soll er aus der Kirche verstoßen werden." Und Augustinus äußert, Kaufleute könnten ebensowenig wie Soldaten wahre Buße tun.

Kapitel LXXIII
Steuereinnahme

Nicht viel besser als die Kaufleute sind die Steuereinnehmer, eine diebische, in höchstem Maße knechtische und käufliche Sorte von Menschen, nachlässig und träge in der Pflichterfüllung, dabei recht frech, ja unverschämt in ihrem Verhalten. Sie verfügen, wie es bei solchen Leuten nicht anders sein kann, nur über recht beschränkte Fähigkeiten, können aber immerhin schreiben und rechnen. Alle Arten von Betrug sind ihnen aufs beste bekannt, und so übertreffen sie an Gefährlichkeit jeden gewöhnlichen Straßenräuber. Sie sind die schlimmsten Diebe unter der Sonne und werden allein durch ihre Finger reich, mit denen sie Tausende und Millionen zusammenrechnen und die so klebrig und wie mit zahllosen Angelhaken versehen sind, daß alles Geld, und sei es noch so leicht, flüchtig, aalglatt und schlangenschlüpfrig, an ihnen hängenbleibt und kaum wieder von ihnen gelöst werden kann. Nur in einem einzigen Punkt sind sie weniger schlimm: Sie haben es nämlich hauptsächlich auf die Kassen von Königen, Fürsten und Mächtigen abgesehen. Was sie allerdings dort entwenden, vertun sie dann fröhlich für Huren, Glücksspiel, Gelage, durch Bauten und den Unterhalt von Schmarotzern, Pferden, Hunden und Schauspielern. Sind diese Leute aber älter und bedächtiger geworden, dann verprassen ihre Söhne das über lange Zeit hin Stück für Stück durch Meineid, Raub, Dieberei und Gemeinheit zusammengescharrte Geld durch Gastereien, Hurerei, Jagd, Vogelfang, Kleiderluxus und jede erdenkliche Art von Vergnügung.

Übrigens betätigen sich die Steuereinnehmer auch als Wucherer, erpressen Zuwendungen für das Hinausschieben der Fälligkeitstermine, treiben die Schulden in die Höhe, indem sie mit den Geldverleihern gemeinsame Sache machen, betrügen bei der Berechnung der Abgaben, fälschen Schuldverschreibungen, benutzen falsche Siegel, schmälern den Münzwert und verschlechtern ihn durch unedles Metall. Damit erweisen sie sich als eifrige Schüler der Alchemisten und fördern deren Kunst, auch wenn sie selbst gar keine alchemistischen Talente besitzen.

Cicero meint, man müsse Handel, der hinreichend groß und vielfältig ist und deshalb Waren aus aller Welt überallhin vermittelt, nicht unbedingt ablehnen, doch Kaufleute und Steuereinnehmer könnten erst dann volle Anerkennung finden, wenn sie sich nach Erwerb eines hinlänglichen Vermögens der Landwirtschaft und dem Grunderwerb zugewandt hätten. Und so möchte ich an dieser Stelle meine Ansichten über Landwirtschaft folgen lassen.

Kapitel LXXIV
Landwirtschaft

Die Landwirtschaft, zu der auch Weidewirtschaft, Fischerei und Jagd gehören, stand bei den Alten in solchen Ehren, daß selbst Kaiser, mächtige Könige und Fürsten sich nicht scheuten, zu ackern, zu säen und Bäume zu pflanzen. Diokletian betrieb nach seinem Rücktritt von der Macht Landwirtschaft und ebenso Attalos[662], nachdem er die Verwaltung des Reiches seinen Ministern überlassen hatte. Auch der große Perserkönig Kyros[663] pflegte Freunden, die ihn besuchten, voller Stolz seinen mit eigener Hand angelegten Garten und von ihm selbst gepflanzte Baumreihen zu zeigen. Auch Seneca hat selbst Platanen gepflanzt, Fischteiche angelegt und mit Wasserzufuhr versehen; er fühlte sich nirgendwo so wohl wie auf dem Lande. So erklären sich auch die Beinamen der edelsten Geschlechter Roms aus den zahlreichen Bezeichnungen für Hülsenfrüchte: Fabii, Lentuli, Cicerones und Pisones.

Kapitel LXXV
Weidewirtschaft

Ebenso leiten sich von der Vieh- und Weidewirtschaft die Namen der Statilii, Tauri, Pomponii, Vituli, Vitellii, Porcii, Catones, Annii und Caprae ab. Hirten waren Romulus und Remus, die Gründer der Stadt Rom. Diokletian stieg vom Hirten zum Kaiser auf. Selbst Spartakus, der einst Roms Macht so furchtbar wurde, war ein Hirt. Ebenfalls Hirten waren Paris und Äneas' Vater Anchises, Aphrodites schöner Geliebter Endymion[664], Polyphem und der hundertäugige Argos. Hirten gab es sogar bei den Göttern: Apollo weidete die Herden des Thessalerkönigs Admetos; Hermes war überhaupt der erste Hirt, auch sein Sohn Daphnis ist hier zu nennen. Pan war der Gott der Hirten, und Proteus war Hirt und Gott zugleich.

Wenn ich die Patriarchen, Richter und manche Könige der Juden durchgehe, dann waren die bedeutendsten und gottgefälligsten unter ihnen Hirten, z. B. Abel, der Gerechte, Abraham, Vater zahlreicher Völker, Jakob, Vater des auserwählten Volkes, Moses, der Gesetzgeber und gottvertraute Prophet, und König David, der nach Gottes Herzen Erwählte.

Bei den alten Griechen waren alle großen Männer Hirten. Daher benutzte man bei ihnen Namen wie Polyarnas, Polymedas und Polybutas nach den zahlreichen Lämmern, Schafen und Rindern, die sie besaßen. So ist ja auch allgemein bekannt, daß Italien nach Jungstieren, von den alten Griechen als I t a l i bezeichnet, benannt ist. Sowohl der Kimmerische wie auch der Thrakische Bosporus, das

Ägäische Meer, die Städte Argos und Hippion, haben sie nicht alle ihre Namen von einer Furt für Rinder, von Ziegen und Pferden? Die afrikanische Provinz Numidia hat ihren Namen ebenfalls von einem Wort, das Weideland bedeutet.

Die erste Lebensform der Menschen nach Adams Sündenfall war auf Erden die der Hirten. Sie schenkt uns außer dem Fleisch der verschiedenen Tierarten noch Milch, Käse, Butter zur Nahrung, Wolle, Felle und Leder zur Bekleidung und alles, was zum Leben notwendig und nützlich ist. Allerdings ist all das dem Menschen erst nach dem Sündenfall gegeben worden, denn vorher hatte ihm Gott von den Früchten zu essen geboten, die ihm die Erde freiwillig schenkt.

Kapitel LXXVI
Fischerei

Hier müssen noch Fischerei und Jagd behandelt werden. Das Fischen war bei den Römern hochangesehen und so beliebt, daß sie fremdländische und in italischen Gewässern unbekannte Fische aus fernen Provinzen mit Schiffen holen und vor den Küsten Italiens aussetzen ließen, wie man Früchte auf dem Feld anbaut. Man erhoffte davon großen Nutzen für den Staat. Weiterhin haben sie Fischteiche und Aquarien mit äußerst wertvollen Fischen unter großen Kosten errichten lassen. Davon leiteten zahlreiche römische Adlige, ja ganze Familien ihre Namen ab, die Licinii, Murenae, Sergii, Oratae. Nach ihren Liebhabereien verspottete Cicero Lucius Philippus und Hortensius als Fischteichler.[665] Wie man liest, pflegte Kaiser Augustus zu angeln, und Nero fischte (nach Sueton) mit einem Netz aus Gold- und Purpurfäden.[666]

Es gibt nicht eben viele Arten zu fischen. Man fängt die Fische je nach Art mit Netzen, Angeln, Reusen, Fischspeer, Fischrechen oder Giftköder. Der Wert der Fischerei wird dadurch etwas geschmälert, daß Fisch keine leichte Nahrung, also dem Magen nicht immer gut bekömmlich ist und nicht als Opfer für die Götter taugt, denn von einem Fischopfer hat man noch nie etwas vernommen.

Kapitel LXXVII
Jagd und Vogelfang

Ähnliche Fähigkeiten wie die Fischerei verlangen auch die Jagd und der Vogelfang, bei denen außerdem noch Körperkraft und Spürsinn notwendig sind. Verschiedenartige Netze, Schlingen, Fallen und Leimruten finden dabei Verwendung, ferner benutzt man Adler, Habichte, Spür- und Hetzhunde und andere zur Jagd geeignete und abgerichtete Tiere.

Die Jagd ist jedoch eine höchst verwerfliche Kunst, ein eitles Treiben, ein unseliger Kampf: Großer Anstrengung und vieler durchwachter Nächte bedarf es, will man gegen die Wildtiere kämpfen und sie blutig erlegen. Grausam und in höchstem Maße zu bedauern ist doch eine Kunst, deren Ziel und Vergnügen nur aus Blutvergießen und Töten besteht, was jeder menschlichen Regung eigentlich zuwider sein müßte!

Die Jagd war seit Urzeiten immer eine typische Beschäftigung von Bösewichten und Sündern: Nach biblischen Berichten waren Kain, Lamech, Nimrod, Ismael und Esau große Jäger, und im Alten Testament liest man von Jagdausübung nur bei Ismaeliten, Idumäern und bei Völkern, die Gott nicht kannten.

Von der Jägerei nahm auch die Tyrannei ihren Ausgang, denn niemand konnte sie besser entwickeln als jemand, der sich durch Töten und Zerfleischen von Wildtieren und durch Ströme von Blut schon an die Mißachtung Gottes und der Natur gewöhnt hatte.

Auch die Perserkönige schätzten die Jagd als eine wirklichkeitsnahe Übung für den kriegerischen Kampf, denn sie hat etwas Kriegsartiges und Blutrünstiges, und die Jäger haben Vergnügen daran, wenn das Wild von der Meute gehetzt und zerrissen wird und wenn Blut fließt, und sie genießen diesen schrecklichen Tod der Tiere aufs höchste, als handle es sich nur um einen Scherz. Dann freut sich der grausame Weidmann und kehrt mit dem von der Meute erjagten oder in Netzen gefangenen und zur Strecke gebrachten armen Tier unter großem Hallo und Gepränge wie ein Triumphator nach Hause zurück. Hier wird dann nach zeremoniellem Brauch und mit vorgeschriebenem Vokabular (denn anders darf es nicht sein!) das Tier zerlegt.[667]

Es ist wahrlich ein edles Treiben, ein edler Kampf bei diesen Weidmännern, die durch ihre übersteigerte Jagdleidenschaft ihr Menschsein aufgeben, selbst zu wilden Tieren werden und sich, wie einst Aktäon, auch charakterlich in Tiernaturen wandeln.[668] Viele Jäger haben ihre Leidenschaft bis zum Wahnsinn betrieben und wurden zu Feinden der Natur, wie die Sagen über Dardanos erzählen.

Die unselige Kunst der Jagd soll von den Thebanern erfunden worden sein, einer Sippe, die bekannt ist für Trug, Meineid und Diebstahl und verabscheuenswert wegen Mordes und Inzests.[669] Von ihnen kam die Ausübung der Jagdbräuche zu den Phrygern. Dieses Volk besitzt ebenfalls keinen Anstand, ist töricht und haltlos und wird deshalb von ernster veranlagten Völkern wie Athenern und Spartanern verachtet. Als man aber in Athen später das ursprüngliche Jagdverbot aufgehoben, diese Kunst offiziell zugelassen und im Staate eingeführt hatte, da ist die Stadt erstmals eingenommen worden! So erscheint es mir verwunderlich, daß sogar Platon, das Haupt der Akademie, die Jagd befürwortet hat.[670] Vielleicht war er der Ansicht, nicht das Vergnügen, sondern bestimmte ehrenhafte Zwecke und Notwendigkeiten sprächen für die Ausübung der Jagd. So hat ja auch Meleager den Eber, der die Fluren von Kalydon verwüstete[671], nicht zu seinem Vergnügen, sondern zum allgemeinen Wohl niedergestreckt und damit die Heimat von einer Plage befreit. Auch Romulus betrieb die Hirschjagd nicht zum Vergnügen, sondern zur Nahrungsbeschaffung für sich und seine Gefährten.

Es gibt noch eine andere Art des Jagens, nämlich den Vogelfang, zwar nicht ganz so grausam, doch ebenso sinnlos und töricht wie die Jagd. Vogelfänger nennt man Leute, die entweder Vögel direkt jagen oder andere Vögel Jagd machen lassen auf die Vögel des Himmels, wie der Prophet Baruch sagt.[672] Erfinder dieser Jagdart soll Odysseus gewesen sein, der nach der Eroberung Trojas zur Jagd abgerichtete Vögel in Griechenland eingeführt habe, um mit diesem neuartigen Vergnügen Söhne über den Verlust ihrer Väter hinwegzutrösten. Seinem Sohn Telemach untersagte er jedoch diesen Sport. Im Laufe der Zeit haben die Betätigungen, die doch eigentlich knechtisch und rein körperlicher Art sind, solche Wertschätzung erlangt, daß sie andere freie Künste fast völlig verdrängt haben und heute die grundlegende Erziehung und Ausbildung für den Adelsstand bilden, mit deren Hilfe man die höchste Stufe des Adels erklimmen kann. Heutzutage besteht ja das ganze Leben der Könige und Fürsten und – so schmerzlich es auch ist, das sagen zu müssen – die ganze Religion der Äbte, Bischöfe und sonstigen hohen Geistlichkeit nur aus Jagd. In ihr vor allem erproben sie sich und beweisen ihre Fähigkeiten und Tugenden:

> Heiße Gebete erflehen, es mög' unter harmlosem Wild auch
> schäumend ein Eber sich zeigen, vielleicht vom Gebirge ein Löwe.[673]

Die Leute, die Vorbilder als Duldende und Leidende sein sollten, möchten täglich Jagende und Siegende sein!

Durch rücksichtslose Verbote bringt sich der tyrannische Adelsstand in den Besitz allen Getiers, das von Natur aus wild ist und dem zufällt, der es sich aneignet: So dürfen Bauern ihr Brachland und zu manchen Zeiten auch anderes Gelände nicht betreten, Pächter ihr Pachtland nur beschränkt nutzen, und Hirten müssen Wiesen und Wälder mit ihren Herden meiden. Und all das nur, damit noch mehr Flächen zum Mästen des Jagdwildes zur Verfügung stehen, das zum Vergnügen der Adligen da ist und nur von ihnen verzehrt wird! Hat aber ein Pächter oder ein Bauer einmal etwas davon stibitzt und gegessen, dann ist er sogleich des Staatsverbrechens schuldig und wird wie ein Wild gehetzt und zur Strecke gebracht.

Wenn man die Literatur betrachtet, findet man gewiß in der Bibel, aber auch in der Geschichte der Heiden keinen Heiligen, keinen Weisen und keinen Philosophen, der Jäger war, sehr viele aber, die Hirten, und einige, die Fischer waren. Auch Augustinus bezeichnet die Jägerei als eine absolut wertlose Betätigung, die Konzilien von Elvira und Orléans haben sie dem Klerus untersagt, und im heiligen Kirchenrecht wird einem Jäger nicht nur der Eintritt in christliche Orden verwehrt, sondern ihm sogar die Papstwürde abgesprochen, falls er schon in ihrem Besitz war.[674] An gleicher Stelle ist zu lesen: Esau war ein Jäger, weil er ein Sünder war. Nirgendwo kommt in der Bibel das Wort Jagd in gutem Sinne vor, und so darf niemand bezweifeln, daß die Jagd selbst verwerflich ist, zumal sie auch von Heiligen übereinstimmend abgelehnt oder gar verdammt wird.

Ursprünglich, als der Mensch noch in Unschuld lebte, flohen die Tiere nicht, verhielten sich freundlich und taten ihm nichts zuleide, sondern ordneten sich ihm willig unter. Beispiele dafür sind auch aus späteren Zeiten von Leuten, die ein gottgefälliges Leben führten, bekannt. So konnten sie den Angriffen von Tieren widerstehen, wie Daniel den Löwen und der Apostel Paulus der giftigen Schlange.[675] Ein Rabe ernährte den Propheten Elia und die Eremiten Paulus und Antonius, und eine Hündin bot Aegidius Nahrung. Der fromme Abt Helenos gebot einem Wildesel, sein Gepäck zu tragen, und das Tier gehorchte, er gebot einem Krokodil und wurde von ihm über den Fluß getragen.[676] Zahlreiche Einsiedler lebten in unbewohnten Gegenden, oft in Höhlen und Löchern von Tieren, ohne Löwen, Bären oder Schlangen zu fürchten. Als aber der Mensch in Sünde fiel, wurden zur gleichen Zeit die Tiere gefährlich. Verfolgung und Flucht begannen, und die Jagdkünste wurden ersonnen. Die Tiere waren nämlich nicht von Anfang an (so Augustin zum 3. Kapitel der Genesis) als Wesen, die für Menschen giftig, feindlich oder lästig sind, erschaffen, sondern wurden es erst nach seinem Sündenfall.[677] Und das geschah nach göttlichem Ratschluß zur Bestrafung des sündhaften Ungehorsams unserer Ur-Eltern. Deshalb sprach Gott zu der Schlange: „Ich will Feindschaft setzen zwischen dir und dem Weibe, zwischen deinen Nachkommen und ihren Nachkommen.“[678] Aus diesem Satz ist der Jagdkrieg entstanden, der Krieg des Menschen gegen die übrigen Lebewesen.

Kapitel LXXVIII
Nachtrag zur Landwirtschaft

Doch ich muß noch einmal auf die Landwirtschaft zurückkommen: Über sie und ihre bereits behandelten Teilgebiete Ackerbau, Weidewirtschaft, Fischerei, Jagd und Vogelfang schrieben Hieron, die Könige Attalos (Philometor) und Archelaos, die Militärs Xenophon und Mago sowie der Dichter Oppian, ferner Cato, Varro, Plinius, Columella, Vergil, Crescentius, Palladius und zahlreiche moderne Autoren.[679]

Cicero meint, es gäbe nichts Besseres, Nützlicheres, Schöneres und eines Freien Würdigeres als die Landwirtschaft[680], und viele andere sahen in ihr das höchste Gut und ihr ganzes Glück. Deshalb nennt Vergil die Landleute gesegnet, deshalb preist Horaz sie glücklich, deshalb bezeichnet das delphische Orakel einen Mann namens Aglaos als glücklichsten Menschen. Er betrieb in Arkadien einen kleinen Bauernhof, den er nie verließ. Da er kaum irgendwelche Wünsche hatte, widerfuhr ihm in seinem Leben fast nichts Böses.

Leider wissen die naiven Leute, die den Ackerbau so verherrlichen, nicht, daß er eine Folge des Sündenfalls und der Verfluchung durch den Höchsten ist. Als Gott nämlich den Menschen aus dem freudenreichen Paradies vertrieb, schickte er ihn aufs Land und sprach zu dem sündigen Adam: „Weil du gehorcht hast der Stimme deines Weibes und gegessen von dem Baum, von dem ich dir gebot und sagte: Du sollst davon nicht essen, verflucht sei der Acker um deinetwillen! Mit Mühsal sollst du dich von ihm nähren dein Leben lang. Dornen und Disteln soll er dir tragen, und du sollst das Kraut auf dem Felde essen. Im Schweiße deines Angesichts sollst du dein Brot essen, bis du wieder zu Erde werdest, davon du genommen bist. Denn du bist Erde und sollst zu Erde werden."[681]

Und das empfindet niemand deutlicher als die Bauern und Landarbeiter: Sie pflügen, säen, eggen, schneiden, hacken, mähen, ernten, plagen sich bei der Weinlese, hüten das Vieh, scheren, jagen und fischen. Und nach all dieser Mühsal verwüstet dann Hagel oder ein Unwetter die gesamte Ernte, die Schafe oder Rinder gehen ein oder werden von plündernden Soldaten weggetrieben, Jagd oder Fischfang bleiben erfolglos. Dann jammert zu Hause die Frau, die Kinder weinen, die ganze Familie muß hungern. Und doch gehen sie wieder an die Arbeit, obwohl der Erfolg höchst ungewiß ist! Vor dieser Verfluchung war niemand auf kunstreichen Ackerbau, auf Weidewirtschaft, Fischerei, Jagd oder Vogelfang angewiesen, denn die immergrün prangende Erde schenkte alles: Winters wie sommers Früchte voll süßen Duftes. Nichts Schädliches brachte sie hervor, keine giftigen Pflanzen, keinen Baum, der nicht gute Frucht trug. Sogar Nattern und Vipern waren damals harmlos, wie Beda bezeugt. Der Mensch hatte Macht über alles Lebendige, sogar über wilde Tiere: Die Tiere mußten für ihn Lasten tragen, er verfügte über die Fische im Meer, die Vögel gehorchten ihm. Der Mensch, eben erst geschaffen, konnte sogleich frei und geschickt über seinen Körper verfügen, bedurfte keiner Kleidung und Wohnung, keiner raffiniert zubereiteten Speisen, keiner Heilmittel und lebte doch in höchstem Maße glückselig, weil ihm die Erde alles schenkte, wie es der Dichter schildert:

> Erde gab Nahrung und Wärme den Kindern und Kräuter als Lager.

Doch der Krebsschaden der Sünde und der zwangsläufig aus ihr folgende Tod hat uns alles verdorben: Die Erde gibt nichts mehr, ohne daß wir hart arbeiten; Giftiges und Todbringendes läßt sie wachsen, als wollte sie damit deutlich zeigen, daß sie uns Menschen überhaupt unsere Existenz verargt. Auch die übrigen Elemente verfahren nicht glimpflicher mit uns: Das Meer tobt im Sturm und rafft mit seinem Ungestüm viele Menschen dahin, die Luft wütet mit Donner, Blitz und Unwettern gegen uns, selbst der Himmel hat sich gegen uns verschworen und schickt uns Seuchen. Auch die Tierwelt ist uns offensichtlich feind, ja selbst der Mensch ist des Menschen Wolf, wie es im Sprichwort heißt. Wir sind umgeben von zahllosen unreinen Geistern, die uns zum Bösen verlocken und in die finsteren Netze der Sünde verstricken wollen, damit wir den ewigen Flammen und den schrecklichen Qualen der Hölle auf ewig verfallen. Aus all dem Gesagten wird deutlich, daß die Landwirtschaft samt ihren Zweigen Weidewirtschaft, Fischerei und Jagd doch nur eine Folge des Verlustes der paradiesischen Verhältnisse, des Aufkommens der Sünde und der Härte des Lebens ist und daß wir mit ihrer Hilfe die Unfruchtbarkeit des Bodens, den Mangel an Nahrung, das Fehlen von Schutz gegen die Kälte, kurz gesagt, all das, was den Menschen an seine Sterblichkeit gemahnt, wenigstens für eine gewisse Zeit beheben oder, besser gesagt, mildern können.

Und doch müßte man der Landwirtschaft angesichts unserer unglücklichen Lage hohe Anerkennung zollen, wenn sie innerhalb der ihr gesetzten Grenzen geblieben wäre und uns nicht gelehrt hätte, viele seltsame Gewächse und ihrem eigentlichen Wesen völlig entfremdete Bäume in vielerlei Gestalt zu ziehen, sogar Pferde mit Eseln und Wölfe mit Hunden zu kreuzen und so eine große Zahl von Hunderassen und andere Tiere, die völlig unnatürlich sind, zu schaffen, Tiere, denen die Natur Himmel, Meer oder Land zum freien Leben gab, in Volieren, Teichen, Vivarien oder Käfigen zu halten, sie zu blenden, zu verstümmeln oder in finsteren Käfigen zu mästen.

Ähnlich ist es mit Flachs, Wolle, Fellen, Seide und all dem, was die Natur dem Menschen zur Bekleidung gibt. Wie viele kostbare und prächtig gefärbte Stoffe verfertigt man aus ihnen, die nur dem Prunk und Luxus dienen und oft genug das Verderben der Menschen an Leib und Seele zur Folge haben. Ähnliches äußert Plinius über den Flachs: Er wird aus einem winzigen Samenkorn rasch zu einer Pflanze und dann vielleicht zu einem Segel, das schon beim leisesten Windhauch über die ganze Welt fährt und die Menschen auf das Meer lockt, so daß sie von Seeungeheuern verschlungen werden, als ob man nicht ebenso auf dem Lande umkommen könnte.[682]

Ich möchte hier nicht auf die zahllosen Bräuche und Praktiken von Bauern, Hirten, Fischern, Jägern und Vogelfängern eingehen, die nicht nur töricht, sondern abergläubisch und gegen Gottes Gebot sind. Sie glauben, damit könnten sie Unwetter abwenden, Saaten fruchtbar machen, Schäden aller Art verhüten, Wölfe und andere Raubtiere fernhalten, flüchtiges Wild bannen, Fische und Vögel mit bloßen Händen fangen und Krankheiten beim Vieh durch Beschwörung heilen. Über solche Dinge haben die oben genannten klugen Autoren voller Aberglauben und ganz ernsthaft geschrieben!

Kapitel LXXIX
Die Kriegskunst

Von den Bauern gehen wir nun zu den Soldaten über, von denen nach Vegetius die tapfersten sich aus dem Bauernstande rekrutieren. Daß die tapfersten Männer und die tüchtigsten Soldaten ihm entstammen, bemerkt auch Cato.[683] Sogar die Heilige Schrift bezeugt, daß der erste Kämpfer Kain Bauer und Jäger gewesen ist. Auch

Janus und Saturn, die ältesten streitbaren Götter, verbrachten ihr Leben auf Erden mit Kampf und Ackerbau zugleich.

Diese Kriegskunst, so scheint es, ist nicht zu unterschätzen, hat sie doch, um mit Valerius zu sprechen, den Römern die Herrschaft über Italien gebracht, ihnen mächtige Städte, Reiche und Völker unterworfen, Zugang zum Pontus und allen anderen Meeren verschafft und die Sperriegel der Alpen und des Tauros aufgebrochen.[684] Selbst Scipio Africanus rühmt sich (bei Ennius), er habe sich durch Kampf und durch das Blut der Feinde einen Weg zum Ruhmeshimmel gebahnt.[685] Cicero stimmt dem zu, wenn er sagt, Herkules sei auf dem gleichen Wege zum Olymp aufgestiegen.

Die ersten Lehrer der Kriegskunst sollen die Spartaner gewesen sein. Deshalb hat sich Hannibal, als er Italien angreifen wollte, einen Spartaner als Führer seiner Truppen ausgewählt. Mit Hilfe der Kriegskunst wurden König- und Kaiserreiche geschaffen. Mißachtete man aber ihre Regeln, dann wurden selbst die mächtigsten Reiche wieder zerstört. So fielen durch die Unbesonnenheit ihrer Feldherren das kriegstüchtige Numantia, das herrliche Korinth, das stolze Theben, das gelehrte Athen, das heilige Jerusalem, Karthago, Roms Konkurrentin im Machtkampf, und schließlich auch das allmächtige Rom selbst.

Diese Kunst ist mit sehr viel Blut, ja mit mehr Menschenblut als die Gesetze Drakons[685] geschrieben. Sie lehrt, wie man eine Schlachtordnung günstig aufbaut, den Feind angreift, in Bedrängnis bringt, einschließt, wie man am rechten oder linken Flügel durchbricht, wie man nach den Signalen des Feldherrn den Kampf eröffnet, vorstürmt, dem Feinde standhält, sich hinhaltend verteidigt, wie man dem weichenden Feind nachsetzt, wie man Stöße austeilt und pariert, wie man dem Feind energisch Paroli bietet, wie man Pferde reitet, spornt, zügelt und lenkt, wie man die verschiedenen Waffen zweckmäßig benutzt, wie man – je nach Lage – die Feinde von vorn, in der Flanke oder im Rücken packt, wie man erst, wenn keinerlei Hoffnung auf Sieg mehr besteht, den Rückzug antritt, wie man flüchtende Feinde verfolgt, niedermacht, gefangennimmt, entwaffnet, ausplündert und mißhandelt, wie man die eigenen Leute zurückführt, wieder sammelt und im Falle einer Niederlage die Hoffnung bei den Soldaten und den Mut zur Revanche weckt und weitere Dinge, die zum Handwerk von Soldaten und Heerführern gehören. Die Kriegskunst zeigt, wie man eine Flotte aufbaut, wie man Burgen und Heerlager anlegt und mit Mannschaft versieht, wie man Wälle und Dämme aufführt, Gräben ausfüllt, Gänge gräbt, Belagerungsmaschinen baut, einsetzt und mit ihrer Hilfe Mauern erstürmt, wie man den Nachschub organisiert, wie man den Feind täuscht, ihm Hinterhalte legt und andere Kriegslisten anwendet. Weiterhin lehrt sie, Städte einzuschließen, zu beschießen und mit Belagerungsmaschinen anzugreifen, Mauern zu durchstoßen, Türme zum Einsturz zu bringen, Mauern zu besetzen, Brände zu entfachen, Schutzwehren niederzureißen, Kirchen zu berauben, große Städte zu plündern und kleinere Orte zu zerstören, Felder zu verwüsten, alle Gesetze mit Füßen zu treten, Frauen und Witwen Gewalt anzutun und Jungfrauen zu entführen, Bürger zu verwunden, einzukerkern, zu verschleppen oder gar umzubringen.

Der ganze Inhalt dieser Wissenschaft, die sich allein mit den Dingen beschäftigt, die Menschen Unheil und Tod bringen, besteht darin, berühmte Städtezerstörer und eifrige Mörder heranzubilden und Menschen charakterlich zu wilden Tieren zu machen. Deshalb ist der Krieg nichts anderes als ganz gewöhnlicher Totschlag und Raub, ins Große übertragen, und Soldaten sind nichts anderes als besoldete Räuber, die das Gemeinwesen ins Unglück bringen.

Wenn außerdem der Ausgang von Kriegen stets ungewiß ist und oft nicht das Geschick, sondern das Glück den Sieg schenkt, was helfen dann alle Listen, Ränke und sonstigen Lehren der Kriegskunst? Ist nicht jede Kunst sinnlos, wenn Schicksal und Zufall entscheiden? Und dennoch preist der „göttliche" Platon die Kriegskunst und fordert, daß sich schon die Knaben mit ihr beschäftigen und die jungen Männer bereits frühzeitig in das Heer eingegliedert werden.[687] Auch der berühmte König Kyros erklärte sie für ebenso wichtig wie die Landwirtschaft. Selbst die heiligen Kirchenlehrer Augustinus und Bernhard haben sie gelegentlich gebilligt, auch die päpstlichen Dekretalen mißbilligen sie nicht, obwohl Christus und die Apostel hierin völlig anderer Meinung sind. Die Kriegskunst hat, obwohl sie in krassem Widerspruch zu Christi Lehre steht, in der Kirche keinen geringen Rang, denn es sind sehr viele Sekten und Orden heiliger Krieger entstanden, deren ganze Religion in Blutvergießen, Mord, Raub und Piraterie besteht, und zwar mit dem Vorwand, sie sollten den Glauben schützen und verbreiten.[688] Als hätte Christus sein Evangelium nicht durch Predigten, sondern durch Waffen, nicht durch Buße des Herzens und sein Martyrium, sondern durch Drohung mit Waffen, Kriegsgewalt, Mord und Totschlag verkünden wollen! Es genügt diesen „Kämpfern" nicht, gegen Türken, Sarazenen und andere Heiden die Waffen zu führen, nein, sie schikken sogar ihre Flotten zum Vorteil von „Christen" gegen andere Christen.[689]

Krieg und Kriegskunst haben auch viele zu Bischöfen gemacht, nicht selten wurde auch um die Papstwürde gekämpft, und mancher Papst hat, wie der heilige Bischof Johannes Camotensis sich ausdrückt, sein hochheiliges Amt nicht angetreten, ohne Blut seiner Brüder zu vergießen. Und das nennt man dann „Fortdauer des Martyriums", wenn um den päpstlichen Stuhl so verbissen gekämpft und soviel Christenblut vergossen wurde!

Über die Kriegskunst schrieben Xenophon, Xenokrates, Onasandros, Cato der Zensor, Cornelius Celsus, Plinius[690], Vegetius, Frontin, Ailianos, Modestus und viele andere alte Autoren. Von den Modernen sind zu nennen Valturius, Nicolaus Florentinus, Jacobus Graf von Porzia und noch einige andere. Die hier Genannten sind allerdings nur Theoretiker der Kriegskunst und deshalb weniger gefährlich als ihre Praktiker[691].

An Titeln und Graden gibt es für die Adepten dieser Wissenschaft nicht den Baccalaureus, Magister und Doctor, auch erhalten ja durchaus nicht alle den Titel Kaiser, Herzog, Markgraf oder sonstiger Graf, Ritter, Hauptmann, Leutnant, Fähnrich oder andere Bezeichnungen für Adlige, die ihnen nur aus Ehrgeiz und verübtem Unrecht erwachsen sind. Sie sind vielmehr Söldner, ganz gewöhnliche oder Meuchelmörder, Diebe, ganz gewöhnliche oder Kirchenräuber, Frauenschänder, Zuhälter, Hurenböcke, Ehebrecher, Verräter, Staatskassenplünderer, Erpresser, Glücksspieler, Gotteslästerer, Giftmischer, Verwandtenmörder, Brandstifter, Plünderer, Piraten, Tyrannen und dergleichen mehr. Will man sie alle unter einem Begriff zusammenfassen, braucht man sie nur Soldaten zu nennen, was in Wahrheit die übelste Sorte von Verbrechern bedeutet, die von ihrem bösen Wesen zu jeder Untat getrieben werden. Die „Würde" und „Freiheit" dieser Leute besteht darin, sich jedes Verbrechen und jede Räuberei zu erlauben, überall Schaden anzurichten und allen Anstand wie die Pest zu hassen. Sie alle sind Glieder eines teuflischen Leibes, wie ihn Hiob schildert: Er ist wie mit Schilden gepanzert, die wie Schuppen eng aneinanderliegen und so dicht schließen, daß kein Lufthauch hindurchgehen kann, einer hängt am anderen und ist nicht von ihm zu trennen.[692] Sie halten zusammen, denn sie haben sich zusammengerottet wider Gott und seinen Gesalbten.

Die militärischen Insignien sind nicht Purpur, Kette, Ring und Tiara, sondern Wunden vorn auf der Brust und von Narben entstellte Körper. Die Ausübung der Kriegskunst ist stets mit Leid und Tod für viele Menschen, mit dem Untergang von Moral, Recht und Frömmigkeit verbunden und steht in krassem Widerspruch zu Christi Lehre, zum Streben nach Seligkeit, zu Nächstenliebe, Unschuld, Geduld und Frieden. Die Belohnungen, die sie zu vergeben hat, bestehen in dem Ruhm, der aus Vergießen von Menschenblut erwächst, und in noch größerer Gier nach Macht und Besitz, allerdings um den Preis der ewigen Verdammnis vieler Seelen. Weil nämlich das Ziel jedes Krieges der Sieg ist, hat niemand wirklich gesiegt, bevor er den Gegner umgebracht hat, und keiner ist besiegt, bevor er umgebracht worden ist.

Der Tod ist das schlimmste für Soldaten, und ihr sündhaftes Handwerk bringt ihnen noch über das Grab hinaus einen schlimmen Nachruf ein. Wer nämlich tötet, handelt unrecht, auch wenn es sich um einen gerechten Krieg handeln sollte, denn nicht um dessentwillen ist er in den Kampf gezogen und zum Mörder geworden, sondern um des Gewinnes und der Beute willen. Wenn aber Leute verdientermaßen umgebracht werden, dann begeben sich diejenigen, die sie hinrichten, ihrerseits in den Stand von Henkern und verdienen diesen edlen Namen durchaus.

Während die Gesetze sonst sehr hart gegen Räuber, Brandstifter, Entführer, Totschläger und Meuchelmörder vorgehen, gelten solche Leute beim Militär als edel und hochangesehen.

Kapitel LXXX
Der Adelsstand

In Krieg und Kriegsdienst wurzelt der Adel und seine ganze Herrlichkeit, durch Ströme von Feindesblut und eifriges Abschlachten von Menschen wurde er errungen und mit staatlichen Auszeichnungen hoch geehrt. Deshalb verliehen die Römer so viele Arten von Kronen, die Bürgerkrone, Mauerkrone, Befreiungskrone, Schiffskrone[693] und außerdem vielfältige Ehrengaben für Soldaten, Armspangen, Spieße, Brustgehänge, Halsbänder, Ringe, Statuen und Bilder. Solche Auszeichnungen bildeten die Anfänge des Adelsstandes. Bei den Karthagern erhielten die Soldaten für jede Schlacht, an der sie teilgenommen hatten, einen Ring. Die Spanier errichteten am Grabe eines Kriegers so viele Obelisken, wie dieser Feinde erschlagen hatte. Die Skythen ließen bei ihren Festgelagen eine Trinkschale umherreichen, aus der nur trinken durfte, wer schon einen Feind getötet hatte.[694] Jeder Mazedonier, der noch keinen Feind erlegt hatte, mußte nach dem Gesetz als Zeichen seiner Schande Zaumzeug tragen. Kein Germane durfte eine Frau heimführen, bevor er nicht seinem Führer den Kopf eines erschlagenen Feindes gebracht hatte.

Der Zorn über eine ihnen vorenthaltene Ehre hat bei vielen tüchtigen Soldaten sogar dazu geführt, daß sie sich gegen ihre Vaterstadt wandten und sie ihrer Freiheit beraubten, wie es beispielsweise Coriolan, die Gracchen, Sulla, Marius, Sertorius, Catilina und Cäsar taten.

Untersucht man nun die Ursprünge des Adels näher, dann stellt man fest, daß er durch übelste Treulosigkeit und Verrat zustande gekommen ist; betrachtet man seine Weiterentwicklung, so vollzog sie sich vor allem durch das Söldnerwesen und Banditentum; forscht man nach der Herausbildung von Kaiser- und Königreichen, dann stößt man auf zum Himmel schreiende Morde an Brüdern und Eltern, todbringende Ehen, auf Eltern, die durch die eigenen Kinder der Macht beraubt wurden, auf Fürsten, die von ihren Untertanen dem Treuschwur zum Trotz ermordet wurden.

Schauen wir uns doch den Adel genau an: Er ist wahrhaftig nichts anderes als eine einzige Schurkerei, eine nur durch Verbrechen erlangte Würde, ein „Segen und Erbteil" für alle besonders mißratenen Söhne! Daß es wirklich so ist, zeigen die heiligen Schriften, die heidnische Geschichte und die der Gegenwart. Als nämlich nach der Welterschaffung der Gesetzesbrecher Adam seinen ersten Sohn Kain zum Bauern und den zweiten, Abel, zum Schafhirten machte, da wurde zugleich die Menschheit in zwei Gruppen geteilt, in das Volk in Gestalt Abels und in den Adel, verkörpert durch Kain. Dieser war irdisch veranlagt, grausam und hochfahrend, verfolgte Abel, der vom Geist geprägt und demütig war, und erschlug ihn. Doch die das Volk repräsentierende Gruppe wurde durch Seth, Adams dritten Sohn, wiederhergestellt.[695]

Kain hat also durch seinen Mord an Abel mit der ersten kriegerischen Handlung zugleich den Grundstein für den Adel gelegt, indem er die Gesetze Gottes und der Natur mit Füßen trat, sich im Bewußtsein seiner eigenen Stärke in den Besitz der Macht brachte, als erster Städte gründete, ein Reich schuf und die von Gott frei geschaffenen Menschen und die Kinder dieser heiligen Sippe durch Gewalt, Versklavung, Ausplünderung und ungerechte Gesetzgebung zu unterdrücken begann. Diese mißachteten dann aber auch Gottes Geheiß, wurden völlig fleischlich und vermischten sich mit jedermann voller Begierde und hatten Riesen als Nachkommen, die von der Heiligen Schrift als Gewaltige auf Erden und als berühmte Männer bezeichnet werden.[696]

Damit haben wir eine zutreffende und bequem zu handhabende Definition der Adligen: Sie bedrückten die Armen, taten sich durch Raub hervor, waren stolz auf ihre Macht, ließen ihre Namen preisen und Landschaften, Städte, Berge, Meere, Seen und Flüsse nach sich benennen. Kain ist also ihr Ahnherr, voll von Mißgunst und Haß, von Natur aus bösartig, selbst durch Gottes Strafe nicht zu bessern, ein Brudermörder, unstet durch Gottes Fluch, einer, der sich nach seiner Verfluchung auch noch der Gotteslästerung schuldig machte!

Das also sind die ersten und ältesten Leistungen, Tugenden und Begabungen, mit denen sich der Adel bis zum heutigen Tage schmückt. Sein Urheber ist der Vater der Riesen, die der Herr in der Sintflut vernichtet hat, bei der allein Noah, der Gerechte von den Nachkommen Seths, und seine Familie gerettet wurden. Noah hatte drei Söhne, Sem, Jafet und Ham[697], die nach der Sintflut wie die früheren Riesen Städte bauten und Reiche gründeten. Deshalb erwähnt die Schrift auch von Noah bis Abraham keinen Gerechten, weil es wenigstens bis zu Abraham hin wahre Künstler des Adels gab, nämlich in den Künsten Schurkerei, Frevel, Machtmißbrauch, Zerstörung, Krieg, Gewalttätigkeit, Unterdrückung, Jagd, Prachtentfaltung, Hoffart, Eitelkeit, die ja allesamt Kainsmale des Adels sind.

Zum Adel gehört Ham, der schlimmste von ihnen, der als erster respektlos mit seinem eigenen Vater umging[698] und dann doch die Herrschaft über viele Reiche und die Königswürde gewann. Sein Sohn war Nimrod[699], den die Schrift einen Mächtigen auf Erden und einen gewaltigen Jäger vor dem Herrn nennt. Er baute die große Stadt Babylon, verursachte dadurch die Verwirrung der Sprachen, lehrte die Kunst zu regieren und führte beim Adel bestimmte Rangstufen, Ehren, Würden, Ämter und bildliche Darstellungen ein. In der Folgezeit wurden dann gegen das Volk gerichtete Gesetze erlassen, Dienstbarkeit und Zwangsabgaben eingeführt, Heere aufgestellt und grausame Kriege geführt. Hams Söhne waren Kusch, von dem die Äthiopier, Mizraim, von dem die Ägypter, und Kanaan, von dem die Kanaaniter abstammen[700], alles stolze, doch von Gott verworfene und verfluchte Völker!

Erst nach langer Zeit erwählte Gott wieder einen Gerechten, den Patriarchen Abraham, damit er Nachkommen habe und ein heiliges Volk, das durch das Zeichen der Beschneidung von allen anderen unterscheidbar sei. Abraham hatte zwei Söhne, den einen mit einer Magd, den Bastard Ismael, den anderen mit seiner rechtmäßigen Ehefrau, Isaak. Ismael wurde ein rauher Gesell, ein Bogenschütz, ein adliger und mächtiger Mann und schließlich Stammvater der Ismaeliter, die für immer seinen Namen tragen.[701] Gott segnete ihn und bekräftigte seinen durch Krieg und Raubzüge erlangten Adel durch die Worte: Er wird ein wilder Mensch sein; seine Hand wider jedermann und jedermanns Hand wider ihn, und er wird wohnen seinen Brüdern zum Trotz.

Isaak blieb aber bei der Gerechtigkeit wie sein Vater, hütete dessen Herden und zeugte mit Rebekka zwei Söhne, Esau und Jakob.[702] Esau war Gott verhaßt, denn er war von rötlicher Hautfarbe und am ganzen Körper rauh, ein Jäger mit Pfeil und Bogen, der gern und gut aß, weshalb er für eine Mahlzeit sein Erstgeburtsrecht verkaufte. Er wurde ein Mächtiger und Stammvater der Idumäer[703], empfing die Segnung seines Adels durch die Fruchtbarkeit des Landes, den Tau des Himmels, durch die Erfolge seines Schwertes und die Beseitigung seiner Abhängigkeit.[704]

Jakob, der Gerechte, floh zum Bruder seiner Mutter, Laban, hütete dessen Schafe und erhielt für vierzehnjähriges Dienen dessen beide Töchter zur Ehe[705]. Er hatte mit ihnen zwölf Söhne und erhielt den Namen Israel[706], der dann auf seine Nachkommen überging, so daß das gesamte Volk so hieß. Jakob hatte, wie erwähnt, zwölf Söhne: Ruben, Simeon, Levi, Juda, Issaschar, Sebulon, Joseph, Benjamin, Dan, Naftali, Gad und Asser. Nach ihnen zählt man zwölf Stämme Israels.[707]

Joseph[708] wurde von seinen Brüdern nach Ägypten verkauft, wo er mit allem wissen der Ägypter vertraut gemacht wurde. So entwickelte er sich zu einem fähigen Traumdeuter und konnte wahrsagen. In wirtschaftlichen Angelegenheiten war er sehr erfahren und ersann voller Klugheit neue Wege, wie man das Land fördern und zugleich mehr Steuern einnehmen könnte. Deshalb war er bei König Pharao[709] sehr in Gunst, wurde von ihm als Fürst über ganz Ägypten gesetzt und, obwohl er ein gekaufter Sklave war, in feierlicher Form zum ägyptischen Edlen erhoben: Der König steckte ihm einen Ring an den Finger, legte ihm eine Schmuckkette um den Hals, bekleidete ihn mit einem Purpurgewand und ließ ihn einen Prunkwagen besteigen, wobei feierlich verkündet wurde, von nun an müsse jedermann ihn als Edlen und Fürsten ansehen und ehren. Einen ganz ähnlichen Brauch bei der Erhebung in den Adelsstand gab es bei den Persern, wie man im Buch Esther bei der Ehrung des Juden Mordekai durch Artaxerxes lesen kann.[710]

Von damals bis heute haben Kaiser und Könige die Gewohnheit beibehalten, Leute in den Adelsstand zu erheben, die dafür Geld zahlen oder Kupplerdienste leisten, Menschen durch Gift umbringen, Verwandte aus dem Wege räumen und weitere derartige Verdienste aufzuweisen haben. Verrat trug vielen einen Adelstitel ein und Reichtum noch dazu, wofür es hinreichend Beispiele gibt.

Die meisten sind durch Schmeichelei, Intrigen oder Spitzeldienste, viele auch durch Preisgabe ihrer Frau oder Töchter zum Adelstitel gekommen, nicht wenige auch durch Jagden, Raubzüge, Morde, Gauklertricks und dergleichen.

Doch zurück zu Joseph: Da er im Königspalast großen Einfluß besaß und schon seinen ersten Sohn, Manasse, bekommen hatte, fühlte er sich in seiner Adelsstellung so erhaben, daß er unter (unberechtigter!) Geringschätzung seines Vaterhauses eine Äußerung tat, die man ihm verargen muß: „Gott hat mich vergessen lassen mein Unglück und mein ganzes Vaterhaus."[711]

Deshalb ist auch beim Segen sein erster Sohn, Manasse, hintangesetzt und der jüngere, Ephraim, ihm vorgezogen worden. Joseph war, obwohl er Jakobs Sohn war, wegen seiner gottverhaßten Erhebung in den Adelsstand nicht würdig, Israel einen Stammesnamen zu geben, dafür aber seine Söhne Ephraim und Manasse. Auch sie hatten in ihrem Stamm keinen Propheten und wurden mit dem schwächsten Segen bedacht, nämlich mit Tapferkeit und Größe ihrer Sippe.

Die Israeliten wohnten lange Zeit in Ägypten und waren Viehhirten im Lande Gosen.[712] Da sie sich aber zu einem großen und mächtigen Volke entwickelten, wurden sie vom ägyptischen Adel und vom König mit Argwohn angesehen, ja gehaßt. Deshalb bedrückte man sie mit schweren Arbeiten, mit Lehmgewinnung, Ziegelherstellung und jeder Art von Zwangsarbeit in der Landwirtschaft. Die Knaben der Israeliten ertränkte man im Fluß, damit sie keine Nachkommen mehr im Lande haben sollten.[713]

Einer von diesen Knaben wurde, weil er so hübsch war, von der Tochter des Königs gerettet, an Kindes Statt angenommen und Moses genannt, weil er aus dem Wasser gerettet worden war. So wuchs er im Königspalast auf, wurde mit allem Wissen der Ägypter vertraut gemacht, wie ein Königsohn gehalten, erlangte Macht und wurde Führer des königlichen Heeres beim Feldzug gegen die Äthiopier. Er nahm eine Tochter des äthiopischen Königs zur Frau, zog sich damit den Neid und Haß der Ägypter zu und mußte fliehen. Er ging nach Midian und half dort an einem Brunnen einigen Mädchen bei einer Auseinandersetzung mit Hirten aus dieser Gegend. Als Dank für sein hilfreiches Eingreifen erhielt er eines von den Mädchen (sie waren Töchter eines Priesters) zur Frau.[714]

Als er schließlich an Alter und Weisheit gereift war, erfuhr er seine Herkunft vom Stamme der Juden, kehrte nach Ägypten zurück, verzichtete auf seinen Adel, bot sich, von Gott gestärkt, seinem Volk als Führer an und führte es aus Ägypten, wobei er zahlreiche Wunder vollbrachte.[715]

Als das Volk Israel mit dem goldenen Kalb gegen Gott gesündigt hatte, geriet Moses in Zorn, nahm kampferprobte Männer vom Stamm Levi und befahl ihnen: „Zieht eure Schwerter, geht überall hin, und ein jeder erschlage seinen Bruder, Freund oder Nächsten." – Und nach diesem denkwürdigen Hinschlachten von etwa 23 000 Menschen segnete er die vom Stamm Levi mit den Worten: „Ihr habt heute eure Hände geheiligt mit dem Blute von Sohn und Bruder."[716] Damit ist der Segen Jakobs für Simeon und Levi erfüllt, in dem sie kriegerische Gefäße der Sünde genannt werden, deren Wüten verflucht und deren Grimm furchtbar ist.[717]

Mit diesem „herrlichen" Blutbad also ist der Adel in Israel begründet worden, denn Moses setzte über sie Fürsten, Feldherren und Hauptleute, und zwar kampferprobte Männer und Helden aus bestimmten Stämmen und Sippen. Wenn sich jemand von diesen durch besondere Fähigkeiten im Kriege vor anderen auszeichnete, dann erhielt er die Stellung des obersten Führers und die Macht des Richters, denn sie hatten keinen König, sondern ließen sich von Richtern regieren.

Nach Moses war Josua der oberste Führer, ein Adliger, ein starker und streitbarer Mann, ein Bezwinger von Königen, der vor niemandem Furcht hatte. Nach dessen Tod lebten die Israeliten ohne Führer in einer Art Demokratie, doch es gab Aufruhr und schwere Kämpfe untereinander, in denen der Stamm Benjamin fast vollständig, nämlich bis auf 600 Männer, aufgerieben wurde.[718] Da die Israeliten aber einen Eid geleistet hatten, dem Stamm Benjamin ihre Töchter nicht zu Frauen zu geben, erhielt er 400 Jungfrauen aus der eroberten Stadt Jabes in Gilead und durfte für die restlichen 200 Männer Jungfrauen aus Silo rauben.[719] So ist der Segen für den Adel Benjamins erfüllt worden, und zwar mit dem Bilde eines Wolfs, der am Morgen die Beute reißt und am Abend den Raub teilt.[720]

Danach gab es bei den Israeliten wieder einen oder mehrere Fürsten, bis schließlich Abimelech, ein Bastard Jerubaals vom Stamm Manasse, in einem eindrucksvollen Blutbad seine 70 legitimen Brüder auf einem Stein hinschlachten ließ und sich damit in den Besitz der Königswürde in Sichem brachte.[721]

Als dann das ganze Volk Israel einen König zu haben wünschte, sind ihnen, obwohl der Herr über dieses Verlangen ärgerlich war, Könige zuteil geworden, allerdings nur sehr wenige gute und viele schlechte. Der Herr war nämlich zornig und sagte ihnen durch Samuel, welche Rechte ein König hat: Er könne ihnen die Söhne und Töchter nehmen und sie als Fuhrleute und Bäcker einsetzen, er könne auf Äcker, Herden, Grundstücke, allen Besitz und sogar auf das Gesinde beliebig den Zehnten erheben oder all das wegnehmen und seinen Dienern zusprechen. Der König unterjocht das ganze Volk, und es wird, sooft er gesündigt oder Unrecht getan hat, statt seiner gestraft.[722]

Gott gab ihnen einen jungen Mann namens Saul aus dem Stamm Benjamin, der von großer Körperkraft und hohem Wuchs war, so daß er alle um Haupteslänge überragte. Außerdem gab ihnen Gott Furcht ein, so daß sie Saul als seinen Diener ansahen und achteten.[723] Bevor Saul zur Herrschaft kam, war er unschuldig wie ein einjähriges Kind und von guter Art. Nachdem er aber durch die Königswürde geadelt war, entwickelte er sich zu einem Bösewicht und Sohn Belials.[724] Deshalb nahm Gott das Königtum vom Hause Sauls und gab es David, dem Sohn Isais, vom Stamm Juda.

David, vom Schafhirten zum König geworden, wurde auch von der verderblichen Seuche des Adels ergriffen und entwickelte sich zum Sünder, Tempelschänder, Ehebrecher und Mörder, und dennoch wandte sich Gottes Barmherzigkeit nicht von ihm. Anfangs, als Sauls Sohn Is-Boseth noch jenseits des Jordans herrschte, war David nur König in Hebron, doch schließlich wurde ihm das Königtum von Jerusalem über das ganze Volk zuerkannt. Dennoch war seine Herrschaft über Israel nicht friedlich und unangefochten: Noch zu Davids Lebzeiten griff sein eigener Sohn Absalom nach der Herrschaft in Hebron, und nach dessen gewaltsamem Tode empörte sich Scheba, der Sohn Bichris, gegen ihn[725]; weiterhin strebte auch Davids Sohn Adonia danach, Thronerbe zu werden. Doch als Davids Ende nahte, machte er den jüngeren Salomo, den Sohn seiner Buhle Bathseba, zum König, der dann die erste Monarchie innehatte und sie durch die Tötung seines älteren Bruders Adonia sicherte.[726] Nachdem er zur Macht gekommen war, wich er selbst vom rechten Wege ab, hielt sich zahllose Kebsweiber und trieb Götzendienst, womit er das Gesetz Gottes mißachtete.[727]

Ihm folgte sein Sohn Roboam, auch dieser ein Taugenichts und Sünder gegen Gott. Deshalb wurde zu seiner Zeit die Herrschaft über das Volk gespalten: Zehn Stämme fielen von ihm ab und wählten Jeroboam zum König[728], einen üblen Taugenichts vom Stamm Dan, der ganz Israel vergiftete, indem er die zehn Stämme zur Verehrung von goldenen Kälbern in Samarien verführte, so daß sich der Segen erfüllte, der da lautete: Dan ist eine Schlange auf dem Wege und eine Hornviper auf dem Fußpfad, die das Pferd in die Ferse stechen, so daß es den Reiter nach hinten abwirft.[729]

Der Stamm Juda aber blieb in Ruhe unter den Nachkommen Davids, wie ihm im Segen Jakobs verheißen war: Das Szepter soll nicht von Juda genommen werden, bis der Messias kommt.[730]

Juda aber war unter Jakobs Söhnen der schlimmste und trieb Inzest mit seiner Schwiegertochter.[731] Auch seine Söhne waren nichtswürdig und verrucht, worin der Segen ihres Adels bestand, nämlich in der Königsherrschaft und der Stärke des Löwen. Schließlich trennte sich auch das Volk der Edomiter von den Königen Israels und suchte sich eigene Könige, wie es Gott im Segen verheißen hatte, nämlich daß Esau das Joch abschütteln wird.

Unter allen Königen in Juda und Israel finden sich höchstens vier fromme. Deshalb sind nach der Vertreibung der Könige und des gesamten Adels die Juden in die Gefangenschaft und Knechtschaft nach Babylon geführt und erst nach langer Zeit durch Gottes Erbarmen wieder nach Jerusalem zurückgeführt worden.[732] Dann verwalteten sie erfolgreich ihren Staat durch Priester, angesehene Männer und Beamte, bis sich schließlich Aristobulos, Sohn des Hyrkanos, die Krone aufsetzte und das Königtum der Juden dadurch wiederherstellte, daß er seine Mutter und seine Brüder ermorden ließ.[733]

Nach mehreren Königen, deren letzter der überhebliche und schamlose Archelaos[734] war, fand das jüdische Königtum sein Ende: Ganz Judäa wurde in eine römische Provinz eingegliedert, dann verlor es unter Titus und Vespasian seinen Namen, und das gesamte Volk wurde in alle Welt verbannt und zerstreut, wo es bis zum heutigen Tage in Knechtschaft lebt.[735]

Ich habe diese Dinge anhand der heiligen Schriften dargelegt, weil ich zeigen wollte, daß es von Anbeginn der Welt keinen Adel gab, der nicht im Verbrechen seine Wurzeln hat (und das ist auch beim Volke Gottes so) und daß Adel nichts anderes ist als Ruhm und Lohn für Unrecht an der Gemeinschaft: Je Schlimmeres man im Leben getan hat, desto höher ist der Adel, je mehr Verbrechen, desto mehr Lohn und Ruhm. So sagte ein Pirat, den man festgenommen hatte, zu Alexander nicht unwitzig: „Wenn ich mit einem einzigen Schiff auf Beute ausfahre, dann gelte ich als Pirat und werde verurteilt, wenn du das gleiche mit einer großen Flotte tust, dann nennt man dich einen großen Herrscher. Wärest du allein und gefangen, dann wärest du der Räuber; gehorchten meinem Wink die Völker, würde man mich Herrscher nennen. In der Sache besteht zwischen uns kein Unterschied, wenn man davon absieht, daß der schlimmer ist, der frecher raubt, das Recht schlimmer verletzt und die Gesetze noch offensichtlicher mit Füßen tritt. Ich fliehe vor den Gesetzen, du verfolgst sie, ich erkenne sie im Prinzip an, du verachtest sie; mich machte die Ungunst des Schicksals und die Not zum Dieb, dich unerträglicher Stolz und unersättliche Habgier. Wäre das Schicksal ein wenig freundlicher zu mir, dann könnte ich mich vielleicht bessern, du aber wirst um so schlimmer sein, je mehr dich das Schicksal verwöhnt." Alexander staunte über diese Kühnheit und ließ den Mann in sein Heer aufnehmen, damit er in Zukunft, ohne die Gesetze zu verletzen, Soldat – und das heißt ja Räuber – sein könne.

Betrachtet man die heidnische Geschichte, dann kann man ebenfalls beweisen, daß Adel nichts anderes als Gesetzlosigkeit, Wüten, Räuberei, Totschlag, Hoffart, Jagd, Verfolgung und Gewaltanwendung ist, daß Adel überall aus schlimmen Anfängen erwuchs, durch noch Schlimmeres erstarkte und stets das schlimmste Ende fand[736]. Das will ich an den vier berühmten Großreichen[737] und an anderen Ländern zeigen, in denen Adlige die Macht hatten.

Nach der Sintflut gab es zunächst die assyrische Monarchie, gegründet von Ninos. Er begnügte sich nicht mit seinem Reich, sondern erweiterte es aus Machtgier gewaltsam, überfiel die Nachbarländer, unterwarf die Völker des ganzen Orients, reihte Sieg an Sieg, unterwarf Asien, bezwang Pontos und vergrößerte so durch Angliederung immer neuer Gebiete sein Reich. Weiterhin besiegte und tötete er Zarathustra, den baktrischen König, in einer mörderischen Schlacht. Ninos hatte eine Gemahlin namens Semiramis. Sie bat ihn, wie der Historiker Dion berichtet, er möge sie doch einmal fünf Tage regieren lassen. Als ihr das gewährt worden war, ließ sie sich Königsgewand und Krone anpassen, bestieg den Thron und befahl der Leibgarde, ihren Gatten umzubringen, der ja nun der königlichen Insignien beraubt war. Durch diesen Mord gelangte sie auf den Thron. Auch sie war mit den Grenzen ihres Reiches nicht zufrieden, eroberte Äthiopien und überfiel Indien. Sie umgab Babylon mit einer hohen und langen Mauer. Schließlich wurde sie von ihrem eigenen Sohn Ninos II. umgebracht, den sie durch Buhlerei empfangen, dann ausgesetzt und am Ende gar verführt hatte. Durch solche Mordtaten hat also die assyrische Monarchie ihre führende Stellung errungen, die allerdings dann unter König Sardanapal, der verdorbener war als jedes Weib, wieder verlorenging. Der Mederfürst Arbakes fand Sardanapal im Harem bei seinen Kebsweibern versteckt, tötete ihn und machte sich zum König, womit das ganze assyrische Reich in den Besitz der Meder und bald darauf durch Kyros in den der Perser überging.[738]

Kyros' Sohn Kambyses, der Schöpfer des neuen Babylon, hat zahlreiche Länder hinzuerworben und war damit Herr des zweiten Großreiches, dem er durch die Ermordung von Bruder und Sohn die rechte Weihe gab. Ins Wanken geriet sein Reich schließlich unter Arses, dem Sohn des Artaxerxes III. Ochos, der von dem Eunuchen Bagoas ermordet und durch Arses' Sohn Dareios ersetzt wurde, der zuvor Kodomannos geheißen hatte. Mit dessen Niederlage durch Alexander den Großen endete die Persermonarchie. Alexander, durch die Ermordung seines Vaters (mag er nun samt seiner ehebrecherischen Mutter überhaupt davon gewußt, sie gar geplant haben oder nicht) zur Macht gelangt, brachte das Perserreich in den Besitz der Makedonen. Das also war das dritte Großreich, das jedoch bald nach Alexanders Tod wieder zerfiel.[739]

Es folgte das vierte, das römische Weltreich, das mächtigste auf Erden. Betrachtet man die Zeitläufe seit der Gründung Roms, dann fällt auf, daß dieses Reich einen schlimmen Anfang und eine noch schlimmere Entwicklung genommen hat, und deshalb muß ich ein wenig ausführlicher darauf eingehen: Die Stadt Rom wurde von den Zwillingen Romulus und Remus gegründet, die von einer inzestuösen Vestalin geboren und von einer wölfischen Hure aufgezogen worden waren[740]. Romulus legte dabei, wie einst Kain, mit einem Brudermord den Grundstein für Roms Herrschaft. Er ließ sich als Sproß von Göttern bezeichnen, sammelte eine Handvoll Abenteurer als Leibgarde um sich, versprach ihnen Straffreiheit und raubte gemeinsam mit ihnen die Töchter der Sabiner. Aus ihnen durften sich seine Spießgesellen Frauen zur Ehe auswählen, und sie zeugten mit ihnen Riesen, nämlich diese Könige von römischem Adel und diese Großen Roms, die der ganzen Welt später so furchtbar werden sollten. Nachdem die sabinischen Frauen und Mädchen arglistig durch Festspiele angelockt, schurkisch verschleppt, gewaltsam zur Ehe gezwungen und in den folgenden Kämpfen auch noch ihrer Väter und Gatten beraubt worden waren, krönte Romulus seine Verbrechen durch einen weiteren Mord an einem Verwandten: Aus Mangel an Beherrschung erschlug er sogar seinen Schwiegervater Titus Tatius, einen frommen Greis, den überall hochgeachteten Sabinerfürsten, mit dem er die Herrschaft gemeinsam ausübte![741] Das also war der Anfang jener Römerherrschaft, die 240 Jahre lang von grausamen Königen ausgeübt wurde und dann als Folge der Schändung Lukretias[742] mit Tarquinius Superbus zu Ende ging. Wie die Nachkommenschaft Kains in der siebenten Generation durch die Sintflut umkam, so wurden die Nachfolger des Romulus beim siebenten König vom Entrüstungssturm des Volkes hinweggefegt.

Obwohl Rom die Herrschaft der Könige beseitigt hatte, ist es doch von weiterer Tyrannei nicht verschont geblieben. Als nämlich die Könige vertrieben und einige Rebellionen des Volkes beschwichtigt worden waren, ging die Macht in die Hände der Vornehmen über, und ein Adliger namens Brutus wurde zum ersten römischen Konsul ernannt. Im Bestreben, das Reich zu festigen, wollte Brutus es dem Gründerkönig Romulus im Morden von Verwandten nicht nur gleichtun, sondern ihn noch übertreffen: Er ließ seine beiden Söhne und zwei Brüder seiner

Frau, die Vitellier, inmitten des Forums mit Rutenschlägen strafen und dann mit dem Beil hinrichten.[743]

Nachdem die Republik unter der Herrschaft der Optimaten oder der Popularen durch verschiedene Amtsträger oder auch durch Privatpersonen Tyrannei ertragen und viele Jahrhunderte bestanden hatte, fand sie ihr Ende durch Julius Cäsar, bei dem nur schwer zu sagen ist, ob sein Feldherrngenie oder die Gier nach Lust stärker ausgeprägt war, und durch Antonius, der ebenfalls ein Sklave seiner Lust war. Kurz, die gesamte Macht des römischen Imperiums wurde einem einzigen Mann übertragen, dem Kaiser Octavianus Augustus, womit das vierte Weltreich begann.

Aber auch in diesem Falle ging es nicht ohne Mord und Totschlag ab, denn Augustus hat, obwohl er sonst als mildester aller römischen Herrscher gilt, Kinder seines Großonkels Cäsar, von dem er adoptiert und als Erbe des Reiches eingesetzt worden war, umbringen lassen, nämlich einen Sohn und eine Tochter Kleopatras. Dabei nahm er weder auf den Namen Cäsars, dessen Wohltaten ihm gegenüber, die Verwandtschaftsbeziehungen noch auf das Alter der Kinder Rücksicht.

Nunmehr hatten die römischen Kaiser die Weltherrschaft im Besitz und brachten wahre Ungeheuer von Grausamkeit und Schändlichkeit wie Nero, Domitian, Caligula, Elagabal, Gallienus und andere hervor. Durch sie wurde die ganze Welt zerrüttet, bis schließlich Konstantin der Große nach dem Tode des beim römischen Volke wegen seiner Habsucht und Grausamkeit verhaßten Maxentius zum Augustus[744] erklärt wurde. Er wertete Byzanz auf, stellte es Rom gleich, benannte dieses „neue" Rom in Konstantinopel um, bestimmte es zum Sitz der Kaiser und übertrug damit das römische Kaisertum auf die Griechen und nach Konstantinopel. Dabei weihte er, wie einst Romulus Rom, die neue Hauptstadt durch Morde an den beiden Liciniern, nämlich dem Mann und dem Sohn seiner Schwester, und durch die Ermordung seiner eigenen Gattin und eines eigenen Sohnes[745]! Das römische Kaisertum blieb in der Hand der Griechen, bis es zur Zeit Karls des Großen (zumindest dem Namen nach) von den Deutschen übernommen wurde. Soviel also über die Großreiche.

Untersucht man Anfang und Ende anderer Reiche, dann stellt man fest, daß sie auch nicht unter glücklichen Auspizien begründet, weniger verbrecherisch erworben oder durch geringere Ausschweifungen und moralischen Verfall zerstört worden sind. Ich will nicht auf die Schandtaten des Paris, die zur Vernichtung seiner Vaterstadt führten, auch nicht auf die Reiche von Frauen eingehen, die durch das Umbringen aller Männer entstanden, wie es in den Amazonengeschichten erzählt wird, sondern in die neuere Geschichte und in unsere geographische Nachbarschaft einen Blick werfen.

In Spanien herrschte zur Zeit des Kaisers Theodosius der Gote Athanarich, doch besaßen gleichzeitig auch die Alanen und die Vandalen Teile des Landes. Als erster Gotenherrscher in Spanien errichtete Suinthila eine Monarchie, die schließlich durch König Roderich wieder verlorenging, weil er Julia, die Tochter des Herrschers über Tanger, geschändet hatte, woraufhin die Sarazenen das Land eroberten und der Gotenherrschaft ein Ende machten. Nachdem einige Gebiete zurückerobert worden waren, nannten sich die Herrscher erstmals nicht mehr Könige der Goten, sondern Könige von Spanien, wobei die Benennung des Reiches nach der Stadt León bis in die Zeit von Sanchos Sohn Ferdinand blieb. Dieser nannte sich als erster König von Kastilien und erwarb durch die Ermordung seines Bruders Garcia das Königreich Navarra hinzu. Ihrer beider Bruder Ramiro, Sohn eines Kebsweibes seines Vaters und ein wilder und kampfeswütiger Mann, wurde der erste König von Aragon.

Der erste König der Portugiesen war Alfons, der von Heinrich von Lothringen und Theresia, einer unehelichen Tochter des Königs Alfons von Kastilien, abstammte, sehr kriegerisch war und fünf kleinere Sarazenenkönige in einem einzigen Kampf bezwang, weshalb die portugiesischen Könige fünf Schilde in ihrem Wappen führen. Dieser Alfons bewies gegenüber seiner Mutter eine geradezu mörderische Einstellung, denn er warf sie, als sie sich zum zweiten Male verheiratet hatte, für immer in den Kerker und ließ sich durch keinerlei Bitten, nicht einmal durch Mahnungen der Kirche, erweichen, sie freizulassen.[746] So sind alle Reiche in Spanien durch scheußliche Verbrechen geschaffen und durch ebensolche Ränke gefestigt worden.

Die friedlichen Anfänge des englischen Reiches gehören vermutlich in das Reich der Fabel. Die Insel wurde von verschiedenen Königen beherrscht, von vielen Völkern, z. B. Pikten, Schotten, Dänen und Sachsen, nacheinander und nebeneinander bewohnt und unterdrückt. Dann gab es unter dem Normannen Wilhelm eine ruhige Zeit, die er durch die Tötung seines Verwandten Harold, König von Wessex, sich und seinen Nachfolgern schuf. Dieses Königshaus regiert bis heute und zeichnet sich stets durch aufsehenerregende Fälle von Verwandtenmord aus.[747]

Nur kurz erwähne ich das Reich der Burgunder und das der Langobarden, der streitbarsten Stämme in Gallien und Italien, das eine von Gundowech, das andere von Alboin geschaffen und durch schreckliche Morde an Verwandten vergrößert.[748]

Werfen wir einen Blick auf das hochmächtige Frankenreich: Es beginnt mit Pharamund, dem Sohn des Herzogs Merowech, der als erster aus Germanien nach Gallien zog und der erste König der Franken wurde, weil er besonders hart und grausam war. Seine Familie herrschte bis zu Childerich III., der wegen Vernachlässigung der Regierungsgeschäfte und Hurerei mit verheirateten Frauen entthront und in ein Kloster verbannt wurde. Der frühere Hausmeier Pippin trat die Nachfolge in der Herrschaft an, die er sich und seinen Nachkommen durch Verrat gewonnen und durch Mord an seinem Bruder Grifo gesichert hatte. Dieses Haus herrschte bis zu Lothars Sohn Ludwig V., der wegen Ehebruchs von seiner Gemahlin Blanche vergiftet wurde.[749] Dann trat Hugo Capet die Herrschaft an, ein streitsüchtiger und blutdürstiger Mann, der mit seinen Fechtkünsten zwar auf das Volk von Paris großen Eindruck machte, aber sonst recht gewöhnlich war und von einem Metzger abstammte. Er erhob sich gegen Ludwigs Oheim Karl, den rechtmäßigen Erben, warb einen Haufen von Banditen, die zu allen Schandtaten bereit waren, an, brachte Karl in der Nähe von Orléans in seine Gewalt, kerkerte ihn ein und zwang ihn zum Selbstmord. Nach diesem ungeheuerlichen Verbrechen gegen seinen Herrn und König setzte er sich die Krone auf und vertauschte damit die Metzgerei mit einem Königreich.[750] Von da an herrschte er, und seine Nachkommen herrschen bis heute über die Franzosen, und das wird so lange dauern, bis sein Haus durch einen Menschen, der nur seinen Gelüsten auf Huren nachgeht, zu Fall kommt.

Es würde zu weit führen, die Anfänge aller Reiche und die gesamte Historie der Antike zu untersuchen. Ich habe dieses Thema, das ich hier nur angedeutet habe, anderweitig in einem besonderen Buche ausführlich abgehandelt und darin den Adel mit all seinen Konturen und Farben auf das genaueste dargestellt.[751] Dabei habe ich nachgewiesen, daß es nirgends auf Erden ein Königreich oder Fürstentum von einiger Bedeutung gibt, das nicht begründet wurde durch Verwandtenmord, Verrat, Treubruch, Grausamkeit, Blutvergießen oder andere Verbrechen, also durch für den Adel typische Künste, wie ich ausdrücklich betone.

Wenn schon die Häupter des Adels von dieser Art sind, dann kann man sich leicht vorstellen, wie die Glieder dieses Ungeheuers aussehen: Sie sind alle erpicht auf Gewaltanwendung, Raub, Totschlag, Jagd und Verfolgung, Befriedigung ihrer Gelüste und auf jede Art verwerflicher Vergnügungen und gehen ihnen ständig nach.

Will man geadelt werden, dann muß man ein Jäger werden, das ist die erste Stufe des Adels, und sich dann als Söldner, d. h. als besoldeter Totschläger, verdingen, worin ja eine Haupttugend des Adels besteht. Hat man sich dabei besonders hervorgetan, dann ist der höchste Adelsruhm bereits erreicht. Ist man für diesen Weg ungeeignet, dann mag man sich den Adel für Geld kaufen, denn er ist billig zu haben. Ist man aber auch dazu nicht in der Lage, dann sollte man am Königshof als schmarotzender Höfling dienen, sich die Intrigen der Hofgesellschaft zunutze machen, den Kuppler für Mätressen spielen, dem Fürsten die eigene Gattin oder Tochter zuführen, hohen Damen Lust- und Liebesdienste leisten, eine abgedankte Mätresse oder eine von ihren illegitimen Töchtern heiraten, was dann den höchsten Grad des Adels darstellt, da man mit ihm sogar körperlich eins wird. Das also sind die Wege, die Stufen, die Leitern, auf denen man am schnellsten und bequemsten zum Gipfel des Adels gelangen kann!

Wollen Leute als besonders vornehm und von feinstem Adel gelten, dann berufen sie sich auf Urahnen, die man gewöhnlich nicht eben hoch achten würde, nämlich auf Fremdlinge, z. B. aus Troja oder Makedonien, die Flüchtlinge und heimatlose Vagabunden waren, zahllose Verbrechen auf sich luden und dafür leider noch heute verherrlicht werden, und sie heben deren Adel hervor, der doch höchst zweifelhafter Herkunft ist. Andere stammen von Dirnen oder Huren ab und kaschieren diese Schande durch Sagen, wie man sie beispielsweise über Melusine[752] lesen kann.

Mancher Leute Abstammung ist mit Inzest, Schändung, Entführung oder Ehebruch verbunden: So ist Balduin, weil er Karls des Kahlen Tochter Judith entführt hatte, von diesem zum Grafen von Flandern gemacht worden, ebenso sind die piemontesischen Markgrafen, nämlich die von Monferrato und Saluzzo, von Kaiser Otto eingesetzt worden, weil sie zuvor seine Töchter entführt hatten.[753] Wenn nämlich Könige oder Kaiser eine ihnen angetane Unbill nicht ohne Nachteil für sich selbst strafen können, dann machen sie gelegentlich den Täter durch Verleihung eines Titels noch zu einem Ehrenmann.

Vier grundlegende Dinge sind es, auf denen das schöne Leben der Adligen beruht: Erstens ihre Raubgier, mit der sie wider Recht und Billigkeit sich alles aneignen; zweitens ihre Genußsucht, mit der sie jeder Art von Luxus und Sinnenlust nachjagen; drittens die Freiheit, mit der sie alles nach ihrem Willen tun können, sogar gegen das Gesetz und unter Gewaltanwendung; viertens der brennende Ehrgeiz, mit dem sie weit über ihren Stand und ihre Bestimmung hinaus mit verbrecherischen Mitteln höhere Ziele erstreben.

Die Tauglichkeit der Adligen für ihren Stand wird daran gemessen, ob sie jagdkundig, gute Glücksspieler, tüchtige Trinker, kraftvolle Liebhaber, eifrige Verschwender, Vertreter jeder Art von Arroganz, Hochmut und Maßlosigkeit, Feinde jeder Tugend sind und in den Tag hinein leben, ohne im mindesten daran zu denken, daß auch sie einmal sterben müssen. Als noch deutlicheres Zeichen von Adel gilt es jedoch, wenn die genannten Laster von den Vätern unmittelbar auf die Söhne übergehen, weil dann ja große Vorbilder vorhanden sind:

> Huldigt der Alte dem Laster der Würfel, dann spielt auch genauso
> sein besiegelter Erbe, vielleicht noch mit kleineren Würfeln.[754]

So sehen also die hervorragenden Tugenden der Adligen aus! Doch es gibt noch andere Adelskünste, die insofern besonders gefährlich sind, als es mit ihrer Hilfe Adligen gelingt, sich als tüchtige und gute Menschen darzustellen und besondere Klugheit, Großzügigkeit, Verantwortungsbewußtsein und Gerechtigkeit vorzutäuschen. So können sie sich freundlich, umgänglich, leutselig und als wahre Muster aller Tugenden geben und ihre Reden honigsüß klingen lassen, obwohl sie voller Pfeile und Widerhaken sind. Täglich tafeln sie herrlich mit ausgewählten Gästen und unterhalten sich durch Vorträge und Diskussionen über Fragen des Staates, wobei sie fremde Ansichten, die sie irgendwo aufgeschnappt haben, im Beisein der Fürsten als eigene Gedanken ausgeben, weil sie nach dem Ruf gieren, klug und weise zu sein. Sie lassen sich Freigebigkeit nachrühmen, obwohl sie eigentlich nur habgierig sind, denn sie geben dem einen nur, was sie anderen nahmen, und sind deshalb nur freigebige Räuber. Wie es schon die Alten über Sulla berichteten, so sind auch diese Adligen bemüht, die einen auf Kosten der anderen reich zu machen, und dabei bleiben sie doch trotz ihrer ständigen Räubereien selbst immer mittellos. Daher sind sie auf den Anschein von Gerechtigkeit und Verantwortungsbewußtsein bedacht, ergreifen voller Eifer die Partei der Armen und verfechten deren Interessen gegen die Reichen. Sie helfen aber den Bedrängten nur so lange, bis sie den Beutel der Reichen geleert haben, denn sie wollen ja keineswegs den Armen beistehen, sondern nur den Reichen schaden, weil das dem Wesen der Adligen viel mehr entspricht als wirkliche Hilfe.

Unter dem Vorwand von Gerechtigkeit und Verantwortungsbewußtsein maßen sie sich oft das Recht an, gegen Städte oder Fürsten gewaltsam vorzugehen, und nehmen ganz offen den Kampf gegen sie auf. Obwohl die Autorität des Gesetzes ihnen jede Hoffnung auf Verzeihung verwehrt, ernten sie kraft ihres Adels für ihre Freveltaten doch noch Ruhm, sind wie die antiken Giganten noch stolz auf ihre Vergehen und suchen wie böse Dämonen jede Möglichkeit zu schaden. Sie glauben, schon dann höchst nützlich zu sein, wenn sie ausnahmsweise einmal keinen Schaden anrichten. Sie möchten von jedermann gefürchtet und von niemandem geliebt werden, sind an allen verbrecherischen und schändlichen Unternehmungen beteiligt, verraten, plündern und unterdrücken den, der sich ihrem Schutz anvertraut. Kurz, keine Gruppe von Menschen schadet der Gesellschaft mehr als die Adligen: Sie gefallen nur sich selbst und strotzen stets von Hochmut, als wären sie edler als andere. Aristophanes gibt im Blick auf sie einen guten Rat:

> Man ziehe in der Stadt keine Löwen auf; hat man sie
> aber großgezogen, dann muß man ihnen auch den Willen tun.[755]

Früher wurde bei vielen Völkern niemand mehr anerkannt und belohnt als jemand, der Tyrannen, ihre Gefolgsleute, Leibwächter oder selbst ihre unschuldigen Kinder umgebracht hatte. Die Juristen lehren sogar, daß man unter bestimmten Umständen auch Unschuldige opfern dürfe, wenn es die Lage des Staates erfordert, und daß man nach der Beseitigung eines Tyrannen sogar seine Kinder töten dürfe, damit kein neuer ersteht. So haben auch die Griechen nach der Eroberung Trojas Hektors Sohn Astyanax umgebracht, damit es keine Gelegenheit zur Wiederaufnahme des Krieges gäbe.

Liest man bei den antiken Historikern nach, bei Titus Livius, Josephus, Hegesipp, Quintus Curtius, Sueton, Tacitus, Serenus und anderen, dann galt es stets als erlaubt, Tyrannen zu überlisten und zu hintergehen, als besonders ehrenvoll aber, sie zu erschlagen oder zu vergiften, wie es mit Tiberius, dem dritten Herrscher von Cäsar an, geschah. Obwohl Giftmord stets als verabscheuungswürdig galt, war das Gift, mit dem Tiberius umgebracht wurde, für die Welt ein Lebenselixier![756] Zeugnisse für diese Ansicht gibt es auch in der Bibel: Eglon wurde von Ehud, Sisera von Jael und Holofernes von Judith umgebracht.[757] Es war also auch vor Gott erlaubt, durch Tyrannenmord das Joch der Unterdrückung abzuwerfen, und alle, durch deren Tat das unterdrückte Volk befreit wurde, werden in den biblischen Erzählungen als Diener Gottes geehrt!

Ich halte es für unbezweifelbar, daß der Adel nicht nur von Verhalten und Sitten her, sondern in seinem ganzen Wesen böse ist, denn bei Vögeln und vierbeinigen Tieren gibt es besondere Adelsvorrechte nur bei denen, die anderen Tieren und dem Menschen gefährlich oder tödlich sind, z. B. Adler, Geier, Falken, Habichte, Raben, Weihen, Strauße und die Fabelgeschöpfe Harpyien, Greife, Sirenen und ähnliche Ungeheuer; aus dem gleichen Grunde auch Tiger, Löwen, Wölfe, Leoparden, Bären, Wildschweine, Drachen, Schlangen und Kröten.

Von den Bäumen gelten keine oder nur sehr wenige als den Göttern heilig und damit als adlig, abgesehen von solchen, die überhaupt keine oder für den Menschen nicht eßbare Früchte tragen, z. B. Eiche, Kastanie, Buche, Lorbeer und Myrte.

Bei den Steinen gelten nicht Marmor, Hausteine oder Mühlsteine als die wertvollsten, sondern Edelsteine, die dem Menschen doch keinerlei wirklichen Nutzen bringen.

Ebenso werden bei den Metallen Silber, das doch soviel Unheil anrichtet, und Gold, das tödlicher als Eisen sein kann, als adlig und wertvoll angesehen, und die Völker kämpfen und vergießen um ihretwillen Ströme von Blut!

Kapitel LXXXI
Heraldik[758]

Damit hat auch die Heroldskunst zu tun und die Wissenschaft, die sich nur mit der Deutung und Zuordnung der Schilde und Wappen von Adligen beschäftigt. Dabei wäre es undenkbar, ja eine Schande für sie, ein Maultier, Kalb, Schaf, Lamm, Huhn, eine Gans, einen Kapaun oder sonst ein Tier, das dem Menschen dient oder nützt, im Wappen zu führen, o nein, all ihre Adelsinsignien müssen von grausamen und besonders räuberischen Tieren geprägt sein: So wählten die Römer den Adler, einen gefährlichen Raubvogel, die Phryger das Wildschwein, ein sehr bösartiges Tier, die Thraker den Kriegsgott Ares, die alten Goten eine Bärin, die nach Spanien vordringenden Alanen die Katze, ein ebenso raubgieriges wie tückisches Tier, die alten Franken den Löwen, ebenso die Sachsen. Als die Franken aber später in Gallien ihre Wohnsitze hatten, nahmen sie die Kröte und die Sachsen das Pferd, ein kämpferisches Tier. Die Kimbern hatten den Stier, Symbol für Mut und Körperkraft, König Antiochus hatte einen Adler mit einer Schlange in den Fängen, Pompeius einen schwerttragenden Löwen und Attila einen Habicht mit Krone als Sinnbild.

Obwohl die Römer von den wachsamen Gänsen auf dem Kapitol gewarnt und dadurch vor einem Überfall der Gallier gerettet worden waren, dankten sie es den Gänsen nicht einmal durch die Aufnahme in das Stadtwappen. Gelegentlich taucht ein Hahn oder ein Bock in einem Wappen auf, denn diese Tiere sind bekanntlich stolz und lüstern, was ja auch die Haupteigenschaften beim Adel sind. Aus dem gleichen Grunde wählt man auch den Pfau wegen seines prahlerischen Wesens und den Wiedehopf, weil er königlich wirkt und eine Krone trägt. Dabei stört es den

Adel keineswegs, daß dieser Vogel sein Nest aus Kot baut, denn selbst Kaiser Vespasian sagte einst, als er die öffentlichen Bedürfnisanstalten besteuerte, daß dem Gewinn daraus kein übler Geruch anhafte.[759]

Doch auch viele kleinere Tiere genießen den Vorzug, auf Adelswappen zu prangen, allerdings nur dann, wenn sie etwas Unheilvolles oder Schädliches darstellen, z. B. Kaninchen, Maulwürfe, Frösche, Mäuse, Schlangen und andere Schädlinge, von denen man nach Plinius' Bericht meinte, sie hätten einst ganze Völker vertrieben und Städte verheert. Aus den gleichen Überlegungen heraus würde ich für heraldische Zwecke auch Mücken, Wanzen, Fliegen und gegebenenfalls sogar Pusteln, Geschwüre, Pest- und Eiterbeulen wärmstens empfehlen, denn durch sie ist Ägypten zur Zeit von Moses und Pharao geschlagen worden, und auch heutzutage gibt es all das beim Adel, der sich vor allem durch die Franzosenkrankheit auszeichnet. Manche führen auch Dolche, Säbel, Streitäxte, Geschütz, Belagerungsmaschinen, Mauerzinnen, Burgen, Flammen oder sonstiges Gerät zum Töten und Zerstören in ihrem Wappenbild, die Skythen sogar den Blitz, die Perser Pfeil und Bogen und die Koraller Räder. Ähnlich ist es bei den Göttern: Jupiter hat den Blitz, Neptun den Dreizack, Mars die Lanze, Bacchus den Thyrsos, Herkules die Keule und Saturn die Sichel.

Militärische Symbole im Wappen, die Grausamkeit, Raublust, Übergriffe, rohe Gewaltanwendung und weitere Adelstugenden zum Ausdruck bringen, gelten nach heraldischer Lehre als viel adliger denn alles andere. Fehlt Militärisches, ist es durch Friedliches, z. B. Blumen, Bäume, Sterne, Apollos Kithara oder Merkurs Stab, ersetzt, oder sind auf dem Wappen nur Farben, dann gelten sie längst nicht als so altehrwürdig und vornehm, weil sie nicht durch Kriegsdienst oder eine andere Form des Blutvergießens erworben wurden.

So wirkt es geradezu lächerlich, mit wieviel vermeintlichem Wissen sich diese in das Militärische vernarrten Heraldiker in den Gefilden der Astrologie, Philosophie und sogar der Theologie tummeln: Das Dunkle und das Schwarze ordnen sie dem Saturn zu, es bedeute Beständigkeit, Verschwiegenheit und Geduld; Blau gehört zu Jupiter und erhält bei ihnen den Sinn der Treue und – nach Ansicht der Franzosen – der Eifersucht. In Rot sehen sie Zorn und Rache, die Domäne des wilden Mars. Die Goldfarbe bringt man wegen der Kostbarkeit des Metalls und der hohen Leuchtkraft mit der Sonne in Verbindung und deutet sie als Verlangen und Freude. Purpur und Grün gehören in den Bereich der Venus, wobei Purpur mit seinem roten Schimmer das Lächeln der Liebe bedeute, während die Franzosen darin die List sehen. Grün drückt, wie allgemein anerkannt ist, die Hoffnung aus, weil man auf reiche Ernte hoffen kann, wenn die Flur grün prangt. Weiß wird dem Mond zugeschrieben, weil es einfach und unzusammengesetzt ist und sich doch leicht mit anderen Farben mischt; es habe die Bedeutung der Reinheit, Einfachheit und Anpassungsfähigkeit. Alle anderen, zusammengesetzten Farben stünden mit Merkur in Zusammenhang, dem Symbol für Wankelmut des Sinnes, da dieser Stern ja selbst unstet und veränderlich ist. Aschfarben nähert sich Schwarz und bedeute

Bedrängnis, Fleischfarben geheimen Seelenschmerz oder tief im Innern verborgene Gedanken, Strohfarben (wie trockene Blätter oder Pflanzen) zeige Verzweiflung und Argwohn. Es wäre langweilig, wollte ich all das wiedergeben, was sie aus Körpersäften und Körperzuständen, aus Jahreszeiten, Monaten und Tagen, aus Himmelsrichtungen, Winden, Sternbildern, Planeten, Pflanzen, Steinen, ja selbst aus den Sakramenten und Mysterien der Kirche herausphantasieren, wobei sie fast die ganze Johannes-Apokalypse[760] für ihre Zwecke mißbrauchen. Darin besteht also der ganze Inhalt der heroischen Philosophie dieser heroischen Heraldiker!

Schon wollte ich das Thema abschließen, da fiel mir ein, daß ich die Entstehung der Heraldiker oder Heralde nicht erläutert habe. So muß ich das meiner Darlegung noch anfügen: Aeneas Sylvius leitet Herald von Heros ab. Die Heroen waren altgediente Soldaten, nur solche wurden als Heralde bezeichnet. Deshalb bedeutet das altdeutsche Wort heralt einen im Waffendienst Ergrauten, einen Kampfesveteranen. Heutzutage werden aber auch Leute niederen Standes, die mit diplomatischen Aufgaben betraut sind, so genannt, obwohl sie nie im Kriege gedient haben. Aber die Privilegien und Aufgaben der Heralde existieren von den ältesten Zeiten an bis zum heutigen Tage. Schöpfer dieses Begriffes war Bacchus, der nach der Unterwerfung Indiens[761] die Heralde mit folgenden Worten feierlich geweiht hat: „Ich befreie euch von heute an von jeglichem Waffendienst. Ihr sollt Altgediente sein und Heroen heißen. Eures Amtes sei es, im Staate zu raten, Brave zu loben und Schuldige zu strafen, andere Pflichten seien euch erspart. Wohin ihr in der Welt kommen möget, überall sollen euch die Könige Unterhalt und Gewandung reichen, ihr sollt hochgeachtet sein von jedermann, Fürsten sollen euch mit Geschenken und Gewändern ehren, eurem Wort soll man vertrauen, Lüge sollt ihr verabscheuen, Verräter richten und hart strafen, wer Frauen nicht ritterlich behandelt. In allen Landen sollt ihr frei sein, unbehelligt bei Durchzug oder Aufenthalt. Dem Schwerte sei verfallen, wer euch oder eure Habe durch Wort oder Hand bedroht hat."

Später hat Alexander der Große diesen Privilegien der Heroen noch weitere hinzugefügt, nämlich daß sie überall auf der Welt Kleider von Gold, Purpur und Scharlach, ja fürstliche Gewänder tragen und königliche Wappen und Insignien führen dürfen. Berührte jemand diese Leute nur mit der Hand oder kränkte sie auch nur durch ein einziges Wort, dann verlor er Vermögen und Leben, wie Thukydides, Herodot, Didymos, Megasthenes und Xenophon nach Aussage des bereits genannten Aeneas Sylvius berichten.

Zum dritten wurden sie später von Octavianus Augustus nach der Gründung des römischen Kaisertums durch folgendes Gesetz geehrt: „Jeder, der zehn Jahre lang in unserem Heer gedient hat, als Reiter oder zu Fuß, soll nach Erreichung des 40. Lebensjahres frei sein vom Heeresdienst, ein Heros und Altgedienter. Niemand darf ihm den Aufenthalt in Stadt, Tempel, Haus und Hof weigern, niemand ihn eines Verbrechens zeihen, ihn mit Steuern oder anderen Abgaben beschweren. Hat er sich vergangen, dann liegt seine Strafe allein in des Kaisers Hand. Tut jemand

Übles, er sei hoch oder niedrig, dann soll ein Heros ihn an den Pranger stellen und richten. Die Aussage und den Schwur eines Heros darf niemand bezweifeln. Frei und offen seien ihm alle Wege und Orte. In den Palästen der Fürsten soll man ihn bewirten, ihm alljährlich für sich und seine Familie auf Staatskosten den Lebensunterhalt gewähren. Die Frau, die er vor dem Gesetz genommen hat, soll mehr als andere Frauen gelten. Wen er für ehrlos erklärt, der soll ehrlos und ausgestoßen sein. Die Heroen sollen Wappen, Insignien, Schmuck und Gewänder tragen, wie sie einem König gebühren, und überall auf Erden und vor jedermann sagen und tun dürfen, was ihnen beliebt. Wer ihnen Böses tut, der büße es mit seinem Haupt.«[762]

Schließlich wurden die Heralde nach dem Übergang des Kaisertums auf die Deutschen von Karl dem Großen, der sich nach seinem Sieg über die Sachsen und Langobarden Kaiser nannte, durch folgende Ansprache geehrt: „Soldaten, ihr sollt fortan Helden heißen, Gesellen von Königen und Richter über alle Missetäter sein, von nun an frei von Kampf und Mühsal, Berater von Königen zum allgemeinen Wohle, Rächer aller Unbill, Beschützer der Frauen und Helfer der Unmündigen, Berater von Fürsten, die euch Unterhalt, Gewandung und Ehrensold bieten sollen. Wer von ihnen dies weigert, der sei bar allen Ruhmes und jeder Ehre. Wer von euch aber Unrecht tut, der sei eines Majestätsverbrechens schuldig. Ihr aber, meine Helden, sehet zu, daß ihr diese hohe Ehre und eure Privilegien, durch wahre Tüchtigkeit im Kampf erworben, niemals durch Trunkenheit, närrisches oder unwürdiges Verhalten besudelt, sonst könnte, was Wir an hoher Ehre schenkten, in harte Strafe für euch sich wandeln, die zu verhängen Wir, falls ihr euch schuldig machen solltet, auf ewig Uns und Unseren Nachfolgern im Römischen Reiche vorbehalten."

Darin besteht also die Herrlichkeit der Heralde, aufgrund deren sie sich, weil es von alters her so Brauch ist, groß dünken: Sie dürfen straflos selbst die größten Herren schelten oder schmähen!

Kapitel LXXXII
Medizin allgemein

Vom Militär und vom Adel will ich jetzt rasch zur Medizin kommen, denn auch diese ist ja eine Kunst, Menschen umzubringen, allerdings eine eher handwerkliche, obwohl sie sich gern als Philosophie bezeichnen lassen und eine Stellung über der Jurisprudenz und unmittelbar unter der Theologie einnehmen möchte, weshalb zwischen Medizinern und Juristen erbittert gestritten wird. Die Mediziner argumentieren dabei folgendermaßen: Es gibt dreierlei Güter mit bestimmter Rangfolge, nämlich seelische, leibliche und weltliche. Um die ersten kümmert sich der Theologe, um die zweiten der Mediziner und um die dritten der Jurist. Deshalb gebührt den Medizinern die mittlere Stellung, also die über den Juristen, weil ja auch Gesundheit und Kraft des Leibes den Vorrang hat vor Glück und Reichtum. Doch diesen Rangstreitigkeiten der beiden Parteien setzte ein Richter ein Ende, indem er bei der Verhandlung die kluge Frage stellte, wie nach Herkommen und Rechtsordnung die Reihenfolge sei, wenn ein Verurteilter zur Hinrichtung geführt werde, ob dann der Räuber oder der Henker voranginge. Auf die Antwort hin, daß der Henker dem Räuber folge, entschied er: Die Juristen sollen den Vortritt haben vor den Medizinern. Damit wollte er zum Ausdruck bringen, daß die Juristen die Leute ausrauben und die Mediziner sie leichtfertig umbringen.

Doch zurück zur Medizin, in der es mehrere Schulen gibt. Eine wird als theoretische, wissenschaftliche oder „dogmatische" bezeichnet.[763] Ihre Vertreter sind Hippokrates, Diokles von Karystos, Chrysipp, Praxagoras und Erasistratos. Diese Schule fand auch bei Galen, einem der besten Nachfolger des Hippokrates, Anerkennung, der die gesamte Heilkunst auf die Kenntnis der Erscheinungsbilder und Symptome von Krankheiten und auf körperliche Vorgänge zurückführte. Da es bei dieser Medizinerschule mehr um die Theorie als um die Behandlung von Kranken geht, möchte ich sie als einen nicht unbedeutenden Zweig der Naturphilosophie bezeichnen, die für die Heilung Kranker unnötig, ja sogar verhängnisvoll ist, denn sie verweist die Kranken zur Wiedererlangung ihrer Gesundheit lieber auf ausgeklügelte Sophismen als auf wirkliche Heilmittel, weil sie selbst mit sophistischen Syllogismen vollgestopft ist und von Heilkräutern in Flur und Garten keinerlei Kenntnis hat. Deshalb äußerte Serapion auch, diese „wissenschaftliche" Medizin habe mit Heilkunst nichts zu tun.[764]

Es gibt eine weitere Gruppe von Medizinern, die ihre Profession als Handwerk und Broterwerb betrachten, wie es ja heutzutage der Fall ist. Deshalb nennt sich diese noch zu behandelnde Richtung „praktische" Medizin und gliedert sich in einen empirischen und einen methodischen Zweig. Bedeutende Vertreter der empirischen (d. h. auf Erfahrung beruhenden) Schule[765] waren Serapion, Herakleides, die beiden Apollonii[766] und später bei den Lateinern Cato[767], Gaius Valgius, Pompeius Lenaeus, Cassius Felix, Arruntius, Cornelius Celsus, Plinius der Ältere und zahlreiche andere. Aus dieser empirischen heraus schuf Herophilos von Chalkedon die methodische Schule, indem er sich von alten Erfahrungen leiten ließ und sie in bestimmte Regeln faßte.[768] Sie wurde später durch Asklepiades, Themison und Archigenes inhaltlich ausgebaut, fand ihre Vollendung aber erst durch Thessalos aus Tralleis[769], der nach Varros Angaben alle Meinungen früherer Mediziner über Bord warf und wie besessen gegen alle medizinischen Lehren der Vergangenheit wetterte.

Danach verfaßten zahlreiche Gelehrte, die weder Griechen noch Lateiner waren, medizinische Schriften, wobei die Araber so berühmt wurden, daß sie bei vielen Leuten als Schöpfer der medizinischen Kunst gelten. Das könnte auch leicht behauptet werden, wenn nicht die von ihnen übernommenen griechischen und lateinischen Fachausdrücke die wahre Herkunft der medizinischen Kunst verrieten. Die Schriften von Avicenna, Rasis und Averroës besaßen die gleiche Autorität wie die von Hippokrates und Galen. Hätte jemand den Heilberuf ausüben wollen, ohne ihre Lehren zu berücksichtigen, dann wäre er in Verdacht geraten, absichtlich die allgemeine Gesundheit zu gefährden.

Obwohl es nur diese wenigen Medizinerschulen gibt, herrscht doch bei ihnen kein geringerer Zank und Streit der Meinungen und Lehren als bei den Philosophen. Man höre sich nur einmal an, wie sie nach Altweiberart miteinander zanken, wenn sie um die Natur des Samens bei der Zeugung streiten: Pythagoras hält ihn für Schaum aus dem besten Blut oder für den besten Inhalt der Nahrung, Platon für einen Ausfluß des Rückenmarks, weil bei sexuellen Exzessen Rücken und Nieren schmerzen, Alkmaion bringt ihn mit einem Teil des Gehirns in Verbindung, weil beim Koitus die Augen schmerzen, die zum Gehirn gehören. Demokrit meint, der Same würde von allen Teilen des Körpers, Epikur hingegen, er würde von Leib und Seele abgesondert, und Aristoteles erklärt ihn für ein Produkt der Nahrung im Blut, die dann in die Gliedmaßen verteilt wird. Andere sind der Ansicht, das Blut würde in den Hoden erwärmt und dadurch weiß, was sie daraus schließen, daß bei sexueller Überanstrengung Blutstropfen ausgestoßen werden.

Ferner äußern Aristoteles und Demokrit, daß die Frauen bei der Zeugung keinen Samen beisteuern, sondern nur eine bestimmte Art Schweiß absondern. Galen sagt, die Frauen hätten auch Samen, es wäre allerdings nur ein unvollständiger Keim und erst beider, des Mannes und des Weibes Same, erzeuge die Leibesfrucht.

Aristoteles nimmt an, die Körper der Tiere würden unmittelbar aus Blut gebildet und ernährt wie auch der Same, Hippokrates hingegen, die Körper von Lebewesen bildeten sich im Frühstadium aus den vier Körpersäften durch eine Art Gerinnung. Viele Araber waren der Meinung, höhere Tiere könnten auch ohne Paarung von Männchen und Weibchen entstehen, und hielten deshalb die Gebärmutter nicht für unbedingt notwendig, sondern nur für ein Akzidens.[770]

Was nun die eigentlichen Krankheitsursachen betrifft, so sieht Hippokrates sie nur in körperlichen Gegebenheiten, Herophilos in den Körpersäften, Erasistratos in der Blutversorgung durch die Schlagadern, Asklepiades in durch die Poren in den Körper eindringenden Atomen, Alkmaion in einem Überschuß oder Mangel an Körpersäften, Diokles in der Unausgewogenheit der Elemente des Körpers und in der Umgebungsluft, und Straton meint, alle Krankheitsursachen seien in der Ernährung zu suchen, in zu reichlicher, ungeeigneter oder verdorbener Nahrung.

Über die Umwandlung (d. h. Verdauung) der Nahrung gibt es nicht weniger Meinungsverschiedenheiten: Hippokrates, Galen, Avicenna behaupten, sie erfolge im Magen durch Wärme, Erasistratos meint, im Gedärm, Pleistonikos und Praxagoras sagen, dort erfolge nicht nur die Verdauung, sondern auch die Umwandlung in Kot. Avicenna und seine arabischen Kommentatoren, außer ihnen noch Jakob von Forli schreiben sogar fälschlicherweise, der Kot bilde sich schon im Magen. Asklepiades und seine Nachfolger geben an, die Nahrung werde nicht verdaut, sondern in unverändertem Zustand im ganzen Körper verteilt. Außerdem behaupten sie, die medizinischen Lehren all ihrer Vorgänger seien falsch und daher völlig entbehrlich.[771]

Daß die Mediziner nicht imstande sind, den Urin sachgemäß zu untersuchen und den Puls zu deuten, darauf will ich jetzt nicht eingehen, immerhin aber betonen, daß der von ihnen wie ein Gott verehrte Hippokrates nicht nur vieles anders sieht als seine Zunftgenossen, sondern auch schwerwiegende Irrtümer begangen hat: Beispielsweise behauptet er in seiner Schrift über das Wesen des Embryos, der Vogel entstehe aus dem Eigelb und das Weiße im Ei diene als Nahrung und bewirke das Wachstum. Daß dies unrichtig ist, beweist Aristoteles in seinen Schriften „Über die Tiere" und „Über die Entstehung der Tiere", in denen er sich mit Alkmaion, einem Vertreter der hippokratischen Ansicht, auseinandersetzt und am Schluß zu der Feststellung gelangt: Das Küken entsteht aus dem Weißen und nährt sich durch die Nabelschnur aus dem Gelben des Eies.[772] Das vertritt auch Plinius: Der Körper des Tieres bildet sich aus dem Weißflüssigen des Eies, und seine Nahrung besteht im Eigelb, das durch die Nabelschnur aufgenommen wird.

Erlogen ist auch der Ausspruch des Hippokrates, eine Frau, die noch Menstruationen hätte, bekäme kein Podagra[773], denn die Praxis zeigt doch, daß auch viele Frauen daran leiden, die noch menstruieren.

Kapitel LXXXIII
Praktische Medizin

Die gesamte praktische Medizin[774] ist auf kein anderes Fundament gebaut als auf Erfahrung, die bekanntlich trügen kann, und auf die Leichtgläubigkeit der Patienten. Sie bringt mehr Wehe als Wohl für die Kranken, denn sehr oft, um nicht zu sagen immer, droht ihnen von seiten des Arztes und seiner Behandlung mehr Gefahr als von der Krankheit selbst. Das geben die besten Vertreter dieser Kunst auch freimütig zu. So sagt Hippokrates, die Medizin sei eine schwierige Kunst und Erfahrungen könnten trügen. Avicenna äußert, Vertrauen und Hoffnung des Kranken auf den Arzt und seine Behandlung bewirke oft mehr als der Arzt und seine Maßnahmen. Galen meint, man könne kaum ein Heilmittel finden, das in höchstem Maße hilft und doch nicht irgendwie auch schadet; ein anderer ist der Ansicht, die wissenschaftliche Seite der Medizin sei, wie jede andere Disziplin mit einem System und bestimmten Regeln, hochinteressant, ihre Praxis sei aber leider vom Zufall beeinflußt. So müssen sich denn die unglückseligen Kranken auf gefährliche Experimente einlassen und auf einen glücklichen Zufall hoffen! Und doch machen sie sich, wie Plinius sagt, so große Hoffnungen auf Genesung, daß bei ihnen jeder, der sich als Mediziner ausgibt, sogleich Vertrauen findet, obwohl doch die Gefahr des Betrugs nirgendwo größer ist. So findet man häufig gerade dort den Tod, wo man Heilung sucht.

Als bester Arzt gilt nämlich, wer vom Apotheker, der mit ihm gemeinsame Sache macht und am Gewinn beteiligt ist, empfohlen wird. Außerdem besticht der Arzt durch Geschenke die Apothekergehilfen, daß sie ihn nach Kupplerart bei den bedauernswerten Kranken vor anderen Ärzten empfehlen. Als vorzüglicher Arzt gilt auch, wer besonders prächtig gekleidet ist, blitzende Ringe mit funkelnden Edelsteinen an den Fingern hat, aus einem fernen Land stammt, weite Reisen gemacht hat oder einer fremden Religion angehört, z. B. Jude oder Marrane[775] ist, mit frecher Stirn in betrügerischer Absicht ständig die Wirksamkeit seiner Heilmethoden preist und sich durch all das große Autorität, einen guten Ruf und Vertrauen bei den Leuten erworben hat. Immer weiß er alles besser, ständig wirft er mit Wörtern, die griechisch oder fremdländisch klingen sollen, und mit vielen Namen von Autoritäten für seine Heilmethoden um sich, und mit bleischwerer Würde, fast wie ein General, doch voller Heuchelei beginnt er das Werk der „Heilung“: Zuerst wirft er einen kurzen Blick auf den Kranken, beschaut den Urin, fühlt den Puls, betrachtet die Zunge, tastet den Leib ab, untersucht den Kot, erkundigt sich nach den Essensgewohnheiten und möglichen besonderen Eigenschaften und Vorkommnissen, tut dann, als wäge er die körperlichen Elemente und Säfte des Kranken wie mit einer Waage in ihrem Zusammenspiel, und führt darüber hochgelahrte Reden. Danach verschreibt er unter wichtigtuerischen Gesten seine Heilmittel: Der Kranke schlucke ..., gehe zum Aderlaß, lasse sich ... Klistiere oder ... Zäpfchen geben, wende ... -salbe, -umschläge oder ...-pflaster an, lasse ... im Munde zergehen, wende Mastix[776] an, gurgele mit ..., lege sich Beutel mit ... auf, inhaliere ..., räuchere mit ..., nehme Sirup von ..., wende ...-wasser an und benutze das Allheilmittel Theriak[777]. Ist aber die Krankheit leicht und der Kranke verwöhnt, dann läßt sich der Arzt etwas einfallen, das Frauen und verweichlichten Männern zusagt und Vergnügen bereitet: Er verordnet wichtigtuerisch, sie auf einem bequemen und weichen Lager zu betten und ihnen durch das sanfte Plätschern eines Springbrunnens das Einschlafen zu erleichtern, mildert das Leiden durch Abreibungen, Massagen, Schwitzkuren oder Schröpfköpfe, warme oder kalte Bäder, köstliche Speisen oder Orts- und Klimawechsel und stellt auf diese angenehme Weise allmählich die Gesundheit des Patienten wieder her. Um die Leute zu beeindrucken und Bewunderung zu erregen, legt er für seine medizinischen Maßnahmen genau die Stunden fest, verordnet Heilmittel und Heiltränke nur nach einem ganz genau „berechneten“ Kalendarium, maßt sich sogar an, die Apotheke zu inspizieren, läßt dort alles vor sich ausbreiten und tut so, als wähle er die besten Ingredienzien aus, obwohl er sie meist gar nicht unterscheiden kann und kaum dem Namen nach kennt.

Ist der Kranke aber sehr wohlhabend und einflußreich, dann verlängert der Arzt um seines Ruhmes und Gewinnes willen die Behandlung soweit wie möglich, kuriert den Kranken nur ganz langsam, selbst wenn er die Krankheit mit einem Schlage durch ein einziges Mittel vertreiben könnte, verschlimmert sie manchmal sogar, bevor er sie heilt, durch seine Mittel und bringt dadurch den Kranken in höchste Lebensgefahr, nur um sich dann als Retter aus schwerster Krankheit und Todesnot feiern zu lassen.

Handelt es sich jedoch um einen Schwerkranken und der Arzt merkt, daß es schlimm um ihn steht und der Ausgang sehr zweifelhaft ist, dann geht er listig folgendermaßen zu Werke: Er gibt dem Kranken mit ernster Miene Verhaltensmaßregeln, trifft außergewöhnliche Maßnahmen, widerruft alle bisherigen Anordnungen, erklärt alles mögliche für dem Kranken abträglich, deutet dunkel das bevorstehende Ende an, doch nicht ohne zugleich gewisse Hoffnungen auf Rettung zu machen, und verbindet damit die Forderung nach höherem Honorar. Steht es dann wirklich schlimm, dann empfiehlt der Arzt, ein medizinisches Kollegium zu berufen, verlangt, daß ein zweiter Arzt hinzugezogen werde, um den Kranken noch besser behandeln zu können (will sagen, ihn in manchem Falle desto gewisser umzubringen!). Das wird so gehandhabt, damit nicht noch ein weiterer dazwischenkommt, allein den Kranken heilt und den Ruhm wie den Lohn den anderen wegschnappt.

Wenn dem Kranken etwas widerfährt und er überraschend infolge der Unfähigkeit des Arztes stirbt, dann behauptet dieser, der Tod sei durch einen Stickfluß oder sonst irgend etwas Unvorhersehbares bewirkt worden, es habe sich ganz offensichtlich um einen unheilbaren Fall gehandelt, der Kranke habe die Verordnungen nicht befolgt, seine Pflege sei vernachlässigt worden, die Ärztekollegen trügen die Schuld oder der Apotheker habe sich vertan. Durch solche Behauptungen gelingt es ihm, den Eindruck zu erwecken, wenn ein Kranker stirbt, dann geschehe das durch eigene Schuld, wird er aber geheilt, dann sei es ganz allein ihm, dem Arzt, zu verdanken.

Daß Ärzte meistens Schurken sind, will ich jetzt durch Äußerungen von einigen Vertretern dieser Zunft belegen: Selbst eine medizinische Autorität wie Petrus Abanus sagt, daß die Medizin dem Mars zugehöre, da er der allerschädlichste Planet und Verursacher von Undank, Zwist und jeder Art von Unrecht und Bosheit ist. Die Ärzte seien zumeist von niederer Gesinnung, weil sie erstens unter dem Einfluß des Mars und des Skorpions stehen und zweitens nur niederer Herkunft sind und dann, als sie erfolgreich und vermögend waren, hochmütig und schließlich sogar bösartig geworden sind. Das zeigt sich exemplarisch bei Äskulap, dem Schöpfer der Heilkunst, der nach der antiken Fabelei aus Jupiters Geist entstand und auf der Sonnenbahn zur Erde gelangte. Celsus räumt ein, Äskulap sei zwar sterblich gewesen, doch sei er immerhin unter die Götter aufgenommen worden. Viele andere behaupten, er sei der Sproß einer Buhlschaft einer reizvollen Frau mit Namen Koronis mit den Priestern des Apollotempels und diese hätten ihn dann als Sohn des Apollo ausgegeben.[778] Alle sind sich aber darin einig, daß Äskulap einen

Frevel begangen hat, so daß Jupiter ihn mit dem Blitz strafen mußte.[779] Darüber schrieb Laktanz an Kaiser Konstantin: Womit hat denn Äskulap, dieser zweifelhafte Sprößling Apollos, eigentlich göttliche Verehrung verdient, wenn man einmal von der Heilung des Hippolytos absieht? Gewiß, ein großartiges Ende hatte er, denn er wurde gewürdigt, durch eines Gottes Blitz zu sterben. – Soweit Laktanz[780].

In der Tat zählen die Ärzte zur übelsten Art von Menschen: Sie sind in höchstem Maße zänkisch, mißgünstig, verlogen und liegen ständig miteinander im Streit. Nie wird es einen Arzt geben, der ein von einem Kollegen verordnetes Mittel ohne Einschränkungen, Zusätze oder Änderungen als richtig bezeichnet. Nein, er wird stets den anderen Arzt scharf kritisieren und sich mit ihm bis aufs Messer streiten, damit keinesfalls der andere als besserer Arzt erscheine, nur weil er an dessen Heilmittel, obwohl es wirklich gut war, nichts abgestrichen oder etwas hinzugefügt hat, obwohl eigentlich schon zuviel darin war. Neid und Zank bei Ärzten sind deshalb bereits sprichwörtlich: „Manchem Arzt erscheint probat, was and'ren gilt als desperat." Bei ihnen gibt es nichts Verläßliches, alles leere Versprechungen, gehaltloses Geschwätz und pure Lügen! Deshalb sagen die Leute, wenn sie jemanden ausdrücklich als Lügner bezeichnen wollen: Der lügt ja wie ein Arzt.

Das höchste Ziel aller Ärzte besteht darin, Neues zu ersinnen, Altes und Bewährtes preiszugeben oder gar zu mißachten. Das geringe Wissen, das sie besitzen, halten sie auch noch geheim, als wäre es der Sinn dieser Wissenschaft, keinen anderen etwas wissen zu lassen. So betrügen sie die Kranken um ihr Leben, nur aus Neid auf ihre Kollegen.

Außerdem sind sie meist abergläubisch, anmaßend, gewissenlos, habgierig und führen ständig Sprüche im Munde wie: „Wenn man Schmerzen hat, muß man das Mittel eben nehmen" und sorgen dann, wenn es ihnen Nutzen bringt, auch dafür, daß das heilende Mittel schmerzt, nämlich finanziell: Beispielsweise war Petrus Abanus, der Conciliator genannt wurde und in Bologna medizinische Vorlesungen hielt, so raffgierig und anmaßend, daß er von Kranken, die ihn von außerhalb der Stadt rufen ließen, nicht weniger als 50 Goldstücke für jeden Tag verlangte und sich von Honorius, dem damaligen Papst, 400 Goldstücke für jeden Behandlungstag ausbedang.[781]

Pindar sagt, Äskulap, der Vater der Medizin, sei sogar wegen seiner Habgier vom Blitz des Zeus erschlagen worden, weil er seine Heilkunst in schädlicher Weise zum Schaden der Weltordnung ausgeübt habe.[782]

Sollte doch einmal ein Kranker Glück gehabt haben und ihren Händen entkommen sein, ohne ernsthaft Schaden genommen zu haben, dann verlangen die Ärzte Riesenapplaus, und kein Mensch kann solch ein Wunder genügend preisen. Dann ist des Rühmens kein Ende: Sie hätten ihn wie Lazarus von den Toten erweckt[783], ihm ein neues Leben geschenkt, ihnen verdanke er es allein, sie hätten ihn geradezu aus dem Grabe geholt (womit sie sich ja anmaßen, was Gott allein zukommt!), ihre Leistung könne gar nicht hoch genug gelohnt werden und dergleichen mehr.

Einige gingen in ihrem Größenwahn so weit, sich als Götter verehren und als

Zeus titulieren zu lassen, wie der Arzt Menekrates aus Syrakus, der einst an den spartanischen König Agesilaos schrieb: „Zeus Menekrates entbietet König Agesilaos Heil“, worauf dieser, belustigt über soviel Torheit, antwortete: „Agesilaos wünscht Menekrates geistige Gesundheit“.[784]

Wenn ein Kranker das Unglück hat und (was ja meist der Fall ist) unter den Händen der Ärzte sein Leben aushaucht, dann klagen diese die Unzulänglichkeit der Natur, die Schwere des Leidens und die Unvernunft des Kranken an und sagen, ihre Mittel könnten gegen solche Tücken der Natur versagen, sie seien ja nur Ärzte und keine Götter, sie könnten eben nur heilbare Fälle kurieren und keine Leute, die schon so gut wie tot sind, sie könnten eben auch nicht mehr tun, als von ihren Erfahrungen ausgehen. Solche unverschämte Reden führen Ärzte häufig nach dem Tode ihrer Patienten und machen ihnen obendrein noch den Vorwurf, den eigenen Tod durch Unmäßigkeit herbeigeführt zu haben. Dabei verlangen sie noch Lohn von den Opfern ihrer Heilkunst, die ja ohne diese durchaus hätten weiterleben können. So bringen sie die Patienten sowohl um ihren guten Ruf als auch um Geld, Gesundheit und Leben, wobei sie durchaus kein schlechtes Gewissen haben, denn ihr Fehler wird ja, wie sich Sokrates ausdrückt, beerdigt. Aus dem Land der Toten gibt es nämlich keine Wiederkehr, und die durch Handlungen, Worte und Medikamente Betrogenen, Geschädigten und vorzeitig in den Tod Geschickten können nicht einmal gegen ihre Ärzte wegen Raub des Lebens und Erpressung von Geld Anklage erheben.

Außerdem sind Ärzte meist ansteckend, stinken entsetzlich, weil sie immer mit Urin und Kot der Kranken zu tun haben, und sind noch schmutziger als Hebammen. All ihre Sinne sind beschmutzt: Ihre Augen sehen nur Ekelerregendes, ihre Ohren hören nur das Rülpsen und die Winde der Kranken, die sie dann auch noch mit der Nase riechen müssen und dazu alle möglichen üblen Dünste, ihre Lippen und Zunge kosten finstere todbringende Tränke, ihre Hände untersuchen und betasten den Kot, vor ihrem geistigen Auge stehen Tag und Nacht Schreckensbilder von Kranken und Krankheiten, und von ihnen verschuldete Todesfälle bedrängen ihr Gewissen. Ihr ganzes Streben, Reden, Denken und Handeln dreht sich um nichts anderes als traurige, widerwärtige, ja scheußliche Dinge im Zusammenhang mit Krankheit und Tod, ihre gesamte Tätigkeit vollzieht sich in stinkender Umgebung, ist mit Trauer, drückender Sorge und ekelhaften Manipulationen verknüpft: Um des Geldes willen umschleichen sie ständig Nachtgeschirre und Nachtstühle der Kranken und treiben es ebenso wie der Wiedehopf, der sein Nest aus Kot baut. Sieht man sie nicht jeden Tag händeringend, in schmutziger Kleidung und mit bleicher oder erregter Miene in der trügerischen Hoffnung auf ein wenig Geld durch die Stadt schleichen und in jeder Apotheke fragen und betteln, ob sie nicht Urin oder Kot, die jemand gebracht hat, untersuchen dürfen? Wie die Geier Aas, so wittern sie aufs feinste menschliche Exkremente, von denen auch Hippokrates häufig gekostet haben soll, um daraus die Art der Erkrankung festzustellen. Diese Untersuchungsart wird von vielen Leuten Äskulap zugeschrieben, den Aristophanes deshalb Dreckfresser nennt, wie man eigentlich Leute bezeichnet, die übriggebliebene Speisen verzehren.[785] Später ist der Name auf alle Ärzte übertragen worden, und man nennt sie Skatophagen oder Skatomanten, das bedeutet Kotfresser oder Kotdeuter. Daher sollen die Begriffe Kotdeutung und Urindeutung für die geschilderten Untersuchungsmethoden der Ärzte stammen. Aus diesem Grunde gelten auch bei zahlreichen Völkern die praktischen Ärzte von alters her als unehrlich, und zwar in so hohem Maße, daß es nach Senecas Zeugnis als höchst unehrenhaft galt, das Arztgewerbe auszuüben.[786] Auch heute schließt man bei vielen Völkern Ärzte ebenso wie Hebammen und Henker von Mahlzeiten und Festgelagen aus oder bewirtet sie zumindest mit besonderem Tischgeschirr, das sonst von niemandem benutzt wird. Deshalb darf man sich wohl über die beklagenswerte Unsitte zahlreicher Fürsten erregen, solchen verseuchten Ärzten, die doch täglich mit Kranken zu tun haben und ständig den Pesthauch von Krankheiten um sich verbreiten, Zutritt nicht nur zu ihren Schlafgemächern, sondern sogar zu ihrer Tafel zu gewähren! Ein Arzt wird doch selbst beim Essen und Trinken über nichts anderes als Kot, Urin, Arten des Schweißes, Eiter, Erbrechen und Menstruation reden, epileptische Anfälle, Aussatz, Geschwüre, Krätze und dergleichen erläutern und dadurch allen Teilnehmern auch das herrlichste Festmahl mit den erlesensten Genüssen durch seine widerwärtigen Gesprächsthemen vergällen und verderben. Zieht man einen Arzt zu persönlichen Beratungen hinzu, dann erweist er sich als höchst unfähig und einfallslos, vielleicht deshalb, weil die Medizin nach Petrus Abanus, dem Conciliator, nicht gerade eine Tugend- und Verhaltenslehre ist, vor allem aber, weil ein anständiger Arzt, wie der eben Genannte weiter sagt, infolge der herrschenden Umstände zwangsläufig charakterlich verdorben wird.

In vielen Städten ist es bekanntlich untersagt, Ärzte in Ratsgremien aufzunehmen oder sie mit Ämtern zu betrauen. Das geschieht nicht in erster Linie deshalb, weil Ärzte unfähig, leichtfertig oder nicht genügend willfährig wären, sondern vor allem, weil sie immer schmutzig und durch den ständigen Kontakt mit den Exkrementen der Kranken so verseucht sind, daß sie nicht nur Menschen, mit denen sie verkehren, sondern auch das Mobiliar, ja selbst Stein besudeln. Eine solche Begebenheit mit einem Arzt schildert Lukillios recht hübsch in einem griechischen, von Ausonius ins Lateinische übertragenen Epigramm:

Gestern berührte, ganz leicht nur, Alkon ein Jupiterstandbild.
 Wenn es aus Marmor auch war, Schlimmes tat ihm der Arzt:
Siehe, schon heut' aus dem angestammten heiligen Tempel
 trägt man Jupiter fort, ob er gleich Gott und aus Stein![787]

Wenn Ärzte zu einer Beratung zusammenkommen, dann werden zunächst die Ausscheidungen des Kranken in der vergangenen Nacht untersucht, danach aber schicken sie sich feierlich wie die Ephoren in Sparta an, eine Entscheidung über Leben und Tod des Patienten zu verkünden. Plötzlich erhebt sich seltsamerweise, oder sagen wir lieber bedauerlicherweise, am Krankenlager eine heftige medizinische Debatte, in der jeder eine andere Meinung verficht, als würden sie nicht für das Heilen, sondern für das Disputieren bezahlt und der Kranke bedürfte ihrer medizinischen Vorträge und nicht tätiger Hilfe. Man denkt hier an Menanders griechisches, aber auch ins Lateinische übertragenes Verslein:

Dem Kranken wird arg zugesetzt
durch einen Arzt, der ständig schwätzt.

Zum Zwecke der Selbstdarstellung bringen sie nach scholastischem Brauch ein paar Sprüche vor, von denen sie für jeden Fall stets die gleichen vorrätig haben. Dabei berufen sie sich auf Hippokrates, Galen, Avicenna, Rasis, Averroës, den Conciliator und ihre anderen „Heilgötter" und wollen aus deren Namen und Autorität beim einfachen Volk Glauben und Ansehen für ihre eigenen Ansichten erlangen, wenn sie über Ursachen, Anzeichen und Anfälle von Krankheiten, über Körpersäfte und Krisen lange und erbittert, doch leider ergebnislos gestritten haben. Geht es dann um das anzuwendende Heilverfahren, das ja eigentlich das A und O ihrer Tätigkeit hätte sein müssen, dann entscheiden sie sich ganz nüchtern und kehren zur allgemein üblichen theoretischen Methode zurück. Dabei herrscht wechselseitige Mißgunst, und keiner möchte dem Konkurrenten seine vermeintlichen Geheimnisse preisgeben, als ginge das, was er anderen mitteilt, ihm selbst verloren. Versagt die theoretische, dann greifen sie wie nach einem Rettungsanker zur praktischen oder empirischen Methode nach dem Motto: „Hilft die Theorie nicht, dann vielleicht der Zufall" oder „Lieber auf riskante Weise helfen als gar nicht".

Sind die Ärzte auf einen Kranken nicht gut zu sprechen oder ist ihnen die Behandlung langen Siechtums zu beschwerlich, dann lassen sie ihn im Stich mit dem Hinweis, Hippokrates verbiete in hoffnungslosen Fällen, weiterhin medizinische Mittel einzusetzen. Handelt es sich um christliche Ärzte, dann überlassen sie den Fall einem Geistlichen und schreiben das letzte Rezept für den Kranken: „Nimm einen Notar und sieben Zeugen, dazu einen Priester mit geweihtem Wasser und Öl nach Bedarf, dann bestelle dein Haus, denn dein Tod ist nahe."

Rasis, der sowohl die törichte Leichtgläubigkeit der Patienten als auch die streitbare Unwissenheit der Ärzte kannte, gibt in seinen Merksprüchen Ärzten und Patienten den klugen Rat, man solle nur einen Arzt nehmen, weil der Irrtum eines einzelnen keine große Schande ist, doch der Heilerfolg eines einzelnen hoch gepriesen wird. Weiterhin sagt Rasis, wer mehrere Ärzte hinzuziehe, der werde auch am wahrscheinlichsten ein Opfer ärztlicher Kunstfehler. Das wird auch bestätigt durch eine alte Grabinschrift, die da lautet:

Gestorben an der großen Zahl von Ärzten

und durch ein griechisches Sprichwort:

Zu viele Ärzte bringen einen Kranken um.

Einen ähnlichen Ausspruch tat Kaiser Hadrian, als er im Sterben lag:

Eine Bande von Ärzten hat den Kaiser umgebracht.

Es gibt folglich keinen besseren Rat für die Erhaltung von Leben und Gesundheit, als sich die Ärzte vom Leibe zu halten, denn die Gesundheit des Leibes verdankt man Gott und nicht den Ärzten. Deshalb wird auch König Asa von einem Propheten des Herrn getadelt, weil er bei seiner Krankheit Hilfe nicht bei dem Herrn erflehte, sondern auf die Hilfe von Ärzten baute.[788] Wer sich aber auf deren Ratschläge verläßt, der kann nicht gesunden, und sehr zu beklagen ist, wer nur mit ärztlicher Hilfe sein Leben fristen kann und muß.

Nehmen wir an, die Ärzte wüßten (wollte Gott, sie täten es!) um die Kräfte und Wirkungen der Elemente, Wurzeln, Kräuter, Blüten, Früchte und Samen, ferner um die der Tiere, Erze und all dessen, was die schaffende Natur hervorbringt, so könnten sie doch mit all diesen Kräften keinen Menschen schaffen, geschweige denn unsterblich machen und ihn nicht einmal von einer leichten Krankheit heilen, was ja viel weniger wäre! Wie oft hat doch ein Heil- oder Abführmittel nicht gewirkt, obwohl es hätte wirken müssen; wie oft trat dann trotz hohen Aufwandes und großer Kosten der Tod eines Kranken ein, während die Ärzte machtlos an seinem Lager standen! Welche Hoffnung kann man denn in Ärzte setzen, wenn ihre Erfahrung trügt, wie ihr Haupt, Hippokrates, ja zugibt. Welche Sicherheit können die Ärzte bieten, wenn Plinius' Aussage zutrifft, daß keine Kunst so unbeständig und veränderlich sei wie die Medizin?[789]

Viele Völker kamen früher und viele kommen heute noch ohne Ärzte aus, bleiben auch noch in hohem Alter gesund und erreichen mehr als hundert Jahre. Im Gegensatz dazu vergreisen Völker, die verzärtelt sind und ständig ärztliche Dienste in Anspruch nehmen, meist schon in mittlerem Lebensalter und sterben dahin. Und Ärzte kränkeln mehr als andere Menschen, man kann fast sagen, sie sind ständig krank und sterben unverhältnismäßig früh. So antwortete ein Spartaner auf die Frage, ob er an irgendeiner Krankheit leide: „Nein, weil ich keinen Arzt habe.“ Auf die nächste Frage, wieso er dann so alt geworden sei, erwiderte er: „Weil ich nie einen Arzt hatte.“ Damit wollte er sagen, daß der einzige sichere Weg zu Gesundheit und hohem Alter der Verzicht auf ärztliche Dienste ist. Sollte nun jemand einwenden, durch ärztliche Hilfe seien doch viele Menschen wieder genesen, dann entgegne ich ihm, daß wesentlich mehr Menschen umgekommen sind, bei denen die Bemühungen der Ärzte vergeblich waren, und halte ihnen ein Verslein von Ausonius entgegen:

Gerettet nicht durch Ärztekunst,
nein, durch des Geschickes Gunst![790]

Die Arkader benutzten in alten Zeiten keinerlei Medikamente, sondern nach Plinius' Bericht nur Milch im Frühling, wenn die Kräuter am saftigsten und heilsamsten sind. Dabei bevorzugten sie Milch von Kühen, weil diese Tiere besonders viele

Kräuter fressen.[791] Auch Babylonier, Ägypter und Lusitanier hielten nach Herodot und Strabon nichts von Ärzten: Sie brachten die Kranken hinaus auf Markt und Gassen, um für ihre Heilung von den Leuten Ratschläge zu erhalten, die eine ähnliche Krankheit selbst gehabt und überlebt hatten oder solche Leute kennen. Dabei sind sie (wie auch Cornelius Celsus) überzeugt, daß zur Heilung die Erfahrung am meisten beitragen kann.[792] In diesem Punkte sind sie den meisten Ärzten ebenso überlegen wie jene alte Bäuerin, die oft mit einer einzigen Pflanze oder einem Heilkraut erreicht, was hochberühmte Ärzte mit all ihren teuren und mühselig hergestellten Mitteln nicht haben bewirken können. Sie vertrauen nämlich auf unüberschaubare Mischungen, obwohl die Natur doch so viele Dinge schenkt, die auch einzeln schon Heilwirkung besitzen, behaupten, durch die Kombination verschiedener Dinge eine Krankheit bekämpfen zu können, verlassen sich dabei mehr auf glückliche Eingebungen als auf Sachverstand und machen damit die ganze Heilkunst zu einem Tummelplatz für Einfälle und Zufälle. Die Bäuerin hingegen weiß um die Wirkung und das Wesen des einfachen Heilmittels und heilt nur mit den Kräften der Natur auch ernste Krankheiten. Die Ärzte wollen mit teuren, vielleicht aus dem fernsten Indien oder aus Cádiz in Spanien geholten Mitteln heilen und behaupten, nur teure Mittel brächten wirklich Hilfe und mit hinreichend Geld könne man sich die Gesundheit erkaufen. Die Bäuerin aber verspricht nicht nur, die Gesundheit wiederherzustellen, sondern tut es auch wirklich, und zwar mit Pflanzen, die einheimisch, leicht zu finden und für jedermann zu haben sind, selbst im eigenen Garten. Ferner holen die Ärzte ihr Wissen aus zweifelhaften Büchern und buntbemalten Pergamenten und kurieren und reden um ihres Gewinnes willen dreist aufs Geratewohl, während die Bäuerin in Wald und Feld alle Pflanzen nach Farbe, Gestalt, Geschmack, Geruch, Varianten und dazu ihre Wirkungen bei bestimmten Erkrankungen genau kennt und jedem auch ohne Bezahlung die richtigen Mittel gibt. Selbst hervorragende Ärzte räumen ein, daß sie durch Kräuterweiblein ganz vorzügliche Heilmittel kennengelernt haben, die durchaus wert wären, in Büchern aufgeschrieben und der Nachwelt bekannt zu werden, beispielsweise ein Mittel gegen Kopfschmerz, das von Avicenna gepriesen wurde.

Ein Heilmittel, das ausgeglichene Gesundheit bringen soll, besteht im richtigen Verhältnis und in der rechten Mischung seiner Ingredienzien, und zwar sowohl untereinander als auch in Wechselwirkung mit den körperlichen Gegebenheiten des Patienten, der das Mittel erhalten soll. Die antiken Ärzte sahen ihr wichtigstes Anliegen in der sorgfältigsten Proportionierung und Mischung der Bestandteile bei den Heilmitteln, um ausgewogene und harmonische Verhältnisse zu erzielen, und übermittelten auch ihren Schülern die Kunst, Heilmittel dem körperlichen Zustand des Kranken entsprechend anzuwenden. Um so größer ist die Frechheit, ja Unverschämtheit, dessenungeachtet die Erkenntnisse der Alten zu ändern, ihnen etwas hinzuzufügen, sie völlig zu mißachten oder überhaupt nicht zur Kenntnis zu nehmen.

Wie eine harmonische Zusammensetzung eines Mittels die Gesundheit fördern muß, so hat eine unharmonische Schmerzen, panische Ängste, Verschlimmerung des Leidens und manchmal den Tod zur Folge. Deshalb hat die alte Bäuerin mit ein paar Kräutern aus dem Garten größere Heilungserfolge als ein Arzt mit seinen teuren Wundermedikamenten, über deren Wirkungen er nur höchst ungewisse Mutmaßungen anstellen kann. Zahlreiche Philosophen und Mediziner, darunter auch ganz hervorragende, waren der Ansicht, man dürfe nur ganz einfache Mittel, Simplicia, zu Heilzwecken benutzen. Deshalb haben sie deren Wirkungen genau untersucht und in Büchern, die für uns Spätere sehr wertvoll sind, beschrieben, so Chrysipp die des Kohls, Pythagoras die der Meerzwiebel, Diokles die von Wurzelknollen, Apuleius die der Betonie[793] und viele andere die Wirkungen weiterer Pflanzen.

Giftküchenärzte heilen aber nicht mit den Simplicia, sondern spotten nur, indem sie denjenigen als simpel bezeichnen, der etwas von Simplicia hält. Ich persönlich rate jedem, sich von Ärzten, die mit Simplicia heilen, nicht nur beraten zu lassen, sondern dann auch ihre Anordnungen zu befolgen. Andererseits empfehle ich dringend, diese Giftküchenverehrer ebenso wie Zauberer und Giftmischer zu meiden, ja von der Schwelle zu jagen, weil sie sich durch ihre angeblich wunderwirkenden Composita[794] an unseren Krankheiten bereichern und mit unserem Leben ein Hasardspiel treiben. Weil Composita zwangsläufig aus zahlreichen ungleichartigen, oft einander widerstreitenden Spezies zusammengebraut werden, ist es schwierig, wenn nicht gar völlig unmöglich für den Arzt, etwas über ihre Wirkungen auszusagen, das nicht auf Mutmaßungen oder reiner Phantasie beruht. Weiterhin nimmt der Arzt, obwohl es zahllose Spezies[795] mit vermutlich heilender Wirkung im einzelnen gibt, nur solche, die ihm gerade in den Sinn kommen, sei es zufällig, durch die Erinnerung an ähnliche Krankheitsfälle, aus einem inneren Gefühl oder aus einer Eingebung heraus. Deshalb erhält das Compositum seine Kraft und Wirkung nicht in erster Linie durch die in ihm enthaltenen Simplicia, sondern eher durch die (mehr oder minder!) glückliche Hand des Arztes, wenn er sich durch bestimmte geheimnisvolle Einflüsse bei der Auswahl bestimmter Ingredienzien leiten läßt, z. B. durch solche der Natur, des Himmels, der Hölle oder des Schicksals.[796]

Es ist ja allgemein bekannt, und die Ärzte geben das auch selbst zu, daß mancher Arzt mehr Glück und Geschick hat als ein anderer und ein ungelehrter oft mehr als ein hochgelehrter. Ich habe dergleichen auch erlebt und kenne selbst einen Arzt, der zwar grundgelehrt ist, aber keine glückliche Hand besitzt, so daß ihm von seinen zahlreichen Patienten nur sehr wenige heil entkommen. Andererseits kenne ich auch einen Mann mit medizinischer Halbbildung, der fast alle Patienten mit Erfolg behandelt hat, selbst hoffnungslose und von anderen Ärzten aufgegebene Fälle. Ich erinnere mich, sogar über einen Arzt gelesen zu haben, durch den reiche Adlige und hervorragende Persönlichkeiten Heilung, einfache Leute und Bauern aber den Tod fanden oder in Lebensgefahr gerieten. Aus all dem ist leicht ersichtlich, daß die Giftküchenmedizin, bei der das Glück des Arztes eine größere Rolle spielt als sein Wissen, vollständig oder zumindest teilweise von Zufällen abhängig und deshalb kategorisch abzulehnen und als Giftmischerei und Meuchelmord zu brandmarken ist. Aus diesem Grunde haben einst die Römer auf Antrag von Cato Censorius alle Ärzte aus der Stadt und aus ganz Italien verbannt[797], weil sie deren finstere Machenschaften fürchteten, die darin bestünden, wesentlich mehr Leute umzubringen als zu heilen. Als Giftkundige könnten sie ohne jede Schwierigkeit aus Haß, Ehrgeiz oder Gewinnsucht dazu veranlaßt werden, statt Heilmittel Gift zu verabreichen und dadurch für Geld Menschen umzubringen. So bot der Leibarzt des Makedonenherrschers Pyrrhos dem römischen Feldherrn Fabricius an, seinen Herrn durch ein angebliches Heilmittel zu vergiften. Fabricius lehnte aber dieses Verbrechen voller Empörung ab und warnte Pyrrhos, obwohl dieser sein Kriegsgegner war, durch einen Brief vor seinem Leibarzt.[798] Dieses Ereignis faßt Claudianus in folgende Worte:

Römer verzichteten stets auf Dienste, von Schurken geleistet:
Kaum daß ein Arzt sich anbot und seinen Plan offenbarte,
Pyrrhos, den eigenen König, durch heimliches Gift zu ermorden,
da schon sandte Fabricius ihn mit Wachen zum König.
War dieser auch sein Feind, so hielt er es dennoch für Frevel,
siegreich den Krieg zu beenden durch Hilfe des schurkischen Arztes.[799]

Ähnliches über griechische Ärzte schreibt (nach Plinius) Cato an seinen Sohn: „Sie haben sich verschworen, mit Hilfe ihrer Medizin alle Nicht-Griechen umzubringen, und lassen sich dabei noch entlohnen, um Vertrauen zu gewinnen und so ihr Vorhaben um so leichter durchführen zu können." Und etwas später heißt es dann: „Deshalb gibt es auch so viele Mordanschläge, um jemanden zu beerben, und so viele ehebrecherische Beziehungen, besonders in fürstlichen Häusern, man denke an Livilla, die ihren Gatten Drusus durch dessen Arzt umbringen ließ." Soweit Plinius.[800]

Sokrates verlangt ebenfalls, daß in Platons „Staat" die Zahl der Ärzte nicht anwächst. Auch heute wäre es einem Gemeinwesen zuträglich, wenn es keine oder nur sehr wenige Ärzte besäße und wenn es ein Gesetz gäbe, das deren gefährliches Treiben, mag es nun durch Nachlässigkeit oder Unwissenheit verursacht sein, wie ein Kapitalverbrechen bestraft. Denn ein solches liegt vor, wenn ein Arzt aus Versehen oder absichtlich und böswillig oder aus Nachlässigkeit und Unfähigkeit statt eines Heilmittels Gift verabreicht und dadurch einen Menschen in Lebensgefahr gebracht hat. Ein Arzt dürfte, wie Plinius meint, keinesfalls in den Genuß völliger Straffreiheit kommen, wenn er einen Menschen umgebracht hat. Die Ärzte stehen hinsichtlich der Ehre auf einer Stufe mit dem Henker, weil sie Menschen um Lohn töten, nur daß sie als einzige für das Ermorden von Menschen, wofür sonst stets gesetzlich die Todesstrafe vorgesehen ist, noch reichen Lohn erhalten. Und dennoch gibt es einen Unterschied, denn der Henker richtet nur Schuldige aufgrund eines ordentlichen Gerichtsurteils hin, der Arzt aber bringt ohne jeden Richterspruch auch Unschuldige ums Leben.

Es ist daher segensreich, daß päpstliche Anweisungen Klerikern die Ausübung von Heilberufen untersagen, weil die ärztliche Kunst so mit Blut besudelt ist, daß man, wollte man den Klerikern und Priestern ärztliche Betätigung erlauben, ihnen dann auch gestatten müßte, sich als Henker zu betätigen.

Cato hat zu seiner Zeit, und man muß das für recht klug halten, die Ärzte geächtet, weil sie erstens ständig durch irgendwelche Neuerungen auf Ruhm für ihre Disziplin erpicht sind und zweitens, falls sie selbst nichts erfinden und andere nachzuahmen sich schämen, lebensgefährliche Experimente mit Kranken durchführen. Sie bringen uns durch ihre medizinischen Studien in Gefahr, machen mit unserm Leben Geschäfte, ziehen Krankheiten in die Länge, die in sehr kurzer Zeit zu heilen wären, und verschlimmern sie bisweilen sogar, um daran länger zu verdienen. Um solche Praktiken zu unterbinden, ist es bei den Ägyptern Brauch, daß Ärzte ihre Patienten drei Tage lang auf deren Kosten, von da an aber auf eigene Kosten behandeln.

Kapitel LXXXIV
Die Apothekerei

Nun zu den „Köchen" der Ärzte, auch Apotheker oder Heilmittelkrämer genannt. Über ihre Arzneibüchsen sagt der Volksmund:

> Darauf steht „Medizin", doch nichts als Gift darin!

Oder wie Homer sagt:

> Zahlreiche Mittel, zur Heilung bereitet, doch viele auch schädlich.[801]

Die Apotheker wollen mit diesen Mitteln natürlich nicht sich selbst Schaden zufügen, sondern zwingen uns, den eigenen Tod für viel Geld zu kaufen, wenn sie uns einen falschen Trank, eine bereits verdorbene, überlagerte oder nicht mehr wirksame Arznei verabreichen, wenn sie uns statt eines heilenden einen tödlichen Trunk einflößen, überalterte Pflaster, Salben, Pastillen und anderes Zeug aus dem Schmutz und Gebräu ihrer Sudelküche, der Offizin[802], verkaufen, und dies nur, um daran zu verdienen! Und weil sie fast alle Spezies nicht auseinanderhalten und unterscheiden können, müssen sie sich auf die Händler aus fremden Ländern verlassen und werden von diesen natürlich belogen und betrogen.

Ich könnte auch bei dieser Gelegenheit beweisen, wie verheerend für die Kranken der Streit der Apotheker um die Kenntnis und Anwendung von Simplicia und ihre Fehler bei der Bezeichnung der Ingredienzien sind, da sie diese nur unzureichend kennen und infolgedessen falsch anwenden, was Nicolaus Leonicenus in einem umfangreichen Buch dargestellt hat.[803]

Ich will hier auch nicht ausführlich über die wundersamen Kompositionen und

Mixturen aus vielen fremdländischen Drogen berichten, die alle zusammengerührt werden und dann angeblich ein Medikament ergeben, das für alle Naturen so geeignet ist wie der Theriak und das mithradatische Gegengift[804] und das doch nichts anderes darstellt als das vom Dichter beschriebene Chaos:

> ... ein verworrenes rohes Gemenge,
> anderes nichts als träges Gewicht und zwistige Keime,
> trübe zu einem vereint aus lose verbundenen Stoffen.
> ... in der Masse
> Kaltes im Streit stets lag mit Warmem, mit Trockenem Feuchtes,
> Weiches mit Hartem und mit dem Gewichtigen das, was gewichtlos.[805]

Gewiß, es mag einige Kompositionen geben, die von antiken Ärzten erfunden und mit Erfolg benutzt worden sind, doch passen sie nicht recht in das System und werden selbst von Ärzten, wenn sie pflichtbewußt und gewissenhaft sind, verworfen und aus vielfältigen Gründen abgelehnt, so von Plinius, Theophrast, Plutarch, Hippokrates, Galen, Dioskurides, Erasistratos, Celsus, Scribonius und Avicenna, deren Aussagen hier zu zitieren zu weit führen würde. Nicht nur von antiken Ärzten werden die Composita abgelehnt, sondern auch von den modernen. So sagt einer von ihnen, Arnaldus von Villanova, in seinen Sinnsprüchen für Ärzte: „Wenn Simplicia vorhanden sind, dann ist es falsch, Composita anzuwenden."[806] Doch heutzutage schätzt man die Simplicia gering, ja man kennt sie nicht einmal, sondern greift fast nur zu den vielgepriesenen Rezeptbüchern des Mesuë und des Nicolaus und zu anderen Antidotarien[807], die reich bebildert und goldverziert sind.

So legen die Ärzte, nur weil sie es sich bequem machen wollen, das Leben ihrer Patienten in die Hände der Apotheker, und diese, schlecht ausgebildet und ohne hinreichende Kenntnisse, verlassen sich wiederum auf fremdländische Händler und mischen nach den Rezeptbüchern ihrer Giftküchen alles durcheinander, so daß für den Kranken das Medikament oft gefährlicher ist als seine eigentlichen Leiden.

Jetzt möchte ich noch etwas über den Betrug mit diesen teuren Medikamenten sagen, der so schlau angelegt ist, daß sich auch Fachleute täuschen lassen. Für den einzelnen wie für den Staat wäre es am besten, alle fremden und besonders die exotischen Mittel, die noch dazu für teures Geld von Wucherhändlern zum Schaden des Staates ins Land gebracht werden, zu verbieten, die Ärzte und Apotheker dementsprechend zu überwachen und ihnen gesetzlich vorzuschreiben, was Nero, als er noch bei Verstand war, in Rom angeordnet haben soll, nämlich zur Herstellung von Medikamenten nur einheimische Rohstoffe zu verwenden. Diese entsprechen unserer Natur eher, sind frischer und sorgfältiger ausgewählt und vor allem weniger gefährlich als fremdländische, von denen die meisten ohnehin suspekt sind, weil sie oft verfälscht, vertauscht, durch langen Seetransport meist verdorben, verfault oder überlagert sind.

Sehr gefährlich ist es auch, wenn beim Sammeln nicht Zeit und Ort beachtet worden sind, wie man am Beispiel der Koloquinte sieht, die, wenn sie unreif ist, das

Blut schädigt und den Tod verursachen kann, wenn sie als einzelne Pflanze wächst. Ebenso kann das männliche Agaricum tödlich sein, und zwar je älter, desto mehr. Alle Scammonia ist unecht und die terra Lemnia auch.[808] Man kann sich dabei auf keine Echtheitssiegel mehr verlassen!

Doch was in aller Welt zwingt uns denn, dieses fremdländische Zeug zu verwenden, wenn es in unserem Lande ähnliches mit gleicher Wirkung gibt! Ist es nicht ausgesprochen töricht, aus Indien kommen zu lassen, was wir auch zu Hause haben? Die Leute halten die Produkte des eigenen Landes für ungeeignet und bevorzugen das Fremde, Kostbare, Teure, schwer zu Erlangende und vom Ende der Welt Herbeigeholte. Ist denn eine Heilung der Milz ohne Ammoniacum und eine Behandlung der Leber ohne Sandalum unmöglich? Kann niemand innere Krankheit und Entzündungen ohne Bdellium heilen? Geht es bei Kopfweh absolut nicht ohne Moschus und Ambra und bei Magenleiden nicht ohne Mastix und Korallen?[809]

Wenn diese fremdländischen Medikamente gut für unseren Körper wären, dann hätte zweifellos die Natur, die ja alles Notwendige ausreichend zur Verfügung stellt, sie auch bei uns wachsen lassen. Haben nicht unsere Vorfahren auch ohne diese Dinge gelebt, und sogar gesünder? Es liegt also an der Bequemlichkeit, Gleichgültigkeit und Unfähigkeit der Apotheker, deren Streben nicht dem Wohl der Allgemeinheit, sondern der persönlichen Bereicherung gilt, wenn sie uns von der besseren Wirksamkeit teurer Medikamente überzeugen wollen. Solche Vorwürfe erhebt auch Jeremia, wenn er fragt: Ist denn keine Salbe in Gilead, oder ist kein Arzt da?[810]

Die Natur schafft jedem Lande, jeder Gegend, jedem Klima und jedem Volke zur passenden Zeit die ihren Bedürfnissen angepaßten Pflanzen. Möglicherweise besitzen manche Pflanzen in anderen Gegenden und in anderen Zeiten stärkere Kräfte, doch haben sie je nach Menschenschlag, Zeit und Umwelt im Prinzip ähnliche Wirkungen. Selbst wenn diese wertvollen exotischen Pflanzen stärkere Heilkräfte als unsere einheimischen besitzen sollten, dann gewiß nur für die Menschen der entsprechenden Länder, in denen diese exotischen Pflanzen wachsen und heimisch sind.

In Wahrheit wollen uns doch bloß raffgierige Ärzte den Glauben an Wunderheilmittel und fremdländische Heilmethoden einreden, die am wirksamsten wären und ohne die wir keinesfalls gesund werden oder gesund bleiben könnten. Und dabei benutzen sie uns Unglückliche auch noch als Opfer für ihre Versuche: Sie mischen mehrere Arten von Schlangen und andere schädliche Reptilien in ihre Antidota und verarbeiten, als ob es an anderem fehlte, sogar Menschenfett zu Salben, balsamieren mit Hilfe bestimmter Substanzen menschliche Leichen ein, die man dann als Mumien bezeichnet, und verabreichen sie dann Menschen als Medizin, welch unsäglicher Frevel!

Kapitel LXXXV
Chirurgie

Noch nicht abgehandelt ist die Chirurgie, die zweite Disziplin der Medizin. Sie befaßt sich mit der Heilung äußerer Leiden, weshalb ihre Praktiken gut überschaubar und verläßlicher sind als die der anderen Ärzte, die mit ihren medizinischen Maßnahmen im dunklen tappen. Die Chirurgen können sehen und anfassen, was sie tun, und je nach Erfordernis verändern, entfernen sie etwas oder fügen etwas an.

Die Chirurgie hat sich als erste medizinische Disziplin herausgebildet, denn die Menschen führten schon in ältesten Zeiten Kriege, brachten einander Wunden bei und bedurften deshalb ärztlicher Hilfe. Man glaubte, die Leiden, die der Mensch anderen zugefügt hat, könnten auch wieder durch Menschen geheilt werden. Andere Krankheiten aber, besonders innere Leiden, wurden als Strafe der Götter angesehen und galten als nicht durch natürliche Mittel heilbar.

Der Erfinder der Chirurgie war der Ägypterkönig Apis oder, wie Clemens aus Alexandria meint, einer, der älter ist als Apis, nämlich Mizraim, ein Sohn Hams, ein Enkel des berühmten Noah.

Über chirurgische Behandlung von Wunden hat als erster Asklepios geschrieben, dann hervorragende Fachleute wie Pythagoras, Empedokles, Parmenides, Demokrit, Chiron und Paion.[811]

In Rom hat, wie Plinius schreibt, der Peloponnesier Archagathos die Chirurgie eingeführt und wurde wegen seines wilden Drauflosbrennens und -schneidens allgemein der Schinder genannt[812], eine Bezeichnung, die dann bald auf den Henker überging und den Abscheu der Leute vor der blutrünstigen Kunst der Chirurgie ausdrückte. Sie hat ebenso wie die anderen medizinischen Disziplinen hervorragende Vertreter aufzuweisen, gilt jedoch als unehrlich, weil sie mit widerwärtigen, schmutzigen und blutigen Dingen umgeht.

Kapitel LXXXVI
Anatomie

Hinsichtlich der Blutrünstigkeit weit übertroffen wird die Chirurgie aber von der Anatomie. Sie ist eine für Apotheker und Chirurgen veranstaltete Vorführung der Zer-Gliederung des menschlichen Leibes im buchstäblichen Sinne, bei der zum Tode verurteilte Verbrecher zerschnitten wurden, in früheren Zeiten sogar lebendig und bei vollem Bewußtsein.

Heutzutage ist man mit Rücksicht auf die christliche Religion ein wenig gnädiger und vollzieht diese sündhafte Prozedur an einem getöteten Menschen, sei es nun ein Selbstmörder oder ein von Henkershand Gerichteter: Man zerfleischt den Körper, untersucht genau die Lage der einzelnen Organe, ihre Reihenfolge, Größe, Art, Aufgabe und alles, was sonst noch wissenswert erscheint, um daraus Schlüsse auf Art und Ort einer möglichen Heilung zu ziehen. Es ist ein grausiger Eifer, mit dem man da zu Werke geht, und ein schreckliches, ja frevelhaftes Spektakel und ein gottloses dazu!

Kapitel LXXXVII
Veterinärmedizin

Es gibt noch eine weitere Art der Heilbehandlung, Veterinärmedizin genannt, die Tierkrankheiten behandelt und recht nützlich und zuverlässig ist. Sie soll von dem Zentauren Chiron begründet worden sein und fand im Columella, Cato, Varro, Pelagonius und Vegetius vorzügliche Fachautoren.

Die Veterinärmedizin wird von den Humanmedizinern überhaupt nicht zur Kenntnis genommen. Man verachtet sie und hält sie für uninteressant, ohne auch nur die geringsten Kenntnisse in ihr zu besitzen. Dabei sind diese Herren ja so zartbesaitet und heikel, daß sie sich wie der Wiedehopf nur am menschlichen Kot delektieren. Wenn also jemand von ihnen für seinen Ochsen oder Esel ein Heilmittel verlangte, dann würden sie das für eine Beleidigung halten. Dabei sollten sie doch wahrhaftig imstande sein, nicht nur Menschen, sondern auch andere Lebewesen zu kurieren, besonders solche, die dem Menschen gute Dienste leisten. Deshalb hat König Alfons von Aragon für seine Pferde und Hunde zwei besonders erfahrene Doktoren der Medizin mit großzügig bemessenem Gehalt angestellt und sie nach Heilmitteln und Heilmethoden für Tierkrankheiten forschen lassen. Diese Männer erfüllten ihren Auftrag und verfaßten darüber ein sehr nützliches Buch.[813] Das gleiche hat in unserer Zeit Jean Ruel aus Paris getan, ein Mann, der Latein und Griechisch vorzüglich beherrschte und städtischer Hauptphysikus war. Er verfaßte über Pferdekrankheiten und Pferdeheilmittel ein großes Werk, das heute und gewiß auch in Zukunft von allen Tierärzten zum Segen der Allgemeinheit benutzt wird.[814] Er übersetzte und benutzte für sein Buch die Werke der antiken Fachautoren Apsyrtus, Hierokles, Theomnestus, Pelagonius, Anatolius, Tiberius, Eumelus, Hippokrates, Hermerus, Africanus wie auch die der späteren Aemilius Hispanus und Litorius Beneventanus.

Kapitel LXXXVIII
Diätetik

Noch nicht behandelt habe ich die diätetische Medizin[815], deren bester Vertreter Asklepiades von Bithynien war. Er verzichtete weitgehend auf den Einsatz von Medikamenten und richtete seine ganze Heilkunst auf naturgemäße Lebensweise durch geeignete Auswahl der Nahrung hinsichtlich der Menge, Art, Zubereitung und Würzung aus. Andere Ärzte stimmen dieser Lehre im wesentlichen zu, verstehen sie aber eher in dem Sinne, daß beide Richtungen, also die diätetische und die medikamentöse, einander ergänzen und je nach Krankheitsfall in abgewogenem Verhältnis Anwendung finden sollten.

Deshalb gebieten oder verbieten, verwünschen oder beschuldigen die Ärzte bestimmte Speisen und Getränke, die doch von Gott geschaffen sind, und legen Regeln für die Nahrungsaufnahme fest, die kein Mensch einhalten kann. Dabei verschlingen sie selbst gerade die Speisen, die sie anderen verbieten oder beschränken, so gierig wie die Schweine Eicheln und sündigen als erste gegen die Verbote, die sie anderen auferlegen, und zwar nicht aus Unachtsamkeit, sondern mit voller Absicht. Müßten die Ärzte nach ihren eigenen Diätvorschriften leben, dann könnten sie nicht unbeträchtlichen Schaden an ihrer Gesundheit nehmen, ließen sie jedoch die Kranken so leben und essen, wie sie selbst als Ärzte es tun und wie es den Wünschen der menschlichen Natur entspricht, dann käme es für sie zu einer empfindlichen finanziellen Einbuße.

Über diese Diätvorschriften sagt Ambrosius: Sie sind wider Gottes Gebot, denn sie raten vom Fasten ab, erlauben nicht das Wachen während der Nacht, behindern damit intensive Meditation und schaden damit letztlich dem Menschen, weil er sich mit Ärzten statt mit Wichtigerem beschäftigt. Auch Bernhard von Clairvaux schreibt in seinen Predigten über das Hohelied: Hippokrates und Sokrates lehren, die Seelen in dieser Welt gesundzumachen, Christus und seine Jünger hingegen lehren, sie für diese Welt verloren zu machen. Welcher von diesen beiden Lehren wollt ihr folgen?[816]

Natürlich erregt es Aufsehen, wenn man Behauptungen aufstellt wie: Das ist schädlich für die Augen, dieses für den Kopf und jenes für den Magen; Hülsenfrüchte verursachen Blähungen, Käse belastet den Magen, Milch schadet dem Kopf, vom Wassertrinken bekommt man Beschwerden in der Brust usw. Kurz, es gibt fast nichts mehr aus Fluß, Feld, Garten und Keller, das man guten Gewissens verzehren könnte. Nun mögen die Aussprüche von Ambrosius und Bernhard ja nur auf Mönche gemünzt gewesen sein, die sich nicht in erster Linie um ihre Gesundheit, sondern um ihre eigentliche Profession kümmern müssen, und deshalb dürfen sich Laien durchaus an abwechslungsreicher und wohlschmeckender Kost erfreuen, ohne ihre Gesundheit aufs Spiel zu setzen. Die Diätetik gibt die Ratschläge, doch verwirklicht werden sie erst durch zweckmäßige Speisenzubereitung in der Küche und durch Maßhalten im Trinken. Platon nennt diese Form der Heilbehandlung angenehm und einschmeichelnd.[817] Meist wird die Diätetik als Zweig der Medizin betrachtet. Plinius, Seneca und andere räumen übrigens ein, daß Krankheiten verschiedenster Art durch reichlichen Verzehr exquisiter Speisen verursacht werden.

Kapitel LXXXIX
Die Kochkunst

Die Kunst des Kochens ist recht nützlich und keinesfalls unehrenhaft, wenn sie nicht die ihr gesetzten Grenzen überschreitet. Deshalb überwanden auch hervorragende und sonst zurückhaltende Männer ihre Scheu und schrieben über Zubereitung und Würzung von Speisen. Von den Griechen sind zu nennen Epainetos, Herakleides aus Syrakus und viele andere, von den Römern Cato, Varro, Columella, Apicius und von den Modernen Platina.[818] Die Asiaten waren auf diesem Gebiet stets so genußsüchtig und unmäßig, daß man nach ihnen Leute als Asoten bezeichnet, die sich der Schwelgerei und Völlerei im Übermaß ergeben.[819]

Wie Livius berichtet, kam aus Asien nach den römischen Siegen über die dortigen Mächte die Genußsucht nach Rom, und erst seit dieser Zeit begann man, üppige und kostspielige Gastmähler zu veranstalten. Damals kam der Koch, früher nur ein einfacher Sklave, in Mode, gewann an Ansehen und stieg im Preis. Während er früher in völlig verschmutzter Kleidung und rußgeschwärzt in der finsteren Küche mit Töpfen, Pfannen, Bratspießen und anderem Küchengerät hantierte, so gehörte er nunmehr einer „Schule“ an; was früher zu den niederen Dienstleistungen zählte, galt nun als Kunst, deren ganzer Inhalt nur darin besteht, aus aller Herren Länder die Leckerbissen zu beschaffen, die verwöhnte Gaumen und unersättliche Schlemmer reizen könnten.[820] Gellius zählt, auf Varros Angaben fußend, zahlreiche Genüsse auf: Pfau von Samos, Haselhuhn aus Phrygien, Kranich von Melos, Ziegenböckchen aus Ambrakia, junger Thunfisch aus Chalkedon, Muränen aus Tartessos, Dorsch aus Pessinus, Austern aus Tarent, Muscheln von Chios, Stör von Rhodos, Seefisch aus Kilikien, Nüsse von Thasos, Datteln aus Ägypten und eßbare Eicheln aus Spanien[821]. All diese Köstlichkeiten lassen die natürlichen Bedürfnisse nach Nahrung zu wollüstigen und verwerflichen Eßorgien entarten.

Den Ruhm und die Bedeutung der Kochkunst hat vor allen anderen Apicius in den Vordergrund gestellt, so daß nach Florus' Zeugnis sein Name auf Köche allgemein übertragen wurde, indem man sie als Apicius-Jünger bezeichnete, als seien sie Anhänger einer Philosophenschule. Darüber schreibt Seneca: „Apicius lebte zu meiner Zeit in der gleichen Stadt, aus der man einst die Philosophen vertrieben hat, weil sie die Jugend verdürben, und lehrte die Kochkunst, mit der er eine ganze Ära infiziert hat.“[822]

Auch Plinius hat ihn als größten Schlemmer aller Zeiten verurteilt.[823]

Diese Apicius-Jünger haben so viele verschiedene Gerichte ersonnen und auch hergestellt, daß man schließlich sogar gesetzlich gegen diesen Tafelluxus einschreiten mußte. Deshalb wurden die weithin bekannten Gesetze gegen allzu hohen Aufwand und Luxus bei Gastmählern erlassen, z. B. die Lex[824] Archia, Fannia, Didia, Licinia, Cornelia, die Lex Lepidi und die Lex Antii Restionis. Auch Lucius Flaccus und sein Kollege haben als Zensoren Duronius aus dem Senat gestoßen, weil er als Volkstribun ein Gesetz abschaffen wollte, das den Aufwand bei Gastmählern beschränkte. Dieser Duronius hatte nämlich die Rednertribüne erstiegen und von ihr aus voller Unverschämtheit gerufen: „Römer, man hat euch Beschränkungen unterworfen, die völlig unerträglich sind. Ihr seid gebunden, ja gefesselt an das harte Joch der Knechtschaft, denn es ist ein Gesetz erlassen worden, das euch zu kargem Leben verurteilt. Bringen wir also dieses Gesetz zu Fall, das schon vom Rost alter Zeiten ganz zerfressen ist. Was nützt uns denn die Freiheit, wenn jemand, der an Luxus zugrunde gehen möchte, das nicht darf?“[825]

Es gab noch weitere Gesetze dieser Art, die aber inzwischen längst überholt oder völlig beseitigt sind. So hat es noch nie eine Zeit gegeben, in der man so den Genüssen des Gaumens frönte, ja geradezu nachjagte wie in unserer Gegenwart. Und deshalb eilen wir, wie Musonius und nach ihm Hieronymus es ausdrücken, durch Länder und über Meere, nur um unserem Gaumen den Genuß eines ganz bestimmten Mostes, Weines oder berühmten Gerichts zu verschaffen, und diesem Ziel weihen wir unser gesamtes Leben: Es gibt heutzutage bei uns eine gewaltige Zahl von Garküchen, Kneipen, Schenken und gastlichen Stätten für Feinschmekker, in denen zugleich Dirnen verkehren und die Gäste durch Fressen, Saufen und Hurerei moralisch verdorben und finanziell ruiniert werden, weil sie häufig dort (zu Lasten der Allgemeinheit!) ihren gesamten Besitz verjubeln.

Bei uns gibt es viel mehr Arten von Speisen und raffiniert zubereiteten Gerichten, noch mehr Gesetze, Bräuche und Zeremonien bei Gastereien als früher bei den Einwohnern von Milet, Sybaris[826] und Tarent, bei den Herrschern Sardanapal, Xerxes, Claudius, Tiberius, Vitellius, Elagabal, Gallienus und anderen berühmten und berüchtigten Schlemmern der Antike, die ja nach Auskunft der Historiker an Genußsucht und Tafelluxus alles in der Welt in den Schatten stellten. Deren üppige Gelage würden aber kümmerlich, fad und bäurisch wirken, vergliche man sie mit denen unserer Zeit! Denn natürlich genügt es nicht, daß Speisen und Getränke vom allerbesten sind, sie müssen auch in solcher Fülle vorhanden sein, daß es geradezu Ekel erregt. Es muß soviel angeboten werden, daß selbst Herkules, der doch einen Nachen, den er zur Überfahrt benutzt hatte, leertrank, sich davon einen Rausch holen könnte und daß sogar Milon aus Kroton[827] und der berühmte Vielesser des Aurelian gesättigt würden, von denen der eine zu einer Mahlzeit, abgesehen von anderen Speisen, dreißig Brote zu essen pflegte und der andere an einem Tage von der Tafel des Kaisers Aurelian ein ganzes Wildschwein, hundert Brote, einen Hammel, ein Ferkel verschlungen und außerdem mit Hilfe eines Trichters noch eine

Kufe Wein ausgetrunken hat! Solche Dinge sind auch heutzutage bei uns noch üblich, nämlich bei Bauernhochzeiten, Kirchweih und dergleichen. Man muß geradezu denken, da würden Bacchus-Orgien gefeiert, so schlimm geht es bei diesen Festen zu: Sie toben, schlagen einander die Köpfe blutig, fressen, saufen und fluchen, was das Zeug hält. Und wie bei einem Fest der Zentauren kommt auch hier fast niemand ohne Beulen und Verletzungen wieder nach Hause. Welche Mengen von Speisen dort vertilgt werden, kann man sich anhand von Ovids Beschreibung des Erysichthon vorstellen:

> Lang nicht währt's und er heischt, was Meer, was Erde, was Luftraum
> bringen hervor, und er klagt ob Hungers an reichlicher Tafel.
> Selbst bei dem Mahle vermißt er das Mahl; was Städten genügte,
> was für ein Volk wohl wäre genug, ist dem einen zuwenig,
> und er begehrt stets mehr, je mehr in den Bauch er hinabsenkt.
> So wie das Meer aufnimmt von den sämtlichen Landen die Flüsse,
> nie satt wird von der Flut und verschluckt die entlegensten Ströme;
> wie die verzehrende Glut auch nie sich weigert der Nahrung,
> Scheiter zu Haufen verbrennt und stets, je größer der Vorrat
> ihr zufällt, mehr will und gefräßiger wird durch die Menge:
> so nimmt all die Gerichte der Mund Erysichthons, des Frevlers,
> auf und begehret zugleich. Bei ihm wird jegliche Speise
> Grund zur Speise, und stets wird lediger Raum durch das Essen.[828]

Bei den alten Griechen, später auch bei den Römern, gab es Athleten, die sehr viel verschlingen konnten, doch selbst deren schändliches Treiben ist von den Angehörigen der Oberschicht und von den Kaisern überboten worden: Albinus, einst Machthaber in Gallien, verschlang hundert Pfirsiche, zehn Melonen, fünfhundert Feigen und dreihundert Austern zu einer einzigen Mahlzeit[829]; Kaiser Maximinus, Nachfolger von Severus Alexander, dem Sohn der Mammaea, hat an einem Tage vierzig Pfund Fleisch verzehrt und eine Amphore Wein (das entspricht 48 Bechern!) getrunken; Kaiser Geta trieb den verwerflichen Speiseluxus so weit, daß er die Speisen nach dem Alphabet auftragen ließ und sie im Laufe eines dreitägigen Gelages in sich hineinschlang.

Heutzutage aber, was angesichts dessen, daß Gott und die Natur uns Speise und Trank zu unserem Wohlergehen und zu unserer Stärkung geben, noch schlimmer ist, mißbrauchen wir die raffiniert zubereiteten Gerichte als wollüstige Genüsse und stopfen unseren Leib weit über seine natürliche Fassungskraft hinaus so voll, daß wir uns dadurch unheilbare Krankheiten zuziehen. Hier zeigt sich, wie recht Musonius hat, wenn er sagt, daß Sklaven, Bauern, arme Leute und alle, die schlichte und kärgliche Kost essen, im Vergleich zu den Herren, Städtern und Reichen viel stärker, kräftiger, tüchtiger und ausdauernder bei der Arbeit sind, weniger ermatten, sehr selten erkranken und viel weniger von Leiden wie Wassersucht, Podagra, Koliken und dergleichen gepeinigt werden als Leute, die einfache Kost verachten und die Köstlichkeiten der feinen Küche genießen.[830]

Dem stimmt auch Cornelius Celsus zu, wenn er sagt: Einfache Nahrung ist für den Menschen am bekömmlichsten, jede Häufung von Genüssen schädlich, und alle Gaumenfreuden und Gewürze sind von Nachteil, weil sie erstens dazu anregen, mehr zu essen, als nötig ist, und zweitens die Verdauung erschweren.

Zahlreiche ernst zu nehmende Autoren warnen eindringlich vor den Gaumengenüssen und Verlockungen der feinen Küche, während andere im Namen der Religion nicht nur Tafelluxus, sondern manche Speisen, obwohl sie doch von Gott zum Essen geschaffen worden sind, vollständig verbieten und kein Fleisch essen. Auf Wein aber, in dem doch nach der Aussage des Apostels die Wollust lauert[831], sind sie mehr erpicht als die Epikureer, obwohl sie behaupten, sie enthielten sich seiner. Und obwohl sie sich ihres Fastens rühmen, stopfen sie sich doch mit Fischen voll und trinken ständig die besten Weine, soweit sie dieser mit ihren gierigen Lippen, Zungen, Zähnen und Bäuchen, doch ohne eigenen Geldbeutel habhaft werden können.

Doch genug davon, gehen wir jetzt aus der Speisenküche in die Gebersche Küche[832], also in die Alchemistenküche, in der nicht weniger Geld verkocht wird als in einer Speisenküche.

Kapitel XC
Alchemie

Die Alchemie, mag sie nun Kunst, Betrug oder ein Vergehen wider die Natur sein, ist gewiß eine bedeutsame und zugleich fragwürdige Angelegenheit, deren Haltlosigkeit allein schon daraus hervorgeht, daß sie verspricht, was die Natur absolut nicht zu vollbringen vermag oder geschehen lassen kann. Die Kunst kann nämlich grundsätzlich nicht die Natur überwinden, sondern sie höchstens nachahmen und ihr (mit großem Abstand) folgen, denn die Kraft der Natur ist viel stärker als die der Kunst. Über die Alchemie heißt es:

> Braven gilt diese Kunst als verdächtig, dem Volk als verrufen,
> bringt in Verruf auch deshalb alle, die sie betreiben.
> Sehr viele Alchemisten sind offen als Lügner erwiesen,
> haben mit falscher Kunst sich selbst und andre betrogen!

Die Alchemisten streben danach, die Substanz der Dinge und den gepriesenen sogenannten Stein der Weisen herzustellen, durch dessen Berührung (wie bei Midas) alle Gegenstände sogleich zu Gold oder Silber gewandelt werden, und sie trachten sogar danach, aus den höchsten und völlig unzugänglichen Himmelshöhen eine quinta essentia herabzuholen, die nicht nur größere Reichtümer verschafft, als Krösus sie besaß, sondern auch das Alter vertreibt, Jugend und immerwährende Gesundheit schenkt, nur eben nicht die Unsterblichkeit.[833] All das versprechen uns die Alchemisten und noch dazu gewaltigen Reichtum!

> Aber von all den vielen, die solcherlei Künste betreiben,
> findet sich nie auch nur einer, der die verheißenen Wunder
> wirklich vollbringt!

Bei ihren medizinischen Versuchen suchen sie allerlei Dinge zusammen, wie z. B. Bleiweiß, Purpurfarbe und sonstige Färbemittel, Seifen, Weiberschminken und Altweibermittelchen usw., kurz, die Dinge, die in der Bibel als Hurensalben bezeichnet werden, und richten damit eine Alchemistenküche nach Art des Geber ein. Deshalb entstand schließlich die Redewendung:

> Jeder Alchemist ist entweder Arzt oder Seifensieder.

Die Alchemisten füllen die Ohren Leichtgläubiger mit reichen Worten, um ihre Geldbeutel zu leeren, und sie erbitten ein wenig Geld von den gleichen Leuten, denen sie Berge von Gold versprechen.[834] Schon daraus geht hervor, daß es sich hier nicht um eine Kunst, sondern um reines Geschwätz und um Ausgeburten kranker Geister handelt.

Dennoch finden sich immer wieder Leute, die voller Gier dem großen Glück nachjagen. Diesen reden die Alchemisten ein, sie könnten ihnen kraft besonderer und einzigartiger Fähigkeiten aus Quecksilber größeren Reichtum schaffen, als ihn die Natur in Gold gibt. Obwohl sie ihre Opfer schon mehrfach getäuscht haben, gelingt es ihnen doch immer wieder, diese naiven Leute durch neue Gauklerstücke hinters Licht zu führen und ihr Geld durch den Alchemistenofen zu jagen, denn es gibt doch keinen schöneren Wahn als die Hoffnung, das Feste könne zum Flüchtigen und das Flüchtige zum Festen werden![835] Für diese Narren sind Holzkohlen, Schwefel, Kot, Urin und alle widerwärtigen und giftigen Dinge süßer als Honig, und das so lange, bis sie ihre Grundstücke, Besitzungen, ihr ganzes Hab und Gut, ja sogar das zu erwartende Erbteil verdestilliert und in Rauch und Asche verwandelt haben.[836] Sie hatten sich als Lohn ihrer langwierigen Arbeit goldene Früchte, immerwährende Jugend und Gesundheit doch so innig gewünscht und sind nun, nachdem sie all ihre Zeit und das gesamte Vermögen vertan haben, vergrämte, kümmerliche, zerlumpte und hungerleidende Greise geworden, verschmutzt von Kohle und Ruß, ständig nach Schwefel stinkend, mit Lähmungen infolge des ständigen Umgangs mit Quecksilber und mit ständig triefender Nase als einzigem Reichtum! Dabei geht es ihnen so schlecht, daß sie für drei Heller sogar ihre Seele verkaufen würden. Die Metamorphose, die sie bei den Metallen erzwingen wollten, erfahren sie nun an sich selbst: Aus Alchemisten sind sie zu Kotspezialisten, aus Medizinmännern zu Bettelmännern und aus Seifenverkäufern zu Kneipenläufern geworden, zum Gespött der Leute; ihre Narrheit ist am Tage und in aller Munde. Sie hatten als junge Leute nicht in bescheidenen Verhältnissen leben wollen, deshalb ihr ganzes Leben diesem alchemistischen Unfug gewidmet und müssen nun im Alter, völlig verarmt, betteln. Dabei haben sie das Unglück, statt Hilfe und Erbarmen nur Hohn und Verachtung zu finden. Ihre Notlage zwingt sie oft, Verbotenes zu tun, z. B. Münzen zu fälschen und dergleichen. Deshalb war diese Kunst nicht nur im Römischen Reich verboten, sondern ist auch in der gesamten Kirche rechtlich untersagt. Würden heutzutage alle, die Alchemie betreiben, mit Ausnahme derer, die eine ausdrückliche Erlaubnis des Fürsten dazu besitzen, aus dem Lande verbannt und mit Vermögenseinzug und Leibesstrafe bedroht, dann gäbe es wahrhaftig nicht soviel verschlechtertes und verfälschtes Geld, mit dem heute fast jeder und natürlich auch der Staat betrogen wird. Aus diesem Grund hat meiner Ansicht nach der Ägypterkönig Amasis einst gesetzlich verordnet, daß jeder seiner vorgesetzten Behörde angeben mußte, welche Tätigkeit er ausübt und wovon er lebt. Unterließ er das, drohte ihm die Todesstrafe.

Über diese Kunst, der ich übrigens gar nicht so ablehnend gegenüberstehe, könnte ich vieles sagen, hätte ich nicht Schweigen gelobt, wie es ja stets diejenigen tun, die in bestimmte Geheimnisse eingeweiht werden.[837] Deshalb haben auch die alten Philosophen und Schriftsteller immer aufs strengste darauf geachtet, daß keiner von ihnen, der auch nur einiges Ansehen beanspruchen will, ein Sterbenswörtchen von dieser Geheimkunst verrät. Das führte auch zu der falschen Annahme, alle Schriften über diese Kunst seien erst in jüngerer Zeit entstanden. Dazu paßt auch die Tatsache, daß die Namen der Meister dieser Kunst, wie Geber, Morienus, Gilgilis[838] oder andere in der Allgemeinheit ziemlich unbekannt und nur bei Eingeweihten berühmt sind, weil sie sich seltsam klingender Wörter, schwer verständlicher Ausdrucksweise und einer völlig ungewohnten Art des Denkens bedienen.

Manche deuten das Goldene Vlies als ein nach früherem Brauch auf Tierhaut geschriebenes alchemistisches Werk, das die Kunst des Goldmachens enthielt. Derartige Bücher habe es bei den Ägyptern, die Meister in dieser Kunst gewesen sein sollen, gegeben, und Diokletian habe alle sorgfältig sammeln und verbrennen lassen, damit die Ägypter nicht eines Tages, durch diese Kunst reich geworden, mit Hilfe dieses vielen Geldes gegen Rom Krieg führen könnten. Daher ist die Alchemie durch kaiserlichen Erlaß als unehrlich erklärt worden.[839]

Es würde zu weit führen, all die albernen und sinnlosen Rätsel dieser Kunst aufzuzählen, wie die vom grünen Löwen, vom flüchtigen Hirsch und vom fliegenden Adler, vom tanzenden Narren, von der sich in den Schwanz beißenden Schlange, von der aufgeblähten Kröte, vom Rabenhaupt, von der Schwärze, die schwärzer als schwarz ist, vom Siegel des Hermes, vom Kot der Torheit (hier hätte ich sagen müssen: der Weisheit!) und von zahllosen weiteren Dingen dieser Art.[840]

Doch über jenen einzigartigen, gebenedeiten, allerheiligsten Stein der Weisen, über den nichts in der Welt geht, nämlich den ... (fast hätte ich jetzt seinen Geheimnamen ausgeplaudert und wäre damit meineidig und zum Verräter am Hochheiligen geworden!), will ich etwas sagen, wenn auch nur in dunklen Andeutungen, damit nur die in diese Kunst Eingeweihten mich verstehen können: Es ist etwas, das eine Substanz hat, die nicht zu feuerartig, aber auch nicht gerade erdartig, nicht einfach wasserartig, nicht von sehr scharfer, doch auch nicht von stumpfer Beschaffenheit, es fühlt sich ganz normal an, einigermaßen weich oder wenigstens nicht eben hart, nicht rauh, schmeckt etwas süß, riecht angenehm, ist herrlich anzuschauen, lieblich und wohllautend anzuhören und unendlich weit zu denken. Mehr darüber darf ich nicht sagen, nur soviel: Es gibt noch Größeres als das![841]

Ich persönlich halte diese Kunst, mit der ich sehr vertraut bin, und gerade deshalb, für wert, daß sie die Ehre genießt, die Thukydides einer ehrbaren Frau zuspricht, wenn er sagt: „Die beste Frau ist die, über die man am wenigsten redet, weder im Guten noch im Bösen."[842] Doch das eine möchte ich noch sagen, nämlich daß die Alchemisten die allerverdrehtesten Leute sind, denn Gott hat geboten: „Im Schweiße deines Angesichtes sollst du dein Brot essen ..."[843], und im Psalm heißt es: „Du wirst dich nähren von deiner Hände Arbeit; wohl dir, du hast's gut".[844] Die Alchemisten aber verachten Gottes Gebot und seine Verheißung der Glückseligkeit und wollen völlig ohne Arbeit oder, wie man so sagt, nur mit Weiberarbeit und Kinderspiel Berge von Gold gewinnen.

Ich will nicht bestreiten, daß die Alchemie viele hervorragende Dinge gebracht hat: Zinnober, Mennige, Purpur, die sogenannte Goldbronze und weitere Farben. Von ihr bekommen wir Goldblech, Legierungen aus allen Metallen, Leime, Mittel zum Trennen und Abscheiden von Bestandteilen, auch die schrecklichen Explosionsgeschütze sind ihre Erfindung, ferner die Glasherstellung, jene wunderbare Kunst, die ein Mann namens Theophilus in seinem Buch vorzüglich behandelt hat.[845] Wie Plinius berichtet, wurde zur Zeit des Kaisers Tiberius eine Art von elastischem Glas erfunden, dann aber die Werkstatt zerstört und der Erfinder sogar hingerichtet, wenn man Isidor glauben will.[846] Und das sei geschehen, damit Gold, Silber und anderes Metall nicht durch das neue Glas an Wert verlieren und weniger geschätzt werden. Doch genug davon!

Kapitel XCI
Recht und Gesetze

Jetzt muß noch etwas über die Rechtswissenschaft gesagt werden, die sich rühmt, nur sie könne Wahres und Falsches, Gerechtes und Ungerechtes, Erlaubtes und Verbotenes unterscheiden.

Die obersten Instanzen in dieser Disziplin sind gegenwärtig der Papst und der Kaiser, die von sich behaupten, alles Recht befinde sich im Schrein ihres Herzens, es bedürfe keiner Begründung, sondern allein ihrer Willensäußerung. Sie sind auch überzeugt, ihrem Urteil und ihrer Führung unterlägen alle Wissenschaften, Künste, alles Geschriebene und jede Meinungsäußerung. Daher hat Papst Leo allen

Gläubigen auf das strengste geboten, daß niemand in der Kirche ohne Zustimmung und Berücksichtigung der heiligen Konzilien, der Kanones und der Dekretalen (all das untersteht ja auch dem Papst!) irgend etwas oder irgend jemanden verurteilen, rechtfertigen oder etwas entscheiden darf und daß man sich auf Aussagen von Theologen, und seien es die gelehrtesten und heiligsten, nur stützen darf, soweit der Papst dem zustimmt und es kirchenrechtlich erlaubt hat. Doch auch anderweitig schreiben die Kanones vor, daß kein Buch von Theologen benutzt werden darf, das nicht für die römische Kirche nach päpstlichem Recht zugelassen ist.

Das gleiche Recht beansprucht der Kaiser auf dem Gebiet der Philosophie, der Medizin und der anderen Wissenschaften. Dabei erhalten diese Disziplinen nur soviel Geltung und Einfluß, wie ihnen die Rechtswissenschaft zubilligt, mit der verglichen alle anderen Wissenschaften und Künste nach Ansicht des Kaisers wertlos und wenig nützlich sind. So sagt Ulpian: „Das Gesetz ist Herr über alle menschlichen und göttlichen Dinge". Seine Aufgabe besteht nach Modestinus darin, „zu befehlen, zu gestatten, zu strafen und zu untersagen, und es gibt nichts, von dem das Gesetz an Bedeutung übertroffen werden könnte." Und Pomponius definiert es in seiner Schrift über die Gesetze sogar als Erfindung und Gabe Gottes und als Meinung und Erkenntnis aller weisen Menschen.[847] So haben die antiken Gesetzgeber, um ihren Gesetzen beim einfachen Volk Autorität zu verschaffen, den Eindruck erweckt, als seien die von ihnen erlassenen Gesetze durch göttliche Belehrung zustande gekommen: So belehrte Hermes bei den Ägyptern Osiris, Ahura Mazda bei den Medern und Persern Zarathustra, Saturn bei den Karthagern Charondas[848], Athene bei den Athenern Solon, eine gute Gottheit bei den Arimaspen[849] Zantastres, Hestia bei den Skythen Zalmoxis, Zeus bei den Kretern Minos, Apoll bei den Spartanern Lykurg und die Nymphe Egeria bei den Römern Numa Pompilius.

Ja, hier wird sichtbar, lieber Leser, daß sich die Rechtswissenschaft die Herrschaft über alle anderen anmaßt, sie tyrannisch ausübt und, da sie sich von den Göttern vor den anderen erschaffen wähnt, alle anderen als wertlos und inhaltsleer verachtet, obwohl sie doch insgesamt selbst nur aus äußerst vergänglichen und unvollkommenen menschlichen Erwägungen und Entscheidungen besteht, die in höchstem Maße anfechtbar und je nach Zeitumständen oder Wünschen eines Fürsten veränderbar sind.

Der Ursprung der Rechtswissenschaft war die Sünde unseres Ur-Vaters, und diese ist zugleich Ursache all unserer Leiden!

Als erstes kam von ihr her das Gesetz der (verdorbenen!) Natur, das man Naturrecht nennt, mit solchen vorzüglichen Grundsätzen wie:

> Der Gewalt darf man mit Gewalt wehren.
> Gegenüber einem Treubrüchigen darf man Treubruch üben.
> Es ist kein Unrecht, einen Betrüger zu betrügen.
> Einer List darf man mit List begegnen.

Schuld darf gegen Schuld aufgerechnet werden.
Ist jemand mit dem einverstanden, was ihm angetan wird, dann gilt dies nicht als Unrecht.
Übeltäter haben kein Recht auf glimpfliche Behandlung und guten Glauben.
Beim Abschluß von Verträgen darf jeder seinen Vorteil suchen.
Eine Sache ist das wert, wofür man sie verkaufen kann.
Man darf den eigenen Vorteil suchen, und sei es auch auf Kosten des anderen.
Zu Unmöglichem ist niemand verpflichtet.
Wenn schon einer von uns beiden daran glauben muß, dann sollst lieber du es sein als ich.

Von solchen „Grundsätzen" gibt es noch mehr, und sie sind später in die Gesetzgebung eingegangen.

Schließlich gehört es auch zum Gesetz der Natur, daß der Mensch nicht hungern, dürsten, Schmerzen leiden und nicht durch Nachtwachen oder allzu harte Arbeit gequält werden möchte. Dadurch werden aber die religiöse Buße und die Werke der Buße in Frage gestellt oder abgelehnt und statt ihrer das Vergnügen nach epikureischer Art zum höchsten Ideal erhoben.

Danach hat sich das Völkerrecht herausgebildet, von dem erstmals Krieg, Totschlag, Unterdrückung und die verschiedenen Formen der Machtausübung ausgingen.

Weiterhin entwickelte sich das nationale Recht, das sich jedes Volk in anderer Form gibt, auch Bürgerrecht genannt. Aus diesem ergaben sich so viele Streitigkeiten unter den Menschen, daß es mehr Streitfälle als juristische Bezeichnungen für sie gibt, wofür die Gesetze ja selbst ein Beweis sind.

Da die Menschen zu Meinungsverschiedenheiten neigen, war der Erlaß von Gesetzen unumgänglich, damit die Gerechtigkeit sich durchsetzen könne. Dadurch sollten die Bösen in Schranken gehalten, die Unschuldigen vor ihnen geschützt und die Guten auch unter Bösen in Ruhe leben können.

Die ach so berühmten Anfänge des Rechts und ihre zahlreichen Schöpfer sind folgende: Moses war der erste; er gab den Juden schriftliche Gesetze, als gleichzeitig Pharao für die Ägypter Gesetze erließ. Später hat Kekrops den Griechen erstmals Gesetze gegeben[850], dann noch einmal Hermes Trismegistos den Ägyptern, Drakon sowie Solon den Athenern und Lykurg den Spartanern. Palamedes hat die ersten Militärgesetze erlassen, um auch im Heer die Gerichtsbarkeit einzuführen. Die Römer haben ihre ersten Gesetze, leges curiatae genannt[851], von Romulus empfangen, nach ihm erließ Numa Pompilius religiöse Gesetze und in der Folgezeit andere römische Könige weitere, die allesamt in den Büchern des Papirius aufgezeichnet waren, wovon die Bezeichnung Papirianisches Recht kommt.[852] Dann gab es das Zwölftafelrecht[853], später das Flavische Recht[854], das Älische Recht[855] und das Hortensische Gesetz[856], das Prätorenamtsrecht, ferner Volksbeschlüsse, Senatsbeschlüsse, das Magistratenrecht[857], Gewohnheitsrecht und schließlich die kaiserliche Gesetzgebung[858]. Die zahllosen Fachjuristen will ich hier nicht behandeln, denn die meisten von ihnen werden im „Zweiten Gesetz über die Rechtsstellung" besprochen.[859]

Unter denen, die das Recht zu systematisieren versuchten, sind Gnaeus Pompeius und später Gaius Julius Caesar als erste zu nennen.[860] Beide wurden jedoch durch den Ausbruch von Bürgerkriegen und durch ihren frühzeitigen Tod an der Ausführung ihrer Absichten gehindert. Später hat Konstantin wieder auf die alten Gesetze zurückgegriffen, Theodosius der Jüngere hat den nach ihm benannten Kodex schaffen und schließlich Justinian die heute noch gültige Gesetzessammlung anlegen lassen.[861]

Die ganze Macht und Autorität des bürgerlichen Rechts liegt beim Volke und bei den Fürsten, und es gibt kein anderes bürgerliches Recht als das, worauf sich die Menschen durch Übereinkunft einigen. Deshalb sagt Julian, daß Gesetze für uns nur deshalb bindend seien, weil sie auf dem Einverständnis des Volkes beruhen, das mit allgemeiner Zustimmung alle Macht und Herrschaft den Herrschern übertragen hat. Aus diesem Grunde habe das, was Volk und Herrscher für richtig befinden, sowohl durch Herkommen wie auch durch Satzung Rechtskraft, sogar wenn es irrig und falsch sein sollte, denn allgemeiner Irrtum schafft Recht, und eine Gerichtsentscheidung hat als wahr zu gelten.[862] Ulpian erläutert das gleiche Problem mit den Worten: Wer gerichtlich für frei geboren erklärt wurde, muß als frei gelten, selbst wenn er nur ein Freigelassener ist, denn eine Gerichtsentscheidung, einmal gefällt, wird als richtig angenommen.[863] Ebenfalls bei Ulpian ist zu lesen, daß sich ein Nicht-Römer namens Philippus, ein entlaufener Sklave, um die Prätur beworben und sie auch bekleidet habe und daß nach seiner Entlarvung nichts von all dem, was er während seiner Amtsführung angeordnet hatte, rückgängig gemacht worden sei.[864] In einem anderen Falle wurde die Ansicht eines alten Bauern durch einen Herrscherbefehl so hoch bewertet, daß ein Fachjurist dessen Argumentation übernehmen mußte. Auch Paulus, der beste römische Jurist, sagt: Wenn heute nach kaiserlichem Rechtsverständnis ein Silberleuchter als Vermögenswert in Silber bezeichnet wird, dann ist er ein solcher und kein Hausgerät, denn auch Irrtum setzt Recht.[865]

Ebenso sagt er im Blick auf Gesetze und Beschlüsse des Senats ganz offen, daß man nicht alle, die in der Vergangenheit erlassen wurden, vernünftig begründen könne.[866] Daraus ist deutlich erkennbar, daß die gesamte Rechtswissenschaft nur von Ansichten und vom Willen der Menschen abhängt und allein von sittlichem Verhalten, Lebensumständen, vom Willen eines Herrschenden oder von bewaffneter Macht bestimmt wird. Ist die Rechtswissenschaft eine Kraft, die das Gute schützt und das Böse straft, dann ist sie gut; als ganz schlimm erweist sie sich aber, wenn mit ihrer Hilfe Unrecht ins Werk gesetzt wird, sei es aus Nachlässigkeit der Behörden und des Herrschers oder gar mit Duldung oder Zustimmung beider. Demonax war sogar der Meinung, alle Gesetze seien unnütz und überflüssig bei guten und bösen Menschen, denn gute brauchen keine Gesetze und böse bessern sich durch sie auch nicht.[867]

Auch Cato gibt (bei Livius) zu, daß kaum ein Gesetz eingebracht werden kann, das bei allen Anklang findet und bei dem nicht recht häufig ein Widerspruch zwischen Billigkeit und Starrheit des Rechts entsteht.[868] Aristoteles definiert die Billigkeit in seinen „Ethika" als Korrektiv des an sich gerechten Gesetzes, weil dieses den Mangel habe, daß es zu allgemein für den konkreten Fall sei.[869]

Beweist all das nicht hinreichend deutlich, daß alle Macht des Rechts und der Justiz nicht in erster Linie auf den Gesetzen, sondern in viel höherem Maße auf der Ehrlichkeit und Gerechtigkeit der Richter beruht?

Kapitel XCII
Das kanonische Recht

Aus dem bürgerlichen hat sich das kanonische Recht, auch päpstliches genannt, entwickelt. Es könnte, wie viele Leute meinen, als etwas Hochheiliges erscheinen, so geschickt tarnt es die Gebote einer höchst einfallsreichen Habsucht und die Klauseln reiner Raffgier mit dem Anschein der Frömmigkeit. Dabei enthält es nur sehr wenige Dinge, die Frömmigkeit, Gottesdienstliches und Fragen der Sakramente betreffen, ganz zu schweigen von Dingen, die in krassem Widerspruch zu Gottes Wort stehen. Bei allem anderen handelt es sich nur um Streit- und Rechtsfälle, Anmaßung, Hoffart, Geldeinnahmen, Geldgeschäfte und päpstliche Anordnungen. Dabei reichen die von den Kirchenvätern früher geschaffenen Kanones längst nicht mehr aus, o nein, ständig müssen neue Dekrete und Verlautbarungen erscheinen, so daß es kein Maß und Ende bei der Schaffung kanonischer Vorschriften[870] gibt. Ja, der Ehrgeiz und die Lust aller römischen Päpste bestehen geradezu in immer neuer Gesetzgebung, deren Anmaßung so weit geht, den himmlischen Engeln aufzutragen, der Hölle ihre Beute wieder abzujagen und die Seelen von dort wieder heraufzuholen. Ferner wollen sie über die Seelen Verstorbener verfügen und sich zuweilen sogar über Gottes heiliges Gesetz durch ihre Interpretationen, Deklarationen, Disputationen erheben, und all das nur, um den Anschein zu erwecken, ihre Machtfülle sei nahezu vollkommen. Noch heute wird eine Bulle, in Blei gefaßt, in Urkundenschreinen zu Vienne und Poitiers aufbewahrt, in der Papst Clemens den himmlischen Engeln gebietet, die Seelen von Pilgern, die um Ablaß nach Rom wallfahrteten und dort starben, unter Umgehung des Fegefeuers direkt in die ewigen Freuden zu geleiten! Und das drückt er mit den Worten aus: „Wir wollen, daß sie nicht der Höllenpein ausgesetzt werden." Kreuzfahrern hat er obendrein gestattet, sich drei oder vier andere Seelen auszusuchen, die dann aus dem Fegefeuer erlöst werden. Diese falsche und völlig unerträgliche Aussage, die man sogar als Häresie betrachten möchte, ist damals von der Pariser Sorbonne mißbilligt, ja verurteilt worden, vielleicht bereut man heute dort, den Übereifer von Clemens nicht durch irgendeine fromme und harmlose Auslegung gedämpft zu haben, wobei durch zustimmende oder ablehnende Stellungnahmen weder an der Sache noch am absoluten Autoritätsanspruch des Papstes etwas geändert wird. Dessen Kanones und Dekrete haben nämlich die gesamte theologische Wissenschaft in so enge Fesseln gelegt, daß kein einziger Theologe, und sei er noch so streitbar, es wagen darf, eine Lehrmeinung aufzustellen oder auch nur eine Ansicht oder These zu äußern, die nicht den Kanones entspricht, wenn er nicht zuvor ausdrücklich die päpstliche Erlaubnis dazu und die Vergebung dafür eingeholt hat, wie es Martial hübsch in einem Gedichtchen über einen Mann namens Rufus schildert:

> Was alles Rufus auch äußert, er sagt doch nichts als „Vergebung".
> Ob er sich freut oder weint, spricht, schweigt, ißt oder trinkt,
> fordert, ja oder nein sagt, man hört nur das eine: „Vergebung".
> Gibt's nicht Vergebung für ihn, völlig stumm wird er sein![871]

Aus den Kanones und Dekreten der Päpste haben wir zur Kenntnis nehmen müssen, das Erbe Christi bestehe aus Königreichen, Burgen, Schlössern, Schenkungen, Stiftungen, Lehen, Grundstücken und Barvermögen, das Priestertum Christi sei Herrschaft und Macht in der Welt, das Schwert Christi bedeute Jurisdiktion und Machtausübung auf Erden, der Fels, auf den die Kirche sich gründet, sei die Person des Papstes, die Bischöfe seien nicht nur Diener der Kirche, sondern ihre Herren, als Güter der Kirche gelten nicht allein die Lehre Christi, Glaubenstiefe und Weltverachtung, sondern auch Steuern, Zehnteinnahmen, Opfergaben, Kollekten, das Tragen des Purpurs und der Mitren, ferner Gold, Silber, Perlen, Grundstücke, Bargeld und die Ausübung der Macht. Deshalb habe der Papst auch das Recht, Kriege zu führen, Verträge zu annullieren, von Eiden zu entbinden, Lehensbindungen aufzuheben und damit das Bethaus zu einer Räuberhöhle zu machen[872], so daß der Papst, ohne eine Begründung zu geben, Bischöfe absetzen, ihr Bistum anderweitig vergeben und dabei nicht der Simonie[873] beschuldigt werden kann, daß er Dispens[874] bei Gelübden, Eiden und natürlichen menschlichen Rechten erteilen kann und niemand ihn nach den Gründen dafür fragen darf. Ferner könne er in einem schwerwiegenden Falle vom ganzen Neuen Testament Dispens nehmen und ein Drittel (oder mehr!) von allen Christen in die Hölle hinunterstoßen.

Aufgabe der Bischöfe ist es nicht mehr vor allem, das Wort Gottes zu verkünden, sondern durch Backenstreiche[875] die Knaben im Glauben zu bestärken, die geistlichen Weihegrade zu erteilen, Kirchen einzuweihen, Glocken zu taufen, Altäre und Kelche zu konsekrieren und Gewänder und Heiligenbilder zu segnen.

Die Bischöfe aber, die sich über solche Dinge erhaben fühlen, überlassen sie irgendwelchen Titularbischöfen[876], während sie selbst Aufgaben als königliche Gesandte, Diplomaten oder Begleiter von Königinnen übernehmen, was ihnen ein gewichtiger Vorwand ist, wenn sie Gott nicht in der Kirche, sondern dem König in aller Pracht bei Hofe dienen.

Der gleichen Quelle, nämlich dem kanonischen Recht, entspringen jene Kautelen, kraft deren Bistümer und Pfründen gekauft und verkauft werden, ohne daß der Vorwurf der Simonie erhoben werden könnte, und dazu der Schacher und das Monopol des Papstes mit Schenkungen, Ablässen, Dispensen und dergleichen einnahmeträchtigen, ja geradezu räuberischen Bestimmungen. Durch diese wird selbst für die Vergebung der Sünden, die durch Gott ja unentgeltlich erfolgt, ein bestimmter Preis gefordert und mit den Qualen der Hölle ein Geschäft gemacht.

Diesem kanonischen Recht verdankt auch die erlogene Konstantinische Schenkung[877] ihre Entstehung, obwohl sie in Wahrheit eine Fälschung ist und auch Gottes Wort sagt, man muß dem Kaiser das Seine lassen und der Klerus darf nicht in Besitz nehmen, was dem Kaiser gehört.

Bei dieser Gelegenheit möchte ich dem Leser einige Stellen aus den Kanones vortragen, die von Anmaßung, Hoffart und Tyrannei geradezu strotzen und meine Behauptungen beweisen sollen. Er betrachte doch einmal in den alten Dekretalen[878] etwas genauer beispielsweise das Kapitel „Significasti ..." und das Kapitel „Venerabilem ..." aus de elect., das Kapitel „Solite ..." aus de mai. obed., das Kapitel „cum olim ..." aus de privil., das Kapitel „Si summus pontifex ..." aus de sentent., das Kapitel „Inter caetera ..." aus de off. iud. ord.[879]

Ferner lese man, was im Prolog der von Bonifatius veranlaßten Dekretalensammlung, genannt Liber Sextus, und im ersten Kapitel von de immunitate ecclesiarum gesagt wird. Nicht weniger arrogant sind der Hirtenbrief der Clementinen „de sent. et re iud. ..." und die Extravagans von Johannes XXII. „Ecclesiae Romanae ..." und die Bulle „Unam sanctam ..." von Bonifatius VIII. Auch im Decretum Gratiani finden sich zahlreiche Beispiele dieser Art.[880]

Hat man diese und ähnliche Stellen in den Kanones genau angesehen, dann merkt man, welch große, tiefe und wundersame Geheimnisse in ihnen verborgen sind, die manche römischen Päpste sich zunutze machen, wobei sie Aussagen der Bibel verdrehen, manchmal sogar fälschen und ihren Vorstellungen und Absichten anpassen. Auf diese Weise wurden die sogenannten Konkordanzen von Bibelworten und Kanones geschaffen.

Außerdem gibt es gewinnträchtige Anordnungen über Pallien,[881] Ablässe, Bullen, Beichthandbücher, Gnadenerweise, Bescheide, Testamente, Dispense, päpstliche Urkunden, Wahlen von Klerikern, Kirchenämter, Pfründen, Kloster- und Kirchengebäude, Immunitäten, öffentliche Bekanntmachungen, Gerichtsbarkeiten und dergleichen mehr.

Insgesamt ist das kanonische Recht äußerst unbeständig, weit wandlungsfähiger als Proteus oder ein Chamäleon und noch weniger entwirrbar als der gordische Knoten.

Die christliche Religion, bei deren Schaffung Christus ja die Zeremonien abgeschafft hat, besitzt jetzt infolge der Kanones mehr Zeremonien, als die Juden jemals hatten. Die Last dieser Zeremonien macht selbst das leichte und sanfte Joch Christi sehr schwer, und die Christen werden gezwungen, mehr nach den Kanones als nach dem Evangelium zu leben.

Der gesamte Inhalt beider Rechte, also des weltlichen wie des kanonischen, besteht nur aus ungewissen, zweifelhaften, unberechenbaren und fragwürdigen Dingen, beschäftigt sich nur mit Mord, Totschlag, Plünderung, Wegelagerei, Banditentum, Verschwörung, Verrat und Übergriffen, ferner mit Meineid, Falschaussagen von Zeugen, Fälschung von Gerichtsakten, Betrug durch Rechtsanwälte, Bestechung von Richtern, Einflußnahme seitens der Behörden und Erpressung seitens des Gerichtsvorsitzenden. Durch all das werden Witwen und Unmündige um ihr Recht gebracht, anständige Bürger aus dem Lande getrieben, Unschuldige verurteilt, und auf den Armen wird herumgetrampelt, wie es bei Juvenal heißt:

> Raben spricht frei der Richter, verurteilt statt ihrer die Tauben.[882]

Wie blind sind doch Menschen, die vor Gericht von weltlichen und kanonischen Gesetzen ihr Recht erhoffen, denn diese Gesetze sind nicht von Gott oder im Blick auf Gott gemacht, sondern von der bösartigen Menschennatur allein aus Habgier und Gewinnsucht ersonnen.

Kapitel XCIII
Die Advokatenkunst

Auf juristischem Gebiet gibt es noch ein anderes Betätigungsfeld, die Kunst der Prozeßbeeinflussung oder Advokatenkunst. Eine – wie es heißt – höchst notwendige Kunst mit uralter Tradition, in Wahrheit jedoch der reinste Betrug, listig als Überzeugungskunst getarnt. Sie besteht eigentlich nur aus der Fähigkeit, einen Richter durch geschicktes Reden zu beeinflussen und ihn in gewünschter Weise zu lenken, die Gesetze und Gesetzeskommentare, die man notfalls selbst erfindet, je nach Bedarf zu drehen, zu wenden und durch raffinierte Schliche zu umgehen, Prozesse lange hinzuziehen, die Gesetze so zu zitieren, daß die Gerechtigkeit in ihr Gegenteil verkehrt wird, und das Ansehen der Rechtskommentatoren dahingehend zu nutzen, daß der eigentliche Sinn des Gesetzes und die Absicht des Kommentators verlorengehen.

Bei dieser Kunst ist es von größter Wichtigkeit, tüchtig schreien zu können und während der Gerichtsverhandlung frech, laut und rücksichtslos aufzutreten. Als bester Advokat gilt, wer die meisten Leute in einen Prozeß hineinhetzt, indem er ihnen Erfolgsaussichten vorgaukelt und sie dann durch üble Ratschläge immer tiefer in den Prozeß verstrickt, wer ständig Appellationen an die höhere Instanz durchsetzt, wer die größte Haarspalterei betreibt und Händel schürt, wer die Gegner in Grund und Boden schreit, wer dem Gericht jeden Fall als günstig für die eigene Partei und die Position des Gegners als dubios darstellen kann, wer die Gerechtigkeit mit ihren eigenen Waffen bekämpft, ins Gegenteil verkehrt und sie damit vernichtet, wer in der Gerechtigkeit nur eine Ware sieht, die man kaufen kann, vor allem bei dem Richter, der dem Gericht präsidiert.

Doch auch das, was im Prozeß nicht zur Sprache kommen soll, nämlich Unterdrücktes und Verschwiegenes, hat bei Advokaten seinen Preis, denn wie sie ihren Mund nur um Lohn auftun, so schweigen sie auch nur für Geld, wie es Demosthenes tat. Er fragte nämlich einen notorischen Gerüchtemacher, wieviel Geld er für die Verbreitung solcher Gerüchte erhielte. Als der Mann ein Talent angab, sagte Demosthenes: „Ich habe mehr Geld dafür bekommen, daß ich schweige, denn die Zunge eines Rechtsanwalts ist so scharf, daß sie in jedem Falle Schaden anrichten kann, wenn man sie nicht durch Geschenke abstumpft.“[883]

Kapitel XCIV
Notare und Prokuratoren

Zum Rechtswesen gehören ebenso die Prokuratoren und Notare, auch Gerichtsschreiber genannt. Übergriffe, Nachteile, Gemeinheiten und Fälschungen seitens dieser Leute muß jedermann geduldig hinnehmen, weil sie öffentliches Vertrauen, die Erlaubnis und auch die Macht zu allem kraft päpstlicher oder kaiserlicher Autorität gepachtet zu haben scheinen. Die besten Vertreter dieses Standes verstehen es meisterhaft, das Gerichtswesen ins Chaos zu stürzen, die Streitsachen und Prozesse durcheinanderzubringen, falsche Testamente unterzuschieben, Beweise, Urkunden, Bescheide und Diplome zu fälschen, jede Art von Betrug und Täuschung zu begehen, notfalls Meineide zu leisten, falsche Aufzeichnungen zu machen, alles Erdenkliche durch juristische Listen, Finten, Kniffe, Fallen, Verschleppungstaktik, Verzögerungsmanöver, unberechtigtes Anstrengen von Prozessen, Umgehung von Rechtsvorschriften zu erreichen und sich selbst zwischen Skylla und Charybdis durchzuwinden, ohne Schaden zu nehmen.

Deshalb vermag auch kein Notar einen juristischen Akt (bei Fachleuten lautet der Ausdruck instrumentum) so unangreifbar zu machen, daß er nicht von einem anderen Notar angefochten werden könnte, falls die Gegenpartei daran Interesse hat. Man behauptet dann, es fehle etwas oder sei falsch, in betrügerischer Absicht formuliert oder irgendein anderer Grund für eine Anfechtung liege vor und man müsse die Glaubwürdigkeit des Notars oder die Gültigkeit des Rechtsakts in Zweifel ziehen.

So also sehen nach Lehre der Juristen, die den streitenden Parteien helfen sollen, die Rechtsmittel aus, das sind die Wächter für die Durchsetzung der Gesetze, wenn jemand um sein Recht lieber prozessieren als kämpfen will! Jeder hat nämlich so viel Recht, wie er Macht hat, es zu schützen, denn einem Mächtigeren ist er auch vor Gericht nicht gewachsen.

Kapitel XCV
Die Jurisprudenz

Hierzu gehören auch jene gewaltigen Riesen, die uns, in Widerspruch zu Justinians Gebot, mit einer Flut von Glossen, Kommentaren und Erläuterungen überschüttet haben, wobei jeder einzelne von ihnen die Gesetze anders auslegt. Sie erschütterten wie ein Sturm die Rechtsauslegung und schufen ein üppig wucherndes Gestrüpp von juristischen Ränken und Kautelen, in dem sich nichtsnutzige Advokaten tummeln und die einzelnen Abschnitte der Rechtsgelehrten, die man als Paragraphen bezeichnet, schamlos ausnutzen, als bestünde die Wahrheit nicht aus vernünftigen Gedanken, sondern aus einem verworrenen Haufen von „Beweisen", die sie aus der Rüstkammer von Leuten holen, bei denen es als Ehre gilt, bei viel Streit und Zank den Sieg davongetragen zu haben. Als wenig oder vollkommen ungebildeter Jurist gilt bei ihnen, wer nicht stets juristisch anderer Ansicht ist, wer nicht ständig mit neuen Argumenten Widerpart hält, bereits gefallene Entscheidungen in Zweifel zieht und gute Gesetze durch zwielichtige Auslegung seinen Wünschen dienstbar macht.

Auf diese Weise ist die gesamte Jurisprudenz in ihr Gegenteil verkehrt und zu einem Werkzeug des Unrechts herabgewürdigt worden. So sehen also die Künste und Segnungen des Geistes aus, mit denen heute die christliche Welt regiert wird, auf die sich Kaiser- und Königreiche sowie Fürstentümer gründen! Aus dem Kreise solcher fragwürdigen Gestalten wählt man die Träger hoher fürstlicher und geistlicher Ämter, Gerichtsmitglieder und -vorsitzende, Berater und Kammerpräsidenten. Wer also bisher ein übler und rechtsbeugender Advokat war, der wird gewiß später ein gerechter Richter und danach ein vorzüglicher Rechtsberater eines ganzen Landes sein. Diese Leute sind dann sogar von Königen gefürchtet wie einst die Titanen von Zeus. Aus diesen Kreisen kommen auch die aufgeblasenen Obersekretäre mit dicken Bäuchen und die Kanzler in ihren Purpurroben, denen der ganze Staat anvertraut ist, durch deren Hände alle Anordnungen, Schenkungen, Pfründen, Würden, Ämter, Bescheide und Urkunden der Fürsten gehen, die sie dann feilbieten und sich für große Summen abkaufen lassen. Die Willkür dieser Leute entscheidet darüber, wer des Königs Freund oder Feind ist, mit wem der Staat Bündnisse schließt, ob Frieden oder Krieg sein wird. Obwohl sie nicht selten nur aufgrund ihrer Redegewandtheit aus der Hefe des Volkes zu solchen Würden emporgestiegen sind, gehen sie in ihrem verbrecherischen Treiben doch manchmal so weit, sogar Fürsten zu ächten und ohne Beschluß des Staatsrates oder völlig ohne jedes Gerichtsverfahren zum Tode zu verurteilen. Sie verursachen durch ihre Handlungsweise, die der von Dieben und Räubern gleicht, einschneidende Veränderungen im ganzen Staate.

Kapitel XCVI
Die Inquisitionskunst

Zum Kreis der Juristen gehören auch die Inquisitoren vom Orden der häretischen Predigermönche.[884] Obwohl ihre gesamte gerichtliche Tätigkeit auf der theologischen Tradition und auf den heiligen Schriften beruhen müßte, üben sie diese doch nur auf der Grundlage der Kanones und päpstlichen Dekrete (als ob der Papst unmöglich irren könnte!) auf grausamste Art aus und lassen dabei die Bibel, als bestünde sie nur aus toten Buchstaben oder wäre nur ein Schatten der Wahrheit, beiseite, ja betrachten sie nur als einen ärgerlichen Schutzschild, hinter dem sich die Ketzer verstecken können. Auch die Traditionen der alten Kirchenlehrer und Kirchenväter übernehmen sie nicht, mit der Begründung, diese könnten sowohl Irrtümern unterliegen als auch selbst solche verbreiten. Unfehlbar ist, wie sie behaupten, allein die römische Kirche, deren Oberhaupt der Papst ist, dessen Kurialentscheidungen in Glaubensfragen absolut bindend sind.

Bei ihren Untersuchungen wollen sie anfangs nur feststellen, ob der „Befragte" an die römische Kirche glaubt. Hat er das bejaht, dann heißt es sogleich: „Die römische Kirche betrachtet diese Aussage oder Meinung als häretisch, anstößig, frommen Ohren ärgerlich oder als dem Einfluß der Kirche abträglich", verdammt sie deshalb und fordert zwingend, daß der Befragte von ihr abläßt und sie eindeutig widerruft. Versucht der Angeklagte dann bei der inquisitorischen Befragung seine Meinung auf biblische Zeugnisse oder andere Überlegungen zu stützen, so schneiden ihm die Inquisitoren grob und mit zorniger Miene das Wort mit dem Hinweis ab, er befinde sich hier nicht in einer Kathederdisputation mit Studenten oder Baccalaurei, sondern er stehe vor Gericht, hier könne er nicht streiten und disputieren, sondern habe schlicht die Frage zu beantworten, ob er sich an das Gesetz der römischen Kirche halten und demzufolge Widerruf leisten wolle oder nicht. Widerruft er nicht, dann eröffnen sie ihm die Aussicht auf den Scheiterhaufen und verweisen darauf, daß der Kampf gegen Ketzer nicht mit Argumenten und Bibelstellen, sondern mit dem Feuer des Scheiterhaufens ausgetragen werde, und zwingen ihn, ohne ihn eines Unrechts überführt oder eines Besseren belehrt zu haben, gegen sein Gewissen seinen Überzeugungen abzuschwören.[885] Will er das nicht, dann überantworten sie ihn als einen von der Kirche Abtrünnigen dem weltlichen

Gericht, damit er den Flammentod erleide, und zitieren dabei das Apostelwort: „Schaffet den Bösen aus eurer Mitte."[886]

In alter Zeit war die Einstellung der Kirche und des Klerus noch mild und versöhnlich, wie Gratian in der vierten Distinktion von de consecratione zeigt[887], weder strafte man ins Judentum Zurückgefallene an Leib und Leben, noch richtete man der Gotteslästerung Schuldige hin. Selbst Berengar, der doch in verabscheuungswürdige Häresie verfiel, wurde nicht hingerichtet, ja ihm wurde nicht einmal die Würde des Archidiakons genommen.[888] Ist aber heute jemand einem Glaubensirrtum verfallen, und sei dieser auch noch so unbedeutend, dann wird er schlimmer als ein Schwerverbrecher behandelt und nicht selten von den Inquisitoren wegen eines ganz geringen Vergehens dem Feuer übergeben! Vielleicht bringt dieses harte Einschreiten kurzfristig Erfolg, doch dürfte darunter nicht der echte Glaube leiden oder gar zugrunde gehen, denn die Inquisitoren sind häufig selbst die schlimmsten Häretiker, was ja auch Papst Clemens zu einer neuen Anordnung veranlaßte.[889]

Folglich müssen die Inquisitoren nicht mit finsteren Anschuldigungen und bösartigen Schlußfolgerungen, sondern mit Gottes Wort über den christlichen Glauben disputieren, den Häretiker zunächst mit der Heiligen Schrift zu überzeugen suchen, dann den Fall entsprechend den Kanones und Konzilsbeschlüssen behandeln und danach den Befragten entweder zum rechten Glauben zurückführen oder zum Häretiker erklären. Nicht jeder, der irgendwann einmal eine unbesonnene Äußerung tut, ist doch sogleich ein Ketzer, und nicht jeder, der einen der Ketzerei zu Unrecht Angeklagten und noch nicht Überführten verteidigt, darf sogleich vor das Tribunal der ungerechten, um nicht zu sagen mörderischen Inquisitoren geschleppt und damit in eine bedrohliche Lage gebracht werden. Obwohl im Gesetz ausdrücklich vorgesehen ist, daß den Inquisitoren weder die Rechtserkenntnis noch die Rechtsprechung außer bei Verdacht auf Ketzerei, ihrer Verteidigung, Annahme oder Begünstigung zukommt, so maßen sich diese blutdürstigen Gesellen auch in Fällen, bei denen es sich nicht ausdrücklich und nachweisbar um Ketzerei handelt, über die ihnen gegebenen Rechte hinaus (in Widerspruch zu kanonischem und weltlichem Recht!) normale Rechtsprechung an, vor allem bei Dingen, die zwar nicht direkt mit Ketzerei zu tun haben, aber immerhin frommen Ohren ärgerlich oder anstößig sind, oder bei falschen Ansichten, die im weiteren Sinne als häretisch gelten könnten. Dabei verfahren die Inquisitoren besonders grausam mit alten Bauernweiblein, die der Wahrsagerei oder Hexerei beschuldigt und angezeigt worden sind, lassen sie, ohne daß irgendwelche juristisch verwertbaren Beweise vorliegen, in schrecklichster Weise foltern, bis sie erzwungene Geständnisse über Dinge, an die von den Angeklagten niemals auch nur gedacht worden ist, in der Hand halten, aufgrund deren dann eine Verurteilung erfolgen kann. Ein Inquisitor ruht und rastet nicht und sieht seine Aufgabe erst dann als erfüllt an, wenn das arme Weiblein verbrannt ist oder – ihm die Hand mit Geld füllt, damit er gnädig ist und sie laufen läßt, weil sie durch die Folter schon „hinreichend geläutert" sei. Er kann in vielen Fällen eine Leibesstrafe in eine Geldstrafe wandeln (zugunsten seines Amtes), und das bringt nicht wenig Geld ein. Außerdem wird von vielen Weiblein alljährlich ein bestimmter Betrag erpreßt, wenn sie nicht wieder vor die Inquisition geschleppt werden wollen. Da zudem noch der Besitz von Ketzern dem Fiskus anheimfällt, hat der Inquisitor davon auch wieder einen Anteil. Allein schon eine Anklage, Bezichtigung oder der leiseste Verdacht auf Ketzerei, Wahrsagerei oder Zauberei, mehr noch aber eine Ladung vor den Inquisitor, haben völlige Ehrlosigkeit zur Folge, der man nur vorbeugend durch die Zahlung einer ansehnlichen Summe an den Inquisitor entgehen kann.

Solche Vorsichtsmaßnahmen habe ich bei meinem Aufenthalt in Italien erlebt: Im Fürstentum Mailand erpreßten die Inquisitoren von vielen Frauen, die ängstlich oder eingeschüchtert waren, sogar von adligen Damen, in aller Heimlichkeit gewaltige Summen. Als diese Schurkerei ans Licht kam, wurden die Inquisitoren von den Vornehmen hart gestraft und entkamen ihrer Bestrafung mit Feuer und Schwert nur um ein Haar.[890]

[Hier könnte ich die höchst subtile, sogar Scotus weit übertreffende Beweisführung des berühmten Hochstraaten[891] und der anderen Kölner Theologen bei dem Prozeß gegen die Juden darstellen und den zehnjährigen tragödienähnlichen Krieg gegen Reuchlin, in dem die Kölner ihrem Ansehen und ihrer Lehre nicht wiedergutzumachenden Schaden zufügten. Doch das ist jedermann wohlbekannt, und von Reuchlins Triumph wird die Geschichte noch jahrhundertelang berichten.][892]

Als ich früher juristischer Berater der Stadt Metz war, hatte ich eine harte Auseinandersetzung mit einem Inquisitor, der ein ganz übler Geselle war und ein armes Bauernweib mit windigen und völlig ungerechtfertigten Beschuldigungen auf seine Folterbank gezerrt hatte, nicht so sehr in der Absicht, sie zu verhören, sondern vielmehr, sie abzuschlachten. Als ich ihre Verteidigung übernommen und gezeigt hatte, daß es auch nicht die Spur eines Beweises gegen sie gebe, sagte er mir ins Gesicht: „Es genügt doch völlig, daß ihre Mutter als Hexe verbrannt worden ist." Als ich diesen Punkt als nicht zur Sache gehörig und deshalb unzutreffend juristisch widerlegte, da führte er, um nicht vor der Öffentlichkeit ohne Argumente dazustehen, einige Geheimnisse des Hexenhammers[893] und dessen theologische Grundauffassungen zum Beweis seiner Behauptungen ins Feld, nämlich daß Hexen ihre Kinder gleich nach der Geburt dem Teufel weihen und daß diese Kinder ohnehin zumeist dem Umgang mit einem Inkubus[894] entstammen, wodurch das Böse wie eine Erbkrankheit eingewurzelt ist. Da rief ich: „Ist das deine Theologie, schändlicher Mönch? Schleppst du mit solchen Phantastereien unschuldige Frauen zur Folterbank und erklärst du mit solchen Winkelzügen Menschen zu Ketzern? Mit dieser Ansicht bist du selbst ein schlimmerer Ketzer als Faustus und Donatus![895] Wenn es so ist, wie du behauptest, dann sprichst du ja der Taufe ihre Gnadenwirkung ab. Hat denn der Priester umsonst gesagt, daß der unreine Geist ausfahren und dem Heiligen Geist weichen soll[896], wenn dann doch das Kind des Teufels Eigen sein wird, weil seine böse Mutter dem Teufel gehuldigt hat? Willst du etwa außerdem noch die Ansicht von denen stützen, die da behaupten, ein Inkubus könne Nachkommenschaft zeugen? Auch von diesen ist doch keiner so töricht zu glauben, ein Inkubus könne mit seinem erstickten Samen menschliche Kinder zeugen. Wahrlich, aus meinem Glauben heraus sage ich dir, infolge unserer Menschennatur sind wir alle geboren als ein Haufen von Sünde und ewigem Fluch, als Kinder des Verderbens und des Teufels, als Kinder von Gottes Zorn und Erben der Hölle. Aber durch die Gnade der Taufe ist der Satan aus uns getrieben worden, und wir sind neue Geschöpfe in Jesus Christus, von dem uns nichts als unsere eigene Sünde trennen kann. Folglich vermag die Sünde eines anderen diesem Kinde keinesfalls zu schaden. Siehst du nun, wie falsch dein Argument ist, das du doch für völlig hinreichend hieltest, wie unbegründet und wie häretisch es in seinem Inhalt ist?“ Da wurde der grausame Heuchler fuchsteufelswild und drohte, er werde mich als Förderer von Ketzerei vor Gericht bringen. Kurz und gut, ich verteidigte das arme Weiblein weiterhin und entriß es schließlich durch die Macht des Rechts unversehrt dem Rachen des Löwen. Der blutgierige Mönch aber war moralisch vernichtet und für immer als grausam bloßgestellt. Diejenigen aber, die das Weiblein verleumdet und vor das Gericht gebracht hatten, wurden von dem zuständigen Metzer Gerichtshof empfindlich bestraft.

Kapitel XCVII
Scholastische Theologie

Zuletzt ist nun noch die Theologie zu behandeln. Dabei lasse ich die heidnische Theologie beiseite, die von Musaios, Orpheus und Hesiod geschaffen wurde und bekanntermaßen ein eher dichterisches und legendenhaftes Wesen hat, denn Eusebius, Laktanz und andere Kirchenlehrer haben sie ja längst mit wirklich überzeugenden Argumenten ad absurdum geführt. Auch von Platon und den anderen Philosophen soll hier nicht die Rede sein, die ich bereits allesamt als Meister und Verkünder falscher Lehren überführt habe. Hier soll vielmehr nur von christlicher Theologie gesprochen werden, die doch gewiß nur von dem Glauben ihrer Lehrer abhängt und nicht unter irgendeine andere Disziplin zu rechnen ist.

Zunächst wenden wir uns der scholastischen Theologie zu. Sie ist an der Pariser Sorbonne durch eine merkwürdige Vermischung von Gottes Wort und philosophischen Gedanken zu einer Disziplin mit zwiespältigem Wesen, zentaurenähnlich, gestaltet worden und bedient sich einer neuen, vom antiken Vorbild abweichenden Art der Lehre, nämlich des Ersinnens komplizierter Fragestellungen und raffinierter Schlußverfahren, wobei sie auf rhetorischen Glanz nicht allzuviel Wert legt. Sie ist wirklich reich an Urteilskraft und Verstand, was der Kirche beim Überführen und Bekämpfen von Häretikern sehr zustatten kommt.

Die Begründer und zugleich besten Vertreter der scholastischen Theologie sind

Petrus Lombardus als Meister der „Sentenzen“, Thomas von Aquin, Albertus mit dem Beinamen der Große und viele andere hervorragende Männer, nicht zuletzt Johannes Duns Scotus mit seinem subtilen Verstand und streitbaren Wesen.[897] Im Laufe der Zeit ist die Scholastik allmählich zu einer Art Sophisterei verkommen, weil die neueren Theo-Sophisten (oder nennen wir sie lieber Händler mit Gottes Wort, denn die Bezeichnung Theologen haben sie sich nur erschlichen!) aus einer erhabenen Wissenschaft einen bloßen Krieg mit Worten gemacht haben, indem sie an den Lehrstätten umherziehen, vermeintlich wichtige Probleme aufwerfen, Thesen in die Welt setzen und den heiligen Schriften dadurch Gewalt antun, daß sie ihnen durch Schaffung neuer, komplizierter Begriffe einen völlig veränderten Sinn unterschieben.

Da sie Probleme nur diskutieren, aber nicht ihre Berechtigung in Frage stellen wollen, haben sie damit geradezu Treibhäuser für theologischen Streit geschaffen und bieten streitsüchtigen Sophisten viel Stoff zu Auseinandersetzungen: Sie abstrahieren die Formen, erforschen die Arten der Erkenntnis, streiten sich bei bestimmten Begriffen, ob sie genera oder species seien, wobei die eine Gruppe zu den Dingen (Realisten), die andere zu den Bezeichnungen tendiert (Nominalisten) und eine weitere in diesem Punkt keine Unterschiede macht.[898] Kurz, alle sind bestrebt, den eigenen (häretischen!) Standpunkt zu untermauern.

Sie geben sogar, was auch Thomas von Aquin beklagt, unseren hochheiligen Glauben dem Gelächter und dem Unglauben der Weisen dieser Welt preis, indem sie die vom Heiligen Geist inspirierten Schriften beiseite lassen und sich selbst viele theologische Fragen aussuchen, über die sich trefflich streiten läßt. Daran üben sie ihren Scharfsinn, damit vertun sie ihre Zeit, und darauf legen sie das Hauptgewicht ihrer theologischen Lehren.

Falls ihnen aber jemand anhand der Autorität der Bibel widersprechen will, dann bekommt er sogleich zu hören: „Der Buchstabe tötet[899], ist verderblich, ist unnütz, man muß vielmehr suchen, welcher Sinn hinter den Buchstaben verborgen ist.“ Und so wenden sie sich dem Interpretieren, Glossieren, Kommentieren und Deduzieren zu und verändern damit völlig den Inhalt der Bibel. Beharrt man aber auf ihrem Wortlaut, dann wird man mit groben Worten beschimpft und als Esel bezeichnet, der natürlich nicht wissen kann, was hinter den Buchstaben verborgen ist, oder als Schlange, die nur Erde frißt.

Als guter Theologe gilt nur, wer erfolgreich streiten und jede Behauptung mit Zitaten belegen kann, wer einfallsreich ist und immer neue Deutungen eines Wortes findet, wer mit bedeutsam klingenden Worten nur so um sich wirft, daß ihn niemand verstehen kann, und zwar nicht wegen der Schwierigkeit des Inhalts, sondern infolge seiner dunklen und verworrenen Sprache. Haben diese Leute erst erreicht, daß sie kaum oder überhaupt nicht mehr verstanden werden, dann werden sie Doctores genannt und von einer großen Hörerschar lärmend gepriesen. Was diese Hörer nun von ihren Lehrern aufschnappen, das halten sie für die tiefsten Geheimnisse der Theologie. Sie schwören auf die Worte ihres Meisters, sind überzeugt, was dieser nicht weiß, könne niemand wissen, und lassen sich von seinen Ansichten so einnehmen, daß auch vernünftige Gegenargumente oder Schriften anderer keinerlei Eindruck auf sie machen. Sie wollen, wie einst Antäus aus der Berührung mit seiner Mutter Erde, durch die Nähe ihres geistigen Vaters ihre Kräfte erneuern und berufen sich deshalb ständig auf ihre „Doctores“:

> Weg vom gefallenen Zugtier, von Hunden und Hinrichtungskreuzen
> fliegt zu den Jungen der Geier, Brocken vom Aas in den Fängen.
> Aas ist's, woran sich der Geier, herangewachsen, auch letzet,
> wenn er auf heimischem Baum das eigne Nest sich errichtet![900]

Die Hohe Fakultät der scholastischen Theologie ist nicht gefeit gegen Irrtum und Bosheit, denn diese üblen Heuchler und schlimmen Sophisten haben zahlreiche Sekten und häretische Richtungen geschaffen. Sie predigen Christus, wie Paulus sagt, nicht in guter Absicht, sondern aus Streitsucht,[901] weshalb es eher noch Einigkeit unter Philosophen als unter Theologen gibt. Diese haben nämlich den Glanz der alten Theologie durch ihre von Menschen erdachten Systeme und durch neue Irrlehren verdunkelt, viele irreführende und verwirrende Methoden der Auslegung ersonnen, unter falschen Überschriften ihre verdammenswerten Lehren verbreitet und Sekten geschaffen, indem sie den heiligen Namen der Theologie diebisch und räuberisch benutzten und Namen sowie Lehren von heiligen Kirchenlehrern mißbrauchten. Dort heißt es, wie einst in der Gemeinde zu Korinth: Ich gehöre zu Apollos, ich zu Paulus, ich zu Kephas.[902] Sie kümmern sich nur um die Lehren desjenigen, auf den sie eingeschworen sind, verachten alles andere und wollen nur wissen, wer etwas sagt, und nicht, was gesagt wird.[903]

[Heute gilt niemand als wirklich gebildeter Theologe, der nicht auf eine bestimmte Richtung eingeschworen ist, sie mit Klauen und Zähnen verteidigt, sie ständig im Munde führt und stolz darauf ist, unter ihrem Banner als Thomist, Albertist, Skotist oder Okkamist[904] zu marschieren. Sich ganz schlicht als Christ bezeichnen zu lassen, das genügt unseren vornehmen Herren Doctores nicht, denn so darf sich jeder Metzger, Koch, Bäcker, Schuster und Barbier nennen, von den Frauen und vom ungebildeten Volk ganz zu schweigen!]

Doch auch die Sektenmitglieder gehören wieder unterschiedlichen Richtungen an, weil einige von ihnen sich geistig besonders erhaben dünken und weiser als die Apostel und Propheten sein wollen. Deshalb nehmen sie sich vor, durch logische Schlüsse zu finden und zu beweisen, was nur durch den Glauben erfahrbar ist, spekulieren über Fragen nach dem Wesen Gottes – wobei zu beklagen ist, daß solche Fragen überhaupt gestellt werden – und fechten mit seltsam anmutendem Selbstvertrauen ihre Streitigkeiten mit völlig unterschiedlichen, zuweilen absurden Begründungen aus. Dabei gehen manche beim Wesen Gottes von ihm selbst aus, etliche vom Verstandesmäßigen, einige konstruieren unendliche sogenannte Realitäten, Platons Ideen vergleichbar, wieder andere tun dergleichen als lächerlich ab. Sie ersinnen ganz seltsame Dinge über Gott, völlig unterschiedliche Formen des

Göttlichen und auf reiner Phantasie beruhende religiöse Vorstellungen. Damit untergraben sie die Bedeutung Christi als Erlöser, verdecken ihn mit dem Vorhang ihrer sophistischen Hirngespinste und machen ihn zu einem Kultbild aus Wachs, das sie beliebig formen und verändern, so daß ihre Lehre als reine Bilderverehrung erscheinen könnte.[905]

[Ich übergehe jetzt ihre Häresien und Streitigkeiten über die Sakramente, das Fegefeuer, den Primat und die Verordnungen der Päpste, den Ablaß, die Vorstellungen vom Kommen des Antichrists und dergleichen, denn bei diesen Dingen stellen sie nur ihre törichte Gelehrsamkeit, die sie fast platzen läßt, zur Schau und türmen (wie einst die Giganten in der Sage) Problem auf Problem, häufen Beweise über Beweise und erheben ihre Sätze gegen Gott, dessen Zorn um ihrer Ruchlosigkeit willen vom Himmel herabkommen wird.]

Andere versteigen sich nicht in solch schwindelnde Höhen und verfassen Heiligenlegenden, wobei sie eine ganze Menge fromm hinzulügen, fälschen Reliquien, fabrizieren Wunder, schreiben erbauliche oder erschröckliche Geschichten, Exempla genannt, sammeln die Gebete an die jeweiligen Heiligen, beurteilen ihre Verdienste und die ihnen gebührende Verehrung, handeln mit Ablässen, verkaufen ihre eigenen guten Werke und verzehren die Sünden des Volkes zur Heilung. Sie berichten über Erscheinungen, Beschwörungen und Antworten von Toten, als wüßten sie Genaues darüber, sie holen sich ihr Wissen aus Büchern wie Tundalus[906], Brandan[907] oder aus der Höhle von St. Patrick[908] und machen daraus Fegefeuertragödien und Ablaßkomödien. Von der Kanzel, wie von einer Bühne, donnern sie auf das Volk herab, schneidig wie Offiziere, ruhmredig wie Thraso, mit stolzem Blick, verzücktem Gesicht, ausgebreiteten Armen und so vielfältig wandelbaren Gesten, wie die Poeten Proteus schildern, mit einem riesigen Wortschwall und einer Stimme wie einst Stentor.[909]

Wer von ihnen jedoch etwas anspruchsvoller ist und sich ebenso hochgebildet wie redegewandt vorkommt, der exekutiert (ich wollte natürlich sagen zelebriert) Verse, exemplifiziert mit Histörchen, disputiert und zitiert Homer, Vergil, Juvenal, Persius, Livius, Strabon, Varro, Seneca, Cicero, Aristoteles und Platon. Statt vom Evangelium und vom Worte Gottes tönt es dort von hohlem Geschwätz und Menschengedanken, man verfälscht Gottes Wort und verkündet ein neues Evangelium, doch nicht um der Gnade, sondern um des Gewinnes willen und für Geld!

Diese Leute leben nicht nach der Wahrheit des Wortes, sondern nach der Lust des Lasters. Wenn sie nämlich eine gute Weile von der Kanzel über die Tugend und die vielfältigen Irrwege gepredigt haben, dann ziehen sie sich in ihre Schlupfwinkel zurück und schwingen die ganze Nacht tüchtig den Steiß.[910] Das ist also *ihr* Weg zu Christus!

Wenn sie gegen Fehler und Laster zu Felde ziehen, dann geraten sie in schrecklichen Zorn, ihre Gesten sind so unbeherrscht wie bei Betrunkenen, und ihre Worte werden unflätig, ja beleidigend, als hätte Christus nicht gewollt, daß die Künder seines Wortes zur Rechten Fischer seien und die Menschen mit sanften Netzen an sich ziehen, sondern Jäger zur Linken, die mit ihren Waffen nur Wunden schlagen. Außerdem sind sie auch Menschen und sind damit den Lastern, die sie so unerbittlich geißeln, entweder selbst in noch höherem Maße hörig, waren es oder könnten es noch werden. So sind diese Menschenfischer, denen die Zunge als Netz dienen soll, um die Bösen zum Heil zu bewegen, zu Jägern geworden, die sogar den Untergang der Guten herbeiführen: Ihr Mund ist wie ein Bogen, der Pfeile verschießt, und ihre Zunge ist ein Pfeil, der verletzt.[911]

[Doch genug davon, denn es ist unvorsichtig, sie so offen anzugreifen. Wenn man sie nämlich allzusehr reizt, dann schmieden sie nicht selten ein Komplott und schleppen ihre Widersacher vor die Inquisitoren, von denen sie dann zum Widerruf gezwungen oder in manchen Fällen auch dem Scheiterhaufen überantwortet werden. Zuweilen werden Widersacher aber auch durch Gift aus der Welt geschafft, denn ihre Glaubensauffassung schließt auch ein, daß es ein berechtigtes, ja frommes Werk sei, jemanden, der Ärgernis gibt, heimlich zu vergiften, damit der geistliche Stand nicht durch öffentliche Todesurteile in Verruf gerät.]

Doch lassen wir diese Dinge beiseite und gehen zur wahren Theologie über, die aus zwei Richtungen besteht, nämlich aus der prophetischen und der auslegenden Theologie. Diese soll zunächst besprochen werden.

Kapitel XCVIII
Auslegungstheologie

Die Auslegungstheologen meinen, wie die freigebige Natur Trauben, Oliven, Getreide, Flachs und dergleichen wachsen und reifen läßt, woraus dann durch Menschenkunst und Menschenfleiß Wein, Öl, Brot und Leinwand hergestellt werden, und wie auch sonst die Gaben der Natur durch menschliches Geschick vervollkommnet und ergänzt werden, so bedürfe auch Gottes Wort, da es dunkel und schwer verständlich erscheint, der Auslegung durch den Menschen, allerdings nicht in dem Sinne, daß es wie ein Naturprodukt menschliche Bearbeitung brauchte, sondern daß diese durch den Heiligen Geist erfolgen müsse, der den Schriften innewohnt und seine Gaben zuteile, wem, wie und wann er will, indem er manche Menschen zu Propheten und andere zu ihren Auslegern macht.[912]

Deshalb arbeitet die Theologie der Auslegung von Gottes Wort nicht wie die peripatetische Philosophie mit Definieren, Gliedern und Verallgemeinern, was ja auf Gott nicht anwendbar wäre, da er weder definiert, gegliedert noch verallgemeinert werden kann. Sie hat eine andere Methode der Erkenntnis, die in der Mitte zwischen der peripatetischen und prophetisch-visionären liegt: Die Annäherung an die Wahrheit mit Hilfe des geläuterten menschlichen Intellekts, vergleichbar einem Schloß und einem Schlüssel. Wen es am stärksten nach Wahrheit verlangt, der ist auch am empfänglichsten für alles, was von Menschen überhaupt verstanden werden kann. Deshalb wird unser Intellekt auch als empfindungsfähig bezeichnet. Wir können zwar durch ihn nicht alles ganz deutlich wahrnehmen, was die Propheten und Seher des Göttlichen verkünden, doch uns öffnet sich eine Pforte, so daß wir durch die unserem Intellekt entsprechende Wahrheit und das uns innerlich erleuchtende Licht viel mehr erfahren als durch die äußerlich erkennbaren Beweise, Definitionen, Gliederungen und Verallgemeinerungen der Philosophen. Wir erhalten aber die Gabe des Lesens und Verstehens der heiligen Schriften nicht mit unseren äußerlichen Augen und Ohren, sondern nehmen mit unseren höheren Sinnen die nun nicht mehr verschleierte, sondern ihr Antlitz enthüllende Wahrheit auf und können aus ihr schöpfen, weil sie ständig dem Inneren der heiligen Schriften entströmt. Diese Wahrheit ist von denen, die sie geschaut haben, verschleiert verkündet worden und bleibt den Weisen dieser Welt und den Erkundungen der Philosophen unzugänglich, wir aber können sie gewiß erfassen, und jede Unklarheit ist hinweggenommen.

Da diese vielfältige Wahrheit in den heiligen Schriften verborgen liegt, haben heilige und vom Geist geleitete Männer viele unterschiedliche Versuche zur Schriftauslegung unternommen: Die einen gehen langsam von einem Buchstaben zum anderen, verbinden sie miteinander, beachten genau die Reihenfolge der Wörter, untersuchen ihre etymologische Bedeutung und versuchen, aus all dem einen Sinn zu erschließen und den wahren Inhalt der Heiligen Schrift zu ergründen. Diese Art der Auslegung nennt man die literale. Andere beziehen alles, was geschrieben steht, auf die Seele und die Werke der Gerechtigkeit, und das bezeichnet man als moralische Auslegung. Wieder andere erschließen aus den Rede- und Sinnfiguren bestimmte Geheimnisse für die Kirche und Gemeinde (tropologische Auslegung). Weitere Erklärer, die sich vor allem mit den Aspekten des ewigen Lebens und den Geheimnissen der Herrlichkeit Gottes beschäftigen, bezeichnen dies als anagogisch. Das sind die vier bei kirchlichen Theologen gebräuchlichen Auslegungsarten. Ferner gibt es heute die typologische, die trotz des Wandels der Zeiten und Reiche gleiche Grundkonstellationen sieht und deren wichtigste Vertreter Kyrill, Methodios, der Abt Joachim und von den Modernen Girolamo Savonarola aus Ferrara sind[913], und die physische, d. h. naturbezogene Auslegung, die aus den heiligen Schriften alle Phänomene in der Welt und der gesamten Natur sowie alle Kräfte und Wirkungen in ihnen zu erklären sucht. Als Hauptvertreter dieser Richtung gilt Rabbi Simon ben Jochai. Er hat über den Leviticus eine sehr umfangreiche Schrift verfaßt, in der er das Wesen nahezu aller Dinge untersucht und gezeigt hat, wie Moses entsprechend einer dreifältigen Welt- und Naturauffassung die Bundeslade, Stiftshütte, Kleidung, Riten, Opfer und weitere mit Gott und der Besänftigung himmlischer Mächte in Zusammenhang stehende Dinge geschaffen und Menschen zu Dienst und Auslegung bestimmt hat.[914] Diese Auslegungsart übernehmen die Kabbalisten, besonders wenn sie über Bere'shit (d. h. die Schöpfung) schreiben. Die über Märkabah[915], den Thron Gottes, Schreibenden gehen von Zahlen, Figuren und deren Umkehrungen sowie symbolischen Dingen aus, beziehen alles auf einen Archetyp und suchen nach einem anagogischen Sinn.

Das sind also die sechs berühmten Auslegungsarten des Inhalts der heiligen Schriften, deren Schöpfer, Deuter und Erklärer mit dem Namen Theologen bezeichnet werden. Zu den christlichen zählen Dionysius Areopagita, Origenes, Polykarp, Eusebius, Tertullian, Irenäus, Gregor von Nazianz, Chrysostomus, Athanasius, Basilius, Johannes von Damaskus, Laktanz, Cyprian, Hieronymus, Augustinus, Ambrosius, Gregor von Nyssa, Rufinus, Leo, Cassianus, Bernhard von Clairvaux, Anselm von Canterbury und zahlreiche andere heilige Väter aus alter Zeit; dazu kommen noch die aus neuerer Zeit wie Thomas, Albertus, Bonaventura, Aegidius, Heinrich von Gent, Gerson und viele andere.

Da aber all diese Auslegungstheologen Menschen und daher fehlbar sind, irren sie in manchen Fällen, verkünden zuweilen Dinge, die zu Aussagen anderer Ausleger im Widerspruch stehen oder nicht ganz folgerichtig sind, widersprechen sich sogar gelegentlich selbst oder lassen ihrer Phantasie die Zügel schießen, denn schließlich weiß nicht jeder alles. Der Heilige Geist allein besitzt das vollständige Wissen um das Göttliche, er teilt nach seinem Ermessen davon einem jeden zu und behält doch dabei stets so viel, daß wir immer seine Schüler bleiben, denn wir erkennen und prophezeien nur stückweise, wie Paulus sagt.[916]

Folglich beruht die gesamte Auslegungstheologie auf der vom Heiligen Geist gewährten Freiheit und ist eine Weisheit, die nicht mit der Heiligen Schrift identisch ist und bei der ein jeder nach seiner Begabung im Rahmen der von mir beschriebenen Auslegungsarten das erklären kann, was Paulus mit Mysterium oder Verkündung der Geheimnisse meint, die der Heilige Geist vermittelt. Deshalb nennt Dionysius die mystische oder Deutungstheologie, die von den heiligen Kirchenlehrern in ihren ehrfurchtgebietenden Werken betrieben wurde. Man darf ihnen allerdings nicht in allen Dingen Glauben schenken, denn viele von ihnen verharrten in falschen Ansichten über Glaubensfragen, die von der Kirche als häretisch verworfen wurden. So war es bei Papias, dem Bischof von Hierapolis, Victorinus von Poetovio, Irenäus von Lyon, beim heiligen Cyprian, bei Origenes, Tertullian und vielen anderen. Sie haben unzweifelhaft in Glaubensdingen geirrt, ihre Ansichten sind als häretisch verdammt worden, und doch zählen sie zu den kanonischen Heiligen.

Hier bedarf es aber eines höheren Geistes, der urteilen und unterscheiden kann, der nicht von Menschen aus Fleisch und Blut, sondern vom Himmel her durch den Vater allen Lichtes geschenkt wird, denn über Gott kann niemand etwas Wahres ohne dessen Erleuchtung aussagen. Dieses Licht ist das Wort Gottes, das alles geschaffen hat und alle Menschen erleuchtet, die in diese Welt kommen und denen er die Macht gibt, Kinder Gottes zu werden, wenn sie ihn aufnehmen und an ihn glauben.[917] Gottes Wort allein vermag etwas über ihn auszusagen, denn wer hat des Herrn Sinn erkannt, oder wer ist sein Ratgeber gewesen, wenn nicht Gottes Sohn, das Wort Gottes?[918]

Darüber werde ich bald sprechen, doch zuvor will ich noch die prophetische Theologie behandeln.

Kapitel IC
Prophetische Theologie

Wie die Prophetie die Rede von Propheten, so ist diese Art der Theologie nichts anderes als die Überlieferung von Theologen, d. h. von Männern, die mit Gott reden. Doch ist nicht jeder, der eine prophetische Äußerung tut oder eine solche zu deuten weiß, sogleich ein Prophet, sondern nur, wer in göttlichen Dingen mit heiligem Wissen und frommer Kraft begabt ist, mit Gott reden kann und ständig über Gottes Willen nachsinnt. In diesem Sinne wird Johannes, der Verfasser der Apokalypse, in den Schriften des Dionysius als Theologe bezeichnet, da aus ihm, von Gott inspiriert, die Wahrheit selbst spricht: „Wer euch hört, der hört mich; und wer euch verachtet, der verachtet mich."[919]

Dieses Wort ist nicht an streitsüchtige Theosophisten gerichtet, sondern an wirkliche Theologen, an Apostel, an Evangelisten, an die Boten von Gottes Wort, die da sagen: „Ich wage nicht, von etwas zu reden, das nicht Christus durch mich gewirkt hat".[920] Deshalb ist das, was die Theologen über Glauben und Frömmigkeit überliefern, die wahre Theologie: Ihren Worten und Schriften soll man glauben, denn sie sind nicht auf umstrittene Schlußfolgerungen oder Menschenmeinung gegründet, sondern auf die, wie Paulus sich ausdrückt, heilsame Lehre, die vom Himmel eingegeben ist[921], und zwar nicht durch Gliedern, Definieren, Verallgemeinern und Beobachten nach Art weltlicher Philosophen, sondern durch eine wahrhafte göttliche Berührung in Form einer Vision durch göttliche Erleuchtung. In der Bibel ist von mehreren Visionsarten die Rede, und zwar je nach Gabe der Propheten, sie zu empfangen: Die einen haben Engel in Gestalt von Menschen gesehen, andere in der des Feuers, wieder andere Engel als Lufthauch oder Wind, als Fluß oder Wasser, Buchstaben oder Zeichen, schreibende Hand, Klang einer Stimme, Vögel, kostbare Steine oder Metalle wahrgenommen oder als Traumgestalt, als Geist im eigenen Inneren oder als wirkende Kraft im Intellekt empfunden. Aus diesem Grunde nennt die Heilige Schrift auch alle Propheten Seher. So liest man von den Gesichten Jesajas, Jeremias, Ezechiels und anderer Propheten, und Johannes sagt im Neuen Testament: „Ich war im Geiste an diesem Tage und habe, entrückt, Gottes Thron gesehen."[922] Auch Paulus bezeugt, er habe geschaut, was kein Mensch aussprechen darf.[923] Solch eine innere Schau wird meist als Verzükkung, Ekstase oder Geistestod bezeichnet, denn dabei vollzieht sich eine Art Trennung der Seele vom Körper, jedoch keine des Körpers von der Seele. Über diesen Tod heißt es: „ Kein Mensch kann Gott sehen und dann weiterleben."[924] Und: „Der

Tod seiner Heiligen wiegt schwer vor dem Herrn.“[925] Noch deutlicher ist das durch die Apostel gesagt: „Ihr seid gestorben, und euer Leben ist verborgen mit Christus.“[926] Diesen Tod muß sterben, wer in die tiefsten Geheimnisse der prophetischen Theologie eindringen will.

Es gibt zwei Arten dieser von Gott vermittelten Anschauung: Bei der einen erscheint Gott von Angesicht zu Angesicht, und die Propheten sehen, was gemäß Paulus kein Mensch aussprechen darf, was weder Menschen- noch Engelszungen auszudrücken noch die Feder zu beschreiben vermag. Es gibt dabei eine Berührung und eine Einheit mit dem Göttlichen, eine Erleuchtung des reinen und unabhängigen Intellekts ohne alles Bild- und Gleichnishafte. Derartige Visionen werden theologisch als meridional bezeichnet. Darüber haben sich Augustinus in seiner Schrift über die Genesis und Origenes in seiner Schrift gegen Kelsos ausführlich geäußert.[927] Bei der zweiten Art der Anschauung wird Gottes Wirken durch bewußtes Wahrnehmen der Schöpfung deutlich und Gott als ihr Schöpfer und als erste, alles bewegende Ursache erkannt, wie es in der Weisheit Salomos heißt: An der Größe und Schönheit der Schöpfung kann ihr Schöpfer erkannt werden.[928] Auch Paulus sagt dazu, daß Gottes unsichtbares Wesen aus der Schöpfung erkennbar ist.[929] Die Peripatetiker sehen das ähnlich, denn sie schließen von den Wirkungen auf die Ursachen, also a posteriori, wie man sagt.

Moses hatte beide Arten von Visionen, wie die Bibel beweist. Nach Art der ersten sah er den Herrn von Angesicht zu Angesicht, und nach Art der zweiten sprach der Herr zu ihm: „Du darfst hinter mir herschauen, doch mein Angesicht darfst du nicht sehen.“[930]

Danach gab Moses das Gesetz, legte die Opferzeremonie und andere Bräuche fest, ließ die Bundeslade herstellen und schuf weitere Geheimnisse, die Gottes Werke und die der Natur betreffen. Auch hier gibt es wieder zwei Visionsarten: Entweder sieht man die Geschöpfe in Gott, was bei den Theologen visio matutina heißt, oder Gott in den Geschöpfen, visio vespertina.[931]

Es gibt noch eine prophetische Vision, die im Traum. So schreibt Matthäus, daß ein Engel Joseph im Traum erschienen sei.[932] Und an anderer Stelle werden die Weisen nach ihrer Anbetung Christi im Traum aufgefordert, einen anderen Heimweg zu nehmen.[933] Auch im Alten Testament gibt es zahlreiche Beispiele. Hiob beschreibt eine solche Vision mit den Worten: Im nächtlichen Traumgesicht, wenn der Schlaf auf die Menschen fällt, wenn sie schlafen auf dem Bett, da öffnet Gott das Ohr der Menschen, schreckt sie auf und warnt sie.[934] Diese vierte Art wird als visio nocturna bezeichnet.

Es gibt zwei weitere Arten der Prophetie: Die eine ist als laute und deutliche Stimme zu vernehmen, wie Moses auf dem Berge Sinai oder Abraham, Jakob, Samuel und viele andere Propheten im Alten Testament ihre Erleuchtung und Belehrung empfingen und im Neuen Testament die Apostel und Jünger Christi durch seine lebendige und wirkliche Stimme belehrt wurden. Die andere Art der Prophetie vollzieht sich auf dem Wege des Geistes, wenn die Seele vom Göttlichen ergriffen und eingenommen, vom Leiblichen getrennt und mit Wissen und Erkenntnis über jedes irdische Maß hinaus erfüllt wird. Dieses Ergriffenwerden erfolgt nicht nur durch ein engelartiges Wesen, sondern manchmal auch durch den Geist des Herrn selbst. So war es bei Saul, als er vom Geist des Herrn überkommen wurde, in Verzückung geriet,[935] zu einem anderen Menschen gewandelt und als Prophet angesehen wurde. Auch in der Apostelgeschichte überkam der Geist die Menschen in Gestalt feuriger Zungen.[936] Der Geist ergreift häufig auch sündige Menschen, sogar heidnische Seher, z. B. Kassandra, Helenos, Kalchas, Amphiaraos, Teiresias, Mopsos, Amphilochos, Polybos, den Inder Galanos, Sokrates, Diotima, Anaximander und den Kreter Epimenides. Bekannt dafür waren auch die persischen Magier, die asiatischen Brahmanen, die äthiopischen Gymnosophisten, die Seher von Memphis, die keltischen Druiden und besonders die Sibyllen.[937]

Zu diesem Ergriffenwerden vom prophetischen Geist sind nicht selten vorbereitende Zeremonien, die Würde des Priesteramtes und gemeinsam vollzogene Opfer erforderlich, wie in der Bibel am Beispiel Bileams gezeigt wird.[938] Ähnliches berichtet der Evangelist auch über Kaiphas, der während seines Hohenpriestertums weissagte. Die jüdischen Mekubalim[939] gingen so weit, das prophetische Schauen als eine Art Wissenschaft zu betrachten und sogar zu erläutern.

Ich will jetzt nicht darauf eingehen, welche Lehren jüdische Theologen in tiefsinniger Betrachtung über die 32 Wege zur Erkenntnis[940] aufgestellt haben und was Augustinus über die Stufen der Erkenntnis äußert. Albertus spricht von sieben Arten ihrer Aufnahme im Traum und ebenfalls sieben im Zustand der Wachheit.

Dabei möchte ich eines besonders hervorheben: Göttliche Einflüsse wirken nicht immer äußerlich in Form einer Ansprache oder einer sichtbaren Gestalt, sondern meist innerlich, indem der Intellekt des Propheten ein göttliches Licht empfängt, das durch eine Art von Ausstrahlung bis hinein in den grob-materiellen Leib wirkt, auch dessen Sinne an diesem seligen Erlebnis teilhaben läßt und aus dem Intellekt heraus mittels des Denkens und der Vorstellungskraft allmählich das ganze innere Wesen und seine Sinnesorgane ergreift. In diesen regt sich dann (je nach ihrer Art) eine Stimme, ein Licht, eine Vision oder Eingebung von Worten, was ja vielen Propheten widerfährt, sei es im Wachen oder im Schlaf. So berichten Platon und Proklos über Sokrates, bei ihm habe nicht nur eine Beeinflussung des Intellekts stattgefunden, sondern er sei auch durch das Gespräch mit einer Stimme inspiriert worden. Dergleichen geschieht allerdings meist im Traum. Doch davon genug!

Ich komme nun zu meiner eigentlichen These: Die prophetische Theologie ist es, die durch innere Schau und Inspiration das unveränderbare Wort Gottes lehrt. Seine Überzeugungskraft und Wahrheit beruhen nicht auf Menschenlehre, nicht auf lange gehüteten Überlieferungen, nicht auf Hirngespinsten von Philosophen, nicht auf Überzeugungen irgendwelcher Sekten, nicht auf unterschiedlichen logischen Schlußfolgerungen, sondern auf Äußerungen Gottes, die miteinander in

Einklang stehen, von der ganzen Kirche einmütig und dauerhaft als gültig angenommen, durch vielerlei Zeichen und Wunder in ihrer Heiligkeit bestätigt und durch das Blutzeugnis bewiesen sind.

Die Lehrer dieser prophetischen Theologie sind für uns Moses, Hiob, David, Salomo und zahlreiche andere zum Kanon des Alten Testaments gehörige Schreiber und Propheten. Unsere Lehrer aus dem Neuen Testament sind die Apostel und Evangelisten. Sie waren natürlich alle vom Heiligen Geist erfüllt, sind aber doch in dem einen oder anderen Punkt von der Wahrheit abgewichen und haben Falsches gesagt, doch nicht in dem Sinne, daß sie wissentlich gelogen hätten, denn dies zu behaupten wäre verhängnisvoll, ein schlimmerer Irrtum als die Häresien des Arius und Sabellius[941] und könnte die Autorität des gesamten biblischen Kanons untergraben. Diesen schweren Irrtum beging auch Hieronymus, immerhin ein bedeutender und heiliger Mann, wenn er in der Auseinandersetzung mit Augustinus über das, was Petrus vorzuwerfen sei, geäußert hatte, Petrus hätte vorsätzlich gelogen. Wollte man einräumen, daß in der Bibel solch eine Lüge denkbar wäre, dann bräche nach Augustins Meinung sogleich ihre ganze Unanfechtbarkeit zusammen. Diese Mahnung hat Hieronymus, nachdem er zunächst mehrfach widersprochen und seine Meinung verteidigt hatte, angenommen, seinen Irrtum eingesehen und die Wahrheit anerkannt.[942]

Wenn ich jetzt sage, daß die Verfasser der heiligen Schriften hier und da Falsches geschrieben haben, dann möchte ich das so verstanden wissen, daß es nicht absichtlich, sondern aufgrund ihrer Fehlbarkeit als Menschen geschah oder weil sich Gottes Ratschluß änderte. So hatte Moses fälschlich dem Volke Israel versprochen, er werde es aus Ägypten heraus und in das Land der Verheißung führen. Er führte es wirklich aus Ägypten heraus, doch nicht mehr in das verheißene Land.[943] So sagte Jona fälschlich den Untergang Ninives in 40 Tagen voraus, der dann erst später eintrat[944], Elia fälschlich Unglück zu Ahabs Lebzeiten, das dann erst bei seinem Tod kam[945], Jesaja fälschlich Hiskias Tod als unmittelbar bevorstehend, der dann erst 15 Jahre später erfolgte[946], und es finden sich bei vielen anderen Propheten Weissagungen, die überhaupt nicht oder erst später in Erfüllung gingen. Auch bei den Aposteln und Evangelisten gibt es dergleichen: Petrus sagt etwas Falsches und wurde dafür von Paulus getadelt, Matthäus schreibt fälschlich, Christus sei noch nicht tot gewesen, als seine Seite mit einer Lanze verletzt wurde.[947]

Doch diese falschen Aussagen sind nicht solche des Heiligen Geistes, sondern entweder auf einen Propheten, der nicht gut aufgenommen hat, was ihm der Geist eingibt oder die Vision mitteilt, oder auf die Veränderung der Dinge, auf die sich die Weissagung bezog, zurückzuführen, und so erfährt zuweilen die Erfüllung der Weissagungen Veränderung oder Aufschub. Auf diese Weise entsteht der Anschein, als wäre jeder Prophet oder Schreiber einer heiligen Schrift in dem einen oder anderen Punkt ein Lügner gemäß dem Bibelwort: Alle Menschen sind Lügner.[948] Christus allein, als Gott wie als Mensch, wurde nie und wird auch nie als Lügner erfunden werden; bei seinen Worten gibt es weder Veränderung noch

Unrichtiges, er allein ist frei von Lüge und Irrtum, denn er hat gesagt: Himmel und Erde werden vergehen, aber meine Worte vergehen nicht.[949]

Weil alle Wahrheit vom Heiligen Geist kommt, besitzt Christus ihn in höchstem Maße und wird nie von ihm verlassen, ja er ruht in ihm. Das ist bei anderen nicht der Fall, denn der Geist kam über Moses, verließ ihn aber wieder, als er an den Felsen schlug. Der Geist kam über Aaron, wich aber bei dessen Sünde mit dem goldenen Kalb wieder von ihm, kam über ihrer beider Schwester Miriam, verließ sie aber, als sie gegen Moses murrte, kam über Saul, David, Salomo, Jesaja und andere, blieb aber nicht in ihnen, denn Propheten sind nicht Menschen, die ständig Gesichte haben und verkünden, also dauernd in prophetischer Verzückung sind. Prophetie ist vielmehr eine Gabe, etwas, das den Menschen widerfährt, ein Geist, der sie überkommt. Da aber alle Menschen sündigen, gibt es keinen, den der Geist nicht wieder verläßt, zumindest zeitweise, ausgenommen Gottes Sohn, Jesus Christus, über den zu Johannes gesagt wurde: „Auf wen du siehst den Geist herabfahren und auf ihm bleiben, der ist Gottes Sohn, der mit dem Heiligen Geist tauft."[950] Und er kann den Geist auch anderen mitteilen.

Und deshalb hat Gott allein diese Ehre, wie Simonides sagt, weil er metaphysisch ist, was man zutreffend auch so ausdrücken kann: Christus allein hat die Ehre, ein Theo-logos[951] zu sein.

Aber deshalb darf niemand glauben, die Schriften des Alten Testaments seien jetzt, nachdem aus ihnen mit der Geburt des Gottessohnes das Evangelium Christi entstanden ist, unfruchtbar und tot, sie sind vielmehr lebendig und stets in höchstem Ansehen. Aus ihnen schöpften die Apostel ihre Lehren, ohne ihr Zeugnis verkündeten sie nichts, in ihre Tiefe einzudringen mahnt uns Christus. Sein Evangelium macht sie nicht überflüssig, sondern ist ihre Erfüllung bis ins kleinste. Doch darüber werde ich noch ausführlicher sprechen.

Es muß aber darauf aufmerksam gemacht werden, daß sogar in der Heiligen Schrift zahlreiche Bücher fehlen, wovon man sich leicht überzeugen kann, wenn man in ihr liest: Moses erwähnt nämlich Bücher über die Kriege des Herrn, Josua ein Buch der Gerechten, Esther Bücher denkwürdiger Ereignisse; das Makkabäerbuch nennt heilige Bücher über die Spartiaten, die Chronik Bücher der Klagen, Bücher des Sehers Samuel, Nathans, Gads, Jedos, Ahias von Silo und anderer. Im kanonischen Judasbrief wird ein Buch Henoch erwähnt und von glaubwürdigen Leuten eines des Patriarchen Abraham. All diese Bücher sind verschollen und nirgendwo mehr auffindbar. Doch auch die noch vorhandenen werden nicht alle in gleicher Weise anerkannt: Dionysius erwähnt ein Bartholomäusevangelium, Hieronymus eines der Nazaräer, und Lukas sagt in der Vorrede zu seinem Evangelium, daß viele Leute Evangelien zu schreiben begonnen haben. Sie sind aber alle nicht mehr vorhanden. Noch mehr Schriften sind von Häretikern verdorben und verfälscht oder von dubiosen Autoren verfaßt und deshalb von den Kirchenvätern nicht anerkannt und von der Kirche nicht in den Kanon aufgenommen worden.[952]

Ich will jetzt nicht auf jene Pseudopropheten eingehen, die sich eingeschlichen haben, um eitlen Ruhm zu erhaschen. Ihre Prophezeiungen kommen nicht vom Heiligen Geist und der Wahrheit der Heiligen Schrift, sondern sind unerhörte Lügen; sie dienen nicht der Einheit im Geiste und dem Frieden in der Kirche, sondern führen zur Bildung von Sekten. Sie gebärden sich frech als Berater Gottes und wagen es, das Vermächtnis des Herrn in den Mund zu nehmen, indem sie Aussprüche und Evangelien niederschreiben, die allesamt entweder häretisch oder apokryph sind, also nicht in den heiligen Kanon hineingenommen wurden, wie er offenkundig von den Aposteln stammt. Sogar die Psalmen Salomos[953] sind nicht ohne vorherige Begutachtung durch den Propheten Jesaja in den heiligen Kanon der Juden aufgenommen worden.

Aus den genannten Beispielen wird deutlich, daß die eigentliche Theologie, nämlich die Heilige Schrift, viele von ihren Büchern eingebüßt hat, deshalb verstümmelt wirkt und daß nur einige wahre und zuverlässige von ursprünglich so vielen Büchern übrigbleiben, die sozusagen als Bücher des Lebens den heiligen Kanon bilden.

Kapitel C
Gottes Wort

Ja, lieber Leser, du hast erfahren, wie zweideutig, fragwürdig und unzuverlässig alle Wissensgebiete sind und welche Gefahren von ihnen her drohen. Man kann also gar nicht wissen, wo die Wahrheit liegt, nicht einmal in der Theologie, sofern man nicht den Schlüssel zu Wissen und Unterscheidung besitzt. Der Schrein der Wahrheit ist nämlich verschlossen, von vielerlei Geheimnissen umgeben und sogar den Weisen und Heiligen nicht zugänglich. Nur mit einem Schlüssel erhält man Einlaß zu diesem unvorstellbaren Schatz, und dieser Schlüssel ist einzig und allein Gottes Wort. Nur dieses vermag die Kraft und Bedeutung des Gesagten zu unterscheiden und zu erklären. Was die Sophisterei hervorbringt, bietet uns nicht die Wahrheit, sondern nur ein Trugbild von ihr; Gottes Wort aber zeigt uns die Wahrheit in ihrem tiefsten Wesen, nicht in Vorspiegelung und Schein. Durch Gottes Wort wird alle Kunst der Bosheit und Lüge zuschanden, keine Ketten von Argumenten und Syllogismen, keine schlauen Sophismen können vor ihm bestehen. Wer sich nicht in Gottes Wort bescheidet oder wer gar von ihm abweicht, der ist hochmütig und unwissend, wie Paulus sagt[954]. Deshalb müssen wir allein am Wort Gottes alles Wissen und alle Wissenschaften prüfen, wie man die Echtheit des Goldes am Probierstein untersucht, müssen bei ihm in allen Dingen unsere sichere Zuflucht suchen, bei ihm allein nach der Wahrheit fragen, an ihm alle Wissenschaften, Ansichten und Lehren messen. Was nicht durch Gottes Wort bestätigt wird, mag man für richtig oder falsch halten, es ist belanglos, wie Gregor sagt.

Doch Kenntnis von Gottes Wort erhielten wir nicht durch Schulen von Philosophen oder Scholastikern, sondern allein durch Gott, Jesus Christus und den Heiligen Geist in den als kanonisch bezeichneten Schriften, und diesen darf man nach Gottes Gebot weder etwas hinzufügen noch etwas wegnehmen. Hat jemand das getan, und sei es ein Engel vom Himmel, dann ist er gebannt und nach dem Gesetz des Herrn verflucht. Die Schrift ist von solcher Herrlichkeit und Kraft, daß sie keine Kommentare von außen her, keine Erklärungen von Menschen, ja nicht einmal von Engeln, erträgt. Sie läßt sich nicht wie Wachs nach den Vorstellungen von Menschen formen und nicht wie Menschendichtung nach Art des Proteus wandeln, sie genügt sich vielmehr selbst, erklärt sich selbst und hat keinen Richter über sich. Ihre Autorität, so sagt Augustinus, ist größer denn alle Klarheit, die Menschengeist erlangen kann, sie allein hat den unwandelbaren schlichten und heiligen Sinn, aus dem nur die Wahrheit besteht, mit dem sie kämpft und siegt. Die anderen Auslegungen, nämlich die nach dem moralischen, mystischen, kosmologischen, typologischen, anagogischen, tropologischen und allegorischen Sinn, die von vielen Theologen so bunt ausgestaltet werden, können uns zwar manches lehren und taugen vielleicht auch zur Erbauung des Volkes, doch können sie nicht die Autorität von Gottes Wort stärken, sei es durch Beweisen, Widersprechen oder Verwerfen. Man mag nämlich im Meinungsstreit diesen oder jenen „Sinn" ins Feld führen, manchen gewichtigen Autor oder Ausleger, manchen Kommentar, manche Glosse oder Stelle bei den heiligen Vätern zitieren, all das ist nicht so bindend, daß nicht irgend jemand dem widersprechen könnte. Demgegenüber ist das Wort der Heiligen Schrift mit seiner Gedankenführung und Ordnung eine Bindung, die niemand auflösen und der sich niemand entziehen kann, sie zerreißt alle künstlichen Beweisketten und zwingt zum Bekenntnis und zur Erkenntnis, daß hier Gottes Hand wirkt, daß hier kein Mensch nach Art von Pharisäern und Schriftgelehrten redet, sondern jemand, der Vollmacht hat.

Die Schreiber der heiligen Schriften sind göttlich inspiriert worden und haben uns den Kanon voller Heiligkeit geschaffen, dessen Herrlichkeit und Kraft so groß ist, daß wir uns alle an ihn halten und daß alles, was er verkündet und gelehrt hat, für uns ohne den geringsten Abstrich feste, ja heilige Geltung hat. Deshalb sagte auch Augustinus, er sei nur bei den als kanonisch bezeichneten Büchern völlig sicher, daß von ihren Verfassern keiner sich in irgendeinem Punkt geirrt habe. Den anderen wollte er, auch wenn sie viele heilige Lehren enthielten, nur dann Glaubwürdigkeit zubilligen, wenn sie ganz offensichtlich mit den kanonischen übereinstimmen.[955] Christus meint diese kanonischen Schriften, wenn er uns auffordert, die Schriften genau zu lesen und zu erforschen; von den anderen aber, mahnt uns der Apostel, sollen wir alles prüfen und das Gute behalten.[956] Und an anderer Stelle werden wir gemahnt, die Geister zu prüfen, ob sie von Gott sind[957], und imstande zu sein, über alles Rechenschaft zu geben und die zu widerlegen, die widersprechen. Und so sollen wir, geistlich geworden, alles beurteilen und selbst von niemandem beurteilt werden.[958] Die Wahrheit und das Verstehen dieser Schriften, ich meine natürlich die kanonischen, hängt nur davon ab, ob Gott sie uns enthüllt, Gott, der nicht durch sinnliche Wahrnehmung, nicht durch denkende Vernunft, nicht durch logische Schlüsse, nicht durch Spekulation oder sonstige Kräfte des Menschen erfaßbar ist, sondern allein durch den Glauben an Jesus Christus, der von Gott dem Vater durch den Heiligen Geist in unsere Seele gelegt worden ist. Dieser Glaube ist soviel höher und beständiger als menschliches Wissen, wie Gott erhabener und wahrhaftiger als Menschen ist. Doch was heißt wahrhaftig? Gott allein ist ja wahrhaftig und jeder Mensch ein Lügner. Folglich ist alles, was nicht von dieser Wahrheit kommt, falsch, wie auch alles, was nicht aus dem Glauben kommt, sündhaft ist. Gott allein ist der Quell der Wahrheit, aus dem schöpfen muß, wer nach wahrer Lehre strebt. Sie liegt nicht in den Geheimnissen der Natur oder der Ideenwelt, auch nicht im Wissen um Gott, sofern es nicht göttlich offenbart wurde, denn Göttliches ist für Menschen nicht erfaßbar, und sogar das Natürliche entzieht sich ständig der menschlichen Erkenntnis. Was wir also auf diesem Gebiet für Wissen halten, ist irrig und falsch, wie es der Prophet Jesaja den babylonischen Philosophen und Weisen vorwirft, wenn er sagt: „Deine Weisheit und Kunst hat dich verleitet, und du hast dich müde gemacht mit der Menge deiner Pläne.“[959]

Der Grammatiker achtet streng darauf, keine sprachliche Verfehlung bei seinen Vorträgen zu begehen und um Himmels willen kein unpassendes Wort zu verwenden, doch die Fehler und Sünden in seinem Leben übersieht er; der Dichter möchte lieber selbst hinken, als daß seine Verse lahm sind; der Historiker gibt genau Bericht über Taten von Herrschern und Völkern, doch sich selbst nicht Rechenschaft über sein eigenes Leben, und wenn er es schon täte, dann gewiß nicht öffentlich; der Rhetor fürchtet mehr, ihm könnte eine Rede als sein Leben mißlingen; der Dialektiker bestreitet lieber eine offenkundige Wahrheit, als daß er sich von seinem Widersacher bei einem Syllogismus besiegen läßt. Die Jünger der Arithmetik und Geometrie erfassen alles mit Maß und Zahl, nur ihr eigenes Leben können sie nicht ermessen; die Musiker wissen um Klänge und Gesänge, doch nicht um die Mißklänge in ihrem Wesen und Verhalten (Diogenes von Sinope hat schon ähnliches über Musiker geäußert, die zwar Harmonien auf den Saiten der Lyra, aber in ihrem Wesen und Auftreten nur Disharmonien erzeugen könnten).[960] Die Astrologen durchforschen Himmel und Sterne und künden anderen die Zukunft der Welt, doch welche Gefahren vor ihnen selbst stehen, sehen sie nicht; die Geographen geben uns Kunde über die Gestalt von Ländern und Gebirgen, über den Lauf von Flüssen und Verlauf von Ländergrenzen, doch damit machen sie die Menschen weder besser noch frömmer; die Philosophen suchen voller Anmaßung die Ursachen und Anfänge allen Seins, doch Gott als Schöpfer von allem übersehen sie und wollen ihn auch nicht sehen. Fürsten und städtische Obrigkeiten halten keinen Frieden miteinander, sondern sinnen auf Schaden und Untergang für den anderen; die Ärzte sorgen sich um den Leib des Kranken, doch nicht um die eigene Seele; die Juristen nehmen es sehr genau mit den irdischen Gesetzen, aber nicht mit Gottes Geboten. Deshalb sagt auch der Volksmund:

> Kein Arzt versteht mit Anstand zu leben,
> kein Jurist mit Anstand zu sterben.

Daß die Ärzte die unleidlichste und die Juristen die übelste Art von allen Menschen sind, das beweist uns nicht nur jeder Tag aufs neue, sondern auch Baldus, selbst ein anerkannter Jurist, bestätigt, daß Juristen häufig von einem plötzlichen Tode dahingerafft werden.[961] Die Theologen predigen uns zwar Gottes Gebot und die heiligen Lehren mit lautem Geschrei, doch im Leben halten sie sich in keiner Weise daran und möchten lieber als Kenner denn als Bekenner von Gottes Gebot gelten.

In aller Deutlichkeit will ich es sagen: Ein Mensch mag gut reden, schreiben und dichten können, ein Geschichtskenner, vorzüglicher Disputator oder ein begabter Redner, Rechenkünstler, Musiker, Tänzer, Geograph, Geomant, Architekt, Landvermesser, Erfinder von Maschinen, Krieger, Landwirt, Jäger, Hirt, Handwerker, Maler, Bildhauer, Metallgießer, Schmied, Krämer, Seemann, Astrologe, Weissager oder Zauberer sein, er mag die Magie, Kabbala, alle Geheimnisse der Natur und noch darüber hinausgehende kennen, er mag die Hauswirtschaft, die gesamte Medizin, die raffiniertesten Kochkünste, die Alchemie und die Beschwörung des Weltgeists beherrschen, er mag um das Recht und um alle juristischen Schliche beim Prozeß und um die heiligen Überlieferungen der Kirchenväter wissen, all das ist nichts, wenn er nicht den Willen von Gottes Wort kennt und danach handelt. Wer alles gelernt hat und dies nicht gelernt hat, der hat umsonst gelernt und weiß nichts. Im Wort Gottes ist das Leben, in ihm ist die Richtschnur, in ihm liegt das Ziel, nach dem streben muß, wer nicht irren, sondern die Wahrheit finden will! Alle anderen Wissenschaften sind der Zeit und dem Vergessen unterworfen, doch keineswegs nur die Wissenschaften und Künste, nein, auch die Buchstaben und Zeichen der Sprache, die wir benutzen, vergehen und andere entstehen, und vielleicht war das schon mehrmals der Fall. Selbst die Orthographie war nicht immer die gleiche und bei allen Leuten zu jeder Zeit gleich. Die ursprüngliche Aussprache des Lateins gibt es heute nirgendwo mehr, die alte hebräische Schrift ist untergegangen und durch die neue, von Esra geschaffene ersetzt, das Hebräische ist durch das Babylonische verdorben worden, und ähnliches widerfuhr fast allen Sprachen. Keine Sprache ist heute noch in ihrem anfänglichen Zustand, weil unablässig neue Wörter auftauchen und alte außer Gebrauch kommen. Es gibt also nichts Festes und Bleibendes. Damit bestätigt sich der Spruch des Terenz:

> Es gibt nichts, was nicht schon vorher gesagt oder
> getan worden ist.[962]

Sogar die Bombarden, die man allgemein für eine erst kürzlich gemachte Erfindung der Deutschen hält, sind nach Ansicht einiger Leute (u. a. auch Volaterranus) bereits im Altertum benutzt worden, wie sie mit folgenden Versen Vergils beweisen wollen:

Auch Salmoneus sah ich hart hier büßen, dieweil er
Jupiters Blitz nachäffte und Donnergeroll des Olympus.
Fuhr er im Viergespann doch und fackelschwingend dahin durch
Griechenvölker und zog durch die Stadt im Herzen von Elis
stolz triumphierend und heischte für sich die Ehren der Götter,
wähnte verblendet, den Sturm und den unnachahmlichen Blitzstrahl
vorzutäuschen durch Erz und der Rosse hürnenen Hufschlag.[963]

Meinte das nicht der Prediger Salomo, wenn er sagt: Was geschehen ist, eben das wird hernach sein. Was man getan hat, eben das tut man hernach wieder, und es geschieht nichts Neues unter der Sonne. Geschieht etwas, von dem man sagen könnte: „Sieh, das ist neu"? Es ist längst auch geschehen in den Zeiten, die vor uns gewesen sind. Man gedenkt derer nicht, die früher gewesen sind, und derer, die hernach kommen; man wird auch ihrer nicht gedenken bei denen, die noch später sein werden. – Und etwas später sagt er: Es stirbt der Weise samt dem Toren![964] Das heißt doch nichts anderes, als daß alle Wissenschaften und Künste dem Vergessen und dem Tode anheimfallen und nicht ewig leben, sondern beim Tode des Menschen mitsterben, denn Christus sagt: Alle Pflanzen, die mein himmlischer Vater nicht gepflanzt hat, die werden ausgerissen und in das ewige Feuer geworfen.[965] – Deshalb ist nicht daran zu denken, daß die Wissenschaft Unsterblichkeit geben könnte, denn allein Gottes Wort hat Bestand in Ewigkeit. Wir bedürfen unbedingt der Kenntnis von Gottes Wort: Wer es nicht hört, es verschmäht oder verachtet (das bezeugt selbst ein Bibelwort), der zieht sich selbst den Fluch Gottes, den Tod und die ewige Verdammnis zu!

Man soll daher nicht meinen, das gelte nur für Theologen, nein, jeder Mensch muß Gottes Wort kennen und entsprechend seinen Geistesgaben zu erkennen suchen und keinen Deut davon abweichen. Deshalb wird im Alten Testament geboten: Und diese Worte, die ich dir heute gebiete, sollst du zu Herzen nehmen und sollst sie deinen Kindern einschärfen und davon reden, wenn du in deinem Hause sitzt oder unterwegs bist, wenn du dich niederlegst oder aufstehst. Und du sollst sie binden zum Zeichen auf deine Hand, und sie sollen dir ein Merkzeichen zwischen deinen Augen sein, und du sollst sie schreiben auf die Pfosten deines Hauses und an die Tore.[966] – So hat Josua alles, was im Buch des Gesetzes stand, vorgelesen, und zwar allem Volk, Frauen, Kindern und Fremden. Auch Esra brachte das Buch des Gesetzes zum gesamten Volk, also zu Männern, Frauen und allen, die es verstehen konnten, und las öffentlich aus ihm vor. Christus gebietet, sein Evangelium in der ganzen Welt jedem Menschen zu verkünden, und zwar nicht im Dunkeln, heimlich, ins Ohr geflüstert, im Kämmerlein oder nur bestimmten Leuten, z. B. Lehrern oder Schriftgelehrten, sondern bei Tage, offen, in den Häusern, auf den Straßen, allem Volke, auch dem einfachen, denn er sagt zu den Aposteln: „Was ich euch sage, das sage ich allen; was ich euch sage in der Finsternis, das redet im Licht; und was euch gesagt wird ins Ohr, das predigt draußen."[967] Petrus sagt in der Apostelgeschichte: „Er hat uns geboten, dem Volk zu predigen«[968], und Paulus verlangt, daß die Kinder in der Zucht und Ermahnung Christi erzogen werden.[969]

Christus hat sogar die Jünger gescholten, als sie Kinder hinderten, zu ihm zu kommen.[970] Solche unverdorbene Einfalt und Demut, solch einen noch nicht von Menschenwissen aufgeblähten Sinn, wie ihn Kinder besitzen, muß haben, wer Gottes Wort hören will, lehrt Christus. Und wer nicht wie ein Kind werde, der tauge nicht für das Himmelreich.[971] Deshalb verlangt Chrysostomus in einer seiner Predigten, besonders die Kinder müßten schon mit der Bibel vertraut gemacht werden, auch zu Hause sollten sich die Männer mit ihren Familienangehörigen gemeinsam mit Gottes Wort beschäftigen.[972] Auch das Konzil von Nizäa hat durch ein Dekret festgelegt, daß es keinen Christen ohne Bibel geben solle.

Ein jeder soll wissen, daß in der Heiligen Schrift nichts so hoch, so tiefsinnig, so schwierig, so verborgen und so heilig ist, daß es nicht alle betrifft, die an Christus glauben. Ja, die ganze Theologie muß zum Besitz aller Gläubigen werden, je nach Fassungskraft und Gabe des Heiligen Geistes. Ein guter Lehrer der Theologie aber hat die Aufgabe, jedem das zu vermitteln, was er fassen kann und was ihm frommt, dem einen als Milch, dem anderen als feste Nahrung.[973] Um diese Speisung mit der heilsnotwendigen Wahrheit darf niemand betrogen werden!

Kapitel CI
Die Magister der Wissenschaften

Zunächst muß ich ein wenig verschnaufen. – Der Leser hat gewiß, meiner Darstellung folgend, schon den Schluß gezogen, daß Wissenschaften und Künste nichts anderes als Menschengedanken sind, die von uns leichtfertig und leichtgläubig übernommen wurden und allesamt nur aus unsicheren, durch äußere Beweise gestützten Annahmen bestehen. Sie sind insgesamt ebenso unzuverlässig wie trügerisch und gottlos noch dazu. Deshalb ist es gottlos zu glauben, sie könnten in irgendeiner Weise zu unserer Glückseligkeit beitragen.

Die Heiden waren früher der irrigen Ansicht, man solle Erfinder und Leute, die eine Wissenschaft oder Kunst besonders vorangebracht haben, fast wie Götter ehren, und nahmen sie auch unter die Götter auf, weihten ihnen Tempel, Altäre, Statuen sowie Bilder und verehrten sie in vielfältiger Gestalt: So wurde Hephaistos[974] in Ägypten, da er der erste Philosoph war und die Anfänge der Natur im Feuer sah, dann selbst in Gestalt des Feuers verehrt, ebenso wurde nach Celsus' Bericht Äskulap, weil er die bis dahin kaum entwickelte Heilkunst mit einigem Erfolg ausübte, zu den Göttern erhoben.[975]

Gerade diese Beispiele zeigen die Vergötterung der Wissenschaften, die von der alten Schlange, der Schöpferin all dieser Wissenschaften, unseren Ur-Eltern mit den Worten versprochen worden war: „Ihr werdet sein wie Gott und wissen, was gut und böse ist."[976] Mit dieser Schlange mag sich rühmen, wer sich der Wissenschaft rühmt, denn man kann sie nur durch die Gunst und Hilfe der Schlange beherrschen, die nur Trug und Gaukelei lehrt und ein schlimmes Ende finden wird. So heißt es im Volksmund:

Alle Weisen sind im Wahn.

Hier kann man auch Aristoteles zitieren, der da sagt, daß in jeder großen Wissenschaft auch etwas Torheit stecke.[977] Sogar Augustinus bezeugt, daß viele Leute vor lauter Wissensdurst den Verstand verloren haben.

Nichts ist der christlichen Religion und dem Glauben so schädlich wie die Wissenschaft; Glaube und Wissenschaft sind einander völlig unerträglich. Wir wissen es ja aus der Kirchengeschichte und haben es selbst erfahren, daß mit dem Aufkommen des Christentums die Wissenschaften verfielen und zum größten Teil, zumindest ihre höchstentwickelten Bereiche, zugrunde gingen. Alles, was mit Magie zusammenhängt, ist spurlos verschwunden, von allen Philosophenschulen ist nur die peripatetische übrig, und nicht einmal diese ist unversehrt geblieben. Die Kirche hat nie besser, ruhiger und friedlicher gelebt als zu der Zeit, in der alle Wissenschaften auf ein Mindestmaß reduziert waren: In der Grammatik gab es nur Alexander Gallus, die Dialektik wurde von Petrus Hispanus bestimmt, für Rhetorik genügte Laurentius Aquilegius, für Geschichte ein kleines Handbüchlein, für die mathematischen Disziplinen war es schon ausreichend, wenn man den kirchlichen Festkalender berechnen konnte, und allen übrigen Anforderungen war man mit Hilfe Isidors gewachsen.[978]

Jetzt aber, da die Kenntnis von Sprachen, die Redekunst und die Literatur wieder aufleben und die Wissenschaften erstarken, wird die Kirche in ihrer Ruhe gestört, und neue Häresien kommen auf, denn kein Mensch ist weniger zur Annahme der christlichen Lehre geeignet als jemand, der seinen Geist mit wissenschaftlichen Dingen beschäftigt und ausfüllt. Solche Leute sind dann nämlich so hartnäckig und starrsinnig, daß sie dem Heiligen Geist keinen Raum gewähren, sich lieber auf die eigenen Kräfte und den eigenen Verstand stützen und keine Wahrheit anerkennen, die nicht durch logische Schlüsse beweisbar ist. Was sie aber aus eigener Kraft und durch ihren Fleiß nicht erforschen oder verstehen können, das belächeln oder verachten sie.

Deshalb verbirgt Christus seine Botschaft vor den Weisen und Klugen und enthüllt sie nur den Kleinen, die geistlich arm sind und keine Schätze der Wissenschaft besitzen, die ein reines Herz haben und nicht von Wissenschaft besudelt sind, die friedfertig und nicht streitsüchtig, rechthaberisch und Kämpfer wider die Wahrheit sind, die Verfolgung leiden um der Wahrheit und Gerechtigkeit willen. So wurde in Athen Sokrates durch Gift umgebracht, Anaxagoras zum Tode verurteilt, ebenso Diagoras, doch ihm gelang es, der Hinrichtung durch rasche Flucht zu entkommen. Von den jüdischen Propheten wurde Jesaja in Stücke geschnitten[979],

Jeremia gesteinigt, Ezechiel erschlagen, Daniel den Löwen vorgeworfen, Amos mit einem Knüppel totgeschlagen, Micha in einen Abgrund gestürzt, Sacharja am Altar ermordet, Elia von Isebel, die schon viele Propheten umgebracht hatte, verfolgt; selbst der Patriarch Abraham wurde in einen chaldäischen Ofen geworfen. Auch Apostel Christi sind als Zeugen der Göttlichkeit Christi nach vielfältigen Martern getötet worden. Sie alle haben nur deshalb den Tod erlitten, weil sie frommer über Gott dachten als jene Weltweisen. Diejenigen aber, die geistlich arm, reinen Herzens, friedfertig, klein und demütig sind, siehe, die sind auch bereit, ihr Blut um der Wahrheit willen zu vergießen. Sie sind es auch, denen die wahre und göttliche Weisheit zuteil wird, die uns in den Chor der Seligen bringt und uns zu Seligen wandelt, wie Christi Wort deutlich sagt:

> Selig sind, die da geistlich arm sind, denn ihrer ist das Himmelreich.
> Selig sind, die reinen Herzens sind, denn sie werden Gott schauen.
> Selig sind die Friedfertigen, denn sie werden Gottes Kinder heißen.
> Selig sind, die um der Gerechtigkeit willen verfolgt werden, denn ihrer ist das Himmelreich.[980]

Deshalb ist es besser und dienlicher, wenn die Menschen ganz einfältig und völlig unwissend sind und durch Glauben und Liebe zur christlichen Religion und in die Nähe Gottes gelangen, als daß sie durch die Erfolge der Wissenschaft stolz und hoffärtig werden und der Schlange zum Opfer fallen. In den Evangelien kann man lesen, wie Christus von den Einfältigen und vom einfachen Volk aufgenommen wurde, während ihn die Hohenpriester, Gesetzeslehrer, Schriftgelehrten und Pharisäer ablehnten, verurteilten und töteten. Deshalb wählte Christus keine Schriftgelehrten, Lehrer oder Priester als Apostel aus, sondern Einfältige aus dem niederen Volke, Leute ohne alle Bildung, Unwissende und Esel.

Kapitel CII
Exkurs zum Lobpreis des Esels

Damit mir niemand verübelt, daß ich die Apostel als Esel bezeichnet habe, möchte ich das Geheimnisvolle um das Wesen des Esels kurz erklären, ohne dabei von meinem eigentlichen Thema allzuweit abzuschweifen. Die jüdischen Lehrer schreiben dem Esel hervorragende Kraft und Stärke zu und erklären ihn zum Sinnbild von Geduld und Sanftmut. Sein Wesen sei von einer der Sefirot, nämlich von Chokma, d. h. Weisheit, bestimmt und damit für einen Jünger der Weisheit unabdingbar. Er lebt von einfachem Futter, ist mit allem zufrieden, erträgt Mangel, Hunger, Durst, Schläge, schlechte Behandlung, ja Mißhandlungen, ist äußerst schlicht, ja arm im Geiste, so daß er nicht einmal Salat und Disteln unterscheiden kann, er ist reinen und unschuldigen Herzens, nicht gallig, hält Frieden mit allen

Tieren und schleppt geduldig alle Lasten. Als Entschädigung für all das hat er keine Läuse, wird selten krank und lebt länger als jedes andere Haustier.

Columella sagt über ihn: Der Esel verrichtet vielerlei Arbeiten und ist ganz unentbehrlich beim Pflügen leichterer Böden und beim Ziehen von schweren Karren. Beim Betreiben von Getreidemühlen hat der Esel fast schon Tradition, ja die ganze Landwirtschaft kann ihn als Helfer keinesfalls entbehren, denn er trägt Lasten aller Art auf seinem Rücken zur Stadt und zurück.[981]

Ein Zeugnis über das Weissagungsvermögen des Esels gibt Valerius am Beispiel des Gaius Marius[982]: Als dieser Bezwinger des Südens und Nordens später zum Feind des Vaterlandes erklärt und von Sulla verfolgt wurde, konnte er durch Rat und Führung seines Esels den Häschern Sullas entkommen und verdankt auf diese Weise Rettung und Leben einem Esel.

Gott selbst hat ja den Esel schon zur Zeit des Alten Testaments dadurch ausgezeichnet, daß er ihn gemeinsam mit dem Menschen, obwohl sonst alles Erstgeborene als Opfer geschlachtet wurde, von der Opferung ausnahm, indem er den Menschen auslösen und den Esel durch ein Schaf ersetzen ließ.[983] Der Esel ist auch – und das war Christi Wille – Zeuge von dessen Geburt gewesen, auf einem Esel wurde Christus vor Herodes gerettet, ja der Esel ist selbst durch die Berührung mit Christus geheiligt und mit dem Zeichen des Kreuzes versehen worden, denn als Christus zur Erlösung der Menschheit im Triumph nach Jerusalem hinaufzog, da wurde er, wie die Evangelisten bezeugen, von einem Esel getragen, was ja geheimnisvoll schon von Sacharja prophezeit worden war.[984] Wie man lesen kann, benutzte der Erzvater aller Erwählten, Abraham, als Reittier nur einen Esel, und so bewahrheitet sich jenes alte Sprichwort: Der Esel trägt Geheimnisse.

Deshalb will ich euch, ihr hervorragenden Verkünder von Menschenwissen, die ihr kumäische Esel seid, folgendes zurufen: Wenn ihr nicht die Bürde von Menschenwissen abwerft und das Löwenfell (und zwar nicht das des Löwen von Juda, sondern das des Löwen, der umhergeht und sucht, wen er verschlinge) ablegt und durch ein Eselsfell ersetzt, auf daß ihr zu nackten und reinen Eseln werdet, dann seid ihr völlig unfähig, die Geheimnisse der göttlichen Weisheit zu tragen. Auch Lucius wäre niemals zu den Isismysterien zugelassen worden, hätte man ihn nicht zuvor aus einem Philosophen in einen Esel verwandelt.[985]

Man liest von wunderbaren Leistungen verschiedener Tiere: So habe ein Elefant griechische Buchstaben gemalt, ebenfalls ein Elefant sei nach Plutarchs[986] Bericht der Rivale des Grammatikers Aristophanes bei einem Blumenmädchen gewesen, eine Schlange habe ein ätolisches Mädchen geliebt; eine andere ihren Herrn vor Räubern gerettet, nachdem sie ihn an seiner Stimme erkannt hatte. Dergleichen fand bei vielen Leuten Glauben. Bei Plinius ist zu lesen, eine Schlange sei regelmäßig von einem Mann gefüttert worden, habe aber, als eines ihrer Jungen das Kind dieses Mannes getötet hatte, ihr eigenes Junges zur Strafe umgebracht und sei dann aus Scham nie wieder erschienen. Plinius berichtet ebenfalls von einem Pantherweibchen, das aus Dankbarkeit einen Mann aus der Wüste wieder in eine bewohnte

Gegend führte, weil er früher ihre Jungen aus einer Grube gerettet hatte.[987] Eine geheiligte Überlieferung besagte, der Perserkönig Kyros sei von einer Hündin und die Gründer Roms seien von einer Wölfin aufgezogen worden, nachdem man sie ausgesetzt hatte. Ich übergehe hier die zahlreichen Wundergeschichten mit Delphinen und mit Löwen, die sich für empfangene Wohltaten dankbar erweisen, will auch nicht von der daunischen[988] Bärin und dem Ochsen in Tarent, die Pythagoras zähmte, und von ähnlichen Geschichten erzählen, sondern das berichten, was alles andere in den Schatten stellt: Ammonios Sakkas aus Alexandria, seinerzeit der größte Philosoph und Lehrer des Origenes und Porphyrios, soll als Mithörer für seine Weisheit neben den Genannten einen Esel gehabt haben! Aus der Erzählung in der Bibel wissen wir ja auch, daß einst sogar eine Eselin die Prophetengabe erhielt: Als Bileam, ein Weiser und Prophet, auszog und das Volk Israel verfluchen sollte, sah er den Engel des Herrn nicht, doch die Eselin sah ihn und sprach zu Bileam, der auf ihr ritt, mit menschlicher Stimme.[989] Daraus folgere ich, daß sehr oft ein ganz simpler und ungebildeter Mensch sieht, was ein durch alles Menschenwissen verdrehter und verdorbener scholastischer Lehrer nicht zu sehen vermag.

Hat nicht Samson mit dem Kinnbacken eines Esels die Philister vernichtend geschlagen? Hat er nicht dürstend um Hilfe gebeten, und der Herr öffnete einen Zahn in dem Eselskinnbacken und ließ Wasser aus ihm kommen, wodurch Samsons Geist und Kräfte sich erholen konnten?[990] Hat nicht Christus durch den Mund seiner Esel, nämlich der simplen und ungebildeten Apostel und Jünger, alle Philosophen der Heiden und Gesetzeslehrer der Juden zerschmettert und alle Menschenweisheit zuschanden gemacht, indem er aus den Kinnbacken dieser seiner Esel das Wasser des Lebens und der ewigen Weisheit fließen ließ?

Auch in christlichen Legenden und Heiligengeschichten kann man von zahlreichen Wohltaten lesen, die Tieren durch die Gebete von Heiligen zuteil wurden, doch von den Toten wurde kein einziges Tier auferweckt außer dem Esel, den der heilige Germanus[991], ein Bischof, wieder ins Leben zurückgerufen hat. Durch dieses bedeutsame Wunder scheint erwiesen, daß ein Esel sogar nach diesem irdischen Leben noch an der Unsterblichkeit teilhat.

Aus all dem Gesagten wird sonnenklar, daß kein Tier religiösen Dingen so aufgeschlossen ist wie ein Esel und daß man sich zu einem Esel wandeln muß, um göttliche Geheimnisse tragen zu können. Diese Bezeichnung wurde früher bei den Römern auf Christen angewandt, man nannte sie nämlich Eselsleute und stellte Christus oft auf Bildern mit Eselsohren dar, wie Tertullian bezeugt.[992] Deswegen brauchen sich unsere Päpste und Äbte nicht gekränkt und verhöhnt zu fühlen, wenn sie vor diesen Riesenelefanten der Wissenschaften Esel sind und auch so genannt werden, und auch das einfache Christenvolk braucht sich nicht zu wundern, wenn vor seinen Kirchenfürsten und Trägern religiöser Mysterien jeder wahrhaft Gelehrte so gut wie nichts gilt. Für Ohren von Eseln taugt ja Nachtigallensang nicht, und das häßliche und unmelodische Eselsgeschrei paßt nicht zur Laute, wie das Sprichwort sagt. Und dennoch fertigt man aus den Röhrenknochen von Eseln die besten Flöten. Wie deren Klänge die lieblichsten Vogelstimmen und die schönsten Töne von Laute und Zither weit übertreffen, so besiegen auch diese frommen Einfältigen mit ihrem Eselgeschrei die redegewandtesten Sophisten. So liest man, einige heidnische Philosophen hätten Antonius zum Zwecke des Meinungsstreits besucht und seien schon kurz nach Beginn seiner Darlegung beschämt, doch voller Ehrfurcht wieder gegangen.[993] Ebenfalls habe ein einfältiger frommer Mann einen redegewandten und hochgebildeten Häretiker mit wenigen Worten überwunden und zum wahren Glauben zurückgeführt, den zuvor die gelehrtesten Männer und Bischöfe beim Konzil von Nizäa in tagelangen schwierigen Wortgefechten nicht hatten bezwingen können. Auf die Frage, warum er dem einfältig Frommen das Feld geräumt habe, obwohl er so vielen klugen Bischöfen standgehalten hätte, antwortete er, den Worten der Bischöfe habe er leicht Worte entgegenstellen können, diesem Einfältigen aber, der nicht aus Menschenweisheit, sondern aus dem Geist sprach, sei er nicht gewachsen gewesen.[994]

Schluß des Werkes

O ihr Esel, die ihr mit euren Eselskindern für immer auf Christi Geheiß durch seine Apostel und Künder der wahren Weisheit seines heiligen Evangeliums befreit seid von der Finsternis des Fleisches und des Blutes, sofern ihr nur nach dieser göttlichen und wahren Weisheit, und zwar nicht nach der vom Baum des Wissens von Gut und Böse, sondern nach der vom Baum des Lebens trachtet, lasset doch alle irdische Wissenschaft dahinfahren, alles Suchen und Umherirren mit Vernünftelei, Aufspüren von Gründen und Nachsinnen über Werke und ihre Wirkungen, geht doch nicht länger bei Philosophen und Sophisten in die Lehre, sondern geht in euch, dann werdet ihr alle Erkenntnis finden. Gemeinsam mit euch wurde ja die Erkenntnis aller Dinge geschaffen. Die heiligen Schriften bezeugen nämlich (was übrigens auch die Akademiker lehren), daß Gott alles sehr gut, also in der denkbar besten Weise, geschaffen hat: Wie die Bäume voller Früchte so schuf er auch die Seelen (d. h. vernunftbegabte Bäume) voller Formen und Erkenntnisse. Aber leider wurde durch die Sünde unserer Ureltern alles verhüllt, und das Vergessen, die Mutter des Nicht-Wissens, griff um sich. Wenn ihr es vermögt, so nehmet doch, ihr mit der Finsternis des Nicht-Wissens Umhüllten, den Schleier eures Verstandes weg, speit den todbringenden Trank aus, mit dem ihr euch selbst durch Vergessen berauscht habt, erwachet aus eurem törichten Schlaf und kommt zum wahren Licht, dann werdet ihr bald unverhüllten Antlitzes von Klarheit zu Klarheit schreiten, denn, so spricht Johannes, ihr seid gesalbt vom Heiligen Geist und habt alles Wissen. Und er fährt fort: Ihr habt nicht nötig, daß jemand euch lehrt, weil seine Salbung euch alles lehrt, denn er allein ist es, der Rede und Weisheit gibt.[995]

David, Jesaja, Ezechiel, Jeremia, Daniel, Johannes der Täufer und viele andere

Propheten und Apostel haben ihr Wissen nicht durch Studieren erworben, sondern sind von Hirten, Bauern und einfachen Leuten zu Menschen geworden, die mehr als alle anderen wußten: Salomo wurde im Traum einer einzigen Nacht mit dem Wissen von Himmlischem und Irdischem erfüllt und mit der Klugheit, alles so zu lenken, daß keiner ihm gleichkam. Dabei waren diese Menschen sterblich, ja sogar Sünder, wie ihr es auch seid. Nun könnte man vielleicht einwenden, solche Dinge seien doch nur sehr wenigen widerfahren, denn

> wenige nur, geliebt vom gerechten
> Jupiter oder getragen von eigener strahlender Tugend,
> stiegen empor und wurden gleich Göttern.[996]

Doch verzagt nicht, denn des Herrn Arm ist nicht zu kurz, denen zu helfen, die ihn anrufen und ihm treulich dienen. Antonius und sein christlicher Knecht erhielten durch drei Tage währendes Beten völlige Kenntnis aller himmlischen Dinge, wie Augustinus bezeugt.[997] Könnt ihr aber nicht gleich den Propheten, Aposteln und anderen Heiligen mit klarem und ungetrübtem Verstand all das selbst schauen, dann nehmt den Verstand derer zu Hilfe, die es selbst wahrhaftig geschaut haben!

Dieser Weg steht uns frei, man muß ihn nur suchen (so Hieronymus an Rufinus) und das, was der Geist den Propheten und Aposteln eingab, durch das Studium der heiligen Schriften suchen, ich betone, der Schriften, die von Gottes Wort stammen und von der Kirche einhellig angenommen sind, nicht durch Studium der von Menschen ersonnenen Schriften, die den Verstand nicht erhellen, sondern verdunkeln. Deshalb soll man zu Moses, den Propheten, Salomo, den Evangelisten und Aposteln zurückkehren, denn ihre vielfältige Lehre, Weisheit, Sprache, Prophezeiung, Verkündigung, ihr ganzes Leben und Verhalten, ihre Heiligkeit erstrahlen hell. Sie sprechen Vermahnung, durch Gott selbst belehrt, von göttlichen Dingen und von irdischen mehr, als Menschen wissen können, und haben uns alle Geheimnisse GOTTES und der Natur in hellem Licht überliefert. Denn alle Geheimnisse GOTTES und der Natur, aller Sinn von Sitten und Gesetzen, alles Wissen um Vergangenes, Gegenwärtiges und Zukünftiges sind in den heiligen Worten der Bibel überliefert. Weshalb stürzt ihr euch ins Verderben und sucht Wissen bei denen, die selbst ihre ganze Zeit, ihren Fleiß, ja ihr ganzes Leben mit Suchen vertan und doch die Wahrheit nicht gefunden haben?

O ihr gottlosen Narren, ihr mißachtet die Gaben des Heiligen Geistes, wenn ihr von den ungläubigen Philosophen, den Meistern der Irrtümer, das lernen wollt, was ihr von Christus und dem Heiligen Geist annehmen solltet.

Meint ihr etwa, ihr könntet aus dem Nicht-Wissen des Sokrates Wissen erhalten, aus dem Dunkel des Anaxagoras Licht, aus dem Brunnen des Demokrit Tugend, aus dem Wahnsinn des Empedokles Klugheit, aus dem Faß des Diogenes Frömmigkeit, aus der Urteilsunfähigkeit des Karneades und Arkesilaos Empfindungsfähigkeit, von dem ungläubigen Aristoteles oder dem falschgläubigen Averroës Weisheit und von den abergläubischen Platonikern Glauben? Ihr irrt schrecklich und laßt euch von Leuten täuschen, die selbst getäuscht worden sind. So ihr nach Wahrheit trachtet, kehrt um, verlaßt die Nebelschwaden von Menschenwissen und sucht das wahre Licht: Seht, eine Stimme kommt vom Himmel, sie lehrt euch von dort und zeigt euch sonnenklar, welch große Sünder ihr doch seid, wenn ihr die Wahrheit anzunehmen zaudert. Hört Baruchs Wort: Er ist Gott, und kein anderer ist ihm vergleichbar. Er hat alle Weisheit gefunden und sie seinem Knecht Jakob und seinem lieben Israel in Gestalt des Gesetzes, der Gebote und der Opferordnung gegeben, dann ist die Wahrheit auf Erden erschienen und weilte unter den Menschen.[998] Gott war Fleisch geworden und lehrte nun mit klarem Wort, was er schon durch das Gesetz und die Propheten in Bildern verkündet hatte.

Und damit niemand meint, das gelte nur für himmlische, nicht aber für natürliche Dinge, so höre er, was der weise Salomo über sich sagt: Er hat mir gegeben die wahre Erkenntnis von allem, was ist, daß ich den Aufbau der Welt und die Kräfte der Elemente kenne: Anfang, Ende, Mitte, die Veränderung der Taglänge, den Wechsel der Jahreszeit, die Jahresläufe, den Stand der Sterne, die Art der zahmen und wilden Tiere, die Gewalt der Winde, die Gedanken der Menschen, die Unterschiede der Pflanzen und Bäume, die Kräfte der Wurzeln und alles, was verborgen und unbekannt ist, habe ich kennengelernt, denn die Weisheit, die große Meisterin, hat mich gelehrt.[999]

Das göttliche Wissen ist unerschöpflich, ihm geht nichts ab, nichts kann ihm hinzugefügt werden, es ist allumfassend. Und das sollt ihr wissen: Nicht großer Arbeit bedarf es, sondern des Glaubens und des Gebets, nicht langen Studierens, sondern der Demut des Geistes und Reinheit des Herzens, nicht großer und kostbarer Bücherschätze, sondern eines geläuterten Verstandes als Schlüssel zur Wahrheit, denn viele Bücher belasten den Lernenden nur und fördern ihn nicht, und in viele Irrtümer verfällt, wer vielen Autoren folgt. In diesem einen Buch der Bücher ist alles enthalten und überliefert, aber dergestalt, daß es nur Erleuchteten verständlich, anderen aber ein Gleichnis, Rätsel und Geheimnis ist, verschlossen mit vielen Siegeln. Betet deshalb zu Gott dem Herrn im Glauben und zweifelt nicht: Das Lamm aus dem Stamme Juda wird kommen und wird euch das versiegelte Buch auftun[1000], denn das Lamm allein ist heilig und wahrhaftig und hat allein den Schlüssel des Wissens und der Unterscheidung. Es öffnet und niemand schließt, es schließt und niemand kann öffnen. Das Lamm ist JESUS CHRISTUS, Wort und Sohn des Vaters, gottgeschaffene Weisheit, wahrer Lehrer, Mensch geworden, wie wir es sind, um uns zu Gottes Kindern zu machen, wie er es ist, der gebenedeit ist in Ewigkeit!

Damit ich aber nicht das mir gesetzte Maß an Zeit überschreite, so habe nun mein Werk ein Ende.

Kapitelverzeichnis

ANHANG

Hinweise zur Übersetzung

Die vorgelegte Übersetzung beruht auf einem Reprint (Olms, Hildesheim [u. a.] 1970) einer Ausgabe von Agrippas Opera, die sich unter der Signatur Ak 321 im Besitz der Staatsbibliothek Preußischer Kulturbesitz Berlin befindet. Die bibliographischen Daten dieser Ausgabe (Lugduni, per Beringos fratres) sind offensichtlich unrichtig. Emil Weller (Die falschen und fingierten Druckorte I 250, Leipzig 1858, Reprint 1970) vermutet einen Druckort in Deutschland um 1600, der Katalog des British Museum hingegen E. Zetzner (?), Straßburg (?) um 1630 (?). Die Ausgabe ist relativ gut erhalten, was sie für einen Reprint geeignet erscheinen ließ. Leider hat sie aber einen schwerwiegenden Mangel, auf den wohl als erster der Theologe und Orientalist Thomas Crenius (= Thomas Theodor Crusius, 1648–1728) in seinen Animadversiones Philol. et Histor. II 13f. (Lugduni Batavorum 1695ff.) aufmerksam machte: In ihr sind einige stark kirchenkritische Passagen früherer Editionen weggelassen. Die erste in dieser Weise „entschärfte" Version könnte (laut USA National Union Catalog der Drucke bis 1956, Bd. 5, 300) bereits die von Köln (?) 1544 (?) ohne Angabe des Druckers sein. Die fehlenden Stellen wurden in die neue Übersetzung eingefügt und in eckige Klammern gesetzt. Entnommen sind sie einer Ausgabe von 1531 (Köln), gedruckt von N. M. (vermutlich Melchior Novesianus – Melchior von Neuss), mit der Signatur A 351 der Universitätsbibliothek der Humboldt-Universität zu Berlin.

Aus dem Dargestellten ergibt sich schon, daß keine textkritische Ausgabe vorhanden ist, die ein sicheres Fundament für eine Übertragung hätte bieten können. Erschwerend wirkte sich deshalb die große Zahl von Fehlern im lateinischen Text aus, wobei im Einzelfall oft nicht zu unterscheiden ist, was dem Drucker und was Agrippa anzulasten ist, der nicht selten sein Wissen aus zweiter oder dritter Hand bezieht. Vieles wurde stillschweigend im Text bei der Übersetzung berichtigt, auf problematische Stellen in den Anmerkungen hingewiesen. Schwierig war die Identifizierung mancher im Text stark entstellten Eigennamen. Sie sind im Personenregister durch Fragezeichen kenntlich gemacht.

Weil bei der Wiedergabe der Eigennamen ein durchgängiges Prinzip nicht möglich erschien, wurde folgendermaßen verfahren: Lateinische und griechische Namen erscheinen überwiegend in der bei klassischen Philologen üblichen Version, jüdische und orientalische so, wie sie in größeren deutschen Nachschlagewerken angeführt sind, wobei zuweilen beträchtliche Abweichungen festzustellen sind. Biblische Namen werden meist nicht nach den Lokkumer Richtlinien, sondern in der traditionellen Schreibung gegeben, weil sie in dieser Gestalt allgemein bekannt und in der literarischen Tradition verankert sind. Das Personenregister führt wichtige Varianten der Namen an, damit das Auffinden erleichtert wird.

Die Übersetzung von Bibelstellen wurde weitgehend der neuesten revidierten Lutherbibel (1984) entnommen, soweit sie im wesentlichen auf dem Vulgatatext beruhen. Obwohl bewährte Übertragungen vorhanden waren, mußten in einigen Fällen poetische Passagen neu übersetzt werden, weil Agrippa Textvarianten oder Versumstellungen hat. In Abweichung vom Original wurden innerhalb der Kapitel Absätze gemacht, soweit es vom Sinn her erforderlich schien.

Leider gibt es so gut wie keine Vorarbeiten, auf die bei den Anmerkungen hätte zurückgegriffen werden können, so daß das gesamte Material mühsam zusammengetragen werden mußte. Weil die Suche in nicht wenigen Fällen erfolglos war, bleibt manche Stelle oder manches Zitat ohne Anmerkung, obwohl der Leser vielleicht gerade dort eine Erläuterung gewünscht hätte.

Agrippas Werk erschien im Laufe der Zeit unter den Bezeichnungen declamatio (später oft invectiva hinzugefügt, was inhaltlich durchaus treffend ist) oder liber. Auch der eigentliche Titel wurde – je nach Werbeabsichten der Verleger – variiert. Ursprünglich lautete er: „De incertitudine et vanitate scientiarum et artium atque excellentia verbi dei declamatio." Bald entfiel „atque excellentia verbi dei", weil es von Verleger und Leser sicher nicht als das Hauptanliegen von Agrippas Schrift empfunden wurde. In späteren Ausgaben wird oft omnium vor scientiarum eingeschoben.

Der Titel unserer Vorlage lautet: „De incertitudine et vanitate scientiarum atque artium, Declamatio". Die etwas eigenwillige Übertragung des Titels („Über die Fragwürdigkeit, ja Nichtigkeit der Wissenschaften, Künste und Gewerbe") bedarf einer ausführlicheren Begründung: Auf den Essay-Charakter (declamatio) seines Buches beruft sich Agrippa ausdrücklich am Anfang seiner „Apologie" gegen die Theologen von Löwen, die „De incertitudine" verurteilt hatten. Die in Bibliothekskatalogen häufig gebotene Übersetzung „Über die Unsicherheit und Eitelkeit ..." entspricht nicht dem heutigen Sprachgebrauch und ist nicht mehr verwendbar. Unsere Überlegungen zum Titel beginnen bei incertitudo, vielleicht einem Schlüsselwort für Agrippas unstetes Wesen und für seine oft gefährdete bürgerliche Existenz. Mit diesem Begriff stellt er (in einer Lebenskrise?) nicht nur alle Wissenschaften – und mehr noch ihre Resultate–, sondern auch die Künste sowie nahezu alle Berufe in Frage. Für die Fragwürdigkeit und Unzulänglichkeit menschlichen Wissens hat er am Ende seines Widmungsbriefes eine extreme, doch prägnante Formulierung gefunden: „Nichts zu wissen ist das glücklichste Leben". Und so verwundert es nicht, daß der zweite Titelbegriff vanitas ist, gemäß Prediger Salomo (1, 2) die völlige Wertlosigkeit, die absolute Nichtigkeit menschlichen Wissens und Handelns. Nach den Regeln der damaligen Rhetorik ist der zweite Begriff die emphatische Steigerung des ersten. Vanitas ist also das stärkere Wort und enthält in nuce Inhalt und Tendenz des gesamten Werkes. Diese Beobachtung wird auch dadurch bestätigt, daß Agrippas Schrift oft als „De vanitate“ zitiert wird. So stellt auch F. Mauthner die „Eitelkeit“ im Titel voran. – Der Zusatz im Titel „und Gewerbe“ erscheint gerechtfertigt, weil Agrippa fast alle Berufe und Erwerbszweige abhandelt und „ars“ im Mittelalter häufig in der Bedeutung „Handwerk“ gebraucht wird.

Die Notwendigkeit einer Neuübersetzung von Agrippas Werk ist zunächst damit begründet, daß es seit der anonymen Übersetzung von 1713 (Köln), die durch Fritz Mauthner (München 1913) herausgegeben und damit überhaupt erst allgemein zugänglich wurde, nicht mehr ins Deutsche übertragen worden ist. Wichtiger ist aber folgende Überlegung: Agrippa war durch „De occulta philosophia“, sein Kompendium der esoterischen Theorie und Praxis, in einschlägigen Kreisen Europas bekannt und jahrhundertelang auf den Typ des geheimnisumwitterten Magiers festgelegt. Sein Buch „De incertitudine“ hatte zwar wegen seiner harschen Kirchen- und Gesellschaftskritik in den ersten Jahren größtes Interesse gefunden und enormen buchhändlerischen Erfolg gehabt (in fünf Jahren fast ein Dutzend Ausgaben!). Dieses Aufsehen erklärt sich aus den Zeitumständen, wenn man bedenkt, daß es erstmals 1530, also im gleichen Jahr wie die Confessio Augustana, erschien. Doch bald wurde es stiller um das Buch; in Gelehrtenkreisen war es zwar noch präsent und wurde hin und wieder aufgelegt, galt aber infolge seiner maßlosen Polemik eher als kurios denn als seriös. Die in Frage kommenden Leser konnten natürlich Latein und brauchten keine Übersetzung. Nachdem sich die Wissenschaft vor mehr als hundert Jahren Agrippas angenommen, ihn aber meist recht einseitig gesehen hatte, bemüht sich die Forschung seit einigen Jahrzehnten um ein differenziertes Bild Agrippas. So erschien denn eine Neuübertragung wünschenswert, und ich habe diese Aufgabe, als sie mir angetragen wurde, gern übernommen. Bei der Arbeit an Übersetzung und Anmerkungen durfte ich mich der Anteilnahme des Herausgebers, Prof. Siegfried Wollgast (Dresden), in Rat und Tat erfreuen, wofür auch an dieser Stelle herzlich gedankt sei.

Es bleibt zu wünschen, daß der Leser in dieser Übersetzung nicht nach Agrippas Manier ein weiteres Exempel für die Fragwürdigkeit, ja Nichtigkeit der Übersetzungskunst sehe.

Berlin, Oktober 1992 Gerhard Güpner

Nachwort des Herausgebers

Henricus Cornelius Agrippa von Nettesheim – Versuch einer Annäherung an Leben und Werk

Heinrich Cornelius wurde am 14. September 1486 in Köln geboren.[1] Den Zunamen Agrippa wählte er selbst aus Liebe zu seiner Vaterstadt Köln (Colonia Agrippina). Es ist nicht erwiesen, ob sich Agrippa den Adelstitel „von Nettesheim" (nach einem Dorf bei Köln) zu Recht beigelegt hat. Über seine Eltern und seine Herkunft ist sehr wenig bekannt, jedenfalls sollen seine Vorfahren in kaiserlichen Diensten gestanden haben. Bis 1507, hier setzt die Überlieferung seiner Korrespondenz ein, wissen wir auch von Agrippas Leben wenig. Mit großer Wahrscheinlichkeit hat er in Köln während seines Universitätsaufenthaltes 1499–1502 Jura studiert, sich wohl auch mit medizinischen Studien befaßt. Vielleicht hat er zwischen 1503 und 1507 im Militärdienst des Kaisers gestanden. Im Jahre 1507 finden wir ihn in Paris, wo er mit Gleichgesinnten eine geheime Sodalität mit alchemistisch-magischer Prägung gründet. Danach beginnt er ein unstetes Wanderleben, wovon nur einige wichtige Etappen genannt seien. 1508 finden wir Agrippa bei einem gewagten Abenteuer. Aufrührerische Bauern hatten am Fuß der Pyrenäen ein Schloß gestürmt und dessen königlichen Kommandanten, einen Freund Agrippas, verjagt. Agrippa, damals wohl alles andere als ein gelernter Offizier, zögerte nicht lange, sammelte einen Haufen Soldaten um sich, eroberte das Schloß wieder zurück und ließ die Bauern, deren er habhaft wurde, hängen. Freilich blieb er nicht lange Burgherr, die Bauern kamen mit großer Verstärkung wieder zurück. Agrippa flüchtete mit einigen seiner Getreuen. Er ging kurz nach Spanien und arbeitete dann in Avignon über Alchemie. 1509 begab er sich nach Dôle in Burgund, wo er öffentliche Vorlesungen über J. Reuchlins Buch „De verbo mirifico" hielt. Sigwart meint zum Agrippa dieser Zeit: „Der Wunderglaube war die Brücke gewesen, auf der er von der Magie zu einer mystischen Theologie gelangt war, deren Bedeutung eben darin lag, daß sie unabhängig von der Lehre und den Gnadenmitteln der Kirche durch unmittelbare Erleuchtung eine höhere Stufe der Gotteserkenntnis und Frömmigkeit versprach."[2] Mönche, vor allem der Franziskaner Jean Catilinet

1 Vgl. zum ff. A. Jegel, Die Lebenstragödie des Dr. jur. et. med. Heinrich Cornelius Agrippa von Nettesheim, in: Jahrbuch des Kölnischen Geschichtsvereins, Köln 20 (1938), S. 15–76; H. F. W. Kuhlow, Die Imitatio Christi und ihre kosmologische Überfremdung. Die theologischen Grundgedanken des Agrippa von Nettesheim, Berlin und Hamburg 1967, S. 10–17.

2 Chr. Sigwart, Cornelius Agrippa von Nettesheim, in: Chr. Sigwart, Kleine Schriften, Reihe 1, Freiburg/Br. – Tübingen 1881, S. 6.

verfolgen ihn, predigten gegen Agrippa als einen „haereticum judaisantem". Agrippa suchte die Gefahr, die er auf sich zukommen sah, auf raffinierte Weise abzuwenden, indem er im Blick auf Margarethe von Österreich, die Statthalterin der Niederlande, eine Abhandlung der Vorzüge des weiblichen Geschlechts schrieb: „De nobilitate et praecellentia foeminei sexus".

Nach Agrippa ist der Mann *außerhalb* des Paradieses und aus Erde geschaffen, die Frau hingegen im Paradiese aus der Rippe des Mannes. Der Mann heißt Adam (Erde) die Frau Eva (Leben). Die Schuld des Sündenfalls trifft den Mann, denn ihm allein war es verboten, vom Baume der Erkenntnis zu essen. Eva hat also nicht gesündigt. Die Werke der Schöpfung werden immer vollkommener, sie schließen mit Eva ab. Die Frau ist das eigentliche Ziel und die Krone der Schöpfung, sie steht so hoch über dem Mann wie dieser über den Tieren. Auch die Redegabe, die den Menschen vom Tier unterscheidet, ist ihr in viel höherem Maße zuteil geworden. Das Höchste, was der Mensch hat, seine Tugenden, Wissenschaften und Künste, trägt weibliche Namen. Die Geschichte berichtet von vielen Untaten von Männern; wo aber eine Frau Betrug übt wie Rebecca oder einen Mord begeht wie Judith, wird sie sogar in der Bibel gelobt. Würde die Geschichte von Frauen geschrieben und würden die Gesetze von ihnen gemacht, so träte die Bosheit der Männer noch viel deutlicher hervor. In allen Bereichen des Wissens und Könnens haben sich Frauen ausgezeichnet. Es ist nur Ungerechtigkeit und Tyrannei der Männer, daß sie die Frauen auf den häuslichen Bereich beschränken und ihnen alle öffentliche Betätigung und Berufsausübung verweigern. Der Traktat enthält auch ein meisterhaftes Kapitel über die Schönheit der Frau. (Vgl. uns. S. 120.)

Aber diese Schrift blieb erfolglos. Agrippa mußte Dôle verlassen; in London verfaßt er gegen Catilinet seine „Expostulatio super expositione sua in librum de verbo mirifico". Und hier trieb er bei dem bekannten Humanisten John Colet Paulusstudien. Noch 1510 hielt Agrippa in Köln öffentliche Vorträge über verschiedene theologische Themen.

Agrippa von Nettesheim wurde in eine chaotische Zeit hineingeboren. Amerika sowie der Seeweg nach Indien waren entdeckt worden. Auch aus dem Osten kam neues Wissen, das den herkömmlichen Glaubensauffassungen und Wissenschaften widersprach. Der Thesenanschlag Martin Luthers von 1517 symbolisierte äußerlich den Beginn der grundlegenden Umwälzung, die die Kircheneinheit des Abendlandes endgültig sprengte. Magische Lehren aus Ägypten, hellenistischer Neuplatonismus und jüdische Kabbala, durch die Fortschritte der Buchdruckerkunst weit verbreitet, gewannen an Einfluß. Zugleich bildete sich die Geistesbewegung des Humanismus mit ihren vielfältigen Schattierungen heraus. Seine Vertreter gingen auf die Schriften der Antike zurück. Sie wollten zu den Quellen. Die davon geprägte Atmosphäre erfaßte auch die von Beruf her skeptischen Vertreter der Naturwissenschaften.

Nicht nur der kleine Mann lebte in einem von Gespenstern und Fabeltieren bevölkerten metaphysischen System volkstümlicher Prägung. Auch große Geister wie N. Machiavelli oder der Humanist Poggio Bracciolini glaubten an Wunderzeichen und Himmelserscheinungen, die bedeutsame Ereignisse ankündigten. Viele Amulette zum Schutz gegen Hexen und Dämonen und zur Ablenkung von Flintenkugeln wurden gläubig genutzt. Die Angst vor dem Satan, dem manchmal mehr Macht zugeschrieben wurde als Gott selbst, zeitigte Jahrhunderte hindurch schrecklichste Verfolgungen. Krankheit und Tod kamen – so glaubte man – vom bösen Blick und anderen magischen Praktiken. Allein im Paris des 16. Jh. gab es Tausende von Astrologen. Kaiser, Fürsten und selbst der hohe Klerus glaubten an die Allmacht der Gestirne. Der bedeutende Papst Paul III. (1534–1549) ließ keine Reise und keine wichtige Sitzung des Konsistoriums ansetzen, ohne die Sterne befragt zu haben.

Der wache, an allen Ideen und Erscheinungen seiner Umwelt regen Anteil nehmende Heinrich Cornelius Agrippa von Nettesheim war von dieser verwirrenden und erregenden Zeit geprägt wie kaum ein anderer. Er war bald von den geheimen Wissenschaften und magischen Künsten fasziniert.

Auf einer Reise nach Würzburg lernte unser Philosoph 1510 den Abt Johannes Trithemius kennen, einen bedeutenden Adepten der Kabbala und der Alchemie, der sich zugleich von den „Küchenmeistern und Sudlern" der Alchemie, die „aus Törichten Wahnsinnige, aus Philosophen Gecken, aus Getäuschten geschwätzige Betrüger" machten, scharf distanzierte. Trithemius, der auch Lehrer des Paracelsus werden sollte, ermunterte Agrippa, das erste große Werk, die später so berühmten drei Bücher von der geheimen Philosophie zu schreiben. Dieses Werk versuchte eine Synthese von Christentum und Magie auf dem Boden der neuplatonischen Mystik herzustellen. In der Kunst, sich in den Besitz der Kräfte der höheren Welt zu bringen und durch diese die niedere zu beherrschen, besteht danach die Magie oder die erhabenste Philosophie und vollendetste Weisheit, die als Herrschaft über die irdischen Dinge natürliche, über die Gestirnwelt himmlische und über die Geister- und Dämonenwelt religiöse Magie ist. Als Agrippa sein Manuskript von „De occulta philosophia" an Trithemius schickte, schrieb er im Begleitbrief von seiner Verwunderung und seinem Unwillen, „daß noch niemand eine so erhabene und heilige Wissenschaft gegen sträfliche Entweihung in Schutz genommen oder sie rein und lauter dargestellt hat ... Dies brachte mich ... auf den Gedanken, daß es wohl kein unlöbliches Unternehmen wäre, wenn ich die wahre Magie, jene uralte Wissenschaft aller Weisen, nach vorheriger Reinigung von gewissenlosen Verfälschungen und unter sorgfältiger Entwickelung ihrer Prinzipien, wiederherstellen und gegen ihre Verleumder in Schutz nehmen würde."[3] Trotz dieses hohen, schein-

3 Zit. nach: H. C. Agrippa von Nettesheim, Die magischen Werke. Einf.: K. Benesch, 3. Aufl., Wiesbaden 1988, S. 6. Original: H. C. Agrippa von Nettesheim, Opera, Bd. II, Lugduni 1600 (Reprint Hildesheim – New York 1970), S. 622. Zu Trithemius vgl. K. Arnold, Johannes Trithemius (1462–1516), Würzburg 1971 (Quellen u. Forschungen zur Geschichte des Bistums und Hochstifts Würzburg, 23); W.-D. Müller-Jahncke: Johannes Trithemius und Heinrich Cornelius von Nettesheim, in: R. Auernheimer/F. Baron (Hrsg.): Johannes Trithemius. Humanismus und Magie im

bar orthodoxen Zieles riet Trithemius in seinem Antwortbrief an Agrippa vom 8. April 1510 doch zur Vorsicht: „... den einen Rat möchte ich Euch noch geben, daß Ihr das Gemeine den Gemeinen, das Höhere aber und die Geheimnisse bloß hervorragenden Männern und vertrauten Freunden mitteilet. ... Prüfet die Geister, damit Ihr nicht, wie es so vielen geht, den Ochsen unter die Füße geratet."[4] Länger als zwei Jahrzehnte blieb das Manuskript Agrippas im Nachlaß des Trithemius liegen. Allerdings erfuhr es durch Abschriften weite Verbreitung. 1533 erschien es, verändert und erweitert, als „De occulta philosophia" im Druck. Mehrfach sind hierbei Hinweise auf Schriften und Taten des Trithemius eingefügt, den der Nettesheimer auch brieflich in seinen verschiedensten Lebensetappen gegen alle Angriffe verteidigt hat.

Agrippas „De occulta philosophia" gibt schon in der unpublizierten Fassung ein übersichtliches System aller „geheimen" Wissenschaften, eine philosophische Begründung der weißen Magie. Diese Auffassungen basieren vordergründig auf M. Ficino bzw. spätmittelalterlichen Vorstellungen. Sie suchen „magia" und „scientia" zu versöhnen. „ ‚Magia' bedeutet ... für *Agrippa von Nettesheim* einerseits Vehikel zum Verstehen des Kosmos und zur Erkenntnis Gottes, andererseits erlaubt sie das Ausüben von menschlicher Macht auf Kosmos wie Gott. Konsequent durchdacht, stellt diese Theorie reine Häresie dar: die Allmacht Gottes wird zwar letztlich nicht negiert, aber der Allmacht des Menschen gleichgestellt. Der Mensch als Mikrokosmos verläßt seinen Platz in der vorgegebenen Hierarchie des Seins. Nicht mystische Vereinigung mit Gott, sondern rationales Erkennen Gottes aufgrund menschlichen Vermögens kennzeichnet die Philosophie des Nettesheimers. So wird er zum Vollender der Gedanken *Ficinos* und *Picos*: Magie gilt als Mittel zum Zweck. Nicht Himmel noch Hölle können den Menschen lenken oder zwingen, der Mensch, seine Seele und sein Geist alleine erreichen, was er will."[5]

Grundgedanken der neuplatonischen Philosophie machen das Gerüst des Werkes aus: die Unterscheidung einer Geister-, himmlischen und elementaren Welt. Die Geisterwelt besteht aus einer Anzahl reiner Geister (nach christlichem Verständnis Engel), die himmlische aus den verschiedenen Himmelssphären, der Sphäre der Fixsterne und den Sphären der selbst beseelt gedachten sieben Planeten. Die elementare Welt ist die irdische. Die Wirkungen der alles beherrschenden

vorreformatorischen Deutschland, München – Wien 1991, S. 29–37 (Bad Kreuznacher Symposien, Bd. 1).

4 Zit. ebenda, S. 8. Vgl. H. C. Agrippa von Nettesheim, Opera, Bd. II, a. a. O., S. 623.

5 W.-D. Müller-Jahncke, Von Ficino zu Agrippa. Der Magia-Begriff des Renaissance-Humanismus im Überblick, in: A. Faivre/R. Chr. Zimmermann, Epochen der Naturmystik. Hermetische Tradition im wissenschaftlichen Fortschritt, Berlin 1979, S. 50. Vgl. allgemein: N. Henrichs, Scientia magica, in: Der Wissenschaftsbegriff. Historische und systematische Untersuchungen, hg. von A. Diemer, Meisenheim am Glan 1970, S. 30–46; K. Goldammer, Der göttliche Magier und die Magierin Natur. Religion, Naturmagie und die Anfänge der Naturwissenschaft vom Spätmittelalter bis zur Renaissance. Mit Beiträgen zum Magie-Verständnis des Paracelsus, Stuttgart 1991 (Kosmosophie, 5).

göttlichen Allmacht verbreiten sich durch die höheren Stufen der Welt in die niederen, die Engel sind die nächsten Organe der göttlichen Weltregierung. Sie üben ihren Einfluß zunächst auf die Gestirne, diese wieder auf die sublunare Welt aus. Diese ist provinzenweise den Gestirnen untergeordnet. Verwandtes wird von Verwandtem regiert. Überirdische Einflüsse bestimmen alle einzelnen Vorgänge; alles steht, wie die Glieder eines Leibes, mit allem durch gegenseitige Sympathie in Verbindung. Träger dieser Wirkung des Geistigen auf das Irdische ist der Lebensgeist der Welt, die quinta essentia. Wer diese von einzelnen Dingen loslösen kann, kann alle Wirkungen ausüben. In diesen Rahmen vermag Agrippa unschwer alles einzureihen, was der Drang der Menschen, die übersinnliche Welt zu fassen, in fruchtbarer Phantasie ersonnen hatte: von den Kabbalisten läßt er sich über Zahl und Namen der Engel und Teufel belehren, von den Astrologen über den Einfluß der Gestirne und über die einzelnen Tiere, Pflanzen und Steine, die Sonne, Jupiter und Venus besonders verwandt sind. Die Sympathie des Universums, mittels derer es möglich ist, aus dem Kleinsten das Größte zu erkennen und durch irdische Dinge Macht über die ihnen verwandten himmlischen Mächte auszuüben, läßt alle wunderbaren Wirkungen begreiflich erscheinen, von denen berichtet wird. Z. B. folgt aus der Überzeugung, daß die Einflüsse der Gestirne in einzelnen Steinen wirksam sind, die „wunderbare Kraft“ der Edelsteine. Da alle Wirkungen letztlich geistiger Natur sind, folgt daraus die Macht der Phantasie, des Willens, des festen Glaubens. Da alles nach Maß und Zahl geordnet ist, ergibt sich daraus die Bedeutung der Zahlen. Da der Name das Wesen der Dinge ausdrückt, ergibt sich die Möglichkeit, durch Namen und Formeln zu wirken. Trithemius' „Steganographia“ (1500) dürfte hier auf Agrippa gewirkt haben. Die wahre Herrschaft über die Natur kann nur erlangen, wer sich zu ihrem Ursprung erhebt, wer sich in reiner Schau von der sinnlichen Welt löst und sich mit dem göttlichen Geist vereinigt. Er vermag in der Kraft dieser Einigung Wunder zu tun, Kranke zu heilen und Tote zu erwecken.

Dieses Werk des Agrippa wird immer wieder genannt, wenn von ihm in der Folgezeit – bis hin zur Gegenwart – die Rede ist. Er hat darin, nach eigenem Eingeständnis, vieles nur historisch referiert, ohne davon überzeugt zu sein. Noch am Ende seines Buches faßt er es als Kompilation. Dieser Aspekt wird bei der Einschätzung zumeist vergessen.

Agrippa von Nettesheim ist auch der erste deutsche Kommentator des Raymundus Lullus. Das schlägt sich in seiner Schrift „In artem brevem Raymundi Lullii commentaria“ (1533) nieder. Er sieht in Lullus „einen Magier, der wie durch eine Wunderkur auch das Unglaubliche möglich macht.“[6] Auch in „Die Fragwürdigkeit, ja Nichtigkeit der Wissenschaften ...“ ist ihm die Lullsche Kunst die Königin der Wissenschaften, die, als Enzyklopädie alles Wissens, auch die größten Dummköpfe in kurzer Zeit gescheit mache. Agrippa versteht dabei Lullus' „Ars magna“ weniger als Logik denn als Kunst, Sachverhalte, Begriffe, Sätze, Definitionen usw.

6 W. Risse, Die Logik der Neuzeit. Bd. I: 1500–1640, Stuttgart – Bad Cannstatt 1964, S. 537.

zu finden und zu vervielfältigen, d. h. eine für wissenschaftliche Darstellung hinreichende Menge an Begriffszeichen vorrätig zu haben. Das Finden faßt er als Erweiterung und Ausschmückung einer vorliegenden Sache durch geeignete Worte. In seinem Verfahren folgt Agrippa der inventio der ciceronisch-agricolaschen Topik. Er geht also auch bei seiner Auffassung des Lullus stark von Aristoteles ab. „Im ganzen versucht er, die Denkpraxis der Rhetorik *more geometrico* zu systematisieren."[7]

Agrippa selbst wandte sich nach seiner Schrift: „De occulta philosophia" einem völlig anderen Tätigkeitsfeld zu: als Kaiserlicher Rat wurde er zur Untersuchung und Verbesserung des Bergwerkwesens eingesetzt. Aber schon kurz danach (1512) zog er als Hauptmann im Heer Kaiser Maximilians I. gegen Venedig. Dabei zeichnete er sich derart aus, daß er für seine Tapferkeit noch auf dem Schlachtfelde zum Ritter geschlagen wurde. Zur gleichen Zeit – wie er das meisterte, kann man sich heute gar nicht mehr vorstellen – setzte er seine theologischen Studien fort und erwarb den Doktor beider Rechte und der Medizin. Bis 1518 weilte Agrippa im kaiserlichen Heer in Italien. Zeitweilig stand er auch im Dienste der Kurie, wofür er 1513 von Leo X. ein Belobigungsschreiben erhielt. Er dürfte sich insgesamt als Theologe einen Namen gemacht haben, denn von Kardinal Sainte Croix war er schon 1514 zu dem von Ludwig XII. einberufenen Konzil nach Pisa eingeladen worden. Agrippa hat in diesen Jahren auch Vorlesungen an den Universitäten Pavia und Turin über Hermes Trismegistos und die „Ars brevis" des R. Lullus gehalten. Er verfaßte zudem den bereits erwähnten Kommentar zu R. Lullus und den „Liber de triplici ratione cognoscendi Deum". In die italienische Zeit fällt die erste der drei Ehen Agrippas.

1518 finden wir Agrippa in Metz als Syndikus und Orator. Hier bekommt er es mit der Hexenproblematik zu tun.

Man weiß um die mehrfachen Äußerungen M. Luthers über die reale Existenz von Dämonen und Hexen. Dies zeigt seine Widersprüchlichkeit, denn gleichzeitig kämpfte er z. B. gegen die Wundertätigkeit der Reliquien und hatte ein höchst skeptisches Verhältnis zu Magie, Astrologie und Chiromantie. Luther nahm die fleischliche Vermischung des Teufels mit den Hexen an und berief sich auf die Bibel und persönliche Erfahrungen.[8] Im lateinischen Kommentar zum Galaterbrief setzte er auseinander, wie die Hexen durch den „bösen Blick" Kinder bezaubern und krankmachen können.[9] Mehrfach betont Luther, daß sich besonders Frauen mit Hexerei abgeben, und sucht das zu begründen.[10] Ab 1526 fordert er ihre

7 Ebenda, S. 539.

8 Vgl. M. Luther, Decem praecepta Wittenbergensi praedicta populo (1518), in: M. Luther, Werke. Kritische Gesammtausgabe, Bd. 1, Weimar 1883, S. 406ff. Das ff. nach: S. Wollgast: Philosophie in Deutschland zwischen Reformation und Aufklärung 1550–1650, Berlin 1988, S. 472–476.

9 Vgl. M. Luther, In epistolam Pauli ad Galatas ... Commentarius (1519), in: M. Luther, Werke. Kritische Gesammtausgabe, Bd. 2, Weimar 1884, S. 505ff., 590.

10 Vgl. M. Luther, Die ander Epistel Sanct Petri und eine S. Judas gepredigt und ausgelegt, in: M.

Tötung.[11] Auch später äußert er sich entschieden gegen die Hexen, man vergleiche seine Tischreden.

Was für den großen Reformator zutrifft, das galt für die Masse des Volkes im protestantischen wie im katholischen Bereich. Man war der festen Überzeugung, daß der „Höllenfürst" mit Menschen im Verkehr stehe, mit ihnen an bestimmten Tagen und abgelegenen Orten wüste Feste feiere und seine Lieblinge mit besonderen Kräften ausstatte. Der Wahn von Hexen und Zauberern beherrschte fast alle Menschen mit einer in der Weltgeschichte fast beispiellosen Macht. Das nicht alltägliche Aussehen bzw. Verhalten einer alten Frau, ein besonderes Merkmal an ihr, irgendeine zufällige Äußerung genügten schon, um sie beim Volk als Hexe zu verdächtigen und dem „peinlichen Gericht" zur Folter und zum Feuertode zu übergeben. Aber auch Jugend und Schönheit, untadeliges Verhalten, ja selbst der geistliche Stand schützten nicht vor der furchtbaren Angeberei auf ein Teufelsbündnis, wenn Neid, Haß, Rachsucht der Ankläger oder Habsucht der Denunzianten, Richter und Scharfrichter als Beweggrund wirkten. Zahllose vermeintliche Hexen bekannten unter den Qualen der Folter alles, was die Richter zu hören wünschten.

Wenn vornehmlich Frauen der Hexerei beschuldigt wurden, so entsprach das rabbinischer, von der Kirche übernommener Tradition, die die Frau als eigentliche Schuldige an der Erbsünde betrachtete. Jakob Sprenger und Heinrich Institoris, die Verfasser des „Hexenhammers" (1487), erklären dazu, die Frauen überträfen die Männer bei weitem an Leichtgläubigkeit, Rachsucht, Eitelkeit, Lügenhaftigkeit, Leidenschaft und unersättlicher Sinnengier. Sie seien den Männern durch drei wesentliche Mängel unterlegen: einen Mangel an Verstand, ein Übermaß an Leidenschaftlichkeit und einen Mangel an „memorativer Kraft". Daraus resultiere ihre Anfälligkeit gegenüber dem Teufel.[12]

Hexerei galt seit dem Spätmittelalter als crimen exceptum, als außerordentliches

Luther, Werke. Kritische Gesammtausgabe, Bd. 14, Weimar 1895, S. 90; M. Luther, Predigten über das erste Buch Mose, in: ebenda, S. 185.

11 Vgl. M. Luther, Predigten über das 2. Buch Mose, in: M. Luther, Werke. Kritische Gesammtausgabe, Bd. 16, Weimar 1899, S. 551f.; M. Luther, Predigten des Jahres 1529, in: M. Luther, Werke. Kritische Gesamtausgabe, Bd. 29, Weimar 1904, S. 401, 539, 557f.; J. Diefenbach (Der Hexenwahn vor und nach der Glaubensspaltung in Deutschland, Mainz 1886 [Reprint Leipzig 1969 und 1978], S. 138) vereinseitigt mit seiner Behauptung: „Man kann die Sache wohl so fassen: die Hexenverfolgungen sind auf katholischen Territorien sporadisch und periodisch; auf protestantischen Gebieten allgemein und chronisch."

12 Vgl. J. Sprenger/H. Institoris, Malleus Maleficarum. Der Hexenhammer. Zum ersten Male ins Deutsche übertr. u. eingel. von J. W. R. Schmidt, 3. Aufl., T. 1, Berlin 1923, S. 71f. Nach Riezler ist der „Malleus" das verruchteste und zugleich läppischste, das verrückteste und dennoch unheilvollste Buch der Weltliteratur" (S. v. Riezler, Geschichte der Hexenprozesse in Bayern, Stuttgart 1896 [Reprint, Aalen 1968], S. 102). J. Trithemius hat es bei Abfassung eigener dämonologischer Schriften genutzt. Vgl.: K. Arnold: Hexenglaube und Humanismus bei Johannes Trithemius (1462–1516), in: Der Hexenhammer. Entstehung und Umfeld des Malleus malificarum von 1487, hrsg. von P. Segl, Köln – Wien 1988, S. 217–240.

Verbrechen. Unter den anderen crimina excepta (wie Majestätsbeleidigung, Hochverrat u. a.) nahm sie wiederum einen besonderen Platz ein. Aufgabe des Gerichtes war es, vom bzw. von der Angeklagten Geständnisse zu erpressen. Hierzu bediente man sich der Folter.

Die gewöhnliche Strafe für „erwiesene" Hexerei war der Feuertod. Als eine Milderung für die „Bußfertigen" galt Enthauptung oder Erdrosselung vor dem Verbrennen, als Verschärfung das Schleifen zum Richtplatz. Dabei wurde von Zeit zu Zeit auf dem Wege angehalten und den Verurteilten Stücke Fleisch mit glühenden Zangen entrissen.

Die tätliche Verfolgung der Hexerei, die Folter, Prozesse usw. wurden von der weltlichen Obrigkeit vorgenommen. Der Anteil der Geistlichkeit an den Hexenverfolgungen war ungleich geringer als bei der Inquisition. Die moralische Schuld der Kirchen und ihrer Vertreter bleibt dabei bestehen. Katholische Priester oder evangelische Pfarrer waren bei jedem Prozeß anwesend, sie vermochten entsprechend ihrem Ansehen zu zügeln oder anzustacheln. Zumeist taten sie letzteres. In geistlichen Territorien oder beim Vorliegen geistlicher Gerichtsbarkeit handelten die kirchlichen Behörden gleich den weltlichen. Beide Gerichte gingen in der Praxis der „Hexen"verfolgungen im 16. und 17. Jh. weit über jene Rechtsmittel hinaus, die die „Peinliche Gerichtsordnung" Kaiser Karls V., die „Carolina" (1532), ihnen einräumte. Sie sieht für „Zauberei" zwar auch die Todesstrafe vor, läßt auch die Folter zu, schließt sie jedoch in relativ enge Grenzen ein.[13]

Agrippa geriet in Metz mit dem Inquisitor Nicolaus Savini vom Predigerorden in Konflikt. In dem Dorf Woipy (lat. Vapeya), wenige Kilometer nordwestlich von Metz, wurde eine alte Frau der Hexerei angeklagt. Sie wurde auch zeitweilig nach Metz an das städtische Gericht ausgeliefert, dann aber wieder in Woipy festgehalten. Dort wurde sie gefoltert und erneut nach Metz verbracht. Woipy gehörte zum Domkapitel, es handelte sich hier um ein bischöfliches Gericht. Der Inquisitor Savini, mit dem sich Agrippa auch noch später auseinandersetzen mußte, war Assessor des Offizials. Und Savini hatte mehr Rechte, als sein offizieller Titel aussagt. Agrippa hat als juristischer Sachverständiger der Freien Reichsstadt Metz in diesen Prozeß eingegriffen. Er schreibt jedenfalls selbst, er habe die Angeklagte den Klauen und dem Rachen des Ketzermeisters entrissen.[14] Über die Geschehnisse in Metz wissen wir nur aus dem Urteil Agrippas, es ist in vier Briefen sowie in kurzer Form in „De incertitudine et vanitate" geschildert.[15] Amtliches Material ist nicht erhalten. In zwei dieser Briefe berichtet er über den Prozeßverlauf, zwei andere sind juristische Eingaben, in denen er sich mit Anklage und Ankläger aus-

13 Vgl. Die peinliche Gerichtsordnung Kaiser Karl V. von 1532 (Carolina), hg. und eingel. von G. Radbruch, 4., verb. und erg. Aufl., hg. von A. Kaufmann, Stuttgart 1975, § 109, §§ 24–44, § 46, §§ 48–53, § 58, u. a.

14 H. C. Agrippa von Nettesheim, Opera, Bd. II, a. a. O., S. 689.

15 Vgl. W. Ziegeler, Möglichkeiten der Kritik am Hexen- und Zauberwesen im ausgehenden Mittelalter. Zeitgenössische Stimmen und ihre soziale Zugehörigkeit, Köln – Wien 1973, S. 137–199.

einandersetzt.[16] Ziegeler gibt erstmalig eine authentische Darstellung, da die vollständigen Briefe bisher nicht ausgewertet wurden. Wie er zeigt, hat Agrippa seine juristischen Sachkenntnisse zugunsten der Angeklagten verwendet.[17] Auf den Ablauf des Prozesses sei hier nicht eingegangen. Jedenfalls trat Agrippa als Jurist auf und bemühte sich, formale Rechtsverstöße des Inquisitors und der Ankläger aufzudecken. Dazu brauchte und benutzte er auch seine theologischen Kenntnisse. Durch sein starkes persönliches Engagement und sein geschicktes Eingreifen ist ihm das Hauptverdienst am Ausgang des Prozesses zuzuschreiben. Er erreichte den Freispruch.

Mit W. Ziegeler[18] möchte ich schon hier zusammenfassend zu Agrippa sagen: 1. Agrippas soziale Herkunft aus der gebildeten Schicht und die entsprechende akademische Ausbildung ermöglichten ihm eine gehobene berufliche Laufbahn an Universitäten, Fürstenhöfen sowie in kaiserlichen und städtischen Diensten. 2. Diese Voraussetzungen trugen wesentlich zu den beiden ihn bestimmenden geistigen Strängen bei, die ihn zu einer bekannten Persönlichkeit mit Verbindungen zu zahlreichen hervorragenden Zeitgenossen werden ließen: humanistisches Denken und Beschäftigung mit der Magie. 3. Besonders der Ruf eines Magiers führte ihn, neben charakterlicher Zwiespältigkeit, zu einem wechselhaften, am Rande der höheren Gesellschaft stehenden Leben. 4. Dem entspricht seine Haltung zum Hexen- und Zauberwesen: mit der Art seines Eingreifens in einen Hexenprozeß war er eine Ausnahmeerscheinung seiner Zeit; mit seinen theoretischen Ansichten gehört er zu einer kleinen Minderheit. Letztere leugnete durchaus nicht gewisse Möglichkeiten herkömmlicher Zauberei, wie sie die Antike tradiert hatte. Agrippas Magie-Verständnis und sein humanistisches Denken erklären, daß er sie nicht prinzipiell ablehnte; sie bieten zugleich Erklärungen dafür, daß er den zeitgenössischen Hexenglauben nicht akzeptierte. Seine Auffassung von der natürlichen Magie erklärt darüber hinaus die Tendenz, magische Vorgänge primär aus naturwissenschaftlichen Ursachen zu verstehen; aus dieser Denkweise ist eine gewisse Skepsis allgemein gegenüber „ungelehrter" Zauberei und ihre Geringschätzung (statt der zeitgenössischen Furcht vor ihr) ableitbar. 5. Die bemerkenswerten Ansätze zu einem rationalen Naturverständnis manifestieren sich auch an Agrippas Trennung von Theologie und Naturwissenschaft; dem entsprechen die empirischen Untersuchungen und Experimente. 6. Agrippas humanistisch geprägten,

16 H. C. Agrippa von Nettesheim an seinen Freund Claudius Cautiunecula in Basel, in: Opera, Bd. II, a. a. O., S. 684; H. C. Agrippa von Nettesheim an den Kaiserlichen Rat Henricus in Luxemburg, in: Agrippa von Nettesheim. De beatissimae Annae monogamia, o. O. 1534, S. 5v–7v. An den Vicarius Metensis 1519, in: Agrippa von Nettesheim, De beatissimae Annae monogamia, a. a. O., R. 1r–R 7v; an das Officialis Metensis, in: ebenda, R 7v–S 6v; auch in der Opera-Ausgabe, allerdings bearbeitet. Vgl. Bd. II, a. a. O.

17 Vgl. W. Ziegeler, Möglichkeiten der Kritik am Hexen- und Zauberwesen im ausgehenden Mittelalter, a. a. O., S. 151.

18 Ebenda, S. 197ff.

reformerisch bestimmten theologischen Anschauungen mit strengem Biblizismus erhärten insbesondere die Annahme der offensichtlichen Trennung von Häresie und Zauberei bei ihm. „Praktische Frömmigkeit“ führte ihn zur Kritik an äußerlichen kirchlichen Mißständen. Diese konstatierte er u. a. bei dem Hexenprozeß in Metz. 7. Religiöse Toleranz und Eindrücke aus der humanistisch geprägten Jugendzeit in Köln, Milde bei derartigen Verfahren walten zu lassen, könnten zusätzliche Motive seines Auftretens in Metz sein. 8. Soweit bekannt, ist Agrippa sonst nicht bei Hexenprozessen eingeschritten. Seine auch theoretisch nur gelegentliche, spärliche Erörterung dieses zeitgenössischen Problems erklärt sich wohl daraus, daß das Hexen- und Zauberwesen für ihn nur ein Randthema war. 9. In Metz fand sein Erfolg in der Praxis nur bedingten Niederschlag; aber der Einfluß auf das Denken von Zeitgenossen und Nachfahren ist unbestreitbar. Das Weiterwirken seiner theoretischen Anschauungen bezeugt vor allem sein Schüler Johannes Weyer. Weiterhin überlebten ihn seine vom Humanismus beeinflußten reformerischen Gedanken zur unterprivilegierten Stellung der Frauen. 10. Insgesamt wird man Agrippa nicht als Revolutionär mit originären Ideen, wohl aber als Repräsentanten des fortschrittlichen Denkens seiner Zeit, mit teilweise über seine Epoche hinausweisenden Zügen, zu verstehen haben. Letzteres gilt auch für seine Arbeit „Über die Fragwürdigkeit, ja Nichtigkeit der Wissenschaften ...“.

Wenn Friedrich von Spee (1591–1635) zu den ersten gehörte, die in Deutschland öffentlich und systematisch gegen den Hexenaberglauben angingen[19], so hatte er doch in dem Arzt Johannes Weyer (Wierus oder Wier, 1515/16–1588) einen wichtigen Vorgänger und Vorkämpfer.[20] Agrippa hat ihn während seines Bonner Aufenthaltes 1532–1533 auf das Universitätsstudium vorbereitet. In Orléans erwarb er 1537 den medizinischen Doktorgrad. Ab 1545 war Weyer Stadtarzt in Arnheim und ab 1550 Leibarzt des Herzogs von Jülich-Cleve-Berg. Weyer schrieb das Buch „De Praestigiis Daemonum et incantationibus“ (Basel 1563), das die Verfolgung der gefürchteten Hexen als eitel Trug und List des Satans bloßstellt. Die Täuschung der Menschen nimmt bedrohlich zu, da die Duldung der Mediziner, das Schweigen der Theologen, die Befangenheit der Juristen das Übel von Tag zu Tag vergrößern. Weyer leugnet nicht die Existenz des Teufels und seiner Geister, stellt aber ihre verderblichen Einwirkungen auf die Menschen entschieden in Abrede. Alle angeb-

19 Vgl. zum ff. S. Wollgast: Philosophie in Deutschland zwischen Reformation und Aufklärung, a. a. O., S. 479ff.

20 J. Geffcken, Dr. Johannes Weyer, Altes und Neues vom ersten Bekämpfer des Hexenwahns, in: Monatshefte der Comenius-Gesellschaft, Berlin 13 (1904), S. 139–148; C. Binz, Doctor Johann Weyer, ein rheinischer Arzt, der erste Bekämpfer des Hexenwahns, 2. umgearb. und verm. Aufl., Berlin 1896; L. Dooren, Doctor Johannes Wier. Leven en Werken, Med. Diss. Utrecht 1940; J. J. Cobben, Johannes Wier, Zijn Opvattingen over Bezetenheid, Hekserij en Magie, Assen 1960; H.-P. Kneubühler, Die Überwindung von Hexenwahn und Hexenprozeß (Jur. Diss. Zürich 1977) Diessenhofen 1977, S. 62–94. Vgl. U. F. Schneider, Das Werk „De praestigiis daemonum“ von Weyer und seine Auswirkungen auf die Bekämpfung des Hexenwahns, Jur. Diss., Bonn 1951.

lichen Eingriffe des Teufels in menschliche Angelegenheiten sind alberne Phantasien. Vor allem die vielberufene „Teufelsbuhlschaft“ ist gänzlich unmöglich; die sog. Hexen, die solches – nach Folter – von sich selbst aussagen, hält er für geistesgestört. Alle Abnormitäten, die dem Volke auf Hexerei hinzudeuten scheinen, sind im Grunde nur Krankheitserscheinungen. Vernunft und guter religiöser Zuspruch, nicht alberne Beschwörungen heilen den, der sich verhext glaubt; zuerst der Arzt, dann ein verständiger Geistlicher haben bei solchen Dingen mitzusprechen. Gegen angebliche Besessenheit empfiehlt Weyer gelegentlich eine tüchtige Tracht Prügel.

Weyers wichtigstes Argument ist: Gott hat die Übermacht über den Teufel. Alle Wunder Gottes, wie die Schöpfung aus dem Nichts oder wirkliche Verwandlungen der Körper, sind für den Teufel nicht nachvollziehbar. Er ist im Geist, körperlos, hat also auch nicht die Glieder und Säfte, um mit einer Hexe Unzucht treiben oder Kinder zeugen zu können. Als Arzt untersucht Weyer die Wirkung von Tollkirsche, Bilsenkraut und anderen Giften auf die Einbildungskraft der „Hexen“ im Wachen und im Schlaf und erklärt so viele Eigenschaften der sog. Hexensalbe natürlich. Entschieden spricht er sich gegen die hexengläubige Geistlichkeit aus. In Liebestränken vermutet er meist Gifte. Natürliche Dinge darf man nicht aus übernatürlichen Ursachen zu erklären suchen. Weyer erzählt eine Reihe von Hexengeschichten, die er im Fazit teils für Betrügereien, teils für Einbildungen erklärt. In dem biblischen Hauptargument für das Hexenbrennen (2. Mo 22,18) seien Giftmischerinnen gemeint. Nach Weyer gibt es in Wirklichkeit keine Hexen oder Frauen, die mit Zustimmung Gottes vom Teufel verführt werden. Der zwar an die Existenz des Teufels glaubende (oder einen solchen Glauben vorgebende) Arzt Weyer schildert gleichzeitig, wie die Einbildungen der angeblichen Hexen körperlich oder seelisch, durch Nervengifte oder durch Melancholie, natürlich zu erklären seien. Die den „Hexen“ zugeschriebenen Taten und Untaten sind erfunden, wenn auch vom Teufel ihnen eingegeben, weil sie widernatürlich sind.

Von Weyers Buch erschienen bis 1583 sechs lateinische Ausgaben, bald nach der Erstausgabe gab es auch deutsche und französische Übersetzungen. Die Wirkung des Werkes in der Praxis war allerdings – ungeachtet der Behauptungen Weyers – gering. Es wurde 1570 auf den Index der katholischen Kirche gesetzt, von der protestantischen Universität Marburg verbrannt, vom französischen Calvinisten Lambert Danaeus verurteilt. Jean Bodin empfahl Weyer zur weiteren Behandlung der Inquisition. Der Jesuit Martin Antonio Delrio, der ein neues Handbuch der Hexenprozesse, gleichsam einen neuen „Malleus“, herausgab, ebenso der prominente protestantische Jurist und Hexenverfolger Benedict Carpzov hielten Weyer für einen Satansknecht, einen gottlosen Hexenpatron.

Da Agrippa in Metz zudem, Faber Stapulensis folgend, die These von der Einehe der Heiligen Anna, der Mutter der Jungfrau Maria, vertrat, zog er weitere Angriffe der Geistlichkeit auf sich. Die Dominikaner z. B. lehrten, Anna sei dreimal verheiratet gewesen. Faber verkünde Ketzerei. Agrippa folgte offenbar auch des Trithemius Schrift „De laudibus sanctissimae matris Annae“ (1494).

1520 mußte der umstrittene Agrippa Metz verlassen. Hier hatte er die kleine Schrift „De originali peccato" verfaßt und dem Kölner Bischof Theoderich gewidmet. Hier verstarb auch seine erste Frau.

Agrippa begab sich von Metz in seine Heimatstadt, geriet aber auch hier mit den Mönchen in Streit. So reiste er nach Genf weiter. Hier ließ er sich als praktischer Arzt nieder und heiratete erneut. Nach dem Tode dieser Frau heiratete er ein drittes Mal; den drei Ehen entsprossen sieben Kinder. Seine Vermögensverhältnisse waren zerrüttet; über Fribourg/Schweiz – dort erhielt er das Bürgerrecht – ging er 1524 nach Lyon. Hier wurde er Leibarzt der Königin-Mutter Aloysia von Savoyen. In diesem Amte verfaßte er eine Abhandlung über das Sakrament der Ehe („De sacramento matrimonii declamatio"), die er Herzogin Margarethe von Alançon dedizierte. Zudem stellte er astrologische Prognostiken. Seine Angriffe auf den Hof und auch wenig geschicktes Verhalten führten zu seiner Streichung von der Liste der Hofbeamten. Agrippa suchte sich zu verteidigen – erfolglos. Er und seine Familie litten große Not. Der Grund dafür, daß er „in Ungnade" fiel, kann als typisch für Agrippas Charakter angesehen werden. Die Königin-Mutter verlangte von ihm, er möge den Ausgang des Krieges gegen Karl V. in Italien voraussagen. Nun hätte es sich jeder Scharlatan – und Agrippa wurde, besonders postum, ja häufig als Hexer, Teufelsschüler und Scharlatan gebrandmarkt – sehr leicht gemacht und dem Auftraggeber auch ohne seine Überzeugung oder gegen sie eine diesem gefällige Weissagung aus dem Horoskop gestellt. Agrippa aber weigerte sich, ja, er empörte sich sogar öffentlich, daß die Königin-Mutter ihn für so niedere Aufgaben mißbrauchen wollte. In dieser Zeit schrieb er 1526 seine zweite größere Schrift „De incertitudine et vanitatum scientiarum atque artium declamatio", hier „Über die Fragwürdigkeit, ja Nichtigkeit der Wissenschaften, Künste und Gewerbe" übersetzt. „Man wird sagen müssen, daß der weitaus größte Teil der Unannehmlichkeiten seines weiteren Lebens durch das Erscheinen *dieses* Buches verursacht wurde. Damit hatte er ja alle, Mönche, Scholastiker, Juristen, Ärzte, Feldherrn und Regierende gehörig vor den Kopf gestoßen."[21]

Agrippa wollte seine Bekenntnisschrift „De incertitudine ..." ursprünglich König Franz I. widmen, eignete sie dann aber dem Genueser Kaufmann Agostino Fornari zu. Sie erlebte noch zu Agrippas Lebzeiten mindestens acht neue Auflagen. Schon Walter Pagel verweist darauf, daß auch Agrippas Spätwerk noch wesentlich von Reuchlins „De verbo mirifico" beeinflußt ist.[22] Ich folge z. T. G. Rudolph: „Die überarbeiteten Jugendschriften und das Spätwerk könnte man vielleicht als Stufen einer inneren Entwicklung interpretieren – ausgehend von Terminismus, Grammatik, Rhetorik, Dialektik, Aristotelismus und Scholastik über den Glauben an ein Reich der Magie bis zur enttäuschten Abkehr davon – Stufen, bei denen man

21 H. F. W. Kuhlow, Die Imitatio Christi und ihre kosmologische Überfremdung, a. a. O., S. 14.

22 W. Pagel, Paracelsus. An Introduction to Philosophical Medicine in the Era of the Renaissance, Basel – New York 1958, S. 290–294 (2. Aufl. 1982).

den Eindruck erhält, als überwinde das spätere Werk das frühere nur zum Teil, als bliebe etwas Essentielles aus diesem selbst in seiner Negation fortbestehen. Vielleicht sind es auch nur die verschiedenen Aspekte eines dreiseitigen Prismas."[23]

Agrippa hat Erasmus um ein Urteil über seine Schrift „Über die Fragwürdigkeit, ja Nichtigkeit der Wissenschaften ..." förmlich angefleht: „Sie versprechen, Sie wollten meine declamatio über die Fragwürdigkeit der Wissenschaften und die Erhabenheit von Gottes Wort vollständig lesen und mir Ihre Ansicht darüber ganz ausführlich schreiben. Deshalb bitte ich Sie, lieber Herr Erasmus, jetzt ganz dringend, um meinetwillen nicht die geringe Mühe zu scheuen und mir Ihre hochgeschätzte Meinung über meine Schrift mitzuteilen. Ich bin ganz auf Sie und Ihre Worte eingeschworen, ein getreuer Kämpfer für Ihre Sache; ich nehme jede Kritik von Ihnen an, Ihr Urteil gilt mir stets als erste und höchste Autorität, und ich denke so hoch von Ihrer geneigten Persönlichkeit, daß ich mir schmeicheln darf, Sie hielten meine freimütige, ja kühne Art zu schreiben für gut. Nun, Sie wissen ja um das Wesen einer ‚declamatio'".[24] Erasmus antwortet zurückhaltend, ja er mahnt auch Agrippa eher zur Zurückhaltung.

An J. Ortega y Gassets Philosophie anknüpfend, sieht G. Rudolph in Agrippa einen Menschen des Übergangs: „Er steht zwischen zwei Glaubensgewißheiten, ohne sich in irgendeiner zu Hause zu fühlen. Agrippas Werk ist ein unmittelbarer Ausdruck dieser Krise, des Nicht-mehr und des Noch-nicht. Er ist ungewiß in dem, was er zu suchen hat, er ist entschlossen in dem, wovon er sich scheidet."[25] Dieser Art von Skepsis folgen M. Montaigne (1533–1592), François Sanchez (1552–1632) und Pierre Charron (1541–1603).

Barbara C. Bowen beschäftigt die Frage, wieso Agrippa in einem kurzen Zeitraum zwei so unterschiedliche Werke wie „De incertitudine et vanitatum scientiarum" und „De occulta philosophia" edieren konnte. Sie diskutiert die unterschiedlichen, oft kontradiktorischen Positionen in der bisherigen Forschung. Dann will sie zwei Fragen behandeln: „1. is the *De vanitate* a paradox? and 2. is a Renaissance paradox nothing but a frivolous rhetorical exercise?"[26] Für sie *ist* „De vanitate" ein Paradox – das 16. Jh. sei ja ohnehin die hohe Zeit der paradoxen Schreibart gewesen. Und Barbara C. Bowen stellt fest: „Like the works in similar vein of Erasmus, Rabelais and many others, Agrippa's book is a literary paradox and at the same time a work of polemic. It is often difficult to determine which of the points of view expressed in the book represent the author's ‚sincere' convic-

23 Vgl. G. Rudolph, „De incertitudine et vanitate scientiarum", Tradition und Wandlung der wissenschaftlichen Skepsis von Agrippa von Nettesheim bis zum Ausgang des 18. Jahrhunderts, in: Gesnerus, Aarau 23 (1966) S. 253.

24 Agrippa von Nettesheim, Opera, Bd. II, a. a. O., S. 994. Brüssel 13. Jan. 1531, Epist. libr. VI, XXXVI. (Übersetzung: G. Güpner.)

25 G. Rudolph, „De incertitudine et vanitate scientiarum", a. a. O., S. 257.

26 B. C. Bowen, Cornelius Agrippa's De Vanitate: Polemic or Paradox? in: Bibliotheque d' Humanisme et Renaissance, Genève 334 (1972), S. 250.

tions.“ „De vanitate“ sei auch heute noch zu lesen „as a brilliantly constructed exercise on a very conventional theme.“[27]

„Über die Fragwürdigkeit, ja Nichtigkeit der Wissenschaften, Künste und Gewerbe“ ist jedenfalls eine bissige Satire auf die Wissenschaften jener Zeit. Aber nicht auf die Wissenschaft allein! Es ist auch Stände- und Kirchenkritik, auch allgemeine Kritik menschlichen Verhaltens. Alle Geheimwissenschaften sind jetzt für Agrippa Schwindel, und die Kabbala ist „nichts als eine höchst gefährliche Form des Aberglaubens“ (S. 95). Agrippa stand nicht an, seine in vielen Abschriften zirkulierende Jugendschrift „De occulta philosophia“ hier als „Irrtümer“, als „Weg ins Verderben“ (S. 98) zu bezeichnen. Alles sei relativ, meinte Agrippa als Schlußfolgerung, nur Christus könne nicht irren, er, auf den allein man bauen solle, er, die letzte Zuflucht für Leib und Seele. Wir werden auf den Inhalt von Agrippas „Über die Fragwürdigkeit, ja Nichtigkeit der Wissenschaften ...“ noch zurückkommen.

Sollte dieses Buch Agrippas eine völlige Umkehr sein? Eine Selbstverteidigung? Wollte der im Kampf müde Gewordene seinen Frieden mit der Kirche machen? Zu Kreuze kriechen, indem er allem, was er in der „okkulten Philosophie“ geschrieben hatte, abschwor? Tat er das mit diesem Buch?

Wir wissen es nicht exakt. Wir können nur Vermutungen anstellen. Agrippa, eine der schillerndsten und facettenreichsten Gestalten seines Jahrhunderts, ist uns letztlich heute ebenso ein Rätsel wie seinen Zeitgenossen. Wir können uns nur an die widersprüchlichen Fakten halten. Gegen das Zu-Kreuze-Kriechen spricht schon, daß er sich auch in diesem Buch gegen Papst und Kirche wandte, die weniger für den Kirchenbau und dafür mehr für Wohltätigkeit ausgeben sollten. Die Bettelmönche nannte er Schmarotzer und die Kutte eine Erfindung des Teufels, er sympathisierte mit der Reformation des „unbesiegten Ketzers“ Martin Luther, auch wenn er selbst in der römischen Kirche blieb. Die Gründe dafür werden uns wohl – wie auch bei anderen Humanisten – für immer verborgen bleiben.

Die Reaktion der Gegner Agrippas ließ nicht lange auf sich warten. „De incertitudine et vanitate scientiarum ...“ wurde am 2. März 1530 auf Anordnung der Sorbonne zu Paris vom Henker öffentlich verbrannt. Löwen schloß sich dem Verbot an. Die Vertreter der Universitäten Löwen und Paris hatten jene Stellen aus Agrippas Buch über „Über die Fragwürdigkeit, ja Nichtigkeit der Wissenschaften ...“ zusammengestellt, die damals einen Ketzerprozeß rechtfertigten: die Angriffe auf die Mönchssitten, die Stellen über M. Luther, über den Bilderdienst, über den menschlichen Charakter der Evangelisten, über die Leerheit der Bibelauslegungen, über das Verhältnis der Wissenschaft zum Christentum und die Beschimpfungen der Mönche überhaupt. Agrippa schrieb gegen seine Angreifer eine Verteidigung. Sie erschien 1533 und erregte gleiches Aufsehen wie sein angegriffenes „Nichtigkeitsbuch“.

27 Ebenda, S. 256; vgl. S. 252.

Daß Agrippas Werk „Über die Fragwürdigkeit, ja Nichtigkeit der Wissenschaften ...“ keine ernsthafte Leugnung der „Occulta philosophia“ sein konnte, ist auch daraus zu ersehen, daß er diese 1531–1533, 21 bzw. 23 Jahre nach der Erstschrift, mit einem klärenden Vorwort sowie überarbeitet und erweitert herausgab. Und wenn man die Schrift „Über die Fragwürdigkeit, ja Nichtigkeit der Wissenschaften ...“ genauer liest, merkt man bald, daß Agrippa trotz aller Angriffe nach allen Seiten hin, die bei ihm schon zur Routine gehörten, weder der Wissenschaft noch der Magie *jede* Wirkung abspricht. Er zweifelt nur an der Fähigkeit des Menschen, das Absolute zu erkennen – es sei denn im Bereich und mit den Mitteln des Glaubens. Sind wir heute weiter?

Metzkes Interpretation von „De incertitudine et vanitate ...“ ist die wohl tiefste philosophische. Sie weist für diese Schrift die Einordnung Agrippas in den Skeptizismus als irreführend zurück. Metzke erblickt darin vielmehr eine allgemeine Zeitkritik. Agrippa ziele „auf Grundsätzliches. Nur wird dieses Grundsätzliche nicht aus der Logik oder der Wissenschaftslehre gewonnen, sondern aus der konkreten Stellungnahme eines lebendigen Menschen zu der Wirklichkeit, in der er lebt. Ein gesunder Instinkt für das, was not tut, verbindet sich dabei mit den Ausbrüchen einer jäh aufflatternden Ungeduld und dem gärenden Gefühl eines tiefen Unbefriedigtseins von allen Wissens- und Lebensformen der Zeit, das sich oft bizarr, übersteigert, paradox äußert. Ein ‚Pyrrhonismus‘ aber im traditionellen Sinne, also eine skeptische Haltung, die keine affirmative Behauptung aufzustellen wagt (von der Stadelmann spricht) liegt Agrippa völlig fern.“[28] Agrippa gehe es nicht primär um das Problem des Wissens, sondern um das des Menschen. „*Incertitudo* bedeutet bei Agrippa ... eine reale Unsicherheit der Existenz, die in der Geschöpflichkeit des menschlichen Seins ihren Grund hat.“[29] Der philosophische Kern des Geschöpflichkeitsmotivs, wie es bei Agrippa wirksam ist, besteht in der Erkenntnis, daß der Mensch mit seinem ganzen Sein, mit seinem Tun ebenso wie mit seinem Wissen, an für ihn nicht verfügbare Gegebenheiten real gebunden ist, die ihn unaufhebbar bestimmen und begrenzen, „und zwar so, daß sie den ihnen ausgelieferten Menschen zugleich zuinnerst beunruhigen und bedrohen. Agrippa nennt als solche Gegebenheiten: *tempus oblivio mors* – also die Mächte der Zeit, des Vergessens, des Todes.“[30] Damit ist in Geschöpflichkeit eingebunden: Endlichkeit, Bedingtheit, Vergänglichkeit als eigene Erfahrung bei der ständigen Begegnung mit der Wirklichkeit. Dementsprechend weist Agrippa die Ansprüche eines Wissens zurück, dessen Dogmatisierungstendenzen der Wirklichkeit Gewalt antun. Allgemeine Ideen sind für das individuelle Leben nicht bestimmend, keine Theorie

28 E. Metzke, Die „Skepsis“ des Agrippa von Nettesheim. Eine Studie zur Geschichte des deutschen Geistes im ausgehenden Mittelalter, in: E. Metzke, Coincidentia oppositorum. Gesammelte Studien zur Philosophiegeschichte, hg. von K. Gründer, Witten 1961, S. 10.

29 Ebenda, S. 11.

30 Ebenda.

vermag endgültig gut und böse festzulegen. Agrippa stürzt mit seinem Werk nicht den Absolutheitsanspruch einer Theorie, um eine andere an deren Stelle zu setzen. Er bleibt auch nicht bei der bloßen Negation stehen; er läßt das Problem der Geschöpflichkeit philosophisch offen und verweist einfach auf die Botschaft Jesu Christi.

„Vanitas", das zweite Wort im Titel, verweist „auf die Frage nach Wert und Unwert, nach dem, was die *scientiae et artes* für den Menschen und den Aufbau seines Lebens bedeuten."[31] Agrippa sieht in Wissenschaften und Künsten überall die Vanitas herrschen. Sie hat ihre Wurzel nicht „in einer Fraglichkeit der Wahrheitsnormen, sondern im Willen des Menschen. Nicht der Weg zur Wahrheit als solcher ist versperrt, sondern die Menschen haben sich nicht an die ihnen gewiesenen Wege gehalten, haben in Ignorierung der von Gott gesetzten Ordnung Grenzen und Wegmarkierungen mißachtet und ihre subjektive Meinung an die Stelle der Wahrheit gesetzt. So verlieren sich die Philosophen in *figmenta cogitationum,* und die Historiker halten sich nicht mehr an die Sache, schreiben nicht *quod est, sed quod cupiunt, quod volunt, quodque lubet.*"[32] Es geht Agrippa nicht um eine grundsätzliche Skepsis, sondern um eine grundsätzliche Umorientierung. Diese muß von den Dingen und Methoden zurück zum Menschen führen. „Der Sinn der *scientiae* selbst erfüllt sich erst durch das, was der Mensch mit seinem Wollen aus ihnen macht, das heißt eben, aus dem lebendigen Sein des Menschen."[33] Es geht bei Agrippa also nicht um Verzicht, sondern um Wechsel der Blickrichtung. Beispielhaft sind die Schlußworte seiner „Epistola dedicatoria": „Nichts zu wissen ist das glücklichste Leben" (vgl. uns. S. 9). Das ist nicht Verzicht! In gewisser Hinsicht ist wohl Metzke zuzustimmen, daß Agrippa „aus einem neuerwachenden religiösen Drang heraus" handelt und schreibt, „der erfülltes Leben an Stelle abgestorbener Begriffe fordert."[34] Für Agrippa ist das maß- und richtunggebende Prinzip, das er allen Versuchen radikal entgegenstellt, die aus der „Natur" oder „Vernunft" die Prinzipien zur Reform des geistigen und politischen Leben zu nehmen suchen, das Wort Gottes. „Auch für diese Frage brauchte man nur den Titel genauer zu beachten, der allerdings durchweg in der Literatur unvollständig wiedergegeben und aufgefaßt wird. Dieser Titel lautet nämlich nicht einfach *De incertitudine et vanitate scientiarum et artium,* sondern er fährt fort: *et excellentia verbi Dei.* Schon die ersten Gegner Agrippas haben den Titel verstümmelt."[35] Dies ist bei Wertung seiner Schrift „De incertitudine et vanitate scientiarum" zu beachten! Dabei unterscheidet Agrippa scharf zwischen „verbum Dei" und „humana sapientia". Zwischen beiden gibt es keinerlei Vermittlung: „Mit dem Gottesprinzip, wie wir es bei

31 Ebenda, S. 13.
32 Ebenda; vgl. uns. Ausgabe, Kap. LIII, Kap. III.
33 Ebenda.
34 Ebenda, S. 14.
35 Ebenda, S. 15.

Agrippa finden, wird eine entschiedene Grenzsetzung gegenüber jeder Verabsolutierung menschlicher Maßstäbe möglich. Hier findet auch Agrippas eigenes, oft hemmungsloses Selbstbewußtsein, mit dem er seiner Zeit entgegentritt, eine Grenze."[36] Es gibt für ihn Realitäten, für die andere Maßstäbe als die der deduzierenden ratio gelten. Und es gibt auch Wirklichkeiten, die überhaupt alles menschliche Messen übersteigen. Hier deutet sich schon eine Linie an, die später in Kontroverse zum „Messen, Wägen, Zählen" der Galileischen Naturwissenschaft und Weltsicht stehen sollte, die bis in die Romantik, bis in unsere Gegenwart führt. Diese Linie ist jedoch in einem vom platten Rationalismus geprägten Zeitalter verschwiegen, unterbewertet, belächelt worden.

Im Juli 1528 weilte Agrippa als praktischer Arzt in Antwerpen. Dabei errang er den Ruf eines Wundertäters, war aber zugleich heftigsten Angriffen – gerade von den Ärzten – ausgesetzt. Die Statthalterin Margaretha der Niederlande bot ihm eine Stelle als Hofhistoriograph an. Agrippa nahm an und übersiedelte nach Mecheln. Aber er hat in dieser Funktion lediglich eine Beschreibung der Krönung Karls V. zu Bologna und eine Leichenrede für Margaretha hervorgebracht. Beides sind kurze Schriften. Margaretha hatte Agrippa schon vor ihrem Tode (1530) ihre Gunst entzogen. Die Verbindungen und Anklagen der Mönche und Schultheologen wirkten. Besonders die Theologen in Löwen traten gegen Agrippa auf, Grundlage waren kompilierte Stellen aus „Über die Fragwürdigkeit, ja Nichtigkeit der Wissenschaften ...". Agrippa erhielt sein Gehalt nicht mehr ausbezahlt und kam 1531 in Brüssel ins Schuldgefängnis. Nach seiner Auslösung begab er sich Mitte 1532 zu dem Kölner Kurfürsten und Erzbischof Hermann von Wied (1477–1552). Diesem hat er seine „Occulta philosophia" dediziert.

Als Agrippa gemerkt hatte, daß handschriftliche, oft verfälschende Kopien seiner Jugendschrift über die geheimen Wissenschaften im Umlauf waren, entschloß er sich, das überarbeitete und erweiterte Manuskript in Antwerpen drucken zu lassen. 1531 erschien dort das erste Buch, 1533 das gesamte Werk – drei Bücher – in Köln in zwei Drucktypenvarianten. Darin wurden eine Reihe Albertus Magnus unterschobene Werke verarbeitet (so der „Liber aggregationis seu Liber secretorum Alberti Magni de virtutibus herbarum, lapidum et animalium quorundam", die „Leges Platonis"). „In welchem Maße Agrippa die ‚Klassiker' der Magie des 13. Jahrhunderts berücksichtigt hat, kann nicht nachgewiesen werden, da sich sowohl Arnold von Villanova (um 1240–1311) als auch Petrus von Abano (um 1250–1313/18) und Raimundus Lullus (um 1235–1316) auf gleiche Quellen beziehen dürften wie die ‚De occulta philosophia'".[37] „Möglicherweise bezieht sich

36 Ebenda, S. 17.

37 W.-D. Müller-Jahncke, Magie als Wissenschaft im frühen 16. Jahrhundert. Die Beziehungen zwischen Magie, Medizin und Pharmazie im Werk des Agrippa von Nettesheim (1486–1535), Diss. des Fachbereichs Pharmazie und Lebensmittelchemie der Philipps-Universität Marburg/Lahn 1973, S. 38; ders.: Astrologisch-magische Theorie und Praxis in der Heilkunde der frühen Neuzeit, Wiesbaden – Stuttgart 1985 (Sudhoffs Archiv, Beihefte, H. 25); ders.: Zur Geistes- und Dämonenlehre des

Agrippa in manchen seiner theoretischen Erörterungen bezüglich der ‚Magie' auf den bei ihm ebenfalls erwähnten Roger Bacon (um 1215–1294), dessen ‚Opus magnum' eine kritische Prüfung der Astrologie enthält, die jedoch eher in ‚De vanitate' aufgenommen worden sein dürfte."[38] Häufig sichert Agrippa die dämonologische Theorie der Schrift „De occulta philosophia" durch Zitate aus den Kirchenvätern ab. Neben Thomas von Aquino führt er besonders Augustinus an. In seiner späteren, der Druckvariante, verarbeitet Agrippa die durch Ficino zugänglich gemachten und kommentierten Schriften Platos in stärkerem Maße als bei der Fassung von 1510. Gleiches gilt für die Neuplatoniker Plotin, Proklos, Porphyrios und Jamblichos. In der Druckfassung von „De occulta philosophia" läßt sich auch ein gesteigertes Interesse Agrippas an den Theorien der Kabbala und der zur Zeit des Renaissance-Humanismus mit ihnen verknüpften Theorien des Neupythagoreismus nachweisen. „Picos ‚De dignitate hominis' (1486) hat Agrippa ebenso gekannt und benutzt wie den ‚Heptaplus' (1489), der die sieben Tage der Genesis behandelt. In noch stärkerem Maße als Pico verband Johannes Reuchlin in seinen Schriften ‚De verbo mirifico' (1494) und ‚De arte cabbalistica' (1517) die kabbalistischen Theorien mit denen des Neupythagoreismus, die Agrippa mit der mittelalterlichen Zahlensymbolik und den Umsetzungen astrologischer Konstellationen in bestimmte Zahlen, die aus der arabischen Tradition herstammen, vereint".[39] Auch des venetianischen Franziskaners Francesco Zorzi (Giorgi), der sich latinisiert Franciscus Georgius Venetus nannte (1450– ca. 1535), „De harmonia mundi cantica tria" (1525) ist durch Agrippa genutzt worden. Diese Schrift widmet sich der durch die Gesetze der Mathematik erklärbaren Harmonie des Kosmos. Von den Medizinern führt Agrippa Galen (nach Maimonides zitiert), Hippokrates, Dioskurides und Serenus Sammonicus an. Seine Spiritus-Theorie birgt Züge der pneumatischen Schule der Stoiker. Insgesamt faßt Agrippa Magie als Wissenschaft. Aber seine Weltsicht ist nicht nur magisch. Sie umfaßt auch andere Aspekte des Renaissancedenkens, so Hylozoismus, die Idee von der Organizität der Welt und ihrem allgemeinen Zusammenhang, Animismus und damit die Idee von der lebendigen Materie.

„Die incertitudine et vanitate omnium scientiarum ..." und „De occulta philosophia" – beide Werke wurden kurz nacheinander (1531 und 1533) ediert. Das scheint einen Widerspruch darzustellen. Er erscheint unauflösbar, „wenn ‚De occulta philosophia' als ein ‚Kompendium der Magie' angesehen wird, und nicht als der Versuch Agrippas, die ihm bekannten Schriften ‚magischen' Inhalts zusammenzutragen, um aus ihnen ein kosmologisches System zu erstellen, das die in diesen Schriften ebenfalls enthaltenen Angaben zu den bisher unerklärbaren, magi-

Agrippa von Nettesheim, in: Paracelsus und sein dämonengläubiges Jahrhundert, Wien 1988, S. 16–24.

38 Ebenda, S. 39.

39 Ebenda, S. 44.

schen ‚virtutes' im Sinne der ‚Magia naturalis' als einer Wissenschaft dem Verstand des Menschen zugänglich macht. Der Rationalisierungsprozeß, der sich in ‚De occulta philosophia' immer wieder mit der angedeuteten Kritik an der praktischen Magie verbindet, läßt sich auch in ‚De vanitate' erkennen, in der die Irrationalität aller wissenschaftlichen Theorien aufgedeckt wird."[40] Müller-Jahncke meint weiter: „ ‚De occulta philosophia' stellt sich letztlich dar als ein Werk, in dem Agrippa die Möglichkeiten des Menschen aufzeigt, den Kosmos und selbst Gott durch Wissen und Erkennen zu beherrschen; ‚De vanitate' und insbesondere der ‚Dialogus de vanitate' zeigen die Grenzen der Erkenntnis, die dem Menschen von Gott auferlegt sind."[41]

Insgesamt sind die letzten Lebensjahre Agrippas dunkel. Er reiste mit Hermann von Wied nach dem Frühsommer 1533 von Bonn nach Bad Bertrich, einem damals sehr beliebten Badeort.[42] In Koblenz hatten sie Station gemacht. Dort wirkte Johannes Dryander (1500–1560), Leibarzt des Trierer Erzbischofs. Aus der Zeit des Aufenthaltes Agrippas in Bad Bertrich stammt ein Briefwechsel zwischen Dryander und Agrippa.[43] Agrippa weilte bis 28. Juni 1533 dort, nachweisbar ist noch, daß er mit seinem Erzbischof am Tage Petri und Pauli nach Wesel abgefahren ist.[44] Dies ist die letzte nachgewiesene Nachricht über Agrippa. Dann verlieren sich seine Spuren. Das „corpus epistolarum" Agrippas verzeichnet noch einen Brief Dryanders vom 10. Juli 1533. Der Aufenthaltsort Agrippas ist nicht angegeben. Und hat er ihn erhalten? Wir wissen es nicht.

1535 unternahm Agrippa – so heißt es – eine Reise nach Frankreich, offenbar, um dort eine Ausgabe seiner Werke zu veranstalten. In Lyon soll er verhaftet und eingekerkert worden sein. Nach der Entlassung – möglicherweise ist er auch gefoltert worden – verstarb er im gleichen Jahr in Grenoble. Damit verstarb ein Mann, „der als Ruheloser durch Europa wanderte und um den sich Mittelalter und Renaissance, Humanismus, Katholizismus und Reformation streiten."[45] Auch sein reichhaltiger Briefwechsel harrt noch der Auswertung.

Mit Agrippas Tod setzte die Legendenbildung um diese widersprüchliche und geniale Gestalt ein. Schon sein Tod wurde in den verschiedensten Varianten berichtet. Der Teufel, den Agrippa in Gestalt eines schwarzen Hundes immer bei sich

40 Ebenda, S. 50. Vgl. P. Zambelli, A proposito del „de vanitate scientiarum et artium" di Cornelio Agrippa, in: Rivista critica di storia della Filosofia, Rom 15 (1960), S. 166–180.

41 Ebenda, S. 51.

42 W.-D. Müller-Jahncke, Johannes Dryander und Heinrich Cornelius von Nettesheim in ihrem Briefwechsel, in: Hessische Heimat, Gießen 25 (1975), S. 91–98.

43 Vgl. H. C. Agrippa von Nettesheim, Opera, Bd. II, a. a. O., S. 1068–1073.

44 Vgl. L. Ennen, Geschichte der Stadt Köln und Neuss. Meist aus Quellen des Stadt-Archivs, Bd. IV, Köln und Neuss 1875, S. 375.

45 H. F. W. Kuhlow, Die Imitatio Christi und ihre kosmologische Überfremdung, a. a. O., S. 17. Nach Hiram Haydn war Agrippa sogar „a mystical romantic" (H. Haydn, The Counter-Renaissance, New York 1950, p. 15ff.).

gehabt haben soll, reicht gar bis zu Goethes „Faust“. Als Agrippas Tod nahte und man ihn mahnte, Reue zu üben, soll er dem Hund das Halsband abgenommen und zu ihm gesagt haben: „Geh, unglückliche Bestie, die du die Ursache meines ganzen Verderbes warst!“ Der Hund soll sofort geflohen sein und sich in die Sâone gestürzt haben. Es wurde auch gefabelt, Agrippa habe seine Zeche in Wirtshäusern mit Hornstücken bezahlt und die Wirtsleute derart benebelt, daß sie diese als Münze annahmen. So hatten seine Feinde es nicht schwer, ihn als großen Zauberer in Verruf zu bringen. „Drei Namen sind es vornehmlich, die mit der Geschichte der Magie zu Anfang des 16. Saeculums in Verbindung stehen: Dr. Faustus, Agrippa von Nettesheim und – wenn auch bedingt – Paracelsus. Mit jedem dieser drei ist Trithemius in Verbindung zu bringen, stärker noch hat die Nachwelt das Bild ihrer Persönlichkeit zur Deckung gebracht.“[46] Für die Existenz des historischen Faust ist der Abt Trithemius die erste literarische Quelle. In den folgenden Jahrhunderten wird Agrippa häufig mit Faust identifiziert.

Friedrich Schiller sagt im Prolog zu seinem „Wallenstein“:

> „Von der Parteien Gunst und Haß verwirrt
> schwankt sein Charakterbild in der Geschichte“.

Das gilt auch für Agrippa; Haß in verschiedensten Spielarten hat aber den Vorrang.

Agrippa war in seiner Zeit als Magier „verschrien“, was sich auch in zeitgenössischen Schilderungen seines Lebens und Endes widerspiegelt (Conrad Gesner, Paul Jove (Giovio), Jean Bodin, Martin Antonio delrio, André Thevet). Eine erste objektive Würdigung Agrippas hinterließ Pierre Bayle in seinem „Dicitionnaire historique et critique“. An ihn lehnen sich fast alle folgenden Biographen an. Aber schon vor Bayle wurde Agrippa in der protestantischen Kontroversliteratur benutzt. So heißt es bei Johann Arndt: „Agrippa de vanitate scientiarum schreibet / wie er sich offt bemühet habe / zuerforschen den uhrsprung der Münchskappen / weil man zu seiner zeit so trefflich viel auff diesen Habit gehalten / Weil ers aber aus keinen beschriebenen Historien erlernen mögen / sey er entlich auff die Bilder geraten / weil dadurch viel ding ist geweissaget / Da habe er entlich zu Rom ein gar altes Gemehlde gefunden / unter welchen auch gewest / wie Christus in der Wüste vom Teuffel versucht worden / Da habe der Teuffel eine Münchskappen angehabt / daraus er vernemen könne / woher die Münchskappen kommen.“[47]

46 K. Arnold, Johannes Trithemius (1462–1516), a. a. O., S. 185; zur Legende um Agrippas Hund vgl. z. B.: J. M. Mehlig, Historisches Kirchen- und Ketzer-Lexicon aus den besten Schriftstellern zusammengetragen, Chemnitz 1758, S. 40.

47 J. Arndt, IKONOGRAPHIA. / Gründtlicher und Christ- / licher Bericht / Von Bildern / jhrem uhrsprung / rechtem gebrauch und mißbrauch / im alten und neuen Testament: Ob / der mißbrauch die Bilder gar auffhebe: Was dieselbe / für ein gezeugnuß in der Natur haben / in Geistlichen und Weltlichen Sachen: Von der Ceremonia oder / Zeichen des Creutzes: Auch von der eusserlichen Reverentz und Ehrerbietung gegen dem hoch- / gelobten Namen Jesu Christi / unsers / einigen Erlösers und Ehren- / Königes. Halberstadt o. J., fol. 36a. Vgl. uns. S. 62 (Kap. XX).

Die ersten wissenschaftlichen Biographien der Neuzeit über Agrippa stammen von Henry Morley und Auguste Prost.[48] Aber auch Prost, auf den sich die folgenden Biographen stark stützen, legt gegenüber Agrippa starke Skepsis an den Tag. Sie wird erst durch die Analyse des Philosophen Agrippa zurückgedrängt. Diese ist bereits bei Wilhelm Gottlieb Tennemann wohlwollend, der „De vanitate et incertitudine" besonders hervorhebt.[49] L. Thorndike vermittelte den Zusammenhang Agrippas mit seinen Zeitgenossen.[50] Davon ausgehend leitete Paola Zambelli gleichsam eine „Nettesheim-Renaissance" ein.[51] Wichtig für die Nettesheim-Forschung sind weiter die Arbeiten von Chr. G. Nauert jr. und H. F. W. Kuhlow.[52]

48 H. Morley, The life of Henry Cornelius Agrippa von Nettesheim, doctor and knight, commonly known as a Magician, Bd. I–II, London 1856; A. Prost, Les sciences et les arts occultes au XVIe siècle. Corneille Agrippa, sa vie et ses oeuvres, Bd. I–II, Paris 1881–82 (Reprint Nieuwkoop 1965). Vgl. auch: J. Orsier, Henri Cornèlis Agrippa. Sa Vie et son Oeuvre d'après sa Correspondance (1486–1535), Paris 1911. Literaturverzeichnis in: W. Totok: Handbuch der Geschichte der Philosophie, Bd. III: Renaissance. Unter Mitarbeit von E. Schadee, H.-P. Schramm und H. Schröer, Frankfurt/M. 1980, S. 397–400.

49 W. G. Tennemann, Geschichte der Philosophie, Bd. 9, Leipzig 1814, S. 187–205. Von neueren Arbeiten: J. Meurer, Zur Logik des Heinrich Cornelius Agrippa von Nettesheim, Bonn 1920 (Renaissance und Philosophie, H. 11); E. Hahn, Die Stellung des H. C. Agrippa v. Nettesheim in der Geschichte der Philosophie, Phil. Diss. Leipzig 1923 (Masch. Schrift); E. Metzke, Die Skepsis des Agrippa von Nettesheim, in: Deutsche Vierteljahrsschrift für Literaturwissenschaft, Halle 13 (1935), S. 407–420. Vgl. uns. Anm. 28.

50 L. Thorndike, A History of Magic and Experimental Science, Vol. 5, New York 1941 (Nachdr. 1964), S. 127–138.

51 P. Zambelli, Cornelio Agrippa di Nettesheim Testi sceti. Padova 1955 (Archivio di filosofia, Firenze 13 [1958] S. 47–71); dies., Agrippa di Nettesheim. Dialogus de homine, in: Rivista critica di storia della filosofia, Firenze 13 (1958), S. 47–71; dies. Umanesimo magico-astrologico et raggruppamenti segreti nei platonici della preriforma, in: Archivio di filosofia Padova, no 2–3 (1960) S. 141–174; dies., A proposito del „de vanitate scientiarum et artium" di Cornelio Agrippa, a. a. O.; dies., Cornelio Agrippa. Scritti inediti et dispersi, in: Rinascimento, Firenze, 2. Ser. Bd. 5 (1965), S. 195–312; dies., Intorno a possibili fonti di Lullo è ad alcuni sviluppi della sua Combinatoria entro la trattatistica astrologico – magica dei secoli XIII–XVI. in: La filosofia della natura nel medioevo (Atti del terzo congresso internazionale di filosofia mediaevale), Mailand 1966, S. 587–593; dies., ‚Humanae literae, verbum divinum, docta ignorantia' negli ultimi scritti di Cornelio Agrippa, in: Giornale critico della filosofia italiana, Firenze 46 (1966), S. 187–217; dies., Cornelio Agrippa nelle forte e negli studi recenti, in: Rinascimento, Firenze 8 (1968), S. 169–199; dies., Agrippa von Nettesheim in den neueren kritischen Studien und Handschriften, in: Archiv für Kulturgeschichte, Köln – Graz 51 (1969), S. 264–295. Zambelli fußt stark auf D. P. Walker, Spiritual and Demonic Magic from Ficino to Campanella, London 1958 (Reprint Nendeln/Lichtenstein 1976).

52 Ch. G. Nauert jr., Magic and Scepticism in Agrippa's Thought, in: Journal of the History of Ideas, Philadelphia 18 (1967), S. 161–182; ders., Agrippa in Renaissance Italy: The Esoteric Tradition, in: Studies in the Renaissance, New York 6 (1959), S. 195–222; ders., Agrippa and the Crisis of Renaissance Thought, Urbana 1965 (Illinois studies in the social science, 55); ders., Agrippa von Nettesheim (1486–1535), in: Rheinische Lebensbilder, hrsg. von d. Gesellschaft für Rheinische Geschichtskunde, Bd. IV, Düsseldorf 1970, S. 57–77. H. F. W. Kuhlow, Die Imitatio Christi und ihre kosmologische Überfremdung, a. a. O.

Auch Peuckerts „Pansophie“ ist immer noch bedeutsam.[53] Schließlich sei auf die biographische Einleitung des Nachdrucks der „Opera omnia“ von R. H. Popkin verwiesen.[54] Wir werden auf die Wertungen dieser und anderer Autoren nunmehr skizzenhaft eingehen.

Nach Chr. Sigwart fehlte Agrippas „hoher Begabung, seinem kühnen, immer mehr zur Unbefangenheit sich befreienden Sinn, seiner stürmischen Beredtsamkeit, seinem lebhaften Temperamente ... die sichere Einheit des Wollens, und das äußere Leben eines Abenteurers, das er führte, ist nur der Ausdruck davon, daß ihn fortwährend die Stimmungen des Augenblicks überwältigten. Er ist in vieler Hinsicht eine Natur wie Rousseau; ebenso empfänglich, ebenso reizbar, ebenso leidenschaftlich in der Verfolgung eines Gedankens, der ihn erfaßt, ebenso beredt; aber wie Rousseau von widerstrebenden Bildungselementen hin und hergezogen. Er durchschaut den Trug der geheimen Wissenschaften, und doch ist seine Phantasie fortwährend davon gefangen; er sympathisiert im Herzen mit Luther ..., aber er hält an der Kirche fest, in der er geboren ist; er predigt den Glauben an das Evangelium allein, und dabei ist seine schriftstellerische Thätigkeit allen möglichen Zielen gewidmet, nur diesem nicht. Und doch ist er eine im Grunde edel angelegte Natur. ... Auf die hochgehenden Wogen einer in ihren Tiefen aufgeregten Zeit in jugendlichem Drange hinausgefahren, findet er die Kraft nicht in sich, das Steuer nach festem Ziele zu lenken; seine zornige Anklage gegen die ganze Welt ist der Nothschrei eines Schiffbrüchigen, dem der Sturm die erst so hoffnungsvoll gespannten Segel zerfetzt hat, und dessen Anker keinen Grund fassen will; und so endet er, bis zum letzten Athemzuge hin und hergeworfen von den Gedanken, die sich um seine Seele streiten, ein Mann, den wir weder rühmen noch verdammen können, dem wir aber unsere Theilnahme nicht versagen werden.“ Damit hat Sigwart bedenkenswerte Worte zum Humanisten Agrippa von Nettesheim gesagt, sie waren lange gleichsam verschollen oder schlicht vergessen.[55]

Nach Rudolf Stadelmann zieht Agrippa von Nettesheim „erst das Fazit ... aus den latenten Gedankengängen und Tendenzen der Lehre vom Nichtwissen. Das war ein irrlichtelierender Geist, wie er in Übergangszeiten aufzutreten pflegt, ein Nimmerrast und Parteiloser mitten zwischen Gruppen und Richtungen, die einen klaren Entschluß verlangten. ... Am Ende eines ruhelosen Lebens, in dem er es mit dem Katholizismus versucht hatte und mit der Kabbala, mit Humanistenrhetorik und Lutherbegeisterung, mit dem Averroismus und der Mystik, findet er seine geistige Heimat in jenem christlichen Stoizismus und Skeptizismus, wie er die

53 W.-E. Peuckert, Pansophie. Ein Versuch zur Geschichte der weißen und schwarzen Magie, 2. überarb. u. erweit. Aufl., Berlin 1956, S. 41–121.

54 H. C. Agrippa von Nettesheim, Opera Omnia, Bd. I–II Lyon (um 1600) Repr. Nachdruck mit einer Einl. von R. H. Popkin, Hildesheim – New York 1970.

55 Chr. Sigwart, Cornelius Agrippa von Nettesheim, a. a. O., S. 22ff. Wertung Agrippas als Humanist auch bei F. Heer: Die dritte Kraft. Der europäische Humanismus zwischen den Fronten des konfessionellen Zeitalters, Frankfurt/M. 1959, S. 260.

Spätphase des Mittelalters ausmacht."[56] Dies ist Stadelmanns Grundthese. Aber müssen Skeptizismus und Stoizismus dem Humanismus widersprechen? Wohin sind dann etwa Justus Lipsius oder M. de Montaigne zu zählen? M. E. übernimmt Agrippa aus dem Mittelalter das Übernehmenswerte, wie überhaupt die seit J. Burckhardt gezogene Zäsur zwischen Mittelalter und Neuzeit fragwürdig ist. Dennoch bleibt es problematisch, ihn dem späten Mittelalter zuzuzählen. Agrippa hat in seinem Werke zudem selbst gegen den Skeptizismus geschrieben und eher die Denkweisen und Schlüsse der Peripatetiker und der Vertreter der platonischen Akademie vertreten. Lediglich Giuseppe Rossi zählt Agrippa zu den Skeptikern. R. Stadelmann ist ihm schlicht gefolgt, bis zu einem gewissen Maße schon Fritz Mauthner. Dabei ist zu bedenken, daß sich auch aus der Platonischen Akademie Pyrrhonismus ableiten läßt, und zwar stark. Stadelmann faßt auch „Über die Fragwürdigkeit, ja Nichtigkeit ..." negativ, sie sei: „sarkastisch und verwirrend, dabei abstrus und mit den Wucherungen eines ungezügelten Bildungsstolzes belastet."[57] Aber sind diese „Wucherungen" nicht gerade ein Zeichen des sog. Renaissance-Humanismus? Insgesamt wirkt unglaubwürdig, wenn Stadelmann, Cassirer folgend, meint, Agrippa erscheine hier das humanistische Bildungsideal „nur noch als hohle und anmaßende Spielerei."[58] Für Stadelmann setzt Agrippa die skeptische Richtung des Nicolaus Cusanus fort, den er wohl kannte. Und am überzeugendsten demonstriere er seinen Skeptizismus an einer historischen Betrachtung der konkreten Kulturerscheinungen. Agrippas „Pyrrhonismus" paare sich mit der Forderung nach dem Weg des Nichtwissens als dem weit sichereren. „Die Ignorantia ist für ihn eine Flucht vor der Last des Erkennenmüssens, eine Reaktion der Seele gegen die Pest, die ihr die eigne Unschuld geraubt hat, ein Fluch auf das Wissen, das noch keinen glücklich gemacht hat."[59] So sei aus dem Nichtwissenkönnen des Cusanus bei Agrippa ein Nichtwissenwollen geworden. Letzteres halte ich für fragwürdig. Agrippa vertritt die Relativität aller moralphilosophischen Systeme, greift alle Autoritäten an. Er bestreitet die Fähigkeit des Menschen, die äußere Welt oder ihren Schöpfer zu erkennen. Er zweifelt daher an den Wissenschaften und Künsten – habe sie doch der Mensch in der Annahme hervorgebracht, daß er die Realität erkennen könne. Außerdem ist eine Massenverachtung, verbunden mit Esoterik nicht zu verkennen, was sich aber mit Humanismus häufig paart. Nach Stadelmann ist die Ignorantia bei Agrippa erwachsen „aus dem Zusammenwirken eines leidenschaftlichen Agnostizismus, wie er sich aus der kusanischen Spekulation weiterentwickeln konne, und eines resignierten christlichen Simplizis-

56 R. Stadelmann, Vom Geist des ausgehenden Mittelalters, Studien zur Geschichte der Weltanschauung von Nicolaus Cusanus bis Sebastian Franck, Halle/S. 1929 (Reprint Stuttgart – Bad Cannstatt 1987), S. 80; G. Rossi, Agrippa di Nettesheym e la direzione scettica della filosofia nel rinascimento, Turin 1906, S. 61f., 85f.

57 Ebenda.

58 Ebenda, S. 81.

59 Ebenda, S. 85f. (Unter Berufung auf De incertitudine c. I, vgl. uns. S. 17–21).

mus, wie er ihm aus der devotio moderna zufloß."[60] Diese Wertungen halte ich für höchst problematisch.

Nach Windelband, und er ist nur einer von vielen, stehen die Geschicke Agrippas von Nettesheim den einzelnen Zügen der Faustsage nahe. Den „Streifzügen seines Lebens, die ihn unruhig durch die Länder geführt haben, entspricht auch sein geistiges Suchen nach einer festen Stätte wissenschaftlicher Einsicht. aber auch hierin ist er ruhelos umhergeirrt, und während er in bewunderungswürdiger Weise bei all diesem vielbewegten Wanderleben sich eine Gelehrsamkeit auf allen Gebieten des Wissens aneignete, über die schon seine Zeitgenossen gestaunt haben, war er doch im tiefsten Sinne unbefriedigt; er durchschaute die Lückenhaftigkeit und Unsicherheit dieses zusammengelesenen Wissens so gut wie nur irgendeiner, und in seiner Schrift ‚Über die Ungewißheit und Eitelkeit der Wissenschaften' hat er mit rücksichtsloser Schärfe die skeptische Zersetzung dieses seines eigenen geistigen Schatzes vollzogen. ... Von diesem selben ringenden und leidenschaftlichen Geschlecht, aus dem Hutten jenes berühmte ‚Es ist eine Lust zu leben' jubelte, gibt Agrippa die pessimistische Seite zu erkennen, das Unglück der Unfertigkeit, der Geteiltheit und der Zerrissenheit. Am schmerzlichsten ist diese Verzweiflung für ihn da, wo er sich sogar von der Unzulänglichkeit desjenigen überzeugen muß, worin er mit immer erneuten Versuchen die Lösung seiner Zweifel und die Erlösung von der Not des Lebens zu finden hoffte, der magischen Kunst."[61]

Oft wird Paracelsus mit Agrippa von Nettesheim in Verbindung gebracht. Für Erwin Jaeckle sind das aber völlig gegensätzliche Naturen, und ebenso gegensätzlich sei auch ihr System. Paracelsus kommt dabei das Prädikat positiv, Agrippa ein negatives zu. Jaeckle listet eine seitenlange Anhäufung von völligen Gegensätzen auf. Wissenschaftlich haltbar ist das m. E. nicht. Insgesamt stellten Agrippas Bücher „die großteils mißverstandenen Trümmer einer alten kosmischen Wissenschaft zur Schau. Ihr ganzes Wissen wirkt als Schutt, und die Reinigung des Bekenntnisbuches versteht sich als Überdruß eines Vielwissers." Jaeckle schließt: „Agrippa hat tatsächlich keine Errungenschaft zu verzeichnen, der wir heute noch zu danken hätten." Eine „Wesensverwandtschaft von Paracelsus und Agrippa von Nettesheim" sei zu leugnen.[62] Kurt Goldammer hingegen, der bedeutendste lebende Paracelsuskenner, stellt fest, daß Agrippas System das Paracelsus zeitlich nächstliegende ist, daß beider „Lebensschicksale, Interessen und Arbeiten ... einzelne Ähnlichkeiten" aufweisen; sie können „als repräsentative individuelle Ausprägungen eines bestimmten Gelehrtentypus der Epoche gelten."[63] Goldammer

60 Ebenda, S. 86.

61 W. Windelband, Goethes Faust und die Philosophie der Renaissance, in: W. Windelband: Präludien. Aufsätze und Reden zur Philosophie und ihrer Geschichte, 5. erweit. Aufl., Bd. 1, Tübingen 1915, S. 204f.

62 E. Jaeckle, Paracelsus und Agrippa von Nettesheim, in: Nova Acta Paracelsica, Basel 2 (1945), S. 108f.

63 K. Goldammer, Die Paracelsische Kosmologie und Materietheorie in ihrer wissenschaftsgeschichtli-

bezieht sich dabei vornehmlich auf Agrippas „Philosophia occulta" in ihrer Erstform. Dabei betont er nachdrücklich die neuplatonische Fassung des Agrippischen Systems – bis hin zu dessen Gottesbegriff, sucht aber hier bereits einen fundamentalen Gegensatz zu Paracelsus. Bei Agrippa scheine „eine Identifizierung der Welt mit dem göttlichen Seinsgrunde ... vorausgesetzt zu werden."[64] Auch Goldammer konstatiert, daß Agrippa wesentlich von M. Ficino und G. Pico della Mirandola inspiriert ist, bisweilen noch über sie hinausgeht. Wenn es Gemeinsamkeiten zwischen Agrippa und Paracelsus gebe, so seien sie in der „Philosophia magna" wie in der „Philosophia sagax" nachvollziehbar. Goldammer betont zugleich durchgängig den originellen Ansatz des Paracelsus. Er geht auch der Frage nach, ob Paracelsus von Agrippa abhängig war: „Fraglich ist überhaupt, ob Paracelsus vor ca. 1535 die Lehre des Agrippa gekannt hat."[65] Damit weist er entschieden die von W.-E. Peuckert[66] vertretene Abhängigkeitsthese zurück. Dabei fühlt er sich durch W. Pagel bestärkt und konstatiert zudem: „Mir ist fraglich, ob *Peuckert Agrippa* überhaupt im Originaltext gekannt hat."[67]

Ist schon Jaeckle einseitig *gegen* Agrippa von Nettesheim eingenommen, so treibt es der Herausgeber der modernen deutschen Ausgabe von „De vanitate et incertitudine scientiarum", Fritz Mauthner (1849–1923), noch ärger. Seine Ausgabe fußt auf der 1713 herausgekommenen (anonymen) deutschen Edition. Eigentlich wiederholt er Johann Christoph Adelung und Johann Jakob Brucker, also das Renaissanceverdikt der späten Aufklärung. Immer wieder wird Agrippa von Mauthner als „Charlatan" charakterisiert, als „Hochstapler", „wunderliche Figur", „Erzcharlatan", „Schwindler", „Erzschelm", „Spötter", „Lügner", „Glücksjäger". An „Okkultismus" habe er zumindest 1526 nicht mehr geglaubt und ihn dem Gelächter preisgegeben. „De vanitate" sei „leichtfertig hingeschrieben, ohne wissenschaftlichen Ernst, eine Kapuzinerpredigt des Teufels eher als eine Leistung grundsätzlicher Skepsis." Zugleich aber sei das Buch „ein unvergleichliches Dokument für den Geisteszustand der Gelehrten zur Zeit der Reformation".[68] Gleiches sollte später Stadelmann konstatieren. Die Verleumdungen Agrippas bei Mauthner sind wahrlich grenzenlos. Als Jüngling habe er einen Geheimbund gegründet, „bei dem es sich um Geldmacherei und sicherlich später um Geld-

chen Stellung und Eigenart, in: K. Goldammer, Paracelsus in neuen Horizonten. Gesammelte Aufsätze, Wien 1986, S. 296.

64 Ebenda, S. 297f.

65 Ebenda, S. 300.

66 Vgl. W.-E. Peuckert, Gabalia. Ein Versuch zur Geschichte der magia naturalis im 16. bis 18. Jahrhundert, Berlin 1967, S. 35–61.

67 K. Goldammer, Die Paracelsische Kosmologie und Materietheorie in ihrer wissenschaftsgeschichtlichen Stellung und Eigenart, a. a. O., S. 318; vgl. W. Pagel, Das medizinische Weltbild des Paracelsus. Seine Zusammenhänge mit Neuplatonismus und Gnosis, Wiesbaden 1962, S. 127–129.

68 H. C. Agrippa von Nettesheim, Die Eitelkeit und Unsicherheit der Wissenschaften und die Verteidigungsschrift, hg. von F. Mauthner, Bd. 1, München 1913, S. II.

schneiderei handelte."[69] Bei Schilderung seines Lebenslaufes wird konstatiert: sein Adel sei erlogen, ebenso seine akademischen Doktorgrade, seine Ritterschaft, sein Militärdienst. An die Wirkung der Magie habe er nicht lange geglaubt, er habe sie nur genutzt, um sich zu nutzen. „De vanitate et incertitudine scientiarum" zeige zwei ungleiche Züge: Skepsis und Pessimismus. „Die heitere Resignation des wahren Skeptikers war dem Temperamente Agrippas versagt."[70] In „De occulta philosophia" finde sich ein „Mischmasch von Platonismus, Neuplatonismus und Christentum, von Pantheismus und Naturphilosophie, von Astrologie, Alchimie und Köhlerglauben".[71]

In der Renaissancephilosophie wie in der Philosophie des 17. Jh. wird in der Tat der antike Skeptizismus rezipiert. Wie bei der Übernahme aller antiker Systeme handelt es sich um eine kritische Verarbeitung unter neuen Bedingungen. Der Skeptizismus ist von seiner Wurzel her eine widersprüchliche Erscheinung. Er entstand bereits im 4. Jh. v. Chr. und wurde im 3. und 2. Jh. v. Chr. in der Platonischen Akademie erneuert. Die Skeptiker der Antike suchten systematisch zu beweisen, daß entgegengesetzte Behauptungen über die verschiedenen Erscheinungen der Wirklichkeit gleichermaßen überzeugend und triftig sind. So sagte Sextus Empiricus, ein Hauptvertreter der antiken Skepsis: das Grundprinzip der Skepsis bestehe darin, daß man jeder These eine andere, ihr gleiche entgegenstellen kann.[72]

Unter den zahlreichen Überlegungen zum Beweis dieser These spielte die Aufdeckung der Widersprüche zwischen den verschiedenen antiken philosophischen Lehren eine wesentliche Rolle. Gleichzeitig verdeutlichten die Skeptiker der Antike die Widersprüche innerhalb der einzelnen philosophischen Systeme. Davon ausgehend, wandten sie sich gegen dogmatische Vereinseitigungen. Auch darin besteht ein wesentliches Verdienst der antiken Skepsis.

Mit wenigen Ausnahmen finden wir den antiken Skeptizismus in der Renaissance und im „Zeitalter der Gegenreformation" nicht allseitig rezipiert. Zudem wird an ihn von unterschiedlichsten Gruppierungen angeknüpft, von orthodoxen wie von heterodoxen. Es ist ja generell charakteristisch für die antike Philosophie, daß an fast jede ihrer Schulen unterschiedlich angeknüpft werden kann und angeknüpft wird. Manchmal wurden skeptische Gedanken sogar ohne Kenntnis der Werke der antiken Skeptiker entwickelt. Aus Gründen, die hier nicht im einzelnen dargelegt werden können, wird der Skeptizismus der beginnenden Neuzeit nicht primär in Deutschland sondern in Frankreich entwickelt. Aber auch in Deutschland spielt der Skeptizismus im 16. und 17. Jh. in zweierlei Hinsicht eine Rolle:

69 Ebenda, S. IV.
70 Ebenda, S. XXXI.
71 Ebenda, S. XIIL.
72 Sextus Empiricus, Pyrrhoneïsche Grundzüge, aus d. Grch. übers. und mit einer Einl. und Erläuterungen von E. Pappenheim, Leipzig 1877, S. 24f. (Cap. 4).

1. seine systematischen Ansätze im Werk des Agrippa von Nettesheim – seien sie nun von der platonischen Akademie oder vom Skeptizismus selbst geformt – bilden Grundlagen für die Entwicklung des Libertinismus des späten 16. und des 17. Jh. 2. Er findet sich mehr oder weniger offen, mehr oder weniger begründet bei den Vertretern der verschiedenen Oppositionsströmungen gegen die herrschenden Verhältnisse (bei den Sozinianern, den Ramisten, bei Paracelsus, van Helmont u. a.).

Metzke bedauert, daß philosophische Denker von solch starker Eigentümlichkeit und Wirkungskraft wie Paracelsus, Agrippa von Nettesheim, Valentin Weigel und Jakob Böhme „weder bei Dilthey noch bei Troeltsch (um nur zwei führende Erforscher des 16. Jahrhunderts zu nennen) in ihrer ... Bedeutung gewürdigt worden sind".[73] Wenn nun Agrippa ein Werk mit dem Titel „De incertitudine et vanitate scientiarum et artium" schreibt, so gehe es ihm dabei *nicht* um eine *prinzipielle* Leugnung der Leistungsfähigkeit der Wahrnehmung oder des Intellekts. „Es geht ihm um Kritik an der *bestehenden* Wissenschaft, ja, um eine Kritik der Kultur- und Lebensäußerungen der Zeit überhaupt. Ein ‚Pyrrhonismus' aber im traditionellen Sinne, also eine skeptische Haltung, die keine affirmative Behauptung aufzustellen wagt (von der Stadelmann spricht), liegt Agrippa völlig fern."[74] Das wäre auch bei dem Humanisten Agrippa befremdlich. Diese weltoffene Zeit stellt zwar alles Überkommene in Frage, nicht aber die Erkenntnis selbst. Demgemäß betone ich nochmals, bei Agrippa ist kein Anlaß und kein Raum für prinzipielle Skepsis, für Verzicht auf Wahrheit überhaupt. Auch er spürt als Wissenschaftler den Geheimnissen der Natur nach, sucht ihren Zusammenhang zu erforschen. Das neuplatonische Element bildet einen entscheidenden Ausgangspunkt. Dabei fordert Agrippa eine Umorientierung der Wissenschaft. Sie soll sich auf den Menschen besinnen.

Der Zweifel enthält Stufen. Zu ihnen gehören Ironie, Mißtrauen, Kritik in den verschiedensten Formen. Kritik ist im 16. und 17. Jh. immer auch Kritik am herrschenden Glauben und an den religiösen Institutionen. Der naive Zweifel ist vom wissenschaftlichen zu unterscheiden. Aber Zweifel und Denken gehören generell zusammen! Der Zweifel in der Wissenschaft grenzt die Wissenschaft von Autoritätsgläubigkeit, von bornierten Vorstellungen ab. Sobald sich Wissenschaft herausbildet, muß sie auch den Zweifel in Kauf nehmen. Zweifel gehört zum Wesen der

73 E. Metzke, Die „Skepsis" des Agrippa von Nettesheim. Eine Studie zur Geschichte des deutschen Geistes im ausgehenden Mittelalter, a. a. O., S. 7. Metzkes Ansatz ist originär, denn: „Die Biographen Agrippas sind sich im wesentlichen alle einig darüber, daß er eigentlich kein origineller Geist gewesen ist, der die Welt mit neuen Erkenntnissen und Gedanken beschenkte. Vielmehr beruht seine Stärke im Anhäufen einer auch für seine Zeit geradezu ungeheuren Wissensfülle, aus der heraus er als großartiger Compilator ... wirken konnte". (H. F. W. Kuhlow, Die Imitatio Christi und ihre kosmologische Überfremdung, a. a. O., S. 69). Vgl. uns. Anm. 89.

74 Ebenda, S. 10. Vgl. R. Stadelmann, Vom Geist des ausgehenden Mittelalters, Studien zur Geschichte der Weltanschauung von Nicolaus Cusanus bis Sebastian Franck, a. a. O., S. 79ff.

Wissenschaft. Er erzeugt Konflikte, die die Wissenschaft, auch die Gesellschaft, vorwärtsbringen. Als sich in der Periode der „instauratio magna“ die neue Wissenschaft konstituierte, geschah dies im Kampf. Voraussetzungen dafür lieferte in einer Vielzahl von Fällen das Denken des 16. Jh. Die neu aufkommende Wissenschaft mußte die überkommenen scholastischen Fesseln sprengen. Dazu bedurfte sie des Zweifels als Grundprinzip wissenschaftlicher Erkenntnis.

Erst R. Descartes sollte den Zweifel auf neue Weise theoretisch fassen. Zuvor wird Skeptizismus im hier skizzierten Sinne praktiziert. Aber auch er äußert sich unterschiedlich: anders bei Paracelsus, anders bei V. Weigel, J. Böhme usw., anders bei den Rosenkreuzern, wieder ganz anders bei J. Kepler und J. Jungius. Aber er ist stets konstitutives Element der Philosophie dieser Zeit. Und dieser Zweifel hat zumeist auch eine positive Komponente, er ist keine schlichte Negation oder keine mit Buridans Esel vergleichbare Denktätigkeit! Aus diesem „Skeptizismus“ erwachsen durchaus auch positive Handlungsanweisungen. Er hat nichts mit „Resignation“ oder „Pessimismus“ im Sinne Stadelmanns oder Rossis zu tun. Da Stadelmann das 16. Jh. als Ende des Mittelalters faßt, sieht er in Agrippa, Denck, Franck usw. Skeptizisten im negativen Sinne. „Ob sie sich mehr lächelnd zerreiben oder glühend verzehren, ob sie sich männlich zusammennehmen oder verächtlich glossierend beiseite stehen, sie tragen den Stempel eines verborgenen Leidens, als hätten sie die geheime Sehnsucht, daß sich eine kühle Hand auf ihre Stirn lege. Abzunehmen war ihnen nichts von ihrer Last. Sie sind die denkwürdigen Marksteine einer zu Ende gehenden Zeit.“[75] Wie hätte wohl Stadelmann über Valentin Weigel geurteilt, der jeden offenen Konflikt vermied und seine Resignation an der Welt nur in seinen Handschriften offen aussprach? Und dennoch ist bei ihm wie bei den bisher Genannten nichts von einem reinen Skeptizismus traditionellen Stils zu spüren. Es ist ein vorwärtsweisender Skeptizismus, wie auch an Agrippa zu belegen ist.

Eine etwas andere Auffassung vertritt R. H. Popkin. Nach ihm gaben Agrippas „Über die Fragwürdigkeit, ja Nichtigkeit der Wissenschaften“, deren Übersetzungen, ihre Popularität und ihr Einfluß auf M. Montaigne Agrippa „an undeserved stature among those who played a role in the revival of sceptical thought in the Renaissance.“[76] Popkin schließt „... even though Agrippa's work does not present any sceptical analysis of human knowledge, it represents a facet of the revival of ancient scepticism, and it has some influence in producing further interest in sceptical thought.“[77] An anderer Stelle führt Popkin aus: „De vanitate“ sei oft als ein früher skeptischer Versuch der Renaissance zum Skeptizismus, in die Vorläuferschaft von Montaigne und Charron gerückt worden. „Actuallys *De Vanitate* is

75 R. Stadelmann, Vom Geist des ausgehenden Mittelalters, a. a. O., S. 285.
76 R. H. Popkin, The history of scepticism from Erasmus to Spinoza, Berkeley – Los Angeles – London 1979, S. 23.
77 Ebenda, S. 25.

more anti-intellectual than sceptical."[78] Und: „Agrippa, like Erasmus and Lefèvre de Estaples too, could remain a reform – minded religious teacher without being a reformer."[79] Wichtig erscheint mir hier, daß Agrippa in die Nähe des Erasmus von Rotterdam gerückt wird. Meines Wissens gibt es z. B. noch keinen Vergleich zwischen Agrippas „Über die Fragwürdigkeit, ja Nichtigkeit der Wissenschaften" und des Erasmus „Encomion moriae". Dies wäre eine höchst lohnende Arbeit. Einseitig aber erscheint mir Popkins Gesamturteil über „De incertitudine". Danach ist sie „extremely pessimistic and fideistic ... an attack on all forms of science and learning, including occult studies, an attack on the social mores of the time, and an advocacy of pure biblical faith as the sole source of human understanding of the world."[80] Sicher: die Bestandteile dieses Urteils sind richtig, aber das Gesamturteil halte ich für einseitig.

Nach Hanna-Barbara Gerl bildet Agrippa „einen Schnittpunkt humanistischer, okkulter, skeptischer, reformierter Theorien im Verein mit griechisch-römischer Klassik und jüdisch-christlicher Esoterik – ein Renaissancedenker, der die einströmenden, an Stoff-Fülle überbordenden Traditionen notwendig zu kategorisieren sucht. Daß er hierfür keine einhellige Methode findet, vielmehr unterschiedlichste Ordnungsversuche vorlegt, beweist die noch fließenden Übergänge zwischen Mystik und Wissenschaft und die noch nicht gelungene Meisterung der neuen Wissensinflation."[81] Agrippas „De vanitate scientiarum et artium" gehöre „zur Gattung der wissenschaftskritischen Renaissanceliteratur, die in Montaigne ihren literarischen Höhepunkt erreicht".[82]

Charles G. Nauert jr. verfaßte die neueste bisherige Agrippa-Biographie, versehen mit einer ausführlichen Bibliographie „of this long forgotten man".[83] Ich möchte seiner Einschätzung zustimmen: Agrippa von Nettesheim ist eine heute vergessene Gestalt in der intellektuellen Geschichte des Westens. „Yet both as a real man and as legend he made his contribution to the development of the modern mind; and he is besides the intrinsic interest of the picture of the European mentality in the early sixteenth century which one can form from his numerous treatises and his hundreds of surviving letters. This analysis of his intellectual world will be complete when it has suggested his influence in his own day and after, discussed the legends grew up around his figure and their contribution to that great symbol of western man, Faust, and then related the main elements of Agrippa's thought in the general intellectual movement of his age."[84] Nach Nauert reichen Agrippas Gedanken „von der einfältigen Leichtgläubigkeit und dem Aberglauben der Magie bis zur

78 R. H. Popkin, Introduction zu: H. C. Agrippa von Nettesheim, Opera, Vol. 1, a. a. O., S. XVI.
79 Ebenda, S. XIX.
80 Ebenda, S. IX.
81 H.-B. Gerl, Einführung in die Philosophie der Renaissance, Darmstadt 1989, S. 74f.
82 Ebenda, S. 77.
83 Ch. G. Nauert jr., Agrippa and the Crisis of Renaissance Thought, a. a. O., S. 335–355.
84 Ebenda, S. 222.

beißenden Kritik, zum intellektuellen Nihilismus und zum Skeptizismus der Renaissance".[85] Auch dem vermag ich nicht zu folgen.

Nach Ch. G. Nauert jr. ist Agrippa trotz seiner umfassenden Vertrautheit mit der klassischen Literatur und den Schriften so moderner Autoren wie F. Petrarca, L. Valla, M. Ficino und G. Pico della Mirandola letztlich kein Humanist gewesen, auch nicht im weitesten Sinne des Wortes.[86] Er habe das römische Recht von mittelalterlichen Zuwüchsen säubern wollen und seine Schüler zum Studium der antiken Literatur ermuntert, habe das Studium der Sprachen gepriesen und die terminologischen Barbarismen der scholastischen Philosophen kritisiert. Aber keiner dieser humanistischen Züge habe ihm einen Ausweg gewiesen. Die Idee einer dreisprachigen Bildung – Latein, Griechisch, Hebräisch – habe er ausschließlich wegen des Bibelstudiums vertreten. Wenn Agrippa das Studium antiker Autoren empfahl, so nicht aus der Überzeugung heraus, daß irgendeine antike Philosophenschule imstande wäre, ein System von großem Wert zu liefern. Und fast immer habe er damit den mahnenden Hinweis auf den größeren Wert des Studiums der Heiligen Schrift verbunden. Wenn er selbst begierig die alten Texte studierte, so im Glauben, daß sie eine geheime Offenbarung Gottes für den Menschen bergen. Darüber hinaus habe der ältere Agrippa – zusätzlich zu seiner wachsenden Enttäuschung hinsichtlich der hermetischen und kabbalistischen Schriften als Quellen göttlicher Offenbarung – entschiedenste Angriffe gegen jene gerichtet, die den Wert schöngeistiger Literatur vertraten. Er klagte einige hochmütige Gelehrte an, die Bibel wegen ihres Mangels an literarischer Ornamentik zu mißachten. Der Grammatik bestritt er jegliche Gültigkeit, da sie mehr auf gewohnheitsmäßigem Gebrauch denn auf Vernunft gründe. In „De vanitate ... scientiarum et artium" habe er ebenso harte Schläge gegen die Humanisten wie gegen die Scholastiker ausgeteilt. Agrippa habe sich deshalb mehr auf letztere konzentriert, weil er in ihnen die größere Gefahr sah, habe die humanistischen Studien und ihre Vertreter jedoch keinesfalls ungeschoren gelassen.

Dieses Interpretationsschema durchzieht Nauerts Buch. Der Autor sieht in den überreichen und wichtigen Studien- und Reise-Erfahrungen Agrippas „nur die Anfänge eines ständig bewegten Lebens, das von der Suche nach reichen und mächtigen Mäzenen bestimmt ist".[87]

Zwar habe, so Nauert, Agrippa unter hermetischem und neuplatonischem Einfluß gestanden; während seines Italienaufenthaltes sei er mit den Übersetzungen und Kommentaren M. Ficinos und der Philosophie G. Pico della Mirandolas bekannt geworden. Ergebnis dieser Vertiefung der spekulativen und mystischen

85 Ch. G. Nauert jr., Agrippa von Nettesheim (1486–1535), in: Rheinische Lebensbilder, a. a. O., S. 57.

86 Ch. G. Nauert jr.: Agrippa and the Crisis of Renaissance Thought, a. a. O., S. 304: „Despite his broad general acquaintance with classical literature and the writings of such modern authors as Petrarch, Valla, Ficino, and Pico he was not a humanist in any broad sence of the term."

87 Ebenda, S. 33.

Erfahrung des Hermetismus und Neuplatonismus sei (unter dem Einfluß, wie ständig betont wird, der Reformation und mehr noch der persönlichen Enttäuschung am Hof) in „Über die Fragwürdigkeit, ja Nichtigkeit der Wissenschaften" der bemerkenswerte Ausdruck der antirationalistischen und antihumanistischen Strömung, die nach Nauert entscheidendes Gewicht im Denken dieser Zeit hatte. Wollte man der Annäherung folgen, die Nauert nachdrücklich zwischen „De vanitate scientiarum et artium" und der Schrift „De vera philosophia ex quatuor doctoribus ecclesiae" (1507) des Kardinals Adriano Castellesi von Corneto (1458/59–1521) vornimmt – beides Dokumente „einer allgemein feindlichen Haltung der menschlichen Wissenschaft gegenüber"[88], so wäre das Werk Agrippas der humanistischen Erfahrung fremd. Schließlich erscheint mir auch folgende Einschätzung Nauerts problematisch: „Der Nettesheimer war zwar ein sehr belesener Mann, der sich durch eine Beherrschung der Zweige des damaligen Wissens einen Namen machte, war aber in keiner Weise ein schöpferischer und origineller Kopf."[89]

Nach Paola Zambelli dagegen, und ihr möchte ich folgen, ist Agrippa Humanist. Natürlich muß man dafür einen weiten Begriff für Renaissance-Humanismus ansetzen. Häufig wird zudem vergessen, daß der Humanismus in Köln, der Heimatstadt der „obscurorum virorum", keine unerhebliche Rolle spielte. „Im übrigen war die Kultur Agrippas seit seiner frühen Jugend die eines Humanisten, dessen Bildung sich auf der Grundlage der klassischen Poesie und Prosa vollzogen hat. Die erste Niederschrift von ‚De occulta philosophia' ... stellt seine Beherrschung solcher Texte unter Beweis und zeigt sein Interesse für sie ... Auf welche Weise es für einen Jüngling, der mit Repräsentanten der neuen deutschen Humanistenkultur in Verbindung trat, möglich war, vor diesem Zeitpunkt in Köln zu einer solchen Bildung heranzureifen, ist übrigens offenkundig: Agrippa ist Schüler von Andrea und Jacobus Canter."[90] Andrea(s) (geb. 1463) war in Köln als Erneuerer der lateinischen Sprache und als Lullianer bekannt; Jacobus (1471–1529) gab das „Secretum" Petrarcas sowie die „Decem Tractatus Astronomiae" von Guido Bonatti heraus und verfaßte einen humanistischen, evangelischen Kommentar zu Texten der Vergil-Tradition, aber seine Leidenschaft war die Lullianische Kombinatorik. Agrippa war auch mit Hermann von Neuenahr, Johannes Caesarius und einer Reihe ande-

88 Ebenda, S. 148.

89 Ch. G. Nauert jr., Agrippa von Nettesheim (1486–1535), in: Rheinische Lebensbilder, a. a. O., S. 75f.

90 P. Zambelli, Agrippa von Nettesheim in den neueren kritischen Studien und in den Handschriften, a. a. O., S. 269. Vgl. dies., ‚Humanae literae, verbum divinum, docta ignorantia' negli ultimi scritti di Cornelio Agrippa, a. a. O. Vgl. auch: J. V. Mehl, Humanism in the Home Town of the „Obscure Men", in: Humanismus in Köln – Humanism in Cologne, hrsg. von J. V. Mehl, Köln – Weimar – Wien 1991, S. 1–38 (Studien zur Geschichte der Universität zu Köln, 10); Ch. Zika, Agrippa of Nettesheim and his Appeal to the Cologne Council in 1533: The Politics of knowledge in Early Sixteenth-Century Germany, in: ebenda, S. 119–174; Bibliographie zum Kölner Humanismus, in: ebenda, S. 209–221.

rer, vor allem französischer Humanisten befreundet, die er auch in seinen Briefen lobend heraushebt.

Aber ist nicht Agrippas „Über die Fragwürdigkeit, ja Nichtigkeit der Wissenschaften“ geradezu ein Werk *gegen* die Wissenschaft? Zambelli schreibt dazu: „Wenn es gestattet ist, ‚a posteriori‘ ein Argument aus der Aufnahme abzuleiten, die das Werk Agrippas fand, mag der Hinweis auf die Elogen eines Vives, das Interesse eines Thomas More und die spontanen Bekundungen der Wertschätzung eines Erasmus genügen.“[91] Daß Agrippas Weltbild nicht, wie auch E. Cassirer meinte[92], eine Reaktion auf das humanistische und weltliche Erziehungsideal darstellte, das Agrippa vor sich entstehen sah, ist deutlich, trotz der drückenden religiösen und soteriologischen Besorgnisse, die sich bei ihm wie bei den meisten zeitgenössischen Humanisten angesichts der krisenhaften Zeitsituation verstärkten.

Agrippa habe, so Zambelli, schon der Präreformation nicht gleichgültig gegenübergestanden. „Nor, after Luther's theses, could he be indifferent to the beginnings of the Reformation. But the social position of a courtier and the *forma mentis* of a humanist interested in the occult sciences, mediate these experiences, and give them forms which are paradoxical and hard to decipher. Hence the paradox of the magician who – a I shall try to show – precedes and is not inferior to Paracelsus in the history of the radical Reformation.“[93] Schon 1510, als die erste Fassung von „De occulta philosophia“ entstand und noch klarer 1513 „magic is for Agrippa an alternative form of religious life.“[94] Zambelli betrachtet, Ergebnis ihrer langjährigen Studien, Agrippa als einen extremen Erasmianer. Hinzu kommt: „the left wing of the Reformation, especially in its Spiritualist forms, has often been defined – not without reason – in terms of extreme Erasmianism, or as the drawing of extreme conclusions from Erasmus's premises.“ Ein möglicher Einfluß Erasmischen Denkens auf Hans Denck, Balthasar Hubmaier, Thomas Müntzer und schließlich auf Sebastian Franck sei in der Forschung vermerkt worden.[95]

Agrippa war auch über die lutherische Reformation durch Wolfgang Capito, Philipp Melanchthon und andere ihrer Anhänger gut informiert. Insgesamt könne sein Werk nicht als lutherisch bezeichnet werden, dennoch finden wir bei ihm „that Erasmian thesis of the universal relevance of theological meditation and the competence of the common man which was to inspire the radical reformers in their refusal

91 Ebenda, S.273.

92 E. Cassirer, Das Erkenntnisproblem in der Philosophie und Wissenschaft der neueren Zeit, Bd. 1, Berlin 1906, S. 192–194.

93 P. Zambelli, Magic and Radical Reformation in Agrippa of Nettesheim, in: Journal of the Warburg and Courtauld Institutes, London 39 (1976), S. 71.

94 Ebenda.

95 Ebenda, S. 73. Wir werden „sagen dürfen, daß Agrippa Glied jener Kette ist, die von Pseudo-Dionysius über Eriugena, die Victoriner, Cusanus, Wessel, Gerson, zu Franck und Arnold führt.“ (H. F. W. Kuhlow, Die Imitatio Christi und ihre kosmologische Überfremdung, a. a. O., S. 69).

to identify themselves with the various magisterial reforms in Wittenberg, Zürich, Strasbourg and then Geneva. Agrippa remains firm on this principle right from the polemic of 1519 down to the *De vanitate* (1530) and his self-defences (the *Apologia* and *Querela*, both published in 1533, and the anonymous *Dialogus de vanitate scientiarum et ruina christianae religionis* ...“[96]

F. A. Yates erhebt nicht den Anspruch auf eine ausgewogene Wertung Agrippas. Sie schreibt zu ihm als Hinführung zu Giordano Bruno, der gleich John Dee in seiner Magie auf „De occulta philosophia“ häufig zurückgriff.[97] Yates gibt eine Art Inhaltsangabe von „De occulta philosophia“. Wertungen sind dabei eingestreut. „Über die Fragwürdigkeit, ja Nichtigkeit der Wissenschaften ...“ wird nur erwähnt. Yates betont, daß Agrippa im Buch I von „De occulta philosophia“ stark auf M. Ficino fußt. Auch Unterschiede gegenüber Ficino werden dabei genannt, D. P. Walker folgend. Im Buch II fußt Agrippa stark auf dem „Corpus hermeticum“. Unter Bezug auf Buch III stellt Yates fest: Agrippa „... carried much further than Ficino took it, to Pico's type of magic.“[98] Generell gelte für Agrippas Sicht: „Eminent magicians of the past have been Mercurius Trismegistus, Zoroaster, Orpheus, Pythagoras, Porphyry, Jamblichus, Proclus, Plato.“[99] Seine kabbalistischen Anschauungen habe Agrippa von Trithemius und Reuchlin übernommen, aber sie basieren auf Pico della Mirandola.[100] Die ersten beiden Bücher von „De occulta philosophia“ erinnerten außerdem an die „Picatrix“, stellt Yates im Rückgriff auf E. Garin fest.[101] Sie sieht Giordano Bruno als „religious magician ... and he got much – indeed most – of his material for his solution of it from Cornelius Agrippa.“[102]

Damit sind wir wieder bei Agrippas „magischen Arbeiten“. Sie sind nicht völlig von seiner Schrift „Über die Fragwürdigkeit, ja Nichtigkeit der Wissenschaften“ zu trennen. Dieses Werk enthält Agrippas Definition der „magia“ als höchsten Vermögens der Wissenschaften von der Natur sowie eines Bestandteiles der „philosophia naturalis“ und deren Erfüllung: „Die Naturalmagie gilt ... als höchste Macht der die Natur betreffenden Wissenschaften und wird deshalb die Krone und höchste Vollendung der Naturphilosophie genannt.“ (Vgl. uns. S. 86) Hier läßt sich das Programm der 1533 mit allen drei Büchern in Köln gedruckten Fassung von „De occulta philosophia“ erkennen. Die Bedeutung dieses Werkes „lag zum einen in der enzyklopädischen Erfassung der ungeheuren Fülle des ins 16. Jahrhun-

96 Ebenda, S. 76.

97 F. A. Yates, Giordano Bruno and the Hermetic Tradition, London 1964, S. 130–143; Vgl. dies., Gedächtnis und Erinnern. Mnemonik von Aristoteles bis Shakespeare, Berlin 1990, S. 190f., 240.

98 Ebenda, S. 138.

99 Ebenda, S. 131. Vgl. Agrippa von Nettesheim, De occulta philosophia, I, 1–2 pp. 1–4.

100 Ebenda, S. 141.

101 Ebenda. Vgl. E. Garin, Medioevo e Rinascimento, Studi e Richerchi, 3 ed., Bari 1980, S. 141–195. Hinsichtlich der „Picatrix“ ist W.-E. Peuckert der gleichen Meinung. Vgl. uns. Anm. 53.

102 Ebenda, S. 143.

dert tradierten antiken, arabischen und mittelalterlichen Materials, zum andern in der Konzeption eines ‚Magischen Systems', das es gestattete, die oftmals unerklärbar erscheinenden Phänomene unter dem Gesichtspunkt einer geschlossenen Kosmologie zu subsumieren und so in fast aufklärerisch zu nennender Tendenz dem Verstehen zugänglich zu machen."[103] Müller-Jahncke meint: „Es ist die wohl unbestrittene Leistung Agrippas, in *De occulta philosophia* die Magie zu einer Wissenschaft erhoben zu haben, die auf logisch ableitbaren Kausalitäten eines in sich geschlossenen Weltbildes beruht."[104] Damit leistet m. E. Agrippa durchaus Originelles, was man mit E. Metzke auch gegenüber Ch. G. Nauert u. a. immer wieder betonen sollte.

Schildern wir im Überblick, ohne Wertung, was Agrippa von Nettesheim in seiner Schrift „Über die Fragwürdigkeit, ja Nichtigkeit der Wissenschaften ..." ausführt!

Für ihn sind die Theologen (die Grammatiker) der Kirche Häretiker, denn sie verfälschen die Schrift. Vom Weltanfang weiß niemand etwas, die Sintflut ist ebenso umstritten wie die Gründung Roms. Jedenfalls glauben die meisten Menschen nicht an die Sintflut. Die Historiker sind käuflich und parteiisch. Man findet in der Geschichte schwer wirklich genaue Angaben, weil die zur Bewertung historischer Ereignisse notwendige Urteilsfähigkeit selten zu finden ist. Zudem sind für „groß" angesehene historische Persönlichkeiten größenwahnsinnige Banditen oder weltweit bekannt gewordene Freibeuter. Die Sinneswahrnehmungen trügen, die Wahrheit führt nicht über sie. Die Dialektik (Logik) kann für die Theologie keinen Nutzen haben. Die Zuverlässigkeit der Mathematik ist generell zu bestreiten: sie basiert auf Lehrsätzen, diese können unter Umständen völlig falsch sein. Dabei hat Agrippa vor der Geometrie Respekt. Er bedauert allerdings, daß die Geometer nicht beim Bestehenden bleiben und Neues zu erfinden suchen. Denn alles Technische in Kunst, Landwirtschaft, Baukunst etc. basiere auf der Geometrie. Ebenso seien die Optik und die Malerei hoch zu schätzen. Aber wehe der Baukunst, wenn sie in Bauwut ausartet! Nichts sei nutzloser, verächtlicher und gefährlicher als die Musik. Tänze und Reigen sind völlig lächerlich und geistlos; die Fechtkunst ist ganz verwerflich, da sie das Töten von Menschen zum Ziel habe. Erfinder der Mönchskutte ist der Teufel – J. Arndt hat es zitiert (vgl. uns. S. 292).

Otto von Corvins agitatorisch-negativ wertender „Pfaffenspiegel" aus dem 19. Jh. ist in der Grundaussage kaum ätzender als Agrippas Kritik am Mönchswesen. Mönche und Nonnen werden z. B. auch der Hurerei bezichtigt.[105] Für große

103 W.-D. Müller-Jahncke, Agrippa von Nettesheim „De occulta philosophia". Ein „Magisches System", in: Magia naturalis und die Entstehung der modernen Naturwissenschaften. Symposion der Leibniz-Gesellschaft Hannover den 14. und 15. November 1975, Wiesbaden 1978, S. 22 (Studia Leibnitiana, So. – H. 7).

104 Ebenda, S. 26.

105 P. Zambelli, Magic and Radical Reformation in Agrippa of Nettesheim, a. a. O., S. 72: „The attacks on the friars (‚cucullati') and their abuse of images, as well as relics, pilgrimages, and alleged miracles

Kirchenbauten wurden kirchliche Gelder und sogar Almosen vergeudet. Damit entziehe man den Armen die für sie bestimmten Mittel. Quelle aller Häresien ist die Philosophie. Die Philosophen geraten zudem über die von ihnen aufgeworfenen Probleme in großen Streit. Das gilt etwa für die Metaphysik. Agrippa gibt anhand vor allem der antiken Philosophie eine Art Abriß der Philosophiegeschichte, dabei zu Recht schlußfolgernd, daß die Philosophen auf keines der von ihnen aufgeworfenen Probleme eine schlüssige Antwort zu geben vermochten. So stelle die Moralphilosophie eine Belehrung durch Zuckerbrot und Peitsche für Kinder und durch Gesetze und Strafen für Erwachsene dar. Bei den Scholastikern wendet sich Agrippa vor allem gegen ihren Intellektualismus (die „vernünftige" Behandlung theologischer Fragen) und gegen ihren Formalismus. Letztlich spricht er sich damit gegen eine Vermischung von Theologie und aristotelischer Philosophie aus. Weiter übt er Kritik an der fehlenden praktischen Frömmigkeit und am Lebenswandel der Scholastiker. Jegliches anerkennende Wort für die Denkleistungen der mittelalterlichen Scholastiker fehlt.

Noch schärfer und quantitativ ausführlicher wendet sich Agrippa gegen Theologie und Kirche seiner Zeit. In drei größeren Blöcken rechnet Agrippa mit ihnen gnadenlos ab: in den Kapiteln 56–62 mit den äußeren Zeremonien und dem Mönchtum, in den Kapiteln 96 bis 102 mit den Scholastikern und der Inquisition. In den Kapiteln 92 und 96 kritisiert Agrippa den äußeren Aufbau der Kirche. Jeder Prunk in Kirchen, bei Zeremonien-, Gottesdienst-, Speisevorschriften etc. wird abgelehnt. Das gelte auch für die Bilderverehrung in den Kirchen; die Urkirche habe eine solche Verehrung nicht gekannt. (Dies ist übrigens ein reformatorisches Argument. Man kann Agrippa aber nur bedingt hier auch für die Reformation reklamieren, denn er wendet sich auch gegen Bilderstürmerei). Agrippa spricht sich gegen *übertriebenen* Reliquienkult und gegen Reliquienhandel aus. Es gibt zuviel Kirchengebäude; einige, darunter die Prachtbauten, sind als Kultstätten einfach überflüssig. Kirchliche Feste sollten nicht zu weltlichen Dingen mißbraucht werden. Die Befolgung von Zeremonien bringt uns Gott nicht näher. Um ihres Wohllebens willen pflegen die Kirchendiener die Zeremonien für das Volk, das diese mehr als die Religion selbst beachtet. Die römischen Päpste sind schuld an den Kirchenspaltungen. Sie haben die Zeremonien überbewertet und damit die Spaltungen eingeleitet. Eines der anklagendsten Kapitel von Agrippas Schrift „Über die Fragwürdigkeit, ja Nichtigkeit der Wissenschaften ..." richtet sich gegen den Amtsmißbrauch in der Kirche, wobei auch Beispiele für verbrecherische Päpste genannt werden. Dabei arbeitet Agrippa häufig mit Bibelbelegen; sie sind den Berufungen auf antike Autoren fast gleichrangig. Das ist übrigens bis hin zu Erasmus von Rotterdam bei allen Humanisten der Fall. Die Bettelmönche werden von Agrippa entschieden abgelehnt, ebenso der Ablaßhandel. Die Kirche habe auch den

go back to the pre-Reformers, though the violence with which these attacks are expressed in the *De vanitate* reminds us of Lutheran pamphlets."

Krieg für ihre Interessen mißbraucht, die Scholastiker den Namen der Theologie und der Kirchenlehrer. Agrippa billigt die Auslegungs- und die prophetische Theologie. Die Bibel schätzt er höher als kirchliche Beschlüsse, Aussagen von Kirchenvätern oder Festlegungen des Papstes. Alles ist vergänglich und mit dem Irrtum behaftet, nur Gott nicht und sein Wort, die Bibel (vgl. S. 251–256).

Agrippa durchmißt, um zu diesen Ergebnissen zu kommen, den ganzen Bereich menschlichen Tätigseins.

In den Kapiteln 30–48 werden die einzelnen Zweige der Geheimwissenschaften radikal angegriffen, wobei Agrippa freimütig zugibt, sich mit ihnen ausführlich und gründlich beschäftigt zu haben. Er spricht der Astrologie Leistungen und Verdienste ab, sie sei zudem ein Mutterschoß allen Ketzertums. Die Magie ist ihm hier eine Mischung aus Götzendienst, Astrologie und Aberglauben. Naturphilosophie wird als Geschwätz abgetan und gefragt: Sind Naturphilosophen vernunftlose Tiere oder Menschen (S. 99)? Bei der Alchemie handelt es sich um reines Geschwätz und Ausgeburten kranker Geister (vgl. uns. S. 224). Auch damit nimmt sich Agrippa zurück; er hatte fast leidenschaftlich alchemistische Versuche betrieben. Bei der Politik referiert er die drei aristotelischen Staatsformen und deren Entartungen, ohne sich direkt auf eine Form festzulegen. Er findet aber starke Worte gegen die Demokratie und vor allem gegen das Volk. *Ein* Zentrum seiner Darstellungen ist die Kuppelei. Die Wissenschaften dienen der Kuppelei eher als Helfer. Nicht zuletzt ist Agrippas „Über die Fragwürdigkeit, ja Nichtigkeit der Wissenschaften ...“ auch ein hervorragendes Sittenbild der Zeit, wenn man die – zugegebenerweise nicht seltenen – Übertreibungen in Rechnung stellt. Medizin ist für Agrippa eine (eher handwerkliche) Kunst, Menschen umzubringen. Ärzte gehören zu den größten Schurken. Der beste Rat für die Erhaltung von Gesundheit und Leben ist, sie sich vom Halse zu halten. Der Ursprung der Jurisprudenz ist die Sünde unserer Vorfahren. Von daher kam das Gesetz der verdorbenen Natur, das man Naturrecht nennt. Die ganze Rechtswissenschaft ist von Menschen abhängig, vom Willen eines Herrschenden oder bewaffneter Macht. Kaufleute und Händler sind durchgängig Betrüger und auch Verräter. Die Steuereinnehmer übertreffen an Gefährlichkeit jeden gewöhnlichen Straßenräuber. Sie haben es aber nur auf den Besitz der Herrschenden und Mächtigen abgesehen. Von Landwirtschaft versteht Agrippa offenbar nichts, denn was er davon sagt ist nichtssagend, wenn auch nicht ohne Hiebe. Sie sei auch aufgrund eines biblischen Fluchs entstanden, daher mühselig und dornenreich. Gleiches gilt für die Weidewirtschaft; Fischerei, Jagd und Vogelfang wird schon mehr Platz eingeräumt. Die Jagd sei unmenschlich, weil ihr Ziel nur im Blutvergießen und Töten bestehe. Sie wurde stets von Bösewichten und Sündern ausgeübt. Bedenken wir: Jagd war damals Vorrecht und Freude der Fürsten und des Adels! Und von der Jägerei nimmt die Tyrannei ihren Ausgang. Der Vogelfang ist sinnlos und töricht. Agrippa ist dagegen, daß sich der Adel das Eigentum an allem wilden Getier anmaßt. Und dagegen, daß „Wildfrevel“ hart bestraft wird. Bedenken wir: gegen beide Privilegien wandten sich auch die aufständischen Bauern im deutschen Bauernkrieg 1524–1526! Man tut der Natur Gewalt an, züchtet unnatürliche Rassen und sperrt Tiere in Volieren, Vivarien etc. ein. Das ist für Agrippa verurteilenswert. Es ist auch verwerflich, daß aus Naturprodukten nur dem Prunk dienende Dinge hergestellt werden.

Die Leistung und Aufgabe der Kriegskunst besteht darin, berühmte Städtezerstörer und Mörder heranzubilden und die Menschen charakterlich zu wilden Tieren zu machen. Der Krieg ist ganz gewöhnlicher Totschlag und Raub, ins Große übertragen. Soldaten sind besoldete Räuber. Agrippa bringt eine Aufzählung von deftigen Schimpfnamen, deren Zusammenfassung sei der Begriff „Soldat". Es ist noch ehrenhaft für Soldaten, wenn man sie als Henker bezeichnet – das sind sie nämlich in einem gerechten Krieg. Hier lassen sich Beziehungen zu S. Francks „Kriegbüchlin des Friedes" (1539) herstellen. Der Adel wurzelt in Krieg und Kriegsdienst, in Strömen von Blut. Ebenso ist er durch Treulosigkeit und Verrat zustande gekommen. Er hat sich durch das Söldner- und Banditentum fortentwikkelt. Adel ist eine durch Verbrechen erlangte Würde. Die Adligen bedrücken die Armen. Dabei verstand sich Agrippa selbst als adlig! Was ist seine wahre Meinung? Man wird – so S. 186, 189 f., 194 – ausschließlich für Lumpereien in den Adelsstand erhoben. Die ganze Schändlichkeit des Adelsstandes, sein Entstehen, wird mit dem Alten Testament begründet (schon vor Moses bis zur babylonischen Gefangenschaft). Die schier endlose Aufzählung von Schändlichkeiten des Adels reicht bei Agrippa bis zur Vertreibung der Juden aus Israel im Jahre 70. Um seine These zu untermauern, gibt Agrippa weitere Beispiele aus den historischen vier Weltreichen. Überhaupt ist das Adelskapitel eines der ausführlichsten der Schrift. Agrippa berichtet auch von den Schandtaten des Adels in seiner jüngeren Geschichte, in Spanien, Portugal, England, Frankreich usw. Sind schon die Herrscher der Adelsgeschlechter grausame Mörder, so ihre Mitglieder desto mehr. Adlig wird man auch als Totschläger (Söldner), oder man kauft sich den Adel oder man erschmarotzt ihn sich am Hof. Auf Raubgier, Genußsucht, Freiheit und Ehrgeiz beruht das schöne Leben der Adligen. Sie täuschen dabei Anstand und Menschlichkeit vor. Kurz: der Adelsstand fügt der Gemeinschaft am meisten Schaden zu. Die Adligen führen grausame oder tückische Tiere im Wappen, nicht solche, die den Menschen nützlich sind. Agrippa macht sich auch über die Heraldik lustig und verzichtet auf jeden Versuch, das Hofleben anders als negativ erscheinen zu lassen. Er hatte ja mehrere Höfe kennengelernt, war in hochfürstliche Händel verwickelt gewesen. Und Agrippa scheut sich nicht, auch seine negative Position über den Hof ungezügelt zum Ausdruck zu bringen. Das tat er auch in seinen Briefen, deren scharfe antihöfische Polemik P. Bayle im „Agrippa"-Artikel des „Dictionnaire" eigens erwähnt. In „Über die Fragwürdigkeit, ja Nichtigkeit der Wissenschaften ..." beginnt das für die Hofkritik einschlägige Kapitel mit einem Höhepunkt hoffeindlicher Invektiven (vgl. uns. S. 161f.). Danach folgt – in nicht zu überbietender Kraßheit formuliert – der Katalog höfischer Laster, der von Hochmut, Verschwendung, Neid, Zorn, Fressen, Hurerei etc. bis hin zu Schmeichelei und Verleumdung reicht, den obligatorischen Vorwürfen der Hofkritik. Der Hof ist für Agrippa gleichsam eine Menagerie von Bestien, eine Ansammlung von Menschen, die in ihrem Verhalten den Tieren und den monströsen Erscheinungen der Mythen gleichen. Unter ihnen ist für rechtschaffene Menschen kein Platz.

Bei Agrippa findet sich der Vorwurf, der Hof bringe wie eine ansteckende Pest den Ruin der betroffenen Stadt mit sich. Alle Laster der Höflinge sieht Agrippa auf das Volk übergreifen. Gleichermaßen negativ urteilt er über die adligen Hofleute, über die gemeinen Hofschranzen und über die Hofdamen. Die ersten betrachtet er als aufgeblasene Ignoranten, Prasser und Schmeichler, den zweiten wirft er vor, kriecherische Schmarotzer zu sein, die es nur auf ein bequemes Auskommen und auf fette Pfründen abgesehen hätten; die letzten hält er durchweg für affektierte und intrigante Huren. All dies sucht Agrippa durch Beispiele aus der alten Geschichte und durch gelegentliche Verweise auf den französischen Hof zu stützen. Dort hatte er ja zu Lyon jahrelang geweilt. Ich möche Helmuth Kiesel folgen: „Indem Agrippa ganz ausschließlich schwere Vorwürfe gegen den Hof aneinanderreihte und auf jede Relativierung dieser Vorwürfe oder auf einen deutlichen Ansatz zu einer ausgewogenen Beurteilung des Hoflebens verzichtete, überführte er die Hofkritik in eine bloß noch polemische Verunglimpfung des Hoflebens. Der Versuch einer Höflingsexistenz, wie ihn viele Humanisten unternahmen ..., war danach kaum mehr möglich. Und dessen war sich Agrippa auch bewußt, wie aus seiner Schlußformulierung zu folgern ist. Die antihöfischen Passagen seines Pamphlets repräsentieren somit eine radikale Form der literarischen Hofkritik, die – wäre sie allgemein akzeptiert und als verbindlich anerkannt worden – notwendigerweise das Ende der von manchen angestrebten Symbiose von Hof und Humanismus bedeutet hätte.“[106] Insgesamt steht Agrippa mit seiner Hof-, noch mehr aber mit seiner Adels- und Soldaten- bzw. Kriegskritik, in einer Tradition, der auch der „radikale Flügel der Reformation“ (so S. Franck), dann Nicodemus Frischlin und andere zuzuordnen sind. Nicht zufällig hat Sebastian Franck 1534 Auszüge aus Agrippas „De incertitudine ...“ herausgegeben, wie er überhaupt von ihm beeinflußt ist.[107]

Ich möchte mit Nauert jr. übereinstimmen: „De vanitate“, dieser auch noch heute lesenswerte Traktat, „contains four chief elements. The first is a full elaboration of his denial of the power of human reason to achieve truth. This denial, of course, is not wholly new, though its elaboration and development are. The second element is an attack on the occult sciences and their authorities. The third ingre-

106 H. Kiesel: „Bei Hof, bei Höll“. Untersuchungen zur literarischen Hofkritik von Sebastian Franck bis Friedrich Schiller, Tübingen 1979, S. 76f.

107 Vgl. S. Wollgast, Der deutsche Pantheismus im 16. Jahrhundert. Sebastian Franck und seine Wirkungen auf die Entwicklung der pantheistischen Philosophie in Deutschland, Berlin 1972, S. 89, 145f. u. ö.; S. Franck: Die vier Kronbüchlein (1534). Text-Redaktion u. Kommentierung: P. K. Knauer, in: S. Franck: Sämtliche Werke, Ltr. d. Edition H.-G. Roloff, Bd. 4, Berlin – Bern – Frankfurt/M. – New York – Paris – Wien 1992, Kap. 1–2 (S. 118–125), Kap. 99 (S. 179–182), Kap. 101–102 (S. 125–135).

dient of Agrippa's declamation is a denunciation of abuses in contemporary society, both secular and ecclesiastical. The final element, which contains his effort to resolve the problems he has raised, is his appeal to the Bible and the grace of God as the only real source of truth."[108] Allerdings setzt der Autor hier nur Eckpunkte. Das Ideengeflecht ist komplizierter und letztlich nur aus Agrippas Zeit, Leben, Umfeld zu verstehen.

Wir haben nur einige Aspekte von Agrippas Schrift „Über die Fragwürdigkeit, ja Nichtigkeit der Wissenschaften ..." herausgegriffen. Vieles fehlt, man besehe allein die Kapitelüberschriften. Das Buch liegt vor, der Leser möge sich ein eigenes Urteil bilden. Entscheidend erscheint: Agrippa faßt dieses Buch als „declamatio". Nach der declamatio sind alle Wissenschaften und Künste gottlos, sie schaden dem Glauben. Aber es ist zu bedenken: declamatio heißt nach dem rhetorisch-logischen Sinn der Zeit: keine assertio! Letztere ist eine wissenschaftliche Aussage bzw. Behauptung; die declamatio ist hingegen eine sich außerhalb der Wahrheitsforschung bewegende Abhandlung. Dennoch ist diese declamatio ernst zu nehmen, sie ist kein bloßes Spiel. Wohl deshalb wählt Agrippa declamatio statt assertio, um sich nicht noch mehr dem Vorwurf der Häresie auszusetzen. Dennoch übernimmt er für alle seine Aussagen in dieser Schrift die volle Verantwortung.[109]

Agrippa von Nettesheims Werk ist zweifellos von großem kulturhistorischem und geistesgeschichtlichem Interesse. Einiges aus seinem Gedankengut ist heute auch äußerst „modern". Er vermittelt zudem erhebliche Kenntnisse über seine Zeit, über deren Denkweise und Wissensstand. Auch deshalb waren Übersetzer und Herausgeber bemüht, in tausend Anmerkungen etwas von diesem Wissensfundus aufschimmern zu lassen. Zudem hat Agrippa schon vieles von dem vorgezeichnet, was die Wissenschaft später mit den Vokabeln Psychosomatik, Suggestion, Hypnose, Telepathie usw. benennen wird. Schließlich zeigt er, daß zwischen Wissen und Glauben keine so tiefe Kluft besteht, wie sie die spätere Philosophie auftat.

Mein herzlicher Dank gilt Herrn Gerhard Güpner, der eine m. E. brilliante Übersetzung vorlegte, sowie den Herren Thomas Egel und Helmar Kreysig vom Akademie Verlag, deren uneigennütziger Einsatz vorliegende Ausgabe überhaupt erst ermöglichte.

Dresden, Oktober 1992 Siegfried Wollgast

108 Ch. G. Nauert jr., Agrippa and the Crisis of Renaissance Thought, a. a. O., S. 209.
109 Vgl. H. F. W. Kuhlow, Die Imitatio Christi und ihre kosmologische Überfremdung, a. a. O., S. 58.

Verzeichnis der Siglen und Abkürzungen

abstin.	De abstinentia
Ach.	Die Acharner
adv. haer.	Adversus haereses
Aen.	Äneis
agr.	De agricultura
ann.	Annales
ant.	Antiquitates Judaicae (Josephus)
ant. Rom.	Antiquitates Romanae (Dionysios v. Hal.)
Apg	Apostelgeschichte (N.T.)
apol.	Apologia (Platon), Apologeticum (Tertullian)
Apoll.	Vita Apollonii
Arch.	Pro Archia poeta
ars	Ars poetica (Horaz)
ars am.	Ars amatoria (Ovid)
A.T.	Altes Testament (der Bibel)
Att.	Epistulae ad Atticum
Auct. ad Her.	Auctor ad Herennium (anonym)
Aug.	Augustus
Bar	Buch Baruch (A.T.)
Brut.	Brutus
Cal.	Caligula
Cat.	Coniuratio Catilinae
Chr	(1./2. Buch) Chronik (A.T.)
civ.	De civitate Dei
conf.	Confessiones
cons. Helv.	De consolatione ad Helviam
c. Petil.	Contra litteras Petiliani
Dan	Buch Daniel (A.T.)
de litt.	De litteris
de or.	De oratore

Dig.	Digesta (Gaius)
dig.	digesta (Corpus iuris civilis)
div.	De divinatione
div. inst.	Divinae institutiones
div. quaest. ad Simplicianum	De diversis quaestionibus ad Simplicianum
doctr. christ.	De doctrina christiana
ecl.	Ekloge(n)
ed.	Herausgeber
Eph	Epheserbrief (N.T.)
epigr.	Epigrammata
epist.	Epistulae
epod.	Epodi (iambi)
Esr	Buch Esra (A.T.)
Est	Buch Esther (A.T.)
eth. Eud.	Eudemische Ethik
eth. Nic.	Nikomachische Ethik
Etym.	Etymologiae (= origines)
Eun.	Der Eunuch
fam.	Epistulae ad familiares
fat.	De fato
fin.	De finibus
Gal	Galaterbrief (N.T.)
gen.	De genesi ad litteram
gen. an.	De generatione animalium
georg.	Georgica
Germ.	Germania
Gorg.	Gorgias
gramm.	De grammaticis et rhetoribus
Hadr.	Hadrianus
Heb	Hebräerbrief (N.T.)
Hes	Buch Hesekiel (A.T.)
Hi	Buch Hiob (A.T.)
hist.	historiae (Tacitus)
hist. Aug.	Historia Augusta
hist. eccl.	Historia ecclesiae
hist. mon.	Historia monachorum
hom. Eph. cap. 1	Homilie zu Epheser 1

hon. discipl.	De honesta disciplina
Hos	Hosea
HWB	Handwörterbuch
inst.	Institutio oratoria
inst. mus.	De institutione musica
inv.	De inventione
Jer	Buch Jeremia (A.T.)
Jes	Buch Jesaja (A.T.)
Jh	Johannesevangelium (N.T.)
Jon	Buch Jona
Jos	Buch Josua (A.T.)
Jud	Judasbrief (N.T.)
iud. vocal.	Iudicium vocalium (= Lis consonantium)
Ko	(1./2.) Korintherbrief (N.T.)
Kö	(1./2.) Buch der Könige (A.T.)
Kol	Kolosserbrief (N.T.)
leg.	leges (Platon); De legibus (Cicero)
Lk	Lukasevangelium (N.T.)
Lyc.	Lykurg
Mal	Buch Maleachi (A.T.)
math.	Mathesis
Men.	Menippeae
met.	Metamorphosen
metaph.	Metaphysica
meteor.	Meteorologica
MGH	Monumenta Germaniae Historica, Hannover (u. a.), 1826 ff. (Reprint 1961)
Migne PG/PL	Patrologiae cursus completus. Series Graeca/Latina (ed. J.-P. Migne)
Mk	Markusevangelium (N.T.)
Mo	(1.–5.) Buch Mose (A.T.)
mor.	Moralia
Mt	Matthäusevangelium (N.T.)
Mur.	Pro L. Murena
nat. deor.	De natura deorum
nat. hist.	Naturalis historia

nat. quaest.	Naturales quaestiones
N.T.	Neues Testament (der Bibel)
oec.	Oeconomica
off.	De officiis
Off	Buch Offenbarung (N.T.)
or.	Orator
Petr	(1./2.) Petrusbrief (N.T.)
Phaidr.	Phaidros
Phl	Philipperbrief (N.T.)
Phoen.	Die Phönizierinnen
Planc.	Pro Cn. Plancio
Plut.	Plutus
pol.	Politica
Popl.	Poplicola
Pr	Buch Prediger (A.T.)
praep. evang.	Praeparatio evangelica
prol.	Vorwort
Prom.	Prometheus
Ps	Psalm
Pseud.	Pseudulus
Pyth.	Pythiae
Pyth. or.	De Pythiae oraculis
rep.	Der Staat
Ri	Buch Richter (A.T.)
Rö	Römerbrief (N.T.)
Rut	Ruth (A.T.)
Sa	Buch Sacharja (A.T.)
Salt.	De saltatione
Sat.	Saturnalia
sat.	Satiren
serm. ad past.	Sermo ad pastores
serm. in cant.	Sermones in canticum canticorum
Sir	Buch Jesus Sirach (A.T., apokryph)
Sm	(1./2.) Buch Samuel (A.T.)
Stoic. repugn.	De Stoicorum repugnantiis
S. W.	Siegfried Wollgast (Herausgeber)
symp.	Symposion
synt.	Megale syntaxis

tetrabibl.	Tetrabiblos
Th	Thessalonicherbrief (N.T.)
Theait.	Theaitetos
Ti	(1./2.) Timotheusbrief (N.T.)
Tim.	Timaios
Tit	Titusbrief (N.T.)
Trag. Graec. Fragm.	Tragicorum Graecorum Fragmenta ed. A. Nauck 1889 2. Aufl.
tranqu.	De tranquillitate animi
Tusc.	Tusculanae disputationes
Vesp.	Vespasian
vir. illustr.	De viris illustribus
vit. sophist.	Vitae sophistarum
WA	(Luthers Werke) Weimarer Ausgabe, Weimar 1883 (Reprint 1966)
WAB	(Luthers Briefwechsel) Weimarer Ausgabe, 1930
Wsh	Weisheit

Anmerkungen

Die Anmerkungen stammen, soweit sie nicht mit S. W. (Hg.) gekennzeichnet sind, vom Übersetzer.

1. *Demokrit* wurde (erstmals Hor. epist. 2,1,194), vermutlich aufgrund seiner Glückseligkeitslehre, als der „lachende Philosoph" *Heraklit* (Herakleitos), dem „weinenden" oder „dunklen" Philosophen (wahrscheinlich wegen seiner schwer verständlichen Sprache und Philosophie), gegenübergestellt. Ähnlich Cicero div. 2,133.
2. Von Herkules' Heldentaten werden hier 13 aufgeführt, davon 10 aus dem schon in der Antike beliebten Katalog seiner 12 Taten.
3. In Äsops Fabeln ist der Ziegenbock ein Beispiel für Dummheit und Unbedachtsamkeit. Agrippa benutzt vermutlich die Fabelversion des Phädrus (4,9 und 4,15). – *Momos* ist der Gott des Tadels und Zankes.
4. *Pausanias,* ein makedonischer Adliger, ermordete aus Ehrgeiz Philipp von Makedonien (Valerius Maximus 8, 14 Ext. 4). Andere Quellen geben andere Gründe für die Tat an (vgl. Anm. 105). – Nur um berühmt zu werden, setzte *Herostratos* den Artemistempel in Ephesos in Brand (Valerius Maximus 8, 14 Ext. 5). Dazu vgl. auch Anm. 106.
5. Zu den Dialektikern vgl. Kap. VII.
6. Hier sind die Vertreter der Lehre des Raymundus Lullus gemeint. Vgl. Kap. IX und Anm. 164.
7. Über die *Pythagoreer,* eine religiös-ethische und philosophische sektenartige Gemeinschaft, gibt es viel Legendenhaftes und wenig historisch Greifbares. Von Pythagoras gegründet, existierte sie bis etwa 400 v. Chr. Die P. beschäftigten sich besonders mit Mathematik und Musik und setzten sie in Beziehung zu Seelischem, Ethischem und Mystischem. Ihre Lehren hatten starken Einfluß auf wissenschaftliche Disziplinen (Mathematik, Musiktheorie, Medizin, Astronomie), förderten aber magische und mystische Tendenzen (Sphärenharmonie, Zahlenmystik), auf die Agrippa hier anspielt.
8. Zur Geomantie vgl. Kap. XIII und XXXVI.
9. Der *gordische Knoten,* an einem Streitwagengeschirr in der kleinasiatischen Königsstadt Gordion befestigt, galt als schwer auflösbar und verhieß dem, der ihn löst, die Herrschaft über Asien. Alexander d. Gr. soll ihn 334 v. Chr. mit dem Schwert zerhauen haben.
10. *Thersites:* Grieche vor Troja, der für den Abzug von dort eintrat; als häßlich und feige dargestellt. Vgl. Ilias 2, 212–277.
11. *Sarmaten:* iranisches nomadisierendes Reitervolk.
12. *Dädalus:* sagenhafter Künstler und Erfinder (z. B. des Labyrinths und der Flügel zur Flucht mit seinem Sohn Ikarus).
13. Stygisch: Styx ist der Unterweltsfluß (vgl. Anm. 659).
14. Vgl. Chiromantie Kap. XXXV und Haruspizium Kap. XXXVII.
15. Spiegel vgl. Kap. XXVI.
16. Anspielung auf den Roman „Der goldene Esel" von Apuleius.
17. Zu Theurg und Theurgie vgl. Kap. XLVI.

18. Nachsokratische antike Philosophenschule. Der abwertende Name kýon (grch. = Hund) deutet auf die kynische Reduktion auf Animalisches als Bruch mit jeder Konvention und deren Tabus. Absage an die Gesellschaft und Verzicht auf die in ihr gebotenen Güter, Rückzug in die innere Freiheit gehört zu den Grundlehren dieser Philosophenschule. Hauptvertreter u. a. Antisthenes (um 440– nach 366 v. Chr.), Diogenes von Sinope (gest. 323 v. Chr.) (S. W.).
19. Aus Platons Akademie hervorgehende fast tausendjährige Philosophenschule. Die alte Akademie (388– etwa 270 v. Chr.) knüpfte an Platons Spätphilosophie an, pflegte intensiv Mathematik und Astronomie, kultivierte den Wunder- und Weissagungsglauben. Die mittlere Akademie (etwa 250–170 v. Chr.) versetzte Platons Philosophie mit Argumenten der Skeptiker und Sophisten, gelangte dabei zur Leugnung einer Erkennbarkeit der Wirklichkeit. Die neuere Akademie (etwa 150 v. Chr.–529) suchte u. a. aristotelische, platonische und stoische Gedanken eklektisch zu vereinen (S. W.).
20. *Epikur* (342/41–271/70 v. Chr.): Gründer einer antiken Philosophenschule, die atomistisch orientiert war, den Menschen von Aberglauben, Religion und Todesfurcht befreien wollte. Er verkündete Lust als menschliches Lebensziel, wobei er darunter Beseitigung der körperlichen Schmerzen, der Todesangst und der Fesseln des Zwangs verstand. Bis zum 17. Jh. wurde Epikurs Lehre als flache Sinnenlustlehre fehlinterpretiert (S. W.).
21. Schüler und Anhänger des griechischen Philosophen Aristoteles, abgeleitet von *peripatos* (grch. = Wandelgang). Die Peripatetiker haben hervorragende Bedeutung für die Herausbildung der Einzelwissenschaft, so Theophrast von Lesbos (um 372–287 v. Chr.) für die Botanik, Straton von Lampsakos (Schulhaupt 287–269 v. Chr.) für die Physik. Die peripatetische Schule bestand noch zur römischen Kaiserzeit (Alexander von Aphrodisias; er lehrte 198–211 in Athen). Sie verschmolz letztlich mit dem Neuplatonismus (S. W.).
22. *Stoa:* griech.-röm. Philosophenschule. Sie bestand vom Frühhellenismus bis in die späte Kaiserzeit. In diesen 500 Jahren unterscheidet man ältere, mittlere und jüngere Stoa. Die ältere Stoa hat sich besonders mit der Natur befaßt, sie ist dabei stark von Aristoteles und Heraklit beeinflußt. Zu den Vertretern der jüngeren Stoa gehören L. A. Seneca (4 v. Chr.–65), Mark Aurel (121–180) und Epiktet (um 50–um 130 n. Chr.) (S. W.).
23. *Phalaris*: 570–554 v. Chr. Tyrann in Akragas (Agrigent auf Sizilien); galt als Urbild eines grausamen Herrschers. Er soll seine Feinde in einem ehernen Stier haben verbrennen lassen (Lukian, Phalaris 1,2).
24. Weil die Syphilis besonders in Frankreich grassierte und die Franzosen als besonders galant galten, bezeichnete man sie in vielen europäischen Ländern als „Franzosenkrankheit".
25. *Skylla* und *Charybdis*: sagenhafte Ungeheuer, die Seeleute fressen. Vgl. auch Anm. 628.
26. Heraldiker: vgl. Kap. LXXXI.
27. *Sorbonne:* 1253 gründete Robert de Sorbon (1201–74) eine theologische Schule für mittellose Studenten, die sich bald zu einer bedeutenden Lehrstätte und Hochburg der Scholastik entwickelte. 1554 wurden Name und Gebäude der S. von der Theologischen Fakultät der Pariser Universität übernommen. – Auch Erasmus spottet über die „großen Siegel der S." (Lob der Torheit, Kap. 53).
28. Vgl. Horaz epist. 1,1,14 „... auf des Meisters Worte schwören". Ferner in Goethes „Faust I" (Schülerszene) „... und auf des Meisters Worte schwört."
29. Euripides Phoen. 469f.
30. 1. Mo 3,5.
31. *Ophiten:* gnostische Sekte (2./3. Jh.), bei der die Schlange (grch. ophis) als Symbol der Erkenntnis (1. Mo 3) besondere Bedeutung hatte.
32. Vgl. Platon Phaidr. 59 (274 c).
33. Lk 16,8.
34. Nach Ps 116,11 und Ps 14,3.
35. Platon behandelt im „Gorgias" und „Phaidros" ethische Probleme der Rhetorik und lehnt sie unter diesem Gesichtspunkt ab (Platon, Gorg. 36, 481 b).
36. Cicero Arch. 15.

37. Augustin conf. 8,8 (19), in: Migne PL 32, 757.
38. Nach 2. Ti 23.
39. Diogenes Laertios 2, 32.
40. Pr 8,17. Das alttestamentliche Buch Kohelet („Prediger") wurde früher Salomo zugeschrieben und deshalb oft als *„Prediger Salomo"* zitiert. Seinen Inhalt bilden Variationen über die Nichtigkeit allen menschlichen Strebens und Lebens.
41. Es gab drei römische Kaiser namens *Valentinian,* von denen hier vermutlich der erste (364–375) wegen seiner bekannten Bildungsfeindlichkeit gemeint ist. Ebenfalls bekannt für seinen Haß auf Wissenschaft und ihre Vertreter war Kaiser *Licinius.* Sohn eines dakischen Bauern, stieg er durch Militärdienst und Freundschaft mit Kaiser Galerius zum Augustus auf. Er wurde von der christlichen Historiographie im Gegensatz zu seinem Mitkaiser Konstantin negativ bewertet, weil er als Herrscher des Oströmischen Reiches zwar das Toleranzedikt von 313 anerkannt hatte, dann aber doch die Christen behinderte und schließlich hart verfolgte. Das führte zum Krieg mit Konstantin, der ihn 324 vernichtend schlug.
42. Valerius Maximus, 2,2,3.
43. Nicht in den ersten „Analytica" aufgefunden; scheint auch inhaltlich nicht zu Aristoteles zu passen.
44. Theophrast metaph. 25 (VIII) ed. Ross-Fobes, Oxford 1929.
45. Platon Tim. 13 (40c).
46. Der Ausspruch: „*E r* (d. h. Pythagoras) hat es gesagt" soll den Pythagoreern genügt haben, um jede weitere Begründung als unnötig erscheinen zu lassen. Vgl. Cicero nat. deor. 1,5 (10). Das griechische Original befindet sich in den Scholien zu Aristophanes' „Wolken", Vers 196.
47. L. Cornelius *Sulla* legte, obwohl er unangefochten im Besitz der Macht war, 79 v. Chr. überraschend sein Diktatorenamt nieder und zog sich auf sein Landgut zurück, wo er 78 starb.
48. *Esra* (um 400 v. Chr.), ein Priester der babylonischen Judenschaft, nach dem auch ein Buch des Alten Testaments benannt wurde, ist nicht „Schöpfer" einer neuen Schrift, sondern soll die heiligen Texte aus dem Hebräischen in die aramäische Umgangssprache der Juden übertragen haben.
49. Diese Aussage über *Linos* reflektiert die Entlehnung des griechischen Alphabets aus einer phönizischen Buchstabenschrift.
50. *Palamedes,* ein Held des nachtrojanischen Sagenkreises, galt als erfindungsreich auf vielen Gebieten. Erst bei den griechischen Tragikern wird er als Opfer einer Intrige des Odysseus dargestellt und gilt schließlich als Schulbeispiel eines Justizmordes. Vgl. Platon apol. 32 (41 b) und Cicero Tusc. 1,98.
51. *Memnon:* griech. Bezeichnung für Sethos I. von Ägypten. Hier fungiert er als mythische Figur; ebenso bei den 20 m hohen Statuen des Amenophis III., die als „singende" Memnonssäulen schon im 1. Jh. eine römische Touristenattraktion waren.
52. Laktanz div. inst. 1,62f. (nach Cic. nat. deor. 3,58).
53. Besonders nach Errichtung der Ptolemäerherrschaft über Ägypten wurden griechische Gottheiten mit ägyptischen gleichgesetzt: Hermes – Thot; Zeus – Ammon; Hephaistos – Ptah; Aphrodite – Isis u. a. m. Die Römer verfuhren ganz ähnlich mit griechischen, orientalischen und später auch mit germanischen Göttern.
54. Der Nil als Bringer der Fruchtbarkeit wurde göttlich verehrt.
55. Isidor Etym. 5,39,11. – *Carmenta,* eine altrömische Göttin, wird später mit der arkadischen Nymphe *Nikostrate* gleichgesetzt.
56. *Crinitus:* Pietro Riccio, italienischer Humanist (1475–1507); verfaßte ein Sammelwerk mit Kurzartikeln über antike Themen (De honesta disciplina), das Agrippa vielfach ausgeschrieben hat. Die folgenden Verse will Crinitus in der Bibliotheca Septimana gefunden haben (hon. discipl. XVII 1).
57. Der gotische Historiker *Jordanes* (6. Jh.) verfaßte eine Gotengeschichte und eine Art Weltchronik in lateinischer Sprache; von der Erfindung einer gotischen Schrift kann nicht die Rede sein.

58. *Beda Venerabilis* (= der Ehrwürdige, um 673–735): angelsächsischer Kirchenlehrer und -historiker; führte Zeitrechnung „nach Christi Geburt" ein.
59. Die etruskische Schrift beruht auf einem westgriechischen Alphabet. Die inhaltliche Deutung der erhaltenen Inschriften ist bis heute umstritten.
60. *Talmudisten:* Kenner des Talmud, d. h. der Auslegung der Thora (= die 5 Bücher Mose).
61. Nach talmudistischer Vorstellung ist Adam zuerst als Gattungsmensch (Adam qadmon) von der Schöpfung her groß, gut, dem Göttlichen zugehörig und erst nach dem Sündenfall der körperliche und sterbliche Mensch.
62. *Marsutra* (Mar Zutra): Name mehrerer Talmudisten des 3. und 4. Jahrhunderts in Babylon. Mar ist ein Ehrentitel und entspricht etwa Rabbi.
63. Als 722 v. Chr. die jüdische Bevölkerung Samariens in die babylonische Stadt Kutha deportiert wurde, siedelte man deren Bevölkerung im Gegenzug nach Samarien um. Nach der Rückkehr aus der „Babylonischen Gefangenschaft" erkannten die Juden die nun in Samarien lebende heidnisch-jüdische Mischbevölkerung nicht mehr als rechtgläubig an und bezeichnete sie als *Kuthäer.* Vgl. dazu 2. Kö 17, 23–41.
64. *Pentateuch* (grch. = 5teilige Buchrolle) – 5 Bücher Mose des Alten Testaments:
    1. Genesis (grch.) – Entstehung [der Welt],
    2. Exodus (grch.) – Auszug [Israels aus Ägypten],
    3. Leviticus (hebr./lat.) – Levitenbuch [Kultvorschriften],
    4. Numeri (lat.) – Zahlenangaben [über die Stämme],
    5. Deuteronomium (grch.) – Zweite Gesetzgebung.
65. Nach Sueton (gramm. 2) schickte Attalos II. Krates von Mallos als Gesandten nach Rom.
66. Sueton, Gramm. 23.
67. Nach Herodot 4,78: *Histria* (Istria, Istropolis) war eine im 7. Jh. v. Chr. gegründete griechische Kolonie an der Donaumündung.
68. Platon leg. 7,2 (790 cd); Quintilian inst. 1,1,3.
69. Lukian iud. vocal. (Bd. I 16, ed. Macleod). *Lukian* v. Samosata („der Spötter", um 120 bis nach 180) verfaßte zahlreiche satirische Schriften (z. B. Göttergespräche, Totengespräche, Hetärengespräche), die in der Antike beliebt waren und in der Renaissance oft übersetzt und nachgeahmt wurden. A. v. Salerno: Bellum Grammaticale, Venedig 1522.
70. *Amalek:* Eponym der Amalekiter (5. Mo 25,19).
71. Aus dem Einsetzungsworten des Abendmahls: Lk 22,19.
72. *Antidicomarianiten:* Leugner von Marias ewiger Jungfräulichkeit; ebenso die *Helvidianer,* genannt nach dem Laien Helvidius (um 380).
73. Die lateinische Kirche schuf durch den Zusatz „... *filioque.*" (lat. „und aus dem Sohn") zum nicaenoconstantinopolitanischen Glaubensbekenntnis im 8./9. Jh. einen schwerwiegenden Gegensatz zur griechisch-orthodoxen Kirche, der wesentlich zur Kirchenspaltung 1054 beitrug.
74. Vgl. Jh 6,53. – Die Böhmen (Hussiten) verlangten 1420 in den Vier Prager Artikeln u. a. den Laienkelch: Die Gemeinde erhält beim Abendmahl Brot und Wein, also den Leib Christi in beiderlei Gestalt; nach katholischem Ritus erhält der Priester beides, die Gemeinde aber nur Brot.
75. *Eucharistie* (grch.): Sakrament des Abendmahls.
    Waldenser: ordensähnliche Gemeinschaft (genannt nach dem Lyoner Kaufmann Petrus Valdes, gest. nach 1205) mit einfachem Leben gemäß der Bergpredigt; in den Albigenserkriegen hart verfolgt.
76. Die Stellen sind mißverstanden, aus dem Zusammenhang gerissen oder Textvarianten der Bibel.
77. Jes. 38,5.
78. Mal 1,6.
79. Mit dem *Kanon* ist hier die Liste der anerkannten und für den Schulgebrauch empfohlenen Lateinautoren gemeint.
80. *Georgios von Trapezunt* (Humanist, 1396–1486) kritisierte Platon vom aristotelischen Standpunkt aus („Comparationes philosophorum Platonis et Aristotelis", 1455).

81. Tintenfisch.
82. Horaz kritisiert Plautus (epist. 2,1, 170–176) und Lucilius (sat. 1,10.9f.; 1,4,5–12). – Über Seneca d. J.: Sueton Cal. 35,2.
83. Quintilian inst. 10,1,130.
84. *Macrobius:* lat. Autor (5. Jh.). Sein Hauptwerk „Saturnalia" (Wissensvermittlung in Gestalt von Gesprächen beim Gastmahl) war im Mittelalter sehr geschätzt. – *Laurentius Valla* (um 1406–1457): ital. Humanist und Lehrer der Rhetorik. Vgl. auch Anm. 877 (über die Konstantinische Schenkung). – *Mancinelli* (Antonio, 1452–1506): italienischer Philologe. – *Servius:* lat. Grammatiker (um 400); Verfasser eines berühmten Vergilkommentars. – *Beroaldo* (Filippo, d. J., 1472–1518): Humanist, Dichter und Professor d. lat. Sprache; leitete ab 1516 die Vatikanbibliothek.
85. In frühchristlicher Zeit gab es zahlreiche Evangelien, Apostelberichte und -briefe sowie Offenbarungen. Von diesen wurden bereits Ende des 2. Jh. manche von den christlichen Gemeinden als autoritativ angesehen, während anderen als „nichtkanonisch" minderer Rang beigemessen wurde. Dabei gibt es gewisse Unterschiede: Die Offenbarung des Johannes wurde beispielsweise nur im Westen als kanonisch anerkannt, der Hebräerbrief nur im Osten. Seit dem 5. Jh. gab es nur noch wenige Auseinandersetzungen um die Kanonizität neutestamentlicher Schriften. Vgl. auch Anm. 952.
86. Die *Titanen,* ein altes Göttergeschlecht, wurden von den olympischen Göttern unter Zeus' Führung besiegt und in den Tartaros geworfen.
87. Die *Giganten* (schlangenfüßige Riesen) kämpften erfolglos gegen die olympischen Götter (vgl. Fries am Pergamonaltar in Berlin).
88. *Leto* irrte, von Zeus mit Apollon und Artemis schwanger, durch die Welt und durfte infolge Heras Eifersucht nirgends gebären, bis ihr die Insel Delos Asyl gab und sie unter einer Palme gebären ließ. – *Python,* ein mythischer Drache, hütete in Delphi das Orakel seiner Mutter Gaia (= Erde), bis Apollon ihn tötete und das Orakel übernahm.
89. Über *Tyro,* eine Heroine mit schwerem Schicksal, gibt es mehrere Varianten der Sage: a) Sie muß ihre Kinder aussetzen und wird später von ihnen gerettet. b) Sie muß ihre Kinder opfern, um ihren Vater zu retten.
90. In der griechischen Sintflutsage bleiben nur *Deukalion* und *Pyrrha* verschont. Sie wurden von der Gottheit aufgefordert, Steine hinter sich zu werfen. Aus diesen entstanden dann Menschen. Vgl. Ovid met. 1,313–415.
91. In der Gestalt des Dionysos sind verschiedene Götter vereint worden, unter anderen ein Kind-Gott, der Jakchos genannt und bei den Mysterien von Eleusis durch die Titanen zerrissen und verzehrt wird.
92. *Semele,* von Zeus mit Dionysos schwanger, bat (auf Heras listige Einflüsterung hin) Zeus, ihr in seiner wahren Gestalt zu erscheinen. Er zeigte sich ihr im Feuer des Blitzes, und sie verbrannte. Zeus trug ihr vorzeitig geborenes Kind, um es zu retten, in seinem Schenkel aus. Bei der zweiten „Geburt" des Dionysos leistete der in allen handwerklichen Dingen geschickte Hephaistos Hebammendienste.
93. Dämon (grch.): bei Homer Bezeichnung für Gottheit, bei Herodot bereits für Heroen. Platon unterscheidet Götter, Dämonen (halbgottartige Zwischenwesen) und Menschen. Dämonen kommen in der von Aberglauben und Magie bestimmten Spätantike in großer Zahl vor, bis das Christentum alle heidnischen Gottheiten zu bösen Dämonen erklärt und Engel als Mittler zwischen Gott und Mensch annimmt.
94. Seit der späten römischen Kaiserzeit gab es Weissagung durch Auslosen von Zitaten aus vermeintlich göttlich inspirierten Dichtungen (z. B. die Homers, Hesiods, Vergils) oder aus der Bibel. – Aelius Spartanus (Historia Augusta, vgl. Anm. 543) Hadr. 2,8.
95. Gemeint sind die Bücher 1–4 von Vergils „Äneis", in denen die unglückliche Liebe Didos zu Äneas geschildert wird.
96. Cicero Tusc. 1,3,2.

97. Vgl. Valerius Maximus 6,12, Ext. 1.
98. Der Sage nach stritten sieben griechische Städte um die Ehre, Homers Geburtsort zu sein.
99. Es handelt sich vermutlich um einige Elegien aus dem sogenannten Corpus Tibullianum, deren Verfasser umstritten ist.
100. Cicero de or. 2,46 (194) und div. 1,38 (80). Horaz ars 295f.
101. Platon Phaidr. 22 (245 a).
102. *Tithonos,* Gemahl der Eos, erhielt von Zeus Unsterblichkeit, nicht aber ewige Jugend, so daß er zu einer Zikade schrumpfte.
103. Die *Lykier* verwehrten der dürstenden Leto den Zutritt zum labenden Wasser und wurden zur Strafe in Frösche verwandelt. Vgl. Ovid, met. 6,337–382. – Das Volk der *Myrmidonen* wurde der Sage nach aus Ameisen erschaffen. Vgl. Ovid, met. 7,614–660.
104. Nach Livius rettet *M. Manlius Capitolinus* (!) das Kapitol beim Gallierangriff 390 v. Chr. (5,47,4ff.), wiegelt aber aus Ehrgeiz das Volk auf (6,11,2–10) und wird wegen Strebens nach der Tyrannis verurteilt und hingerichtet (6,14,2–20,16).
105. Nach Justinus 9,6f. war *Pausanias* (vgl. Anm. 4) Werkzeug einer Verschwörung, an der Olympias und Alexander beteiligt waren (vgl. Anm. 630) Justinus verfaßte eine Kurzfassung der „Historiae Philippicae" des Pompeius Trogus (Zeit d. Augustus).
106. *Herostratos* brannte 356 v. Chr. den Artemistempel in Ephesos, eines der sieben Weltwunder, nieder. Da er gestand, er habe es getan, um berühmt zu werden, beschlossen die Ephesier, sein Name dürfe nie genannt werden (Valerius Maximus 8,14, Ext. 5). Die meisten Autoren hielten sich daran.
107. Der griechische Geograph und Historiker *Strabon* (um 64/63 v. Chr. – um 20 n. Chr.) kritisiert in seinen „Geographika" 1,2 fehlerhafte Angaben bei seiner Hauptquelle *Eratosthenes* (um 282 bis um 202). Dieser war seit 246 v. Chr. Direktor der Bibliothek in Alexandria und arbeitete auf vielen Wissenschaftsgebieten (Sprache, Literatur, Mathematik, Astronomie und besonders Geographie). Seine „Geographika" sind aus Strabon rekonstruierbar. – *Metrodor* (2. Jh. v. Chr., vielleicht ein Sohn des gleichnamigen Rhetoriklehrers): „Peri historias". – *Patrokles* (etwa 345–etwa 280) bereiste als seleukidischer Statthalter Teile des Vorderen Orients und beschrieb sie.
108. *Onesikritos* und *Aristobulos* nahmen am Indienfeldzug Alexanders des Großen teil und verfaßten Berichte darüber. Aristobulos berichtet sachlich und ausgewogen, Onesikritos erzählt viel Unglaubwürdiges.
109. *Diodor* aus Sizilien (um 80–29 v. Chr.): hellenistischer Historiker; „Weltgeschichte" in 40 Büchern, z. T. erhalten. – *Liberianus* (?). – Zu *Flavius Vopiscus* und *Trebellius Pollio* vgl. Anm. 543. – *Tertullian* (um 160–nach 220): lateinischer christlicher Autor. – *Orosius* (Anfang 5. Jh.): spanischer Priester und Autor eines im Mittelalter vielgelesenen Geschichtswerkes. – *Planudes* (1260–1310): griechischer Humanist und Theologe, der lateinische Werke ins Griechische übertrug. – *Philostratos* (um 165 bis um 245): Vielleicht handelt es sich um zwei Autoren, die Biographien und Bildbeschreibungen verfaßten (im Mittelalter sehr geschätzt).
110. *Ktesias* von Knidos (um 400 v. Chr.): griechischer Leibarzt des Perserkönigs Artaxerxes II. Verfaßte „Persika" und „Indika" voller Wundergeschichten. – *Hekataios* von Milet (Ende 6. Jh. v. Chr.): weitgereist, verfaßte er (wie später Herodot) geographische und historische Schriften mit mythischen Elementen.
111. Antike *Fabelwesen,* die meist bei Plinius im 7. Buch seiner „Naturgeschichte" beschrieben sind: Menschengestalt haben Arimasper, Pygmäen und Troglodyten, Tiergestalt Greife und Kraniche; Mischgestalten sind Hundsköpfige, Pferdefüßler, Panotier und Astromoren. Letztere haben einen sternförmigen Leib, während die Panotier („Ganzohren") den Körper völlig mit ihren Riesenohren bedecken können.
112. *Ephoros* aus Kyme (4. Jh. v. Chr.) schrieb eine „Universalgeschichte" Griechenlands (bis 340) mit Tendenz zum Unterhaltsamen und Moralisierenden.
113. *Stephanos* aus Byzantion (6. Jh.): griechischer Verfasser eines geographischen Lexikons („Ethnika").

„Ceterum censeo ...“ ist so nicht wörtlich überliefert. Plutarch (Cato maior 27,2) gibt die griechische Formulierung: „Ferner stimme ich dafür, daß Karthago nicht (mehr) vorhanden sein sollte.“

145. *Demosthenes* (384–322 v. Chr.) hatte das Streben des Makedonenkönigs Philipp II. nach Hegemonie in Griechenland erkannt und bemühte sich durch flammende Reden („Philippika“), sowohl Philipps Parteigänger in Athen auszuschalten als auch eine gesamtgriechische Abwehrfront gegen ihn aufzubauen.
146. Die Genannten waren Mitglieder der sogenannten Philosophengesandtschaft, die Athens Interessen in Rom vertreten sollte. Cato d. Ä., der gegen den wachsenden Einfluß der Griechen im römischen Geistesleben (Philosophie, Literatur, Erziehungswesen, Medizin) ankämpfte, setzte 155 v. Chr. die Ausweisung der Gesandten durch (Cicero de or. 2,155); vgl. Anm. 138.
147. *Phokion* (402/1–318 v. Chr.): attischer Politiker; Vertreter der promakedonischen Gruppierung in Athen. Von Demosthenes wurde er als „Axt“ bezeichnet, weil er dessen „Philippika“ (vgl. Anm. 145) wirkungsvoll konterkarierte.
148. Die beiden Ausweisungen von Rhetoren (und Philosophen) fanden 161 und 92 v. Chr. statt. Vgl. Sueton gramm. 25; Domitianus 10,4.
149. Valerius Maximus 6,3,1 Ext. 2.
150. *Tatian* (der Syrer, christlicher Apologet d. 2. Jh.) lehrte in Rom bis zum Bruch mit der dortigen Gemeinde (172) wegen enkratitischer Äußerungen (Forderung nach Ehelosigkeit, Verzicht auf Wein und Fleisch). Kehrte nach Syrien zurück und setzte seine Lehre fort.
151. *Libanios* (314–393) lehnte, von der griechischen Philosophie ausgehend, das Christentum ab. – *Quintus Aurelius Symmachus* (um 345–nach 402) hatte einen Kreis geistig und kulturell hochstehender Persönlichkeiten um sich geschart, die angesichts des immer stärker vordringenden Christentums die römische Kultur und Religion restaurieren wollten.
152. *Kelsos* verfaßte um 178 eine Schrift, in der er Philosophie und Kultur des Griechentums verteidigte und das Christentum angriff. Das Werk ist nur aus seiner Widerlegung durch Origenes rekonstruierbar [Origenes „Gegen Kelsos“ (Migne PG 11, 637–1632)]. – *Julian Apostata* (der Abtrünnige), seit 361 Alleinherrscher, unternahm den Versuch, die römische Gesellschaft durch die Rückkehr zum alten Götterkult und zum früheren Brauchtum zu erneuern. Als er 363 beim Feldzug gegen die Parther umkam, sahen die Christen darin eine Strafe Gottes für seine Rückkehr zum Heidentum.
153. Über die Dialektik von *Servius Sulpicius* vgl. Cicero Brut. 152ff.
154. Die logischen Schriften des Aristoteles, seit dem 6. Jh. insgesamt als „Organon“ bezeichnet: 1. *Kategoriai* – Lehre von den 10 obersten Gattungsbegriffen (bei der Aussage); 2. *Elenchoi* – Über sophistische Trugschlüsse und deren Erkennung; 3. *Topika* – Über dialektische Schlußfolgerungen; 4. *Peri hermeneias* – Über Satz und Urteil; 5. *Analytika* („Erste A.“ über Schlüsse, „Zweite A.“ über Beweise und Definitionen). – Agrippa hat nicht die übliche Abfolge der Schriften.
155. *Quidditates:* Plural von quidditas – Wesenheit, Substanz. Dieser Begriff spielte in der mittelalterlichen Philosophie eine große Rolle (S. W.).
156. Publius Syrus N 40 (ed. W. Meyer, Leipzig 1880).
157. Im Text werden folgende *scholastische Termini* aufgezählt: infinitum, comparativa, superlativa, differt ab, incipit et desinit, formalitates, haecceitates, instantia, ampliationes, restrictiones, distributiones, intentiones, suppositiones, appellationes, obligationes, consequentia, indissolubilia, exponibilia, reduplicativa, exclusiva, particularisationes, supposita, mediata, immediata, completa, incompleta, complexa, incomplexa. Diese Begriffe werden ausführlich erläutert bei: C. Prantl, Geschichte der Logik im Abendlande, Bd. 3/4, 1867, Reprint Berlin 1955, vgl. Register. – *Parva Logicalia:* Lehrsystem der nacharistotelischen Logik (sog. Logica modernorum) in zahlreichen Traktaten. Vgl. Logica modernorum, ed. L. M. De Rijk, Assen 1962–67.
158. Johannes Duns Scotus (um 1270–1308) wurde wegen seiner Art der Beweisführung als doctor subtilis (lat. = scharfsinnig, aber auch spitzfindig) bezeichnet.
159. Petrarca fam. I 7; Quintilian inst. 12,2,14.
160. *Areios* (lat. Arius) behauptete, die drei Hypostasen (= substantiae = Wesenheiten) der Trinität

seien nicht wesensgleich (homousios), sondern Gott(-Vater) habe einen Vorrang (als ewig und ungezeugt) vor Christus. Diese Lehre wurde auf dem Konzil von Nizäa 325 verdammt, wirkte aber zunächst bis ins 6. Jh. fort, besonders bei den germanischen Stämmen. Über verschiedene Zwischenformen erfuhr der Arianismus im 16. Jh. über die Italiener Laelius (1525–1562) und Faustus Sozzini (1539–1604) eine starke Wiederbelebung. Das damals tolerante Polen wurde zur Heimat der Antitrinitarier, die auch als Unitarier, Arianer, Monarchianer, Prophetanten, Ebioniten, Alogi oder Photinianer bezeichnet wurden. Im 17. Jh. gab es auch in Deutschland eine starke, jedoch generell verbotene antitrinitarische Fraktion. Vgl. S. Wollgast: Philosophie in Deutschland zwischen Reformation und Aufklärung 1550–1650, Berlin 1988, S. 346–422; K. Bal/S. Wollgast/P. Schellenberger (Hrsg.): Frühaufklärung in Deutschland und Polen, Berlin 1991, S. 7–172 (S. W.).

161. Nestorius erklärte, Maria sei nicht Gottesgebärerin (theotokos), sondern nur Christusgebärerin (Christotokos). Die Nestorianer bildeten eine eigene Kirche. Ihre Lehre wurde 431 auf dem Konzil von Ephesos verworfen.

162. *Eunomius* (gest. um 394): Hauptvertreter der Anhomöer (radikale Arianer, nach deren Lehre Christus dem Vater an Substanz unähnlich ist). – *Manichäer:* Anhänger der von dem Perser Mani (216–277) geschaffenen spätantiken synkretistischen Weltreligion. Die Lehre mit strengem Dualismus von Gut (Reich des Lichts) und Böse (Finsternis) breitete sich im 4. Jh. bis nach China aus, wurde bis zum 8. Jh. aber von Islam und Buddhismus verdrängt. Auch im Römerreich gewann die Lehre im 4. Jh. an Einfluß und veranlaßte die Kirchenväter zu Gegenschriften. – Der römische Presbyter *Novatian* (um 250) lehnte eine Wiederaufnahme von Christen in die Gemeinde und Vergebung für sie ab, wenn sie in den Christenverfolgungen nicht standhaft gewesen waren (Lapsi), weil sie damit eine Todsünde auf sich geladen hätten.

163. Platon rep. 7, 17 (539 ab).

164. Agrippa meint hier seine Schrift: „In Artem brevem Raymundi Lullii commentaria", gedruckt Köln 1533; enthalten in Opera, Bd. II.

165. Auct. ad Her. 3,29 (lief unter Ciceros Namen, vgl. Anm. 168).

166. Cicero fin. 2, 32 (104).

167. Quintilian inst. 9,2,22.

168. Dieser Titel findet sich unter Ciceros rhetorischen Werken nicht. Vermutlich ist das anonyme, Herennius gewidmete Werk gemeint, das bis ins 15. Jh. unter Ciceros Namen lief und im Mittelalter als rhetorisches Lehrbuch schlechthin galt (Erstdruck 1470).

169. Hier ist der (gleichnamige) Vater des Philosophen Seneca gemeint, ein Redner und Rhetoriklehrer. Erst Raphael Volaterranus erkannte, daß es sich um zwei Personen handelt.

170. *Franceso Petrarca* (1304–74) war nicht nur ein gefeierter Dichter, sondern vermittelte auch durch seine Schriften antikes Bildungsgut aus Philosophie und Rhetorik. – *Marcolo* (?), im Text: Mareol. Veronensis. – *Petrus von Ravenna* (um 1448–um 1508): italienischer Humanist und Jurist mit phänomenalem Gedächtnis; verfaßte eine Buch „Libellus de artificiosa memoria, Foenix dictus" Venedig 1491. Lehrte auch in Greifswald, Mainz und Köln. – *Hermann von dem Busche* (um 1468–1534): humanistischer Wanderlehrer für Rhetorik und Poesie (Wittenberg, Leipzig, Heidelberg, Marburg). Auf seiten Luthers und der Reuchlinisten (vgl. Anm. 892), verteidigte er in „Vallum Humanitatis" die Ziele des Humanismus (Köln 1518).

171. *Albumasar* (Abu Ma'schar, 805–886): islamischer Astronom; verfaßte zahlreiche astrologische Lehrbücher, die etwa 1130–1140 in das Lateinische übersetzt und ab 1488 mehrfach gedruckt wurden.

172. Augustin de ord. 2,15 (Migne PL 32, 1015).

173. Arithmetik war für die Griechen die Lehre von den ganzen Zahlen im Gegensatz zur praktisch orientierten Rechenkunst. Zu ihrer populären Komponente gehören Quadrat- und Kubikzahlen und einige Spielereien mit Zahlen. Die wissenschaftliche Arithmetik beschäftigt sich (vor allem in den „Elementa" des Euklid) mit zahlentheoretischen Problemen, z. B. Primzahlen. Später drangen auch mystische Elemente in die Arithmetik ein. Agrippa vermischt hier beide Bestandteile der Disziplin.

174. Agrippa folgt z. T. der Einteilung der Zahlenarten bei Euklid, Elementa, VII Def. 6–10: 1. Gerad-gerade ist eine Zahl, die, durch eine gerade Zahl geteilt, eine gerade Zahl ergibt (z. B. 8, 24). 2. Gerad-ungerade ist eine Zahl, die, durch eine gerade Zahl geteilt, einen ungeraden Quotienten ergibt (z. B. 6, 18, 24). 3. Ungerad-ungerade ist eine Zahl, die, durch eine ungerade Zahl geteilt, einen ungeraden Quotienten ergibt (z. B. 9, 15, 21). 4. Überschießende oder mangelnde Zahlen gibt es beim Dividieren mit Rest. 5. Vollkommen ist eine Zahl, die gleich der Summe ihrer Teiler ist, wenn man sie selbst als Teiler nicht mitrechnet (z. B. 6 = 1 + 2 + 3; 28 = 1 + 2 + 4 + 6 + 14).
175. *Geomantie* ist die Weissagung aus den Gestirnen. – *Praeneste* (heute Palestrina) galt als ein Zentrum der Wahrsagung. Dort gab es ein Fortunaheiligtum mit Orakelbetrieb. – Vierseitige Würfel wurden aus Sprunggelenkknöcheln von Tieren hergestellt.
176. Aristoteles meteor. 1,2 (339 a).
177. *Hali* (vermutlich Ali Ben Rodam, 11. Jh.): arab. Astronom. – *Gerhard von Cremona* (1114–87): spanischer Gelehrter und Übersetzer arabischer Schriften (Aristoteles, Ptolemäus, al Kindi) in das Lateinische. – *Bartholomaeus von Parma* (Ende 13. Jh.): „Ars geomantiae". – *Tundinus* (?). – Agrippas Werk ist erhalten (Opera I S. 500–527 „In Geomanticam disciplinam lectura").
178. Vgl. Sueton, Aug. 71.
179. Terentianus de litt. 268–273 (Keil VI 333).
180. *Alchandrius*/Alhandreus: legendärer astrologischer Autor um die Zeitenwende. – Plin. d. Ä. über die *„pythagoreische" Methode:* nat. hist. 28, 23.
181. Nach Platon Phaidr. 59 (274 cd) erfand der ägyptische Gott Thot die Mathematik, die Meßkunst, Brett- und Würfelspiel und die Schrift.
182. *Valentinus* (136–165 in Rom): Gnostiker (vgl. Anm. 388), von Irenäus (adv. haer. 1,11,1) als Vater der gnostischen Häresie bezeichnet. – Zu den „Valentianern" gehörte auch *Markos* (vgl. Irenäus a. O. 1, 13–21). Über beider Leben ist wenig bekannt, auch ihre Lehren sind nur aus Gegenschriften der Kirchenväter erschließbar. Markos trieb wohl Spekulationen mit Namen und Zahlensystemen. Zu seiner Gestalt der „Wahrheit" vgl. Anm. 379.
183. Die *Tetraktys* (Summe der Zahlen eins bis vier = zehn) galt bei den Pythagoreern als Schöpferkraft und heilig, weil sie den Zahlen neben ihrem Zählwert noch mythische Deutungen unterlegten.
184. *Aristoxenos* bezeichnet die Seele nicht als Musik, sondern als eine Art Harmonie. Vgl. Cicero Tusc. 1,10 (19) und 1,11 (24). Der Aristotelesschüler Aristoxenos (um 354–300 v. Chr.) verfaßte zahlreiche (für die Antike maßgebende) Werke über Musik (Geschichte, Rhythmik, Harmonik, Ethoslehre). – Von *Boethius* (um 480–524) ist ein Handbuch der Musik erhalten.
185. Platon leg. 1,11 (642a).
186. Boethius inst. mus. 1,1.
187. Vgl. Odyssee 3, 265–275.
188. Agrippa zitiert ungenau Apuleius „Florida" 1,4,1. Dabei nennt er zusätzlich die jonische Tonskala, die mit der iastischen bereits gemeint war.
189. Horaz, sat. 1,3,1 ff.
190. Plutarch, Perikles 1,5f.
191. Kaiser *Nero* (37–68) gab in Hofkreisen oft Proben seiner Kunst und trat 64 in Neapel öffentlich als Kitharöde auf. 66 begab er sich auf eine einjährige Tournee durch Griechenland, wo man seiner Meinung nach sein Künstlertum besser beurteilen konnte. Vgl. Sueton: Nero 20–25; 53–55.
192. Plutarch, Perikles 1,6.
193. *Halkyonen:* Alkyone, Tochter des Aiolos, stürzte sich aus Gram über ihren ertrunkenen Gatten ins Meer, und beide wurden in Eisvögel verwandelt (Symbol der Gattenliebe).
194. Vergil, Aen. 1,740.
195. Ephoros nach Polybios 4,20,5.
196. Die Frauen der *Kikonen* (andere Variante: Mänaden) töten Orpheus (Strabon 7, 330f.; Diodor

5,73,3). Die Kikonen erwähnt Odyssee 9, 39–42. – Der hundertäugige Wächter *Argos* (lat. Argus) wird von Hermes durch Musik eingeschläfert (oder getötet), vgl. Ovid met. 1,677.

197. Gemeint ist die pythagoreische Vorstellung von der Harmonie der Himmelssphären (Sphärenmusik).
198. Der Komödiendichter Anaxilas klagt über neue Musik in seinem „Hyakinthos" (Athenaios, 623 e).
199. Augustinus conf. 10,3.
200. Anspielung auf die pythagoreische Vorstellung vom harmonischen Umeinanderkreisen der Gestirne, die sich auch bei Platon findet.
201. Kureten: Dämonen, die durch laute Waffentänze das Geschrei des Zeuskindes übertönen sollten, das seine Mutter Rhea in einer Höhle auf Kreta verborgen hatte, damit es nicht von Kronos verschlungen wird.
202. Die Salier („Springer"), Angehörige eines alten römischen Priesterkollegiums, führten im März und Oktober zu einem Kultlied (Carmen Saliare) feierliche Tänze auf.
203. Lukian salt. 14.
204. Xenophon symp. 2,16.
205. Platon symp. 6 (178 ac).
206. Sallust Catilina 40,5.
207. Cicero Mur. 6,13.
208. Nach 2. Mo 32, 1–6.
209. Macrobius Sat. 3,14,11f.
210. Valerius Maximus 2,6,7.
211. Schauspieler (meist eigens ausgebildete Sklaven) galten bei den Römern als ehrlos (dig. 3,1,1 § 6), konnten jedoch zu Publikumslieblingen avancieren und reich werden. Der Stand galt als moralisch anrüchig: Die Männer wurden als Verführer römischer Damen (vgl. Ovid, ars am. 3,351), die Frauen als Dirnen betrachtet. Das christlich-kanonische Recht behielt im wesentlichen diese Auffassungen bei.
212. Valerius Maximus 8,10 Ext.
213. Die Geometrie, ursprünglich zur Landvermessung entwickelt und dann auf Flächen- und Körperberechnung angewandt, schließt später auch eine auf praktische Anwendung gerichtete mechanisch-technische Komponente ein, wie Agrippas Aufzählung von Geräten und Vorrichtungen zeigt.
214. Als wichtige Probleme der antiken Mathematik galten die sog. *Quadratur des Kreises* (nur mit Zirkel und Lineal ein Quadrat zu konstruieren, das Rand einer Fläche ist, deren Inhalt dem einer gegebenen Kreisfläche gleich ist) und die *Arkufikation der Geraden* (der Übergang von einer geraden zur gekrümmten Linie, d. h. das Problem der Infinitesimalrechnung).
215. Nieswurz galt in der Antike als Heilmittel gegen Geisteskrankheiten.
216. Gellius 10,12,9f. – *Archytas* (aus Tarent, 428–365 v. Chr.): Mathematiker und Techniker; mit Platon bekannt; Pythagoreer.
217. Agrippa könnte ein Astrolabium meinen, wie es damals in Häusern vorhanden war, deren Besitzer naturwissenschaftliches Interesse bekunden wollten.
218. Agrippas nicht erhaltene „Pyrographie" (Verwendung von Schießpulver im Krieg) war als Aufmerksamkeit für Franz I. von Frankreich gedacht. Erwähnt auch auf S. 9.
219. Gellius 5,16 referiert antike Theorien über den Sehvorgang. Platon darüber Tim. 16 (45 bd).
220. Horaz ars 9f.
221. Plutarch mor. 346f.
222. Raben: Plinius d. Ä. hist. 35,23; Schlange: ebenda, 35, 121.
223. *Gauricus* (= Pomponio Gaurico, gest. 1530): italienischer Humanist, „De sculptura".
224. Röm 1,23.
225. Wsh 14, 10f.
226. Als Spiegel (specula) werden auch optische Geräte wie Linsen, Prismen, Brenngläser bezeichnet. Bei der Beschreibung einiger Spiegelarten läßt Agrippa reichlich Phantasie walten.

227. *Coelius* (Lodovico Ricchièri, 1469–um 1525): italienischer Humanist. Seine „Antiquae Lectiones" (eine Enzyklopädie der Antike in 30 Büchern) erschienen 1542 im Druck. Coelius zitiert Seneca nat. quaest. 1,16,1–2.
228. Augustin, Briefe 3,3 (Migne PL 33,65).
229. *Witelo* (Vitellio, um 1220– um 1275): Prämonstratensermönch; verfaßte aufgrund eigener Beobachtungen und unter Benutzung des Arabers Alhazen (gest. 1038) ein Werk über optische Probleme („Perspectiva", Druck Nürnberg 1535), das W. v. Moerbeke gewidmet war und hohes Ansehen genoß.
230. *Klima* (grch.) heißt Neigung [des Sonnenstandes] und bezeichnet ursprünglich den Erdgürtel (grch. zone) gleicher geographischer Breite, durch die dann natürlich die meteorologischen Verhältnisse bestimmt sind.
231. Die Himmelsrichtungen wurden in der Antike mit den Namen der für sie charakteristischen Winde bezeichnet.
232. Der *Gnomon* ist ein senkrecht stehender Stab, dessen unterschiedliche Schattenlänge zur Bestimmung der Sonnenwende und Tagundnachtgleiche diente.
233. Vergil, georg. 1,51 f.
234. Gemeint ist die Maßstabveränderung und die Flächenprojektion.
235. Der Ausdruck *Chorographie* (grch. = Beschreibung des Landes) stammt von Polybios und bezeichnet die praktische Länderkunde im Gegensatz zur mathematischen Geographie.
236. *Parnaß:* Gebirgsmassiv (2457 m) in Mittelgriechenland, an dessen Fuß Delphi liegt; Apollo und den Musen (Quelle Kastalia) heilig. Wurde erst in römischer Zeit zum Musenberg und Symbol der Dichtkunst.
237. Lukan 5,75f.
238. *Antipoden* (grch.) = Gegenfüßler. Die Vorstellung von Antipoden ist mit der von der Kugelgestalt der Erde verknüpft, und deshalb ist ihre Existenz oft bestritten worden (z. B. Augustin civ. 16,9).
239. *Zodiakus:* Tierkreis mit seinen Sternbildern. Agrippa verarbeitet die Entdeckung Amerikas, das Finden des Seewegs nach Indien u. a.
240. Augustin conf. 10,8,15.
241. Vgl. Plinius d. Ä. nat. hist. 2,4.
242. Es gab nicht nur das berühmte kretische, sondern auch andere als *Labyrinth* bezeichnete Anlagen: Gebäudekomplexe mit unübersichtlichem Grundriß und zahlreichen Räumen (z. B. Herodot 2,148).
243. *Kolosse:* Riesenfiguren wie der „Koloß von Rhodos", eine 37 m hohe Bronzegestalt des Helios an der Hafeneinfahrt, oder die von Nero errichtete 39 m hohe Figur, die später am flavischen Amphitheater stand und diesem die Bezeichnung Kolosseum gab.
244. *Mausoleum:* für den kleinasiatischen Herrscher Maussolos (regierte 377–353) in Halikarnaß von seiner Schwester und Gattin Artemisia errichtetes prunkvolles Grabmal.
245. *Sphinx:* Löwenkörper mit Menschenkopf, in Ägypten Symbol für Königsmacht, daher meist männlich; später über den Vorderen Orient nach Griechenland als Fabelwesen übernommen. Das Amasisgrab in der Sphinx ist legendär.
246. Gemeint sind die „Memnonskolosse", 20 m hohe „singende" Sitzfiguren von Sethos I. Mit der legendären Semiramis haben sie nichts zu tun.
247. Auf einer Felswand bei Bisutun (antik Bagistana) im westlichen Iran gibt es ein riesiges Relief mit bildlichen Darstellungen und einem „Tatenbericht" des Perserkönigs Dareios I., der von 522–486 v. Chr. herrschte, in Persisch, Elamitisch und Babylonisch.
248. Plutarch Alex. 72. – *Athos:* Marmorberg (2033 m) auf der östlichen Landzunge der Halbinsel Chalkidike. Heute heißt die ganze Landzunge Athos und ist mit ihren zahlreichen Klöstern (seit 10 Jh.) eine „Mönchsrepublik" unter griechischer Oberhoheit.
249. Herodot beschreibt 1,181 die Zikkurat (Stufentempel), 1. Mo 11,1–9 als Turm von Babel bezeichnet. Bei Herodot 1,183 ist zwar von einer unterirdischen Anlage, aber nicht von einer „Höhle" mit den von Agrippa genannten Dimensionen die Rede.

250. *Gordion:* alte phrygische Königsstadt (8.–6. Jh. v. Chr.), später durch den gordischen Knoten berühmt. Vgl. Anm. 9.
251. Dan 3,1–6.
252. *Agatharchos:* griechischer (Bühnen-)Maler d. 5. Jh. v. Chr. – *Silenos:* Fraglich, ob hier ein Historiker des 3./2. Jh. v. Chr. gemeint ist. – *Archimenides:* Vielleicht Archimedes? – *Vitruv* (ius): um die Zeitenwende; „De architectura“. – *Nigrigentus* (?). – *Leon Battista Alberti* (1404–72) schuf, auf Vitruv aufbauend, die Grundlagen für die Architekturtheorie der Renaissance („De re aedificatoria“, Druck 1484). – *Fra Luca* (Paciolo/Pacivolo, etwa 1445– nach 1514), Professor für Mathematik, verfaßte eine Abhandlung über Baukunst, die 1509 mit seiner „Divina Proporzione“ in Mailand erschien. – *Albrecht Dürer* (1471–1528): „Etliche Unterricht zur Befestigung der Stett, Schloß und Flecken“ (1527).
253. Unter den Schriften des *Straton von Lampsakos* (genannt „der Physiker“, Leiter des Peripatos seit 287/86, gest. 269/68 v. Chr.) nennt Diogenes Laertios 5,59 (Nr. 25) eine Abhandlung über Bergwerksvorrichtungen.
254. Agrippas Bergwerksbuch ist wahrscheinlich – wie mehrere von ihm angekündigte Schriften – im Stadium der Vorarbeiten steckengeblieben.
255. Stygisch (vgl. Anm. 659): unterweltlich.
256. Ovid met. 1,138–142 und 129–131 (Umstellung).
257. Properz 3,19,49.
258. *Kassiteriden* (grch.) = „Zinninseln“, wahrscheinlich die heutigen Scilly-Inseln. Zinnerz heißt bis heute Kassiterit. – *Keltiberien:* Spanien.
259. Vgl. Plinius d. Ä. nat. hist. 33,78; Vercellae: heute Vercelli (50 km westlich von Mailand).
260. Astronomie und Astrologie werden in der Antike und bis weit in die Neuzeit hinein fast unterschiedslos gebraucht, wie ja auch Vertreter beider Disziplinen die Inhalte nicht streng trennten (J. Kepler war z. B. auch Hofastrologe und verfaßte Horoskope). Bei der Übersetzung wird nach heutigem Gebrauch unterschieden.
261. *Abraxas* (lat., ursprünglich aber *Abrasax*): Nach Basileides göttliche Kraft als Herr über die 365 Himmel. Vgl. Irenäus adv. haer. 1, 19,4 sowie Anm. 292.
262. Vgl. Erasmus, Lob der Torheit, Kap. 52.
263. *Chaldäer:* Bezeichnung ursprünglich für einen aramäischen Stamm, dann für Babylonier, besonders die babylonische Priesterschaft, und schließlich allgemein für Magier, Astrologen und Besitzer orientalischer Weisheit und Kräfte.
264. *Proklos* (412–485): neuplatonischer Philosoph mit mathematischen und astrologischen Interessen. – *Averroës* (Ibn Roschd 1126–98): arabischer Philosoph, Arzt und vielseitiger Forscher. – *Alfons X.* (1221–84), König von Kastilien, ein Förderer der Künste und Wissenschaften, ließ astronomische Tabellen (die „alfonsinischen Tafeln“, vollendet 1272) erstellen.
265. *Hermes:* Damit könnte „Liber Hermetis“ gemeint sein, ein Werk des Pseudo-Rhetorios, das etwa im 13. Jh. ins Lateinische übersetzt wurde.
266. *Averroës* vgl. Anm. 264. – *Rabbi Isaak:* Vielleicht Isaak ben Sid, ein Mitarbeiter an den alfonsinischen Tafeln. – *Arzachel(es)* = Sarkala, arab. al-Zarqāli, 1029– nach 1087: spanisch-arabischer Astronom, im Mittelalter sehr einflußreich, schuf die „Tafeln von Toledo“. – *Thabit* (ibn Qurra, gest. 901): sabäischer Arzt und Mathematiker, der mathematische und astronomische Werke aus dem Griechischen in das Arabische übertrug. – *Alpetragius* (al Bitrudschi): vor 1200 lebender spanisch-arabischer Astronom. – *Albert* (der Große, Albertus Magnus, um 1200–1280) Graf von Bollstädt: Dominikaner, vielseitiger Gelehrter und Naturforscher, Bahnbrecher des Aristotelismus, Vermittler arabischen und jüdischen Wissens.
267. *Ptolemäus* (Klaudios Ptolemaios, nach 83–nach 161): bedeutendster Astronom der Antike mit seinem Hauptwerk „Megiste Syntaxis“ (arab. „Almagest“ genannt). – *Alfons* vgl. Anm. 264. – *Rabbi Isaak* der Blinde: jüdischer Gelehrter, um 1200 in der Provence als einer der Väter der Kabbala bezeichnet; wird von Agrippa vielleicht mit dem in Anm. 266 genannten Isaak ben Sid verwechselt. – *Albohazen/Abenragel* (Abu al Hassan ibn Abi ar Rigal, gest. nach 940): nordafrika-

nischer Astrologe; verfaßte ein einflußreiches Lehrbuch (lateinische Übersetzung Venedig 1485). – *Albategni* (al Battani, um 858–929): islamischer Astronom. – *Abraham ibn Ezra* (Avenezra, 1092–1167): spanisch-jüdischer Exeget, Philosoph und Wissenschaftler. – *Rabbi Levi* (ben Gerson = Gersonides, 1288–1344): jüdischer Exeget, Philosoph, Mathematiker und Astronom. – *Zacutus* (Abraham ben Samuel Zaccuto, um 1450–nach 1510): jüdischer Astronom, 1492 aus Spanien vertrieben, danach Hofastronom in Portugal, 1504 auch von dort vertrieben. – *Aquilinus* (Alessandro Achillini, um 1462–1512): italienischer Philosoph und Arzt (auch Physiognom und Chiromant) sowie Astronom. – *Hipparchos* (aus Nizäa, um 190–125 v. Chr.): bedeutender Astronom der Antike, bestimmte zahlreiche astronomische Größen, schuf einen Sternkatalog und optische Geräte. – *Regiomontanus* (Johannes Müller aus Königsberg im Taunus, 1436–76): Mathematiker und Astronom, Schöpfer der ersten deutschen Sternwarte.

268. Zu *Arzachel* und *Thabit* vgl. Anm. 266, zu den anderen Astronomen vgl. Anm. 267. – *Paulus Florentinus (Paolo dal Pozzo Toscanelli, 1397–1482); ital. Astronom.* – *Zu Ritius*: Agrippa kam in Pavia (um 1512) mit den Brüdern Ricci in Kontakt. Agostino war Astronom; Paolo (später Leibarzt Ferdinands I., um 1505–1541) hatte astrologische und kabbalistische Interessen (verfaßte „De caelesti agricultura", gedruckt 1541).

269. *Alfraganus* (al Farghani, gest. um 820): arabischer Astronom und Geograph; revidierte die astronomischen Tabellen des Ptolemäus. – *Almagest:* arabische Bezeichnung für das Hauptwerk des Ptolemäus „Megiste (oder Megale) Syntaxis".

270. *Hipparchos* vgl. Anm. 267. – *Rabbi Josua:* der Talmudgelehrte Joshua ben Hananiah (?). – *Maimonides* (Moses ben Maimon, 1135–1204): bedeutender jüdischer Religionslehrer, Philosoph und Arzt, der zwar hohes astronomisches Wissen besaß, doch keine speziell astronomischen Bücher geschrieben hat. – *Abraham ibn Ezra* (Avenezra) und *Zacutus* vgl. Anm. 267; *Ritius* vgl. Anm. 268; *Alpetragius* (Bitrudschi) vgl. Anm. 266.

271. Vgl. Gellius 14,1,12. – *Favorinus* (80/90 bis um 150): Rhetor und Buntschriftsteller, aus dem Gellius viel Material schöpft.

272. *Blanchinus* (Giovanni Bianchini): italienischer Astronom d. 15. Jh., schuf astronomische Tabellen und stand in Kontakt mit den großen Astronomen seiner Zeit Georg von Peurbach (1423–1461) und *Regiomontanus* (Brief an Bianchini vom Februar 1464).

273. *Wilhelm von St. Clou* (de Sancto Clodoaldo, um 1300): Astrologe.

274. Gemeint sind sicher *Timocharis* und *Aristyllos,* deren Sternbeobachtungen zwischen 296 und 272 v. Chr. erwähnt werden. Vgl. Ptolemäus synt. 7,2 und Plutarch Pyth. or. 18 (402 F).

275. Als *Mathematiker* wurden seit der römischen Kaiserzeit allgemein Weissagungsastrologen aller Spielarten bezeichnet.

276. Platon Theait. 24 (174a). Diese Geschichte findet sich in vielen Varianten, z. B. Diogenes Laertios 1,34; Äsop Fabel 40 (ed. Hausrath-Hunger).

277. Cicero div. 2,13 (30).

278. Agrippa, selbst in französischen Diensten, hatte dem Konnetabel von Bourbon (1490–1527), der in Italien als Feldherr für Karl V. gegen Frankreich kämpfte (vgl. Anm. 649), ein erfolgverheißendes Horoskop geliefert, was man ihm in Frankreich verübelte.

279. Daß die Sterne bei der Schöpfung (1. Mo 1,11–18) erst nach den Pflanzen geschaffen wurden, bildete ein christliches Hauptargument gegen den von Astrologen behaupteten Einfluß der Gestirne auf die Pflanzen und damit auf alles Lebendige.

280. Gemeint ist vermutlich Ali ben Rodam; vgl. Anm. 285.

281. Ptolemäus tetrabibl. 1,1.

282. Die *Astrologie* hatte im 16. und 17. Jh. geradezu eine Blütezeit und verlor auch danach nur langsam an Einfluß. Viele Fürsten, auch geistliche Würdenträger, hielten sich Astrologen. Man bemühte sich um die Milderung des Widerspruchs zwischen christlichem Glauben und dem an die Allmacht der Sterne, indem man dem Individuum eine gewisse Freiheit des Willens (mit Gottes Hilfe) zubilligte, wodurch die Wirkung der Sterne modifiziert oder ganz aufgehoben werden könnte. Diese Haltung drückt sich in dem damals oft gebrauchten Spruch aus: „Die

Sterne geben dem Kundigen die Richtung, aber sie zwingen ihn nicht. Der Meister steht über den Sternen."

283. Nach Tacitus hist. 22.
284. Agrippa fügt zwei Epigramme zusammen: Nr. 43 (S. 90) und Nr. 47 (S. 92). Vgl. Thomas Morus, Epigramme deutsch, München (Kösel) 1983.
285. *Ali ben Rodam* (Avenrodam = Ali ben Ridwām): arabischer Astronom (11. Jh.). – *Albumasar* (Abu Ma'schar, 805–886): arabischer Astrologe und Astronom, dem über 30 Werke zugeschrieben werden. – *Abraham ibn Ezra* vgl. Anm. 267. – *Dorotheos* (aus Sidon, wohl 1. Jh.): Verfasser eines astrologischen Lehrgedichts, das übersetzt und im Vorderen Orient hochgeachtet wurde. – *Paulus von Alexandria* (um 400): Verfasser einer Einführung in die Astrologie („Isagogica"). – *Hephaistion aus Theben* verfaßte um 381 ein astrologisches Werk mit wertvollen Zitaten älterer astrologischer Literatur. – Julius *Firmicus Maternus* (aus Sizilien) verfaßte um 335 ein astrologisches Werk „Mathesis". – *Aomar* (Omar-i Chajjám „der Zeltmacher", 1048–1131): persischer Mathematiker, Astronom (revidierte astronomische Tafeln und reformierte den persischen Kalender) und Dichter, der im Westeuropa des 19. Jh. begeistert aufgenommen wurde. – *Thabit* vgl. Anm. 266. – *Alchindus* (al Kindi, um 800–873): arabischer Philosoph und Naturforscher. – Zahel: vermutlich der jüd. Astrologe Rabbi Sahl ibn Bišr ibn Habib, gest. um 820. – *Messahalla* (Masha 'Allah): arabischer Astronom und Astrologe (8./9. Jh.).
286. *Heliodor* (Sohn des Hermeias): neuplatonischer Philosoph und Astronom um 500. – *Paulus* (von Alexandria) und (Firmicus) *Maternus* vgl. Anm. 285. – *Manilius:* Verfasser eines Lehrgedichts „Astronomica" (Anfang 1. Jh.). – *Porphyrios:* griechischer neuplatonischer Philosoph und Verfasser astrologischer Lehrschriften (um 232– um 300). – *Abenragel* vgl. Anm. 267.
287. Der Gedanke, die Weltreligionen auf unterschiedliche astrologische Konstellationen zurückzuführen, wird Alchindus (al-Kindi) zugeschrieben.
288. Der Sonnabend (Sabbat) heißt englisch Saturday (Tag des Saturn). Im romanischen Sprachbereich sind mehrere Wochentage nach Göttern bzw. Planeten benannt.
289. Jh 11,9.
290. *Petrus Abanus* (1257– um 1315): italienischer Mediziner und Naturphilosoph (vgl. auch Anm. 781). – *Roger Bacon* (um 1214– um 1294): englischer Naturforscher und (Natur-)Philosoph. – *Guido Bonatus* (Bonatti, um 1200–1296): berühmter italienischer Astrologe, schrieb „Decem tractatus Astronomiae" (1491 Druck). – *Arnaldus von Villanova* (um 1238–1311): katalanischer Arzt, Missionar und Mystiker, Verfechter der Naturmagie. – *Petrus de Alliaco* (Pierre d' Ailly, 1350–1420): französischer Theologe (Kardinal) und Philosoph.
291. *Giovanni Pico della Mirandola* (1463–94), ein italienischer Graf, Humanist und Philosoph, bekämpfte mit Scharfsinn und Energie die damals in gebildeten Kreisen herrschende Astrologiegläubigkeit durch seine „Disputationes in astrologiam". Sein Hauptgegner *Balantius* (Lucio Bellanti, gest. 1499) verteidigte seine Position mit „Liber de astrologica veritate" (1498) und wies im Anhang „Responsiones in Disputationes Johannis Pici adversus astrologicam veritatem" genüßlich darauf hin, daß Pico früher selbst astrologische Interessen gezeigt habe (vgl. Picos carmen 2).
292. Basileides: christlich-gnostischer Lehrer um 130/140 in Alexandria.
293. Schriften und Äußerungen gegen die Astrologie: *Chrysostomus*, Sechs Reden über Schicksal und Vorsehung (Migne PG 49,749ff.); *Eusebius*, praep. ev. 6,6,1: *Laktanz*, div. inst. 2,16,1; Konzil von *Toledo* 447; Konzil von *Basel* 1431 (geleitet von Martin V.); *Gregor von Nazianz* „Über das Schicksal" (Migne PG 45, 145ff.).
294. Die von Herakles getötete Schlange aus einem Sumpf bei Lerna hatte 9 Köpfe. Wurde einer abgetrennt, dann wuchsen zwei neue nach. Schließlich wurden sie mit Feuer ausgebrannt.
295. Vgl. 5. Mo 18,10–12. – „Durchs Feuer gehen lassen" bedeutet Kinderopfer, die Israel bei seinen Nachbarn für üblich hielt, wie 3. Mo 18,21 (Moloch) zeigt.
296. *Physiognomie* (eigentlich Physiognomonik) ist das Erkennen von Charaktereigenschaften anhand körperlicher Merkmale; später auch zur Wahrsagerei benutzt. – *Metoposkopie:* Betrachtung der Stirn (grch. metopon), später des Gesichts und des ganzen Kopfes.

297. Sonne und Mond zählte man zu den damals bekannten Planeten (Saturn, Jupiter, Mars, Venus, Merkur), so daß sich die (heilige) Zahl sieben ergab.
298. Hi 37,7. Die Lutherübersetzung ist weniger deutlich. Diese Stelle wurde oft dazu benutzt, die Chiromantie als gottgewollt und mit dem christlichen Glauben vereinbar darzustellen.
299. Unter dem Namen *Hermes* (Trismegistos) lief eine Sammlung von Heils- und Erlösungsschriften unterschiedlicher Herkunft. Sie entstand zwischen dem 1. Jh. vor und dem 4. Jh. nach Chr. in Ägypten, fand in theosophischen und alchemistischen Kreisen vom 15. Jh. an wieder Beachtung und war bis ins 18. Jh. einflußreich. Ihre Übersetzung (1463) durch Marsilio Ficino trug dazu wesentlich bei.
300. Die *Chiromantie,* im Orient entstanden, in der Antike eifrig betrieben, von den Arabern weiterentwickelt und nach Westeuropa übermittelt, nahm hier in der Renaissance großen Aufschwung: 1448 (Druck 1480) erschien das „Blockbuch" des Münchner Hofarztes Johann Hartlieb (vor 1410– vor 1474). Im 16. Jh. wurde die Chiromantie eng mit der Astrologie verbunden: *Bartolomeo Cocles:* „Chyromantie ac physionomie Anastasis", Bologna 1504; *Johannes de Indagine:* „Die Kunst der Chiromancey, Physionomey, natürlichen Astrologey ...", Straßburg 1523; *Tricassus:* „Chyromantia", 1524.
301. *Zopyros* hatte aus Sokrates' Physiognomie viel Negatives herausgelesen, was dieser ihm aber nicht übelnahm. Vgl. Cicero fat. 5 (10f.).
302. Vgl. Plinius d. Ä. nat. hist. 35,10,88. Dort wird als Maler aber Apelles (2. H. 4. Jh. v. Chr.) genannt. – Der Grammatiker *Apion* (1. Hälfte d. 1. Jh. in Rom) hatte ein judenfeindliches Pamphlet verfaßt, weshalb Josephus mit der Schrift „Gegen Apion" antwortete (Vgl. Anm. 129).
303. *Haruspicia,* bei den Römern haruspicina genannt, ist die (von den Etruskern übernommene) Begutachtung der Eingeweide (bes. der Leber – haru) bei den Opfertieren. Sie erfolgte stets vor wichtigen staatlichen Entscheidungen, um die Zustimmung der Götter einzuholen. – *Auguren* waren römische Priester, die zur Erforschung des Willens der Götter das Verhalten bestimmter Vögel, aber auch anderer Tiere beobachteten.
304. *Pomponius Laetus* (Pomponio Leto, 1428–97): Humanist, verfaßte philosophische und historische Werke, gründete eine Renaissance-Akademie.
305. Dionysios von Halikarnass ant. Rom. 2,5.
306. Cicero div. 2,5 (12) leicht verändert, sonst meist Euripides zugeschrieben (Trag. Graec. Fragm. ed. Nauck, 2. Aufl., 973).
307. Cicero div. 1,63.
308. Agrippa meint vermutlich Philons Abrahambiographie. Mit der Schrift „Über das Zivilleben" könnte Philons „De vita contemplativa" gemeint sein.
309. Cicero stellt in seiner Schrift „De divinatione" („Über das Weissagen") die damals bekannten Formen der Weissagung kritisch dar, ohne sie allerdings völlig abzulehnen.
310. Man glaubte, Geisteskranke seien von Dämonen besessen oder von Geistern beherrscht, die um Zukünftiges wissen und es zuweilen durch die Kranken kundtun.
311. Lukan 1,587f.
312. *Deukalionisch* = sintflutartig; vgl. Anm. 90.
313. *Phöbus* (grch.): der Strahlende; Beiname Apollons, aber auch vom Sonnengott gebraucht.
314. *Gradivus* (lat.): der Vorwärtsschreitende; Beiname des Mars.
315. Kyllenier: Beiname von Hermes/Merkur.
316. Lucan 1,649–668 (Übers. v. Dietrich Ebener, Weimar 1978). – *M. Annaeus Lucanus (39–64):* römischer Epiker, Stoiker; wurde von Nero, mit dem er anfangs befreundet war, zum Selbstmord gezwungen (wie sein Onkel, der Philosoph Seneca). Von Lukan ist nur ein historisches Epos „Der Bürgerkrieg" oder „Pharsalia" erhalten (bei Pharsalos fand 48 v. Chr. die entscheidende Seeschlacht zwischen Caesar und Pompeius statt).
317. *Suda* (früher fälschlich Suidas, nach dem vermeintlichen Autor) wird heute ein umfangreiches, um 1000 entstandenes, griechisches Lexikon genannt, das eine Fülle antiken Materials (Sacherklärungen, Biographisches, Zitate) bietet.

318. *Apuleius von Madaura* (geb. um 125): Sophist und Autor. Wegen seines Romans „Metamorphoses" („Der goldene Esel"), in dem viel Zauberei vorkommt, hielt man ihn für zauberkundig und klagte ihn an, eine reiche Witwe durch Zauber erobert zu haben. Aufgrund seiner (erhaltenen) „Apologie" wurde er freigesprochen. Er galt aber weiterhin als großer Zauberer. Vgl. Augustin Briefe 136,1 und 102,32 (Migne PL 33,514; 383) sowie Laktanz div. inst. 5,3,7 (Migne PL 6,558 A).
319. Hieronymus Brief 53 an Paulinus (Migne PL 22,541).
320. Platon Alkibiades I 17 (122a).
321. Cicero div. 1,41.
322. Auch *Roger Bacon* wurde wegen seiner Naturforschungen der Zauberei verdächtigt.
323. *Picatrix*: anonyme, ins Lateinische übersetzte arabische Schrift über Magie und Nekromantie, die auf die Gebildeten Westeuropas vom 13. bis ins 17. Jh. großen Eindruck machte (ed. D. Pingree, London 1986, Übersetzung von H. Ritter und M. Plessner 1962, Studies of the Warburg Institute XXVII).
324. Kapitelüberschrift: Magia mathematica. Die *Mathematik* umfaßte in der Antike auch ihre praktische Anwendung in Form der Mechanik und galt als Teil der Naturwissenschaft. Man glaubte, die Natur (physis) durch kunstvolle Vorrichtungen (mechanai) überlisten und damit die Naturgesetze umgehen zu können.
325. Nicht im 11. Buch der „Gesetze" Platons, sondern 10,5 (889 d).
326. Kapitelüberschrift: Magia venifica.
327. Philostratos Apoll. 1,20; Porphyrios abstin. 3,3.
328. Vergil ecl. 8,96–98.
329. Plinius d. Ä. nat. hist. 8,82.
330. Augustin civ. 18,2.
331. Nach Dan 4,28–33.
332. 2. Mo 7,8 u. a. m.
333. Wsh 12,4.
334. Crinitus hon. discipl. I 3 (nach Plinius d. Ä., nat. hist. 7,14f).
335. Homer Odyssee 19,456f.
336. Das Zwölftafelgesetz (übers. v. R. Düll), München 1976[5], S. 49 (Tafel VIII Nr. 8).
337. Kapitelüberschrift: De Goetia et Necromantia.
338. Die Vorstellung, daß *Zauber* (besonders thessalischer Hexen) den Mond zur Erde herunterzwingen könnte, findet sich bei Griechen und Römern oft: z. B. Platon, Gorg. 513a; Horaz epod. 5,45f. 17,77; Vergil ecl. 8,69; Ovid met. 7,207f.
339. Agrippa mißdeutet hier absichtlich die innere Stimme, die Sokrates als „daimonion" bezeichnete. Vgl. auch Plutarch mor. 75 „De Socratis daemonio" und Cicero div. 1,22f.
340. *Sarazenen:* ursprünglich ein Beduinenstamm in Nordwest-Arabien, im Mittelalter Bezeichnung für alle Araber, später alle Mohammedaner.
341. *Zabulus* (= Diabolos) nennen Cyprian und Ambrosius den Teufel; im MA erhalten fiktive Autoren von Magiebüchern diesen oder einen ähnlichen Namen.
342. *Henoch* starb nicht, sondern wurde nach 1. Mo 5,22–24 entrückt. Er ist eine Zentralgestalt der jüdischen Apokalyptik. Es gibt 3 Henochbücher unterschiedlicher Zeit und Herkunft.
343. Bei *Salomo* ist wohl sein angebliches Testament gemeint, das romanartig von Engeln und Dämonen erzählt und aus dem 3./4. Jh. stammt. – Dem Apostel *Paulus* wurden in esoterischen Kreisen aufgrund bestimmter Äußerungen (z. B. 1. Ko 2,6–10) überirdisches Wissen und besondere Kräfte zugeschrieben. Vgl. Anm. 357 am Ende.
344. Gemeint ist hier vermutlich der heilige *Cyprian* von Antiochien, erst ein berühmter Magier, dann Christ und Märtyrer. Da unter seinem Namen Zauberbücher umliefen, wurde er später im Volksglauben um Beistand gegen Dämonen und Zauber angerufen. Vgl. HWB d. deutschen Aberglaubens, ed. Bächtold-Stäubli, unter „Cyprian".
345. Nicht wenige mittelalterliche Philosophen, die sich mit der Erforschung natürlicher Erscheinun-

gen befaßten, gerieten in den Verdacht der Zauberei, z. B. Petrus Abanus (1257–um 1315), den nur sein Tod vor einer Verurteilung bewahrte. Vgl. auch Anm. 781.

346. Der Engel *Raziel* (als Vermittler göttlichen Wissens) spielt in Kreisen der Kabbala eine große Rolle. Nach ihm ist ein Buch mit magischem und mystischem Inhalt genannt. Der Engel *Raphael* hilft dem frommen Tobias in zahlreichen Notlagen im nicht-kanonischen Tobiasbuch (entstanden um 200 v. Chr.). Nach christlicher Tradition ist Raphael einer der vier Erzengel.

347. 1. Sm 28,7–19.

348. Augustin div. quaest. ad Simplicianum 2 quaest. III 1f. (Migne PL 40, 142f.).

349. *Azazel* ist nicht mit der „Schlange" gleichzusetzen, sondern war ein böser Wüstendämon, dem die Israeliten zur Entsühnung einen mit den Sünden des ganzen Volkes beladenen Bock in die Wüste zuschickten. Vgl. 3. Mo 16, 7–22.

350. 1. Mo 3,15.

351. Jes 65,25.

352. 1. Ko 15,44.

353. Agrippa zitiert ungenau 1. Ko 15,51.

354. Zu *Henoch* vgl. 1. Mo 5,22–24 sowie Anm. 342; zu *Elia* 2. Kö 2; zu *Moses* 5. Mo 34,1–8.

355. Jud 9.

356. Jes 1,16.

357. Die vier genannten „Künste" sollen durch bestimmte Zeremonien und Gebete ohne mühevolles Studium zu größtem Wissen, das auch Zukünftiges und Geheimlehren umfaßt, verhelfen. Eine zentrale Stellung scheint unter ihnen die *Ars Notoria* („Wissenskunst") einzunehmen, die bei Luther als eine Form des Aberglaubens erwähnt und von Erasmus verspottet wird. Sie war bereits in der Scholastik bekannt und wurde häufig kritisiert. 1324 verdammte man sie an der Sorbonne, und 1634 sowie nochmals 1704 kamen alle Bücher über sie auf den Index prohibitorum librorum. Die *Ars Almadel* ist laut Agrippa nach einem arabischen Geomanten benannt, von dem sonst nichts bekannt ist. Albertus Magnus hingegen sieht darin eine Verballhornung von Salomos Namen. Die *Ars Paulina* scheint sich auf das vom Apostel Paulus angeblich in 1. Ko 2,6–10 angedeutete Geheimwissen zu berufen. *Ars Revelationum* (lat.): Kunst, zu Offenbarungen höheren Wissens zu gelangen. Vgl. Handwörterbuch des Deutschen Aberglaubens, ed. Bächtold-Stäubli, unter Ars Notoria.

358. Plinius d. Ä. nat. hist. 30,11. – *Latopaea* = Levi (?). – Zu Lysis vgl. Diogenes Laert. 8,7; 39.

359. *Bere'shit:* Spekulationen über die Schöpfung anhand des biblischen Berichtes, über von Gott bereits vor der irdischen Welt Geschaffenes (z. B. das Paradies, die Thora) und über den Aufbau der himmlischen Sphäre. – Zur Kabbala generell: G. Scholem, Ursprung und Anfänge der Kabbala, Berlin 1962.

360. *Salomo* gilt als Dichter und Weiser (1. Kö 5,9–14). Die jüdische Legende machte ihn sogar zum Herrscher über Naturkräfte und Dämonen: Der Dämonenfürst Asmodäus verschaffte ihm den Wurm Schamir, der Felsen spalten konnte und so beim Tempelbau half.

361. 1. Kö 5,13: Die *Zeder* galt als das Größte im Pflanzenreich (und zugleich als Machtsymbol), das unscheinbare Würzkraut *Ysop* bildet den Gegensatz. Gemeint ist: Salomo kannte die Natur vom Größten bis zum Kleinsten.

362. *Moses der Ägypter:* Entweder ist M. *Maimonides* (1135–1204) gemeint, der Repräsentant des Judentums am ägyptischen Hof war, oder M. *Nachmanides* (1194–1270), der einen Kommentar zur Thora schrieb. Vielleicht vereint Agrippa beide Personen.

363. Die jüdischen Kabbalisten wollten durch mystische Spekulation und magische Praktiken den Anblick der Herrlichkeit Gottes und des himmlischen Thronwagens (*Märkabah,* beschrieben bei Hes 3) erlangen.

364. *Hebräisch,* die Sprache der heiligen Schriften, galt in der jüdischen Esoterik sowohl als Sprache bei der Welterschaffung als auch in der himmlischen Welt. Deshalb entwickelte sich die Überzeugung, daß Namen und Worte geheime Kräfte besäßen und daß z. B. Gottes Welterschaffung allein durch das Wort erfolgt sei. Zu besonders tiefsinnigen theologischen Gedanken regte der Name

Gottes an, zumal schon im Alten Testament unterschiedliche Bezeichnungen auftreten (Elohim, Adonaj). Seit talmudischer Zeit ist vom Gottesnamen mit 4, 12, 24, 48 und 72 Buchstaben die Rede, dem man kosmogene und magische Kräfte zuschrieb. In der Kabbala verknüpfte man das mit der Lehre von den zehn Sefirot (vgl. Anm. 367).

365. *Arithmantie:* Spekulation mit Zahlenwerten der Buchstaben meist nach der exegetischen Methode der Gematrie. Dabei hat jeder Buchstabe einen festen Zahlenwert. Die Buchstabenwerte eines Wortes werden summiert und dann gedeutet. (Beispiel: ha-Satan ergibt als Summe 364. Deutung: 364 Tage im Jahr hat der Satan Macht über Israel, doch nicht am 365. Tage, dem Versöhnungstag).
366. *Notaricon:* Bei dieser Exegesemethode wird jeder Buchstabe des zu deutenden Worts als Anfangsbuchstabe eines neuen (zu findenden) Wortes benutzt. Diese Methode ist wohl nicht mit Arithmantie gleichzusetzen, wie es Agrippa hier tut.
367. *Sefirot* (Sg. Sefirah): zehn durch Emanation hervorgehende Wirkungskräfte Gottes, die eng miteinander verbunden sind und wie ein umgekehrter Baum dargestellt werden.
368. Die aufgezählten Zeichen und Wunder von Moses stammen aus dem 2. Buch Mose, in dem der Auszug der Ägypter, und aus dem 4. Buch Mose, in dem der Aufenthalt in der Wüste geschildert ist.
369. Jos 10,12 f.
370. 1. Kö 18,22–40.
371. 1. Kö 17,19–24.
372. Dan 6,17–29; Dan 3. Der „Gesang der Jünglinge im Feuerofen" ist apokryph und stellt einen Zusatz zu Dan 3 dar.
373. Josephus ant. 8,25.
374. Agrippa von Nettesheim übernahm seine kabbalistischen Neigungen von Johannes Reuchlin (1455–1522) und dem Abt Johannes Trithemius (1462–1516), sie basieren aber auch damit letztlich auf G. Pico della Mirandola (vgl. Anm. 291). Dargelegt hat Agrippa diese Kenntnisse und Neigungen in seinem Werk „De occulta philosophia". Vgl. Die Cabbala des Heinrich Cornelius Agrippa von Nettesheim. Vollständig aus dessen Werke „De occulta philosophia" und mit der Ansicht eines alten Esoterikers über Schöpfung durch Zahlen und Worte als Vorwort versehen durch Friedr. Barth, Stuttgart 1855 (S. W.).
375. *Hrabanus Maurus* war ab 822 Abt des Klosters Fulda und Leiter der berühmten Klosterschule. Gemeint sind hier Gedichte mit Figuren, z. B. eine Dichtung zum Preise des Kreuzes Christi, in der das Kreuz in 28 Figuren sichtbar wird. Der Sinn des Gedichts wird durch die unnatürliche Wortstellung so schwer verständlich, daß der Verfasser dem Leser vorsichtshalber einen Kommentar in Prosa mitlieferte. Vgl. De laudibus S. Crucis, in: Migne, PL 107, 153; mit Abb.
376. *Cento:* Flickgedicht aus Versen anderer Dichter. *Proba* (Mitte 4. Jh., Vorname ungewiß, nach Agrippa: Valeria) verfertigte aus Vergil einen Cento mit Bibelszenen (Migne PL 18, 803ff.). In der Renaissance schuf man wieder Centonen, z. B. Erasmus einen aus Homer.
377. Eine weitere kabbalistische Exegesemethode besteht darin, bei Worten die Buchstaben systematisch durch andere (z. B. den im Alphabet folgenden, vierten oder achten) zu ersetzen und so zu neuen Deutungen zu gelangen.
378. Äsop Fabel 136 (ed. Hausrath I).
379. Gemeint ist die Beschreibung der Gestalt der Wahrheit (grch. = Aletheia) nach dem Valentinianer Markos. Vgl. dazu Irenaeus adv. haer. 1,14,3; Migne PG 7,602 mit Zeichnung.
380. 1. Mk 4,12.
381. 1. Ko 2,6–10.
382. *Hermes* (Trismegistos = der dreimal Größte) galt als Urheber des sog. *Corpus Hermeticum,* einer Sammlung von theosophisch-okkulten Schriften. Vgl. Anm. 299.
383. 2. Kö 6,13–23.
384. *Dothan* ist eine alte Kanaaniterstadt nördlich von Sichem.
385. Beim *Erntezauber* soll die Ernte eines anderen durch Magie geschädigt oder auf ein anderes, d. h. das eigne Feld, versetzt werden. Solche Vorstellungen gab es bei Griechen und Römern. Agrari-

scher Schadenszauber wurde im röm. Zwölftafelgesetz mit dem Tode bestraft (vgl. auch Anm. 336).

386. Jannes und Jambres heißen 2. Ti 3,8 die namentlich nicht genannten Zauberer des Pharao (2. Mo 7,11; 22).

387. *Simon der Magier* aus Samaria galt als „Vater aller Ketzerei". Nach Apg 8,9–24 gab er sich als Verkörperung des höchsten Gottes aus. Nach ihm der Begriff „Simonie" (Kauf und Verkauf geistlicher Ämter).

388. Zu *Ophiten* vgl. Anm. 31. – *Gnostiker:* Die gnostische Grundvorstellung besagt, daß die Seelen in die niedere Materie-Welt (= Böses) gefallen sind. In dieser sind Teile des Lichtes eingeschlossen, die der Rückführung in die Lichtheimat (= Gutes) harren. Gesandter des Lichtreiches in der christlichen Gnosis ist Christus, dessen Ruf aber nur die pneumatischen (geistbesitzenden) Seelen folgen. Zur *Gnosis* vgl. Reallex. f. Ant. u. Christentum XI (1981) 446–659; zu *Valentinianern* vgl. Anm. 182. – *Kerdonianer:* genannt nach Kerdon (um 140 in Rom, Gnostiker; sein Schüler war Markion). – Die *Markioniten* (genannt nach Markion, der 140 nach Rom kam, aber 144 auf einer Synode verstoßen wurde und um 160 starb) bildeten eine feste kirchenartige Gemeinschaft (mit strenger Askese und Ehelosigkeit), die sich rasch ausbreitete und bis in die Zeit Konstantins bestand. – *Montanianer* vgl. Anm. 485.

389. Aristoteles metaph. 18 (982 B).

390. Zu den im folgenden verkürzt wiedergegebenen Vorstellungen der vorsokratischen Philosophie vgl. H. Diels, Die Fragmente der Vorsokratiker, 3 Bde., Berlin 1960/61[10].

391. Agrippa äußert sich hier widersprüchlich, weil er das Streben nach der Form durch privatio erfolgen läßt. Diese (grch. steresis) meint aber gerade das Gegenteil, nämlich den Verlust oder das unzulängliche Erreichen der adäquaten Form des Stoffes. Zu privatio vgl. Aristoteles metaph. 3,6,8 (1011 B). Darüber handelt auch der italienische Humanist Pontanus in seinem Dialog Aegidius, S. 573–77 (Jovianus Pontanus, Dialoge, München 1984).

392. Macrobius Sat. 7,16,1 über den Streit, ob Vogel oder Ei zuerst existierte. Zu *Censorinus* vgl. auch Anm. 770.

393. Philon verfaßte eine Schrift „De aeternitate mundi".

394. Platon Tim. 10 (37d).

395. Mit Wind sind bei Aristoteles (meteor. 2,8) heiße unterirdische Gase (pneuma) gemeint.

396. *Quinta essentia* (lat.) = fünftes Seiendes, ist das zu den vier materiellen (Feuer, Wasser, Luft, Erde) noch hinzukommende geistige Element. Der Gedanke scheint schon Mitte 5. Jh. v. Chr. bei Philolaos vorhanden, die Bezeichnung erst bei dem Neuplatoniker Simplikios (1. H. 6. Jh.). Aristoteles meinte damit die Sternen- und Himmelssubstanz, „aus welcher der Geist besteht", allerdings nur indirekt überliefert bei Cicero Tusc. 1,10 (22); 17 (41). Das Mittelalter sieht darin die zwischen dem Himmlischen und dem Irdischen vermittelnde Lichtsubstanz (Albertus Magnus: Sternenlicht). Raymundus Lullus meint, die quinta essentia sei auch in irdischen Körpern enthalten und durch geeignete Verfahren (Alchemie!) extrahierbar. Von hier ist es nicht mehr weit zur Gleichsetzung mit dem Stein der Weisen (Lapis philosophorum, arab. Elixier).

397. Aristoteles de anima 2,1 (412a). Der Begriff *Entelechie* scheint von Aristoteles geprägt und bedeutet Verwirklichung der in einem Wesen angelegten Möglichkeit, kommt also dem Begriff energeia nahe. Später schrieb man oft en*d*elechia, z. B. Cic. Tusc. 1,10 (22).

398. Nach *Timaios* (aus Lokroi) ist ein Platondialog genannt, ebenso eine neuplatonische Schrift mit Exzerpten aus Platons Timaios.

399. Platon, Phaidr. 23f. (245c–246a).

400. 5. Mo 12,23.

401. Galen, De usu partium corporis humani 1,2.

402. Beda, Kommentar zu Markus (7,21f.), in: Migne PL 92, 201 B.

403. Zu Seelenvorstellungen in der Antike vgl. u. a. E. Rohde, Psyche, Seelenkult und Unsterblichkeitsglaube der Griechen, Berlin 1893, 1925[10]. Vgl. auch Anm. 390.

404. *Luziferianer:* Anhänger des Lucifer (Bischof von Calaris, gest. um 370), der für die strikteste

Ausführung des Konzils von Nizäa (325, Verurteilung des Arianismus) eintrat und keinerlei Gemeinschaft mit denen tolerierte, die vorher andere Ansichten vertreten hatten.

405. Nach Aristoteles de anima 3,5 (430a) sterben nur die mit dem Körper untrennbar verbundenen Seelenteile (bewegende und wahrnehmende Seele) zugleich mit dem Körper ab, während die denkende Seele weiterleben könne.

406. Vgl. Anm. 162.

407. Für Ockham stellen die zwei Seelenteile des Menschen *zwei Formen* dar; ihr Unterscheidungsmerkmal ist allerdings für Ockham nicht die Schöpfung, sondern die Affizierbarkeit oder Nicht-Affizierbarkeit durch ein geschaffenes Agens. Vgl. Guillelmus de Ockham: Quaestiones in Librum secundum Sententiarum (reportatio), ed. G. Gál et R. Wood, New York 1981 (= Opera theologica, V), lib II, qu. 18, S. 407: „Ad aliud dico quod in homine praeter animam intellectivam est ponere unam aliam formam, scilicet sensitivam, super quam potest agens creatum corrumpendo et producendo. Et ideo non sequitur quod homo esset incorruptibilis sicut caelum" (S. W.).

408. Pr 9,10.

409. Nach Ps. 14,1 und Mt 12,36.

410. Gal 1,8.

411. Vgl. Lk 16, 19–31.

412. *Tundalus:* „Tondali Ritters aus Hibernien Entzückungen", anonym, gedruckt 1473, nochmals Augsburg 1494 und 1508, dann vielfach in Deutschland und Europa verbreitet, ging auf eine anonyme Vorlage des 12. Jh. zurück. (Schilderung einer visionären Wanderung des irischen Ritters Tundal durch Himmel und Hölle.) – *Seelentrost* (lat. Titel: Consolatio animarum): Christliches Erbauungsbuch, das um 1350 entstand und als geistliches Gegengewicht zu den damals beliebten Volksepen und Ritterromanen wirken sollte. Deutsch: „Der Sele Trost" (1478).

413. *Protonotarius:* hoher päpstlicher Beamter.

414. Ovid, met. 15,158ff. (Übers. v. R. Suchier). – Literatur zum Problem der *Seelenwanderung* (Metempsychosis) in: Die Religion in Geschichte und Gegenwart, Bd. 5, 1961[3].

415. So sind in der Antike bereits religionsphilosophische Grundrichtungen angelegt: Atheismus, Deismus, religiöser Skeptizismus, Polytheismus, Pantheismus (S. W.).

416. *Ägyptische Erstgeburt:* soll heißen, sie verdienten den Tod (nach 2. Mo 12,29).

417. Kol 2,8.

418. *Domitian* ordnete 93 eine Verbannung aller Philosophen aus Italien an. Damit wollte er die stoische Opposition treffen, die Verschwörungen organisiert hatte. Vgl. Sueton, Domitian 10,4.

419. *Aristophanes* verspottete in seiner Komöde „Die Wolken" (423 v. Chr. in Athen aufgeführt) die Sophisten, unberechtigterweise in Gestalt des Sokrates.

420. *Aristeides* (117– um 187, Redner und Rhetoriklehrer) wandte sich mit rhetorischen Rechtfertigungsschriften gegen Platons Ablehnung der Rhetorik (45–47 D, ed. W. Dindorf, Leipzig 1829).

421. Vgl. Firmicus Maternus math. 1,10,12.

422. Vgl. Diogenes Laertios 2,99.

423. Aristoteles, pol. 2,10,5 (1772a). *Knabenliebe* (grch. = Päderastie) tritt in männerorientierten Gesellschaften (Kreta, Sparta, Rom) besonders stark auf. Zuweilen war sie sogar legalisiert. Die käufliche Form der Knabenliebe war in Athen strafbar. Die sexuellen Aspekte wurden im Idealfall durch ethische Momente ergänzt (Vorbildwirkung). In Rom war die Knabenliebe eine oft gescholtene Modeerscheinung.

424. Aristoteles mußte Athen nach jahrzehntelangem Wirken 323 v. Chr. verlassen, weil dort nach Alexanders Tod die promakedonische Partei verfolgt wurde und ihm ein Prozeß drohte.

425. Die Ermordung Alexanders durch Aristoteles sowie dessen Wahnsinn und Selbstmord gehören in den Bereich der Legende.

426. In der Theologie der Scholastik kam der Wunsch auf, Personen aus heidnischer Zeit (d. h. vor der Erlösung durch Christus) aufgrund ihres Lebens oder Denkens doch noch einen Weg zum Seelenheil zu eröffnen. Man meinte, sie hätten, von Gott begnadet, den Heiland erahnt und seien damit eine Art Protochristen; so z. B. Vergil in seiner (von Christen falsch gedeuteten) 4. Ekloge oder

Aristoteles als „Heiliger“ der Scholastik. Agrippa bezieht sich vermutlich auf das „Carmen de vita et morte Aristotelis“ (anonym, etwa 1490 in Köln von Henricus Quentell gedruckt), das einer Ausgabe der „Problemata“ des Aristoteles folgte.

427. *Kyrenaiker:* griechische Philosophenschule hedonistischer Richtung (Lust als höchstes Gut). Kyrene war die Heimat des Schulgründers Aristippos (um 435– um 355 v. Chr.).

428. *Dionysios,* ein Schüler Zenons, fiel nach langer schmerzhafter Krankheit von der stoischen Grundlehre, daß Schmerzen für die Glückseligkeit unerheblich seien, und damit von der Stoa ab, was ihm den Spitznamen „Standpunktwechsler“ eintrug (vgl. Cicero Tusc. 2,60).

429. Aristoteles sieht als Tugend die Mitte zwischen den Extremen. Vgl. eth. Nic. 2,7 (1107b) und eth. Eud. 2,3 (1221a).

430. Vgl. Platon rep. 4,10 (433 ab).

431. 1. Ko 13, 1–7. – *Heinrich*: H. v. Gent; *Thomas*: Th. v. Aquino; *Scotus*: Duns Scotus.

432. *Chalyber* und *Tibarener* sind schon von Herodot (1,28; 3,94) genannte Völker an der Südküste des Schwarzen Meeres (Apollonios Rhodios 2,377; Pomponius Mela 1,13,106).

433. Nach Ps 144,11–15.

434. Die *ältere* (oder „alte“) *Akademie* (388–270 v. Chr.) verband Platons Ideenlehre mit pythagoreischen Elementen. Trotz ihrer intensiven mathematischen und astronomischen Forschungen ließ sie aber auch Wunder- und Weissagungsglauben aufkommen.

435. *Varro* hat 288 theoretisch mögliche ethische Systeme und Philosophien aufgestellt, von denen 12 praktikabel und 3 schulbildend waren. Vgl. Augustin civ. 19,1–3.

436. Die Aussagen über Christus stammen aus der Bergpredigt (Mt 5).

437. *Pelagianer:* Anhänger des britischen Mönchs Pelagius (gest. nach 418); postulierten Willensfreiheit und bestritten Augustins Erbsündenlehre. Ihre Lehre wurde 431 in Ephesos verurteilt.

438. Agrippa übernimmt (leicht verändert) die Arten der Staatsverfassungen von Aristoteles pol. 3,7 (1279 ab).

439. Platon rep. 7,17 (540d).

440. Der Spruch beruht auf Odyssee 3,214f.; in lateinischer Form erstmals bei Petrus von Blois, Briefe 15 (Migne PL 207,54 c).

441. *Otanes* (vgl. Herodot 3,80). – *Eukrates:* radikaler Demokrat in Athen, während des Peloponnesischen Krieges 404 v. Chr. hingerichtet. – *Dion* (409–354 v. Chr.): fähiger Politiker, der in die sizilischen Machtkämpfe eingriff und sich nach mehreren Versuchen, demokratische Verhältnisse zu schaffen, in eine tyrannenähnliche Stellung gedrängt sah. Er war seit 388 eng mit Platon befreundet und bemühte sich, anfangs mit friedlichen Mitteln, die platonische Staatsutopie in die Wirklichkeit umzusetzen, scheiterte jedoch und wurde ermordet.

442. Ein Werk Agrippas über den Adel ist nicht erhalten und sonst auch nicht bezeugt. Da der Adel – neben dem Mönchsstand – Agrippas Hauptangriffsziel ist und er ihm das umfangreichste Kapitel (LXXX) gewidmet hat, ist es durchaus denkbar, daß Agrippa ernsthaft solch ein Buch plante. – *Ghibellinen* und *Guelfen* sind feindliche Adelsparteien im Italien des 12.–15. Jh., von denen anfänglich die eine staufisch-kaiserliche und die andere päpstliche Interessen vertrat.

443. Cicero Planc. 9; Vergil Aen. 2,39.

444. *Megabyzos* tritt für Oligarchie in Persien ein und lehnt die Volksherrschaft ab (Herodot 3,81).

445. *Phalaris* (570–554 v. Chr.): Tyrann von Akragas (jetzt Agrigento in Sizilien), von der Legende als besonders grausam dargestellt (vgl. Anm. 23). Die unter seinem Namen überlieferten Briefe (R. Hercher: Epistolographi Graeci 409–459) sind eine antike Fälschung, wie R. Bentley 1697 und 1699 nachwies.

446. Plutarch Lyc. 19,7f.

447. Aristoteles eth. Nic. 8,12 (1160 ab). Allerdings bezeichnet Aristoteles die Timokratie als schlechteste unter den Polisverfassungen und die Demokratie als die „am wenigsten negative von den Abarten“ der Verfassungen.

448. *Kapys:* Trojaner, vgl. Vergil Aen. 2,35. – *Decius Magius:* Führer der römischen Partei in der Stadt Capua, die sich während des 2. Punischen Krieges (216 v. Chr.) auf Hannibals Seite schlug (Livius

23,7) und nach dem Sieg der Römer schwer gestraft wurde. *L. Aemilius Paullus* fiel 216 v. Chr. in der für die Römer verheerenden Schlacht bei Cannae, die sein Mitkonsul allen Warnungen zum Trotz angenommen hatte (Livius 22,38–50).

449. Plinius d. J. 2,12,5.
450. *Solon* (um 640–560 v. Chr.) beteiligte die Bürger nach der Größe ihres Besitzes (gemessen am Ernteertrag bzw. Steueraufkommen) an der Ausübung der Macht im Staat.
451. Agrippa stellt manches unrichtig dar: Sparta hatte ein Doppelkönigtum, eine Versammlung der Vollbürger (Apella), einen Rat der Ältesten (Gerusia) und 5 Ephoren, die seit Mitte des 6. Jh. v. Chr. alle Macht und auch die Kontrolle über die Könige ausübten und jährlich von der Apella gewählt wurden.
452. *Julius Capitolinus:* vgl. Historia Augusta (uns. Anm. 543). – *Marius Maximus* (165–239): Verfasser von (verlorenen) Kaiserbiographien (Nerva bis Elagabal), Fortsetzer Suetons (um70– um 140).
453. Cicero inv. 2,161.
454. Aristoteles pol. 5,9,15 (1314b); ähnlich Machiavelli, „Der Fürst", Kap. 18.
455. 1. Mo 4,26.
456. *Febris* und *Mala Fortuna* (Fieber und Unglück): Solche „negativen" Gottheiten wurden angefleht und erhielten Opfer, damit sie die Menschen nicht heimsuchen. – *Esquilin:* Einer der 7 Hügel Roms.
457. 1. Petr 5,8.
458. Lk 10, 18.
459. Agrippas Vortrag ist nicht erhalten.
460. Vgl. 5. Mo 4,16–18.
461. Eusebius praep. evang. 5,10; Augustin civ. 4,31.
462. Herodot 1,131.
463. Der folgende Abschnitt in eckigen Klammern ist in der zur Übersetzung benutzten Textausgabe nicht enthalten und wurde einer anderen, nicht „entschärften", entnommen (vgl. Hinweise zur Übersetzung).
464. Gregor d. Gr. epist. 9,13 (Migne PL 77, 1128c).
465. Nach Rö 10,17.
466. Jh 10,28.
467. Jh 14,6.
468. Mt 23,29.
469. *Valentin* ist mit „F" gesprochen zu denken, so daß es leicht zu dieser Volksetymologie kommt. – *Hydropsie (grch.):* Wassersucht.
470. *Leo(n)* III. (byz. Kaiser 717–741) gilt mit seiner Ablehnung der Bilderverehrung als Urheber des „Bilderstreits" (Crinitus hon. discipl. IX 9). Wer mit *Philippus* gemeint ist, bleibt unklar. Vielleicht liegt eine Verwechslung mit Kaiser Theophilos vor (829–842), unter dem der Bilderstreit in Byzanz wieder aufflammte.
471. *Vigilantius,* ein theologischer Autor (4. Jh.), lehnte Märtyrer- und Reliquienverehrung sowie den Zölibat ab. – *Bilderstürmerei* (Ikonoklasmus): Die reformatorische Bewegung wandte sich energisch gegen Bilderverehrung, am radikalsten Calvin. Luther griff nach Karlstadts Schrift „Von Abtuhung der Bilder" (1522) zwar mäßigend ein, konnte aber den ausbrechenden „Götzensturm" nicht verhindern.
472. Zenon bei Plutarch Stoic. repugn. 6,1.
473. Jes 66,1.
474. Apg 7,48.
475. Apg 17,24f.
476. Nach 1. Ko 3,16f.
477. Origenes „Gegen Kelsos" 8,19f. (Bibl. d. Kirchenväter, Bd. 52/53, München 1926).
478. Laktanz div. inst. 6,25 (Migne PL 6,729A).
479. Lk 6,12.

480. *Benedikt von Nursia* (um 480–543): Begründer des Mönchtums in Westeuropa (529 Kloster auf Monte Cassino). Er verlangt, die Mönche sollten in jedem Armen, der an die Klosterpforte klopft, Christus sehen (Regula Benedicti 53).
481. Gal 4,10f.
482. Kol 2,16f.
483. Nach Jes 66,23.
484. Tertullian apol. 1,35 (Migne PL 1,452).
485. *Manichäer* vgl. Anm. 162. – *Kataphryger:* in Phrygien im 2. Jh. entstandene eschatologisch-rigoristische Bewegung im Rahmen des *Montanismus* (Montanus gest. um 180); verkündete Naherwartung des Weltendes, strengste Askese, Streben nach dem Martyrium.
486. Papst *Victor I.* (189–198) wollte den Vorrang des römischen Episkopats betonen und nutzte dazu den Streit um den Ostertermin. *Polykrates* (Ende 2. Jh.), Bischof von Ephesos, widersetzte sich Victors Forderungen, weil sie östlichen Traditionen widersprachen. Als Victor mehrfach mit Exkommunikation drohte, wies *Irenäus von Lyon* darauf hin, daß es sich nur um Fragen des Ritus, nicht des Glaubens handle (Migne PG 7,1853 D–1855 D). Der Osterfeststreit wurde erst 325 in Nizäa beigelegt.
487. *Computus* (paschalis): Berechnung des Ostertermins (und damit weiterer christlicher Feste) für das jeweilige Jahr. Der Julianische *Kalender* wurde erst 1582 durch den Gregorianischen (genannt nach Gregor XIII.) ersetzt. Er galt zunächst nur im katholischen, etwa ab 1700 im evangelischen und erst ab 1914 im orthodoxen Bereich.
488. *Ancilien:* Unter König Numa soll ein Schild (ancile) vom Himmel gefallen sein, der als Symbol der Existenz des römischen Staates galt, ebenso wie das Feuer im Vestatempel und das Palladium, ein der Sage nach von Äneas aus Troja mitgebrachtes Kultbild der Pallas Athene. Um das ancile vor Raub zu schützen, ließ man elf gleiche ancilia anfertigen.
489. *Auguren:* Vgl. Anm. 303. – *Pontifices:* Kollegium von 9, später 16 Priestern, die die Einhaltung aller religiösen Vorschriften überwachten. Oberster Priester im Staat war der Pontifex Maximus. Dieser Begriff ging später auf die Päpste über.
490. Jh 4,24.
491. Jer 6,20; 7,21.
492. Nach Jes 43,23f.; 66,2; 58,6–9.
493. So Paulus Rö 2,25–29.
494. Mt 23,24.
495. Nach Mt 23,1–7.
496. Aus Mt 23,24; 16; 33; 25; 27.
497. *Johannes Camotensis* war nicht auffindbar. Es könnte sich um einen sonst unbekannten Bischof zu Chiemsee in Krain (jetzt Krajina), Johannes Chimiensis, handeln. Er schrieb 1519 „Onus Ecclesiae" (Druck Landshut 1524), worin er scharf den Klerus kritisiert und eine Reform der Kirche an Haupt und Gliedern fordert. Was Agrippa von Camotensis zitiert, findet sich in „Onus Ecclesiae" nicht wörtlich, doch sinngemäß, so daß einiges für die Gleichsetzung der Namen spricht. Dabei ist zu bedenken, daß viele Autoren damals die Mißstände im Klerus in ähnlicher Weise anprangerten.
498. Bernhard von Clairvaux serm. ad. past. (Migne PL 184, 1086f.).
499. Vgl. Crinitus hon. discipl. VII, 13. *Porchetto* wurde, weil er Ghibelline war, vom Papst beim Aufzeichnen des Aschermittwochkreuzes aus Haß mit Asche überschüttet und später seines Amtes als Erzbischof von Genua enthoben.
500. Gemeint ist die Bulle „Unam sanctam …" von 1302, in der für das Papsttum auch die weltliche Oberherrschaft beansprucht wird. Vgl. auch Anm. 880 unter 5).
501. Bei den Juden gab es (nach 3. Mo 25,10ff.) alle 50 Jahre ein Jobeljahr. Es wurde eingeleitet mit dem Klang des Widderhorns (jovel) und war mit Schuldenerlaß und Freilassung von Schuldknechten verbunden. Dieses Wort wurde mit dem lateinischen iubilum (= laute Freude) zum Begriff Jubeljahr verbunden, das nach katholischem Brauch alle 25 Jahre mit Pilgerfahrten, Ablässen und feierlichen Zeremonien begangen wird.

502. *Formosus* (991–996) geriet in den Parteienstreit, als er den deutschen König Arnulf gegen Herzog Guido von Spoleto zu Hilfe rief. Als der Herzog später siegte, wurde die Leiche des inzwischen verstorbenen Papstes geschändet. Sonst ist ihm nichts „Ungeheuerliches" vorzuwerfen.
503. Die Genannten sind Renaissancepäpste, denen bedenkenloses Machtstreben bei gleichzeitiger Vernachlässigung ihres geistlichen Amtes vorzuwerfen ist. Andererseits waren manche von ihnen auch Kenner und Förderer der Künste, was besonders Rom zugute kam.
504. *Eugen IV.* (1503–1515) hatte, um Byzanz vor den Türken zu retten, einen Kreuzzug inauguriert, der aber durch den Sieg der Türken 1444 bei Varna scheiterte. *Julius II.* (1431–1447) agierte sogar als Feldherr.
505. *Dschem* unterlag im Kampf um die Thronfolge seinem Bruder *Bayazid II.* und geriet nach vielen Fluchtstationen in die Hände Alexanders VI. Dieser ließ ihn 1495 in Bayazids Auftrag für eine hohe Summe vergiften. Die Expansion des Türkenreiches war keine Folge dieser Tat.
506. 2. Mo 4,10–17.
507. Jer 1,6–9.
508. Lk 1,20–64.
509. *Katechumene:* Teilnehmer am Unterricht in den Hauptstücken christlichen Glaubens (Katechismus) vor der Taufe (der Erwachsenen).
510. *Marcellinus:* römischer Papst 295–304. Sein Martyrium ist historisch nicht gesichert. Die Donatisten (vgl. Anm. 895) erhoben den Vorwurf, er habe während der diokletianischen Verfolgungen dem Kaiser Weihrauch geopfert und, wie staatlich befohlen, christliche Bücher abgeliefert. Augustin verteidigt ihn (c. Petil. II 92 [212], Migne PL 43,323).
511. Mk 10,35–45. Gemeint sind Jakobus und Johannes.
512. Jon 1,1–3.
513. Der Apostel *Thomas* wird im Neuen Testament nur kurz erwähnt. Die Legende seiner Indienmission findet sich in den Thomasakten (3. Jh.). Vgl. W. Schneemelcher, Neutestamentliche Apokryphen II, Tübingen 1989^5, S. 289–367.
514. Lk 22,54–62.
515. Hos 1,2.
516. Ri 14–15.
517. Jh 18,10f.
518. *Martin* (316/17–397): Bischof von Tours. Er hatte als Soldat unter Constantius und Julian gedient, wurde 356 Christ, verließ die Armee und lebte als Asket. Die Vita Martins, verfaßt von Sulpicius Severus, findet sich in Bibl. d. Kirchenväter, Bd. 20, München 1914. Die Legende, er habe seinen Mantel mit einem Bettler geteilt, spielt in Amiens.
519. 2. Mo 2,11 f.
520. *Savonarola* (1452–1498) erfaßte mit seinen Bußpredigten breite Schichten und versuchte, in Florenz auch soziale Veränderungen zu erreichen. Durch moralische Vorhaltungen zog er sich den Haß Alexanders VI. Borgia zu, der schließlich seine Verurteilung und Verbrennung als Ketzer durchsetzte. Vgl. H. Herrmann, Savonarola, München 1977.
521. 1. Sm 8,7.
522. Nach 4. Mo 16,11.
523. 4. Mo 16.
524. 1. Kö 22,37–40; 2. Kö 9,33–37; 2. Kö 2,23f.
525. 2. Chr 26,16–21.
526. *Leviathan:* mythisches Seeungeheuer, später auch mit Krokodil gleichgesetzt (Ps 74,13f.). – *Behemoth:* großes ägypt. Wasserrind, auch mit Nilpferd in Zusammenhang gebracht (Hi 14,15–24).
527. Als stoischer Affe wird bei Plinius d. J. (Briefe 1,5) ein Vertreter der stoischen Opposition gegen die Willkürherrschaft bezeichnet. Hier ist die Bezeichnung ein Schimpfwort.
528. Gebiet des Nomadenstammes der *Midianiter* (etwa östlich des Golfs von Akaba).
529. Persius 3,80.
530. *Paranymphus:* bei den Griechen die Brautführer; z. Z. Agrippas an der Sorbonne Bezeichnung für

die Promotoren, die den Doctorandus einzuführen und nachher zu begrüßen hatten. – *Rector:* leitender Priester einer Nebenkirche. – *Guardian:* Vorsteher eines größeren Konvents, bes. von Kapuzinern oder Franziskanern. – *Praeses:* Vorsitzender eines geistlichen Kollegiums. – *Prior:* Stellvertreter eines Abts. – *Vicarius:* Stellvertreter von Geistlichen verschiedenen Ranges. – *Provinzial:* Vorsteher einer Ordensprovinz. – *Archimandrit:* Abt eines Klosters der orthodoxen Kirche.

531. Dom- oder Chorherren, die nach einer Ordensregel leben.

532. *Schismatiker:* 1378 begann das Schisma (Kirchenspaltung), weil sowohl in Rom wie in Avignon ein Papst gewählt wurde. Es endete auf dem Konzil von Konstanz 1417 mit der Wahl Martins V. in Rom.

533. Die Sage von einer *Päpstin Johanna* wurde besonders durch die im Mittelalter beliebte Chronik des Martin von Troppau (auch Oppau oder Martinus Polonus, gest. 1278) verbreitet (MGH, Scriptores 22, S. 428 unter „Johannes Anglicus") und erst im 17. Jh. als falsch nachgewiesen. Der Stoff wurde mehrfach literarisch behandelt, u. a. durch Dietrich Schernberg/Schernbeck: „Ein schön Spiel von Frau Jutten" (1480).

534. 3. Mo 10,1 f.; 4. Mo 16,1–33.

535. 1 Kö 14, 7–17.

536. Mysterien des *Priapos*: sexuelle Erfahrungen. Priapos war bei den Griechen die Personifizierung der Fruchtbarkeit und sexuellen Potenz.

537. *Beginen:* Frauen (oft Witwen), die freiwillig ein Gemeinschaftsleben unter klosterartigen Bedingungen, doch ohne Gelübde, führen und sich neben dem Glauben karitativer Tätigkeit (Pflege von Kranken und Leprösen) widmen. Die „Beginenhöfe", mit einer Ringmauer umgeben, lagen oft am Stadtrand in der Nähe der Siechenhäuser. Die Bewegung, um 1175 entstanden, verbreitete sich (trotz wiederholter Anschuldigungen der Ketzerei) in Frankreich, Südwestdeutschland und Holland, wo sie heute noch lebendig ist. Vgl. auch Anm. 619.

538. Die Angaben über das griechische Dirnenwesen entstammen meist dem 13. Buch von Athenaios' „Gelehrtengastmahl" (Übersetzung von U. und K. Treu, Leipzig 1985).

539. Agrippa verwechselt hier einiges: *Hermias* hatte sich um 350 v. Chr. zum Herrn von Atarneus gemacht, Aristoteles an seinen Hof geholt, mit ihm Freundschaft geschlossen und ihm seine Nichte Pytheas zur Frau gegeben. Aristoteles ehrte Hermias nach dessen Tod durch einen Hymnus und ein Epigramm. Das „Kebsweib" war Herpyllis, erst Sklavin, dann (nach dem Tod der Pytheas) Lebensgefährtin des Aristoteles. Sie gebar ihm Nikomachos und wurde im Testament großzügig bedacht. – In *Eleusis* befand sich das Kultzentrum der Erdgöttin Demeter und ihrer Tochter Persephone (Eleusinische Mysterien).

540. Vgl. Herodot 1,196.

541. *Aspasia,* eine attraktive und geistvolle Frau, kam etwa 440 v. Chr. nach Athen und wurde Perikles' zweite Frau. Da sie eine ungewöhnliche Erscheinung war und auch über ihren Gatten politischen Einfluß auszuüben versuchte, bemächtigten sich ihrer rasch der zeitgenössische Klatsch und später die Legende. So behauptete die Komödie, sie habe durch ihren Einfluß zum Ausbruch von Kriegen beigetragen. Vgl. Aristophanes Ach. 527–438; Athenaios 589e.

542. *M. Aurelius Antoninus* (Beiname *Elagabal*/Heliogabal, 204–222, seit 218 römischer Kaiser, syrischer Abstammung) versuchte, den syrischen Sonnengott und dessen ausschweifenden orientalischen Kult ins Römerreich einzuführen, was zu starker Opposition und zu seiner Ermordung führte.

543. Als *Historia Augusta* („Kaisergeschichte") wird eine Sammlung von 30 Biographien römischer Kaiser (und Usurpatoren) der Jahre 117–285 bezeichnet. Obwohl Aelius Spartianus, Julius Capitolinus, Aelius Lampridius, Trebellius Pollio und Flavius Vopiscus als Autoren angegeben werden, handelt es sich vermutlich um die Fälschung eines unbekannten Autors vom Ende des 4. Jh. (Übers. von E. Hohl, Zürich – München 1976).

544. Elagabals Mutter hieß nicht Semiramis, sondern Symiamira. Vgl. Hist. Aug. Heliogabalus 4,4.

545. Die vorausgehenden Einzelheiten entstammen der Biographie Elagabals in der Historia Augusta

(vgl. Anm. 543): Gastereien 30,3; Freikäufe 25,5; Versammlung und Geldgeschenke 32,9; Ansprache, Positionen, Ehrensold 26, 3–5; neue Genüsse 33,1.

546. Im einzelnen werden genannt: Tribades, Hostiae, Aphiae, Sphinctriae, Gasaluadae, Casaritae, Prostibulae. Vgl. Gaston Forberg, Glossarium Eroticum, Hanau 1965.

547. 1. Mo 33,12–26.

548. 1. Kö 11,1–3.

549. *Proculus:* Häuptling der Ingauner, diente sich im römischen Heer hoch, proklamierte sich zum Gegenkaiser zu Probus, wurde von diesem geschlagen und 282 getötet. Der Brief an (seinen Vetter) Maecianus findet sich in Hist. Aug. Proculus 12,7 (Flavius Vopiscus „Die vier Gegenkaiser").

550. Die Legende sagte *Sappho* (um 600 v. Chr.) eine unglückliche Liebe zu dem mythischen *Phaon* nach, um dessentwillen sie sich von einem Felsen gestürzt habe.

551. *Rhodopis,* eine berühmte Hetäre im ägyptischen Naukratis (Mitte 6. Jh. v. Chr.), hat gewiß nichts mit dem Bau der Pyramide des Mykerinos bei Gizeh zu tun, was von den Griechen scherzhaft behauptet und von Herodot ernsthaft widerlegt wurde (2,134f.). Auch der Zusammenhang mit dem Fabeldichter *Äsop* (Aisopos) ist höchst fragwürdig (ebenfalls Herodot a. a. O.), da es über ihn nur legendäre Überlieferungen gibt.

552. Juvenal 6,115–132.

553. *Johanna* II. (1371–1435): Königin von Neapel, war berüchtigt für Günstlingswirtschaft.

554. *Beatrix* (1457–1508, Tochter Ferdinands I. v. Aragón) heiratete nach dem Tod ihres ersten Gatten, des Ungarnkönigs Matthias Corvinus (1490), den Jagellonen *Ladislaus* (1456–1516, seit 1471 böhmischer König), nachdem sie bei den ungarischen Ständen dessen Wahl zum König durchgesetzt hatte. Die Ehe löste sich 1500, und Beatrix lebte bis zu ihrem Tod in Neapel.

555. Genauer: Anne v. d. Bretagne ging 1490, um die Bretagne unabhängig zu erhalten, eine Ehe per procuram mit Maximilian (damals röm. König) ein, heiratete aber, um ihr Land vor Krieg zu bewahren, Karl VIII. v. Frkr. Deutsche Humanisten empfanden das als „Raub" der Braut Maximilians. Als Karl 1498 kinderlos starb, heiratete 1499 sein Nachfolger, Ludwig XII., Anne, um die Bretagne zu besitzen, nachdem er seine (erzwungene!) Ehe mit der kinderlosen Johanna v. Frkr. (1464–1505) gelöst hatte.

556. Agrippa meint Heinrich VIII. von England (1491–1547), der seit 1509 mit Katharina von Aragón (1485–1536) verheiratet war, aber seit 1526 die Scheidung betrieb, weil sie ihm keinen Thronfolger geboren habe. Als der Papst eine Entscheidung aus taktischen Gründen hinauszögerte, ließ Heinrich 1533 durch sein Parlament die Ehe für nichtig erklären. Weil Katharina dies nicht anerkannte, wurde sie gefangengesetzt und starb, physisch und psychisch gebrochen.

557. *Ovidius Naso* (43 v. Chr. – 18 n. Chr.) war mit seinen eleganten Dichtungen um das Thema Liebe ein gefeierter Dichter. Im Jahre 8 wurde er plötzlich von Kaiser Augustus nach Tomis (Constanta) am Schwarzen Meer verbannt, wo er bis an sein Ende bleiben mußte. Der Grund für diese harte Maßnahme ist nicht deutlich, doch dürfte die lockere Moral von Ovids Dichtungen nicht den Intentionen des Kaisers zur moralischen Konsolidierung der römischen Gesellschaft entsprochen haben. – *Corinna* ist nicht die Adressatin der „Heroinenbriefe" Ovids, sondern die der „Amores".

558. Vielleicht meint Agrippa die 1525 geschriebene Komödie „La Cortigiana" von Pietro Aretino (1492–1556), die ätzende Kritik am römischen Klerus übt.

559. Paulus verurteilt zwar im Römerbrief (1,12–27) die gleichgeschlechtliche Liebe, doch das Zitat findet sich dort nicht.

560. 3. Mo 20,13; Platon leg. 1,8 (636c).

561. In der Renaissance liebt man es, Charaktere und Verhaltensweisen der Völker zu vergleichen. Ähnlich Erasmus, Lob der Torheit, Kap. 43.

562. *(Appius) Claudius* nutzte seine Stellung als Richter, um Verginea, die Tochter eines Plebejers, als angebliche Sklavin in seine Gewalt zu bringen. Als Vergineas Vater keine Möglichkeit mehr sah, das zu verhindern, erstach er sie. Es kam zu einem Volksaufstand, und Appius Claudius entzog sich der drohenden Bestrafung durch Selbstmord (um 450 v. Chr.). Vgl. Livius 3,44,5–58,6.

563. 1. Mo 34.

564. Ri 19, 20.
565. 2. Sm 11.
566. *Roderich*, der letzte Westgotenkönig, fiel 711. Danach besetzten die „Mauren“ große Teile Spaniens. Es gibt die Überlieferung, Roderich sei durch den christlichen Berberfürsten *Ollian* (= Julian) in der Entscheidungsschlacht verraten worden, weil er dessen Tochter *Cava* verführt habe.
567. *Heinrich II.* (1154–1189), König von England und Herr über große Teile Frankreichs, die ihm von seiner Frau Eleanor mit in die Ehe gebracht worden waren, hatte Auseinandersetzungen mit seinen Söhnen, die sich gegen seine harte Hand auflehnten. Kurz vor seinem Tode wurde er von seinem Sohn Richard (Löwenherz) faktisch entmachtet, doch nicht als König abgesetzt.
568. *Trithemius* (Johannes Zeller aus Tritheim, 1462–1516), Benediktinerabt in Sponheim seit 1483, in Würzburg seit 1506, war eine facettenreiche Persönlichkeit: Obwohl er sein geistliches Amt ernst nahm, gewann er den Ruf eines Mentors aller Okkultwissenschaften, so daß ihm Agrippa nicht ohne Grund sein Werk „De occulta philosophia“ widmete (vgl. Briefe I 23; 24). T. galt auch als Magier, und es bildeten sich um ihn ähnliche Legenden wie um Faust. Zu seinem historischen Werk vgl. Anm. 123. – Seine *„Steganographia“* (1500) und *„Polygraphia“* (1508 Kaiser Maximilian persönlich überreicht, gedruckt erst 1606 in Frankfurt, Main) enthalten Geheimschriftsysteme zur Nachrichtenübermittlung, die aus gleichlautenden Alphabet- und Worttabellen für Absender und Empfänger zur Verschlüsselung bestehen. Vgl. Klaus Arnold: Johannes Trithemius, Würzburg 1971.
569. Suadela: Göttin der Überredung (lat.).
570. Die Gestalt des *Lanzelot* wurde damals oft behandelt. Hier vielleicht die Version von Ulrich Füetrer (gest. 1495) im „Buch der Abenteuer“ (um 1475, ed. F. Panzer 1902). – *„Euryalus et Lucretia“* (= Historia de duobus amantibus), 1444 von Aeneas Sylvius (= Pius II.), deutsch 1478 durch Niklas von Wyle. – *Peregrinus* (Parma 1508): Liebes- und Abenteuerroman von Jacopo Caviceo. – *Calisto* vgl. Anm. 581.
571. Autoren von „Liebesliteratur“: *Aeneas Sylvius* vgl. Anm. 570; *Dante Alighieri* „La vita nuova“; *Francesco Petrarca* „Le Canzoniere“; *Giovanni Boccaccio* „Il Decameròn“; *Pontanus* „Amorum Libri“; *Campofregoso* „Anteros sive de amore“ (1486); *Alberti* „Amator“; *Petrus Hoedus* „De amoris generibus“; *Petrus Bembus* „Gli Asolani“ (1506) und „Carteggio d'amore“; *Caviceus* vgl. Caviceo in Anm. 570; *Calandra* „Aura“ (Liebesdrama, um 1510).
572. Ovid met. 10, 300–502.
573. Zu Dädalus-Pasiphae vgl. Diodor 4,77.
574. Terenz Eun. 584–613.
575. Aristoteles pol. 7,17,8 (1336 b).
576. Wsh 15,4.
577. Vergil Aen. 4,487f.
578. Lukan 6,452f.
579. Horaz epod. 5,17.
580. Apuleius met. 2,5,2.
581. „Tragicomedia de *Calisto* y Melibea“: ein anonymes spanisches Lesedrama, bald in Europa bekannt als *„La Celestina“* (Name der Kupplerin, die einen jungen Adligen mit einem schönen jüdischen Mädchen in Kontakt bringt und beim Streit um den Kupplerlohn von ihrem Spießgesellen umgebracht wird); 1499 in Burgos erschienen, deutsch 1524. Im 16. Jh. gab es davon über 60 Drucke.
582. Der *Areopag* war im antiken Athen der Gerichtshof für Mordfälle.
583. Lukrez 4,1274–76 (Übers. v. H. Diels).
584. Zu *Eudemus-Livilla* vgl. Tacitus ann. 4,33; 8–11 und Anm. 800. Zu Vettius Valens (Antiochenus) vgl. Tacitus ann. 11,30; 35.
585. Athenaios 544 d.
586. Vgl. Juvenal 3,45.

587. Nach Vergil Aen. 4,242–250.
588. Vergil, Aen. 1,723ff., Übersetzung von W. Hertzberg (mit Auslassungen und Anpassung der Übergänge).
589. Horaz epist. 1,6,36f.
590. *Historia tripartita* (ecclesiastica): von Cassiodor (um 490– um 583) aus drei griechischen Autoren kompilierte Kirchengeschichte. Weitverbreitet und vielbenutzt, später meist in Auszügen.
591. 1. Ko 7,1.
592. Juvenal 2,20f.
593. Es folgt in Klammern ein Abschnitt aus der ungekürzten Textausgabe.
594. Ein Scherz des Humanisten Petrus Crinitus (vgl. hon. discipl. XI 8). Die Zahlenangaben sind vom Übersetzer eingefügt.
595. Plutarch, Lyc 15,12.
596. *Julia* (39 v. Chr. – 14 n. Chr.), die Tochter des Augustus (vgl. Anm. 554), war in zweiter Ehe mit Agrippa verheiratet. Das ihr hier unterstellte liederliche Leben führte sie erst in ihrer (von Augustus erzwungenen) dritten Ehe mit *Tiberius*, der sich deshalb bald von ihr scheiden ließ. Julia wurde von Augustus verbannt und starb an den verschärften Haftbedingungen.
597. *M. Luther* ist in unserem Text nicht genannt, wohl aber in der ungekürzten Ausgabe.
598. Rut 3.
599. Vgl. 2. Sm 13,1–22; 16,20–23.
600. 1. Mo 12, 11–13.
601. 1. Mo 20.
602. 1. Mo 26,6–11.
603. Athenaios 569 d.
604. *Julier:* italienische Münze, genannt nach Papst Julius II. (1503–1515).
605. Die Päpste schufen im 15./16. Jh. zahlreiche geistliche Ämter und verkauften sie für beträchtliche Summen. Eine solche Pfründe *(beneficium)* brachte dann ihrem Inhaber jährlich eine bestimmte Summe. Eine *Kuratie* oder ein *Priorat* (formale Stellung eines Kuraten oder Priors) erbringt ihrem Inhaber dann alljährlich (wie eine Art Zins) einen festen Betrag.
606. Die *Provinzialen* sind hier (sie können sonst noch andere Funktionen haben) die Vertreter der Bischöfe in juristischen und ökonomischen Angelegenheiten.
607. Deutsche Beschwerden gegen Übergriffe des Klerus und der Päpste hatte es wiederholt gegeben. Für den Augsburger Reichstag 1518 wurden die Klagepunkte zusammengefaßt. Die Reichsstände forderten in Worms 1521 die Beseitigung der Mißstände und formulierten die „Centum Gravamina Germanicae nationis" (B. Gebhardt, Die Gravamina der deutschen Nation gegen den römischen Hof. 1895[2]).
608. 5. Mo 23,18.
609. Nach Off 2,6.14f. waren die *Nikolaiten* eine auch sexuell libertinistische Gemeinschaft. Im Mittelalter werden Gegner des Zölibats so bezeichnet. – In Platons Staat gibt es beim Wehrstand (Wächter) die Gemeinschaftsehe. Vgl. rep. 5,7 (457 c).
610. Ps 50,18; 21.
611. 5. Mo 15,4.
612. 2. Ko 4,18f.
613. Eph 4,28.
614. 2. Th 3,10–15.
615. (Litterae) *Decretales*, ursprünglich päpstliche Stellungnahmen zu Anfragen, wurden vom 4. Jh. an die wichtigste Form päpstlicher Äußerungen für die Öffentlichkeit und im 12.–14. Jh. in die kirchlichen Gesetzessammlungen aufgenommen. Vgl. auch Anm. 878.
616. Johannes *Skylitzes* (11. Jh.) verfaßte eine byzantinische Chronik der Jahre 811–1057.
617. Als *Zigeuner* wurden die Angehörigen einer ethnischen Minderheit (vermutlich indischer Herkunft) bezeichnet, die im 8.–10. Jh. infolge der arabischen Expansion aus Indien abwanderte. Fast überall nur widerwillig geduldet oder harter Verfolgung ausgesetzt, gelangten sie über den Balkan

(11.–14. Jh.) nach Mitteleuropa (1407 Hildesheim, 1414 Basel), England (1500) und Nordamerika (1715). Die Bezeichnung Zigeuner wird von ihnen abgelehnt und durch die wirklichen Stammesnamen (Sinti, Roma o. a.) ersetzt.

618. Apuleius, met. 8,28ff.
619. Eine ähnliche Bewegung mit karitativen Zielen wie die der Beginen (vgl. Anm. 537) gab es bei den Männern in Gestalt der *Begarden* (später auch als Zelliten oder Lollarden bezeichnet.) Seit 1216 anerkannt, widmeten sie sich dem Dienst an armen Kranken und bestatteten Tote. Vgl. E. v. Bertouch: Kurzgefaßte Gesch. d. geistl. Genossenschaften und der daraus hervorgegangenen Ritterorden, Wiesbaden 1888 (Reprint Leipzig 1975).
620. Jh 12,4–6.
621. Apg 3,6.
622. Nach Jh 9,6 u. a.
623. Die angeführten Wunder entstammen den zahlreichen Legenden um *Franz v. Assisi* (1181–1226), der vom Volk sehr verehrt wurde, da er Armut und Nächstenliebe nicht nur predigte, sondern vorlebte. („Die Legend des heyligen vatters Francisci", Nürnberg 1512, anonym).
624. *Richard* (gest. um 1360): Erzbischof von Armagh (Irland). – *Malleolus* (Felix Haemerlin, Mitte 15. Jh.): Kanonikus in Zürich, wurde wegen scharfer Kritik am Klerus in ein Kloster verbannt. – Zu Johannes Camotensis vgl. Anm. 497. – Die *Bettelorden* gewannen im 14. Jh. im Volke stark an Einfluß, und der höhere Klerus beklagte sich immer häufiger über Eingriffe der Mönche in seine Belange. So führte auch Richard von Armagh vor Innozenz VI. (1352–1362) in Avignon Klage gegen die Bettelmönche (Mendikanten).
625. Agrippa übernimmt die Einteilung der Ökonomie von Aristoteles oec. 2,1–6 (1345b–1346a).
626. Vgl. Ovid met. 11,172–193.
627. Vgl. Ovid met. 2,676–707.
628. *Skylla* und *Charybdis*: Seeungeheuer in griechischen Seemannsmärchen; schon Ilias 12,73–100 erwähnt, bald sprichwörtlich. – Die *Syrten* waren wegen ihrer Felsklippen und wechselnden Sandbänke für die (in der Antike meist übliche) Küstenschiffahrt gefährlich. – *Symplegaden:* sagenhafte Felsen, die zusammenschlagen, sobald ein Schiff zwischen ihnen durchfährt.
629. Gellius 1,6,2.
630. Olympias war seit 357 v. Chr. mit Philipp II. von Makedonien verheiratet und gebar 356 Alexander (d. Gr.). Die (besonders in ihrem späteren Leben) sehr ehrgeizige Frau hatte oft Auseinandersetzungen mit ihrem hitzköpfigen Sohn und mit dem despotischen Gatten. Sie war natürlich zutiefst gekränkt, als dieser eine neue Ehe einging, und verließ das Land. So erklärt sich auch leicht die Annahme, sie und der ebenfalls vom Vater beleidigte Alexander seien an der Verschwörung gegen Philipp 336 beteiligt gewesen. Vgl. auch Anm. 105.
631. Der lateinische Text entspricht Ilias 6,448–454.
632. Gellius 1,17,4.
633. „De sacramento matrimonii declamatio". Das in Latein und Französisch abgefaßte Schriftchen ist erhalten (Opera II) und Marguerite de Navarre (1492–1549) gewidmet. Als Schwester des französischen Königs Franz I. wurde sie 1527 Königin von Navarra. Von ihr stammt das „Heptameron", eine Novellensammlung nach Boccaccios Art.
634. *Alkmaion* hatte ein ähnliches Schicksal wie Orest: Er tötete seine Mutter Eriphyle, weil sie seinen Vater Amphiaraos zur Teilnahme an dem unglücklichen Zug der Sieben gegen Theben genötigt hatte. Er wurde lange von den Erinnyen verfolgt, doch schließlich freigesprochen.
635. Publius Publicius *Malleolus* erlitt als erster 101 v. Chr. die Strafe für Muttermörder, in einen Ledersack genäht und ins Meer geworfen zu werden. Vgl. Auct. ad Her. 1,23.
636. Vgl. Valerius Maximus 9, 2, Ext. 7. Der Perserkönig Artaxerxes (II.) Mnemon (404–359 v. Chr.) ließ seinen ältesten Sohn hinrichten, weil dieser ihn umbringen wollte, um den Thron eher besteigen zu können. Den erwähnten Massenmord an Familienangehörigen beging sein Sohn und Nachfolger Artaxerxes (III.) Ochos (358–338 v. Chr.).
637. Sueton, Aug. 65,4. Augustus variiert Ilias 3,40. Dort schilt Hektor seinen Bruder Paris, der eben

beim Zweikampf die Flucht ergriffen hat: „Daß du doch niemals geboren und unvermählt wärest gestorben."

638. Nach Plautus Pseud. 132ff.
639. Vgl. Macrobius Sat. 1,11,13.
640. Die Stelle war weder in der „Topfkomödie" (Aulularia) noch sonst bei Plautus auffindbar.
641. Valerius Maximus 9,1, Ext. 2. In der Stadt *Volsinii* gab es tatsächlich eine Machtergreifung der Abhängigen. Die von den Einwohnern zu Hilfe gerufenen Römer eroberten die Stadt 264 v. Chr. und stellten die alten Verhältnisse wieder her.
642. *Heloten:* achäische Bewohner Lakoniens, die von den dorischen Eroberern unterworfen und später in den Status von Staatssklaven Spartas herabgedrückt worden waren. Das gleiche Schicksal erlitten die Bewohner des Sparta benachbarten Messenien. Da sie harter Ausbeutung und staatlich organisiertem Terror (Krypteia) ausgesetzt waren, unternahmen sie wiederholt verzweifelte Aufstände, die Spartas Macht ernstlich bedrohten (z. B. Mitte des 7. Jh. und 464 v. Chr.).
643. *Penesten:* bäuerliche Bevölkerung in Thessalien, die in feudaler Hörigkeit gehalten wurde und mehrfach rebellierte.
644. Fabelmischwesen: 1. Zentaur: Pferd und Mann; 2. Chimäre: Löwe, Ziege und Schlange; 3. Satyr: Naturdämon in Menschengestalt mit Bockselementen; 4. Harpyien: Vögel mit Frauenkopf; 5. Sirenen: Vogelgestalten mit Frauenkopf (betörender Gesang); 6. Greif: Adler und Löwe.
645. Die zur Hochzeit des Lapithenkönigs eingeladenen *Zentauren* wollten in ihrer Trunkenheit Frauen rauben, wurden aber in dem deshalb entbrannten Streit besiegt.
646. Vergil Aen. 9, 155f.
647. Vgl. Valerius Maximus 7,2 Ext. 11. Kallisthenes war gemeinsam mit Alexander von Aristoteles erzogen worden und nahm als Historiker an dessen Feldzügen teil. Als er aber Alexander kritisierte, wurde er einer Verschwörung beschuldigt und 327 v. Chr. hingerichtet.
648. Lukan 1,361–365.
649. Gemeint ist Franz I. (1494–1547), der mit Karl V. (1500–1558) um italienische Gebiete und Burgund kämpfte. Die Auseinandersetzungen dauerten von 1521 bis 1544.
650. Juvenal 5,2.
651. Der Meergreis *Proteus* besitzt die Klugheit des Alters und die Gabe der Weissagung; er kann seine Gestalt vielfach wandeln. Vgl. Odyssee 4,450–570.
652. Nach Juvenal 3,113.
653. Juvenal 3,53f.
654. Juvenal 1,73.
655. Juvenal 14, 74–81.
656. Vgl. Historia Augusta: Heliogabalus 4,4. Die legendäre Königin galt als Inkarnation alles Weiblichen, seiner Verschönerungs- und Verführungskünste.
657. Vgl. Tacitus ann. 1,5,1. Daß Livia ihren Gatten Augustus umgebracht habe, ist völlig unbewiesen und höchstwahrscheinlich eine bösartige Unterstellung.
658. Nicht im Prediger, sondern Sir 25,22.
659. Beim Unterweltsfluß *Styx* schworen die Götter ihre Eide. Wer falsch schwor, fiel für neun Jahre in Todesstarre. Hier ist natürlich die Hölle gemeint.
660. Horaz epist. 1,1,45f.
661. Vgl. Platon leg. 12,6 (952e–953a).
662. Attalos III. *Philometor* (138–133 v. Chr. König von Pergamon) war ein Sonderling und Psychopath, der Freunde ermordete, weil er ihnen den Tod seiner Braut und seiner Mutter Berenike anlastete. Er zog sich von den Regierungsgeschäften zurück, trieb Studien über Giftpflanzen und schrieb über Gartenbau und Landwirtschaft.
663. *Kyros* (II.) der Große (gest. 529 v. Chr.), Begründer des persischen Großreiches, wird von vielen Autoren als idealer Herrscher geschildert. Vgl. Xenophon Kyrupädie 1,21; positiv beurteilt ihn auch Aristoteles pol. 5,8,5 (1310b).

664. *Endymion*, ein ewig schlafender schöner Jüngling, wurde von der Mondgöttin Selene geliebt, nicht von Aphrodite.
665. *Fischteichler* nennt Cicero (Att. 1,19,6) Senatoren, die sich 60 v. Chr. nach dem 1. Triumvirat aus der Politik zurückgezogen hatten und sich der Fischzucht widmeten.
666. Sueton, Nero 30,3.
667. Vgl. Erasmus, Lob der Torheit, Kap. 39.
668. Weil der Jäger *Aktäon* Artemis beim Baden beobachtet hatte, wurde er in einen Hirsch verwandelt und von seinen eigenen Jagdhunden zerrissen.
669. Anspielung auf *Ödipus*, der dem thebanischen Königshaus entstammte.
670. Vgl. Platon leg. 7,23 (823b–824a).
671. Zahlreiche griechische Heroen nahmen unter Meleagers Führung an einem Jagdzug gegen einen furchtbaren Eber teil, den Artemis zur Bestrafung des Königs Oineus geschickt hatte (Kalydonische Jagd).
672. Bar 3,17.
673. Vergil Aen. 4,158f.
674. Aus gegebenem Anlaß wurden Klerikern sukzessiv und teilweise wiederholt folgende standeswidrige Betätigungen verboten: Jagd (Elvira 306), Theaterspielen, Magie und Wahrsagen (Laodizea um 350), Glücksspiele nochmals (680 Trullanum), Chirurgie (Laterankonzil 1215).
675. Apg 28,3–6.
676. Vgl. Rufinus hist. mon. 11 (Migne PL 210, 430 B–D).
677. Vgl. Augustin gen. 3,15 (24), Migne PL 34,289.
678. 1. Mo 3,15.
679. *Xenophon* (430/25– nach 355 v. Chr.) „Oikonomikos" (Gutswirtschaft). Ein Karthager namens *Mago* verfaßte nach dem 1. punischen Krieg ein umfangreiches Fachbuch über Landwirtschaft, das auf Weisung des römischen Senats übersetzt wurde (Plin. d. Ä. nat. hist. 18,22) und großen Einfluß auf Theorie und Praxis der römischen Landwirtschaft hatte. – *Cato* (d. Ä., 234–149 v. Chr.) „De agri cultura", *Varro* (Terentius, 116–27 v. Chr.) „Res rusticae" und *Columella* (23–79) „De re rustica" behandelten fast alle Gebiete des Faches und wurden zur Quelle aller späteren Autoren über Landwirtschaft. Auch *Plinius* (d. Ä., 23/24–79) behandelt einschlägige Themen in seiner „Naturalis historia". – *Palladius* (1. H. 5. Jh.): „Opus agriculturae". – *Oppianus* (um 200) schreibt über Fischerei, ein weiterer Oppianus (um 215) über Jagd. – *Petrus Crescentius* (1230–1309).
680. Cicero off. 1,151.
681. 1. Mo 3,17–19.
682. Plinius d. Ä. nat. hist. 19,5.
683. Cato agr. 4.
684. Valerius Maximus 2,8.
685. Ennius nach Laktanz div. inst. 1,18,11.
686. *Drakon* ließ in Athen 621 v. Chr. das dort übliche Recht aufzeichnen. Da die eigentumsrechtlichen Bestimmungen extrem hart waren, hieß es (vom 4. Jh. v. Chr. an), seine Gesetze seien mit Blut geschrieben.
687. Platon rep. 5,14 (466e–467e).
688. Gründung von *Ritterorden* während der Kreuzzüge: Templer (etwa 1120), Johanniter (12. Jh.), Deutscher Orden (1198). Vgl. Ernst v. Bertouch: Kurzgefaßte Gesch. d. geistl. Genossenschaften und der daraus hervorgegangenen Ritterorden, Wiesbaden 1888 (Reprint Leipzig 1975).
689. Gemeint ist wohl der venezianischen Interessen dienende Kreuzzug von 1202/4 gegen das christliche Byzanz.
690. Im Text: Iginius. Es könnte sich um Plinius d. Ä. oder um den Polyhistor der augusteischen Zeit, Hyginus, handeln.
691. *Xenophon:* „Kyrou anabasis" und „Hipparchikos". – *Onasandros* (1. Jh.): „Strategikos". – *Vegetius* (Ende 4. Jh.): „Epitoma rei militaris". – *Frontin* (um 40–103): „Strategemata" (Kriegslisten)

und ein militärisches Handbuch. – *Ailianos* (genannt der Taktiker, 1./2. Jh.): „Taktika“. – *Jacobus Graf von Porzia* (15./16. Jh.): „De re militari“.

692. Beschreibung des Leviathan Hi 41, 7–9.
693. Der römische Staat vergab u. a. folgende *Auszeichnungen*: 1. die Bürgerkrone für Rettung des Lebens eines römischen Bürgers; 2. die Mauerkrone für die Erstersteigung einer feindlichen Stadtmauer; 3. die Krone für Befreiung römischer Geiseln; 4. die Schiffskrone für Ersterstürmung eines feindlichen Schiffes. Vgl. Gellius 5,6,1–20.
694. Vgl. Herodot 4,66.
695. Nach 1. Mo 4.
696. Vgl. 1. Mo 6, 1–4.
697. 1. Mo 9,18.
698. 1. Mo 9, 20–27.
699. 1. Mo 10,8–11.
700. 1. Mo 10,6.
701. Vgl. 1. Mo 16, bes. Vers 12.
702. Vgl. 1. Mo 25,19–28; 9; 1. Mo 32–33.
703. *Esau* wurde auch *Edom* genannt und galt als Stammvater der Edomiter (= grch. Idumäer).
704. Segen für Esau: vgl. 1. Mo 27,39f.
705. Vgl. 1. Mo 29.
706. Vgl. 1. Mo 32,29.
707. Vgl. 1. Mo 35,22–26.
708. Die Josephsgeschichte: 1. Mo 37; 39–50.
709. Die Bezeichnung für den Herrscher Ägyptens, Pharao („Hohes Haus“), wurde später oft als Eigenname angesehen.
710. Est 8,2
711. 1. Mo 41,51.
712. Das Land Gosen lag vermutlich im östlichen Nildelta.
713. Vgl. 2. Mo 1,7–22.
714. 2. Mo 2.
715. 2. Mo 3–14.
716. Bei dem *„goldenen Kalb“* handelt es sich eigentlich um das Kultbild eines Stieres (2. Mo 32). – Das Strafgericht (2. Mo 32,27–29) forderte nach der Vulgata 3 000 Opfer.
717. Nach 1. Mo 49,5; 7.
718. Ri 20.
719. Ri 21,6–23.
720. 1. Mo 49,27.
721. Vgl. Ri 9, 1–6. Sichem war eine alte Stadt und Kultstätte der Kanaaniter.
722. Nach 1. Sm 8, 11–18.
723. Nach 1. Sm 10.
724. Belial ist im Alten Testament etwas Unnützes, Böses, im Neuen Testament der Teufel.
725. Vgl. 2. Sm 15–18; 2. Sm 20.
726. 1. Kö 1–2.
727. 1. Kö 11.
728. 1. Kö 12.
729. 1. Mo 49,17.
730. 1. Mo 49,10.
731. Vgl. 1. Mo 38.
732. Die von vorderasiatischen Großmächten umgebenen Juden wurden mehrfach deportiert; manchmal war nur die Oberschicht, häufig aber große Teile der Bevölkerung betroffen: 734 und 670 v. Chr. durch die Assyrer; nach der Eroberung Jerusalems 597 und nochmals 586 v. Chr. durch das neubabylonische Reich (Nebukadnezar). Bereits ein Jahr nach dessen Zerschlagung durch den

Perserkönig Kyros II. im Jahr 539 durften die Juden in Etappen aus dem Exil zurückkehren und erhielten die ausdrückliche Erlaubnis, ihren Tempel wiederaufzubauen. Vgl. Esr 1,1–8.

733. Hier werden 2 Personen vermischt: *Aristobulos I.* (Sohn des Hyrkanos I. und erster Makkabäerkönig, 105–104 v. Chr.) und Aristobulos II. (gest. 49 v. Chr.), der mit seiner Mutter, der Königin Alexandra, und seinem Bruder *Hyrkanos* II. Machtkämpfe ausfocht, sie aber nicht umbrachte. Verwandtenmorde gab es in den folgenden Makkabäergenerationen.

734. *Archelaos,* 10 Jahre lang Tetrarch (nicht König!) von Roms Gnaden über Judäa, Samaria und Idumäa, wurde wegen Amtsmißbrauchs im Jahre 6 abgesetzt und verbannt. Von 6 bis 41 unterstanden die Gebiete einem römischen Prokurator.

735. Nach einem Aufstand wurde Jerusalem 70 durch Titus erobert und der Tempel zerstört. Palästina wurde kaiserliche Provinz und durch einen Legaten von Cäsarea aus verwaltet. Nach einem erneuten Aufstand 132 wurde aus dem Gebiet eine Kolonie gemacht, Jerusalem in Aelia Capitolina umbenannt und den Juden der Aufenthalt dort streng untersagt.

736. Agrippas vernichtendes Urteil über den Adelsstand beruht sicher auf persönlichen Erfahrungen mit Hof und Adel, vielleicht aber auch darauf, daß sein eigener Adelstitel in diesen Kreisen gelegentlich angezweifelt wurde. Vgl. im Prolog an den Leser: „Die Adligen in ihren Purpurroben entfernen mich aus ihrem Stand, Heraldiker im Festgewande entkleiden mich des Adelstitels" (S. 12).

737. Nach jüdischer Auffassung gab es (laut Dan 2 und 7) vor der Ankunft des Messias vier anmaßende Großreiche: Assur/Babylon, Persien, Griechenland, Rom. Nach dem Aufkommen des Islam im 7. Jh. faßte man Griechenland und Rom als 3. Reich zusammen. Diese Vier-Reiche-Lehre wurde von der christlichen Historiographie übernommen und später modifiziert.

738. *Sardanapal* ist weitgehend eine legendäre Figur (orientalisches Serailleben, weibisches Gehabe, ein männliches Pendant zu Semiramis). Er soll sich, von den Persern belagert, mit all seinen Schätzen verbrannt haben. Agrippa hat eine andere Version seines Endes.

739. Nach Alexanders Tod 323 v. Chr. teilten sich seine Feldherrn das Riesenreich, und nach langen und grausamen Kämpfen bildeten sich die hellenistischen Diadochenreiche heraus, die später sukzessiv von den Römern übernommen wurden oder neu entstehenden vorderasiatischen Mächten anheimfielen.

740. *Incestus* (lat.) bezeichnet zunächst jede rituelle Unreinheit, z. B. die Verletzung des Keuschheitsgebots der vestalischen Jungfrau Rhea Silvia. Die heutige Wortbedeutung entwickelt sich erst später. – Agrippa interpretiert die Sage über die Rettung von *Romulus und Remus* bewußt rationalistisch und schreibt meretrix (lat. = Hure) statt des sonst in der Sage üblichen lupa (lat. = Wölfin, übertragen auch Hure). Die Übersetzung soll beides zum Ausdruck bringen.

741. Der Sage nach wurde der mit Romulus gemeinsam herrschende Sabinerkönig zwar ermordet, aber nicht durch Romulus, wie Agrippa behauptet.

742. *Lucretia,* eine schöne und sittsame Römerin, wurde der Sage nach vom Sohn des römischen Königs Targuinius Superbus vergewaltigt und tötete sich. Das erzürnte Volk fegte daraufhin unter Brutus' Führung das Königtum hinweg und führte 510/509 v. Chr. die republikanische Staatsform ein.

743. Vgl. Livius 2,41–58; Plutarch Popl. 3–6.

744. Seit der Regierungsreform Diokletians gab es zwei Augusti (Kaiser) und zwei im Rang unter ihnen stehende Caesares (als künftige Augusti). Dieses System verhinderte nur für kurze Zeit Machtkämpfe.

745. *Licinius* (als Augustus) und sein gleichnamiger Sohn provozierten nach zehnjähriger gemeinsamer Herrschaft mit Konstantin 324 eine Auseinandersetzung mit diesem, wurden besiegt und verbannt, doch nach weiteren Intrigen 325 hingerichtet. Konstantin hielt seine mit Licinius verheiratete Schwester nach dem Tode ihres Gatten auch weiterhin in Ehren. Er ließ seine Frau Fausta und seinen Sohn Crispus 326 töten.

746. *Alfons* I. v. Portugal (1109/10–1185) siegte über die Mauren 1139 und machte sich danach von Kastilien/León unabhängig. Er stand bis 1128 unter Regentschaft seiner Mutter *Theresia* v. Kasti-

lien (um 1070–1130). Daß er sie wegen ihrer Liaison mit einem Grafen für immer in Ketten legen ließ, wird zwar berichtet, ist aber nicht sicher bezeugt.

747. Gemeint sind die „Rosenkriege" (1455–1485), die Kämpfe zwischen den verwandten Häusern York und Lancaster.

748. *Gundowech* (Burgunderkönig, gest. 469/70) erweiterte seine Herrschaft um das Gebiet von Lyon und Vienne. – *Alboin* (gest. 572) eroberte für sein Volk neue Sitze in Oberitalien und gründete das Langobardenreich um Pavia (568).

749. *Merowech:* vermutlich ein fränkischer Kleinkönig um 460, nach dem die Dynastie der Merowinger benannt ist. Mit dessen ebenfalls historisch kaum faßbarem Sohn *Pharamund* lassen die alten französischen Historiographen ihre Nationalgeschichte beginnen. Childerich III., der letzte Merowingerkönig, wurde 751 von Pippin III., seinem Hausmeier, abgesetzt und ins Kloster verbannt. Dieser (um 715–768) machte sich zum König des schon 747 von ihm geeinten Frankenreiches. Mit seinem Sohn *Karl* (d. Gr., 747–814) beginnt die Dynastie der Karolinger, die mit dem letzten französischen Karolinger *Ludwig V.* (Agrippa fälschlich: Ludwig VI.) 987 endet.

750. *Hugo Capet* (geb. um 940, französischer König 987–96): Erst Graf von Paris, heiratete er eine Karolingerin und wurde von der Machtgruppierung um Erzbischof Adalbert v. Reims zum König erhoben. Er schlug die Aufstände der letzten Karolinger nieder und etablierte damit die Dynastie der Capetinger. – Herzog Karl wurde zwar interniert, doch nicht ermordet. – Bei Dante (Purgatorio XX 49–61) wird Capets Abkunft von einem Metzger behauptet.

751. Dieses Werk ist nicht in den Opera enthalten, vielleicht nie geschrieben worden.

752. *Melusine:* altfranzösische Meerfee-Sage (frz. 1378). Der Stoff wurde, deutsch verarbeitet im Roman des Thüring von Ringoltingen (1456, Druck 1471), als Volksbuch populär.

753. Die Ehe Judiths mit dem karolingischen Gaugrafen Balduin konnte erst 863 nach Vermittlung von Papst Nikolaus I. geschlossen werden. – Es handelt sich hier vermutlich nicht um Kaiser Otto, sondern um Otto von Savoyen.

754. Vgl. Juvenal 14,4f.

755. Vgl. Aristophanes „Die Frösche" 1431f.

756. Eine Vergiftung des Tiberius ist nicht erwiesen. Er starb im Jahre 37 n. Chr. im Alter von fast 79 Jahren. Über seinen Tod vgl. Sueton, Tiberius 73,2.

757. *Eglon:* Ri 3,12–29; *Sisera:* Ri 4; *Judith:* Buch Judith 13 (apokryph); *Holofernes* war ein Heerführer, der eine jüdische Stadt belagerte.

758. Agrippa behandelt in diesem Kapitel die *Heraldik* (der Begriff deutsch erst im 17. Jh.) und die Geschichte der *Herolde*. Beides hat insofern miteinander zu tun, als der Herold (spätmittelalterlich: heralt) als Beamter am mittelalterlichen Hofe für zeremonielle Fragen zuständig war und bei Adelsturnieren die Wappen der Kämpfer zu prüfen und zu deuten hatte. Später besaß der Herold einen diplomatenähnlichen Status. Das Wort stammt aus germanischer Zeit (hariwald) und ist heute noch in Harald erhalten.

759. Vgl. Sueton Vesp. 23,1.

760. *Apokalypsis* (grch.): Enthüllung, Offenbarung (der Zukunft). Von der reichen apokalyptischen Literatur, die im 1. Jh. (meist anonym) entstand, wurde nur die Johannes-Apokalypse in den Kanon des Neuen Testaments aufgenommen.

761. *Bacchus* entspricht dem griechischen *Dionysos*, der aus dem thrakisch-phrygischen Raum stammt und mit seinem orgiastischen Kult Griechenland „eroberte", was in den Sagen zum Ausdruck kommt. In hellenistischer Zeit ist auch von einem Siegeszug nach Indien die Rede (vielleicht als Wirkung des Alexanderzuges). Er bildet auch den Inhalt des Riesenepos „Dionysiaca" von Nonnos (5. Jh.). – Die Ansprache des Bacchus ist ein Humanisten-Ulk.

762. Das zitierte „Gesetz" des Augustus ist ebenso wie alles Vorherige über Herolde ein reines Phantasieprodukt. Die römischen Legionäre erhielten nach 20 Dienstjahren den Titel *veterani*, wurden feierlich verabschiedet, genossen gewisse Vergünstigungen und wurden für ihre Dienste mit Geld oder Land belohnt. Auch das folgende Zitat ist erfunden.

763. Als *dogmatische Schule* (Ausdruck der römischen Kaiserzeit) bezeichnete man Mediziner, die im Gegensatz zur im 3. Jh. v. Chr. aufkommenden „empirischen" Schule theoretisch-spekulativ orientiert waren (Iatrosophisten) und sich mit Anatomie, Physiologie und Pharmakologie beschäftigten.
764. *Serapion von Alexandria* (um 200 v. Chr.) wird von Celsus prol. 20 zitiert.
765. Die *empirische Schule* (ab 250 v. Chr.) hielt wenig von den Kenntnissen der Dogmatiker und polemisierte ständig gegen sie. Man stützte sich auf eigene und fremde Erfahrungen und zog bei Diagnose und Therapie Analogieschlüsse.
766. Gemeint sind der Arzt *Apollonios aus Kition* und der Neupythagoreer und „Wundermann" *Apollonios aus Tyana* (beide 1. Jh.). Über letzteren schrieb (um 217) Flavios Philostratos eine mit Legenden ausgeschmückte Biographie. Schließlich hielt man Apollonios von Tyana für einen gottähnlichen Übermenschen, und Hierokles, der römische Statthalter von Bithynien (um 250–nach 308), stellte ihn sogar über Christus, was von Eusebius in seiner Schrift „Gegen Hierokles" aufs heftigste zurückgewiesen wird.
767. *Cato d. Ä.* (234–149 v. Chr.) hielt nichts von wissenschaftlicher Medizin und wetterte gegen griechische Ärzte. Er schwor auf sein Universalheilmittel, in Wein eingelegten Kohl.
768. Die *methodische Schule* (ab 1. Jh.) hielt anatomische und physiologische Kenntnisse für überflüssig, da es nur drei Grundzustände des Körpers (strictus, medius, laxus) und dementsprechend nur drei Basiskrankheiten, und zwar solche des ganzen Körpers, gebe. Sie seien mit wenigen Medikamenten zu kurieren, und diese Art der Medizin sei für jedermann in einem halben Jahr erlernbar.
769. *Thessalos* aus Tralleis (1. Jh.): im Text Thessalus Italicus.
770. Ein Überblick über die antiken Vorstellungen von Zeugung und Entwicklung der Lebewesen findet sich bei *Aristoteles* „De generatione animalium" und bei dem Grammatiker *Censorinus* (3. Jh.) in dem Geburtstagsgedicht für einen Gönner „De die natali" 5–11.
771. Agrippa folgt bei der Darstellung der Verdauungstheorien z. T. Celsus prol. 20.
772. Aristoteles gen. an. 3,33.
773. *Podagra:* Fußgicht, Zipperlein; hier sind wohl rheumatische Beschwerden gemeint.
774. Kapitelüberschrift: Medicina operatrix.
775. *Marrane:* Unter dem Druck der Inquisition in Spanien getaufter Jude.
776. *Mastix:* gelbliches Harz aus der Rinde des gleichnamigen Strauches. Wegen seiner ätherischen Öle früher therapeutisch häufig benutzt.
777. Vgl. auch Celsus 5,23,3. Der *Theriak,* bis ins 18. Jh. hinein berühmt, galt als wirksam gegen alle Gifte. Seine Zusammensetzung war unterschiedlich, u. a. Opium und Schlangenfleisch. Die meistbenutzte Rezeptur geht auf Neros Leibarzt, Andromachos, zurück.
778. Agrippa bietet hier eine rationalistische Deutung eines griechischen Mythos.
779. *Asklepios,* ursprünglich ein heilender Heros, wurde in Griechenland vom 5. Jh. v. Chr. an (in Rom als Äskulap vom 3. Jh. v. Chr. an) bis weit in die Spätantike als Heilgott verehrt. Der Sage nach durfte er nur heilen, aber keine Toten auferwecken. Als er gegen dieses Gebot verstieß, wurde er von den Unterweltsgöttern der Verletzung der Weltordnung angeklagt und von Zeus mit dem Blitz getötet (Pindar Pyth. 3,47–60).
780. Laktanz div. inst. 1,10,1.
781. Der Mediziner und Naturphilosoph *Petrus Abanus* (Pietro d'Abano, 1257– um 1315) starb, der Häresie angeklagt, noch vor dem Urteilsspruch im Kerker. Er war bestrebt, die Medizin und die (Natur-)Philosophie einander näherzubringen, was auch im Titel seines 1476 gedruckten Hauptwerkes zum Ausdruck kommt: „*Conciliator* (Versöhner) differentiarum philosophorum et praecipue medicorum". Vgl. auch Anm. 345.
782. Pindar Pyth. 3,47–60.
783. Jh 11.
784. Athenaios 289 a–f.
785. Aristophanes Plut. 706.
786. Obwohl der *Arzt* in Griechenland hohes Ansehen genoß (vgl. Ilias 11, 514f.), besaß er nur den

sozialen Status des Handwerkers, da er durch seinen Beruf den Lebensunterhalt verdiente. Anfänglich wurde die Heilkunst im Zusammenhang mit Asklepiosheiligtümern geübt, dann spezialisierten sich einige Familien (z. B. die *Asklepiaden* 7./6. Jh. v. Chr. auf Kos) durch Weitergabe ihrer Erfahrungen auf den Heilberuf. Später bildeten sich zunftartige Vereinigungen, die den Nachwuchs in „Schulen" ausbildeten und auch soziale Ziele verfolgten, wie der „Eid des Hippokrates" zeigt.

787. Epigramm 70 (ed. Schenkl 1883) des *Ausonius* (etwa 310–393/94), der sich nach erfolgreicher Beamtenlaufbahn der Dichtung widmete. Berühmtheit erlangte sein Lobpreis der Mosel „Mosella". *Lukillios* (Zeit Neros) verfaßte Spottepigramme, die große Nachwirkungen hatten.

788. Vgl. 2. Chr 16,12.

789. Plinius d. Ä. nat. hist. 39,2.

790. Ausonius epigr. 71,2 (ed. Schenkl 1883).

791. Plinius d. Ä. nat. hist. 25,94.

792. Herodot 1,197; Celsus prol. 47.

793. Die *Meerzwiebel* (Scilla maritima L.) galt als vorzügliches Heilmittel (vgl. Plin. nat. hist. 19,33). – *Chrysippos:* griechischer Arzt um 400 v. Chr. – Unter dem Namen des *Apuleius* von Madaura (vgl. Anm. 318) lief ein Pflanzenbuch aus dem 5. Jh. – Die *Betonie* (Betonica-Ziest, ein Lippenblütler) gehörte zur Volksmedizin.

794. In der römischen Kaiserzeit systematisierte man Heilmittel nach *Simplicia, Composita* und *Praeparata*. Der Streit, welche besser seien, wurde prinzipiell geführt und dauerte zu Agrippas Zeit noch an. Simplicia: unzusammengesetzt, im Naturzustand; also Wurzeln, Kräuter, Säfte, Samen, Rinde. Composita: aus mehreren Simplicia zusammengesetzt. Praeparata: zerstoßene und in Flüssigkeit gelöste Mittel, z. B. Korallen.

795. *Spezies* hier: Pflanzenart, bei Apothekern auch Tee(sorten); früher alle Grundbestandteile zur Herstellung von Arzneien.

796. Die Iatromathematike (grch. – astrologische Medizin) ging bei der Prognose und Behandlung der Krankheiten vom Geburtshoroskop des Patienten aus. Jedem Tierkreiszeichen ordnete man bestimmte Körperorgane zu, da man von einem engen Zusammenhang des Mikrokosmos (Mensch) mit dem Makrokosmos (Gestirne) überzeugt war. Anfänge dieser Vorstellungen finden sich schon in den ersten christlichen Jahrhunderten mit dem Erstarken der Astrologie. Sie werden im Vorderen Orient weiterentwickelt und von den Arabern im 10./11. Jh. nach Westeuropa vermittelt, wo sie im 15./16. Jh. nochmals zur Blüte gelangen. Vgl. auch Anm. 300.

797. Die „Verbannung" von Ärzten aus Rom wäre bei Catos Einstellung zu Griechen (fast alle Ärzte waren ja Griechen) denkbar, ist aber nicht historisch. Vielleicht hat hier der Gedanke an Philosophen- und Astrologenvertreibungen Pate gestanden.

798. Die Fabriciusgeschichte ist nicht unbedingt historisch, sondern vielleicht eines der in Rom beliebten moralischen Exempel. Sie wird von vielen Autoren erzählt, z. B. Valerius Maximus 6,5,1; Gellius 3,8,1–5.

799. Vgl. Claudius Claudianus: In Gildonem 270–274.

800. Plinius d. Ä. nat. hist. 39,20. – *Livilla* ließ, von ihrem Liebhaber Seianus beeinflußt, ihren zweiten Gatten (Drusus d. J.) durch ihren Leibarzt Eudemos vergiften.

801. Odyssee 4, 230.

802. Offizin heißt heute noch in den Apotheken der Raum, in dem Medikamente zubereitet werden.

803. *Nicolaus Leonicenus* (aus Lonigo b. Vicenza, 1428–1524): Mediziner und Naturwissenschaftler; „Tractatus de herbis et fruticibus, animalibus, metallis, serpentibus" (Basel 1529).

804. *Mithradates* (132–63 v. Chr.) betrieb nicht nur eine aggressive Außenpolitik, sondern schaltete auch persönliche Gegner mit allen Mitteln aus. Um selbst vor Giftanschlägen sicher zu sein, nahm er allmählich immer stärkere Dosen eines aus vielen Giften zusammengesetzten Mittels, das später als (antidotum) *Mithridaticum* berühmt und viel benutzt wurde. Vgl. Celsus 5,23,3.

805. Ovid met. 1,3–5 und 14–16 (übersetzt von R. Suchier).

806. Vergl. Arnaldus „Parabeln d. Heilkunst" Doktrin 2, Regel 13–15 (Übers. v. Paul Diepgen, Leipzig

1922, Reprint Darmstadt 1968, S. 14). – *Arnald(us) von Villanova* (um 1238–1311): katalanischer Arzt, von dem über siebzig medizinische Schriften erhalten sind. Vgl. auch Anm. 290.

807. *Antidotarien* sind anfänglich Verzeichnisse der in der Offizin vorhandenen Mittel, eine Art Apothekenbestandsbuch. Später versteht man darunter Rezeptsammlungen und -bücher. Die Titel lauten meist: „Antidotarius oder Receptuarius des X." Besonders berühmt und für Jahrhunderte kanonisch waren die Antidotarien des *Mesuë* (gest. 857) und des *Nicolaus von Salerno* (etwa 11. Jh.), beide 1471 in Venedig gedruckt.
808. *Koloquinte:* kürbisartige Pflanze mit abführender Wirkung; *Agaricum:* Tannenschwamm; *Scammonia:* Purgierkraut; *Terra Lemnia:* (Heil-)Erde von Lemnos.
809. *Ammoniacum:* stark riechendes Natursalz; *Sandalum:* Sandelholz (Absud daraus); *Bdellium:* Pflanzenharz aus Indien oder Afrika; *Moschus:* stark riechendes Drüsensekret einer asiatischen Hirschart; *Ambra:* vom Pottwal abgesonderter Riechstoff; *Mastix:* Harz vom Mastixstrauch.
810. Jer 8,23.
811. *Chiron*: heilkundiger Zentaur. – *Paion*: Wundarzt d. Götter (Il. 5,401; 899f.).
812. Plinius d. Ä. nat. hist. 39,12f.
813. Praktisch ist Tierheilung in der Landwirtschaft immer betrieben worden. Spezielle Handbücher sind aber erst seit dem 3. Jh. in Rom bekannt. Im Mittelpunkt der Tierheilkunde stand das Pferd, nicht selten auch der Jagdhund. – *Alfons (V.)* „Libro de Albeyteria".
814. *Jean Ruel* (1479–1537): französischer Mediziner und Botaniker; übersetzte „Hippiatrika" (veterinärmedizin. Sammelwerk, 10. Jh. Byzanz), als „Medicina veterinaria" Paris 1530 gedruckt.
815. Eine Lehre von der gesunden Lebensführung (Diätetik) gibt es seit den alten Pythagoreern. Bei Platon und den hippokratischen Ärzten ist sie am höchsten ausgebildet und wird ganzheitlich als guter Umgang mit Körper und Geist verstanden. Später wurde sie nochmals von Galen schöpferisch aufgegriffen, doch bald danach schon auf Speiseempfehlungen bei bestimmten Krankheiten reduziert.
816. Bernhard von Clairvaux serm. in cant. XXX 10 (Migne PL 183,939). Dort wird aber Epikur statt des Sokrates genannt.
817. Vgl. Platon Gorg. 19 (264de).
818. Manche Verfasser sind nur dem Namen nach bekannt. *Cato, Varro* und *Columella* haben als Landwirtschaftsautoren (vgl. Anm. 679) auch einiges über Nahrungsmittel und deren Verarbeitung geschrieben. – *Apicius* (eigentl. M. Gavius) war ein berüchtigter Schlemmer z. Zeit des Kaiser Tiberius. Unter seinem Namen läuft ein Kochbuch: Das Kochbuch der Römer (Rezepte ...) Artemis 1988. – *Platina* (Bartolommeo Sacchi, 1421–1481): italienischer Humanist, Erzieher der Gonzaga.
819. Wortspiel: Asiaten – Asoten (grch. = „Unrettbar Verdorbene"). Den Asiaten wurde seit der Antike genußsüchtiges und wollüstiges Leben nachgesagt.
820. Livius 49,6,9.
821. Gellius 6,16,5 (nach Varro Men. peri edesm. 1,5).
822. Seneca d. J. cons. Helv. 10,8f.
823. Plinius d. Ä. nat. hist. 10,133.
824. Ein römisches Gesetz (lex) wurde immer nach dem Antragsteller (meist Konsul oder Volkstribun) genannt.
825. Vgl. Valerius Maximus 2,9,5. Im Text fehlt hier schon der Gentilname des Zensors (Lucius) Valerius (Flaccus). Zur Ausstoßung des Duronius vgl. Cicero de or. 2,274.
826. Die Einwohner von *Sybaris*, einer reichen Handelsstadt am Golf von Tarent, galten als verweichlichte Schlemmer („Sybariten"). Ähnliches traf für *Tarent* zu.
827. *Milon* aus Kroton: berühmtester Athlet der Antike mit zahlreichen Siegen in Olympia (Mitte 6. Jh. v. Chr.) und bei anderen Wettkämpfen; Führer im Kampf gegen die Nachbarstadt Sybaris.
828. Ovid met. 8,830–842 (Übers. v. R. Suchier).
829. Historia Augusta: Clodius Albinus 11,2–4.
830. Musonius fragm. XVIII B (ed. Henze 1905, S. 104).

831. Nach Eph 5,18.
832. Als Patron der Alchemisten galt *Geber* (Dschābir ibn Haijān, um 725– um 810), der Hauptvertreter der frühen arabischen Alchemie, unter dessen Namen im 9./10. Jh. Schriften kursierten. Im 13. Jh. gab es weitere Schriften in lateinischer Sprache: *„Pseudo-Geber"* oder „Geber latinus".
833. Als *quinta essentia* gilt in der Alchemie das Elixier (arab. „Stein der Weisen"), mit dem unedle in edle Metalle umgewandelt werden können. Zum Begriff vgl. Anm. 396.
834. Cicero div. 1,132.
835. Als fixum (Festes) bezeichnete man die damals bekannten Metalle, als volatile (Flüchtiges, d. h. Destillierbares) Quecksilber, Schwefel, Arsenik, Salmiak u. a. m.
836. Vgl. Erasmus, Lob der Torheit, Kap. 39.
837. In den Arkandisziplinen (Mysterienkulte u. ä.) mußte jeder Eingeweihte Geheimhaltung schwören (vgl. Firmicus Maternus 7,1,1–3). Diese Verpflichtung wurde sogar vor Gericht in gewissen Grenzen respektiert (Sueton, Aug. 93; Plutarch, Alkibiades 22).
838. Zu *Geber* vgl. Anm. 832. – *Morienus* (oder Marianos) war angeblich ein Mönch aus Byzanz, der den omajjadischen Prinzen Khālid ibn Yazīd in die Alchemie einführte. – *Gilgilis* (?). Kurze Darstellung der Alchemie bei W. Ganzenmüller: Die Alchemie im Mittelalter (1938); ausführlicher Hermann F. M. Kopp: Die Alchemie in älterer und neuerer Zeit. 2 Bde 1886 (Reprint 1962–71).
839. Suda (ed. Bernhardy) II, S. 1629 unter „Chemeia".
840. Die Alchemisten bedienten sich absichtlich einer symbolischen und nur Eingeweihten verständlichen Terminologie für ihre Stoffe, Geräte und Verfahren. Einige Beispiele: Löwe – Zeichen für Schwefel (und Vitriol); Adler (abwärts oder aufwärts fliegend) – Kondensation/Sublimation; Schlange, die sich in den Schwanz beißt („Uroborus") – Sonne (= Gold) und Ewigkeit der Materie; Siegel des Hermes (sigillum Hermetis) – luft- und wasserdichter Verschluß eines Gefäßes mit einem geheimen Verfahren, das von Hermes Trismegistos stammen soll.
841. Alchemistischer Grundbegriff; meinte ursprünglich eine Tinktur, mit deren Hilfe sich Gold oder Silber mühelos von jedermann herstellen lassen sollten. Die Fähigkeit des „Steines", das optimale Mischungsverhältnis der Bestandteile von Metallen herbeizuführen, entsprach auch dem Anliegen der Humoralpathologie. Das ließ den „Stein" als Allheilmittel geeignet erscheinen, was die Alchemie eng an Medizin und Pharmazie heranführte. Bereits in der griechischsprachigen Alchemie wird diese wundersame Substanz in vier Schritten gewonnen. Bis in die frühe Neuzeit kreisen die meisten alchemistischen Schriften um das Thema der Gewinnung, wobei kaum zwei Autoren über Verlauf und Einzelheiten des Gewinnungsprozesses übereinstimmen (S. W.).
842. Durch den Vergleich (nicht bei Thukydides auffindbar!) mit einer unbescholtenen Frau umgeht Agrippa eine Verurteilung der Alchemie; er überschüttet nur ihre unwürdigen und unfähigen Vertreter mit Spott und Hohn.
843. 1. Mo 3,19.
844. Ps 128,2 (Vulgata: Ps 127,2).
845. *Schießpulver* für Kriegszwecke wurde ab 1200 in China und in Europa ab 1320 benutzt. Petrarca erwähnt schon 1344 in „De remediis utriusque fortunae" pulvergetriebene Geschosse. In England gilt Roger Bacon, in Deutschland Berthold Schwarz (13. Jh.) als Erfinder des Pulvers. – *Theophilus*, wohl ein deutscher Kleriker, verfaßte um 1100 „Schedula diversarum artium", ein Handbuch der mittelalterlichen Kunsttechniken. Die Schrift wurde von G. E. Lessing in Wolfenbüttel entdeckt und besprochen: „Vom Alter der Ölmalerei aus dem Theophilus Presbyter" (1774).
846. Vgl. Plinius d. Ä. nat. hist. 36,195; Isidor Etym. XVI 16,6. – *Isidor von Sevilla* (um 570–636): Bischof; mit seinem enzyklopädischen Werk „Etymologiae" oder „Origines" der einflußreichste Vermittler antiken Bildungsgutes an das europäische Mittelalter.
847. Modestinus (nach Gaius, Dig. 1,3,7).
848. *Charondas*, ein westgriechischer Gesetzgeber des 6. Jh. v. Chr., wird hier als karthagisch bezeichnet. Das wäre auf Sizilien denkbar, dessen Westteil Karthago gehörte, während der Ostteil griechisch war.

849. *Arimasper:* Volk von Einäugigen im Norden Skythiens, stets im Kampf mit goldhütenden Greifen. Über sie wurde ein Epos von Aristeas von Prokonnesos (6. Jh. v. Chr.) verfaßt.
850. Im Text sind *Kekrops* und *Pheroneus* vertauscht. Mit letzterem könnte Pharao (als Eigenname) gemeint sein (Herodot 2.111: Pheron). Kekrops: erster König von Attika (leg.).
851. Gemeint ist die *lex curiata,* durch die den in der Bürgerversammlung (comitia curiata) gewählten Beamten die Vollmacht für ihre Amtsausübung erteilt wurde.
852. Gemeint ist das *ius Papirianum,* eine Sammlung von Sakralbestimmungen, deren Verfasser Papirius historisch nicht greifbar ist.
853. Das *Zwölftafelrecht* wurde von einer Zehn-Männer-Kommission 451 v. Chr. erarbeitet, von der Bürgerversammlung bestätigt und auf 12 Steintafeln veröffentlicht. Nach Livius (3,34,6) stellt es die Quelle des gesamten römischen Staats- und Privatrechts dar.
854. Das Flavische Recht: Cn. Flavius soll (304 v. Chr.) die Sammlung der Prozeßformalien veröffentlicht haben, deren Kenntnis für eine erfolgreiche Prozeßführung sehr wichtig war.
855. Das *Älische Recht* ergänzt das Flavische Recht. Es ist eine Schrift des Juristen Aelius Paetus Catus (um 200 v. Chr.) in drei Teilen: 1. Gesetzestext, 2. Erläuterung des Gesetzes, 3. zugehörige Prozeßformeln.
856. Durch das *Hortensische Gesetz* wurden Beschlüsse der Plebs den Beschlüssen der Zenturiatskomitien gleichgestellt (287 v. Chr.).
857. Mit jedem durch Volkswahl verliehenen Amt erhielt der Beamte (magistratus) die für seine Funktion notwendigen Rechte und Vollmachten.
858. *Senatsbeschlüsse* galten schon in früher Zeit als verbindlich, sofern nicht ein Veto erfolgte. Während der republikanischen Zeit wurde mit ihnen überwiegend regiert, aber auch *Volksbeschlüsse* blieben bedeutend. In der frühen Kaiserzeit wurden die Volksbeschlüsse durch (meist vom Kaiser inspirierte) Senatsbeschlüsse völlig ersetzt, neben die dann schon direkte *kaiserliche Gesetzgebung* (constitutiones) trat. Diese gewann bald absolute Priorität.
859. Dig. I, 2,35–53.
860. Eine von *Cäsar* geplante Kodifikation des damals sehr unübersichtlichen Zivilrechts kam infolge seiner Ermordung nicht zustande (Sueton, Caesar 44,2).
861. *Theodosius II.* (oström. Kaiser 408–450) befahl die erste amtliche Sammlung der Kaisergesetze, den *Codex Theodosianus* (erlassen 438). *Justinian* (oström. Kaiser 527–565) veranlaßte zwei Gesetzessammlungen, deren zweite der berühmte *Codex Justinianus* von 534 ist. Die erste von 529 ist nur fragmentarisch erhalten.
862. (Julian) dig. 1,4,1.
863. (Ulpian) dig. 1,5,25.
864. (Ulpian) dig. 1,14,3.
865. (Paulus) dig. 33,10,3,5.
866. Gaius Dig. 1,3,20 (hier Julian zugeschrieben).
867. Vgl. Lukian, Demonax 59 (ed. Macleod).
868. Vgl. Livius 34,3,5.
869. Vgl. Aristoteles eth. Nic. 5,14 (1137b).
870. Das Recht der römisch-katholischen Kirche, *Jus canonicum,* hat sich im Laufe vieler Jahrhunderte herausgebildet. Im *Corpus juris Canonici* (gültig bis 1918) wurden (nach dem Vorbild des römischen Corpus Juris Civilis) die wichtigsten Rechtsquellen zusammengestellt: 1) *Decretum Gratiani* (vgl. Anm. 887); 2) *Dekretalen* Gregors IX. 1234 (vgl. Anm. 878); 3) *Liber Sextus* (Sammlung durch Bonifatius VIII. veranlaßt; so genannt, weil die 5 Bücher Dekretalen Gregors IX. vorausgingen); 4) *Clementinae* (Sammlung durch Clemens V. 1314 und 1317). Später gab es dann noch nichtamtliche Sammlungen der kirchlichen Rechtsmaterie. Ausgabe von E. Friedberg 1879–81 (Reprint der 2. Aufl. von Emil Ludwig Richter, Graz 1959); deutsche (Teil-)Übersetzung von Schilling und Sintenis 1835–39; J. B. Sägmüller, Lehrbuch des kathol. Kirchenrechts (Freiburg 1914). Seit 1918 ist der einheitlich gestaltete *Codex Juris Canonici,* der 1980 einige Änderungen erfuhr, geltendes Recht der röm.-kath. Kirche.

871. In Martials Epigramm I 68 betet *Rufus* eine gewisse Naevia an. Agrippa benutzt hier das Wortspiel N(a)evia – Venia (lat.) = Vergebung.
872. Nach Mk 11,17.
873. *Simonie:* Kauf und Verkauf geistlicher Ämter (Nach Apg 8,9–24).
874. Definition der *Dispens* nach Rufinus: eine berechtigt vorgenommene Durchbrechung der kanonischen Vorschrift im Einzelfall. Zur Dispens vgl. Theol. Realenzykl. 9, S. 10–12. – *Rufinus* (gest. um 1192): italienischer Glossator zum Decretum Gratiani.
875. Bei der Firmung erteilte der Bischof im Mittelalter einen leichten Backenstreich.
876. *Titularbischöfe:* Inhaber einer fiktiven (z. B. von „Heiden" eroberten) Diözese. Sie übernahmen zuweilen Aufgaben anderer Bischöfe.
877. Laut einer (um 800 entstandenen fingierten) Urkunde schenkte Kaiser Konstantin I. (285–337) zum Dank für seine Heilung vom Aussatz das Weströmische Reich Papst Silvester I. (314–335). Diese Urkunde *(Constitutum Constantini)* wurde später in das Decretum Gratiani (vgl. Anm. 887) aufgenommen und erlangte kanonische Geltung. Nachdem bereits Nicolaus Cusanus 1433 die Echtheit der Urkunde bezweifelt hatte, wies Laurentius Valla 1440 die Fälschung exakt nach (De falso credita et ementita Constantini donatione, gedruckt 1506). Doch erst Huttens Ausgabe von Vallas Schrift (1518/19) fand großes Interesse und hatte eine Nachauflage und eine deutsche Übersetzung durch H. S. (Heinrich Schleichershöver?) zur Folge. Luther fühlte sich in seinen Ansichten über den Papst bestätigt (Briefe an Spalatin vom 24. 2. 1520, WAB 2. Bd. Nr. 247) und beschäftigte sich später ausführlich mit dem Thema: „Einer aus den hohen Artikeln des Allerheiligesten Bepstlichen Glaubens, genant Donatio Constantini" (1537, WA Bd. 50, S. 69–89). Der Titel der oben erwähnten deutschen Übersetzung (etwa 1524) lautet: „Des edlen Römers Laurentii Vallensis Clagred wider die erdicht und erlogene Begabung, so von dem Kayser Constantino der Roemischen Kirche soll geschehen sein". Herausgegeben und mit Nachwort von Wolfram Setz, Frankfurt (M.) 1981.
878. Die *Decretales Gregorii IX.* (Gregoriana 1234) sind die erste offizielle Sammlung von Papstdekreten: fünf Bücher, gegliedert in 185 tituli (Themen) und 1971 capita. Zu Dekretalen vgl. auch Anm. 615.
879. Offizielle päpstliche Verlautbarungen erfolgten von Anfang an in lateinischer Sprache und werden bis heute nach ihren Anfangsworten genannt und zitiert. Stellennachweis nach Corpus Iuris Canonici (vgl. zur Textausgabe Anm. 870 am Ende):
1) Significasti ... de elect. I. 6, 4. (Bd. II Sp. 49).
2) Venerabilem ... de elect. I. 6. 34 (Bd. II Sp. 79).
3) Solitae ... de maiorit. et obed. I. 33, 6 (Bd. II Sp. 176).
4) Cum olim ... de privil. V. 33, 14. (Bd. II Sp. 855).
5) Si summus ... de sent. excomm. V. 10. 4. (Bd. II Sp. 1192).
6) Inter cetera ... de off. iud. ordin. I. 31, 15 (Bd. II Sp. 1192).
Stelle 5 entstammt den Clementinae, die anderen dem Decretum Gratiani (vgl. Anm. 887).
880. Es werden folgende Stellen aufgeführt:
1) Prolog zum Liber Sextus von Bonifatius VIII. (Bd. II Sp. 933–936).
2) Kap. I Dekretalen de immunit. III. 49. (Bd. II Sp. 654).
3) Clement. de sent. et re iud. II. 11 (Bd. II Sp. 1151–53).
4) Extravagans Joh. XXII. Ecclesiae Romanae ... de maiorit. et obed. 2 un. (Bd. II Sp. 1206).
5) Bulle Unam sanctam ... (Extravagans Bonifatius VIII.) de maiorit. et obed. I. 8.1. (Bd. II Sp. 1245f.).
Die *Bulle „Unam sanctam ..."* von 1302 stellt den Höhepunkt päpstlichen Anspruches auf die Weltherrschaft dar. Er war wenig realistisch, denn bereits ein Jahr später wurde der Papst durch Philipp IV. von Frankreich gefangengenommen. Es folgen weitere Textstellen aus dem *Decretum Gratiani* (vgl. dazu Anm. 887), die nicht in den Text der Übersetzung aufgenommen wurden und deshalb hier gegeben werden: 1) Si cuius ... c. 11 D. XXXIV; 2) si omnis ... (nicht nachweisbar); 3) Sic omnes ... c. 2 D. XIX; 4) Enimvero ... c. 4 D. XIX; 5) In memoriam ... c. 3 D. XIX; 6) Si

Romanorum ... c. 1 D. XIX; 7) Omnes ... c. 1 D. XXII; 8) Tibi domino ... c. 33 D. LXIII; 9) Constantinus ... c. 13f. D. XCVI (Bd. I Sp. 342–45), vgl. dazu Anm. 877 (Konstantinische Schenkung); 10) Quando ... c. 4 D. LXXXVI; 11) Si papa ... c. 6 D. XL; 12) Cuncta ... c. 18 C. IX qu. 3; 13) Auctoritatem ... c. 2 C. XV qu. 6; 14) Nemini ... c. 40 C. XVI qu. 7; 15) Sunt qui ... (nicht nachweisbar); 16) Omnium ... c. 46 C. XXIII qu. 5.
c = Kapitel; C = Rechtsfall (causa); D = Abschnitt (distinctio); qu = Frage (quaestio).

881. *Pallium:* Teil des Ornats von Päpsten und Erzbischöfen; im Mittelalter auch (Krönungs-)Mantel der Kaiser.
882. Vgl. Juvenal 2,63.
883. Vgl. Gellius 9,9.
884. Die *Predigermönche* (Dominikaner: der Orden wurde 1216 durch Dominikus in Toulouse für Seelsorge und Predigt gegründet) wurden bald zum Hauptträger der *Inquisition* (1232 eingerichtet). Da sie sich bei der Verfolgung von Häretikern nicht selten höchst unchristlicher Methoden bedienten, bezeichnet Agrippa sie selbst als häretisch. Er hatte ein Opfer der Inquisition verteidigt (vgl. S. 238f.) und mußte durchaus damit rechnen, eines Tages mit ihr konfrontiert zu werden.
885. Vgl. Erasmus, Lob der Torheit, Kap. 53; 64.
886. 1. Ko 5,13.
887. Vgl. Decretum Gratiani de consecr. D. IV c. XCIV. – Das *Decretum Gratiani* ist der erste Teil des Corpus Juris Canonici, genannt nach *Magister Gratianus* (gest. 1197). Er sammelte alles kirchenrechtliche Material und versuchte, darin vorkommende widersprüchliche Aussagen hinweg zu interpretieren. Die fünf Bücher des D. Gratiani sind in thematische Abschnitte (distinctiones) eingeteilt, die Gesetzestexte (canones) sowie deren Quellen und Auslegung enthalten.
888. *Berengar von Tours* (um 1000–1088): scholastischer Theologe und Archidiakon von Angers. Obwohl er seine in vielen Punkten vom katholischen Dogma abweichenden Lehren mehrfach widerrufen hatte, griff er sie immer wieder auf. So galt er schließlich als besonders hartnäckiger Ketzer.
889. Weil sich bei Inquisitionsverfahren Mißbräuche häuften, machte Clemens V. auf dem Konzil von Vienne (1312) die Zusammenarbeit von Bischöfen und Inquisitoren verbindlich und gab einige Befugnisse der Inquisition an die regulären Gerichte ab.
890. Der folgende Abschnitt entstammt der ungekürzten Textausgabe.
891. *Hochstraaten* (Jakob van Hoogstraeten, um 1460–1527): Dominikaner, seit 1508 päpstlicher Ketzerrichter in Köln, Mainz und Trier; war an der Fehde mit Reuchlin beteiligt (vgl. die folgende Anm.).
892. Im Zusammenhang mit wachsender Judenfeindlichkeit in Europa (Vertreibung aus England 1290, aus Spanien 1492) wurde auch bei den Kölner Dominikanern, zu deren Sprachrohr der getaufte Jude *Johannes Pfefferkorn* (1469– nach 1521) wurde, die Forderung laut, alles hebräische Schrifttum außer dem Alten Testament müsse vernichtet werden. Kaiser Maximilian I. bestimmte *Johannes Reuchlin* (1455–1522) zum Gutachter, da dieser als Verfasser einer hebräischen Grammatik als fachkundig galt. Obwohl er vorsichtig votierte, man solle die Schriften der Juden vernichten, falls sie christenfeindliche Äußerungen enthielten, eröffneten die Dominikaner eine Kampagne gegen ihn, die schließlich im Vorwurf der Judenunterstützung, und damit der Ketzerei, gipfelte. Reuchlin wehrte sich mit mehreren Schriften. Es entwickelte sich eine literarische Fehde, in der er bei zahlreichen deutschen Humanisten Unterstützung fand. In diesen Kontext gehören die gegen die Kölner Dominikaner gerichteten *„Dunkelmännerbriefe"*, die 1515–1517 entstanden. Reuchlin, nach päpstlicher Entscheidung 1528 der Ketzerei schuldig gesprochen, resignierte und starb zwei Jahre später als gebrochener Mann. Agrippa hatte sich selbst auch mit Reuchlins „De verbo mirifico" in einem Aufsatz beschäftigt (vgl. Opera II, S. 492–503).
893. Hexenhammer (Malleus maleficarum) heißt eine 1489 erschienene Schrift, initiiert und wohl zum überwiegenden Teil auch verfaßt von dem Dominikaner *Heinrich Institoris* (um 1430–1505), der 1479 zum Inquisitor für Oberdeutschland ernannt worden war. Um seinem Buch größere Wirkung zu sichern, hatte er seinen Ordensbruder *Jakob Sprenger* (um 1436–1495), der allgemein

geachtet war, als Hauptverfasser angegeben und dem Buch auch noch ein gefälschtes Gutachten der Kölner Universität vorangestellt. Inhaltlich vorbereitet wurde der „Hexenhammer" durch die sog. Hexenbulle von Innozenz VIII. (1484): Er systematisiert die (seit geraumer Zeit bereits geübte) Praxis beim Aufspüren, Verhören, Foltern und Überführen von Personen (überwiegend Frauen), die der Hexerei (und damit der Ketzerei) verdächtig sein könnten. Nach der 13. Auflage von 1520 wurde das Buch bis 1580 nicht mehr gedruckt, was gewiß im Zusammenhang mit den reformatorischen Bewegungen zu sehen ist.

894. *Inkubus:* Teufel, der mit einer Frau buhlt.

895. *Faustus* (Bischof von Mileve, gest. vor 400) war ein Hauptvertreter des Manichäismus (vgl. Anm. 162) in Nordafrika. Seine Lehre ist einigermaßen aus Augustins „Contra Faustum Manichaeum" rekonstruierbar. – *Donatus* (Bischof von Karthago seit 316, gest. um 355) sah die Wirkung der Sakramente von der Heiligkeit ihres Spenders abhängig und stand damit im Widerspruch zur römischen Großkirche. Die donatistische Bewegung existierte vom 4.–7. Jh. in Nordafrika.

896. Vgl. Exorcismus in: Rituale Romanum, Rom [u. a.] 1939, S. 364, 368.

897. *Petrus Lombardus* (um 1100–1160): scholastischer Theologe und Bischof; verfaßte um 1150 das wichtigste theologische Handbuch des Mittelalters „Sententiae", das erst im 16. Jh. durch die „Summa Theologiae" des Thomas von Aquino abgelöst wurde. – *Thomas von Aquino* (um 1225–1274): bedeutendster Theologe und Philosoph des Mittelalters; versuchte in seinem Werk eine Synthese von Glauben und Wissen aristotelischer Prägung zu schaffen. Er erhielt den Ehrentitel Doctor angelicus und Doctor universalis. – Zu *Albert d. Gr.* (Albertus Magnus) vgl. Anm. 266. – *Johannes Duns Scotus* (um 1266–1308): scholastischer Theologe und Philosoph, bedeutendster Denker der Franziskanerschule. Wegen seiner Forderung nach feinster Differenzierung in den Begriffen und wegen der scharfsinnigen Art zu argumentieren bezeichnete man ihn als Doctor subtilis.

898. In der Einleitung des Porphyrius (Bd. I, Kap. XV, 1) zu Aristoteles' logischen Schriften wird die Frage aufgeworfen, ob die Gattungsbegriffe (genera und species, nach den später angewandten lateinischen Begriffen, zusammengefaßt dann unter dem Namen *universalia*), z. B. Eiche oder Rind, wirklich, d. h. dinglich, oder nur in unseren Gedanken vorhanden, ob sie körperlich oder unkörperlich seien, ob sie gesondert von den Einzeldingen oder nur in und an denselben existieren. An diese Stelle knüpfte sich der fast das ganze Mittelalter durchziehende sogenannte Universalienstreit. Generell bildeten sich drei Grundpositionen: 1. Die Gattungsbegriffe sind die wahrhaften Dinge (res) und erzeugen das Besondere aus sich *(universalia ante rem)*. 2. Die Allgemeinbegriffe sind nur bloße Worte oder Abstraktionen des Verstandes *(universalia post rem)*. 3. Die Universalien existieren zwar real, aber nur in oder an den Einzeldingen *(universalia in re)*. (S. W.)

899. 2. Ko 3,6.

900. Juvenal 14.77–80.

901. Phl 1,15.

902. 1. Ko 1,12.

903. Es folgt ein Abschnitt aus der ungekürzten Textausgabe.

904. *Thomist:* Anhänger des Thomas von Aquino, der den Lehren der Scholastik mit unübertroffener Systematik und architektonischer Kunst ihre klassische Form schuf. Vgl. Anm. 897. – *Albertist:* Anhänger des Albertus Magnus (Albert von Bollstädt), Lehrer des Thomas von Aquino. Er hat dem scholastischen Denken am umfassendsten, erfolgreichsten und produktivsten die aristotelische Wendung gegeben. Vgl. Anm. 266. – *Skotist:* Anhänger des Johannes Duns Scotus (1270–1308). Dieser steht im Gegensatz zu Thomas und Albert, betont stärker die Gegensätze von Glauben und Wissen als ihre Gemeinsamkeiten, stellt den Willen über den Intellekt. Vgl. Anm. 897. – *Okkamist:* Anhänger des Wilhelm von Ockham (um 1290/1300–1350). Er gilt als Erneuerer des Nominalismus. Für ihn sind nur die Einzeldinge das Wirkliche. Weiterwirkend waren auch seine Naturphilosophie, Ethik und Gesellschaftslehre. (S. W.)

905. Es folgt ein Abschnitt aus der ungekürzten Textausgabe.

906. Tundalus vgl. Anm. 412.

907. Legende von der Seefahrt des Heiligen *Brandan*/Brendan (Missionar und Klostergründer in Irland, um 484–577) zu den Inseln der (christlichen!) Seligen im Atlantik: „Navigatio S. Brendani" (lat. anonymes Epos um 1000); „Voyage de Saint Brendan" (altfranzösisch, von Benoit, 1106).
908. Im nordirischen Wallfahrtsort Lough Derg zeigte man eine Höhle, die St. Patricks *Fegefeuer* hieß.
909. *Thraso:* prahlerischer Offizier in der Terenzkomödie „Der Eunuch". – *Proteus* vgl. Anm. 651. – *Stentor:* stimmgewaltiger Grieche vor Troja (Ilias 5,785).
910. Vgl. Juvenal 2,20f.
911. Nach Jer 9,2;7. Der folgende Abschnitt entstammt der ungekürzten Textausgabe.
912. 1. Ko 12,7–11.
913. Die griechischen Brüder *Kyrillos* (826/27–869) und *Methodios* (vor 820–885) missionierten im Auftrag des byzantinischen Kaisers Michael III. die Slawen im Großmährischen Reich und schufen dazu ein Alphabet (Glagolica, später Kirchenslawisch genannt). – Abt *Joachim von Fiori* (de Flore, um 1130–1202) entwickelte eine apokalyptische Geschichtstheologie (Joachimitismus), derzufolge die Geschichte der Kirche (wie im Alten Testament die Schöpfung in sieben Tagen) in sieben Epochen bis zum Weltende verlaufe. Entsprechend dieser Lehre hat auch *Johannes Chimiensis* (vgl. Anm. 497) sein Werk „Onus Ecclesiae" angelegt. – *Savonarola* vgl. Anm. 520.
914. *Simon ben Jochai:* jüdischer Gesetzeslehrer d. 2. Jh. Er ist der Legende nach Verfasser des „Sohar" („Leuchte" – ein Hauptwerk der Kabbala).
915. *Märkabah* vgl. Anm. 363; *Bere'shit* vgl. Anm. 359.
916. 1. Ko 13,12.
917. Aus Jh 1,2–12.
918. Vgl. Rö 11,34.
919. Johannes von Gott inspiriert: Lk 10,16; Off 1,1f.
920. Rö 15,18.
921. Nach Tit 1,9; 2. Ti 3,16.
922. Off 1,10; 4,2.
923. Nach 2. Ko 12,4.
924. Nach 2. Mo 33,20.
925. Ps 116,15.
926. Kol 3,3.
927. Augustin gen. 12,27 (55), Migne PL 34,477f. Origenes „Gegen Kelsos" 6,4–6 (Migne PG 11,1296f.).
928. Wsh 13,5.
929. Nach Rö 1,20.
930. Aus 2. Mo 33,23.
931. Die Arten der Visionen (lat.): visio matutina – morgendliche, visio vespertina – abendliche, visio meridiana – mittägliche, visio nocturna – nächtliche.
932. Nach Mt 2,13.
933. Nach Mt 2,12.
934. Hi 33,15f.
935. Nach 1. Sm 10, 10–13.
936. Apg 2, 1–4.
937. Die troischen Zwillingsgeschwister *Helenos* und *Kassandra* besaßen die Gabe der Prophetie, doch lastete auf Kassandra der Fluch Apollos, daß niemand ihre Weissagungen ernst nehmen sollte. – Die danach aufgezählten „Seher" gehören unterschiedlichen griechischen Sagenkreisen an. – Der Gymnosophist *Galanos* (auch Calanos) prophezeite den baldigen Tod Alexanders d. Gr. (Val. Max. 1,8 Ext. 19). – *Sokrates* wurden auch prophetische Fähigkeiten zugeschrieben (vgl. Anm. 339). – *Diotima,* eine Priesterin aus Mantinea, stellt in Platons Symposion (201d–212b) das Wesen des Eros dar. – Warum der Naturphilosoph *Anaximander* (611–546 v. Chr.) hier zu den Sehern gerechnet wird, ist unklar. – Über *Epimenides,* einen kretischen Priester und Wundertäter (um 500 v. Chr.), gibt es nur legendenhafte Überlieferungen: wunderbar lange Lebensdauer,

50jähriger Schlaf in einer Höhle, Auszug der Seele aus seinem Körper, Entsühnung Athens von einem religiösen Frevel. – Die iranischen *Magoi* (vgl. Herodot 1,101; 132; 140), ein medischer Stamm, der später im Perserreich die Priester stellte, hatten nichts mit Zauberei zu tun, wurden aber vom 5. Jh. v. Chr. an von den Griechen mit den babylonischen Chaldäern (vgl. Anm. 263) und deren Zauber- und Wahrsagepraktiken gleichgesetzt. Herodot erwähnt mehrfach die Orakeldeutungen (1,107; 108; 120; ferner 7,17; 37) der „Magier". Als *Gymnosophisten* bezeichneten die Griechen indische Asketen, die seit dem Alexanderzug bekannt waren. Agrippa versetzt sie nach Äthiopien und nennt sie getrennt von den *Brahmanen,* deren höchste geistliche Entwicklungsstufe sie eigentlich sind. Das ägyptische *Memphis* war ein altes Kultzentrum mehrerer Gottheiten und galt den Griechen als Hort ältester Priesterweisheit. – *Druiden:* keltische Priester mit großem Einfluß in Religion, Rechtspflege, Kultur und Erziehung. – *Sibyllen:* prophetische Frauen, ursprünglich aus dem Orient, später auch in griechisch besiedelten Gebieten.

938. 4. Mo 23.
939. *Mekubalim* (hebr.): die [Visionen] Empfangenden.
940. Als 32 Wege zur Erkenntnis gelten in der jüdischen Kabbalistik die 10 Sefirot und die 22 Buchstaben des hebräischen Alphabets. Zur Kabbala vgl. Gershom Scholem: Von der mystischen Gestalt der Gottheit, Zürich 1962; ders.: Ursprung und Anfänge der Kabbala, Berlin 1962.
941. *Arius* –Arianer vgl. Anm. 161. – *Sabellius* (um 215 in Rom) lehrte, daß Vater, Sohn und Heiliger Geist nicht selbständige „personae", sondern nur Offenbarungsstufen des einen Gottes seien.
942. Augustin, Brief 28, 3–5 (an Hieronymus), in: Migne PL 33,112f.
943. 2. Mo 3,16f.; 5. Mo 4,21 f.
944. Jon 3.
945. 1. Kö 21,21; 22, 34–40.
946. Jes 38,1–6.
947. Diese Aussage findet sich nicht im kanonischen Matthäusevangelium und auch nicht in den Apokryphen.
948. Rö 3,4.
949. Lk 21,33.
950. Jh 1,33
951. Theo-Logos (grch.): Christus, der göttliche Logos.
952. (Pseudo-)Dionysius Areopagita kennt ein *Bartholomäusevangelium* (Migne PG 26,17f.); dieses bei E. Hennecke: Neutestamentliche Apokryphen, S. 359–376. Hieronymus erwähnt ein *Nazaräerevangelium* vir. illustr. 3 (Migne PL 23,646); Text bei E. Hennecke: a. a. O., S. 90–100. Von zahlreichen Schilderungen der Ereignisse um Jesus, also Evangelien, spricht Lukas (1,1). Zum *Kanon* vgl. H. v. Campenhausen: Die Entstehung der christl. Bibel, Tübingen 1968.
953. *Psalmen Salomos:* eine pseudepigraphische Sammlung von 18 Psalmen, entstanden im 1. Jh. v. Chr. Text bei O. v. Gebhardt in: Texte u. Unt. z. Gesch. d. altchristl. Lit. 13,2, Berlin 1885.
954. Nach 1. Ti 6,3f.
955. Augustin, Brief 237, in: Migne PL 33,1034–38.
956. 1. Th 5,21.
957. Nach 1. Jh 4,1.
958. 1. Ko 2,15.
959. Jes 47,10; 13.
960. Diogenes Laertios 6,65. – Diogenes aus Sinope (um 412 bis um 323 v. Chr.): Kynischer Philosoph; predigte extreme Bedürfnislosigkeit. Über ihn gibt es zahlreiche Anekdoten.
961. *Baldus de Ubaldis* (1327–1400): berühmter italienischer Jurist und Kommentator d. röm. Rechts.
962. Terenz Eun. 41.
963. Vergil Aen. 6, 585–591 (übersetzt von Johannes Götte). – *Salmoneus* ist ein Frevler, der seine Überhebung (wie Tantalos) im Hades büßt.
964. Pr 1,9–11; 2,16.
965. Mt 15,13.

966. 5. Mo 6,6–9.
967. Mt 10,27.
968. Apg 10,42.
969. Eph 6,4.
970. Mk 10,14.
971. Mk 10,15.
972. Chrysostomus 21. hom. Eph. cap. 1f. (Migne PG 62, 150–52).
973. Heb 5,12.
974. *Hephaistos* wurde auch mit dem ägyptischen Schöpfergott Thot gleichgesetzt; vgl. Anm. 53.
975. Celsus prol. 2.
976. 1. Mo 3,5.
977. In lateinischer Form bei Seneca d. J. tranqu. 17,10.
978. Der französische Kleriker *Alexander von Villa Dei* (um 1170–1250) verfaßte eine lateinische Grammatik in Versen (Doctrinale puerorum, um 1200), die bis in die Humanistenzeit weit verbreitet war. – *Petrus Hispanus* (Petrus Juliani, 1219/20–1277, ab 1276 als Papst Johannes XXI.): Mediziner und Philosoph, Aristoteleskommentator; verfaßte „Summulae logicales". – *Laurentius Aquilegius* schuf mit „Practica dictaminis" ein Stilmusterbuch für Prosaschriftstücke (Briefe, Urkunden, juristische Schriftsätze), wie sie im 13. Jh. in der Schule von Bologna aufkamen. – *Isidor* (v. Sevilla) vgl. Anm. 846.
979. Die Legende vom Märtyrertod Jesajas findet sich u. a. in der Ascensio Isaiae (Himmelfahrt Jesajas).
980. Seligpreisungen aus der Bergpredigt Mt 5,2–10.
981. Columella 7,1,1 f.
982. Valerius Maximus 1,5,5. *Marius* (156–86 v. Chr.) hatte in Afrika den sich seit 112 v. Chr. hinschleppenden Krieg gegen Jugurtha 105 erfolgreich beendet und den für Rom höchst gefährlichen Einbruch der Kimbern (101) und der Teutonen (102) aufgehalten. Im späteren Bürgerkrieg wurde er von Sulla geächtet und floh nach Afrika. 87 nach Rom zurückgekehrt, rechnete er grausam mit seinen Gegnern ab.
983. 2. Mo 13,12–15.
984. Mt 21,1–11; Sa 9,9.
985. *Lucius:* Held in Apuleius' Roman „Der goldene Esel".
986. Plutarch gibt Beispiele für erstaunliche Leistungen von Tieren (meist aus Plinius) in „De sollertia animalium" (mor. 63) 18 (972 D).
987. Plinius d. Ä. berichtet in Buch 8 über Bemerkenswertes bei Tieren: 8, 56; 59f.
988. *Daunia:* Landschaft in Süditalien.
989. 4. Mo 22,27–31.
990. Ri 15, 15–19.
991. In der Historia Britonum (anonym, 7./8. Jh. in England) werden Wunder, die Bischof *Germanus von Auxerre* in Irland tat, geschildert. In unserem Text wird er fälschlich zum Bischof der Briten gemacht.
992. *Eselskult* wurde von antiken Autoren seit dem 3. Jh. v. Chr. den Juden häufig nachgesagt, und in frühchristlicher Zeit wurde diese Unterstellung auf Christen übertragen. Vgl. Tertullian ad nationes, 1,11, in: Migne PL 1, 684A.
993. Die Geschichte der Diskussion mit heidnischen Philosophen entstammt der 357 von Athanasios verfaßten *Antoniusbiographie,* 72–79, in: Migne PG 26, 943–54.
994. (Eusebius bei) Rufinus hist. eccl. 1,3 (Migne PL 21, 469f.).
995. Nach 1. Jh 2, 20 u. 27.
996. 2. Chr 1,6–12. Vergil, Aen. 6,129–131.
997. Augustin doctr. christ. prol. 4 (Migne PL 34,17).
998. Bar 3, 36–38 (apokryph).
999. Wsh. 7,17–21 (apokryph).
1000. Vgl. Off 5, 2–9.

Personenregister

Personen, die dem Mythos bzw. der Legende angehören oder nur als Exempel dienen, sind in der Regel nur aufgeführt, wenn sie in den Anmerkungen erläutert werden.

Bei Fragen zur Produktsicherheit wenden Sie sich bitte an:
If you have any questions regarding product safety,
please contact:

Walter de Gruyter GmbH
Genthiner Straße 13
10785 Berlin
productsafety@degruyterbrill.com